Springer-Lehrbuch

Eberhard Freitag

Funktionentheorie 2

Riemann´sche Flächen
Mehrere komplexe Variable
Abel´sche Funktionen
Höhere Modulformen

2., überarbeitete Auflage

 Springer Spektrum

Eberhard Freitag
Mathematisches Institut
Universität Heidelberg
Heidelberg, Deutschland

ISSN 0937-7433
ISBN 978-3-642-45306-9   ISBN 978-3-642-45307-6 (eBook)
DOI 10.1007/978-3-642-45307-6

Mathematics Subject Classification (2010): 30,31,32

Die Deutsche Nationalbibliothek verzeichnet diese Publikation in der Deutschen Nationalbibliografie; detaillierte bibliografische Daten sind im Internet über http://dnb.d-nb.de abrufbar.

Springer Spektrum
© Springer-Verlag Berlin Heidelberg 2009, 2014

Springer Spektrum ist eine Marke von Springer DE. Springer DE ist Teil der Fachverlagsgruppe Springer Science+Business Media.
www.springer-spektrum.de

für Hella

Einleitung

Dieses Buch ist für Leser gedacht, welche mit den Grundzügen der elementaren Funktionentheorie, wie sie üblicherweise in einer einführenden Vorlesung über dieses Gebiet behandelt werden, vertraut sind. Darüberhinaus ist es nützlich, mit der Theorie der elliptischen Funktionen und der elliptischen Modulfunktionen vertraut zu sein. Diese Theorien sind beispielsweise in dem vom Autor und Koautor ROLF BUSAM verfassten Lehrbuch „Funktionentheorie" —im folgenden mit [FB] zitiert— ausführlich behandelt worden. Viele Verweise werden sich auf dieses Buch beziehen.

Ziel dieses Bandes ist es, eine neue Epoche der klassischen Funktionentheorie darzustellen, welche entscheidend durch RIEMANN geprägt worden ist. Ungefähr die Hälfte dieses Bandes, Kapitel I bis IV, ist der Theorie der *Riemann'schen Flächen* gewidmet.

Die Theorie der RIEMANN'schen Flächen ist eine neue Grundlegung der Funktionentheorie auf höherer Ebene. Gegenstand des Interesses sind analytische Funktionen wie in der elementaren Funktionentheorie. Doch wird der Begriff der analytischen Funktion jetzt allgemeiner gefaßt. Definitionsbereiche analytischer Funktionen sind nun nicht mehr ausschließlich offene Teile der Ebene oder Zahlkugel, sondern allgemeinere Flächen. Solche Funktionen treten automatisch auf, wenn man den gesamten Funktionsverlauf einer a priori mehrdeutigen Funktion wie $f(z) = \sqrt{z^4 + 1}$ durch eine einzige eindeutige Funktion erfassen will. Der natürliche Definitionsbereich dieser Funktion f wird sich als eine zweiblättrige Überlagerung der Zahlkugel erweisen, welche die Gestalt eines Torus hat.

An diesem Beispiel wird andeutungsweise sichtbar, daß man in der Theorie der RIEMANN'schen Flächen mit topologischen Problemen zu kämpfen hat. Der Begriff „Topologie" taucht hier in zweierlei Bedeutung auf:

Zum ersten ist Topologie in der heutigen mathematischen Welt ein *universelles sprachliches* Mittel, um Fragen der Konvergenz und Stetigkeit in möglichst breitem Rahmen ansprechen zu können. Diesem Zweck dient der Begriff des topologischen Raumes und der daraus abgeleiteten Begriffe wie „offene Menge", „abgeschlossene Menge", „Umgebung", „Stetigkeit", „Konvergenz", „Kompaktheit", um einige wichtige anzusprechen, so wie ja schon die *Mengenlehre* ein allgemeingültiges Verständigungsmittel in der Mathematik darstellt. Da der Leser unseres Buches mittlerweile weitergehende mathematische Erfahrungen gesammelt hat, kann davon ausgegangen werden, daß er mit der Topologie als sprachlichem Mittel vertraut geworden ist. Aus Gründen der Geschlossenheit wurden dennoch in einem einführenden Abschnitt (I.0) die Grundbegriffe dieser Sprache knapp aber vollständig zusammengestellt, wobei auf die einfachen Beweise meist verzichtet wurde.

Ein zweiter Aspekt der Topologie ist, daß sie eine mathematische Disziplin zur Untersuchung nichttrivialer *geometrischer Probleme* darstellt. Es ist beispielsweise ein wichtiger geometrischer Sachverhalt, daß jede kompakte und orientierbare Fläche homöomorph zu einer Kugel mit p Henkeln ist. Die Zahl p ist eine topologische Invariante der Fläche, welche ihren topologischen Typ bestimmt. Dieser Satz spielt in der Theorie der RIEMANN'schen Flächen eine wichtige Rolle. Topologische Sätze von echt mathematischer Substanz werden in diesem Buch vollständig bewiesen. Neben der erwähnten Klassifizierung kompakter orientierbarer Flächen gehört hierzu auch ein Abriß der Überlagerungstheorie, insbesondere die Theorie der universellen Überlagerung.

Die Entwicklung der Topologie hängt übrigens stark damit zusammen, daß sie bei der Theorie der RIEMANN'schen Flächen sowohl als sprachliches Mittel große Vorteile brachte, als auch echte geometrische Probleme in dieser Theorie auftreten.

Einer der Höhepunkte der Theorie der RIEMANN'schen Flächen ist, daß durch sie ein Beweis des *Jacobi'schen Umkehrproblems* ermöglicht wurde und ein tiefes Verständnis für das Umkehrtheorem erreicht wurde. Das Umkehrtheorem wird in diesem Band vollständig bewiesen.

In ähnlicher Weise, wie bei der Umkehrung elliptischer Integrale meromorphe Funktionen mit zwei unabhängigen Perioden auftreten —sogenannte elliptische— Funktionen, treten bei der Umkehrung von Integralen algebraischer Funktionen meromorphe Funktionen von mehreren komplexen Variablen $z_1, \ldots z_p$ auf, welche $2p$ unabhängige Perioden haben. Solche Funktionen nennt man *abelsche Funktionen.*

Das Umkehrtheorem leitet eine neue mathematische Entwicklung ein. Zu seinem Verständnis ist es zwingend erforderlich, den Begriff der meromorphen Funktion mehrerer komplexer Variabler einzuführen, und man benötigt hierzu eine Grundlegung der Funktionentheorie mehrerer komplexer Veränderlicher. Erst danach kann man den Begriff der *abelschen Funktion* einführen und eine Theorie abelscher Funktionen entwickeln, welche die Theorie der elliptischen Funktionen verallgemeinert. Ein Hauptresultat dieser Theorie wird sein, daß der Körper der abelschen Funktionen endlich erzeugt ist. Er ist ein algebraischer Funktionenkörper vom Transzendenzgrad $m \leq p$. Anders als im Falle $p = 1$ ist der Transzendenzgrad im Falle $p > 1$ nur unter sehr einschränkenden Bedingungen gleich p. Die *Riemann'schen Periodenrelationen* müssen erfüllt sein. Diese Relationen sind für die bei der Umkehrung algebraischer Integrale auftretenden abelschen Funktionen erfüllt. Nicht nur aus diesem Grund ist der Fall $m = p$ der eigentlich interessante.

Beim Studium der *Mannigfaltigkeit* aller Gitter $L \subset \mathbb{C}$ stößt man auf die elliptischen Modulfunktionen. In derselben Weise geben die abelschen Funktionen den Anlaß zu einer Theorie der *Modulfunktionen mehrerer Veränderlicher.* Das letzte Kapitel dieses Buches enthält eine möglichst einfach gehaltene Einführung in diese Theorie.

Dieses Buch ist somit eine Wiederholung von [FB] auf höherer Ebene. Der gewöhnlichen CAUCHY-WEIERSTRASS'schen Funktionentheorie entsprechen die Theorie der RIEMANN'schen Flächen und gewisse Grundelemente der Funktionentheorie mehrerer Veränderlicher. Anstelle der Theorie der elliptischen Funktionen tritt die Theorie der abelschen Funktionen und an die der elliptischen Modulfunktionen die Theorie der SIEGEL'schen Modulfunktionen.

Es wurde versucht, jeweils möglichst elementar vorzugehen und alle Hilfsmittel vollständig zu entwickeln. Dies bedingt auch kleine Exkurse in die Algebra.

Dem Koautor des ersten Bandes, Herrn Busam, möchte ich für seine Hilfe bei der Erstellung von Abbildungen und den allgemeinen Grundlagen herzlich danken.

Inhalt

Kapitel VII. Modulformen mehrerer Veränderlicher   444

Kapitel VIII. Anhang: Algebraische Hilfsmittel   501

Literatur   513

Index   518

I. Riemann'sche Flächen

In den ersten vier Kapiteln befassen wir uns mit der Theorie der RIEMANN'schen Flächen. Der Leser dürfte bereits verschiedenen RIEMANN'schen Flächen begegnet sein, selbst wenn er den Begriff der RIEMANN'schen Fläche oder gar deren systematische Theorie nicht kennt. In dem Buch „Funktionentheorie" [FB] sind folgende Beispiele aufgetreten:

1) Der Torus $\mathbb{C}/L$, $L \subset \mathbb{C}$ ein Gitter ([FB] Kap. V).

2) Modulräume $\mathbb{H}/\Gamma$, $\Gamma \subset \mathrm{SL}(2,\mathbb{Z})$ eine Kongruenzgruppe ([FB] Kap. VI).

3) Gewisse ebene affine bzw. projektive algebraische Kurven ([FB] Anhang zu V.3).

Ein wichtiger Aspekt der Theorie der RIEMANN'schen Flächen ist es, diese Beispiele unter einheitlichem Gesichtspunkt zu behandeln und zu vertiefen. Wir werden dabei zu neuen Einsichten gelangen und beispielsweise Dimensionsformeln für Vektorräume von Modulformen erhalten, welche mit den elementaren Methoden von [FB] nicht erreichbar sind. Die Bedeutung der Theorie der RIEMANN'schen Flächen erschöpft sich jedoch keineswegs in diesen Beispielen.

In Kapitel I wird die elementare Theorie RIEMANN'scher Flächen behandelt. Es werden die grundlegenden Definitionen gegeben, d.h. die Sprache der RIEMANN'schen Flächen wird entwickelt, und es werden wichtige Beispiele diskutiert.

Kapitel II ist zentralen *konstruktiven Problemen* gewidmet. Es erweist sich als zweckmäßig, anstelle analytischer Funktionen *harmonische* Funktionen zu betrachten. Realteile analytischer Funktionen sind harmonisch und jede harmonische Funktion ist wenigstens lokal der Realteil einer analytischen Funktion. Wir werden *Randwertprobleme* und *Singularitätenprobleme* für harmonische Funktionen untersuchen, wobei wir uns auf das SCHWARZ'sche alternierende Verfahren stützen.

Gegenstand von Kapitel III ist die *Uniformisierungstheorie*. In ihrem Zentrum steht der *Uniformisierungssatz*, welcher besagt, dass jede einfach zusammenhängende RIEMANN'sche Fläche konform äquivalent zur Zahlkugel, Zahlebene oder zur Einheitskreisscheibe ist.

Das umfangreiche Kapitel IV ist gänzlich der Theorie der *kompakten Riemann'schen Flächen* gewidmet. Es stellt sich heraus, dass diese Theorie zur Theorie der *algebraischen Funktionen* (einer Variablen) äquivalent ist. Es war ein großes historisches Problem, die Theorie der elliptischen Integrale ([FB] V.5) auf die Theorie der Integrale beliebiger algebraischer Funktionen zu verallgemeinern. Die RIEMANN'schen Flächen erwiesen sich als das geeignete Instrument, diese Probleme zu lösen. Im Mittelpunkt der Theorie stehen markante Theoreme wie der RIEMANN-ROCH'sche Satz, das ABEL'sche Theorem und das JACOBI'sche Umkehrtheorem.

Wir wollen den Inhalt des vorliegenden Kapitels I etwas genauer erläutern. Wir beginnen mit einer Zusammenstellung topologischer Grundbegriffe. Es handelt sich hierbei lediglich um Topologie als sprachliches Mittel, wie es heute in den meisten mathematischen Disziplinen verwendet wird. Wir können daher davon ausgehen, dass der mittlerweile fortgeschrittene Leser mit diesen Begriffen mehr oder weniger vertraut geworden ist. Um ein sicheres Fundament zu bekommen, haben wir die benötigten Definitionen und Tatsachen vollständig zusammengefasst, wobei wir auf die (in der Regel einfachen) Beweise meist verzichten.

In §1 wird möglichst rasch und ohne viel zu motivieren der Begriff der RIEMANN'-schen Fläche sowie der Begriff der analytischen Abbildung zwischen RIEMANN'schen Flächen eingeführt. Einfachste Beispiele RIEMANN'scher Flächen sind die Zahlkugel $\bar{\mathbb{C}}$ sowie Tori $\mathbb{C}/L$. Offene Teile RIEMANN'scher Flächen sind selbst RIEMANN'sche Flächen. Insbesondere kann jede offene Teilmenge der komplexen Ebene als RIE-MANN'sche Fläche aufgefasst werden.

In §2 wird ein historisch wichtiges Beispiel für eine RIEMANN'sche Fläche, das *analytische Gebilde*, eingeführt. RIEMANN'sche Flächen treten in natürlicher Weise auf, wenn man analytische Funktionen längs gewisser vorgegebener Wege analytisch fortsetzen kann, das Endresultat dieser Fortsetzung jedoch von der Wahl des Weges abhängt. Betrachtet man beliebige analytische Fortsetzungen analytischer Funktionen, so gelangt man im Prinzip zu einer „mehrdeutigen Funktion", so wie man sich z.B. $\sqrt{z}$ als zweideutige Funktion vorstellen mag. Zu einer solchen mehrdeutigen Funktion kann man eine RIEMANN'sche Fläche konstruieren, welche ihren Definitionsbereich überlagert, und so dass die a priori mehrdeutige Funktion auf dieser Überlagerung eindeutig wird. Das analytische Gebilde ist ein Beispiel für eine abstrakte topologische Konstruktion. Die Sprache abstrakter topologischer Räume findet hier eine besondere Rechtfertigung. Dennoch sollte dieses Beispiel nicht überschätzt werden. Es wird im folgenden in der Theorie und in den Anwendungen nicht mehr benutzt werden und kann von einem Leser, welcher möglichst rasch voranschreiten möchte, ohne Schaden überschlagen werden.

In §3 wird ein fundamental wichtiges Beispiel eingeführt, die RIEMANN'sche Fläche einer *algebraischen Funktion*. Genauer werden wir einer algebraischen Funktion einer Variablen eine *kompakte zusammenhängende Riemann'sche Fläche* zuordnen. Wir werden in Kapitel IV sehen, dass man auf diesem Wege *alle* kompakten zusammenhängenden RIEMANN'schen Flächen erhält. Algebraische Funktionen sind a priori mehrdeutig. Es liegt daher nahe, das analytische Gebilde zur Konstruktion heranzuziehen. Dies ist möglich und wird in §3 auch erläutert. Unabhängig hiervon kann ein anderer Weg eingeschlagen werden, welchen wir ausführlich behandeln. Man betrachtet die einer algebraischen Funktion zugeordnete *algebraische Kurve*. Dies ist wohl der elegantere Weg. Auf beiden Wegen gelangt man allerdings zunächst nur zu einer Fläche, welche noch nicht kompakt ist. Der schwierigere Teil besteht in deren *Kompaktifizierung*. Die Kompaktifizierung wird in der Literatur meist durch Hinzufügen sogenannter PUISEUX-Elemente bewerkstelligt. Dieser Weg ist zwar konkret und explizit, verschleiert aber den rein topologischen Hintergrund, den wir hier herausarbeiten wollen. Er beruht auf einem rein topologischen Satz, einem Spezialfall der Überlagerungstheorie:

Ist $f : X \to \mathbb{E}^{\bullet}$ eine eigentliche und lokal topologische Abbildung eines nicht leeren zusammenhängenden Hausdorffraums X in die punktierte Kreisscheibe, so existieren eine topologische Abbildung $\sigma : X \to \mathbb{E}^{\bullet}$ und eine natürliche Zahl n, so dass f der Abbildung

$$\mathbb{E}^{\bullet} \longrightarrow \mathbb{E}^{\bullet}, \quad q \longmapsto q^n,$$

entspricht, $f(x) = \sigma(x)^n$.

Der abstrakte Raum X hat also ein Loch. Es liegt nahe, den Raum X durch Hinzufügen eines weiteren Punktes a zu erweitern, $\tilde{X} = X \cup \{a\}$ und die Abbildungen f und σ zu Abbildungen $\tilde{f} : \tilde{X} \to \mathbb{E}$ und $\tilde{\sigma} : \tilde{X} \to \mathbb{E}$ durch $\tilde{f}(a) = 0$ und $\tilde{\sigma}(a) = 0$ fortzusetzen. Man kann dann $\tilde{X}$ so topologisieren, dass $\tilde{\sigma}$ topologisch wird. Die Abbildung $\tilde{f}$ ist eigentlich aber nicht lokal topologisch, insbesondere keine Überlagerung mehr.

Es schien uns der Mühe wert, diesen Spezialfall der Überlagerungstheorie im Zusammenhang mit der Konstruktion der einer algebraischen Funktion zugeordneten *kompakten* RIEMANN'schen Fläche vollständig darzustellen. Erst in Kapitel III wird die Überlagerungstheorie in voller Allgemeinheit entwickelt.

0. Topologische Grundbegriffe

Eine *Topologie* $\mathcal{T}$ auf einer Menge X ist ein System von Teilmengen mit folgenden Eigenschaften:

1) $\emptyset$, $X \in \mathcal{T}$.
2) Der Durchschnitt von endlich vielen Mengen aus $\mathcal{T}$ gehört zu $\mathcal{T}$.
3) Die Vereinigung von beliebig vielen Mengen aus $\mathcal{T}$ gehört zu $\mathcal{T}$.

Ein *topologischer Raum* ist ein Paar $(X, \mathcal{T})$, bestehend aus einer Menge X und einer Topologie $\mathcal{T}$ auf X. Da gewöhnlich aus dem Zusammenhang heraus klar ist, welche Topologie gerade auf einer vorgelegten Menge X betrachtet wird, schreibt man meist X anstelle von $(X, \mathcal{T})$,

$$„X = (X, \ \mathcal{T})".$$

Die Elemente von $\mathcal{T}$ heißen auch die *offenen Teile* von X.

Wir geben einige wichtige Konstruktionsprinzipien für Topologien an.

I Metrische Räume und ihre Topologie

1) Eine Metrik d auf einer Menge X ist eine Abbildung

$$d : X \times X \longrightarrow \mathbb{R}_{\geq 0}$$

mit den Eigenschaften

a) $d(a, b) = 0 \iff a = b$,
b) $d(a, b) = d(b, a)$,
c) $d(a, c) \leq d(a, b) + d(b, c)$ $(a, b, c \in X)$.

Man ordnet dem „metrischen Raum" (X, d) die „übliche Topologie" zu. Eine Teilmenge $U \subset X$ heißt *offen*, falls es zu jedem $a \in U$ ein $\varepsilon > 0$ gibt, so dass

$$U_\varepsilon(a) \subset U \qquad (U_\varepsilon(a) := \{x \in X; \ d(a, x) < \varepsilon\}).$$

Beispiel. Die reelle Gerade oder die komplexe Zahlenebene $\mathbb{C}$, allgemeiner $\mathbb{R}^n$, können beispielsweise mit der euklidschen Metrik versehen werden und werden so zu topologischen Räumen.

II Die induzierte Topologie

Sei Y eine Teilmenge eines topologischen Raumes $X = (X, \mathcal{T})$. Man versieht Y mit einer Topologie $\mathcal{T}|Y$, der sogenannten *induzierten Topologie* oder *Teilraumtopologie*:

Eine Teilmenge $V \subset Y$ gehört genau dann zu $\mathcal{T}|Y$, falls es eine Teilmenge $U \subset X$, $U \in \mathcal{T}$, gibt, so dass $V = U \cap Y$. (Ist Y selbst schon ein offener Teil von X, so bedeutet dies einfach $V \in \mathcal{T}$.)

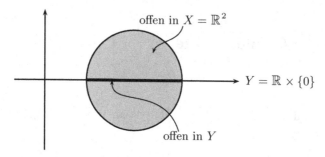

offen in $X = \mathbb{R}^2$

$Y = \mathbb{R} \times \{0\}$

offen in Y

III Die Quotiententopologie

Sei X ein topologischer Raum und $f : X \to Y$ eine Abbildung auf eine Menge Y. Man versieht Y mit der *Quotiententopologie*. Eine Teilmenge $V \subset Y$ heißt genau dann *offen*, falls ihr Urbild $U := f^{-1}(V)$ offen in X ist.

Spezialfall. Sei „$\sim$" eine Äquivalenzrelation auf X und Y die Menge der Äquivalenzklassen und $f : X \to Y$ die kanonische Projektion. Man nennt Y dann auch den *Quotientenraum* von X nach der vorgelegten Äquivalenzrelation.

Beispiele.
a) Der Torus $X = \mathbb{C}/L$ ($L \subset \mathbb{C}$ ein Gitter).
b) Der „Modulraum" $\mathbb{H}/\operatorname{SL}(2, \mathbb{Z})$.

IV Die Produkttopologie

Seien $X_1, \ldots, X_n$ endlich viele topologische Räume. Auf dem kartesischen Produkt

$$X = X_1 \times \cdots \times X_n$$

wird die *Produkttopologie* eingeführt.

Eine Teilmenge $U \subset X$ heißt genau dann *offen*, falls es zu jedem Punkt $a \in U$ offene Teile $U_1 \subset X_1, \ldots, U_n \subset X_n$ gibt, so dass $a \in U_1 \times \cdots \times U_n \subset U$.

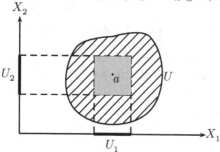

Versieht man $\mathbb{R}^n$ mit der Topologie, welche von der euklidschen Metrik herrührt, so erhält man genau die Produkttopologie von n Exemplaren der reellen Geraden. Dies folgt aus der bekannten Tatsache, dass die euklidsche Metrik und die Maximummetrik auf dem $\mathbb{R}^n$ äquivalent sind (s. Aufgabe 1).

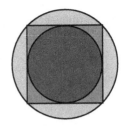

Abgeleitete topologische Begriffe

a) *für Teilmengen eines topologischen Raumes X*

1) Eine Teilmenge $A \subset X$ heißt *abgeschlossen*, falls ihr Komplement $X - A$ offen ist.

2) Eine Teilmenge $M \subset X$ heißt *Umgebung* eines Punktes $a \in X$, falls es einen offenen Teil $U \subset X$ mit $a \in U \subset M$ gibt.

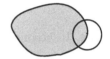

3) Ein Punkt $a \in X$ heißt *Randpunkt* von $M \subset X$, falls in *jeder Umgebung* von a sowohl Punkte von M als auch vom Komplement $X - M$ von M enthalten sind.

Bezeichnung.

$$\partial M := \text{Menge der Randpunkte,}$$
$$\bar{M} := M \cup \partial M.$$

Man zeigt. $\bar{M}$ ist die kleinste abgeschlossene Teilmenge von X, welche M umfasst, d.h.

$$\bar{M} = \bigcap_{\substack{M \subset A \subset X, \\ A \text{ abgeschlossen}}} A.$$

Außerdem gilt

$$M \text{ abgeschlossen} \iff M = \bar{M}.$$

Man nennt $\bar{M}$ den *Abschluss* von M.

b) *für Abbildungen $f : X \to Y$ zwischen topologischen Räumen*

Die Abbildung f heißt *stetig* in einem Punkt $a \in X$, falls das Urbild $f^{-1}(V(b))$ jeder Umgebung von $b := f(a)$ eine Umgebung von a (in X) ist. Man nennt f *stetig schlechthin*, wenn f in jedem Punkt stetig ist.

Äquivalent sind:

1) f ist stetig,
2) das Urbild einer beliebigen offenen Teilmenge von Y ist offen (in X),
3) das Urbild einer beliebigen abgeschlossenen Teilmenge von Y ist abgeschlossen (in X).

Die Zusammensetzung zweier stetiger Abbildungen

$$X \xrightarrow{f} Y \xrightarrow{g} Z$$

ist stetig. (Dies gilt in naheliegendem Sinne sowohl „punktuell" als auch „schlechthin".)

Universelle Eigenschaften der konstruierten Topologien

1) Die induzierte Topologie

Sei Y eine Teilmenge eines topologischen Raumes X, versehen mit der induzierten Topologie. Eine Abbildung $f : Z \to Y$ eines dritten topologischen Raumes Z in Y ist genau dann stetig, wenn ihre Zusammensetzung mit der natürlichen Inklusion i

$$i \circ f : Z \longrightarrow X \qquad (i : Y \hookrightarrow X, \ i(y) = y)$$

stetig ist. Insbesondere ist i stetig.

2) Die Quotiententopologie

Sei $f : X \to Y$ eine surjektive Abbildung topologischer Räume, wobei Y die Quotiententopologie trage. Eine Abbildung $h : Y \to Z$ in einen dritten topologischen Raum Z ist genau dann stetig, wenn die Zusammensetzung

$$h \circ f : X \longrightarrow Z$$

stetig ist. (Insbesondere ist f stetig.)

3) *Die Produkttopologie*

Seien $X_1, \ldots, X_n$ topologische Räume und

$$f : Y \longrightarrow X_1 \times \cdots \times X_n$$

eine Abbildung eines weiteren topologischen Raumes Y in ihr kartesisches Produkt, versehen mit der Produkttopologie. Die Abbildung f ist genau dann stetig, wenn jede ihrer Komponenten

$$f_j = p_j \circ f : Y \longrightarrow X_j,$$
$$p_j : X_1 \times \cdots \times X_n \longrightarrow X_j \quad j\text{-te Projektion,}$$

stetig ist. (Insbesondere sind die Projektionen p_j stetig.)

$$
\begin{array}{ccc}
Y & \xrightarrow{\ f\ } & X_1 \times \cdots \times X_n \\
 & \searrow_{p_\nu \circ f} & \downarrow^{p_\nu} \\
 & & X_\nu
\end{array}
$$

Topologische Abbildungen

Eine Abbildung $f : X \to Y$ topologischer Räume heißt *topologisch*, falls sie bijektiv ist und falls f und f^{-1} beide stetig sind. Zwei topologische Räume X, Y heißen *topologisch äquivalent* (oder auch homöomorph), falls eine topologische Abbildung $f : X \to Y$ existiert.

Beispiele
(Die beiden folgenden Beispiele werden in §1 genauer behandelt.)

1) Die 2-Sphäre

$$S^2 = \{x \in \mathbb{R}^3; \quad x_1^2 + x_2^2 + x_3^2 = 1\}$$

und die RIEMANN'sche Zahlkugel sind homöomorph,

$$S^2 \simeq \bar{\mathbb{C}} = \mathbb{C} \cup \{\infty\}.$$

Dies zeigt man beispielsweise mit Hilfe der stereographischen Projektion (s. auch [FB], Kapitel III, Anhang zu §4 und 5 im Anschluss an Theorem A.8):

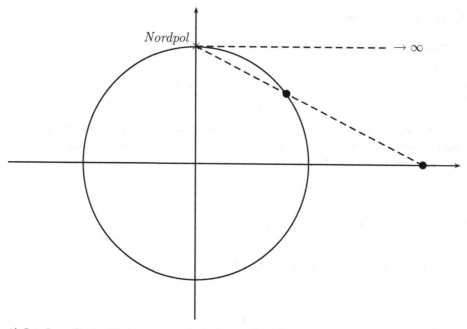

2) Ist $L \subset \mathbb{C}$ ein Gitter, so ist der Torus $\mathbb{C}/L$ homöomorph zum kartesischen Produkt zweier Kreislinien:

$$\mathbb{C}/L = \text{Torus} \simeq S^1 \times S^1.$$

Einige Eigenschaften topologischer Räume

1) Ein topologischer Raum X heißt *Hausdorff'sch* oder ein *Hausdorffraum*, falls zu je zwei verschiedenen Punkten $a, b \in X$ disjunkte Umgebungen $U(a)$ und $U(b)$ existieren $(U(a) \cap U(b) = \emptyset)$.

2) Ein topologischer Raum X heißt *kompakt*, falls er HAUSDORFF'sch ist und falls er die HEINE-BOREL'sche Überdeckungseigenschaft besitzt, d.h. ist

$$X = \bigcup_{j \in I} U_j$$

eine beliebige Überdeckung von X durch offene Teilmengen, so existiert eine *endliche* Teilmenge $J \subset I$ mit

$$X = \bigcup_{j \in J} U_j.$$

Eine Teilmenge Y eines topologischen Raumes X heißt *kompakt*, wenn sie, mit der induzierten Topologie versehen, ein kompakter topologischer Raum ist.

Einige Eigenschaften kompakter Räume

a) Kompakte Teile eines topologischen Raumes sind stets abgeschlossen.

b) Ein abgeschlossener Teil eines kompakten Raumes ist kompakt.

c) Ist $f : X \to Y$ eine stetige Abbildung von HAUSDORFFräumen, so ist das Bild $f(K)$ eines kompakten Teils $K \subset X$ stets kompakt.

d) Sei X kompakt, Y ein HAUSDORFFraum und $f : X \to Y$ bijektiv und stetig. Dann ist f sogar topologisch.

e) Das kartesische Produkt $X_1 \times \cdots \times X_n$ von kompakten Räumen ist kompakt.

Lokal kompakte Räume und eigentliche Abbildungen

Ein topologischer Raum X heißt *lokal kompakt*, falls er HAUSDORFF'sch ist und falls jeder Punkt eine kompakte Umgebung besitzt.

Eine stetige Abbildung

$$f : X \longrightarrow Y$$

von lokal kompakten Räumen X und Y heißt *eigentlich*, falls das Urbild $f^{-1}(K)$ einer beliebigen kompakten Menge $K \subset Y$ kompakt ist.

Wir formulieren zwei wichtige Eigenschaften eigentlicher Abbildungen.

0.1 Bemerkung. *Sei $f : X \to Y$ eine eigentliche Abbildung. Das Bild $f(A)$ einer abgeschlossenen Menge $A \subset X$ ist abgeschlossen.*

Beweis. In einem lokal kompakten Raum ist eine Menge genau dann abgeschlossen, wenn ihr Durchschnitt mit jedem Kompaktum kompakt ist. Sei also $K \subset Y$ kompakt. Offenbar ist $K \cap f(A)$ das Bild der kompakten Menge $f^{-1}(K) \cap A$ und damit selbst kompakt.

0.2 Bemerkung. *Sei $f : X \to Y$ eine eigentliche Abbildung. Gegeben seien eine kompakte Teilmenge $K \subset Y$ und eine offene Teilmenge $U \subset X$, welche das Urbild von K umfasst,*

$$U \supset f^{-1}(K).$$

Dann existiert eine offene Teilmenge $V \subset Y$, mit den Eigenschaften

$$K \subset V \subset Y, \quad f^{-1}(V) \subset U.$$

Beweis. Die Menge $X - U$ ist abgeschlossen. Nach 1) ist ihr Bild $f(X - U)$ in Y abgeschlossen. Man kann daher für V ihr Komplement nehmen. □

Konvergente Folgen

Eine Folge (a_n) in einem HAUSDORFFraum X konvergiert gegen $a \in X$, falls es zu jeder Umgebung $U(a)$ eine Zahl $N \in \mathbb{N}$ mit

$$a_n \in U \text{ für } n \geq N$$

gibt. Man schreibt hierfür kurz

$$a_n \longrightarrow a \text{ für } n \longrightarrow \infty.$$

Der Grenzwert a ist eindeutig bestimmt (wegen der HAUSDORFF-Eigenschaft).

Eine Abbildung $f : X \to Y$ topologischer HAUSDORFFräume heißt *folgen-stetig*, falls

$$a_n \longrightarrow a \Longrightarrow f(a_n) \longrightarrow f(a).$$

Eine Teilmenge $A \subset X$ eines topologischen HAUSDORFFraumes heißt *folgen-abgeschlossen*, falls für jede Folge

$$[a_n \longrightarrow a, \quad a_n \in A \text{ für alle } n] \Longrightarrow a \in A,$$

und *folgenkompakt*, falls jede Folge aus A einen Häufungspunkt besitzt. (Ein Punkt a heißt Häufungspunkt einer Folge (a_n), falls es eine Teilfolge gibt, welche gegen a konvergiert.)

Man zeigt

$$\text{stetig} \Longrightarrow \text{folgenstetig,}$$
$$\text{abgeschlossen} \Longrightarrow \text{folgenabgeschlossen,}$$
$$\text{kompakt} \Longrightarrow \text{folgenkompakt.}$$

Die Umkehrung hiervon ist richtig für HAUSDORFFräume mit *abzählbarer Basis der Topologie*.

Das soll folgendes heißen:

Es existiert eine Folge $U_1, U_2, U_3, \ldots$ von offenen Mengen, so dass sich jede offene Menge U als Vereinigung von gewissen Mengen U_n schreiben lässt. Insbesondere hat dann auch jede Teilmenge von X abzählbare Basis der Topologie.

Beispiel. Der $\mathbb{R}^n$. Man nimmt euklidische Kugeln mit rationalen Radien und mit Mittelpunkten, deren Koordinaten rational sind.

Zusammenhang

Ein topologischer Raum X heißt *bogenweise zusammenhängend*, falls sich je zwei Punkte in X durch ein Kurve verbinden lassen. (Eine Kurve in X ist eine stetige Abbildung eines reellen Intervalls in X.)

Ein topologischer Raum heißt *zusammenhängend*, falls eine der beiden folgenden äquivalenten Bedingungen erfüllt ist:

1) Jede lokal konstante Abbildung $f : X \to M$ in irgendeine Menge M ist konstant. Es genügt dabei für M irgendeine feste Menge zu nehmen, welche mindestens zwei Elemente enthält.

2) Ist $X = U \cup V$ Vereinigung zweier disjunkter offener Teilmengen U, V, so ist U oder V leer (und daher $V = X$ oder $U = X$).

Nach dem Zwischenwertsatz ist jedes reelle Intervall zusammenhängend. Folgedessen ist jeder bogenweise zusammenhängende Raum zusammenhängend. Die Umkehrung gilt jedoch im allgemeinen nicht, jedoch für Mannigfaltigkeiten, insbesondere für Flächen (s.u.).

Bogenkomponenten

Wir nennen zwei Punkte eines topologischen Raumes X äquivalent, falls sie sich durch eine Kurve miteinander verbinden lassen. Die Äquivalenzklassen bezüglich dieser Äquivalenzrelation nennt man die *Bogenkomponenten* von X. Sie sind bogenweise zusammenhängend.

Eine *(topologische) Mannigfaltigkeit* X der Dimension n ist ein HAUS-DORFFraum, so dass jeder Punkt eine offene Umgebung besitzt, welche zu einem offenen Teil des $\mathbb{R}^n$ homöomorph ist. Ein nichttriviales Resultat besagt, dass die Dimension n eindeutig bestimmt ist. Wir benötigen dieses Resultat jedoch nicht. Eine *Fläche* ist eine Mannigfaltigkeit der Dimension zwei. Offensichtlich gilt:

Wenn X eine Mannigfaltigkeit ist, so sind die Bogenkomponenten offen in X.

Die Bogenkomponenten sind daher selbst (zusammenhängende) Mannigfaltigkeiten. Man nennt die Bogenkomponenten einer Mannigfaltigkeit auch ihre *Zusammenhangskomponenten*.

Eine Mannigfaltigkeit ist insbesondere genau dann zusammenhängend, wenn sie bogenweise zusammenhängend ist.

In der Theorie der Mannigfaltigkeiten kann man sich daher häufig auf die Betrachtung zusammenhängender Mannigfaltigkeiten beschränken.

Übungsaufgaben zu I.0

1. Zwei Metriken d, d' auf einer Menge X heißen (streng) äquivalent, falls es Konstanten c, c' mit der Eigenschaft

$$cd(x,y) \leq d'(x,y) \leq c'd(x,y) \quad (x,y \in X)$$

gibt. Man zeige, dass äquivalente Metriken dieselben Topologien definieren. Die Umkehrung i.a. falsch.

Beispiel. Die Maximummetrik und die euklidsche Metrik des $\mathbb{R}^n$ sind äquivalent, genauer gilt:

$$\max_{1\leq\nu\leq n}|x_\nu - y_\nu| \leq \sqrt{\sum_{\nu=1}^{n}(x_\nu - y_\nu)^2} \leq \sqrt{n}\max_{1\leq\nu\leq n}|x_\nu - y_\nu|.$$

2. Sind $\mathcal{T}$ und $\mathcal{T}'$ Topologien auf einer Menge X, so heißt $\mathcal{T}$ *feiner* als $\mathcal{T}'$ oder $\mathcal{T}'$ *gröber* als $\mathcal{T}$, falls $\mathcal{T}' \subset \mathcal{T}$ gilt, d.h. jede bezüglich $\mathcal{T}'$ offene Teilmenge ist auch bezüglich $\mathcal{T}$ offen.

   a) Ist $X = (X,\mathcal{T})$ ein topologischer Raum und $Y \subset X$ versehen mit der induzierten Topologie $\mathcal{T}|Y$ und ist

$$j : Y \longrightarrow X, \quad y \longmapsto y,$$

   die kanonische Injektion, dann ist $\mathcal{T}|Y$ die gröbste Topologie auf Y, bezüglich derer die kanonische Injektion stetig ist.

   b) Die Produkttopologie auf einem Produkt $X = X_1 \times \ldots \times X_n$ von topologischen Räumen X_j ist die gröbste Topologie auf X, so dass die Projektionen

$$p_j : X \longrightarrow X_j, \quad (x_1,\ldots,x_n) \longmapsto x_j,$$

   stetig sind.

   c) Ist $f : X \to Y$ eine surjektive Abbildung eines topologischen Raumes auf eine Menge X, so ist die Quotiententopologie auf Y die feinste Topologie für welche f stetig ist.

3. Man zeige.
   a) Jede eigentliche injektive Abbildung $\mathbb{R} \to \mathbb{R}$ ist surjektiv.
   b) Jede eigentliche analytische Abbildung $\mathbb{C} \to \mathbb{C}$ ist surjektiv.

4. Sei X ein HAUSDORFFraum mit abzählbarer Basis der Topologie, so dass die Projektion

$$X \times \bar{\mathbb{C}} \longrightarrow \bar{\mathbb{C}}$$

abgeschlossen ist. Dann ist X kompakt.

Anleitung. Man schließe indirekt und nehme an, dass in X eine Folge (a_n) ohne Häufungspunkt existiert. Dann ist die Menge $\{(a_n, n); \ n \in \mathbb{N}\}$ abgeschlossen. Nach Voraussetzung wäre ihr Bild in $\bar{\mathbb{C}}$ abgeschlossen.

5. Aus der vorangehenden Aufgabe folgere man:

Seien X, Y lokal kompakte Räume mit abzählbarer Basis der Topologie. Eine stetige Abbildung $f : X \to Y$ ist genau dann eigentlich, wenn sie universell abgeschlossen ist. d.h. wenn die Abbildung

$$X \times Z \longrightarrow Y \times Z; \quad (x,z) \longmapsto (f(x),z),$$

für jeden HAUSDORFFraum Z abgeschlossen ist.

1. Der Begriff der Riemann'schen Fläche

RIEMANN'sche Flächen sind Flächen im topologischen Sinne mit einer gewissen Zusatzstruktur. Flächen sind spezielle Mannigfaltigkeiten (s. §0). Der Vollständigkeit halber führen wir den Begriff der (topologischen) Fläche an dieser Stelle noch einmal ein. Im folgenden sei X ein topologischer HAUSDORFFraum.

1.1 Definition. *Eine (zweidimensionale) **Karte** φ auf X ist eine topologische Abbildung*

$$\varphi : U \longrightarrow V$$

eines offenen Teils $U \subset X$ auf einen offenen Teil $V \subset \mathbb{C}$ der komplexen Ebene.

Seien

$$\varphi : U \longrightarrow V, \quad \psi : U' \longrightarrow V'$$

zwei Karten auf X. Man kann die (topologischen) Abbildungen

$$\varphi_0 : U \cap U' \longrightarrow \varphi(U \cap U'), \quad \varphi_0(a) = \varphi(a),$$
$$\psi_0 : U \cap U' \longrightarrow \psi(U \cap U'), \quad \psi_0(a) = \psi(a),$$

betrachten.

Die Abbildung $\psi_0 \circ \varphi_0^{-1}$ bezeichnen wir (abweichend von der strengen mengentheoretischen Konvention) auch einfach mit $\psi \circ \varphi^{-1}$,

$$\psi \circ \varphi^{-1} : \varphi(U \cap U') \longrightarrow \psi(U \cap U').$$

Offenbar sind $\varphi(U \cap U')$, $\psi(U \cap U')$ offene Teile der komplexen Ebene. Man nennt $\psi \circ \varphi^{-1}$ auch die *Kartentransformationsabbildung*. Sie ist natürlich nur dann von Interesse, wenn der Durchschnitt $U \cap U'$ nicht leer ist.

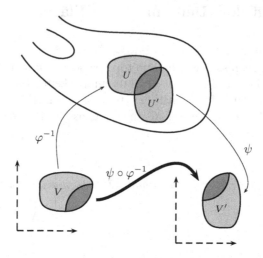

1.2 Definition. *Ein (zweidimensionaler) **Atlas** $\mathcal{A}$ auf einem topologischen Raum X ist eine Menge von (zweidimensionalen) Karten $\varphi : U_\varphi \to V_\varphi$, deren Definitionsbereiche ganz X überdecken,*

$$X = \bigcup_{\varphi \in \mathcal{A}} U_\varphi.$$

Wenn auf einem topologischen Raum X ein zweidimensionaler Atlas existiert, so sieht X lokal wie die komplexe Ebene $\mathbb{C} \simeq \mathbb{R}^2$ aus.

Eine (topologische) **Fläche** ist nach Definition ein HAUSDORFFraum, auf welchem ein (zweidimensionaler) Atlas existiert. Zu jedem Punkt $a \in X$ existiert also eine Karte, in deren Definitionsbereich a enthalten ist.

1.3 Definition. *Zwei Karten φ, ψ auf einer Fläche heißen **analytisch verträglich**, falls die Kartentransformationsabbildung*

$$\psi \circ \varphi^{-1} : \varphi(U \cap U') \longrightarrow \psi(U \cap U')$$

biholomorph (=konform) ist.

1.4 Definition. *Ein Atlas $\mathcal{A}$ auf einer Fläche X heißt **analytisch**, falls je zwei Karten aus $\mathcal{A}$ analytisch verträglich sind.*

Auf ein und derselben topologischen Fläche können natürlich viele analytische Atlanten existieren, wenn überhaupt welche existieren. Sind zwei analytische Atlanten $\mathcal{A}$ und $\mathcal{B}$ auf X gegeben, so kann es sein, dass auch $\mathcal{A} \cup \mathcal{B}$ ein analytischer Atlas ist. Dies ist natürlich genau dann der Fall, wenn jede Karte aus $\mathcal{A}$ mit jeder Karte aus $\mathcal{B}$ analytisch verträglich ist. Solche Atlanten werden für die angestrebte Theorie dasselbe leisten. Wir wollen sie daher „im wesentlichen gleich" nennen:

1.5 Definition. *Zwei analytische Atlanten $\mathcal{A}$, $\mathcal{B}$ heißen im wesentlichen gleich, wenn auch $\mathcal{A} \cup \mathcal{B}$ ein analytischer Atlas ist.*

Offensichtlich wird durch die Relation „im wesentlichen gleich" eine Äquivalenzrelation auf der Menge aller analytischen Atlanten definiert. Die Klasse aller mit $\mathcal{A}$ im wesentlichen gleicher Atlanten bezeichnen wir mit $[\mathcal{A}]$.

1.6 Definition. *Eine **Riemann'sche Fläche** ist ein Paar $(X, [\mathcal{A}])$, bestehend aus einer topologischen Fläche X und einer vollen Klasse im wesentlichen gleicher analytischer Atlanten $\mathcal{A}$ auf X.*

RIEMANN'sche Flächen sind also topologische Flächen, auf denen ein analytischer Atlas als zusätzliche Struktur ausgezeichnet wurde, wobei zwei solche Atlanten genau dann dieselbe Struktur ergeben, wenn sie im wesentlichen gleich sind. Wir werden sehen, dass auf ein und derselben topologischen Fläche X viele wesentlich voneinander verschiedene analytische Atlanten und damit Strukturen als RIEMANN'sche Fläche existieren können.

Wir erlauben die Schreibweise $(X, \mathcal{A})$ anstelle von $(X, [\mathcal{A}])$. Dabei muss man aber bedenken, dass $(X, \mathcal{A})$ und $(X, \mathcal{B})$ gleich sind, wenn $\mathcal{A}$ und $\mathcal{B}$ äquivalent sind. Da in der Regel aus dem Zusammenhang heraus klar ist, welcher analytische Atlas $\mathcal{A}$ zugrundegelegt wurde, schreibt man meistens sogar einfach $X = (X, [\mathcal{A}])$.

Der Begriff der analytischen Verträglichkeit ist so eingerichtet, dass man Begriffsbildungen aus der Funktionentheorie der komplexen Ebene, welche gegenüber konformen Transformationen invariant sind, auf RIEMANN'sche Flächen übertragen kann. Grundlegendes Beispiel ist der Begriff der *analytischen Abbildung*, dem wir uns nun zuwenden:

Sei $f : X \to Y$ eine stetige Abbildung RIEMANN'scher Flächen $X = (X, \mathcal{A})$ und $Y = (Y, \mathcal{B})$. Wir betrachten zwei Karten

$$\varphi : U_\varphi \longrightarrow V_\varphi \quad \text{aus } \mathcal{A},$$
$$\psi : U_\psi \longrightarrow V_\psi \quad \text{aus } \mathcal{B}.$$

Man kann dann (in etwas schlampiger Schreibweise) die Funktion

$$f_{\varphi,\psi} = \psi \circ f \circ \varphi^{-1}$$

betrachten. Ihr Definitionsbereich ist ein offener Teil der komplexen Ebene, nämlich

$$\varphi(f^{-1}(U_\psi) \cap U_\varphi) \subset V_\varphi.$$

Ihre Werte liegen in V_ψ,

$$f_{\varphi,\psi} : \varphi(f^{-1}(U_\psi) \cap U_\varphi) \longrightarrow V_\psi, \qquad f_{\varphi,\psi}(z) = \psi f \varphi^{-1}(z).$$

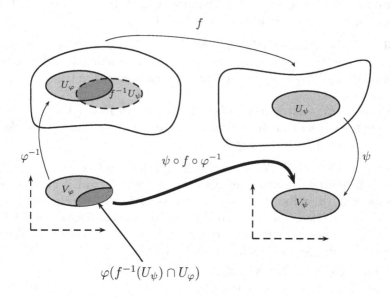

1.7 Hilfssatz. *Sei $f : X \longrightarrow Y$ eine stetige Abbildung topologischer Flächen. Auf X bzw. Y sei ein analytischer Atlas $\mathcal{A}$ bzw. $\mathcal{B}$ ausgezeichnet. Schließlich sei $a \in X$ ein fester Punkt und $b = f(a)$. Folgende beiden Bedingungen sind gleichbedeutend:*

a) *Es gibt ein Paar von Karten $\varphi \in \mathcal{A}$ mit $a \in U_\varphi$ und $\psi \in \mathcal{B}$ mit $b \in U_\psi$. Die Funktion $f_{\varphi,\psi}$ (,welche in einer offenen Umgebung von $\varphi(a)$ definiert ist,) ist analytisch in einer offenen Umgebung von $\varphi(a)$.*

b) *Die Bedingung a) gilt sinngemäß für* **jedes** *Paar von Karten $\varphi \in \mathcal{A}$ mit $a \in U_\varphi$ und $\psi \in \mathcal{B}$ mit $b \in U_\psi$.*

Zusatz. *Die Bedingungen a) und b) übertragen sich von $\mathcal{A}$ und $\mathcal{B}$ auf jedes Paar im wesentlichen gleicher Atlanten $\mathcal{A}'$, $\mathcal{B}'$.*

Der Beweis ergibt sich unmittelbar aus der Definition der analytischen Verträglichkeit je zweier Karten. $\qquad\qquad\qquad\qquad\qquad\qquad\qquad\qquad\qquad\qquad\qquad\qquad\qquad$ $\square$

1.8 Definition. *Eine stetige Abbildung $f : X \to Y$ Riemann'scher Flächen $X = (X, \mathcal{A})$, $Y = (Y, \mathcal{B})$ heißt analytisch in einem Punkt $a \in X$, falls die in 1.7 formulierten Bedingungen a), b) erfüllt sind.*

Es liegt auf der Hand, dass Hilfssatz 1.7 für eine sinnvolle Definition des Begriffes „analytische Abbildung" unabdingbar ist. Der Begriff der analytischen Verträglichkeit wurde gerade so eingeführt, dass 1.7 gilt:

> Der Begriff der RIEMANN'schen Fläche wurde gerade so geprägt,
> dass man in sinnvoller Weise von analytischen Abbildungen zwi-
> schen RIEMANN'schen Flächen sprechen kann.

Eine Abbildung $f : X \to Y$ RIEMANN'scher Flächen heißt *analytisch (holo-morph)*, falls sie stetig ist und falls sie in jedem Punkt analytisch ist.

Einige einfache Permanenzeigenschaften

1) Die identische Selbstabbildung

$$\mathrm{id}_X : X \longrightarrow X$$

einer RIEMANN'schen Fläche X ist analytisch.

2) Die Zusammensetzung analytischer Abbildungen zwischen RIEMANN'schen Flächen

$$X \xrightarrow{f} Y \xrightarrow{g} Z$$

ist analytisch.

1.9 Definition. *Eine Abbildung*

$$f : X \longrightarrow Y$$

Riemann'scher Flächen heißt biholomorph (=konform), falls sie topologisch ist und falls f und f^{-1} beide analytisch sind.

Wie im Falle offener Teile der Zahlebene ist f^{-1} automatisch analytisch, wenn f bijektiv und analytisch ist. Diese Aussage ist lokaler Natur und kann nach Wahl geeigneter Karten leicht auf den Fall zurückgespielt werden, dass X und Y offene Teile der komplexen Ebene sind (s. [FB], IV.4.2). Man siehe auch Aufgabe 4 zu diesem Paragraphen.

Zwei Riemann'sche Flächen X, Y heißen *biholomorph äquivalent* oder *kon-form äquivalent*, falls eine biholomorphe Abbildung $f : X \to Y$ existiert. Sie sind dann insbesondere topologisch äquivalent. Die Umkehrung hiervon wird sich als falsch erweisen.

Erste einfache Beispiele Riemann'scher Flächen

Wenn man eine RIEMANN'sche Fläche definieren will, so muss man auf einer topologischen Fläche X einen analytischen Atlas $\mathcal{A}$ finden.

Sei $U \subset X$ eine offene Teilmenge einer RIEMANN'schen Fläche $X = (X, \mathcal{A})$. Ist $\varphi : U_\varphi \to V_\phi$ eine Karte auf X, so kann man die eingeschränkte Karte

$$\varphi|U : U \cap U_\varphi \overset{\sim}{\longrightarrow} \varphi(U \cap U_\varphi)$$

betrachten. Offenbar bildet die Menge

$$\mathcal{A}|U := \{\varphi|U; \quad \varphi \in \mathcal{A}\}$$

einen analytischen Atlas auf U und versieht somit U mit einer Stuktur als RIEMANN'sche Fläche. Natürlich hängt die Klasse $[\mathcal{A}|U]$ nur von der Klasse $[\mathcal{A}]$ ab. Wenn aus dem Zusammenhang nichts anderes hervorgeht, wollen wir eine offene Teilmenge einer RIEMANN'schen Fläche immer mit dieser Struktur versehen.

Offenbar gilt: Sei Y eine weitere RIEMANN'sche Fläche. Eine Abbildung $f : Y \to U$ ist genau dann analytisch, wenn ihre Zusammensetzung mit der natürlichen Inklusion $i : U \hookrightarrow X$ analytisch ist.

Desweiteren gilt: Sei $f : X \to Y$ eine Abbildung RIEMANN'scher Flächen und sei

$$X = \bigcup_{i \in I} U_i$$

eine Überdeckung von X durch offene Teilmengen. Genau dann ist f analytisch, wenn alle Einschränkungen

$$f|U_i : U_i \longrightarrow Y$$

analytisch sind.

1. Die komplexe Ebene als Riemann'sche Fläche

Auf der komplexen Ebene $\mathbb{C}$ kann man die „identische Karte"

$$\mathrm{id}_\mathbb{C} : \mathbb{C} \longrightarrow \mathbb{C}$$

betrachten. Sie bildet einen —trivialerweise analytischen— Atlas und versieht so $\mathbb{C}$ mit einer Struktur als RIEMANN'sche Fläche. Insbesondere ist auch jeder offene Teil $D \subset \mathbb{C}$ mit einer Struktur als RIEMANN'sche Fläche versehen; definierender Atlas ist die identische Karte $\mathrm{id}_D : D \to D$.

Sei $X = (X, \mathcal{A})$ eine beliebige RIEMANN'sche Fläche. Eine analytische Abbildung

$$f : X \longrightarrow \mathbb{C}$$

heißt auch *analytische Funktion*. Offenbar ist f genau dann analytisch, wenn für jede Karte $\varphi \in \mathcal{A}$ die Funktion

$$f_\varphi := f \circ \varphi^{-1} : V_\varphi \longrightarrow \mathbb{C}$$

analytisch im üblichen Sinne ist. Selbstverständlich erhält man im Spezialfall eines offenen Teils $X \subset \mathbb{C}$ den üblichen Begriff einer analytischen Funktion.

Man bezeichnet mit $\mathcal{O}(X)$ die Menge aller analytischen Funktionen auf X. Offenbar gilt:

1) $f, g \in \mathcal{O}(X) \Longrightarrow f + g,\ f \cdot g \in \mathcal{O}(X)$.
2) Die konstanten Funktionen liegen in $\mathcal{O}(X)$.

Insbesondere ist $\mathcal{O}(X)$ eine $\mathbb{C}$-Algebra.

2. Die Riemann'sche Zahlkugel als Riemann'sche Fläche

Eine Teilmenge $U \subset \bar{\mathbb{C}} = \mathbb{C} \cup \{\infty\}$ heißt genau dann offen, falls $U \cap \mathbb{C}$ offen in $\mathbb{C}$ ist und falls im Falle $\infty \in U$ eine Zahl $C > 0$ mit der Eigenschaft

$$z \in \mathbb{C}, \quad |z| > C \Longrightarrow z \in U,$$

existiert.

Offenbar wird hierdurch eine Topologie erklärt, welche $\bar{\mathbb{C}}$ zu einem kompakten HAUSDORFFraum macht. Induziert man diese Topologie von $\bar{\mathbb{C}}$ auf $\mathbb{C}$, so erhält man die übliche Topologie der komplexen Ebene.

Wir definieren nun zwei Karten auf $\bar{\mathbb{C}}$:

1) $$\bar{\mathbb{C}} - \{\infty\} = \mathbb{C} \xrightarrow{\ \mathrm{id}_{\mathbb{C}}\ } \mathbb{C},$$
2) $$\bar{\mathbb{C}} - \{0\} \longrightarrow \mathbb{C}, \qquad z \longmapsto 1/z \quad (1/\infty = 0).$$

Die Kartentransformationsabbildung ist

$$\mathbb{C} - \{0\} \longrightarrow \mathbb{C} - \{0\}, \qquad z \longmapsto 1/z.$$

Diese ist konform, die beiden Karten bilden also einen analytischen Atlas und definieren daher eine Struktur als RIEMANN'sche Fläche auf $\bar{\mathbb{C}}$.

Man kann nun insbesondere analytische Abbildungen $f : X \to \bar{\mathbb{C}}$ einer beliebigen RIEMANN'schen Fläche X in die RIEMANN'sche Zahlkugel betrachten. Solche Abbildungen wurden bereits in [FB] in den Anhängen zu III.4 und III.5 im Zusammenhang mit der Einführung *meromorpher* Funktionen betrachtet. Die dortige Definition A1 besagt:

1.10 Bemerkung. *Sei $U \subset \mathbb{C}$ ein offener Teil der komplexen Ebene. Für eine Abbildung $f : U \to \bar{\mathbb{C}}$ von U in die Zahlkugel sind folgende beiden Aussagen äquivalent.*

1) *f ist eine meromorphe Funktion.*
2) *f ist eine analytische Abbildung Riemann'scher Flächen und die Menge der Unendlichkeitsstellen $f^{-1}(\infty)$ ist diskret (in U).*

Diese einfache Bemerkung gibt Anlass zu der folgenden

1.11 Definition.   *Eine meromorphe Funktion f auf einer Riemann'schen Fläche X ist eine analytische Abbildung*

$$f : X \longrightarrow \bar{\mathbb{C}},$$

deren Unendlichkeitsstellen $f^{-1}(\infty)$ eine in X diskrete Menge bilden.

Die konstante Funktion $f(z) = \infty$ ist zwar eine analytische Abbildung aber keine meromorphe Funktion, wenn X nicht leer ist.

Wir bezeichnen mit $\mathcal{M}(X)$ die Menge aller meromorphen Funktionen auf X. Sind $f, g \in \mathcal{M}(X)$ zwei meromorphe Funktionen, so kann man in naheliegender Weise (vgl. [FB], Kap. III, Anhang A) Summe und Produkt

$$f + g, \quad f \cdot g \in \mathcal{M}(X)$$

definieren. Insbesondere ist $\mathcal{M}(X)$ ein Ring. Ist f eine meromorphe Funktion, deren Nullstellenmenge diskret ist, so definiert man die meromorphe Funktion $1/f$. Die Menge $\mathcal{O}(X)$ aller analytischen Funktionen ist in $\mathcal{M}(X)$ eingebettet,

$$\mathcal{O}(X) \hookrightarrow \mathcal{M}(X),$$
$$f \mapsto i \circ f \qquad (i : \mathbb{C} \hookrightarrow \bar{\mathbb{C}} \text{ kanonische Inklusion}).$$

Das Bild besteht aus allen meromorphen Funktionen, welche den Wert ∞ nicht annehmen. Man identifiziert meist f mit $i \circ f$. Analytische Funktionen sind demgemäß meromorphe Funktionen, welche den Wert ∞ nicht annehmen.

Wir wollen zeigen, dass $\mathcal{M}(X)$ sogar ein Körper ist, wenn X zusammenhängend und nicht leer ist und benötigen hierzu eine Verallgemeinerung des *Identitätssatzes* auf RIEMANN'sche Flächen.

1.12 Hilfssatz.   *Seien*

$$f, g : X \longrightarrow Y$$

zwei analytische Abbildungen einer zusammenhängenden Riemann'schen Fläche X in eine Riemann'sche Fläche Y. Es existiere eine Teilmenge $S \subset X$, welche in X einen Häufungspunkt[*] besitzt und auf welcher f und g übereinstimmen. Dann gilt $f = g$.

Folgerung. *Sei $f : X \to Y$ (X zusammenhängend) eine nicht konstante analytische Abbildung. Dann ist die Menge $f^{-1}(b)$ für jeden Punkt $b \in Y$ diskret in X.*

Folgerung. *Sei $f : X \to \bar{\mathbb{C}}$ (X zusammenhängend) eine analytische Abbildung, welche nicht konstant ∞ ist. Dann ist f eine meromorphe Funktion.*

Folgerung. *Die Menge $\mathcal{M}(X)$ aller meromorphen Funktionen auf einer zusammenhängenden nicht leeren Riemann'schen Fläche bildet einen Körper.*

---

[*] Das ist ein Punkt $a \in X$, so dass in jeder Umgebung von a unendlich viele Elemente von S enthalten sind.

Zum Beweis von 1.12 betrachte man die Menge der Häufungspunkte der Koinzidenzmenge $\{x \in X; \quad f(x) = g(x)\}$. Es ist zu zeigen, dass diese Menge offen und abgeschlossen in X ist. Da diese Aussagen lokaler Natur sind, kann man nach Wahl geeigneter analytischer Karten annehmen, dass X und Y offene Teile der Ebene sind. Danach kann man den gewöhnlichen Identitätssatz [FB], III.3.2 anwenden.

3. Der Torus als Riemann'sche Fläche

Sei L ein Gitter in der komplexen Ebene $\mathbb{C}$. Wir versehen den Torus

$$X = \mathbb{C}/L := \mathbb{C}/\sim \quad (a \sim b \Longleftrightarrow a - b \in L)$$

mit der Quotiententopologie und erhalten offenbar einen kompakten, zusammenhängenden topologischen Raum X.

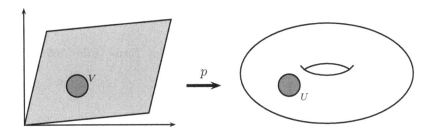

Eine offene Teilmenge $V \subset \mathbb{C}$ heißt „klein", falls zwei verschiedene Punkte aus V modulo L stets inäquivalent sind. Beispielsweise ist V klein, wenn V im Innern eines Periodenparallellogramms enthalten ist.

Wir bezeichnen mit $U \subset X$ das Bild von V bei der kanonischen Projektion

$$p : \mathbb{C} \longrightarrow X, \qquad a \longmapsto [a] \qquad (= \{b \in \mathbb{C}, \ b - a \in L\}).$$

Die Einschränkung von p definiert eine bijektive Abbildung

$$V \overset{\sim}{\longrightarrow} U.$$

Es ist leicht zu sehen, dass diese sogar topologisch ist. Ihre Umkehrung

$$\varphi_V : U \overset{\sim}{\longrightarrow} V$$

ist eine Karte auf X. Die Menge all dieser Karten ist ein Atlas $\mathcal{A}$ auf X.

Behauptung. Dieser Atlas $\mathcal{A}$ ist analytisch.

Beweis. Seien V und $\tilde{V}$ zwei kleine offene Teilmengen aus $\mathbb{C}$. Wir müssen zeigen, dass die Kartentransformationsabbildung analytisch ist. Dazu können wir annehmen (nach eventueller Verkleinerung von V und $\tilde{V}$), dass die Bilder U und $\tilde{U}$ in X übereinstimmen. Außerdem können wir annehmen, dass V und $\tilde{V}$ zusammenhängend sind. Die Kartentransformationsabbildung γ ist dann eine topologische Abbildung

$$\gamma : V \xrightarrow{\sim} \tilde{V}.$$

Zu jedem $a \in V$ muss ein $\omega(a) \in L$ existieren, so dass

$$\gamma(a) = a + \omega(a)$$

gilt. Da φ stetig und da L diskret ist, muss die Funktion $\omega(a) = \gamma(a) - a$ lokal konstant sein. Da V zusammenhängend ist, muss sie sogar konstant sein. Die Kartenwechselabbildung ist also eine Translation und somit analytisch.

Wir haben damit den Torus $\mathbb{C}/L$ mit einer Struktur als RIEMANN'sche Fläche versehen.

Offenbar gilt:

1.13 Bemerkung. *Sei U eine offene Teilmenge des Torus. Eine Abbildung*

$$f : U \longrightarrow Y$$

in eine Riemann'sche Fläche Y ist genau dann analytisch, falls die Zusammensetzung mit der Projektion

$$f \circ p : p^{-1}(U) \longrightarrow Y$$

analytisch ist.

Folgerung. *(Spezialfall $Y = \bar{\mathbb{C}}$). Die meromorphen Funktionen auf dem Torus X entsprechen (bezüglich der Zuordnung $F \mapsto f = F \circ p$) umkehrbar eindeutig den elliptischen Funktionen bezüglich L.*

Da man zwei $\mathbb{R}$-Basen von $\mathbb{C}$ stets durch eine $\mathbb{R}$-lineare Abbildung ineinander überführen kann, sind zwei Tori stets topologisch äquivalent

$$\mathbb{C}/L \approx (\mathbb{R} \times \mathbb{R})/(\mathbb{Z} \times \mathbb{Z}) \approx \mathbb{R}/\mathbb{Z} \times \mathbb{R}/\mathbb{Z} \quad (\approx S^1 \times S^1).$$
$$\uparrow \qquad\qquad\qquad \uparrow$$
$$\text{topologisch} \qquad\quad \text{Kreislinie)}$$

Da $\mathbb{R}$-lineare Abbildungen in der Regel nicht analytisch sind, folgt hieraus natürlich nicht, dass zwei Tori konform äquivalent sind. Tatsächlich gilt

1.14 Satz. *Zwei Tori $\mathbb{C}/L$, $\mathbb{C}/L'$ sind genau dann konform äquivalent, falls L und L' durch eine Drehstreckung auseinander hervorgehen.*

Damit ist auch gezeigt, dass topologisch äquivalente RIEMANN'sche Flächen nicht konform äquivalent zu sein brauchen. Als Folge hiervon können auf ein und demselben topologischen Raum wesentlich voneinander verschiedene analytische Strukturen existieren.

Der Beweis von 1.14 wird sich ganz zwanglos aus der *Überlagerungstheorie Riemann'schen Flächen* ergeben. Da die Mittel zum Beweis jedoch bereits (wenn auch nicht ganz so zwanglos) zur Verfügung stehen, wollen wir einen Beweis bereits hier skizzieren.

Beweis von 1.14. Sei

$$f : \mathbb{C}/L \longrightarrow \mathbb{C}/L'$$

biholomorph. Man zeigt der Reihe nach:

1) Es existiert eine stetige Abbildung $F : \mathbb{C} \to \mathbb{C}$, so dass das Diagramm

$$
\begin{array}{ccc}
\mathbb{C} & \xrightarrow{\ F\ } & \mathbb{C} \\
\downarrow & & \downarrow \\
\mathbb{C}/L & \xrightarrow{\ f\ } & \mathbb{C}/L'
\end{array}
$$

kommutativ ist.

2) F ist analytisch.

3) dF/dz ist eine elliptische Funktion bezüglich L und somit konstant. Es folgt

$$F(z) = az + b \qquad (a \neq 0).$$

4) Es gilt

$$aL = L'.$$

Umgekehrt folgt hieraus, dass die zugehörigen Tori konform äquivalent sind.

Von den Aussagen 1)-4) ist lediglich 1) nicht offensichtlich.

Beweis von 1). Wir bezeichnen mit $p : \mathbb{C} \to \mathbb{C}/L$ und $p' : \mathbb{C} \to \mathbb{C}/L'$ die natürlichen Projektionen. Zunächst überlegt man sich folgende Eindeutigkeitsaussage:

Ist $M \subset \mathbb{C}$ eine bogenweise zusammenhängende Teilmenge und sind $a \in M$, $b \in \mathbb{C}$ Punkte mit der Eigenschaft $f(p(a)) = p(b)$, so existiert höchstens eine stetige Abbildung $F : M \to \mathbb{C}$ mit den Eigenschaften $F(a) = b$, $f(p(z)) = p'(F(z))$ für alle $z \in M$. Dies ist trivial, wenn eine bezüglich L' kleine offene Teilmenge $U \subset \mathbb{C}$, $b \in U$ mit der Eigenschaft $f(p(M)) \subset p'(U)$ existiert, denn $F(M)$ muss aus Zusammenhangsgründen in U enthalten sein. Zum Beweis dieser Eindeutigkeitsaussage allgemein kann man annehmen, dass M das Bild einer Kurve ist. Indem man das Parameterintervall in hinreichend kleine Teilintervalle zerlegt, reduziert man die Behauptung auf den ersten Fall.

□

Wir nennen F eine Hochhebung von f. Aus der Eindeutigkeitsaussage folgt nun: Seien M und N zwei Teilmengen von $\mathbb{C}$, deren Durchschnitt bogenweise zusammenhängend ist und seien $F : M \to \mathbb{C}$, $G : N \to \mathbb{C}$ zwei Hochhebungen von f, welche in wenigstens einem Punkt des Durchschnitts $M \cap N$ übereinstimmen. Dann stimmen sie auf dem ganzen Durchschnitt überein und verschmelzen zu einer stetigen Funktion auf der Vereinigung.

Sind übrigens F, G zwei Hochhebungen, so kann man durch Wahl eines geeigneten Gitterelements $\omega' \in L'$ erzwingen, dass $F(z)$ und $G(z) + \omega'$ in einem Punkt des Durchschnitts übereinstimmen.

Nach dieser Vorbereitung beweisen wir die Existenz einer (stetigen) Hochhebung F. Wegen der Eindeutigkeit genügt es, die Hochhebung $F : M \to \mathbb{C}$ für ein vorgegebenes achsenparalleles kompaktes Rechteck M zu beweisen. Wir zerlegen das Rechteck in vier kongruente Teilrechtecke, indem wir die Randkanten halbieren. Wegen des zweiten Schritts genügt es, die Hochhebung für jedes der vier Teilrechtecke zu beweisen. Man setzt dieses Unterteilungsverfahren so lange fort, bis jedes Rechteck R der Unterteilung so klein ist, dass $f(p(R))$ im Bild $p'(V)$ einer bezüglich L' kleinen offenen Menge enthalten ist. Die Existenz einer Hochhebung $F : R \to \mathbb{C}$ ist dann trivial. Dass man nach endlich vielen Schritten eine Rechteckunterteilung mit der geforderten Eigenschaft erhält, folgt mit einem einfachen Kompaktheitsargument.   □

Der maximale Atlas einer Riemann'schen Fläche

Da offene Teile von RIEMANN'schen Flächen selbst RIEMANN'sche Flächen sind (mit der eingeschränkten Struktur), ist folgende Definition möglich.

1.15 Definition. *Sei $(X, \mathcal{A})$ eine Riemann'sche Fläche. Eine **analytische Karte** auf X ist eine biholomorphe Abbildung $\varphi : U \to V$ eines offene Teils $U \subset X$ auf einen offenen Teil V der Ebene.*

Natürlich sind die Elemente des definierenden Atlas $\mathcal{A}$ selbst analytische Karten, und auch die Elemente eines mit $\mathcal{A}$ äquivalenten Atlas sind analytische Karten. Analytische Karten sind natürlich auch untereinander analytisch verträglich. Dies bedeutet nichts anderes, als dass die Menge aller analytischen Karten der größte aller Atlanten ist, welcher mit $\mathcal{A}$ äquivalent ist. Wir bezeichnen aus diesem Grund die Menge aller analytischen Karten mit $\mathcal{A}_{\max}$. Zwei analytische Atlanten $\mathcal{A}$ und $\mathcal{B}$ auf X sind genau dann im wesentlichen gleich, wenn die zu gehörigen maximalen Atlanten $\mathcal{A}_{\max}$ und $\mathcal{B}_{\max}$ übereinstimmen. Anders ausgedrückt: In jeder Klasse im wesentlichen gleicher analytischer Atlanten existiert ein eindeutig bestimmter maximaler Atlas und dieser ist nichts anderes als die Menge aller analytischen Karten im Sinne von 1.15.

Wir haben den Begriff der RIEMANN'schen Fläche dadurch eingeführt, dass wir eine topologische Fläche mit einer vollen Klasse im wesentlichen gleicher analytischer Atlanten versehen haben. Alternativ dazu könnte man man diesen Begriff dadurch einführen, dass man eine topologische Fläche mit einem maximalen analytischen Atlas versieht.

Der maximale Atlas ist im allgemeinen sehr viel größer als der Ausgangsatlas. Ist zum Beispiel $X = \mathbb{C}$ versehen mit dem tautologischen Atlas $\mathcal{A} = \{\mathrm{id}_\mathbb{C}\}$, so besteht $\mathcal{A}_{\max}$ aus der Menge aller konformer Abbildungen $\varphi : U \to V$ beliebiger offener Teile von $\mathbb{C}$ auf beliebige andere offene Teilmengen $V \subset \mathbb{C}$.

Man sollte den Ausgangsatlas $\mathcal{A}$ nur als Vehikel ansehen, um beliebige analytische Karten definieren zu können. In der Literatur werden RIEMANN'sche Flächen meist als mit einem *maximalen* analytischen Atlas versehene HAUSDORFFräume definiert. Der Nachteil ist, dass man einen lästigen formaler Aufwand treiben muss, bevor man von den einfachsten Beispielen wie der komplexen Ebene überhaupt als RIEMANN'sche Fläche reden kann.

Einige elementare Eigenschaften Riemann'scher Flächen

Wir formulieren einige Resultate, welche sich mühelos aus den entsprechenden Resultaten der gewöhnlichen Funktionentheorie, wie man sie beispielsweise in [FB] findet, ergeben.

1.16 Bemerkung.

1) *Jede nicht konstante analytische Abbildung zusammenhängender Riemann'-scher Flächen ist offen.*

2) *Eine analytische Funktion auf einer zusammenhängenden Riemann'schen Fläche, welche ein Betragsmaximum annimmt, ist konstant.*

3) *Sei $f : X \to Y$ eine stetige Abbildung Riemann'scher Flächen, welche außerhalb einer diskreten Teilmenge $S \subset X$ analytisch ist. Dann ist f analytisch.*

4) *Sei $f : X \to Y$ eine injektive analytische Abbildung. Dann ist $f(X)$ offen und die induzierte Abbildung $X \to f(X)$ ist biholomorph.*

Die einfachen Beweise werden übergangen (s. Übungsaufgaben).

In der gewöhnlichen Funktionentheorie wird das lokale Abbildungsverhalten analytischer Funktionen folgendermaßen beschrieben: (s. [FB], Beweis von I.3.3):

Jede analytische Funktion f mit $f(0) = 0$ ist in einer kleinen offenen Umgebung von 0 entweder konstant oder die Zusammensetzung einer konformen Abbildung mit einer n-ten Potenz. Dabei ist n eine natürliche Zahl.

Wir wollen dieses Resultat für RIEMANN'sche Flächen formulieren. Wir bemerken zunächst, dass es zu jedem Punkt $a \in X$ einer RIEMANN'schen Fläche X eine analytische Karte $\varphi : U \to \mathbb{E}$, $a \in U$, gibt, deren Bild der volle Einheitskreis ist. Man wählt zunächst eine beliebige analytische Karte $\varphi' : U' \to V'$, $a \in U'$ und ersetzt dann U' durch das Urbild einer ε-Umgebung von $\varphi'(a)$. Man erhält φ, indem man φ' auf dieses Urbild einschränkt und mit einer konformen Abbildung der ε-Umgebung auf $\mathbb{E}$ zusammensetzt. Man bekommt durch diese Konstruktion natürlich auch beliebig kleine U, d.h. zu jeder Umgebung W von a existiert eine analytische Karte $\varphi : U \to \mathbb{E}$ mit $a \in U \subset W$.

1.17 Bemerkung. *Sei $f : X \to Y$ eine nicht konstante analytische Abbildung einer zusammenhängenden Riemann'schen Fläche X in eine Riemann'sche Fläche Y. Sei a ein Punkt aus X und $b = f(a) \in Y$ sein Bildpunkt. Es existieren analytische Karten*

$$\varphi : U \longrightarrow \mathbb{E}, \ a \in U \subset X, \qquad \psi : V \longrightarrow \mathbb{E}, \ b \in V \subset Y, \qquad f(U) = V,$$

sowie eine natürliche Zahl n, so dass das Diagramm

$$
\begin{array}{ccc}
U & \overset{\varphi}{\longrightarrow} & E \\
{\scriptstyle f}\downarrow & & \downarrow \\
V & \overset{\psi}{\longrightarrow} & E
\end{array}
\qquad
\begin{array}{c}
q \\
| \\
q^n
\end{array}
$$

kommutativ ist $(\psi(f(x)) = \varphi(x)^n)$.

Zum Beweis kann man annehmen, dass X und Y offene Teile der Ebene sind und dass $a = 0$ und $b = 0$ sind, Die Behauptung folgt dann leicht aus dem lokalen Abbildungsverhalten gewöhnlicher analytischer Funktionen (s. [FB], III.3.3). □

Übungsaufgaben zu I.1

1. Sei a ein Punkt einer RIEMANN'schen Fläche X. Jede analytische Abbildung $f : X - \{a\} \to \mathbb{E}$ lässt sich zu einer analytischen Abbildung $X \to \mathbb{E}$ fortsetzen.

2. Sei $f : X \to Y$ eine nicht konstante analytische Abbildung einer zusammenhängenden RIEMANN'schen Fläche X in eine RIEMANN'sche Fläche Y. Man zeige, dass f offen ist, dass also die Bilder offener Teile offen sind. Insbesondere ist $f(X)$ offen.

3. Jede nicht konstante analytische Abbildung $f : X \to Y$ einer zusammenhängenden *kompakten* RIEMANN'schen Fläche in eine zusammenhängende RIEMANN'sche Fläche Y ist surjektiv.

   Da man Polynome als analytische Abbildungen der Zahlkugel in sich auffassen kann, erhält man einen Beweis des Fundamentalsatzes der Algebra.

4. Sei $f : X \to Y$ eine bijektive und analytische Abbildung RIEMANN'scher Flächen. Man zeige, dass f biholomorph ist.

5. Sei $f : X \to Y$ eine injektive analytische Abbildung RIEMANN'scher Flächen. Dann induziert f eine biholomorphe Abbildung von X auf den offenen(!) Teil $f(X) \subset Y$.

6. Ist $\varphi : X \to Y$ eine analytische Abbildung RIEMANN'scher Flächen, so wird durch

$$\varphi^* : \mathcal{O}(Y) \longrightarrow \mathcal{O}(X), \quad f \longmapsto f \circ \varphi$$

ein Ringhomomorphismus definiert. Dieser ist injektiv, falls X und Y zusammenhängend sind, und falls φ nicht konstant ist. Er ist ein Isomorphismus, wenn φ biholomorph ist.

Die folgenden Aufgaben dienen dazu, RIEMANN'sche Flächen auf anderem Wege einzuführen. Es werden hierbei von vornherein die analytischen Funktionen auf beliebigen offenen Teilen axiomatisch mit eingeführt. Bei dieser Vorgehensweise braucht man nicht von Kartentransformationen zu sprechen. Die neue Einführung ist vor allem wichtig wegen ihrer starken Verallgemeinerungsfähigkeit.

7. Sei X ein topologischer Raum. Eine *Garbe* stetiger Funktionen ist eine Vorschrift, gemäß welcher jeder offenen Teilmenge $U \subset X$ ein Unterring $\mathcal{O}_X(U)$ des Rings aller stetigen komplexwertigen Funktionen $f : U \to \mathbb{C}$ zugeordnet wird, so dass folgende beiden Bedingungen erfüllt sind:

a) Sind $V \subset U$ offene Teile von X und ist $f \in \mathcal{O}_X(U)$, so gilt $f|V \in \mathcal{O}_X(V)$.

b) Ist $U = \bigcup_i U_i$ eine offene Überdeckung eines offenen Teils U von X und ist $f_i \in \mathcal{O}_X(U_i)$ eine Schar von Funktionen mit der Eigenschaft $f_i|(U_i \cap U_j) = f_j|(U_i \cap U_j)$ für alle Indexpaare (i,j), so existiert ein $f \in \mathcal{O}_X(U)$ mit der Eigenschaft $f|U_i = f_i$ für alle i.

Ein geringter Raum $(X, \mathcal{O}_X)$ ist ein Paar, bestehend aus einem topologischen Raum X und einer Garbe stetiger Funktionen $\mathcal{O}_X$.

Man zeige. Ist X eine RIEMANN'sche Fläche, so definiert die Vorschrift

$$U \longmapsto \mathcal{O}_X(U) = \text{Menge aller analytischen Funktionen}$$

eine Struktur als geringtem Raum auf X.

8. Ein Morphismus $f : (X, \mathcal{O}_X) \to (Y, \mathcal{O}_Y)$ geringter Räume ist eine stetige Abbildung der zugrundeliegenden topologischen Räume, so dass folgende Bedingung erfüllt ist:

Ist $V \subset Y$ ein offener Teil und ist $g \in \mathcal{O}_Y(V)$, so gilt $g \circ f \in \mathcal{O}_X(U)$, $U = f^{-1}(V)$.

Man zeige. Seien X, Y zwei RIEMANN'sche Flächen, welche wir mit der Garbe analytischer Funktionen versehen und so als geringte Räume auffassen (Aufgabe 3). Eine Abbildung $f : X \to Y$ ist genau dann analytisch, wenn sie ein Morphismus geringter Räume ist.

9. Ein Isomorphismus $f : (X, \mathcal{O}_X) \to (Y, \mathcal{O}_Y)$ geringter Räume ist eine bijektive Abbildung der zugrundeliegenden topologischen Räume, so dass sowohl f als auch f^{-1} Morphismen geringter Räume sind.

Ist $U \subset X$ ein offener Teil von X, so kann man auf U die eingeschränkte Garbe $\mathcal{O}_X|U$ definieren. Für offene Teile $V \subset U$ definiert man $(\mathcal{O}_X|U)(V) := \mathcal{O}_X(V)$.

Man zeige. Sei $(X, \mathcal{O}_X)$ ein geringter Raum, X HAUSDORFF'sch. Zu jedem Punkt $a \in X$ existiere eine offene Umgebung $U \subset X$ und ein offener Teil $V \subset \mathbb{C}$ der komplexen Ebene, so dass die geringten Räume $(U, \mathcal{O}_X|U)$ und $(V, \mathcal{O}_V)$ isomorph sind. Dabei bezeichne $\mathcal{O}_V$ die Garbe der im üblichen Sinne analytischen Funktionen.

Man zeige. Auf X existiert eine Struktur als RIEMANN'sche Fläche, so dass die Funktionen aus $\mathcal{O}_X$ genau die Garbe der analytischen Funktionen ist.

2. Das analytische Gebilde

Wichtige Beispiele für RIEMANN'sche Flächen erhält man über das *analytische Gebilde.* Das analytische Gebilde einer Potenzreihe entsteht durch „Verkleben" all ihrer analytischer Fortsetzungen zu einer Fläche. Auf dieser Fläche erscheinen alle analytischen Fortsetzungen als eine einheitliche analytische Funktion. Das analytische Gebilde ist eine der historischen Motivationen für den Begriff der RIEMANN'schen Fläche. Ein wichtiger Spezialfall ist das analytische Gebilde einer *algebraischen Funktion.* In §3 werden wir dieses über eine andere Konstruktion (als algebraische Kurve) gewinnen. Dem an algebraischen Funktionen besonders interessierten Leser sei empfohlen, sich gleich der zweiten Konstruktion in §3 zuzuwenden.

Eines der einfachsten Beispiele für eine „mehrdeutige Funktion" ist die Quadratwurzel. Man kann zwar etwa durch Wahl des sogenannten Hauptzweiges $\sqrt{z}$ Eindeutigkeit erzwingen, erhält aber dann nur auf der längs der negativen reellen Achse geschlitzten Ebene $\mathbb{C}_-$ eine analytische Funktion. Andere Zweige, wie zum Beispiel $-\sqrt{z}$ auf $\mathbb{C}_-$, haben dieselbe Existenzberechtigung. Man möchte nun alle Zweige zu einer (eindeutigen) Funktion verschmelzen. Der Definitionsbereich kann dann allerdings kein Gebiet der Ebene sein, sondern eine Überlagerungsfläche der Ebene. Diese Überlagerungsfläche wird über die nun folgende Konstruktion des analytischen Gebildes gewonnen.

2.1 Definition. *Ein **Funktionselement** ist ein Paar (a, P), bestehend aus einer komplexen Zahl a und einer Potenzreihe um a,*

$$P(z) = \sum_{n=0}^{\infty} a_n (z-a)^n,$$

welche einen von 0 verschiedenen Konvergenzradius hat.

Insbesondere definiert ein Funktionselement eine analytische Funktion auf einer Kreisscheibe mit Mittelpunkt a.

2.2 Definition (WEIERSTRASS). *Sei*

$$\alpha_0 : I \longrightarrow \mathbb{C}$$

*eine Kurve in der komplexen Ebene. Eine **reguläre Belegung** von α_0 ist eine Abbildung, welche jedem Punkt $t \in I$ ein Funktionselement*

$$(\alpha_0(t), P_t)$$

mit Mittelpunkt $\alpha_0(t)$ zuordnet. Folgende Bedingung soll erfüllt sein. Zu jedem $t_0 \in I$ existiert ein $\varepsilon = \varepsilon(t_0) > 0$ mit folgender Eigenschaft. Ist

$$t \in I, \quad |t - t_0| < \varepsilon,$$

so liegt $\alpha_0(t)$ im Konvergenzkreis von P_{t_0} und P_t entsteht aus P_{t_0} durch Umordnen (nach Potenzen von $z - \alpha_0(t)$).

Die Funktionselemente $(\alpha_0(t), P_t)$ entstehen also auseinander durch sukzessive analytische Fortsetzung.

2.3 Definition. *Seien (a, P) und (b, Q) zwei Funktionselemente. Man sagt, (b, Q) entsteht durch analytische Fortsetzung aus (a, P), wenn beide Mitglieder einer regulären Belegung einer geeigneten Kurve sind.*

Wir nennen die beiden Funktionselemente dann äquivalent und schreiben $(a, P) \sim (b, Q)$. Dies ist offensichtlich eine Äquivalenzrelation.

2.4 Definition. *Ein **analytisches Gebilde** im Sinne von Weierstraß ist eine volle Äquivalenzklasse von Funktionselementen.*

In einem analytischen Gebilde sind also alle Funktionselemente versammelt, welche sich aus einem einzigen durch analytische Fortsetzung längs eines geeigneten Weges gewinnen lassen.

Wesentlich bei dieser Begriffsbildung ist, dass äquivalente Funktionselemente (a, P), (b, Q) voneinander verschieden sein können, selbst wenn $a = b$ gilt. Man nehme zum Beispiel $a = b = 1$. Für P nehme man die Potenzreihenentwicklung des Hauptwerts der Quadratwurzel $\sqrt{z}$ um 1 und für Q nehme man $-P$. Das Funktionselement $(1, Q)$ erhält man aus $(1, P)$ durch analytische Fortsetzung längs einer Kreislinie um den Nullpunkt.

Im allgemeinen hängt also das Ergebnis der analytischen Fortsetzung von der Wahl eines Verbindungsweges ab. In dieser einfachen aber fundamentalen Tatsache liegt ein Teil der „Idee" der Riemann'schen Fläche verborgen.

Wir bezeichnen im folgenden mit $\mathcal{R}$ ein fest gewähltes analytische Gebilde. Man hat eine natürliche Projektion

$$p : \mathcal{R} \longrightarrow \mathbb{C}, \quad p((a, P)) = a$$

in die komplexe Ebene $\mathbb{C}$. Wie wir soeben dargelegt haben, braucht diese nicht injektiv zu sein.

Wir führen auf $\mathcal{R}$ eine Topologie ein. Sei $(a, P) \in \mathcal{R}$. Wir wollen für eine positive Zahl $\varepsilon > 0$ die „ε-Umgebung"

$$U_\varepsilon(a, P) \subset \mathcal{R}$$

von (a, P) in $\mathcal{R}$ definieren, wobei allerdings ε nicht größer als der Konvergenzradius von P sein darf. In diesem Falle definiert P eine analytische Funktion

$$U_\varepsilon(a) \longrightarrow \mathbb{C}, \quad z \longmapsto P(z),$$

auf der gewöhnlichen ε-Umgebung von a. Man kann diese Funktion um jeden Punkt $b \in U_\varepsilon(a)$ in eine Potenzreihe P_b entwickeln, indem man beispielsweise P nach Potenzen von $z - b$ umordnet.

Bezeichnung. Sei (a, P) ein Funktionselement , $\varepsilon > 0$ eine Zahl, welche nicht größer als der Konvergenzradius von (a, P) ist. Die ε-Umgebung $U_\varepsilon(a, P)$ von (a, P) in $\mathcal{R}$ besteht aus allen Funktionselementen (b, P_b), $b \in U_\varepsilon(a)$, wobei P_b aus P durch Umordnen nach Potenzen von $z - b$ entsteht.

Bemerkung. Die natürliche Projektion

$$U_\varepsilon(a, P) \longrightarrow U_\varepsilon(a)$$

ist bijektiv.

Wenn (a, P) in $\mathcal{R}$ enthalten ist, so ist natürlich auch $U_\varepsilon(a, P)$ in $\mathcal{R}$ enthalten.

2.5 Definition. *Eine Teilmenge $U \subset \mathcal{R}$ heißt offen, falls es zu jedem Funktionselement (a, P) eine ε-Umgebung gibt, (ε darf nicht größer als der Konvergenzradius von P sein), welche in U enthalten ist,*

$$U_\varepsilon(a, P) \subset U.$$

Sei $(b, Q) \in U_\varepsilon(a, P)$. Wählt man δ genügend klein, so gilt offenbar

$$U_\delta(b, Q) \subset U_\varepsilon(a, P).$$

Hieraus folgt:

2.6 Satz. *Vermöge 2.5 wird auf $\mathcal{R}$ eine Topologie erklärt. Die ε-Umgebungen $U_\varepsilon(a, P)$ sind offen. Die natürliche Projektion $p : \mathcal{R} \to \mathbb{C}$ vermittelt eine topologische Abbildung*

$$U_\varepsilon(a, P) \overset{\sim}{\longrightarrow} U_\varepsilon(a).$$

Folgerung. *Die natürliche Projektion*

$$p : \mathcal{R} \longrightarrow \mathbb{C}$$

ist lokal topologisch.

(Eine stetige Abbildung $f : X \to Y$ heißt lokal topologisch, falls es zu jedem Punkt $a \in X$ eine offene Umgebung $U(a)$ gibt, so dass die Einschränkung von f eine topologische Abbildung von $U(a)$ auf eine offene Umgebung $V(b)$ von $b = f(a)$ vermittelt.)

2.7 Zusatz zu 2.6. *Der Raum $\mathcal{R}$ ist Hausdorff'sch.*

Beweis. Seien (a, P), (b, Q) Funktionselemente.

Erster Fall. $a \neq b$. Man wählt $\varepsilon > 0$ kleiner als $|a - b|$ und als die Konvergenz-radien von P und Q. Es gilt trivialerweise $U_\varepsilon(a, P) \cap U_\varepsilon(b, Q) = \emptyset$.

Zweiter Fall. $a = b$ aber $P \neq Q$. Man wählt ε kleiner als den Konvergenzradius von P und von Q und erhält ebenfalls disjunkte Umgebungen. (Andernfalls würde es einen Punkt a in einem gemeinsamen Konvergenzkreis von P und Q geben, in dem die Umordnungen von P und Q übereinstimmen. Dann müssen natürlich P und Q übereinstimmen.)

Wir konstruieren nun auf $\mathcal{R}$ einen analytischen Atlas.

Das analytische Gebilde als Riemann'sche Fläche

Die Konstruktion beruht auf folgendem allgemeinen Sachverhalt.

2.8 Hilfssatz. *Sei*

$$f : X \longrightarrow Y$$

eine lokal topologische Abbildung von Hausdorffräumen. Y trage eine Struktur als Riemann'sche Fläche. Dann trägt X eine eindeutige Struktur als Riemann'sche Fläche, so dass f lokal biholomorph ist.

Beweis. Eine offene Menge $U \subset X$ heiße klein, wenn U durch f topologisch auf $f(U)$ abgebildet wird und wenn es eine analytische Karte auf Y

$$f(U) \xrightarrow{\sim} V \qquad (\subset \mathbb{C} \text{ offen})$$

gibt. Die Zusammensetzung

$$U \longrightarrow f(U) \longrightarrow V$$

ist eine Karte auf X. Die Menge aller dieser Karten definiert offensichtlich eine Struktur als RIEMANN'sche Fläche auf X. Um die Eindeutigkeitsaussage zu beweisen, muss man die Elemente $\varphi : U \to V$ das maximalen Atlas beschreiben. Dabei kann man annehmen, dass U so klein ist, dass es durch f biholomorph auf $f(U)$ abgebildet wird. Genau dann ist φ biholomorph, also im maximalen Atlas enthalten, falls $\varphi \circ f^{-1} : f(U) \to V$ biholomorph ist. $\qquad\square$

Wendet man diesen Hilfssatz auf $p : \mathcal{R} \to \mathbb{C}$ an, so erhält man auf $\mathcal{R}$ die angekündigte Struktur als RIEMANN'sche Fläche.

Kurven im analytischen Gebilde

Eine *Kurve* in einem topologischen Raum X ist eine stetige Abbildung

$$\alpha : I \longrightarrow X$$

eines Intervalls $I \subset \mathbb{R}$ in X. Wir interessieren uns hauptsächlich für den Fall, dass $I = [a, b]$ $(a < b)$ ein kompaktes Intervall ist. Dann heißt $\alpha(a)$ der Anfangs- und $\alpha(b)$ der Endpunkt von α. Stimmen beide überein, so heißt α geschlossen.

2.9 Hilfssatz. *Sei*

$$\alpha : I \longrightarrow \mathcal{R} \qquad (I \subset \mathbb{R} \ \text{ein Intervall})$$

eine Kurve in $\mathcal{R}$. Die Zusammensetzung mit der natürlichen Projektion $p : \mathcal{R} \to \mathbb{C}$ definiert eine Kurve

$$\alpha_0 : I \longrightarrow \mathbb{C}.$$

Die Familie

$$\alpha(t) =: (\alpha_0(t), P_t)$$

ist eine reguläre Belegung von α_0. Ist umgekehrt $(\alpha_0(t), P_t)$ eine reguläre Belegung einer Kurve $\alpha_0 : I \to \mathbb{C}$, so definiert

$$\alpha(t) = (\alpha_0(t), P_t)$$

eine Kurve in $\mathcal{R}$.

Mit anderen Worten:

> *Reguläre Belegungen im Sinne von Weierstraß und Kurven in $\mathcal{R}$ sind ein und dasselbe.*

Die Definition der Topologie auf $\mathcal{R}$ ist offensichtlich gerade so eingerichtet, dass Hilfssatz 2.9 richtig ist.

2.10 Hilfssatz. *Sei $f : X \longrightarrow Y$ eine lokal topologische Abbildung topologischer Räume,*

$$\alpha_0 : [a, b] \longrightarrow Y \qquad (a < b)$$

eine Kurve in Y und $x_0 \in X$ ein Punkt über $\alpha_0(a)$ (d.h. $f(x_0) = \alpha_0(a)$). Es existiert höchstens eine Kurve

$$\alpha : [a, b] \longrightarrow X$$

mit den Eigenschaften

a) $$f \circ \alpha = \alpha_0,$$

b) $$\alpha(a) = x_0.$$

Man nennt α auch eine Hochhebung oder Liftung von α_0.

Beweis von 2.10. Sei β eine weitere Liftung von α_0 ($f \circ \beta = \alpha_0$, $\beta(a) = x_0$). Man betrachte

$$t_0 := \sup\{t \in [a, b]; \quad \alpha(t) = \beta(t)\}$$

und nutze aus, dass f eine Umgebung des Punktes $\alpha(t_0)$ topologisch auf eine Umgebung von $\alpha_0(t_0)$ abbildet. $\square$

Aus diesem topologischen Sachverhalt folgt:

2.11 Hilfssatz. *Sei*

$$\alpha_0 : [a, b] \longrightarrow \mathbb{C} \qquad (a < b)$$

eine Kurve in der komplexen Ebene und sei $(\alpha_0(a), P)$ *ein Funktionselement, dessen Mittelpunkt der Anfang* $\alpha_0(a)$ *von* α_0 *ist. Wenn eine reguläre Belegung*

$$(\alpha_0(t), P_t)$$

von α_0 *mit Anfang*

$$P_a = P$$

existiert, so ist diese Belegung eindeutig bestimmt.

Insbesondere ist das Ende P_b der Belegung (durch α_0 und $P_a = P$) eindeutig bestimmt. Man sagt auch, dass das Funktionselement $(\alpha_0(b), P_b)$ aus dem Element $(\alpha_0(a), P_a)$ durch analytische Fortsetzung längs der Kurve α_0 entsteht. Diese analytische Fortsetzung ist also durch die Kurve und das Anfangselement eindeutig bestimmt, falls eine analytische Fortsetzung längs dieser Kurve überhaupt existiert.

Das analytische Gebilde einer analytischen Funktion

Seien

$$f : D \longrightarrow \mathbb{C}, \quad D \subset \mathbb{C} \text{ ein Gebiet,}$$

eine analytische Funktion, welche auf einem (zusammenhängenden) Gebiet definiert ist. Sei

$$\alpha_0 : [a, b] \longrightarrow D \qquad (a < b)$$

eine Kurve in D.

Bezeichnet man mit f_a die Potenzreihenentwicklung von f um einen Punkt $a \in D$, so erhält man eine reguläre Belegung

$$\alpha(t) := (\alpha_0(t), f_{\alpha_0(t)}).$$

Insbesondere sind alle Elemente (a, f_a) äquivalent und damit in einem analytischen Gebilde $\mathcal{R}(f)$ enthalten.

Man nennt $\mathcal{R}(f)$ *die zu* f *gehörige konkrete Riemann'sche Fläche.*

Im Klartext. $\mathcal{R}(f)$ besteht aus allen Funktionselementen (a, P), welche sich irgendwie (d.h. längs eines geeigneten Weges) aus f durch analytische Fortsetzung gewinnen lassen.

Die Abbildung

$$D \longrightarrow \mathcal{R}(f), \quad a \longmapsto (a, f_a),$$

ist eine *offene Einbettung*, d.h. eine biholomorphe Abbildung von D auf einen offenen Teil von $\mathcal{R}$.

Wir erinnern daran, dass eine natürliche Projektion

$$p : \mathcal{R}(f) \longrightarrow \mathbb{C}, \quad (a, P) \longmapsto a,$$

gegeben ist. Das Bild von p ist ein Gebiet in $\mathbb{C}$, welches D umfasst und heißt der Definitionsbereich von $\mathcal{R}(f)$. Man kann neben der Projektion p die (offensichtlich holomorphe) Abbildung

$$F : \mathcal{R}(f) \longrightarrow \mathbb{C}, \quad F(a, P) = f(a),$$

betrachten. Das Diagramm

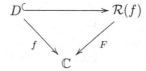

ist kommutativ, d.h. F „beinhaltet" u.a. die Funktion f, aber nicht nur f, sondern auch alle analytischen Fortsetzungen von f.

Vage gesprochen. An sich ist die analytische Fortsetzung von $f : D \to \mathbb{C}$ mehrdeutig (wegen der Wegabhängigkeit). Man kann sie jedoch eindeutig machen, wenn man ihren Definitionsbereich auf eine gewisse Überlagerungsfläche $\mathcal{R}(f)$ von $\mathbb{C}$ erweitert.

Ein einfaches Beispiel

Wir nehmen für D die längs der negativen reellen Achse geschlitzte Ebene und für f den Hauptwert der Quadratwurzel aus z. Die zugehörige konkrete RIEMANN'sche Fläche bezeichnen wir mit $\mathcal{R}(\sqrt{\ })$. Sie besteht aus allen Funktionselementen (a, P) mit $a \in \mathbb{C}^{\bullet}$ und $P(z)^2 = z$. Zu jedem Punkt $a \in \mathbb{C}^{\bullet}$ gibt es genau zwei solcher Elemente $(a, P(z))$. Daher ist $\mathcal{R}(\sqrt{\ })$ eine zusammenhängende RIEMANN'sche Fläche zusammen mit einer holomorphen Abbildung

$$p : \mathcal{R}(\sqrt{\ }) \longrightarrow \mathbb{C}^{\bullet} \quad (a, P) \longmapsto a.$$

Jeder Punkt aus $\mathbb{C}^{\bullet}$ hat genau zwei Urbildpunkte. Dieselbe Eigenschaft hat auch die Abbildung

$$\mathbb{C}^{\bullet} \longrightarrow \mathbb{C}^{\bullet}, \quad z \longmapsto z^2.$$

Es ist nicht mehr sehr schwer zu zeigen:

Es existiert eine biholomorphe Abbildung

$$\mathcal{R}(\sqrt{\ }) \xrightarrow{\sim} \mathbb{C}^{\bullet},$$

so dass das Diagramm

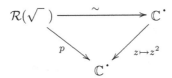

kommutativ ist.

Dies zeigt insbesondere, dass $\mathcal{R}(\sqrt{\ })$ biholomorph äquivalent ist zu der RIE-MANN'schen Fläche, die man bekommt, wenn man aus der Zahlkugel zwei Punkte herausnimmt (0 und ∞). Im nächsten Abschnitt werden wir sehen, dass dies ein allgemeines Phänomen ist: Die RIEMANN'sche Fläche einer algebraischen Funktion kann durch Hinzufügen endlich vieler Punkte zu einer *kompakten Riemann'schen Fläche* erweitert werden.

Anschaulich kann man sich die Konstruktion von $\mathcal{R}(\sqrt{\ })$ folgendermaßen vorstellen. Man betrachtet zwei Kopien der komplexen Ebene ohne den Nullpunkt. Die eine versehe man mit dem Hauptwert $\sqrt{z}$, die andere mit $-\sqrt{z}$. Damit beide stetig werden, schneide man beide Ebenen längs der negativen reellen Achse auf. Man belasse aber an beiden Schnittufern ein Exemplar der negativen reellen Achse. Diese beiden Halbgeraden nenne man das obere bzw. das untere Ufer. Danach verklebe man jeweils das untere Ufer der einen Ebene mit dem oberen Ufer der anderen Ebene. Man kann sich dann anschaulich klar machen, wie dieses Gebilde mit $\mathcal{R}(\sqrt{\ })$ zu identifizieren ist.

Übungsaufgaben zu I.2

1. Man zeige, dass die Menge aller Funktionselemente (a, P), $a \in \mathbb{C}^{\bullet}$ mit $e^{P(z)} = z$, ein analytisches Gebilde ist. Wir bezeichnen es mit $\mathcal{R}(\log)$ und nennen es die RIEMANN'sche Fläche des Logarithmus. Man zeige, dass diese Fläche mit der punktierten Ebene biholomorph äquivalent ist, die Abbildung

$$\mathcal{R}(\log) \longrightarrow \mathbb{C}, \quad (a, P) \longmapsto P(a),$$

ist holomorph.

Man kann dies auch folgendermaßen präzisieren:

Man nennt zwei analytische Abbildungen RIEMANN'scher Flächen

$$X \longrightarrow Y, \quad X' \longrightarrow Y'$$

isomorph, falls es biholomorphe Abbildungen $X \to X'$ und $Y \to Y'$ gibt, so dass das Diagramm

$$\begin{array}{ccc} X & \longrightarrow & Y \\ \downarrow & & \downarrow \\ X' & \longrightarrow & Y' \end{array}$$

kommutativ ist.

Die Abbildungen

$$\mathcal{R}(\log) \longrightarrow \mathbb{C}^{\bullet}, \quad \mathbb{C} \longrightarrow \mathbb{C}^{\bullet},$$

$$(a, P) \longmapsto a, \qquad z \longmapsto \exp(z),$$

sind in diesem Sinne isomorph.

2. Die Beobachtung aus Aufgabe 1 ist Teil eines allgemeineren Phänomens:

Sei $f : D \to D'$ eine analytische Abbildung eines Gebietes $D \subset \mathbb{C}$ auf ein Gebiet D'. Die Ableitung von f möge in keinem Punkt verschwinden. Wir betrachten die Menge aller Funktionselemente (b, P) mit den Eigenschaften

   a) $b \in D'$,
   b) $P(b) \in D$, $\quad P(f(z)) = z$ in einer Umgebung von $P(b)$.

Man zeige, dass die Menge all dieser Funktionselemente —wir bezeichnen sie mit $\mathcal{R}(f^{-1})$— ein analytisches Gebildes ist. Die Abbildungen

$$f : D \longrightarrow D' \text{ und } \mathcal{R}(f^{-1}) \longrightarrow D' \ ((a, P) \longmapsto P(a))$$

sind isomorph.

3. Ein Spezialfall eines im nächsten Abschnitt bewiesenen Zusammenhangssatzes besagt:

Die Menge aller Funktionselemente (a, P) mit der Eigenschaft

$$P(z)^4 + z^4 = 1$$

ist ein analytisches Gebilde $\mathcal{R}$.

3. Die Riemann'sche Fläche einer algebraischen Funktion

Einfachstes Beispiel für eine „mehrdeutige" Funktion ist die Quadratwurzel. Sie ist ein spezielles Beispiel für eine *algebraische* Funktion. Eine analytische Funktion

$$f : D \longrightarrow \mathbb{C}, \quad D \subset \mathbb{C} \text{ ein Gebiet,}$$

heißt *algebraisch*, falls es ein Polynom

$$P(z, w) = \sum_{0 \leq \mu, \nu \leq N} a_{\mu\nu} z^{\mu} w^{\nu}$$

von zwei Variablen gibt, welches nicht identisch verschwindet und so, dass

$$P(z, f(z)) = 0 \text{ (für alle } z \in D)$$

gilt.

Beispiel. Sei

$$D := \mathbb{C} - \{x \in \mathbb{R}, \ x \leq 0\} \text{ und } f(z) := \sqrt{z} \text{ (Hauptwert)} \quad (P(z,w) = w^2 - z).$$

Wir wollen in diesem Abschnitt zu f eine *kompakte Riemann'sche Fläche* konstruieren. Dies wird in zwei Schritten geschehen.

Erster Schritt. Man konstruiert eine endliche Teilmenge $S \subset \mathbb{C}$ und eine RIEMANN'sche Fläche X_0 zusammen mit einer holomorphen Abbildung

$$p : X_0 \longrightarrow \mathbb{C} - S,$$

so dass folgende Eigenschaften erfüllt sind:

a) p ist lokal biholomorph,
b) p ist im topologischen Sinne eigentlich, d.h. das Urbild einer beliebigen kompakten Menge aus $\mathbb{C} - S$ ist kompakt.

Man kann für X_0 beispielsweise das analytische Gebilde $\mathcal{R}(f)$ nehmen und für p die natürliche Projektion. Man kann X_0 aber auch anders gewinnen, nämlich als *algebraische Kurve*. Diesen Weg werden wir hier bevorzugen. Das „analytische Gebilde" aus §2 braucht man also gar nicht mehr.

Zweiter Schritt. Allein mittels der Eigenschaften a) und b) konstruiert man eine *kompakte* RIEMANN'sche Fläche X und eine holomorphe Abbildung $\bar{p} : X \to \bar{\mathbb{C}}$, so dass folgende Eigenschaften erfüllt sind:

1) X_0 ist eine offene Teilfläche von X, das Komplement $X - X_0$ ist eine endliche Menge.
2) Das Diagramm

$$
\begin{array}{ccc}
X_0 & \subset & X \\
\downarrow{\scriptstyle p} & & \downarrow{\scriptstyle \bar{p}} \\
\mathbb{C} - S & \subset & \bar{\mathbb{C}}
\end{array}
$$

ist kommutativ.

Der zweite Schritt beruht auf einem Spezialfall der *Überlagerungstheorie*, welchen wir in diesem Zusammenhang unabhängig von der allgemeinen Überlagerungstheorie behandeln wollen. Er besagt:

Sei

$$f : X \longrightarrow \mathbb{E}^{\bullet} = \{q \in \mathbb{C}; \quad 0 < |q| < 1\}$$

eine lokal biholomorphe, eigentliche Abbildung einer zusammenhängenden Riemann'schen Fläche auf den punktierten Einheitskreis. Dann existiert eine biholomorphe Abbildung

$$\sigma : X \xrightarrow{\sim} \mathbb{E}^{\bullet}.$$

und eine natürliche Zahl e, so dass das Diagramm

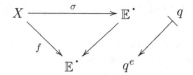

kommutativ ist.

Dies ist ein Spezialfall der topologischen Überlagerungstheorie, welche wir erst in Kapitel III in voller Allgemeinheit entwickeln werden. Wegen der großen Bedeutung der algebraischen Funktionen scheint es angemessen, diesen Spezialfall hier schon getrennt mit einem möglichst einfachen Beweis darzustellen. Dies geschieht im Anhang A zu diesem Abschnitt. In einem weiteren Anhang B wird ein Satz über implizite Funktionen für analytische Funktionen zweier Veränderlicher formuliert und bewiesen.

Ein Polynom $P \in \mathbb{C}[z, w]$, $P \neq 0$,

$$P(z, w) = \sum_{0 \le \mu, \nu \le N} a_{\mu\nu} z^\mu w^\nu,$$

von zwei komplexen Veränderlichen heißt *irreduzibel*, falls es sich *nicht* als Produkt zweier nicht konstanter Polynome schreiben lässt. Jedes Polynom $P \in \mathbb{C}[z, w]$ lässt sich als Produkt endlich vieler irreduzibler Polynome schreiben,

$$P = P_1 \cdots P_m, \quad P_j \text{ irreduzibel.}$$

Ist

$$f : D \longrightarrow \mathbb{C} \quad (D \subset \mathbb{C} \text{ ein Gebiet})$$

eine analytische Funktion mit der Eigenschaft $P(z, f(z)) \equiv 0$, so folgt

$$P_j(z, f(z)) \equiv 0 \text{ für ein } j \qquad (1 \le j \le m).$$

Aus diesem Grunde können wir im folgenden annehmen, dass P selbst irreduzibel ist.

Man ordnet P eine *ebene affine algebraische Kurve*

$$\mathcal{N} = \mathcal{N}(P) = \{(z, w) \in \mathbb{C} \times \mathbb{C}; \quad P(z, w) = 0\}$$

zu.

3.1 Bemerkung. *Sei P ein irreduzibles Polynom, welches echt von w abhängt. Zu jedem Punkt $a \in \mathbb{C}$ existieren nur endlich viele $b \in \mathbb{C}$ mit der Eigenschaft $(a, b) \in \mathcal{N}$. Mit anderen Worten: Die Fasern der natürlichen Projektion*

$$p : \mathcal{N} \longrightarrow \mathbb{C}, \quad p(z, w) = z,$$

sind endlich.

Beweis. Wie schließen indirekt, nehmen also an, dass es zu einem Punkt $a \in \mathbb{C}$ unendlich viele Nullstellen b des Polynoms $w \mapsto P(a, w)$ gibt. Dann muss dieses Polynom identisch verschwinden. Durch Umordnen nach Potenzen von $z - a$ sieht man, dass ein Polynom Q existiert mit

$$P(z, w) = (z - a)\, Q(z, w).$$

Da P irreduzibel ist, muss Q konstant sein. Dann wäre aber P von w unabhängig.   □

Es ist unser nächstes Ziel zu zeigen, dass die Abbildung p außerhalb endlich vieler Punkte (der sogenannten „Verzweigungspunkte") lokal topologisch ist. Dazu benötigen wir

3.2 Satz. *Sei $P \in \mathbb{C}[z, w]$ ein irreduzibles Polynom, welches echt von w abhängt. Es existieren nur endlich viele Lösungen (a, b) der Gleichungen*

$$P(a, b) = 0 = \frac{\partial P}{\partial w}(a, b).$$

Zum Beweis betrachten wir für jedes $z \in \mathbb{C}$ die *Diskriminante* $d_P(z)$ des Polynoms $w \mapsto P(z, w)$. Für die Definition der Diskriminante und ihre grundlegenden Eigenschaften verweisen wir auf den algebraischen Anhang am Ende dieses Bandes (s. VIII.3.1).

Die Diskriminante ist ein Polynom in z, welches wegen der Irreduzibilität von P nicht identisch verschwindet. Ist (a, b) eine Lösung des angegebenen Gleichungssystems, so besitzt das Polynom $w \mapsto P(a, w)$ eine mehrfache Nullstelle, d.h. seine Diskriminante verschwindet, $d_P(a) = 0$. Da d_P nur endlich viele Nullstellen hat, existieren nur endlich viele solche a und wegen 3.1 auch nur endlich viele (a, b).   □

Es ist für unsere Zwecke oft sinnvoll, ein Polynom $P(z, w)$ nach Potenzen von w zu ordnen,

$$P(z, w) = a_n(z)w^n + \cdots + a_0(z).$$

Die Polynome a_i heißen die *Koeffizienten* von P (bezüglich der Variablen w). Wenn P von 0 verschieden ist, kann man $a_n \neq 0$ erreichen. Man nennt $a_n(z)$ dann den *höchsten Koeffizienten* von P. Aus 3.2 folgt unmittelbar:

3.3 Satz.   *Sei $P \in \mathbb{C}[z,w]$ ein irreduzibles Polynom, welches echt von w abhängt. Es existiert eine endliche Menge $S \subset \mathbb{C}$ von Punkten mit folgenden Eigenschaften:*

a) Die Nullstellen des höchsten Koeffizienten von P sind in S enthalten.
b) Ist $(a,b) \in \mathbb{C} \times \mathbb{C}$ und ist

$$P(a,b) = 0 \quad und \quad \frac{\partial P}{\partial w}(a,b) = 0,$$

so gilt $a \in S$.

Im folgenden sei $P \in \mathbb{C}[z,w]$ immer ein irreduzibles Polynom, welches echt von w abhängt und $S \subset \mathbb{C}$ eine endliche Teilmenge mit den in 3.3 angegebenen Eigenschaften.

Wir definieren

$$X := \{(a,b) \in (\mathbb{C} - S) \times \mathbb{C}; \quad P(a,b) = 0\}.$$

Diese Punktmenge entsteht aus der ursprünglichen affinen algebraischen Kurve durch Herausnehmen endlich vieler Punkte. Wir versehen sie mit der von $\mathbb{C} \times \mathbb{C}$ induzierten Topologie.

3.4 Satz.   *Die Projektion*

$$p : X \longrightarrow \mathbb{C} - S, \quad p(a,b) = a,$$

*ist **lokal topologisch und eigentlich**.*

Folgerung. *Der Raum X besitzt eine eindeutig bestimmte Struktur als Riemann'sche Fläche, so dass p lokal biholomorph ist (2.8).*

Zusatz. *Auch die zweite Projektion*

$$q : X \longrightarrow \mathbb{C}, \quad q(a,b) = b,$$

ist analytisch.

Beweis. Erster Teil. p ist lokal topologisch.
Der Beweis folgt unmittelbar aus einer funktionentheoretischen Variante des aus der reellen Analysis bekannten Satzes für implizite Funktionen, s. Anhang B zu diesem Abschnitt. Dort wird auch der Zusatz gezeigt.

Zweiter Teil. p ist eigentlich.
Das Urbild $A = p^{-1}(B)$ einer kompakten Menge $B \subset \mathbb{C} - S$ ist abgeschlossen in $\mathbb{C} \times \mathbb{C}$, da B abgeschlossen in ganz $\mathbb{C}$ ist. Es genügt daher zu zeigen, dass A beschränkt ist.

Ist $(a,b) \in A$, so gilt $P(a,b) = 0$. Nach Definition der Ausnahmemenge S gilt: Der höchste Koeffizient von P hat auf $\mathbb{C} - S$ keine Nullstelle, ist also auf dem Kompaktum B dem Betrage nach durch eine positive Zahl nach unten beschränkt. Alle Koeffizienten sind auf dem Kompaktum B dem Betrage natürlich nach oben beschränkt. Die Behauptung folgt nun unmittelbar aus folgendem einfachen

3.5 Hilfssatz. *Sei n eine natürliche Zahl und $C > 0$ eine positive reelle Zahl. Es existiert eine positive reelle Zahl $C' = C'(C, n)$ mit folgender Eigenschaft: Sei*

$$P(z) = a_n z^n + \cdots + a_0$$

ein Polynom (in $\mathbb{C}[z]$), dessen Koeffizienten den Ungleichungen

$$|a_i| \leq C \quad (0 \leq i \leq n), \quad |a_n| \geq C^{-1}$$

genügen. Dann genügt jede Nullstelle a von P der Ungleichung

$$|a| \leq C'.$$

Beweis. Aus $a_n a^n + \cdots + a_0 = 0$ folgt

$$a_n a = - \left(a_{n-1} + \cdots + \frac{a_0}{a^{n-1}} \right).$$

Hieraus folgt im Falle $|a| \geq 1$

$$|a_n a| \leq nC \text{ oder } |a| \leq nC^2.$$

Alternative Konstruktion der Riemannschen Fläche X mittels des analytischen Gebildes

Sei $\mathcal{R}_0$ die Menge aller Funktionselemente (a, Q) mit der Eigenschaft

$$a \notin S, \quad P(z, Q(z)) \equiv 0.$$

Bemerkung. $\mathcal{R}_0$ ist ein offener Teil einer disjunkten Vereinigung analytischer Gebilde und damit in offensichtlicher Weise eine RIEMANN'sche Fläche.

Der Beweis ergibt sich unmittelbar aus der Konstruktion der Topologie von $\mathcal{R}$ und aus der Tatsache, dass sich die Gleichung

$$P(z, Q(z)) \equiv 0$$

auf alle Funktionselemente, welche man aus Q durch Umordnen erhält, überträgt. Insbesondere überträgt sie sich auf alle Funktionselemente, welche man aus Q durch analytische Fortsetzung längs eines Weges erhält.

Auf $\mathcal{R}_0$ sind zwei analytische Funktionen

$$p_0 : \mathcal{R}_0 \longrightarrow \mathbb{C} - S, \quad p_0(a, Q) = a,$$
$$q_0 : \mathcal{R}_0 \longrightarrow \mathbb{C}, \qquad q_0(a, Q) = Q(a),$$

gegeben.

Ist $(a, Q) \in \mathcal{R}_0$, so ist der Punkt $(a, Q(a))$ trivialerweise in der algebraischen Kurve X (s.o.) enthalten. Wir erhalten eine Abbildung

$$h : \mathcal{R}_0 \longrightarrow X, \qquad (a, Q) \longmapsto (a, Q(a)).$$

Aus dem Satz für implizite Funktionen (s.o.) folgt unmittelbar:

3.6 Satz.   *Die kanonische Abbildung*

$$h : \mathcal{R}_0 \xrightarrow{\sim} X$$

ist biholomorph.

Zusatz. *Die Diagramme*

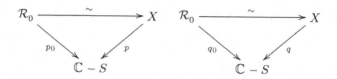

sind kommutativ.   □

Es ist unser Ziel, die RIEMANN'sche Fläche X durch Hinzufügen endlich vieler Punkte zu eine kompakten RIEMANN'schen Fläche zu erweitern.

3.7 Satz.   *Seien $X, \bar{Y}$ Riemann'sche Flächen, $S \subset \bar{Y}$ eine endliche Punkt-menge,*

$$Y := \bar{Y} - S$$

und

$$f : X \longrightarrow Y$$

eine lokal biholomorphe eigentliche Abbildung. Dann existiert eine Riemann'-sche Fläche $\bar{X}$, welche X als offene Riemann'sche Teilfläche enthält und eine holomorphe Abbildung

$$\bar{f} : \bar{X} \longrightarrow \bar{Y}$$

mit folgenden Eigenschaften.

1) *Das Komplement $T = \bar{X} - X$ ist endlich.*
2) *Die Abbildung $\bar{f}$ ist eigentlich.*
3) *Das Diagramm*

$$\begin{array}{ccc} \bar{X} & \xrightarrow{\bar{f}} & \bar{Y} \\ \cup & & \cup \\ X & \xrightarrow{f} & Y \end{array}$$

   ist kommutativ.

*Man nennt $(\bar{X}, \bar{f})$ eine **Vervollständigung** von $(X, f, Y \subset \bar{Y})$. Ist $\bar{Y}$ kompakt, so ist $\bar{X}$ ebenfalls kompakt.*

Beweis. Wir wählen zu jedem Ausnahmepunkt $s \in S$ eine offene Umgebung $U(s)$, welche zum Einheitskreis $\mathbb{E}$ biholomorph äquivalent ist und so dass

$$U(s) \cap U(t) = \emptyset \text{ für } s \neq t \quad (\text{beide in } S).$$

Die Einschränkung $f^{-1}(U(s) - \{s\}) \to U(s) - \{s\}$ ist offenbar wie f selbst eigentlich. Für jedes $s \in S$ zerfällt $f^{-1}(U(s) - \{s\})$ in Zusammenhangskomponenten. Sei $Z \subset f^{-1}(U(s) - \{s\})$ eine Zusammenhangskomponente. Diese ist sowohl offen als auch abgeschlossen in $f^{-1}(U(s) - \{s\})$. Da sie abgeschlossen ist, ist die Einschränkung $Z \to U(s) - \{s\}$ ebenfalls eigentlich. Sie ist damit surjektiv. Hieraus und aus der Tatsache, dass f eigentlich ist, folgt, dass nur endlich viele Zusammenhangskomponenten existieren können.

Nach Satz 4.5 existiert ein kommutatives Diagramm mit biholomorphen Zeilen

$$
\begin{array}{ccc}
Z & \xrightarrow{\varphi_Z} & \mathbb{E}^{\cdot} \\
{\scriptstyle f}\downarrow & & \downarrow \\
U(s) - \{s\} & \longrightarrow & \mathbb{E}^{\cdot}
\end{array}
\qquad
\begin{array}{c}
q \\
\uparrow \\
q^n
\end{array}
\qquad (n = n(Z))
$$

Wir wählen nun für jedes Z ein Symbol $a(Z)$ welches nicht in X enthalten ist, und so dass

$$Z \neq Z' \Longrightarrow a(Z) \neq a(Z').$$

Wir betrachten dann die Menge

$$\bar{Z} := Z \cup \{a(Z)\}.$$

Wir dehnen die Abbildung φ_Z aus zu einer bijektiven Abbildung

$$\varphi_{\bar{Z}} : \bar{Z} \longrightarrow \mathbb{E}$$

durch die Festsetzung

$$\varphi_{\bar{Z}}(a(Z)) := 0.$$

Wir übertragen dann die Topologie von ganz $\mathbb{E}$ auf $\bar{Z}$ (so dass $\varphi_{\bar{Z}}$ topologisch wird). Nun definieren wir $\bar{X}$ als die Vereinigung von X mit den endlich vielen Punktion $a(Z)$ und definieren auf $\bar{X}$ eine Topologie: Eine Teilmenge $U \subset \bar{X}$ heiße offen, falls gilt:

a) $U \cap X$ ist offen,

b) $U \cap \bar{Z}$ ist offen für alle Z.

Offenbar wird $\bar{X}$ ein HAUSDORFFraum und X ein offener Unterraum (d.h. insbesondere, dass die durch $\bar{X}$ induzierte Topologie die Ausgangstopologie ist).

Wir erweitern nun den analytischen Atlas $\mathcal{A}$ von X zu einem analytischen Atlas $\bar{\mathcal{A}}$ von $\bar{X}$:

$$\bar{\mathcal{A}} := \mathcal{A} \cup \{\bar{\varphi}_Z\}$$

(Offensichtlich sind die Karten $\bar{\varphi}_Z$ mit allen analytischen Karten von X analytisch verträglich.)

Damit ist $\bar{X} = (\bar{X}, \bar{\mathcal{A}})$ eine RIEMANN'sche Fläche. Die durch

$$\bar{f}(Z) = s \qquad (Z \subset f^{-1}(s))$$

definierte Ausdehnung

$$\bar{f} : \bar{X} \longrightarrow \bar{Y}$$

ist offenbar analytisch. Man zeigt leicht, dass sie eigentlich ist. (Man benutzt, dass f selbst und $\mathbb{E} \to \mathbb{E}$, $q \mapsto q^n$ eigentlich sind.) $\square$

Wir sind vor allem an dem Fall interessiert, wo $\bar{Y}$ kompakt ist. Dann ist $\bar{X}$ eine Kompaktifizierung von X durch endlich viele Punkte. Wir zeigen nun, dass solche Kompaktifizierungen eindeutig sind.

3.8 Hilfssatz. *Seien X eine Fläche, $S \subset X$ eine endliche Teilmenge, $X_0 = X - S$ und*

$$\bar{X} \supset X_0$$

ein kompakter Raum, welcher X_0 als offenen Unterraum enthält. Das Komplement $\bar{X} - X_0$ sei ebenfalls endlich. Dann existiert eine stetige Fortsetzung

$$f : X \longrightarrow \bar{X}$$

der Identität id_{X_0}.

Folgerung. *Sei X_0 eine Riemann'sche Fläche und seien $\bar{X}, \tilde{X}$ zwei kompakte Riemann'sche Flächen, welche X_0 als offene Riemann'sche Teilfläche enthalten. Die Komplemente $\bar{X} - X_0$, $\tilde{X} - X_0$ seien endlich. Dann existiert eine biholomorphe Abbildung*

$$\varphi : \bar{X} \longrightarrow \tilde{X}, \quad \varphi|X_0 = \mathrm{id}_{X_0}.$$

Beweis. Wir bezeichnen mit

$$b_1, \ldots, b_n \qquad (b_i \neq b_j \text{ für } i \neq j)$$

die Punkte des Komplements $\bar{X} - X_0$ und wählen zu jedem $i \in \{1, \ldots, n\}$ eine offene Umgebung

$$U(b_i) \subset \bar{X} \qquad (1 \leq i \leq n),$$

so dass

$$U(b_i) \cap U(b_j) = \emptyset \text{ für } i \neq j.$$

Sei nun a ein Punkt aus $X - X_0$. Wir wollen den Bildpunkt von a in $\bar{X}$ konstruieren.

Behauptung. Es existiert eine Umgebung $U(a) \subset X$ von a, welche außer a keinen weiteren Punkt aus S enthält, so dass

$$U(a) - \{a\} \subset U(b_1) \cup \cdots \cup U(b_n).$$

Beweis der Behauptung. Wir schließen indirekt. Wenn die Behauptung falsch ist, so existiert eine Folge

$$a_n \in X_0, \quad a_n \longrightarrow a,$$

so dass a_n in keinem $U(b_i)$ enthalten ist. Da $\bar{X}$ kompakt ist, können wir annehmen, (nach Übergang zu einer Teilfolge), dass (a_n) in $\bar{X}$ konvergiert. Der Grenzwert muss notwendigerweise einer der Punkte b_i sein (weil (a_n) in X_0 nicht konvergiert). Dann müssten aber fast alle a_n in $U(b_i)$ liegen. Damit ist die Behauptung bewiesen.

Wir können erreichen, dass $U(a)$ offen und zusammenhängend ist. Da X eine Fläche ist, ist auch $U(a) - \{a\}$ zusammenhängend (!) und daher in genau einem $U(b_i)$ enthalten.

$$U(a) - \{a\} \subset U(b_j) \text{ für ein } j.$$

Da man die Umgebungen $U(b_j)$ beliebig klein wählen kann ist die durch

$$\varphi(a) := b_j$$

definierte Fortsetzung der Identität stetig bei a.

Der Beweis der Folgerung ergibt sich aus dem Riemann'schen Hebbarkeitssatz: Eine stetige Abbildung RIEMANN'*scher Flächen, welche außerhalb endlich vieler Punkte analytisch ist, ist überall analytisch.*   □

3.9 Theorem. *Sei* $P \in \mathbb{C}[z, w]$ *ein irreduzibles Polynom, welches echt von* w *abhängt. Es existiert eine* **kompakte** *Riemann'sche Fläche* $\bar{X}$, *welche die Riemann'sche Fläche*

$$X = \{(a, b) \in (\mathbb{C} - S) \times \mathbb{C}, \, P(a, b) = 0\}$$

als offene Riemann'sche Teilfläche enthält. Das Komplement $\bar{X} - X$ *ist endlich. Die beiden Projektionen*

$$p : X \longrightarrow \mathbb{C}, \quad p(a, b) = a,$$
$$q : X \longrightarrow \mathbb{C}, \quad q(a, b) = b,$$

besitzen (natürlich eindeutig bestimmte) Fortsetzungen zu holomorphen Abbildungen

$$\bar{p} : \bar{X} \longrightarrow \bar{\mathbb{C}} \quad (\text{Riemann'sche Zahlkugel}),$$
$$\bar{q} : \bar{X} \longrightarrow \bar{\mathbb{C}}.$$

Das Tripel $(\bar{X}, \bar{p}, \bar{q})$ *ist im wesentlichen eindeutig bestimmt.*

Beweis. Das einzige, was noch zu beweisen ist, ist die Fortsetzbarkeit von q. Dazu können wir annehmen, dass P echt von z abhängt (sonst wäre $P(z) = C(z-a)$ und q wäre konstant). Jetzt können wir die Rollen von p und q vertauschen:

Es existiert eine endliche Teilmenge $T \subset \mathbb{C}$, so dass die kanonische Projektion

$$q : X_0 \longrightarrow \mathbb{C} - T, \qquad X_0 := \{(a,b) \in \mathbb{C} \times (\mathbb{C} - T), \ P(a,b) = 0\},$$

lokal topologisch und *eigentlich* ist.

Wählt man T genügend groß, so ist X_0 eine Teilmenge von X und das Komplement besteht aus endlich vielen Punkten. Es genügt —wegen der Eindeutigkeit der Kompaktifizierung (3.8, Folgerung)— q auf irgendeine Kompaktifizierung von X_0 (von X_0 ausgehend) fortzusetzen. Eine solche liefert 3.7 (mit q anstelle von p). $\qquad\square$

3.10 Satz.   *Die einem irreduziblen (echt von z abhängigen) Polynom $P(z, w) \in \mathbb{C}[z, w]$ zugeordnete kompakte Riemann'sche Fläche $\bar{X}$ (3.9) ist zusammenhängend.*

Beweis. Das Polynom $w \mapsto P(z, w)$ hat für $z \in \mathbb{C} - S$ einen von z unabhängigen Grad n. Wir bezeichnen die Nullstellen dieses Polynoms in irgendeiner Reihenfolge mit $t_1(z), \ldots, t_n(z)$ und erhalten

$$P(z, w) = a_n(z) \prod_{\nu=1}^{n} (w - t_\nu(z)).$$

Der höchste Koeffizient $a_n(z)$ ist eine Polynom in z. Die Punkte $x := (z, t_\nu(z))$ liegen auf der Kurve X. Es sind genau diejenigen Punkt $x \in X$, welche durch p auf z abgebildet werden. Beachtet man noch $q(x) = t_\nu(z)$, so kann man auch

$$P(z, w) = a_n(z) \prod_{x \in X, \ p(x)=z} (w - q(x))$$

schreiben.

Wir schließen indirekt, nehmen also an, dass sich X als Vereinigung zweier offener nicht leerer Teilflächen schreiben lässt, $X = X_1 \cup X_2$. Wir zerlegen P als Produkt

$$P(z, w) = P_1(z, w) P_2(z, w), \quad P_\nu(z, w) = \prod_{x \in X_\nu, \ p(x)=z} (w - q(x)), \quad z \in \mathbb{C} - S.$$

Die Funktionen $P_\nu(z, w)$ sind bei festem w analytisch auf $\mathbb{C} - S$, da man dort p lokal biholomorph umkehren kann.

Wir werden zeigen, dass die Singularitäten $s \in S \cup \{\infty\}$ für jedes feste w außerwesentlich sind. Dann ist $P_\nu(z, w)$ für jedes feste w eine meromorphe Funktion auf $\bar{\mathbb{C}}$ und als solche rational ([FB], Kapitel III, Anhang zu §4 und §5, Satz A6). Hieraus folgt dann, dass $P_\nu \in \mathbb{C}(z)[w]$ Polynome in w über dem Körper der rationalen Funktionen sind. Dies ist ein Widerspruch zur Irreduzibilität von P, denn in der elementaren Algebra beweist man das „Lemma von GAUSS". Ist $P \in \mathbb{C}[z, w]$ ein irreduzibles Polynom, so ist P auch als Polynom (in w) über dem Körper $\mathbb{C}(z)$ der rationalen Funktionen irreduzibel. (Einen Beweis findet man im algebraischen Anhang, VIII.2.8.)

Dass die Singularitäten außerwesentlich sind, folgt aus folgender

3.11 Bemerkung. *Sei $p : Y \to \mathbb{E}$ eine eigentliche analytische Abbildung einer Riemann'schen Fläche Y auf den Einheitskreis, welche außerhalb $p^{-1}(0)$ lokal biholomorph ist. Außerdem sei $q : Y \to \bar{\mathbb{C}}$ eine meromorphe Funktion, welche außerhalb $p^{-1}(0)$ nur endliche Werte annimmt. Dann hat die Funktion*

$$z \longmapsto Q(z, w) = \prod_{x \in X,\ p(x)=z} (w - q(x)), \quad (z \neq 0)$$

für jedes $w \in \mathbb{C}$ eine außerwesentliche Singularität im Nullpunkt.

Beweis. Zerlegt man Y in seine Zusammenhangskomponenten, so zerfällt Q in ein Produkt. Man kann daher annehmen, dass X zusammenhängend ist. Danach kann man $X = \mathbb{E}$ und $q(z) = z^n$ annehmen. Die Behauptung ist jetzt trivial. $\qquad\qquad\qquad\qquad\qquad\qquad\qquad\qquad\qquad\qquad\qquad\qquad\qquad$ □

Satz 3.10 hat folgende elementar zu formulierende

3.12 Folgerung. *Seien (a, Q) und $(\tilde{a}, \tilde{Q})$ zwei Funktionselemente mit der Eigenschaft*

$$P(z, Q(z)) \equiv 0, \quad P(z, \tilde{Q}(z)) \equiv 0, \quad (a, \tilde{a} \notin S).$$

Dann existiert eine Kurve, welche a mit $\tilde{a}$ verbindet, so dass $\tilde{Q}$ durch analytische Fortsetzung aus Q längs dieser Kurve entsteht.

Übungsaufgaben zu I.3

1. Sei $P(z) = \sqrt[5]{1 + z^4}$ die über den Hauptwert des Logarithmus definierte in einer Umgebung von $z = 0$ definierte analytische fünfte Wurzel aus $1 + z^4$. Man gebe eine geschlossene Kurve mit Anfangs- und Endpunkt 0 an, so dass die analytische Fortsetzung das Funktionselement $(0, P)$ in $(0, \zeta P)$ mit $\zeta = e^{2\pi i/5}$ überführt.

2. Man zeige, dass die zum Polynom $P(z,w) = w^2 - z$ gehörige kompakte RIEMANN'-sche Fläche biholomorph äquivalent zur Zahlkugel $\bar{\mathbb{C}}$ ist.

3. Die Nullstellenmenge eines irreduziblen Polynoms $P \in \mathbb{C}[z,w]$ in $\mathbb{C}^2$ ist zusammenhängend.

4. Sei Q ein Polynom dritten oder vierten Grades ohne mehrfache Nullstelle. Die dem Polynom $P(z,w) = w^2 - Q(z)$ zugeordnete kompakte RIEMANN'sche Fläche X mit Projektionsabbildung $p : X \to \bar{\mathbb{C}}$ verzweigt in genau vier Punkten, d.h. genau vier Punkte aus $\bar{\mathbb{C}}$ haben nur einen Urbildpunkt in X, alle anderen haben genau zwei Urbildpunkte. Man vergleiche mit dem Abbildungsverhalten der WEIER-STRASS'schen $\wp$-Funktion.

   (Dies ist ein Indiz dafür, dass die RIEMANN'sche Fläche X biholomorph äquivalent zu einem Torus ist.)

5. Man betrachte die zu dem Polynom $P(z,w) = w^4 - 2w^2 + 1 - z$ zugehörge kompakte RIEMANN'sche Fläche X mit der zugehörigen Projektion $p : X \to \bar{\mathbb{C}}$. Man zeige, dass alle Punkte $z \in \bar{\mathbb{C}}$ mit Ausnahme von $0, 1, \infty$ genau vier Urbildpunkte in X haben. Man bestimme das Abbildungsverhalten in den Ausnahmepunkten.

6. In [FB], Kap. V, Anhang zu §3 wurde der projektive Raum $P^n(\mathbb{C})$ als ein Quotientenraum von $\mathbb{C}^{n+1} - \{0\}$ eingeführt. Man zeige, dass dies ein kompakter Raum (mit der Quotiententopologie) wird. Außerdem wurde dort der projektive Abschluss $\tilde{\mathcal{N}}$ einer affinen algebraischen Kurve $\mathcal{N}$ eingeführt. Man zeige, dass eine natürliche stetige Abbildung der zugehörigen kompakten RIEMANN'schen Fläche auf $\tilde{\mathcal{N}}$ existiert.

4. Anhang A. Ein Spezialfall der Überlagerungstheorie

4.1 Hilfssatz. *Sei $f : X \to Y$ eine lokal topologische eigentliche Abbildung von Hausdorffräumen. Dann besitzt jeder Punkt $b \in Y$ nur endlich viele Urbildpunkte*

$$f^{-1}(b) = \{a_1, \ldots, a_n\} \qquad (a_i \neq a_j \ \text{für} \ i \neq j).$$

Es existieren offene Umgebungen

$$b \in V \subset Y \ \text{und} \ a_i \in U_i \subset X \qquad (1 \leq i \leq n)$$

mit folgender Eigenschaft.
1) *$f^{-1}(V) = U_1 \dot{\cup} \cdots \dot{\cup} U_n$ (disjunkte Vereinigung, also $U_i \cap U_j = \emptyset$ für $i \neq j$).*
2) *Die Einschränkung von f vermittelt eine topologische Abbildung*

$$U_i \xrightarrow{\ f\ } V \qquad (1 \leq i \leq n).$$

Beweis. Da f lokal topologisch ist, ist $f^{-1}(b)$ eine diskrete Teilmenge. Sie ist kompakt, da f eigentlich ist. Beides zusammen ergibt ihre Endlichkeit.

Wir wählen nun paarweise verschiedene disjunkte offene Umgebungen $a_i \in U_i' \subset X$. Nach eventueller Verkleinerung gilt: Die Einschränkung von f auf U_i' definiert eine topologische Abbildung von U_i' auf eine offene Umgebung V' von a. Da f eigentlich ist, existiert eine offene Umgebung $a \in V \subset V'$ mit der Eigenschaft $f^{-1}(V) \subset U_1' \cup \cdots \cup U_n'$ (s. 0.2). Man definiert $U_i = U_i' \cap f^{-1}(V)$. (Dann ist $U_1 \cup \cdots \cup U_n$ das *volle* Urbild von V.) $\qquad \square$

Aus Hilfssatz 4.1 entspringt folgende

4.2 Definition. *Eine stetige Abbildung*

$$f : X \longrightarrow Y$$

topologischer Räume heißt **Überlagerung**, *falls zu jedem Punkt* $b \in Y$ *eine offene Umgebung* V, $b \in V \subset Y$, *und zu jedem Urbildpunkt* $a \in X$ *($f(a) = b$) eine offene Umgebung* $U(a)$ *existiert, so dass folgende Eigenschaften erfüllt sind:*

1) $f^{-1}(V) = \overset{\textstyle\cdot}{\underset{f(a)=b}{\bigcup}} U(a)$ *(disjunkte Vereinigung).*

2) *Die Einschränkung von* f *vermittelt für jedes* $a \in f^{-1}(b)$ *eine topologische Abbildung*

$$U(a) \overset{\sim}{\longrightarrow} V.$$

Beispiele für Überlagerungen sind die eigentlichen lokal topologischen Abbildungen. Beispiel für eine *nicht eigentliche Überlagerung* ist

$$\mathbb{C} \longrightarrow \mathbb{C}^{\cdot}, \quad z \longmapsto e^z.$$

Schlüssel zum Studium lokal topologischer und eigentlicher Abbildungen ist die sogenannte *Wegeliftung*:

4.3 Satz. *Sei* $f : X \to Y$ *eine Überlagerung. Zu jedem Punkt* $x_0 \in X$ *und zu jeder Kurve*

$$\alpha : [a, b] \longrightarrow Y, \quad \alpha(a) = f(x_0) \qquad (a < b),$$

mit Anfangspunkt $f(x_0)$ *existiert eine eindeutig bestimmte Kurve*

$$\beta : [a, b] \longrightarrow X$$

mit den Eigenschaften
a) $f \circ \beta = \alpha$,
b) $\beta(a) = x_0$.

Man nennt β eine Liftung von α zu vorgegebenem Anfangspunkt x_0 (über $\alpha(a)$).

Beweis. Die Eindeutigkeit der Liftung wurde in 2.10 bewiesen.

Existenz der Liftung. Ein einfaches Kompaktheitsargument zeigt: Es existiert eine Partition

$$a = a_0 < a_1 < \cdots < a_m = b$$

und für jedes i, $0 \le i \le m$, eine offene Umgebung

$$\alpha(a_i) \in V_i \subset Y,$$

so dass
1) V_i die in 4.2 angegebene Eigenschaft hat ($p^{-1}(V_i)$ zerfällt in paarweise disjunkte offene Mengen, welche durch f topologisch auf V_i abgebildet werden).
2) $\alpha[a_i, a_{i+1}] \subset V_i$.

Jetzt kann man induktiv

$$\alpha_i := \alpha|[a_i, a_{i+1}]$$

hochheben und zwar so, dass der Anfang der gelifteten Kurve β_{i+1} gleich dem Endpunkt von β_i ist. Die Zusammensetzung der β_i-s ergibt die gewünschte Liftung β.   □

Dasselbe Beweisverfahren zeigt etwas mehr, nämlich:

4.4 Satz. *Sei $f : X \to Y$ eine Überlagerung,*

$$Q = I \times J, \quad I, J \subset \mathbb{R} \text{ Intervalle,}$$

ein (nicht notwendig kompaktes) Rechteck und

$$H : Q \longrightarrow Y$$

eine stetige Abbildung und $q_0 \in Q$, $x_0 \in X$ Punkte mit der Eigenschaft $H(q_0) = f(x_0)$. Dann existiert eine stetige Abbildung

$$\tilde{H} : Q \longrightarrow X$$

mit der Eigenschaft
a) $f \circ \tilde{H} = H$,
b) $\tilde{H}(q_0) = x_0$.

Zum Beweis kann man annehmen, dass Q kompakt ist, da man jedes Rechteck als aufsteigende Vereinigung kompakter Rechtecke schreiben kann. Man kann außerdem annehmen, dass q_0 ein Eckpunkt von Q ist, indem man eventuell Q aufteilt. Der Beweis erfolgt nun wie bei der Kurvenliftung, man betrachtet jetzt eine Rechteckszerlegung anstelle einer Partition.   □

4.5 Satz. *Seien X eine zusammenhängende Riemann'sche Fläche und*

$$f : X \longrightarrow \mathbb{E}^\bullet = \{q \in \mathbb{C}; \quad 0 < |q| < 1\}$$

eine lokal biholomorphe eigentliche Abbildung von X in den punktierten Einheitskreis. Dann existiert eine natürliche Zahl n und eine biholomorphe Abbildung

$$\varphi : X \xrightarrow{\sim} \mathbb{E}^\bullet,$$

so dass das Diagramm

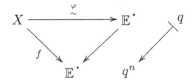

kommutativ ist.

Beweis. Wir betrachten die obere Halbebene $\mathbb{H}$ und die Abbildung

$$\mathrm{ex} : \mathbb{H} \longrightarrow \mathbb{E}^\bullet, \qquad z \longmapsto q := e^{2\pi i z}.$$

Es ist klar, dass diese Abbildung eine (nicht eigentliche) Überlagerung ist. Nach Satz 4.4 existiert eine *stetige* Liftung

$$\mathrm{Ex} : \mathbb{H} \longrightarrow X \qquad (f \circ \mathrm{Ex} = \mathrm{ex}).$$

Diese ist in der Tat analytisch (sogar lokal biholomorph), da die beiden Abbildungen $\mathrm{ex} : \mathbb{H} \to \mathbb{E}^\bullet$ und $f : X \to \mathbb{E}^\bullet$ lokal biholomorph sind. Aus der Tatsache, dass diese beiden Abbildungen sogar Überlagerungen sind, folgert man leicht:

Die Abbildung

$$\mathrm{Ex} : \mathbb{H} \longrightarrow X$$

ist eine Überlagerung.

Es kommt nun darauf an, zu entscheiden, wann zwei Punkte $a, b \in \mathbb{H}$ denselben Bildpunkt in X haben (d.h. $\mathrm{Ex}(a) = \mathrm{Ex}(b)$). Notwendig hierfür ist

$$\mathrm{ex}(a) = \mathrm{ex}(b), \quad \text{d.h. } a = b + n, \quad n \in \mathbb{Z}.$$

4.6 Behauptung. *Sei n eine ganze Zahl. Die Menge aller Punkte $z \in \mathbb{H}$ mit*

$$\mathrm{Ex}(z) = \mathrm{Ex}(z + n)$$

ist offen in $\mathbb{H}$.

Folgerung. *Da diese Menge trivialerweise abgeschlossen ist, gilt die Gleichung $\mathrm{Ex}(z) = \mathrm{Ex}(z + n)$ entweder für alle $z \in \mathbb{H}$ oder für überhaupt kein $z \in \mathbb{H}$.*

Beweis der Behauptung. Es gelte $\mathrm{Ex}(a) = \mathrm{Ex}(a+n)$. Wir betrachten offene Umgebungen $U(a)$ von a, $U(a+n)$ von $a+n$, welche durch Ex topologisch auf eine offene Umgebung V von $\mathrm{Ex}(a)$ abgebildet werden und so dass V durch $f : X \to \mathbb{E}^{\boldsymbol{\cdot}}$ topologisch auf eine offene Umgebung W von $\mathrm{ex}(a)$ abgebildet wird. Seien $z \in U(a)$ und $z + n \in U(a+n)$. Wegen der Periodizität der Exponentialfunktion gilt $\mathrm{ex}(z) = \mathrm{ex}(z+n) \in W$. Die Punkte $\mathrm{Ex}(z)$ und $\mathrm{Ex}(z+n)$ liegen beide in der Umgebung V, welche durch f injektiv abgebildet wird. Da ihre Bilder unter f übereinstimmen, folgt $\mathrm{Ex}(z) = \mathrm{Ex}(z+n)$. Es existiert also eine volle Umgebung von a, in welcher $\mathrm{Ex}(z) = \mathrm{Ex}(z+n)$ gilt.

□

Wir betrachten nun die Menge $L \subset \mathbb{Z}$ aller ganzer Zahlen mit der Eigenschaft: Es existiere ein $a \in \mathbb{H}$ mit

$$\mathrm{Ex}(a) = \mathrm{Ex}(a+n).$$

Wegen obiger Bemerkung gilt dann

$$\mathrm{Ex}(z) = \mathrm{Ex}(z+n) \text{ für alle } z \in \mathbb{H}.$$

Offenbar ist L eine Untergruppe von $\mathbb{Z}$. Jede Untergruppe von $\mathbb{Z}$ ist zyklisch, d.h.

$$L = n\mathbb{Z}, \quad n \geq 0, \ n \in \mathbb{Z}.$$

Wir erhalten also:

Es existiert eine ganze Zahl $n \geq 0$, so dass zwei Punkte a, b aus $\mathbb{H}$ genau dann denselben Bildpunkt haben, falls

$$a \equiv b \bmod n \ (\text{d.h. } a - b \in n\mathbb{Z}).$$

Sicherlich ist $n \neq 0$. (Sonst wäre die Abbildung $\mathbb{H} \overset{\mathrm{ex}}{\to} \mathbb{E}^{\boldsymbol{\cdot}}$ wie $f : X \to \mathbb{E}$ eigentlich).

Wir betrachten nun —mit dieser natürlichen Zahl— die surjektive Abbildung

$$g : \mathbb{H} \longrightarrow \mathbb{E}^{\boldsymbol{\cdot}}, \qquad z \longmapsto e^{2\pi i z/n}.$$

Es gilt also

$$g(a) = g(b) \Longleftrightarrow \mathrm{Ex}(a) = \mathrm{Ex}(b).$$

Daher existiert eine eindeutig bestimmte injektive Abbildung

$$\varphi : \mathbb{E}^{\boldsymbol{\cdot}} \longrightarrow X,$$

so dass das Diagramm

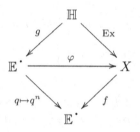

kommutativ ist.

Die Abbildungen f und $f \circ \varphi$ $(q \mapsto q^n)$ sind eigentlich und lokal topologisch. Hieraus folgt, dass φ eigentlich und lokal topologisch ist. Offenbar gilt

$$\varphi \text{ eigentlich} \Longrightarrow \varphi(\mathbb{E}^{\bullet}) \text{ abgeschlossen},$$

$$\varphi \text{ lokal topologisch} \Longrightarrow \varphi \text{ offen} \Longrightarrow \varphi(\mathbb{E}^{\bullet}) \text{ offen}.$$

Da X als *zusammenhängend* vorausgesetzt wurde, folgt $\varphi(\mathbb{E}^{\bullet}) = X$. Die Abbildung φ ist also bijektiv. Da sie stetig und offen ist, ist sie sogar topologisch. Da f und $f \circ \varphi$ lokal biholomorph sind, ist sie sogar biholomorph. Damit ist Satz 4.5 bewiesen. $\qquad\qquad\qquad\qquad\qquad\qquad\qquad\qquad\qquad\qquad\qquad\quad$ $\square$

Übungsaufgaben zu I.4

1. Sei $L \subset \mathbb{C}$ ein Gitter. Man zeige, dass die natürliche Projektion $\mathbb{C} \to \mathbb{C}/L$ eine Überlagerung ist.

2. Man zeige, dass 4.5 auch gilt, wenn man $\mathbb{E}$ durch $\mathbb{C}$ ersetzt.

3. Man gebe eine lokal topologische Abbildung an, welche keine Überlagerung ist.

4. Ist $\sin : \mathbb{C} \to \mathbb{C}$ eine Überlagerung?

5. Anhang B. Ein Satz für implizite Funktionen

Sei $D \subset \mathbb{C} \times \mathbb{C}$ eine offene Teilmenge. Eine Funktion

$$f : D \longrightarrow \mathbb{C}$$

heißt *analytisch*, falls folgende beide Bedingungen erfüllt sind.

1) f ist stetig differenzierbar im Sinne der reellen Analysis (wenn man $\mathbb{C}$ mit $\mathbb{R}^2$ und $\mathbb{C}^2$ mit $\mathbb{R}^4$ identifiziert).
2) f ist in jeder der beiden Variablen (bei jeweiligem Festlassen der anderen Variablen) analytisch.

Man kann dann die komplexen partiellen Ableitungen

$$z \longmapsto \frac{\partial f}{\partial z} \text{ und } w \longmapsto \frac{\partial f}{\partial w}$$

auf naheliegende Weise definieren. (Wir bezeichnen die Koordinaten von $\mathbb{C} \times \mathbb{C}$ mit (z, w).)

Der Satz für implizite Funktionen besagt:

Sei $(a, b) \in D$ ein Punkt mit den Eigenschaften

$$f(a, b) = 0, \quad \frac{\partial f}{\partial w}(a, b) \neq 0.$$

Es existieren offene Umgebungen

$$a \in U \subset \mathbb{C}, b \in V \subset \mathbb{C},$$

mit folgenden Eigenschaften.

1) *$U \times V \subset D$.*
2) *Zu jedem Punkt $z \in U$ existiert ein eindeutig bestimmter Punkt $\varphi(z) \in V$, so dass*

$$f(z, \varphi(z)) = 0.$$

3) *Die Funktion*

$$\varphi : V \longrightarrow \mathbb{C}$$

ist analytisch.

Völlig analog zum Beweis des Satzes für umkehrbare Funktionen [FB], I.5.7 führt man den Beweis auf den analogen reellen Satz zurück:

Zunächst muss man sich klar machen, dass die Voraussetzungen des reellen Satzes für implizite Funktionen erfüllt sind, d.h. man muss nachweisen, dass der Rang der reellen Funktionalmatrix $J(f, (a, b))$ (das ist eine reelle 4×2-Matrix) 2 ist. Dies ist aber klar, denn diese 4×2-Matrix enthält die 2×2-Matrix

$$\left. \begin{pmatrix} \dfrac{\partial \operatorname{Re} f}{\partial x} & \dfrac{\partial \operatorname{Re} f}{\partial y} \\ \dfrac{\partial \operatorname{Im} f}{\partial x} & \dfrac{\partial \operatorname{Im} f}{\partial y} \end{pmatrix} \right|_{(a,b)} \quad (z = x + \mathrm{i}y)$$

als Teilmatrix und deren Determinante $|\partial f/\partial z|^2$ ist nach Voraussetzung von 0 verschieden.

Die Aussagen 1) und 2) folgen unmittelbar aus dem reellen Satz für implizite Funktionen. Anstelle 3) hat man zunächst nur, dass φ stetig differenzierbar im Sinne der reellen Analysis ist. Aber aus den bekannten Formeln für die partielle Ableitungen von φ (diese ergeben sich aus $f(z, \varphi(z)) = 0$ mit Hilfe der Kettenregel) folgert man die Gültigkeit der CAUCHY-RIEMANN'schen Differentialgleichungen für φ. $\qquad \square$

II. Harmonische Funktionen auf Riemann'schen Flächen

Im Gegensatz zu einem ebenen Gebiet $D \subset \mathbb{C}$, wo man ja mit den rationalen Funktionen bereits eine große Klasse meromorpher Funktionen zur Verfügung hat, ist es auf einer RIEMANN'schen Fläche nicht ohne weiteres möglich, meromorphe Funktionen mit —etwa endlich vielen— vorgegebenen Polen zu konstruieren. Derartig konstruktive Probleme sind ein Kernproblem der Theorie der RIEMANN'schen Flächen. Es zeigt sich, dass es leichter ist, harmonische als analytische Funktionen zu konstruieren. Wir greifen damit einen Faden auf, den wir in dem Band [FB] früh (Kap. I, §5) haben fallen lassen. Wir orientieren uns in diesem Kapitel stark an NEVANLINNA's Klassiker „Uniformisierung" [Ne].

Wir erinnern an einige *Grundtatsachen über harmonische Funktionen.*

1) Der Realteil einer analytischen Funktion ist eine harmonische Funktion.

2) Eine analytische Funktion auf einem Gebiet ist durch ihren Realteil bis auf eine additive (imaginäre) Konstante eindeutig bestimmt.

3) Auf einem Elementargebiet (=einfach zusammenhängendes Gebiet) ist jede harmonische Funktion Realteil einer analytischen Funktion. (Wir werden dies nur für Kreisscheiben benutzen.) Insbesondere sind harmonische Funktionen *lokal* Realteile analytischer Funktionen.

4) Die Funktion

$$\mathbb{C}^{\bullet} := \mathbb{C} - \{0\} \longrightarrow \mathbb{C}, \qquad z \longmapsto \log |z|,$$

ist harmonisch. Sie ist jedoch nicht (in ganz $\mathbb{C}^{\bullet}$) Realteil einer analytischen Funktion.

In den ersten sechs Paragraphen wird das *Dirichlet'sche Randwertproblem* behandelt. Es handelt sich dabei um die Frage, ob man auf einem relativ kompakten Gebiet $U \subset X$ einer RIEMANN'schen Fläche eine harmonische Funktion konstruieren kann, welche bei Annäherung an den Rand gegen eine vorgegebene Randbelegung $f : \partial U \to \mathbb{R}$ konvergiert. Ist X die komplexe Ebene und U der Einheitskreis, so kann die Lösung explizit durch das POISSON'sche Integral angegeben werden (s. §3). Die Lösung des Problems für andere Gebiete U der Ebene oder allgemeiner RIEMANN'scher Flächen erfordert mehr Aufwand. Allerdings braucht man für die Theorie der RIEMANN'schen Flächen nicht das Randwertproblem für beliebige Bereiche U zu lösen. Man braucht nur eine genügend große Klasse von solchen Bereichen. Was man braucht, ist folgendes:

Zu jeder Riemann'schen Fläche X mit abzählbarer Basis der Topologie existiert eine Kette von offenen relativ kompakten Teilmengen $U_1 \subset U_2 \subset \cdots$, für welche das Randwertproblem lösbar ist und so, dass $X = \bigcup U_n$ gilt.

Es gibt mehrere Methoden, mit denen man dieses Problem lösen kann. Am durchschlagendsten ist wohl das sogenannte DIRICHLETprinzip, bei welchem die gesuchte Funktion als Lösung eines Extremalproblems erscheint. Das DIRICHLETprinzip ist ein mächtiges Hilfsmittel auch anderer Zweige der Analysis, es wird daher zu Recht in der Lehrbuchliteratur über RIEMANN'sche Flächen behandelt, [Fo2], [Pf]. Zu seiner Durchführung sind gewisse funktionalanalytische Techniken erforderlich.

Ein anderes Verfahren stammt von PERRON. Bei der PERRON'schen Methode werden Familien „subharmonischer Funktionen" betrachtet, welche einem Randwertproblem zugeordnet sind. Ihre Suprema sind die Lösungen des Randwertproblems.

Am elementarsten ist vielleicht das SCHWARZ'sche alternierende Verfahren, welches wir unserer Darstellung zugrundelegen. Mit diesem Verfahren kann man leicht zeigen, dass das Randwertproblem für die Vereinigung zweier Gebiete lösbar ist, wenn es für jedes einzelne lösbar ist und wenn die beiden Gebiete nur endlich viele gemeinsame Randpunkte haben. Man kann eine RIEMANN'sche Fläche als abzählbare Vereinigung von „Kreisscheiben" darstellen und kann so leicht eine Ausschöpfung im obigen Sinne konstruieren.

Bei dem alternierenden Verfahren muss man auch Randbelegungen zulassen, welche in endlich vielen Punkten unstetig sind. Dank einer Verallgemeinerung des Maximumprinzips, welche in dem wichtigen Buch von NEVANLINNA [Ne] behandelt wird, ist es ausreichend, bei dem Randwertproblem endlich viele Ausnahmepunkte zuzulassen, in denen außer Beschränktheit nichts gefordert wird. Wenn man zwei Bereiche vereinigt, so entstehen im Rand der Vereinigung naturgemäß Knickstellen in den Punkten, in denen sich die Ränder der Ausgangsbereiche schneiden. Diese Punkte können zu den Ausnahmepunkten hinzugenommen und müssen nicht weiter beachtet werden. Dies hat zur Konsequenz, dass bei der Konstruktion der erwähnten Ausschöpfungen keinerlei Probleme topologischer Natur auftreten. Auch in dieser Hinsicht ist das alternierende Verfahren besonders einfach.

Nach der relativ einfachen Lösung des Randwertproblems ist man keineswegs fertig, da man harmonische Funktionen auf der gesamten RIEMANN'schen Fläche und nicht nur auf offenen relativ kompakten Teilmengen konstruieren will. Auf einer zusammenhängenden kompakten RIEMANN'schen Fläche erweist sich jede harmonische Funktion als konstant. Man muss daher die Aufgabenstellung modifizieren und Singularitäten zulassen. Es sollen also auch harmonische Funktionen mit vorgegebenen Singularitäten konstruiert werden. Man kann sich folgendes Problem stellen:

Sei $U \subset X$ ein offener relativ kompakter Teil einer Riemann'schen Fläche, $S \subset U$ eine endliche Teilmenge und $u_0 : U - S \to \mathbb{R}$ eine harmonische Funktion. Existiert eine harmonische Funktion $u : X - S \to \mathbb{R}$, so dass $u - u_0$ auf ganz U harmonisch fortsetzbar ist und so, dass u im Komplement von U beschränkt ist?

Die Funktion u hat also in S dasselbe singuläre Verhalten, ist aber auf ganz $X - S$ definiert. Die Vorgabe von u_0 denke man sich somit als Beschreibung des gewünschten Singularitätenverhaltens. Die Funktion u ist eine Lösung das Singularitätenproblems. Diese Lösung ist i.a. nicht eindeutig, sie wird durch die Beschränktheitsvoraussetzung lediglich eingeengt. Das Singularitätenproblem ist nicht immer lösbar. Beispielsweise folgt aus dem Residuensatz, dass für kompakte RIEMANN'sche Flächen und für zum

Einheitskreis biholomorph äquivalente U eine Lösung nur dann existieren kann, wenn u_0 der Realteil einer analytischen Funktion ist. Andererseits ist beispielsweise auf beschränkten Gebieten der Ebene das Singularitätenproblem immer trivial lösbar. Aus diesem Grunde teilt man die RIEMANN'schen Flächen in zwei Klassen auf.

Eine Riemann'sche Fläche heißt **positiv berandet**, *falls obiges Singularitätenproblem immer lösbar ist. Sie heißt* **nullberandet**, *falls dies nicht immer der Fall ist.*

Ein zentraler Existenzsatz wird besagen, dass die erwähnte Residuenbedingung auch im nullberandeten Fall ausreicht, um das Singularitätenproblem zu lösen.

Die Lösung des Singularitätenproblems erfolgt in den Paragraphen 7–11 ebenfalls mittels des SCHWARZ'schen alternierenden Verfahrens.

Die verschiedenen Verfahren zur Lösung des Singularitätenproblems und ähnlicher Probleme sollten nicht gegeneinander ausgespielt werden. Jedes hat seine Vorzüge und eigene Berechtigung. Wir gehen hierauf im Zusammenhang mit dem Beweis des Uniformisierungssatzes nochmals ein (Kapitel III).

Bei der Lösung des Singularitätenproblems im nullberandeten Fall benötigt man eine allgemeine Variante des Satzes von STOKES auf orientierbaren differenzierbaren Flächen. In §13 werden die benötigten Begriffe über Differentialformen eingeführt, der Satz von STOKES formuliert und bewiesen.

Als Nebenresultat des alternierenden Verfahrens erhält man einen Beweis für die nichttriviale Tatsache, dass zusammenhängende RIEMANN'sche Flächen stets abzählbare Basis der Topologie haben. Obwohl die praktische Bedeutung dieses Satzes nicht sonderlich groß ist —man könnte die Abzählbarkeit einfach voraussetzen— skizzieren wir im Anhang zu §6 einen Beweis dieses auf T. RADÓ (1925) zurückgehenden Satzes.

1. Die Poisson'sche Integralformel

Eine Funktion
$$u : D \longrightarrow \mathbb{R} , \quad D \subset \mathbb{C} \text{ offen,}$$
heißt *harmonisch*, falls sie zweimal stetig (partiell im Sinne der reellen Analysis) differenzierbar ist und falls
$$\Delta u = \left(\frac{\partial^2}{\partial x^2} + \frac{\partial^2}{\partial y^2} \right) u = 0$$
gilt.

Wir wollen aus der *Cauchy'schen Integralformel* für analytische Funktionen die *Poisson'sche Integralformel* für harmonische Funktionen ableiten und nehmen hierzu eine einfache Umformung der CAUCHY'schen Integralformel vor.

Im folgenden sei D eine offene Teilmenge der komplexen Ebene, welche die abgeschlossene Einheitskreisscheibe
$$\bar{\mathbb{E}} = \{ z \in \mathbb{C}; \ |z| \leq 1 \}$$

enthält. Die CAUCHY'sche Integralformel besagt für eine analytische Funktion $f : D \to \mathbb{C}$:

$$f(z) = \frac{1}{2\pi i} \oint_{|\zeta|=1} \frac{f(\zeta)}{\zeta - z} d\zeta \qquad (z \in \mathbb{E}).$$

Speziell im Falle $z = 0$ folgt

$$f(0) = \frac{1}{2\pi} \int_0^{2\pi} f(\zeta(t)) \, dt \,, \quad \zeta(t) = e^{it}.$$

Übergang zum konjugiert Komplexen in obiger Formel ergibt

$$\overline{f(0)} = \frac{1}{2\pi i} \oint_{|\zeta|=1} (\overline{f(\zeta)}/\zeta) \, d\zeta.$$

Es folgt

$$f(z) + \overline{f(0)} = \frac{1}{2\pi i} \oint_{|\zeta|=1} \left[\frac{f(\zeta)}{\zeta - z} + \frac{\overline{f(\zeta)}}{\zeta} \right] d\zeta$$

$$= \frac{1}{2\pi i} \oint_{|\zeta|=1} \frac{f(\zeta) + \overline{f(\zeta)}}{\zeta - z} \, d\zeta - \frac{z}{2\pi i} \oint_{|\zeta|=1} \frac{\overline{f(\zeta)}}{\zeta(\zeta - z)} \, d\zeta.$$

Behauptung.

$$\oint \frac{\overline{f(\zeta)}}{\zeta(\zeta - z)} \, d\zeta = 0.$$

Beweis. Die Funktion $f(z)$ lässt sich in dem kompakten Kreis $\overline{\mathbb{E}}$ gleichmäßig in eine Potenzreihe entwickeln. Die Behauptung muss daher nur für

$$f(z) = z^n \,, \quad n \geq 0,$$

bewiesen werden. Auf der Integrationslinie gilt

$$\overline{f(\zeta)} = \zeta^{-n} \quad (\text{wegen } \zeta\bar{\zeta} = 1).$$

Wir müssen also im Fall $R = 1$

$$\oint_{|\zeta|=R} \frac{d\zeta}{\zeta^{n+1}(\zeta - z)} = 0 \qquad (|z| < 1, \, n \geq 0)$$

zeigen. Nach dem CAUCHY'schen Integralsatz ändert sich das Integral nicht, wenn man R vergrößert. Die Behauptung folgt nun leicht durch Grenzübergang $R \to \infty$. $\qquad \square$

Wir erhalten die *modifizierte Cauchy'sche Integralformel.*

1.1 Hilfssatz. *Die Funktion f sei in einer offenen Umgebung des abgeschlossenen Einheitskreises definiert und analytisch. Dann gilt*

$$f(z) + \overline{f(0)} = \frac{2}{2\pi i} \oint_{|\zeta|=1} \frac{\operatorname{Re} f(\zeta)}{\zeta - z} \, d\zeta.$$

Variante. *Im Spezialfall z = 0 folgt*

$$\operatorname{Re} f(0) = \frac{1}{2\pi i} \oint_{|\zeta|=1} \frac{\operatorname{Re} f(\zeta)}{\zeta} \, d\zeta$$

und daher

$$f(z) - \mathrm{i} \operatorname{Im} f(0) = \frac{1}{2\pi i} \oint_{|\zeta|=1} \frac{\operatorname{Re} f(\zeta)}{\zeta} \frac{\zeta + z}{\zeta - z} \, d\zeta.$$

Diese modifizierte CAUCHY'sche Integralformel besagt, dass die Werte $f(z)$, $z \in \mathbb{E}$, bis auf eine additive imaginäre Konstante aus den Werten des Realteils von f auf dem Rande des Einheitskreises berechnet werden können. Diese Formel geht auf H. A. SCHWARZ (1870) zurück und wird auch die *Schwarz'sche Integralformel* genannt.

Nach Voraussetzung ist D eine offene Umgebung des abgeschlossenen Einheitskreises. Daher existiert eine Zahl $R > 1$ mit

$$U_R(0) \subset D.$$

Jede harmonische Funktion in $U_R(0)$ ist Realteil einer analytischen Funktion f. Wir erhalten daher durch Übergang zum Realteil in der letzten Formel aus Hilfssatz 1.1 die

Poisson'sche Integralformel

1.2 Satz (S. POISSON 1810). *Sei*

$$u : D \longrightarrow \mathbb{R}, \quad D \subset \mathbb{C} \text{ offen}, \quad \bar{\mathbb{E}} \subset D,$$

eine harmonische Funktion auf einer offenen Umgebung des abgeschlossenen Einheitskreises. Dann gilt für $z \in \mathbb{E}$

$$u(z) = \frac{1}{2\pi} \int_0^{2\pi} u(\zeta(t)) K(\zeta(t), z) \, dt$$

mit

$$\zeta(t) = e^{\mathrm{i}t}$$

und

$$K(w, z) = \operatorname{Re}\left(\frac{w + z}{w - z}\right).$$

Im Spezialfall $z = 0$ erhalten wir die sogenannte *Mittelpunktseigenschaft* harmonischer Funktionen

$$u(0) = \frac{1}{2\pi} \int_0^{2\pi} u(\zeta(t))\, dt.$$

Man nennt

$$K(w, z) = \mathrm{Re}\left(\frac{w + z}{w - z}\right) = \frac{|w|^2 - |z|^2}{|w - z|^2} > 0$$

den *Poisson-Kern* des Einheitskreises.

Die POISSON'sche Integralformel leistet für harmonische Funktionen ähnliches, wie die CAUCHY'sche Integralformel für analytische Funktionen. Ein Beispiel hierfür ist das

Maximumprinzip

1.3 Hilfssatz. *Eine harmonische Funktion u auf einem Gebiet D, welche ein Maximum besitzt (d.h. es existiert eine Stelle*

$$a \in D \ \text{mit} \ u(z) \le u(a) \ \text{für alle} \ z \in D),$$

ist konstant.

Beweis. Sei $a \in D$ ein Punkt, in dem u maximal ist ($u(z) \le u(a)$ für $z \in D$). Die Funktion

$$U(z) = u(a + rz), \quad r > 0 \ \text{genügend klein,}$$

ist harmonisch in einer offenen Umgebung des abgeschlossenen Einheitskreises. Aus der Mittelpunktseigenschaft folgt

$$u(a) = U(0) = \frac{1}{2\pi} \int_0^{2\pi} u(a + r\zeta(t))\, dt \le \frac{1}{2\pi} \int_0^{2\pi} u(a)\, dt.$$

Da das Gleichheitszeichen gelten muss, folgt $u(a + re^{it}) = u(a)$. Die Funktion ist also konstant in einer vollen Umgebung von a. Die Menge aller Punkte $z \in D$, in denen u den maximalen Wert $u(a)$ annimmt, ist also offen in D. Da sie trivialerweise abgeschlossen ist, gilt aus Zusammenhangsgründen $u(z) = u(a)$ für $z \in D$. $\qquad\square$

Übungsaufgaben zu II.1.

1. Das Produkt zweier harmonischer Funktionen ist genau dann harmonisch, wenn ihre Gradienten in jedem Punkt des Definitionsbereichs aufeinander senkrecht stehen.

2. Sei $\varphi : D \to D'$ eine konforme Abbildung offener Teile der Ebene. Die harmonischen Funktionen auf D' entsprechen den harmonischen Funktionen auf D umkehrbar eindeutig (bezüglich $u \mapsto u \circ \varphi$).

3. Jede nach oben beschränkte harmonische Funktion auf ganz $\mathbb{C}$ ist konstant.

   Man kann dies sowohl auf den Satz von LIOUVILLE zurückführen als auch mit Hilfe der POISSON'schen Integralformel direkt beweisen.

4. Man zeige
$$\operatorname{Re} \frac{1 + re^{i\varphi}}{1 - re^{i\varphi}} = \frac{1 - r^2}{1 - 2r \cos\varphi + r^2}.$$
   Die POISSON'sche Integralformel gewinnt dann die Form

$$u(re^{i\varphi}) = \frac{1}{2\pi} \int\limits_0^{2\pi} u(e^{it}) \frac{1 - r^2}{1 - 2r \cos(t - \varphi) + r^2} \, dt.$$

5. Sei $u : D \to \mathbb{R}$ eine nicht konstante harmonische Funktion auf einem Gebiet D. Man zeige, dass ihr Wertevorrat $u(D)$ offen ist und folgere hieraus das Maximumprinzip.

2. Stabilitätseigenschaften harmonischer Funktionen bei Grenzübergang

Harmonische Funktionen haben sehr gute Stabilitätseigenschaften bei Grenzübergang. Diese beruhen auf der POISSON'schen Integralformel (§1).

2.1 Bemerkung. *Der Poisson-Kern*

$$K(w, z) = \operatorname{Re} \frac{w + z}{w - z} \qquad (|w| = 1, \ |z| < 1)$$

ist harmonisch für jedes feste w.

Der Beweis ist trivial, da $(w + z)/(w - z)$ analytisch ist.

2.2 Folgerung. *Sei*

$$f : [a, b] \longrightarrow \mathbb{R} \quad (a < b)$$

eine stetige Funktion auf einem kompakten Intervall. Die Funktion

$$u(z) = \int\limits_a^b f(t) K(e^{it}, z) \, dt$$

ist harmonisch (im Einheitskreis $\mathbb{E}$ *).*

Der Beweis ergibt sich unmittelbar aus 2.1 in Verbindung mit der LEIBNIZ'-schen Regel ([FB], II.3.3).

Da eigentliche Integrale bezüglich lokal gleichmäßiger Konvergenz stabil sind, folgt aus 2.2 in Verbindung mit der POISSON'schen Integralformel:

2.3 Satz. *Sei* (u_n) *eine Folge harmonischer Funktionen*

$$u_n : D \longrightarrow \mathbb{R} , \quad D \subset \mathbb{C} \text{ offen,}$$

welche lokal gleichmäßig konvergiert. Dann ist die Grenzfunktion ebenfalls harmonisch.

Die Harnack'sche Ungleichung (A. HARNACK 1887)

2.4 Satz. *Sei* u *eine harmonische Funktion auf einer offenen Umgebung der kompakten Kreisscheibe* $\overline{U_R(a)}$. *Es gelte*

$$u(z) \geq 0 \quad \text{für } |z - a| \leq R.$$

Ist r *eine Zahl mit* $0 < r < R$, *so gilt für alle* z *mit* $|z - a| = r$ *die Harnack'sche Ungleichung*

$$\frac{R - r}{R + r} u(a) \leq u(z) \leq \frac{R + r}{R - r} u(a).$$

Der Beweis ergibt sich unmittelbar aus der POISSON'schen Formel für die harmonische Funktion

$$U(z) = u(a + Rz)$$

in Verbindung mit der trivialen Ungleichung

$$\frac{|w| - |z|}{|w| + |z|} \leq K(w, z) \leq \frac{|w| + |z|}{|w| - |z|} \quad (|z| < |w|). \qquad \square$$

2.5 Folgerung. *Sei* u *eine harmonische Funktion auf einer offenen Umgebung der kompakten Kreisscheibe* $\overline{U_R(a)}$. *Es gelte*
a) $u(a) = 0$,
b) $m \leq u(z) \leq M$ *für* $z \in \overline{U_R(a)}$ *(m, M seien reelle Konstanten).*
Dann gilt

$$m \frac{2r}{R + r} \leq u(z) \leq M \frac{2r}{R + r} \quad \text{für } |z - a| = r < R.$$

Beweis. Man wende die HARNACK'sche Ungleichung 2.4 auf die harmonischen Funktionen $u(z) - m$ und $M - u(z)$ an.   □

Wegen des Maximumprinzips braucht man übrigens die Ungleichung b) nur auf dem Rande der Kreisscheibe zu wissen. Unsere wichtigste Anwendung der HARNACK'schen Ungleichung ist

Das Harnack'sche Prinzip

2.6 Satz. *Sei (u_n) eine monoton wachsende Folge von harmonischen Funktionen*

$$u_n : D \longrightarrow \mathbb{R} , \quad D \subset \mathbb{C} \ \text{offen},$$
$$u_1(z) \le u_2(z) \le \cdots \ \text{für } z \in D.$$

Die Menge aller Punkte $z \in D$, für welche die Folge $(u_n(z))$ beschränkt ist, ist offen und abgeschlossen in D.

Folgerung. *D sei ein (zusammenhängendes) Gebiet. Wenn die Folge $(u_n(z_0))$ für **ein** $z_0 \in D$ konvergiert, so konvergiert sie für alle $z \in D$. Die Konvergenz ist dann lokal gleichmäßig. Insbesondere ist die Grenzfunktion harmonisch.*

Beweis. Da man $u_n(z)$ durch $u_n(z) - u_1(z)$ ersetzen darf, kann man

$$u_n(z) \ge 0 \ \text{für alle } z \in D$$

annehmen. Sei nun $a \in D$ ein Punkt, so dass $(u_n(a))$ beschränkt ist, $u_n(a) \le C$. Aus der HARNACK'schen Ungleichung folgt

$$u_n(z) \le C \frac{R + r}{R - r} \qquad (r = |z - a|)$$

für alle z aus einer vollen Umgebung von a. Die Menge aller $z \in D$, auf denen (u_n) beschränkt ist, ist also offen in D. Mit Hilfe der Abschätzung von $u(z)$ nach unten (2.4) zeigt man analog, dass die Menge aller Punkte $z \in D$, auf denen (u_n) nicht beschränkt ist, offen ist.

Es bleibt noch, die in der Folgerung behauptete lokal gleichmäßige Konvergenz zu beweisen. Diese folgt wieder aus der HARNACK'schen Ungleichung, angewendet auf die Funktion

$$u_m(z) - u_n(z) , \quad m \ge n.$$

Ist nämlich $a \in D$ ein fester Punkt, so folgt aus der HARNACK'schen Ungleichung die Existenz einer Umgebung U (etwa $U = U_{\frac{1}{2}R}(a)$), so dass zu jedem $\varepsilon > 0$ ein $N \in \mathbb{N}$ mit

$$0 \le u_m(z) - u_n(z) \le \varepsilon \ \text{für } m \ge n \ge N \ \text{und } z \in U$$

existiert. Die Folge (u_n) ist also eine lokal gleichmäßige Cauchyfolge.   □

Übungsaufgaben zu II.2

1. Man folgere aus der HARNACK'schen Ungleichung, dass jede nach oben oder unten beschränkte, auf ganz $\mathbb{C}$ harmonische Funktion konstant ist.

2. Sei $\mathcal{H}$ eine nicht leere Menge harmonischer Funktionen auf einem Gebiet $D \subset \mathbb{C}$. Zu je zwei Funktionen $u_1, u_2 \in \mathcal{H}$ existiere eine Funktion $u \in \mathcal{H}$ mit der Eigenschaft

$$u \geq \max(u_1, u_2).$$

Es möge wenigstens ein Punkt $a \in D$ existieren, so dass die Funktionswerte $u(a)$, $u \in \mathcal{H}$, nach oben beschränkt sind. Dann existiert eine eindeutig bestimmte harmonische Funktion $\tilde{u}$ mit der Eigenschaft

$$\tilde{u}(z) = \sup\{u(z); \ u \in \mathcal{H}\}.$$

Anleitung. Man konstruiere zunächst eine Folge $u_n \in \mathcal{H}$, so dass $u_n(a)$ monoton gegen $\sup\{u(a); \ u \in \mathcal{H}\}$ konvergiert. Die Grenzfunktion dieser Folge ist nach dem HARNACK'schen Prinzip harmonisch. Mit Hilfe des Maximumprinzips kann man zeigen, dass diese Grenzfunktion die gewünschte Eigenschaft hat.

3. Seien $M > 0$ und $\varepsilon > 0$ positive Zahlen. Es existiert eine positive Zahl $\delta > 0$ mit folgender Eigenschaft:

   Für jede harmonische Funktion

$$u : \mathbb{E} \longrightarrow \mathbb{R} \quad \text{mit } |u(z)| \leq M \text{ für alle } z$$

   gilt

$$|u(z_1) - u(z_2)| \leq \varepsilon \text{ für } |z_1|, |z_2| \leq 1/2 \text{ und } |z_1 - z_2| \leq \delta.$$

4. Man beweise folgende Variante des Satzes von MONTEL:

   Jede beschränkte Folge harmonischer Funktionen besitzt eine lokal gleichmäßig konvergente Teilfolge.

3. Das Randwertproblem für Kreisscheiben

Sei

$$f : (a, b) \longrightarrow \mathbb{R} , \quad a < b,$$

eine *beschränkte und stetige* Funktion auf einem offenen, beschränkten Intervall. Dann konvergiert das uneigentliche Integral

$$\int_a^b f(t)\, dt$$

absolut; denn es existiert eine Konstante $C > 0$ mit der Eigenschaft

$$\int_c^d |f(t)|\, dt \leq C \quad \text{für} \quad a < c < d < b.$$

Da der POISSON-Kern $K(e^{it}, z)$ für jedes feste $z \in \mathbb{E}$ als Funktion von t beschränkt ist, kann man das Integral

$$u(z) = \int_a^b f(t) K(e^{it}, z)\, dt$$

bilden.

Wir wählen Folgen

$$a < a_n < b_n < b\,, \quad \lim a_n = a\,, \ \lim b_n = b.$$

Offenbar konvergiert die Folge der Funktionen

$$u_n(z) = \int_{a_n}^{b_n} f(t) K(e^{it}, z)\, dt$$

lokal gleichmäßig gegen $u(z)$. Wegen 2.2 und 2.3 ist $u(z)$ eine harmonische Funktion.

Sei allgemeiner

$$f : (a, b) \to \mathbb{R}$$

eine *beschränkte* Funktion, welche außerhalb endlich vieler Punkte

$$a = a_1 < \cdots < a_n = b$$

stetig ist. Dann definiert man

$$\int_a^b f(t)\, dt = \sum_{\nu=1}^{n-1} \int_{a_\nu}^{a_{\nu+1}} f(t)\, dt.$$

Die Funktion

$$u(z) = \int_a^b f(t) K(e^{it}, z)\, dt$$

ist dann harmonisch im Einheitskreis. Wir nehmen nun an, dass die Länge des Integrationsintervalls 2π ist. Wir interessieren uns für das Verhalten der Funktion u bei Approximation an einen Randpunkt

$$z_0 = e^{it_0} , \quad t_0 \in (a, a + 2\pi).$$

3.1 Hilfssatz. *Sei*

$$f : (a, a + 2\pi) \longrightarrow \mathbb{R}$$

eine beschränkte Funktion, welche mit Ausnahme von höchstens endlich vielen Punkten stetig ist. Die Funktion

$$u(z) = \frac{1}{2\pi} \int_a^{a+2\pi} f(t) K(e^{it}, z)\, dt$$

ist dann im Einheitskreis harmonisch . Ist $t_0 \in (a, a + 2\pi)$ ein fester Punkt, in dem f stetig ist, und ist $z_0 = e^{it_0}$, so gilt

$$\lim_{z \to z_0, |z| < 1} u(z) = f(t_0).$$

Beweis. Die POISSON'sche Integralformel besagt im Falle $u \equiv 1$

$$\int_a^{a+2\pi} K(e^{it}, z)\, dt = \int_0^{2\pi} K(e^{it}, z)\, dt = 2\pi.$$

Für konstante f ist 3.1 also richtig. Aus diesem Grund können wir zum Beweis $f(t_0) = 0$ annehmen und müssen dann bei vorgegebenem $\varepsilon > 0$

$$|u(z)| < \varepsilon$$

für alle z aus einer vollen Umgebung von z_0 zeigen. Zum Beweis wählen wir $\delta > 0$ so klein, dass

$$|f(t)| < \varepsilon/2 \text{ für } |t - t_0| < \delta , \quad t \in (a, a + 2\pi),$$

gilt. Wir können

$$(t_0 - \delta, t_0 + \delta) \subset (a, a + 2\pi)$$

annehmen. Wenn t nicht in $(t_0 - \delta, t_0 + \delta)$ enthalten ist, so gilt offenbar

$$\lim_{z \to z_0} K(e^{it}, z) = 0$$

und diese Konvergenz ist gleichmäßig in t. Es folgt

$$|u(z)| \leq \varepsilon/2 + \frac{1}{2\pi} \int_{t_0-\delta}^{t_0+\delta} |f(t)| K(e^{it}, z) \, dt$$

$$\leq \frac{\varepsilon}{2} \left(1 + \frac{1}{2\pi} \int_{t_0-\delta}^{t_0+\delta} K(e^{it}, z) \, dt \right),$$

wenn z genügend nahe bei z_0 liegt. Nun gilt

$$\int_{t_0-\delta}^{t_0+\delta} K(e^{it}, z) \, dt \leq \int_{t_0-\pi}^{t_0+\pi} K(e^{it}, z) \, dt = \int_0^{2\pi} K(e^{it}, z) \, dt = 2\pi.$$

Wir erhalten also

$$|u(z)| \leq \varepsilon, \quad z \text{ genügend nahe bei } z_0,$$

wie gewünscht.   □

Aus 3.1 folgt unmittelbar die *Lösung des Randwertproblems für Kreisscheiben*

3.2 Satz (H.A. SCHWARZ 1872). *Sei*

$$f : \partial \mathbb{E} \longrightarrow \mathbb{R}$$

eine beschränkte Funktion auf dem Rand des Einheitskreises, welche mit Ausnahme endlich vieler Punkte stetig ist. Dann wird durch das Poissonintegral

$$u(z) = u_f(z) = \frac{1}{2\pi} \int_0^{2\pi} f(e^{it}) K(e^{it}, z) \, dt$$

eine harmonische Funktion mit folgender Eigenschaft definiert.
Für alle Randpunkte $z_0 \in \partial \mathbb{E}$, in denen f stetig ist, gilt

$$\lim_{z \to z_0, z \in \mathbb{E}} u(z) = f(z_0).$$

Zusatz.
1) *Im Falle $f \equiv 1$ gilt $u \equiv 1$.*
2) *Aus $f \leq g$ folgt $u_f \leq u_g$.*
Insbesondere folgt aus einer Abschätzung

$$m \leq f \leq M \qquad (m, M \in \mathbb{R})$$

eine entsprechende Abschätzung für u,

$$m \leq u \leq M.$$

Die in 3.2 konstruierten harmonischen Funktionen sind insbesondere beschränkt.

Sei $D \subset \mathbb{C}$ eine beschränkte offene Teilmenge und $f : \partial D \to \mathbb{R}$ eine stetige Funktion auf ihrem Rand. Das sogenannte *Dirichlet'sche Randwertproblem* besteht darin, eine stetige Funktion auf dem Abschluss $\bar{D}$ zu finden, welche in D harmonisch ist und auf dem Rand mit f übereinstimmt. Satz 3.2 stellt eine Lösung dieses Randwertproblems für den Einheitskreis dar. In den folgenden Abschnitten wird das Randwertproblem allgemeiner auf RIEMANN'schen Flächen formuliert, und allgemeine Eindeutigkeits- und Existenzaussagen werden bewiesen.

Übungsaufgaben zu II.3

1. Die POISSON'sche Integralformel wurde für Funktionen formuliert und bewiesen, welche auf einer offenen Umgebung des abgeschlossenen Einheitskreises harmonisch sind. Man folgere, dass sie allgemeiner für stetige Funktionen auf dem abgeschlossenen Einheitskreis, welche im Inneren harmonisch sind, gilt.

2. Sei $D \subset \mathbb{C}$ ein Gebiet. Es existiere eine konforme Abbildung auf den Einheitskreis, welche sich zu einer topologischen Abbildung $\bar{D} \to \bar{\mathbb{E}}$ fortsetzen lässt. Das DIRICHLET'sche Randwertproblem für D ist lösbar.

3. Sei u eine stetige Funktion auf dem Abschluss der oberen Halbebene $\mathbb{H}$ in der RIEMANN'schen Zahlkugel, welche in $\mathbb{H}$ harmonisch ist. Man beweise die folgende „POISSON'sche Integralformel" für die obere Halbebene:

$$u(z) = \frac{y}{\pi} \int\limits_{-\infty}^{\infty} \frac{u(t)}{(x-t)^2 + y^2} \, dt \quad (z = x + \mathrm{i}y \in \mathbb{H}).$$

4. Sei $\varphi : \mathbb{R} \to \mathbb{R}$ eine stetige beschränkte Funktion. Dann wird durch

$$u(z) = \frac{y}{\pi} \int\limits_{-\infty}^{\infty} \frac{\varphi(t)}{(x-t)^2 + y^2} \, dt$$

eine harmonische Funktion in $\mathbb{H}$ definiert, welche bei Annäherung an die reelle Achse gegen φ konvergiert.

5. Man löse das Randwertproblem für den Einheitskreis mit der Randbelegung

$$f(z) = \begin{cases} 1, & \text{falls } |z| = 1 \text{ und } \mathrm{Im}\, z > 0, \\ 0, & \text{falls } |z| = 1 \text{ und } \mathrm{Im}\, z < 0. \end{cases}$$

Ergebnis.

$$u(z) = 1 - \frac{1}{\pi} \operatorname{Arg}\left(\frac{1}{\mathrm{i}} \frac{z-1}{z+1}\right).$$

6. Sei D eine offene beschränkte Teilmenge der Ebene $\mathbb{C}$ und seien u, v zwei stetige Funktionen auf dem Abschluss $\bar{D}$, welche in D harmonisch sind und auf dem Rand ∂D übereinstimmen. Dann stimmen sie auch auf D überein.

7. Sei $D \subset \mathbb{C}$ eine offene Teilmenge. Eine stetige Funktion $h : D \to \mathbb{R}$ besitzt die *Mittelpunktseigenschaft*, falls für jede abgeschlossene Kreisscheibe $\bar{U}_r(a) \subset D$ die Gleichung

$$h(a) = \frac{1}{2\pi} \int_0^{2\pi} h(a + re^{it}) \, dt$$

erfüllt ist. Harmonische Funktionen haben die Mittelpunktseigenschaft. Man zeige umgekehrt, dass stetige Funktionen mit der Mittelpunktseigenschaft harmonisch sind.

Anleitung. Man zeige zunächst, dass stetige Funktionen mit Mittelpunktseigenschaft dem Maximumprinzip (1.3) genügen. Man löse das Randwertproblem für eine Kreisscheibe $U_r(a)$, deren Abschluss in D enthalten ist, indem man als Randbelegung die Einschränkung von h nimmt. Man zeige dann mit Hilfe der vorangehenden Aufgabe, dass h und diese Lösung in $U_r(a)$ übereinstimmen.

4. Die Formulierung des Randwertproblems auf Riemann'schen Flächen und die Eindeutigkeit der Lösung

Seien

$$u : U \longrightarrow \mathbb{R} \qquad (U \subset \mathbb{C} \text{ offen})$$

eine harmonische und

$$\varphi : D \longrightarrow U \qquad (D \subset \mathbb{C} \text{ offen})$$

eine analytische Funktion. Dann ist auch die Funktion

$$\tilde{u}(z) = u(\varphi(z))$$

harmonisch.

Da dies eine lokale Aussage ist, kann man zum Beweis annehmen, dass u Realteil einer analytischen Funktion f ist. Dann gilt aber

$$\tilde{u}(z) = \operatorname{Re}(f(\varphi(z))).$$

Diese einfache Beobachtung gestattet es, den Begriff der harmonischen Funktion auf beliebige RIEMANN'sche Flächen auszuweiten.

4.1 Definition. *Eine Funktion $u : X \to \mathbb{R}$ auf einer Riemann'schen Fläche heißt* **harmonisch** *in einem Punkt $a \in X$, wenn es eine analytische Karte*

$$\varphi : U \longrightarrow V , \quad a \in U,$$
$$\cap \qquad \cap$$
$$X \qquad \mathbb{C}$$

gibt, so dass die Funktion

$$u_\varphi = u \circ \varphi^{-1} : V \longrightarrow \mathbb{R}$$

in einer offenen Umgebung von $\varphi(a)$ harmonisch ist.

Nach der Eingangsbemerkung gilt dies dann für *jede* analytische Karte φ. Beispiele harmonischer Funktionen sind die Realteile analytischer Funktionen.

4.2 Bemerkung. *Sei u eine harmonische Funktion auf einer zusammenhängenden Riemann'schen Fläche, welche auf einem nicht leeren offenen Teil von X verschwindet. Dann ist u identisch 0.*

Der einfache Beweis dieses Identitätssatzes sei dem Leser überlassen. Wir merken nur an, dass die Nullstellenmenge einer von 0 verschiedenen harmonischen Funktion i.a. nicht diskret ist, wie das Beispiel $\log|z|$ zeigt.

Formulierung des Randwertproblems

Eine Teilmenge U eines topologischen Raumes heißt *relativ kompakt*, falls ihr Abschluss kompakt ist. Eine Teilmenge des $\mathbb{R}^n$ ist genau dann relativ kompakt, wenn sie beschränkt ist.

4.3 Definition. *Sei $U \subset X$ eine offene relativ kompakte Teilmenge einer Riemann'schen Fläche. Jede Zusammenhangskomponente von U besitze unendlich viele Randpunkte. Sei*

$$f : \partial U \longrightarrow \mathbb{R}$$

eine beschränkte Funktion auf dem Rande von U, welche mit Ausnahme endlich vieler Punkte stetig ist.

    Eine Lösung des Randwertproblems „(U, f)" ist eine **beschränkte** *harmonische Funktion*

$$u : U \longrightarrow \mathbb{R},$$

so dass

$$\lim_{x \to a, x \in U} u(x) = f(a)$$

für alle $a \in \partial U$ mit höchstens endlich vielen Ausnahmepunkten gilt.

Bemerkung. Es existiert dann eine endliche Teilmenge $\mathcal{M} \subset \partial U$, so dass die durch

$$u : \bar{U} - \mathcal{M} \longrightarrow \mathbb{R},$$

$$u(x) = \begin{cases} u(x) & \text{für } x \in U, \\ f(x) & \text{für } x \in \partial U - \mathcal{M}, \end{cases}$$

definierte Fortsetzung von u stetig ist.

Wir werden sehen, dass die Lösung u eindeutig bestimmt ist und benötigen hierzu gewisse Verallgemeinerungen des Maximumprinzips 1.3. Eine unmittelbare Verallgemeinerung besagt:

4.4 Hilfssatz. *Eine harmonische Funktion $u : X \to \mathbb{R}$, die auf einer zusammenhängenden Riemann'schen Fläche X definiert ist und dort ein Maximum besitzt, ist konstant.*

Hieraus folgern wir folgende

Variante des Maximumprinzips

4.5 Hilfssatz. *Sei*

$$u : U \longrightarrow \mathbb{R}$$

eine harmonische Funktion auf einer offenen relativ kompakten Teilmenge U einer Riemann'schen Fläche X. Keine Zusammenhangskomponente von U sei kompakt. Zu jedem Randpunkt $a \in \partial U$ existiere eine Umgebung $U(a) \subset X$ mit der Eigenschaft

$$u(x) \geq 0 \text{ für alle } x \in U(a) \cap U.$$

Dann gilt

$$u \geq 0.$$

Beweis. Wir können annehmen, dass U zusammenhängend ist, da sich die Voraussetzungen von 4.5 auf jede Zusammenhangskomponente übertragen. Sei

$$m := \inf_{x \in U} u(x) \geq -\infty \quad (-\infty \text{ ist zugelassen}).$$

Da $\bar{U}$ kompakt ist, existiert eine in $\bar{U}$ konvergente Folge

$$x_n \in U, \quad u(x_n) \longrightarrow m \text{ für } n \longrightarrow \infty.$$

Wir können annehmen, dass u nicht konstant ist. (Hier geht die Voraussetzung ein, dass U nicht kompakt, also ∂U nicht leer ist). Der Grenzwert $a = \lim x_n$ liegt nach dem Maximumprinzip (für $-u$) auf dem Rande von U. Dann gilt aber

$$u(x_n) \geq 0 \text{ für fast alle } n$$

und daher $m \geq 0$.   □

Die folgende Variante des Maximumprinzips erlaubt endlich viele Ausnahmepunkte auf dem Rande. Man muss sich daher bei Randwertproblemen um endlich viele schlechte Punkte wie Ecken, isolierte Randpunkte etc. überhaupt nicht kümmern. Dies wird zur Folge haben, dass keinerlei topologische Schwierigkeiten auftreten werden.

4.6 Satz. *Sei*

$$u : U \longrightarrow \mathbb{R}$$

eine nach unten beschränkte harmonische Funktion auf einer offenen relativ kompakten Teilmenge U einer Riemann'schen Fläche X. Jede Zusammenhangskomponente von U besitze unendlich viele Randpunkte. Zu jedem Randpunkt $a \in \partial U$ bis auf höchstens endlich viele Ausnahmen existiere eine Umgebung $U(a) \subset X$ mit der Eigenschaft

$$u(x) \geq 0 \text{ für alle } x \in U(a) \cap U.$$

Dann gilt

$$u \geq 0.$$

1. Folgerung. *Wenn eine Lösung des Randwertproblems existiert, so ist diese eindeutig bestimmt.*

2. Folgerung. *Seien „(U, f)" und „(U, g)" zwei Randwertprobleme auf demselben U. Dann gilt*

$$f \leq g \Longrightarrow u_f \leq u_g.$$

Insbesondere überträgt sich eine Abschätzung

$$m \leq f \leq M \text{ (auf } \partial U) \quad (m, M \in \mathbb{R})$$

auf u_f:

$$m \leq u_f \leq M \text{ (auf } U).$$

Beweis von 4.6. Wir können annehmen, dass U zusammenhängend und dass u nicht konstant ist, da ∂U unendlich viele Punkte enthält. Da u nach unten beschränkt ist, existiert

$$m := \inf_{x \in U} u(x) > -\infty.$$

Wir schließen indirekt, nehmen also

$$m < 0$$

an. Da $\bar{U}$ kompakt ist, existiert eine in $\bar{U}$ konvergente Folge (x_n), $x_n \in U$, mit

$$\lim_{n \to \infty} u(x_n) = m.$$

Nach dem Maximumprinzip gilt

$$a = \lim_{n \to \infty} x_n \in \partial U$$

(und a ist einer der endlich vielen Ausnahmepunkte, welche in 4.6 zugelassen sind).

Wir wählen nun eine offene Umgebung $U(a)$, so dass in $U(a) \cap \partial U$ außer a kein Ausnahmepunkt mehr enthalten ist. Wir können erreichen, dass eine biholomorphe Abbildung von $U(a)$ auf den Einheitskreis existiert,

$$\varphi : U(a) \longrightarrow \mathbb{E} , \quad \varphi(a) = 0.$$

Um einen besseren Rand zu bekommen, verkleinern wir $U(a)$,

$$U'(a) := \{x \in U(a); \quad |\varphi(x)| < 1/2\}.$$

Wir werden die Funktion u auf $U'(a) \cap U$ so modifizieren, dass die Voraussetzungen von 4.6 ausnahmslos in allen Randpunkten, auch in a, erfüllt sind und betrachten hierzu

$$u_\varepsilon(x) = u(x) - \varepsilon \log |\varphi(x)| \qquad x \in U'(a) \cap U.$$

Diese Funktion ist harmonisch. Wir untersuchen ihr Randverhalten.

1) Offenbar gilt für beliebiges $\varepsilon > 0$

$$\lim_{x \to a} u_\varepsilon(x) = +\infty.$$

2) Sei $b \in \partial(U \cap U'(a))$, $b \neq a$. Eine einfache topologische Überlegung zeigt, dass dann entweder

a)
$$b \in \overline{U'(a)} \cap \partial U , \quad b \neq a$$

oder

b)
$$b \in K := \bar{U} \cap \partial U'(a)$$

gilt.

Im Falle a) gilt für positives ε

$$u_\varepsilon(x) \geq u(x) \geq 0$$

in einer genügend kleinen Umgebung von b. Wir betrachten nun

$$\mu = \inf_{x \in U \cap \partial U'(a)} u(x).$$

Behauptung. $\mu > m$.

Beweis der Behauptung. Wenn μ nicht negativ ist, sind wir fertig (wegen $m < 0$). Wenn μ negativ ist, besitzt u ein Minimum in $U \cap \partial U'(a)$. Die Behauptung folgt nun aus dem Maximumprinzip, da u nach Voraussetzung nicht konstant ist.

Wählt man $\varepsilon > 0$ genügend klein, so folgt immer noch

$$u_\varepsilon(x) \geq M \text{ für } x \in U \cap \partial U'(a), \quad 0 > M > m \text{ geeignet.}$$

Nun können wir 4.5 auf die Funktion

$$u_\varepsilon(x) - M \text{ auf } U'(a) \cap U$$

anwenden und erhalten

$$u_\varepsilon(x) \geq M \text{ für } x \in U'(a) \cap U.$$

Setzt man in diese Ungleichung die Folge (x_n) ein, so erhält man nach Grenz-übergang $\varepsilon \to 0$ und $n \to \infty$

$$m \geq M$$

und damit einen Widerspruch.   □

Beweis der Folgerungen. Sind u und v zwei Lösungen des Randwertproblems, so erfüllen $u - v + \varepsilon$ und $v - u + \varepsilon$ für jedes $\varepsilon > 0$ die Voraussetzung von Satz 4.6, sind also auf ganz U nicht negativ. Da dies für jedes $\varepsilon > 0$ gilt, folgt $u = v$. Die zweite Folgerung wird analog bewiesen.   □

Die Voraussetzung, dass jede Zusammenhangskomponente von U unendlich viele Randpunkte hat, ist ziemlich harmlos, denn es gilt:

4.7 Bemerkung. *Sei X eine zusammenhängende Riemann'sche Fläche und U eine offene nicht leere relativ kompakte Teilmenge, welche nur endlich viele Randpunkte besitzt. Dann ist X kompakt und $X - U$ eine endliche Menge.*

Beweis. Sei S die Menge der Randpunkte von U. Die Menge U ist in $X - S$ offen und abgeschlossen. Nach Voraussetzung ist S endlich. Mit X ist daher auch $X - S$ zusammenhängend. Es folgt $U = X - S$ und $\bar{U} = X$.   □

Übungsaufgaben zu II.4

1. Man beweise den Identitätssatz 4.2 für harmonische Funktionen.

2. Man beweise folgende Variante des RIEMANN'schen Hebbarkeitssatzes:

   Seien $D \subset \mathbb{C}$ eine offene Teilmenge, $a \in D$ ein fester Punkt und $u : D - \{a\} \to \mathbb{R}$ eine beschränkte harmonische Funktion. Die Singularität a ist hebbar, d.h. u ist Einschränkung einer auf ganz D harmonischen Funktion.

   Anleitung. Man kann annehmen, dass D der Einheitskreis ist und dass u auf den Rand des Einheitskreises stetig fortsetzbar ist. Man fasse u als Lösung eines Randwertproblems auf, wobei a als Ausnahmepunkt aufgefasst werden kann.

   Ein anderer Beweis des RIEMANN'schen Hebbarkeitssatzes für harmonische Funktionen ergibt sich aus der folgenden Aufgabe.

3. Man zeige, dass jede im punktierten Einheitskreis $\mathbb{E}^{\bullet}$ harmonische Funktion u die Gestalt

   $$u(z) = A \log |z| + \operatorname{Re} f(z)$$

   mit einer Konstanten A und einer in $\mathbb{E}^{\bullet}$ analytischen Funktion f hat.

   Anleitung. Man nehme für A das Residuum der analytischen Funktion $(\partial_1 - i\partial_2)(u)$.

4. Man beweise folgende Variante des SCHWARZ'schen Spiegelungprinzips:

   Sei D der Durchschnitt des Einheitskreises mit der oberen Halbebene und sei u eine harmonische Funktion auf D, welche bei Annäherung an die reelle Achse gegen Null konvergiert. Man zeige, dass die durch

   $$U(z) = \begin{cases} u(z), & \text{für } \operatorname{Im} z > 0, \\ 0, & \text{für } \operatorname{Im} z = 0, \\ -u(\bar{z}), & \text{für } \operatorname{Im} z < 0 \end{cases}$$

   definierte Funktion im vollen Einheitskreis harmonisch ist.

   Anleitung. Man kann annehmen, dass u auf den Rand von D stetig fortsetzbar ist. Man weiß, wie U auf dem Rand des Einheitskreises aussehen soll und definiere U als Lösung des entsprechenden Randwertproblems. Man zeige dann, dass U auf der reellen Achse verschwindet und nutze die Eindeutigkeit der Lösung des Randwertproblems für D aus, um zu zeigen, dass U und u in D übereinstimmen.

5. Die Lösung des Randwertproblems mit Hilfe des alternierenden Verfahrens von Schwarz

Um nicht immer den Grenzwert einer harmonischen Funktion auf dem Rand in Limes-Form hinschreiben und auch noch auf endlich viele mögliche Ausnahmepunkte hinweisen zu müssen, vereinbaren wir ein für allemal folgende

5.1 Schreibweise. *Sei $U \subset X$ eine offene Teilmenge einer Riemann'schen Fläche,*

$$u : U \longrightarrow \mathbb{R}$$

eine harmonische Funktion, $\Delta \subset \partial U$ eine Teilmenge des Randes (meistens der gesamte Rand) und f eine auf Δ definierte Funktion.

Die Schreibweise

$$u \geq f \ auf \ \Delta$$

bedeute folgendes: Sei ε eine positive Zahl. Zu jedem Punkt $a \in \Delta$ existiert eine offene Umgebung $U(a)$ mit folgenden beiden Eigenschaften:
a) *u ist auf $U \cap U(a)$ nach unten beschränkt.*
b) *Mit Ausnahme höchstens endlich vieler a gilt*

$$u(x) \geq f(a) - \varepsilon \ für \ x \in U \cap U(a).$$

Gilt sowohl $u \geq f$ als auch $u \leq f$ (d.h. $-u \geq -f$) auf Δ, so schreiben wir

$$u = f \ auf \ \Delta.$$

Mit Hilfe des Limes superior kann man die Bedingungen a) und b) auch folgendermaßen ausdrücken:
a') $\limsup_{x \to a} u(x) > -\infty$ für alle $a \in \Delta$,
b') $\limsup_{x \to a} u(x) \geq f(a)$ für fast alle $a \in \Delta$.
Die Bedingung „$u = f$ auf Δ" besagt:
u bleibt bei Annäherung an einen beliebigen Randpunkt beschränkt und für fast alle $a \in \Delta$ gilt

$$\lim_{x \to a} u(x) = f(a).$$

Ist $U \subset X$ eine offene relativ kompakte Teilmenge und

$$f : \partial U \longrightarrow \mathbb{R}$$

eine beschränkte Funktion auf dem Rand, welche mit Ausnahme endlich vieler Punkte stetig ist, so bedeutet die *Lösung des Randwertproblemes* „(U, f)", eine harmonische Funktion $u : U \to \mathbb{R}$ mit

$$u = f \ auf \ \partial U$$

zu finden.

Wir sagen, das Randwertproblem sei auf U (schlechthin) lösbar, wenn eine Lösung für *jedes* f existiert.

5.2 Theorem. *Seien U, V zwei offene relativ kompakte nicht leere Teilmengen einer Riemann'schen Fläche X. Jede Zusammenhangskomponente von $U \cup V$ besitze unendlich viele Randpunkte.*

Annahme.

a) *$\partial U \cap \partial V$ ist eine endliche Menge.*

b) *Das Randwertproblem für U und V ist lösbar.*

Behauptung. *Dann ist das Randwertproblem für $U \cup V$ lösbar.*

Beweis. Aus 4.7 folgt, dass auch jede Zusammenhangskomponente der Mengen U, V, $U \cap V$ unendlich viele Randpunkte besitzt. Wir können annehmen, dass $U \cap V$ nicht leer ist.

Wir zerlegen die Ränder

$$\partial U = \partial' U \cup \partial'' U,$$
$$\partial'' U = \partial U \cap V, \quad \partial' U = \partial U - \partial'' U$$

und analog

$$\partial V = \partial' V \cup \partial'' V,$$
$$\partial'' V = \partial V \cap U, \quad \partial' V = \partial V - \partial'' V.$$

Es gilt

$$\partial(U \cup V) = \partial' U \cup \partial' V.$$

Diese Zerlegung ist fast disjunkt, d.h. $\partial' U$ und $\partial' V$ haben nur endlich viele Punkte (aus der endlichen Menge $\partial U \cap \partial V$) gemeinsam. Außerdem gilt:

Die Mengen $\partial(U \cap V)$ und $\partial'' U \cup \partial'' V$ unterscheiden sich nur um endlich viele Punkte (ebenfalls aus der Menge $\partial U \cap \partial V$).

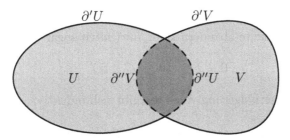

Wir konstruieren nun zu einer vorgegebenen Randbelegung

$$f : \partial(U \cup V) \longrightarrow \mathbb{R}$$

zwei Folgen harmonischer Funktionen

$$u_n : U \longrightarrow \mathbb{R},$$
$$v_n : V \longrightarrow \mathbb{R} \qquad (n = 0, 1, 2, \ldots).$$

Die Konstruktion wird induktiv in der Reihenfolge

$$u_0, v_0, u_1, v_1, \ldots$$

(also immer *alternierend* auf U und V) erfolgen. Wir beginnen mit

$$u_0 \equiv 0$$

und definieren dann $v_0, u_1, \ldots$ durch folgende Randbedingungen (Schreibweise 5.1)

$$v_n = \begin{cases} f & \text{auf } \partial'V, \\ u_n & \text{auf } \partial''V, \quad n \geq 0. \end{cases}$$

$$u_n = \begin{cases} f & \text{auf } \partial'U, \\ v_{n-1} & \text{auf } \partial''U, \quad n > 0. \end{cases}$$

Wir zeigen nun der Reihe nach:

1) Die Grenzwerte

$$u = \lim u_n, \quad v = \lim v_n$$

existieren und sind harmonisch.
2) $u|U \cap V = v|U \cap V$.
3) Die harmonische Funktion

$$(u, v) : U \longrightarrow \mathbb{R},$$

welche durch Verschmelzung aus u und v entsteht, löst das Randwertproblem „$(U \cup V, f)$".

1) Die Funktion f ist nach Voraussetzung beschränkt. Da man f o.B.d.A. um eine additive Konstante abändern kann, dürfen wir sogar

$$0 \leq f \leq C \quad (C \in \mathbb{R})$$

annehmen. Aus der Folgerung von 4.6 ergibt sich induktiv

$$0 \leq u_0 \leq u_1 \leq \cdots \leq C,$$
$$0 \leq v_0 \leq v_1 \leq \cdots \leq C.$$

Nach dem HARNACK'schen Prinzip existieren die Grenzfunktionen

$$u = \lim u_n, \quad v = \lim v_n,$$

und sie sind harmonisch.
Damit ist 1) bewiesen.

2) Wiederum mittels 4.6 zeigt man, dass auf $U \cap V$ die Ungleichung

$$u_n \geq v_{n-1} \qquad (n \geq 1)$$

gültig ist. Man beachte hierbei, dass der Rand von $U \cap V$ bis auf endlich viele Punkte (aus $\partial U \cap \partial V$) mit $\partial''U \cup \partial''V$ übereinstimmt. Aus obiger Ungleichung folgt

$$u \geq v \quad \text{auf } U \cap V$$

durch Grenzübergang und daher $u = v$ aus Symmetriegründen.

3) Wir zeigen (in der Sprechweise 5.1)

$$u = f \quad \text{auf } \partial'U,$$

(analog

$$v = f \quad \text{auf } \partial'V$$

und damit

$$(u, v) = f \quad \text{auf } \partial(U \cup V)).$$

Zum Beweis betrachten wir die harmonische Funktion

$$\omega : U \longrightarrow \mathbb{C},$$

welche durch das Randverhalten

$$\omega = \begin{cases} 0 & \text{auf } \partial'U, \\ C & \text{auf } \partial''U, \end{cases}$$

festgelegt ist. Nach 4.6 gilt

$$u_1 \leq u \leq u_1 + \omega \text{ auf } U$$

und daher

$$u = u_1 = f \text{ auf } \partial'U. \qquad \square$$

Einige einfache Beispiele, für welche das Randwertproblem lösbar ist.

5.3 Bemerkung. *Sei $U \subset X$ eine offene relativ kompakte Teilmenge einer Riemann'schen Fläche. Es existiere eine biholomorphe Abbildung auf den Einheitskreis*

$$f : U \longrightarrow \mathbb{E},$$

welche sich mit Ausnahme endlich vieler Punkte topologisch auf den Rand fortsetzen lässt.

(Es existieren also endliche Teilmengen $\mathcal{M} \subset \partial U$, $\mathcal{N} \subset \partial \mathbb{E}$ und eine topologische Fortsetzung

$$\bar{U} - \mathcal{M} \longrightarrow \bar{\mathbb{E}} - \mathcal{N}$$

von f). Dann ist das Randwertproblem auf U lösbar.

Der Beweis ist trivial. $\qquad \square$

5.4 Folgerung.   *Das Randwertproblem ist auf Kreiszweiecken lösbar.*

(Ein Kreiszweieck ist der Durchschnitt des Inneren eines Kreises mit dem Inneren oder Äußeren eines anderen Kreises, wobei die beiden Kreise nicht ineinander liegen sollen.)

Zum Beweis bildet man das Kreiszweieck biholomorph auf den Einheitskreis mit stetigem Randanschluss ab. Die Abbildung erfolgt in drei Schritten, Einzelheiten überlassen wir dem Leser.

Erster Schritt. Sei a ein Eckpunkt des Zweiecks. Mittels der konformen Abbildung

$$z \longrightarrow 1/(z-a)$$

bildet man das Zweieck auf einen Winkelbereich ab.

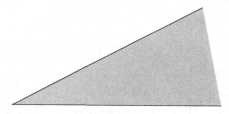

Zweiter Schritt. Man kann annehmen, dass die negative reelle Achse nicht in dem Winkelbereich enthalten ist und erhält dann mittels

$$z^{\alpha} := e^{\alpha \log z} \ (\log = \text{Hauptwert des Logarithmus})$$

und geeignetem α eine konforme Abbildung auf die obere Halbebene.

Dritter Schritt. Man benutzt die „Standardabbildung" $z \to (z-\mathrm{i})/(z+\mathrm{i})$, um die obere Halbebene konform auf den Einheitskreis abzubilden. Das Randverhalten dieser drei Abbildungen ist leicht zu verfolgen.   □

Nun beweisen wir mittels des alternierenden Verfahrens (5.2)

5.5 Satz.   *Das Randwertproblem ist für Kreisringe*

$$r < |z| < R \qquad (0 < r < R < \infty)$$

lösbar.

Beweis. Offenbar lässt sich ein Kreisring durch endlich viele Kreiszweiecke so überdecken, dass man 5.2 iterativ anwenden kann.

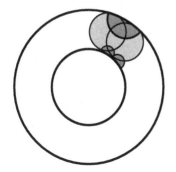

Überdeckung eines Teils des Kreisrings durch 3 Kreiszweiecke und 2 Kreisscheiben. Die Ränder haben immer nur endlich viele Punkte gemeinsam.

Die Ausnahmepunkte des Randwertproblems

Sei $U \subset X$ ein offener relativ kompakter Teil einer RIEMANN'schen Fläche, für welchen das Randwertproblem lösbar ist.

Ein Randpunkt $a \in \partial U$ heißt *Ausnahmepunkt* (in Bezug auf das Randwertproblem), falls es ein Randwertproblem „(U, f)" gibt, so dass f in a stetig ist aber die Gleichung

$$\lim_{x \to a} u(x) = f(a) \ (u \text{ ist die Lösung des Randwertproblems})$$

nicht gültig ist.

Aus dem Beweis von 5.2 ergibt sich unmittelbar

5.6 Bemerkung. *Bezeichnungen wie in 5.2. Sei a ein Ausnahmepunkt von $U \cup V$. Dann gilt*

entweder: *a ist Ausnahmepunkt von U,*
oder: *a ist Ausnahmepunkt von V,*
oder: *$a \in \partial U \cap \partial V$.*

Es liegt in der Natur des alternierenden Verfahrens, dass die Punkte aus $\partial U \cap \partial V$ als „neue" Ausnahmepunkte hinzukommen können.

Man nennt das Randwertproblem für U *streng lösbar*, wenn U keine Ausnahmepunkte hat. Dann sind die Lösungen für stetige f auf den ganzen Abschluss $\bar{U}$ stetig fortsetzbar. Beispielsweise folgt aus 3.2:

Das Randwertproblem für den Einheitskreis ist streng lösbar.

Wir haben gezeigt, dass das Randwertproblem für Kreiszweiecke lösbar ist. Ohne näheres Hinsehen stellt man fest, dass die einzigen Ausnahmepunkte möglicherweise die Ecken sind. (Schaut man etwas genauer hin, so sieht man, dass auch diese keine Ausnahmepunkte sind, aber das brauchen wir nicht.)

Die Lösung des Randwertproblems für Kreisringe (5.5) erhielten wir durch Ausschöpfen mit Kreiszweiecken und Anwenden des alternierenden Verfahrens (3.2). Da man die Kreiszweiecke etwas verwackeln kann, folgt aus 5.6:

5.7 Verschärfung von 5.5. *Das Randwertproblem für Kreisringe ist streng (ohne Ausnahmepunkte) lösbar.*

Übungsaufgaben zu II.5

1. Sei D ein offenes achsenparalleles Viereck und K ein kompaktes achsenparalleles Viereck, welches ganz in D enthalten ist. Man zeige, dass das Randwertproblem für $(D - K, \mathbb{C})$ lösbar ist.

2. Man zeige, dass das Randwertproblem für $(\bar{\mathbb{C}} - [-1, 1], \bar{\mathbb{C}})$ lösbar ist.

3. Man zeige, dass jede konforme Abbildung eines Kreiszweiecks auf den Einheitskreis sich zu einer topologischen Abbildung der Abschlüsse fortsetzen lässt.

4. Man zeige, dass es eine auf der Riemann'schen Zahlkugel nicht konstante stetige Funktion gibt, welche im Komplement der Einheitskreislinie harmonisch ist.

6. Die normierte Lösung des Außenraumproblems

Bei den folgenden Konstruktionen verwenden wir eine *Ausschöpfung* der RIE-MANN'schen Fläche und benötigen hierzu die

6.1 Annahme. *Die Riemann'sche Fläche X hat abzählbare Basis der Topologie.*

Wir werden im Anhang zu diesem Abschnitt zeigen, dass jede zusammenhängende RIEMANN'sche Fläche abzählbare Basis der Topologie hat.

6.2 Definition. *Eine **Kreisscheibe** auf einer Riemann'schen Fläche X ist definitionsgemäß eine analytische Karte mit Zielbereich Einheitskreis,*

$$\varphi : U \xrightarrow{\sim} \mathbb{E}.$$

Wir verwenden die Bezeichnungen

$$U(r) = \{x \in U; \quad |\varphi(x)| < r\} \qquad (0 < r < 1),$$
$$\partial(r) = \partial(U(r)) = \{x \in U; \quad |\varphi(x)| = r\}.$$

Gegeben sei eine stetige Funktion

$$f : \partial(1/2) \longrightarrow \mathbb{R}.$$

*Eine **Lösung des Außenraumproblems** ist eine Funktion*

$$u : X - U(1/2) \longrightarrow \mathbb{R}$$

mit den Eigenschaften

1) *u stetig,*
2) $u|\partial(1/2) = f$,
3) *u harmonisch im Innern* $(X - \overline{U(1/2)})$.

Die Lösungen u des Außenraumproblems sind im allgemeinen nicht eindeutig bestimmt; zwar ist $\partial(1/2)$ auch der Rand von $X - U(1/2)$, diese Menge ist i.a. jedoch nicht kompakt. Insofern ist weder die Existenz noch die Eindeutigkeit einer Lösung des Außenraumproblems gegeben.

Wir werden im folgenden eine ausgezeichnete, die sogenannte *normierte Lösung* des Außenraumproblems konstruieren.

6.3 Satz. *Sei X eine Riemann'sche Fläche mit abzählbarer Basis der Topologie und $\varphi : U \to \mathbb{E}$ eine Kreisscheibe auf X. Es existiert für jede stetige Funktion $f : \partial(1/2) \to \mathbb{R}$ eine eindeutig bestimmte **normierte Lösung des Außenraumproblems** $u(f)$, welche in folgendem Sinne minimal ist:*

Ist $f \geq 0$ und ist $u \geq 0$ irgendeine Lösung des durch f definierten Außenraumproblems, so gilt $u(f) \leq u$.

Es gilt:
1) *Die Zuordnung $f \mapsto u(f)$ ist $\mathbb{R}$-linear.*
2) $f \leq g \Longrightarrow u(f) \leq u(g)$.

Spezialfall. *Im Fall $f = 1$ hat die normierte Lösung des Außenraumproblems eine besondere Bedeutung. Sie wird mit ω bezeichnet. Es ist also*

$$\omega = 1 \text{ auf } \partial(1/2) \text{ und } 0 \leq \omega \leq 1.$$

Die Eindeutigkeit der Abbildung ist offensichtlich. Zum Beweis der Existenz konstruieren wir eine Ausschöpfung. Da X abzählbare Basis der Topologie hat, und da X außerdem lokal kompakt ist, folgt, dass X *abzählbar im Unendlichen* ist. Dies bedeutet, dass X als abzählbare Vereinigung von Kompakta geschrieben werden kann,

$$X = K_1 \cup K_2 \cup \ldots, \qquad K_n \text{ kompakt.}$$

Hierauf basiert die Konstruktion für eine geeignete Ausschöpfung von X. (Wegen der Eindeutung der Lösung ist diese von der Wahl der Ausschöpfung unabhängig.)

6.4 Satz. *Sei X eine Riemann'sche Fläche mit abzählbarer Basis der Topologie und*

$$\varphi : U \longrightarrow \mathbb{E}$$

eine Kreisscheibe auf X. Es existiert eine Folge

$$U(3/4) \subset A_1 \subset A_2 \subset A_3 \subset \ldots$$

von offenen relativ kompakten Teilmengen von X mit folgenden Eigenschaften:

1) $X = \bigcup_{n=1}^{\infty} A_n$.

2) *Das Randwertproblem für*

$$A_n - \overline{U(1/2)} \qquad n = 1, 2, \ldots$$

  ist lösbar.

6.5 Anmerkung. *Es gilt*

$$\partial(A_n - \overline{U(1/2)}) = \partial(A_n) \cup \partial(1/2).$$

Man nennt

$$\partial(A_n) \quad \text{den äußeren Rand}$$

und

$$\partial(1/2) \quad \text{den inneren Rand}$$

von $A_n - \overline{U(1/2)}$. Beide sind wegen der Voraussetzung $U(3/4) \subset A_n$ disjunkt.
Beweis. Sei

$$X' := X - \overline{U(1/2)}.$$

Mit X hat auch X' abzählbare Basis der Topologie. Wir wählen zu jedem Punkt $a' \in X'$ eine Kreisscheibe

$$\varphi' : U' \longrightarrow \mathbb{E}; \quad U' \subset X', \; \varphi'(a') = 0.$$

Jedes Kompaktum in X' kann durch endlich viele $U'(1/2)$ überdeckt werden.
  Es existiert daher eine Folge

$$\varphi_n : U_n \longrightarrow \mathbb{E}$$

von Kreisscheiben in X' mit der Eigenschaft

$$X' = \bigcup_{n=1}^{\infty} U_n(1/2).$$

Mit einer noch zu bestimmenden Folge von Zahlen

$$1/2 < r_n < 1$$

definieren wir

$$A_n := U(3/4) \cup U_1(r_1) \cup \ldots \cup U_n(r_n).$$

Diese Mengen sind relativ kompakt und schöpfen X aus. Wir müssen untersuchen, ob das Randwertproblem für $A_n - \overline{U(1/2)}$ lösbar ist. Offensichtlich
gilt

$$A_n - \overline{U(1/2)} = \mathcal{R} \cup U_1(r_1) \cup \ldots \cup U_n(r_n),$$

wobei $\mathcal{R}$ den Kreisring

$$\mathcal{R} = \{x \in U; \quad 1/2 < |\varphi(x)| < 3/4\}$$

bezeichnet. Da für Kreisscheiben und Kreisringe das Randwertproblem lösbar
ist, genügt es nach dem alternierenden Verfahren von Schwarz die Folge der
Zahlen $r_n \in (1/2, 1)$ so einzurichten, dass

$$U_{n+1}(r_{n+1}) \quad \text{und} \quad \mathcal{R} \cup U_1(r_1) \cup \ldots \cup U_n(r_n)$$

höchstens endlich viele Randpunkte gemeinsam haben. Der Rand einer endlichen Vereinigung ist in der Vereinigung der Ränder enthalten. Der folgende
Hilfssatz zeigt, dass man r_n induktiv konstruieren kann, wobei bei jedem Schritt
nur endlich vielen Werten in $(1/2, 1)$ auszuweichen ist.

6.6 Hilfssatz. *Seien*

$$\varphi : U \longrightarrow \mathbb{E}, \quad \psi : V \longrightarrow \mathbb{E}$$

*zwei Kreisscheiben auf der Riemann'schen Fläche X. Wenn die beiden Berei-
che $U(r)$ und $V(r)$ unendlich viele gemeinsame Randpunkte haben, so stimmen
ihre Ränder sogar überein. $(\partial U(r) = \partial V(r))$. Die Ränder von $V(r')$, $r' \neq r$,
und von $U(r)$ sind dann disjunkt.*

Beweis. Wir nehmen an, dass es unendlich viele gemeinsame Randpunkte gibt
und zeigen dann

$$\partial V(r) \subset \partial U(r)$$

(aus Symmetriegründen muss dann die Gleichheit gelten). Da $\partial V(r)$ kompakt
ist, besitzt der (nach Voraussetzung unendliche) Durchschnitt $\partial V(r) \cap \partial U(r)$
einen Häufungspunkt in $\partial V(r)$. Wir bezeichnen mit $\mathcal{M} \subset \partial V(r)$ die Menge all
dieser Häufungspunkte. Diese Menge ist trivialerweise abgeschlossen. Wenn
wir zeigen können, dass $\mathcal{M}$ in $\partial V(r)$ auch offen ist, sind wir fertig, denn aus
Zusammenhangsgründen gilt dann

$$\partial V(r) = \mathcal{M} \quad (\subset \partial U(r) \cap \partial V(r)).$$

Dass $\mathcal{M}$ offen ist, folgt unmittelbar aus folgender einfachen

6.7 Bemerkung. *Sei f eine analytische Funktion auf einer offenen Umgebung von $1 \in \mathbb{C}$. Es existiere eine Folge (a_n) komplexer Zahlen mit der Eigenschaft*

a) $a_n \neq 1$, $\lim a_n = 1$,
b) $|a_n| = 1$,
c) $|f(a_n)| = 1$.

Dann existiert eine Umgebung U von 1, so dass

$$a \in U, \quad |a| = 1 \Longrightarrow |f(a)| = 1$$

gilt.

Zum Beweis betrachten wir neben f die ebenfalls analytische Funktion

$$g(z) = \overline{f(\bar{z})},$$

sowie

$$h(\varphi) = f(e^{i\varphi})g(e^{-i\varphi}) - 1.$$

Die Funktion ist in einer kleinen (komplexen!) Kreisscheibe um $\varphi = 0$ analytisch. Für *reelle* φ gilt

$$h(\varphi) = \left| f(e^{i\varphi}) \right|^2 - 1.$$

Nach Voraussetzung häufen sich die Nullstellen von h im Nullpunkt. Aus dem Identitätssatz für holomorphe Funktionen folgt

$$h \equiv 0.$$

Damit ist die Bemerkung und somit Hilfssatz 6.6 bewiesen.   □

Konstruktion der „normierten" Lösung des Außenraumproblems

Nach dieser Vorbereitung kommen wir zum

Beweis von 6.3. Wir konstruieren nun zu einer vorgegebenen stetigen Randbelegung

$$f : \partial(U(1/2)) \longrightarrow \mathbb{R}$$
$$\|$$
$$\text{„}|z| = 1/2\text{"}$$

eine Lösung des Außenraumproblems, also eine harmonische Funktion

$$u = u(f) : X - \overline{U(1/2)} \longrightarrow \mathbb{R}$$

mit den Randwerten f.

Zunächst betrachten wir die (eindeutig bestimmte) harmonische Funktion

$$u_n : A_n - \overline{U(1/2)} \longrightarrow \mathbb{R}$$

mit den Randwerten

$$u_n = f \text{ auf dem inneren Rand } (\partial U(1/2)),$$
$$u_n = 0 \text{ auf dem äußeren Rand } (\partial A_n).$$

Wir bemerken noch, dass nach 5.6 und 5.7 auf dem inneren Rand $\partial(1/2)$ keine Ausnahmepunkte des Randwertproblems liegen. Da f als stetig vorausgesetzt wurde, gilt also

$$\lim_{x \to a} u_n(x) = f(a) \text{ ausnahmslos für alle } a \in \partial(1/2).$$

6.8 Hilfssatz. *Die zu einer stetigen Randbelegung*

$$f : \partial U(1/2) \longrightarrow \mathbb{R}$$

konstruierte Funktionenfolge

$$u_n = u_n(f) : A_n - \overline{U(1/2)} \longrightarrow \mathbb{R}$$

konvergiert lokal gleichmäßig gegen eine beschränkte harmonische Funktion

$$u : X - \overline{U(1/2)} \longrightarrow \mathbb{R}.$$

Es gilt

$$u = f \quad auf \quad \partial U(1/2).$$

Beweis. Sei zunächst $f \geq 0$. Nach dem Maximumprinzip sind alle u_n nicht negativ, da dies auf dem Rand ihres Definitionsbereichs der Fall ist. Als Folge hiervon ist u_{n+1} auf dem Rand von $A_n - \overline{U(1/2)}$ größer oder gleich den Randwerten von u_n, und es gilt dann —wiederum nach dem Maximumprinzip— sogar $u_{n+1} \geq u_n$ auf ganz $A_n - \overline{U(1/2)}$. Die Funktionenfolge u_n ist also monoton wachsend. Die Konvergenzaussage in 6.8 folgt daher aus dem HARNACK'schen Prinzip. Im allgemeinen Falle benutzt man die Zerlegung

$$f = \frac{1}{2}(f + |f|) - \frac{1}{2}(|f| - f).$$

Es bleibt das Randwertverhalten von $u = u(f)$ zu untersuchen. (Das naheliegende Argument

$$\lim_{x \to a} u(x) = \lim_{x \to a} \lim_{n \to \infty} u_n(x) = \lim_{n \to \infty} \lim_{x \to a} u_n(x) = f(a)$$

ist nicht hinlänglich, da man zwei Grenzprozesse i.a. nicht vertauschen darf.) Wir betrachten zunächst den Spezialfall

$$f \equiv 1.$$

In diesem Fall schreiben wir

$$\omega_n := u_n(1), \qquad \omega := \lim \omega_n.$$

Es gilt

$$0 \leq \omega_n(x) \leq \omega(x) \leq 1.$$

Die Behauptung über das Randverhalten von ω folgt unmittelbar, indem man für ein festes n (etwa $n = 1$) x gegen einen Randpunkt streben lässt. Da $\omega_1(x)$ dann gegen 1 konvergiert, muss dies auch für $\omega(x)$ gelten.

Allgemeiner Fall. Es genügt, die Ungleichung

$$u(f) \geq f \text{ auf } \partial U(1/2)$$

zu beweisen, die Gleichheit erhält man dann, indem man f durch $-f$ ersetzt.

Zum Beweis dieser Ungleichung wählen wir eine Konstante $C > 0$ mit der Eigenschaft

$$f + C \geq 0.$$

In diesem Falle ist die Folge (u_n) monoton wachsend und aus

$$u_n(f + C) = f + C \text{ auf } \partial(U(1/2))$$

folgt zumindest

$$u(f + C) \geq f + C \text{ auf } \partial(U(1/2)).$$

Andererseits gilt

$$u(f + C) = u(f) + C\omega,$$

und aus beiden zusammen folgt

$$u(f) \geq f \text{ auf } \partial(U(1/2)),$$

wie behauptet. □

Beispiele.

1) Sei $X = \mathbb{C}$, $\varphi = \mathrm{id}_{\mathbb{E}} : \mathbb{E} \to \mathbb{E}$, Randbelegung: $f \equiv 1$.
Wir wählen die Ausschöpfung

$$A_n = \{z; \quad |z| < n\}$$

und erhalten

$$u_n(z) = \frac{\log|z/n|}{\log(1/2n)} = \frac{\log|z| - \log n}{-\log(2n)}.$$

Grenzübergang $n \to \infty$ ergibt

$$u \equiv 1.$$

2) $X = \{z \in \mathbb{C};\ |z| < 2\}$, $\varphi = \mathrm{id}_{\mathbb{E}} : \mathbb{E} \to \mathbb{E}$.

Randbelegung: $f \equiv 1$.

Wir wählen die Ausschöpfung

$$A_n = \{z;\ |z| < 2 - 1/n\}$$

und erhalten in diesem Falle

$$u_n(z) = \frac{\log\left|\frac{z}{2 - \frac{1}{n}}\right|}{\log \frac{1}{2\left(2 - \frac{1}{n}\right)}}.$$

Grenzübergang $n \to \infty$ liefert nun

$$u(z) = \frac{\log|z/2|}{\log(1/4)}.$$

*Die normierte Lösung des Randwertproblems zu einer **konstanten** Randbelegung kann, muss aber nicht konstant sein.*

Übungsaufgaben zu II.6

1. Sei D ein beschränktes Gebiet der Ebene. Man zeige, dass die normierte Lösung eines Außenraumproblems auf D nicht konstant ist.

2. Sei X eine kompakte RIEMANN'sche Fläche und S eine endliche Teilmenge. Man zeige, dass die normierte Lösung eines Außenraumproblems zur Randbelegung $f \equiv 1$ konstant ist.

3. Man wähle eine konkrete Kreisscheibe in der oberen Halbebene und bestimme explizit die zugehörige Lösung das Außenraumproblems zur Randbelegung $f \equiv 1$.

4. Man zeige, dass die normierte Lösung eines Außenraumproblems auf der geschlitzten Ebene $\mathbb{C} - \{x \in \mathbb{R};\ x \leq 0\}$ nicht konstant ist.

Anhang zu 6. Abzählbarkeit Riemann'scher Flächen

6.9 Theorem. *Jede zusammenhängende Riemann'sche Fläche besitzt eine abzählbare Basis der Topologie und ist insbesondere abzählbar im Unendlichen (d.h. aufsteigende Vereinigung von abzählbar vielen Kompakta).*

Da bei den üblichen Konstruktionen von RIEMANN'schen Flächen die Abzählbarkeit evident ist, kann man auf diesen relativ tiefliegenden Satz in der Praxis auch verzichten. Wir begnügen uns daher mit einer sehr knappen Darstellung des Beweises. Zunächst erinnern wir an die Definition der Abzählbarkeit:

Ein topologischer Raum X besitzt eine abzählbare Basis der Topologie, falls es eine Folge von offenen Mengen $U_1, U_2, U_3, \ldots$ gibt, so dass sich jede offene Menge als Vereinigung von Exemplaren dieser Folge schreiben lässt.

Beispiel. Ein metrischer Raum (X, d), in welchem eine abzählbare und dichte Teilmenge $S \subset X$ existiert, besitzt eine abzählbare Basis der Topologie. Zum Beweis betrachte man das (abzählbare) System der Kugeln um Punkte aus S mit rationalen Radien.

Wir nehmen zunächst einmal an, dass auf der zusammenhängenden RIE-MANN'schen Fläche X eine nicht konstante analytische Funktion $f : X \to \mathbb{C}$ existiert und beweisen dann, dass X metrisierbar ist.

Metrisierung von X

Sei
$$\alpha : [0, 1] \longrightarrow X$$
eine stückweise glatte Kurve. Die euklidsche Länge ihrer Bildkurve bezeichnen wir mit
$$L(\alpha) := l(f \circ \alpha) \qquad (\text{=euklidsche Länge}).$$
Seien nun a, b aus X. Wir definieren

$$d(a, b) := \inf_{\alpha} L(\alpha),$$

wobei α sämtliche Kurven mit Anfang a und Ende b durchlaufe. Es ist nicht schwer zu zeigen, dass hierdurch eine Metrik auf X definiert wird, deren Topologie mit der Ausgangstopologie übereinstimmt.

Konstruktion einer abzählbaren dichten Teilmenge

Hierzu darf man aus X eine diskrete Teilmenge herausnehmen, also zum Beispiel die Menge aller Punkte, in denen f nicht lokal topologisch ist. Daher können wir annehmen, dass
$$f : X \longrightarrow \mathbb{C}$$
lokal topologisch ist. Wir zeichnen einen Punkt $a \in X$ aus und nehmen o.B.d.A. an, dass $f(a) = 0$ gilt.

6.10 Definition. *Ein Punkt $b \in X$ heiße **rational**, wenn es eine Kurve*

$$\alpha : [0,1] \longrightarrow X, \qquad \alpha(0) = a, \ \alpha(1) = b,$$

gibt, deren Bildkurve $f \circ \alpha$ ein Streckenzug ist, dessen Eckpunkte rationale Koordinaten haben.

Die Menge aller derartigen Streckenzüge ist abzählbar. Es folgt (wegen der Eindeutigkeit der Kurvenliftung), dass die Menge aller Kurven α und damit die Menge aller rationalen Punkte $b \in X$ abzählbar ist. Außerdem sieht man leicht, dass die Menge der rationalen Punkte dicht in X liegt. Damit ist die Abzählbarkeit von X (unter der Bedingung der Existenz von f) bewiesen.

Wir nehmen nun etwas weniger an. Auf der (zusammenhängenden) RIEMANN'schen Fläche X möge nämlich eine nicht konstante *harmonische* Funktion

$$u : X \longrightarrow \mathbb{R}$$

existieren. Wir konstruieren dann eine surjektive analytische Abbildung

$$p : \tilde{X} \longrightarrow X$$

einer zusammenhängenden RIEMANN'schen Fläche $\tilde{X}$ auf X, so dass

$$\tilde{u} := u \circ p$$

Realteil einer analytischen Funktion ist. (Dann ist $\tilde{X}$ und als Folge hiervon auch X abzählbar.) Für $\tilde{X}$ kann man beispielsweise die universelle Überlagerung nehmen (s. Kap. III, Anhang). Will man deren Existenz nicht verwenden, so führt folgende Konstruktion zum Ziel:

Man fixiert einen Punkt $a \in X$. In einer kleinen offenen Umgebung $U(a)$ ist u Realteil einer analytischen Funktion f. Man zeigt leicht:

Ist $\alpha : [0,1] \to X$ eine Kurve mit Anfang $a = \alpha(0)$, so besitzt f eine analytische Fortsetzung längs α. Man konstruiert nun analog zum „analytischen Gebilde" aus all diesen Fortsetzungen eine „Überlagerung" $\tilde{X} \to X$, auf welcher f eindeutig wird.

Der entscheidende Punkt des Abzählbarkeitsbeweises ist also die

Existenz einer harmonischen Funktion

Wir wählen irgendeine Kreisscheibe

$$\varphi : U \xrightarrow{\sim} \mathbb{E}$$

auf unserer zusammenhängenden RIEMANN'schen Fläche X und behaupten:

Es existiert eine nicht konstante harmonische Funktion

$$u : X - \overline{U(1/2)} \longrightarrow \mathbb{R}.$$

Damit besitzt $X - \overline{U(1/2)}$ und dann natürlich auch X selbst eine abzählbare Basis der Topologie. Zur Konstruktion von u wählen wir irgendeine stetige, von 0 verschiedene Randbelegung

$$f : \partial U(1/2) \longrightarrow \mathbb{R}, \quad 0 \leq f \leq 1.$$

Wir wollen u so konstruieren, dass

$$u = f \text{ auf } \partial U(1/2)$$

gilt. Dazu betrachten wir offene und zusammenhängende Teilflächen $Y \subset X$ mit $U \subset Y \subset X$, welche eine abzählbare Basis der Topologie besitzen. Wir nennen sie kurz "abzählbare Teilflächen". Man sieht unmittelbar, dass X die Vereinigung dieser (überabzählbar vielen) abzählbaren Y ist,

$$X = \bigcup_{\substack{U \subset Y \subset X \\ Y \text{ „abzählbar"}}} Y.$$

Zu jedem Y (und der gegebenen Kreisscheibe φ) bezeichnen wir mit

$$u_Y : Y - U(1/2) \longrightarrow \mathbb{R}$$

die normierte Lösung des Randwertproblems

$$u_Y | \partial(1/2) = f.$$

Man zeigt leicht:

$$Y \subset Y' \implies u_Y \leq u_{Y'} \quad (\text{auf } Y).$$

Außerdem sind alle u_Y durch 1 beschränkt. Die Funktion

$$u := \sup_Y u_Y$$

ist somit wohldefiniert auf ganz $X - U(1/2)$.

Behauptung. u ist stetig auf $X - U(1/2)$.

Beweis. Wir zeigen zunächst, dass es zu jedem $a \in X - U(1/2)$ ein abzählbares Y mit $u(a) = u_Y(a)$ gibt. Da man das Supremum einer Menge reeller Zahlen als Limes einer Folge von Elementen der Menge bekommen kann, existiert zu jedem $a \in S$ eine Folge von abzählbaren Flächen $a \in Y_1 \subset Y_2 \subset \ldots$ mit

$$u(a) = \lim u_n(a), \quad u_n := u_{Y_n}.$$

Die Vereinigung $Y = Y_1 \cup Y_2 \cup \cdots$ ist selbst abzählbar. Wegen $u_n \leq u_Y \leq u$ gilt für dieses Y dann $u(a) = u_Y(a)$.

Sei nun allgemeiner S eine abzählbare Menge von Punkten. Zu jedem $a \in S$ exisiert ein abzählbares $Y(a)$ mit $u_{Y(a)}(a) = u(a)$. Bezeichnet man jetzt mit Y die Vereinigung dieser $Y(a)$, so hat man ein abzählbares Y mit $u(a) = u_Y(a)$ für alle $a \in S$.

Damit folgt, dass die Einschränkung $u|S$ auf beliebige abzählbare Teilmengen stetig ist. Damit ist aber u überhaupt stetig, da Stetigkeit und Folgenstetigkeit in unserer Situation dasselbe ist. (Stetigkeit ist eine lokale Aussage und lokal sind unsere Räume homöomorph zu Teilmengen der Ebene.)

Behauptung. u ist harmonisch in auf $X - \overline{U(1/2)}$.

Wir betrachten relative kompakte offene Teilmengen $U \subset X - \overline{U(1/2)}$. Diese besitzen Teilmengen S, welche abzählbar und dicht sind. Es existiert dann ein abzählbares Y, so dass $u = u_S$ auf S gilt. Wegen der bereits bewiesenen Stetigkeit gilt dies dann auf ganz U. Damit ist u harmonisch auf U. Da diese U ganz $X - \overline{(U(1/2))}$ überdecken, ist u auch dort harmonisch.

Damit ist der Beweis der Abzählbarkeit vollständig. $\square$

7. Konstruktion von harmonischen Funktionen mit vorgegebener Singularität; der berandete Fall

Sei X eine RIEMANN'sche Fläche und $A \subset X$ eine offene relativ kompakte Teilmenge. Wir nehmen an, dass jede Zusammenhangskomponente von A unendlich viele Randpunkte besitzt. (Insbesondere ist der Fall X kompakt, $X = A$, ausgeschlossen.)

Innerhalb A sei eine Kreisscheibe φ gegeben, also eine analytische Karte, welche eine offene Teilmenge $U \subset A$ auf den Einheitskreis biholomorph abbildet, $\varphi : U \to \mathbb{E}$. Für eine Zahl r zwischen 0 und 1 ($0 < r < 1$) haben wir die Bezeichnung

$$U(r) = \{x \in U; \quad |\varphi(x)| < r\},$$
$$\overline{U(r)} = \{x \in U; \quad |\varphi(x)| \leq r\}$$

eingeführt. Wir betrachten den „Ring"

$$\mathcal{R} = U(3/4) - \overline{U(1/2)} \quad (1/2 < |z| < 3/4),$$
$$\bar{\mathcal{R}} = \overline{U(3/4)} - U(1/2) \quad (1/2 \leq |z| \leq 3/4)$$

und machen schließlich die

7.1 Annahme. *Das Randwertproblem für den Bereich*

$$A - \overline{U(1/2)}$$

ist lösbar.

Unter dieser Annahme (und der Annahme, dass jede Zusammenhangskomponente von A unendlich viele Randpunkte besitzt) beweisen wir

7.2 Satz. *Sei*

$$u_0 : \bar{\mathcal{R}} \longrightarrow \mathbb{R}$$

eine stetige Funktion auf dem abgeschlossenen Ring $\bar{\mathcal{R}}$, welche im Inneren $\mathcal{R}$ harmonisch ist. Es existiert eine eindeutig bestimmte beschränkte harmonische Funktion

$$u : A - \overline{U(1/2)} \longrightarrow \mathbb{R}$$

mit folgenden Eigenschaften:

a) *Die a priori auf $\mathcal{R}$ definierte harmonische Funktion $u - u_0$ ist auf $U(3/4)$ harmonisch fortsetzbar.*
b) *$u = 0$ auf ∂A.*

Die Bedingung a) kann man —etwas vage— folgendermaßen aussprechen. Die harmonische Funktion u hat in dem „Loch" $\overline{U(1/2)}$ dasselbe singuläre Verhalten wie die Funktion u_0.

Beweis. Die Eindeutigkeit der Lösung ist klar, da die Differenz zweier Lösungen auf ganz A harmonisch ist und auf ∂A verschwindet.

Existenz. (vgl. den Beweis von 3.2) Wir konstruieren alternierende Folgen harmonischer Funktionen auf den beiden Bereichen

$$A - \overline{U(1/2)} \text{ und } U(3/4).$$

Definiert man

$$\alpha := \partial A$$

und

$$\partial(r) := \{x \in U; \quad |\varphi(x)| = r\},$$

so gilt

$$\partial(A - \overline{U(1/2)}) = \alpha \cup \partial(1/2),$$
$$\partial(U(3/4)) = \partial(3/4).$$

Wir definieren nun die Folgen harmonischer Funktionen

$$u_n : A - \overline{U(1/2)} \longrightarrow \mathbb{R}, \quad n \geq 1,$$
$$v_n : U(3/4) \longrightarrow \mathbb{R}, \quad n \geq 0,$$

in der Reihenfolge

$$v_0, u_1, v_1, u_2, v_2, \ldots$$

durch die Bedingungen

$$v_0 = 0,$$

$$u_n = \begin{cases} v_{n-1} + u_0 & \text{auf } \partial(1/2), \\ 0 & \text{auf } \alpha, \end{cases}$$

$$v_n = u_n - u_0 \text{ auf } \partial(3/4) \qquad (n \geq 1).$$

Wir müssen zeigen, dass die beiden Folgen konvergieren und schätzen hierzu die Differenz $u_{n+1} - u_n$ auf der Linie $\partial(3/4)$ ab, und zwar behaupten wir:
Es existieren Konstanten

$$C \geq 0 \text{ und } 0 \leq q < 1$$

mit der Eigenschaft

$$|u_{n+1} - u_n| \leq Cq^n \text{ auf } \partial(3/4) \qquad (n \geq 0).$$

Beweis. Die Funktion $u_1 - u_0$ ist auf $\partial(3/4)$ stetig. Wir können also $C \geq 0$ so bestimmen, dass

$$|u_1 - u_0| \leq C \text{ auf } \partial(3/4)$$

gilt.

Um q zu konstruieren, betrachten wir die harmonische Funktion ω auf $A - \overline{U(1/2)}$, welche das Randwertproblem

$$\omega = \begin{cases} 0 & \text{auf } \alpha = \partial A, \\ 1 & \text{auf } \partial(1/2), \end{cases}$$

löst.

7.3 Behauptung. *Es existiert eine Zahl $q < 1$ mit*

$$\omega(x) \leq q \text{ für } x \in \partial(3/4).$$

Im Hinblick auf das Maximumprinzip (und die Kompaktheit von $\partial(3/4)$) muss man nur zeigen, dass ω auf der Zusammenhangskomponente von $A - U(1/2)$, welche $\partial(3/4)$ enthält, nicht konstant 1 ist. Dies folgt unmittelbar aus dem Randverhalten ($\omega = 0$ auf ∂A) und der Annahme, dass diese Zusammenhangskomponente unendlich viele Randpunkte besitzt. $\qquad\square$

Nachdem die Zahlen C und q definiert sind, beweisen wir die Ungleichung

$$|u_{n+1} - u_n| \leq Cq^n \text{ auf } \partial(3/4)$$

durch Induktion nach n. Nach Konstruktion der Folgen (u_n), (v_n) gilt

$$v_n - v_{n-1} = u_n - u_{n-1} \quad \text{auf } \partial(3/4).$$

Es folgt

$$|v_n - v_{n-1}| \leq Cq^{n-1} \quad \text{auf } \partial(3/4).$$

Da die Funktionen v_n in ganz $U(3/4)$ harmonisch sind, gilt diese Ungleichung in ganz $U(3/4)$, insbesondere auf $\partial(1/2)$. Wiederum aus der Konstruktion der beiden Folgen folgt

$$u_{n+1} - u_n = v_n - v_{n-1} \quad \text{auf } \partial(1/2)$$

und daher

$$|u_{n+1} - u_n| \leq Cq^{n-1} \quad \text{auf } \partial(1/2).$$

Die Ungleichung

$$|u_{n+1} - u_n| \leq Cq^{n-1}\omega$$

gilt daher auf dem Rande von $A - \overline{U(1/2)}$ und nach dem Maximumprinzip auch im Inneren. Es folgt

$$|u_{n+1} - u_n| \leq Cq^{n-1}q = Cq^n \quad \text{auf } \partial(3/4),$$

was zu beweisen war.

Aus dem Maximumprinzip folgt nun

$$|v_{n+1} - v_n| \quad (= |u_{n+1} - u_n| \quad \text{auf } \partial(3/4)) \quad \leq Cq^n \text{ auf ganz } U(3/4).$$

Da v_n auf den Abschluss von $U(3/4)$ stetig fortsetbar ist, gilt diese Ungleichung sogar auf ganz $\overline{U(3/4)}$. Wendet man diese Ungleichung auf $\partial(1/2)$ an, so folgt

$$|u_{n+1} - u_n| \leq Cq^{n-1} \quad \text{auf } \partial(1/2).$$

Nochmalige Anwendung des Maximumprinzips zeigt, dass die letzte Ungleichung auf ganz $A - \overline{U(1/2)}$ gültig ist. Da u_n auf den Rand $\partial(1/2)$ stetig fortsetzbar ist, gilt sie sogar auf $A - U(1/2)$. Aus dem WEIERSTRASS'schen Majorantenkriterium folgt nun:

Die Reihen

$$u := \sum(u_{n+1} - u_n) \quad (\text{auf } A - U(1/2)),$$

$$v := \sum(v_{n+1} - v_n) \quad (\text{auf } \overline{U(3/4)})$$

konvergieren gleichmäßig, und die Grenzfunktionen

$$u - u_0 = \lim u_n , \quad v = \lim v_n$$

sind stetig und harmonisch im Innern dieser Bereiche.

Zum Beweis von 7.2 müssen wir zeigen, dass $u - u_0$ und v im Durchschnitt $\mathcal{R}$ der beiden Definitionsbereiche übereinstimmen oder, was dasselbe bedeutet

$$\lim_{n \to \infty} u_n = \lim_{n \to \infty} v_n.$$

Wir haben gesehen, dass beide Limiten sogar gleichmäßig auf dem Abschluss $\bar{\mathcal{R}}$ existieren und somit dort stetige Funktionen darstellen. Es genügt zu zeigen, dass u und v auf dem Rande von $\mathcal{R}$ also auf $\partial(1/2)$ und $\partial(3/4)$ übereinstimmen. Dies folgt unmittelbar aus dem Randwertverhalten der u_n, v_n durch Grenzübergang.

Es muss noch gezeigt werden, dass u auf dem äußeren Rande α verschwindet. Wir betrachten auf $A - \overline{U(1/2)}$ die harmonische Funktion ω, welche das Randwertproblem $\omega = 1$ auf $\partial(1/2)$ und $\omega = 0$ auf α löst. Wählt man für C eine obere Schranke von u_0, so gilt nach dem Maximumprinzip

$$-C\omega \le u_n, v_n \le C\omega.$$

Diese Ungleichung überträgt sich auf die Limiten und hieraus folgt, dass diese auf α Null werden. $\qquad\square$

Übungsaufgaben zu II.7

1. Man betrachte die Kreisscheibe

$$A = \{z;\ |z| < 2\} \subset \mathbb{C}.$$

Man bestimme eine harmonische Funktion u auf $A - \{0\}$, welche sich durch Null auf den Rand von A fortsetzen lässt und so dass $u(z) + \log|z|$ in den Nullpunkt harmonisch fortsetzen lässt. Man interpretiere dies als eine Lösung im Sinn von 7.2.

2. Man betrachte eine beliebige endliche Teilmenge S der oberen Halbebene und konstruiere eine harmonische Funktion u auf $\mathbb{H} - S$, welche sich über keinen Punkt aus S stetig fortsetzen lässt und so dass sich u auf den Abschluss von $\mathbb{H}$ in der Zahlkugel $\bar{\mathbb{C}}$ durch Null stetig fortsetzen lässt.

3. Beim Beweis von 7.2 wurde

$$\lim_{n \to \infty} u_n = \lim_{n \to \infty} v_n$$

gezeigt. Ein anderer Beweis geht wie folgt: Man überlege sich zunächst, dass es genügt, den Fall $u_0 \ge 0$ zu behandeln. In diesem Fall gilt

$$v_0 \le u_1 \le v_1 \le u_2 \le v_2 \le \dots$$

Hieraus folgt $0 \le v_n - u_n \le u_{n+1} - u_n$ und damit die Behauptung.

8. Konstruktion von harmonischen Funktionen mit logarithmischer Singularität; die Green'sche Funktion

Auf einer zusammenhängenden kompakten RIEMANNsch'en Fläche ist jede harmonische Funktion konstant. Will man auf einer RIEMANN'schen Fläche X harmonische Funktionen konstruieren, so ist es daher sinnvoll, von vornherein eine Singularität zuzulassen. In §7 haben wir eine solche Konstruktion für offene relativ kompakte Teile von $U \subset X$ mit *echtem* Rand durchgeführt. Es liegt nun nahe, X durch eine Folge solcher Bereiche auszuschöpfen und einen Grenzübergang durchzuführen. Wir beschreiben im folgenden Abschnitt solche Ausschöpfungen und wenden ihn auf den einfachsten Fall, wo der Grenzübergang funktioniert, an. Dieser Fall ist definitionsgemäß der *hyperbolische Fall*. Die zu konstruierende Funktion ist die *Green'sche Funktion*.

Es ist unser Ziel, auf einer vorgegebenen punktierten RIEMANN'schen Fläche (X, a) eine harmonische Funktion $u : X - \{a\} \to \mathbb{R}$ mit möglichst einfacher Singularität in a zu konstruieren. Wir beschreiben zunächst den vielleicht einfachsten Typ von Singularität, an den man denken kann.

8.1 Definition. *Eine harmonische Funktion*
$$u : U^{\bullet} = U - \{0\} \longrightarrow \mathbb{R} \ , \quad 0 \in U \subset \mathbb{C} \ \textit{offen},$$
*heißt **logarithmisch** singulär (bei 0), falls*
$$u(z) + \log|z|$$
auf ganz U harmonisch fortsetzbar ist.

Um diesen Begriff auf RIEMANN'sche Flächen übertragen zu können, müssen wir seine Invarianz bei konformer Transformation nachweisen.

8.2 Bemerkung. *Sei*
$$\varphi : U \longrightarrow V \ , \quad U, V \subset \mathbb{C} \ \textit{offen},$$
$$0 \longmapsto 0,$$
eine biholomorphe Abbildung zweier offener Umgebungen des Nullpunktes der komplexen Ebene. Die harmonische Funktion
$$\log|z| - \log|\varphi(z)| \quad (z \in U - \{0\})$$
hat bei 0 eine hebbare Singularität (ist also auf ganz U harmonisch fortsetzbar).

Beweis. Man benutze die Formel
$$\log|\varphi(z)| - \log|z| = \operatorname{Re} \log \frac{\varphi(z)}{z}.$$
(Die Funktion $\varphi(z)/z$ hat bei $z = 0$ eine hebbare Singularität und ist dort von 0 verschieden. Sie besitzt daher in einer offenen Umgebung von 0 einen holomorphen Logarithmuszweig.)   □

8.3 Definition. *Sei X eine Riemann'sche Fläche und $a \in X$ ein Punkt. Eine harmonische Funktion*

$$u : X - \{a\} \longrightarrow \mathbb{R}$$

heißt **logarithmisch** *singulär bei a, falls eine analytische Karte*

$$\varphi : U \xrightarrow{\sim} V$$
$$\cup \qquad \cup$$
$$a \longmapsto 0$$

existiert, so dass die in V verpflanzte Funktion u_φ bei 0 logarithmisch singulär ist im Sinne von 8.1.

Wegen 8.2 hängt diese Bedingung nicht von der Wahl von φ ab.

Die Green'sche Funktion

Für den Rest dieses Abschnittes machen wir folgende

8.4 Annahme. *Die Riemann'sche Fläche X ist zusammenhängend aber nicht kompakt.*

Nach 4.7 hat jeder offene nicht leere relativ kompakte Teil von X unendlich viele Randpunkte.

Wir betrachten zu einem vorgegebenen Punkt $a \in X$ eine Ausschöpfung

$$a \in A_1 \subset A_2 \subset \cdots,$$

wie sie in 6.4 beschrieben wurde. Nach Satz 7.2 existieren harmonische Funktionen

$$u_n : A_n - \{a\} \longrightarrow \mathbb{R}$$

mit folgenden Eigenschaften:

a) u_n ist logarithmisch singulär bei a,

b) $u_n = 0$ auf ∂A_n.

Wir wollen den Grenzübergang $n \to \infty$ versuchen und stellen dazu fest:

1) Die Funktion u_n ist in der Nähe von a, insbesondere auf einer kleinen „Kreislinie" um a positiv. Da sie auch auf dem „äußeren Rand" ∂A_n nicht negativ ist, folgt

$$u_n \geq 0 \text{ auf ganz } A_n - \{a\}.$$

2) Ist $m > n$, so ist die Funktion $u_m - u_n$ in ganz A_n (auch in a) harmonisch und nicht negativ auf dem Rande (wegen 1)). Es folgt

$$u_m \geq u_n \text{ für } m \geq n.$$

3) Nehmen wir einmal an, es existiere ein Punkt $x \in X$, so dass die Folge $u_n(x)$ (sie ist mit Ausnahme endlich vieler n definiert) beschränkt bleibt. Nach dem HARNACK'schen Prinzip existiert dann der Limes

$$u(x) = \lim_{\substack{n \to \infty \\ (n \geq n(x))}} u_n(x)$$

für alle $x \in X - \{a\}$ und definiert eine harmonische Funktion

$$u : X - \{a\} \longrightarrow \mathbb{R}$$

mit der Eigenschaft

a) $u \geq 0$,
b) u ist logarithmisch singulär in a.

Die Eigenschaft b) ergibt sich, indem man das HARNACK'sche Prinzip auf $u_n - u_1$ in dem Bereich A_1 anwendet.

8.5 Bezeichnung.   *Die Menge*

$$\mathcal{M}_a = \mathcal{M}_a(X)$$

bestehe aus allen harmonischen Funktionen $v : X - \{a\} \longrightarrow \mathbb{R}$ mit den Eigenschaften

a) $v \geq 0$,
b) v ist logarithmisch singulär bei a.

Wenn obiger Grenzübergang ($u = \lim u_n$) funktioniert, so ist $\mathcal{M}_a$ nicht leer. Aber auch die Umkehrung ist richtig! Denn ist $v \in \mathcal{M}_a$, so gilt

$$v - u_n \geq 0 \quad \text{auf } \partial A_n$$

und nach dem Maximumprinzip auf ganz A_n. Die Folge $(u_n(x))_{n \geq n(x)}$ ist insbesondere für jedes $x \in X$ beschränkt!

Es folgt außerdem

$$u := \lim u_n \leq v.$$

Dies gilt für beliebige $v \in \mathcal{M}_a$. Die Funktion u ist also minimal in $\mathcal{M}_a$.

Halten wir fest:

8.6 Satz.   *Wenn die Menge $\mathcal{M}_a$ (s. 8.5) nicht leer ist, so besitzt sie ein (eindeutig bestimmtes) minimales Element u*

$$(d.h. \ u \leq v \ \text{für alle } v \in \mathcal{M}_a).$$

8.7 Definition.   *Man nennt das minimale Element von $\mathcal{M}_a$ —sofern $\mathcal{M}_a$ nicht leer ist— die **Green'sche Funktion** von X in Bezug auf a. Man bezeichnet diese Green'sche Funktion (falls sie existiert) mit*

$$G_a : X - \{a\} \longrightarrow \mathbb{R}.$$

Beispiel. Die GREEN'sche Funktion des Einheitskreises $\mathbb{E}$ in Bezug auf $a = 0$ existiert, denn die Funktion $-\log|z|$ ist in $\mathcal{M}_a$ enthalten.

Die Minimalitätseigenschaft der Green'schen Funktion lässt sich verschärfen:

8.8 Bemerkung.   *Sei S eine diskrete Teilmenge von X, welche a enthält. Sei u eine nirgends negative harmonische Funktion auf $X - S$, welche in a logarithmisch singulär ist. Dann gilt*

$$G_a \leq u.$$

Es funktioniert derselbe Beweis wie in 8.6, wenn man bedenkt, dass das Maximumprinzip endlich viele Ausnahmepunkte zulässt.

8.9 Definition.   *Die Riemann'sche Fläche X heißt **hyperbolisch**, falls die Green'sche Funktion in Bezug auf **jeden** Punkt $a \in X$ existiert.*

Beispielsweise ist der Einheitskreis $\mathbb{E}$ hyperbolisch, da die Gruppe der biholomorphen Selbstabbildungen von $\mathbb{E}$ transitiv operiert und da die GREEN'sche Funktion in Bezug auf *einen* Punkt (den Nullpunkt) existiert.

Die Ebene $\mathbb{C}$ ist nicht hyperbolisch, wie das Beispiel 2) am Ende von §6 zeigt.

Übungsaufgaben zu II.8

1. Die Funktion $-\log|z|$ ist die GREEN'sche Funktion des Einheitskreises zum Nullpunkt.

2. Sei $S \subset \mathbb{C}$ eine endliche Teilmenge. Die RIEMANN'sche Fläche $\mathbb{C} - S$ ist nicht hyperbolisch.

3. Jedes beschränkte Gebiet der Ebene ist hyperbolisch.

4. Die in der negativen reellen Achse geschlitzte Ebene ist hyperbolisch.

9. Konstruktion von harmonischen Funktionen mit vorgegebener Singularität; der positiv berandete Fall

Wir setzen wieder voraus, dass X eine im Unendlichen abzählbare zusammenhängende RIEMANN'sche Fläche und

$$\varphi : U \longrightarrow \mathbb{E} \quad (U \subset X \text{ offen}),$$
$$a \longmapsto 0,$$

eine fest vorgegebene Kreisscheibe ist.

Wir werden in diesem Abschnitt die Existenz der normierten Lösung

$$u = u(f) : X - \overline{U(1/2)} \longrightarrow \mathbb{R}$$

des Außenraumproblems

$$f : \partial(1/2) \longrightarrow \mathbb{R}$$

benutzen (6.3).

Von besonderer Bedeutung ist der Spezialfall

$$f \equiv 1.$$

In diesem Falle bezeichnen haben wir die normierte Lösung mit

$$\omega \qquad (0 \leq \omega \leq 1)$$

bezeichnet.

9.1 Definition. *Die Riemann'sche Fläche X heißt **nullberandet** in Bezug auf die Kreisscheibe $\varphi : U \to \mathbb{E}$, falls die normierte Lösung ω des Randwertproblems $f \equiv 1$ auf $\partial(1/2)$ konstant ist:*

$$\omega \equiv 1.$$

*Andernfalls heißt sie **positiv berandet** (in Bezug auf φ).*

Kompakte Flächen sind offensichtlich nullberandet (in Bezug auf jedes φ). Wir werden sehen, 11.5, dass der Begriff der Nullberandung von der Wahl der Kreisscheibe unabhängig ist.

Motivation des Begriffes „nullberandet"

Die Funktion ω wurde konstruiert als Grenzwert einer Folge von Funktionen ω_n, welche auf dem inneren Rand $\partial(1/2)$ den Wert eins haben und auf einem äußeren Rand $\partial(A_n)$ verschwinden. Wenn die Folge gegen 1 konvergiert, so mag man sich das so vorstellen, dass der äußere Rand $\partial(A_n)$ mit wachsendem

n seine Kraft verliert, die Funktionen ω_n zum Abklingen nach 0 zu bewegen. Im Limes ist ω identisch 1. In gewissem Sinne „konvergiert" die Folge der Ränder gegen einen „idealen Rand", welcher keine Wirkung mehr auf ω ausübt. (In der älteren Literatur ist viel die Rede von dem „idealen Rand". Die Funktion $1 - \omega$ wird manchmal auch das harmonische Maß des „idealen Randes" genannt. Für unsere Zwecke ist es unnötig, diesen Begriff näher zu präzisieren.)

Wir denken uns wie in §7 eine stetige Funktion

$$u_0 : \bar{\mathcal{R}} = \{x \in U; \quad 1/2 \le |\varphi(x)| \le 3/4\}$$

in dem abgeschlossenen Kreisring $\bar{\mathcal{R}}$ gegeben, welche im Innern harmonisch ist. Wir suchen eine harmonische Funktion

$$u : X - \overline{U(1/2)} \longrightarrow \mathbb{R}$$

zu konstruieren, so dass $u - u_0$ in ganz $U(3/4)$ harmonisch fortsetzbar ist. Dabei bieten sich zwei Wege an:

1) Man schöpft X durch Bereiche A_n aus und versucht, u als Grenzfunktion der entspechenden Lösung u_n des berandeten Falles (§7) ($u_n = 0$ auf dem äußeren Rand $\partial(A_n)$) zu konstruieren.

2) Man versucht das in beim Beweis von 7.2 verwendete alternierende Verfahren direkt anzuwenden, indem man die dort auftretenden Funkionen u_n durch die normierten Lösungen des Außenraumproblems ersetzt.

Diesen zweiten Weg schlagen wir jetzt ein: Seien

$$u_n : X - \overline{U(1/2)} \longrightarrow \mathbb{R}, \quad n \ge 1,$$
$$v_n : U(3/4) \longrightarrow \mathbb{R}, \quad n \ge 0,$$

die durch die folgenden Bedingungen induktiv festgelegten Funktionenfolgen

a) $v_0 = 0$.

b) u_n, v_n sind die Lösungen der Randwertprobleme

$$u_n = v_{n-1} + u_0 \text{ auf } \partial(1/2) \quad (\text{Außenraumproblem 6.3}),$$
$$v_n = u_n - u_0 \text{ auf } \partial(3/4).$$

Wir nehmen nun an, dass X positiv berandet ist (in Bezug auf die vorliegende Kreisscheibe). Dann gilt

$$\omega(x) < 1 \text{ in } X - \overline{U(1/2)},$$

und es existiert insbesondere eine Zahl $0 < q < 1$ mit

$$\omega(x) \le q \text{ für } x \in \partial(3/4).$$

Diese Ungleichung ist genau das, was man braucht, um den Konvergenzbeweis von 7.2 übertragen zu können. Sie tritt an die Stelle des dort verwendeten Hilfssatzes 7.3. Halten wir fest:

9.2 Satz. *Wenn die Riemann'sche Fläche X positiv berandet ist, so existiert zu jeder stetigen und im Inneren harmonischen Funktion*

$$u_0 : \bar{\mathcal{R}} \longrightarrow \mathbb{R}$$

eine harmonische Funktion

$$u : X - \overline{U(1/2)} \longrightarrow \mathbb{R}$$

mit folgender Eigenschaft:

a) $u - u_0$ *ist in ganz $U(3/4)$ harmonisch fortsetzbar.*
b) u *ist beschränkt in $X - \overline{U(3/4)}$.*

Die Konstruktion zeigt außerdem: Im Falle $u_0 \geq 0$ kann man $u \geq 0$ erreichen.

Folgerung. *Wenn die Riemann'sche Fläche X positiv berandet ist, so existiert die Green'sche Funktion G_a.*

Im nullberandeten Fall ($\omega \equiv 1$) versagt der Konvergenzbeweis. Es ist dennoch möglich, dass das Verfahren unter gewissen Voraussetzungen konvergiert. Tatsächlich werden wir mit einem anderen subtileren Konvergenzbeweis zeigen, dass das Verfahren konvergiert, sofern u_0 Realteil einer analytischen Funktion im Ringgebiet $\mathcal{R}$ ist (11.9). Unter dieser Voraussetzung wird also das Analogon von Satz 9.2 auch im nullberandeten Fall gelten. Wir werden überdies sehen, dass diese Voraussetzung im nullberandeten Fall auch notwendig ist.

Übungsaufgaben zu II.9

1. Jede kompakte RIEMANN'sche Fläche ist nullberandet (in Bezug auf jede Kreisscheibe).

2. Ist $S \subset X$ eine endliche Teilmenge einer kompakten RIEMANN'schen Fläche. Man zeige, dass $X - S$ nullberandet ist (in Bezug auf jede Kreisscheibe).

3. Sei S eine abzählbare und abgeschlossene Teilmenge einer kompakten RIEMANN'schen Fläche X. Man zeige, dass $X - S$ nullberandet ist (in Bezug auf jede Kreisscheibe).

4. Man gebe ein Beispiel für Aufgabe 3 an, wo S nicht endlich ist.

10. Ein Lemma von Nevanlinna

Sei

$$u : D \longrightarrow \mathbb{R} , \quad D \subset \mathbb{C} \text{ offen,}$$

eine harmonische Funktion. Aus den CAUCHY-RIEMANN'schen Differentialgleichungen folgt, dass die Funktion

$$f(z) = \frac{\partial u}{\partial x} - \mathrm{i} \frac{\partial u}{\partial y}$$

analytisch ist. Die folgenden beiden Bedingungen sind äquivalent:

1) u ist der Realteil einer analytischen Funktion F.

2) f besitzt eine Stammfunktion.

Wir überlassen den einfachen Beweis dem Leser (s. Aufgaben 1–3, der Zusammenhang zwischen f und F ist durch $F' = f$ gegeben.)

Sei nun speziell

$$D = \{ z \in \mathbb{C}; \quad r < |z| < R \} \qquad (r < R)$$

ein Kreisring. Eine analytische Funktion f auf D hat genau dann eine Stammfunktion, wenn der (-1)-te Koeffizient in der LAURENTreihe verschwindet. (Man erhält dann die Stammfunktion durch gliedweises Integrieren der LAURENTreihe.) Diese Bedingung wiederum ist äquivalent mit

$$\oint_{|\zeta| = \varrho} f(\zeta) \, d\zeta = 0,$$

wobei ϱ eine Zahl zwischen r und R sei. (Für ein ϱ genügt, es folgt dann für alle ϱ.) Halten wir fest:

10.1 Bemerkung. *Sei*

$$u : D \longrightarrow \mathbb{C}, \qquad D = \{ z \in \mathbb{C}; \quad r < |z| < R \} \qquad (r < R),$$

eine harmonische Funktion auf einem Kreisring. Folgende Bedingungen sind gleichbedeutend:

a) u ist Realteil einer analytischen Funktion F.

b) Die analytische Funktion

$$f = \frac{\partial u}{\partial x} - \mathrm{i} \frac{\partial u}{\partial y}$$

besitzt eine Stammfunktion.

c) *Für ein (alle) $\varrho \in (r, R)$ gilt*

$$\oint_{|\zeta|=\varrho} f(\zeta)\, d\zeta = 0.$$

Zusatz. *Wenn die Bedingungen a)–c) erfüllt sind, so ist das Integral*

$$\int_0^{2\pi} u(\varrho e^{i\varphi})\, d\varphi \qquad (r < \varrho < R)$$

unabhängig von ϱ.

Wir müssen nur noch den Zusatz beweisen: Das im Zusatz auftretende Integral ist gleich dem Realteil des Kurvenintegrals

$$\frac{1}{i} \oint_{|\zeta|=\varrho} \frac{F(\zeta)\, d\zeta}{\zeta},$$

und dieses ist nach dem Cauchy'schen Integralsatz bekanntlich unabhängig von ϱ.   □

Unter einer *Kreisscheibe* auf einer RIEMANN'schen Fläche X verstanden wir eine biholomorphe Abbildung

$$\varphi : U \longrightarrow \mathbb{E} \text{ (Einheitskreis)}$$

eines offenen Teils $U \subset X$ auf den Einheitskreis. Wir definieren

$$\mathbb{E}(r) = \{q \in \mathbb{E}; \quad |q| < r\},$$
$$U(r) = \varphi^{-1}(\mathbb{E}(r)) \qquad (0 < r < 1).$$

10.2 Satz. *Sei X eine **kompakte** Riemann'sche Fläche und*

$$\varphi : U \longrightarrow \mathbb{E}$$

eine Kreisscheibe in X. Außerdem sei eine harmonische Funktion

$$u : X - \overline{U(1/2)} \longrightarrow \mathbb{R}$$

gegeben.

Behauptung. *Die Einschränkung von u auf den „Kreisring" $U - \overline{U(1/2)}$ („$1/2 < |z| < 1$") ist der Realteil einer analytischen Funktion.*

Folgerung. *Sei*

$$u_\varphi(z) = u(\varphi^{-1}(z)) \qquad (1/2 < |z| < 1).$$

Das Integral

$$\int_0^{2\pi} u_\varphi(\varrho e^{i\varphi})\, d\varphi \qquad (1/2 < \varrho < 1)$$

ist von ϱ unabhängig.

Hieraus folgt beispielsweise:

Es existiert keine harmonische Funktion

$$u : X - \{a\} \longrightarrow \mathbb{R} \quad (X \ kompakt!)$$

mit logarithmischer Singularität bei a.

Beweis von 10.2. Für den Beweis benötigen wir den STOKE'schen Integralsatz, wie er im Anhang zu diesem Kapitel formuliert und bewiesen wird. Dort wird auch der Begriff des Differentials erklärt, den wir hier zu verwenden haben. Wichtig dabei ist, dass man einer harmonischen Funktion $u : X \to \mathbb{R}$ auf einer Riemann'schen Fläche ein Differential (=1-Form) wie folgt zuordnen kann: Da jede harmonische Funktion lokal Realteil einer analytischen Funktion ist, existieren eine offene Überdeckung

$$X_0 = \bigcup U_i$$

und holomorphe Funktionen

$$F_i : U_i \longrightarrow \mathbb{C} \ \text{mit} \ u|U_i = \text{Re}(F_i).$$

Die Differenz $F_i - F_j$ ist eine im Durchschnitt $U_i \cap U_j$ lokal konstante Funktion. Infolgedessen stimmen die Differentiale

$$\omega_i := dF_i \qquad (\text{auf} \ U_i)$$

in den Durchschnitten überein. Aus diesem Grunde existiert ein Differential ω auf ganz X, das in U_i mit ω_i übereinstimmt. Da allgemein $d \circ d = 0$ gilt, folgt

$$d\omega = 0.$$

In lokalen Koordinaten kann man ω leicht explizit angeben. Ist

$$\varphi : U \longrightarrow V$$

eine analytische Karte, so gilt

$$\omega_\varphi = \left(\frac{\partial u_\varphi}{\partial x} - \mathrm{i} \frac{\partial u_\varphi}{\partial y} \right) dz \qquad (dz = dx + \mathrm{i} dy).$$

Wegen der Bedeutung dieser Konstruktion halten wir sie nochmals fest:

10.3 Bemerkung. *Sei $u : X \to \mathbb{R}$ eine harmonische Funktion auf einer Riemann'schen Fläche. Es existiert ein Differential ω, welches für analytische Karten φ durch*

$$\omega_\varphi = \left(\frac{\partial u_\varphi}{\partial x} - \mathrm{i} \frac{\partial u_\varphi}{\partial y} \right) dz$$

gegeben ist. Es gilt $d\omega = 0$.

Nach dieser Vorbereitung kommen wir zum

Beweis von 10.2. Wir bezeichnen das der harmonischen Funktion u zugeordnete Differential mit ω. Die Definition des Kurvenintegrals 13.4 zeigt

$$\oint \omega = \oint f(\zeta)d\zeta \qquad \text{(Bezeichnung wie in 10.1)}.$$

Die Behauptung aus 10.2 lautet daher

$$\oint \omega = 0,$$

wobei über das Urbild (bezüglich ψ) der Kreislinie

$$\varrho e^{i\varphi} \qquad (0 \le \varphi \le 2\pi)$$

für ein $\varrho \in (1/2, 1)$ integriert wird. Diese Kreislinie ist der Rand des Bereiches

$$M = X - \overline{U(\varrho)},$$

und das betrachtete Integral ist gleich dem Negativen des Randintegrals (13.20).

$$\int_{\partial M} \omega \quad \left(= - \oint_{\text{„}|\zeta|=\varrho\text{“}} \omega \right),$$

Nach Voraussetzung ist X kompakt. Daher ist M ein offener relativ kompakter Bereich. Die Voraussetzungen des Satzes von STOKES (13.19) sind erfüllt, und wir erhalten

$$\int_{\partial M} \omega = \int_{M} d\omega = 0,$$

da $d\omega = 0$ gilt.   □

Für den Beweis des Uniformisierungssatzes benötigen wir eine Variante von 10.2 für gewisse nicht kompakte RIEMANN'sche Flächen.

Der Leser, welcher vorwiegend an der Theorie der kompakten RIEMANN'-schen Flächen interessiert ist, kann den Rest dieses Abschnittes übergehen, da wir bei der Theorie der kompakten RIEMANN'schen Flächen die Uniformisierungstheorie (insbesondere den Uniformisierungssatz) nicht benutzen werden.

10.4 Lemma von Nevanlinna*). *Seien X eine (nicht notwendig kompakte) Riemann'sche Fläche und $Y \subset X$ ein offener relativ kompakter Teil von X. Außerdem seien eine Kreisscheibe in Y*

$$\varphi : U \xrightarrow{\sim} \mathbb{E} , \quad U \subset Y \text{ offen,}$$

---

*) Dieses Lemma findet sich implizit in [Ne], Kapitel VI innerhalb des Beweises von Hilfssatz 6.22. Die Anwendung das Satzes von Stokes auf die dort auftretende Funktion u_m ist problematisch, da bei der Lösung des Randproblems endlich viele Ausnahmepunkte zugelassen sind. Der Beweis des Lemmas von Nevanlinna fällt daher hier etwas länger aus.

sowie eine harmonische Funktion

$$u : Y - \overline{U(1/2)} \longrightarrow \mathbb{R}$$

mit folgenden Eigenschaften gegeben:
a) $u \geq 0$,
b) $u = 0$ *auf* ∂Y.

Behauptung. *Sei*

$$f = \frac{\partial u_\varphi}{\partial x} - \mathrm{i} \frac{\partial u_\varphi}{\partial y}.$$

Es gilt

$$\mathrm{i} \oint_{|\zeta|=\varrho} f(\zeta) d\zeta \geq 0 \qquad (1/2 < \varrho < 1).$$

(Insbesondere ist dieser Ausdruck reell.)

Anmerkung. Satz 10.2 ist ein Spezialfall des Lemmas von Nevanlinna: Wendet man 10.4 auf $Y = X$ (kompakt) an, so ist die Voraussetzung b) trivialerweise erfüllt. Außerdem kann man annehmen, dass u beschränkt ist, da man den inneren Ring etwas vergrößern kann. Da sich das Integral nicht ändert, wenn man u durch $u + C$ ($C \in \mathbb{R}$) ersetzt, kann man auch o.B.d.A a) annehmen. Es folgt

$$\mathrm{i} \int_{|\zeta|=\varrho} f(\zeta)\, d\zeta \geq 0.$$

Da man u durch $-u$ ersetzen kann, muss das Gleichheitszeichen gelten, und man kann 10.1 anwenden.

Den Rest dieses Abschnittes widmen wir dem

Beweis von 10.4. Wir können annehmen, dass u in dem Kreisring "$1/2 < |z| < 1$" nicht identisch verschwindet.

Wir betrachten wieder das der harmonischen Funktion u zugeordnete Differential ω (10.3). Unsere Behauptung lautet

$$\mathrm{i} \int_\alpha \omega \geq 0, \qquad \alpha(t) = \varphi^{-1}(\varrho e^{\mathrm{i}t}) , \quad 0 \leq t \leq 2\pi.$$

Zunächst einmal zeigen wir, dass das Integral reell ist. Dazu verwenden wir

$$\omega' := -\mathrm{i}(\omega - du).$$

In lokalen Koordinaten rechnet man leicht

$$\omega'_\varphi = -\frac{\partial u_\varphi}{\partial y} dx + \frac{\partial u_\varphi}{\partial x} dy.$$

nach. Das Integral über ω' ist offenbar reell. Das Integral über du längs einer geschlossenen Kurve verschwindet (13.18). Es gilt also

$$\mathrm{i} \oint \omega = - \oint \omega' \quad \in \mathbb{R}.$$

Wir wollen den Satz von STOKES auf der Riemann'schen Fläche $Y_0 := Y - \overline{U(1/2)}$ anwenden. Dazu benötigen wir geeignete offene und relativ kompakte Bereiche $B \subset Y_0$. Da Y_0 wie Y in X relativ kompakt ist, müssen wir nur darauf achten, dass der Rand von B (in X gebildet) disjunkt zum Rand von Y_0 ist. Der Rand von Y_0 setzt sich zusammen aus dem inneren Rande $\partial(1/2)$ und aus dem äußeren Rand ∂Y.

Um dem inneren Rande auszuweichen, wählen wir ein festes $\varrho \in (1/2, 1)$ und bilden

$$Y' = Y - \overline{U(\varrho)}.$$

Die Funktion u verschwindet nach Voraussetzung auf dem äußeren Rand ∂Y. Um diesem auszuweichen, wählen wir ein $\varepsilon > 0$ und bilden

$$B(\varepsilon) := \big\{\, x \in Y'; \quad u(x) > \varepsilon \,\big\}.$$

Wir hätten gern, dass der Bereich $B(\varepsilon)$ in Y_0 relativ kompakt ist. Dieses wäre trivialerweise der Fall, wenn u auf dem äußeren Rand ∂Y stetig (und damit ausnahmslos 0) wäre. Gemäß unserer Vereinbarung 5.1 sind jedoch endlich viele Ausnahmepunkte auf dem Rande zugelassen. Diese Tatsache erfordert eine ähnliche Modifikation wie beim Beweis des Maximumprinzips 4.5:

Nach 6.3 und 9.2 existiert zu einem vorgegebenen Punkt $a \in \bar{Y}$ eine offene Umgebung

$$\bar{Y} \subset A \subset X$$
$$\uparrow$$
$$\text{offen}$$

und eine harmonische Funktion $h_0 : A - \{a\} \to \mathbb{R}$, $h_0 \leq 0$, welche bei a logarithmisch singulär ist. Durch Aufsummieren kann man zu jeder endlichen Punktmenge $\mathcal{M} \subset \bar{Y}$ eine harmonische Funktion

$$h : A - \mathcal{M} \longrightarrow \mathbb{R} \qquad (\bar{Y} \subset A \subset X \text{ offen})$$

mit den Eigenschaften

a) $h(x) \leq 0$ für $x \in A - \mathcal{M}$,
b) $\lim_{x \to a} h(x) = -\infty$ für $a \in \mathcal{M}$

konstruieren. Wir wenden dies auf die (endliche) Menge der Ausnahmepunkte (in welche u nicht stetig fortsetzbar ist) auf dem Rand von Y an.

Wir betrachten nun anstelle von $B(\varepsilon)$ den modifizierten Bereich

$$B(\varepsilon, h) := \big\{\, x \in Y'; \quad u(x) + h(x) > \varepsilon \,\big\}.$$

Der Bereich $B(\varepsilon, h)$ ist in Y_0 relativ kompakt. Die Randpunkte genügen einer der Bedingungen $|\varphi(x)| = \varrho$ oder $u(x) + h(x) = \varepsilon$. Wir wollen die beiden Bedingungen disjunkt halten. Nach dem Maximumprinzip hat u auf der Kreislinie $|\varphi(x)| = \varrho$ keine Nullstelle. Man kann also ε so klein wählen, dass auf ihr $u(x) > \varepsilon$ gilt. Die Funktion h kann man mit einer beliebig kleinen positiven Zahl multiplizieren ohne ihre Grundeigenschaften zu zerstören. Daher kann man erreichen, dass auf der Kreislinie sogar $u(x) + h(x) > \varepsilon$ gilt. Der Rand von $B(\varepsilon, h)$ zerfällt nun in zwei disjunkte Teile, einen inneren und äußeren Teil.

$$\text{a)} \qquad |\varphi(x)| = \varrho \quad \text{(innerer Rand),}$$
$$\text{b)} \quad u(x) + h(x) = \varepsilon \quad \text{(äußerer Rand).}$$

Wir wollen nun den Satz von STOKES auf $B(\varepsilon, h)$ anwenden und müssen dazu den äußeren Rand von $B(\varepsilon, h)$ auf Glattheit hin untersuchen.

Aus dem Satz für implizite Funktionen der reellen Analysis ergibt sich unmittelbar folgende

10.5 Bemerkung. *Sei*

$$f : U \longrightarrow \mathbb{R} , \quad 0 \in U \subset \mathbb{C} \ \textit{offen}$$

eine $\mathbb{C}^\infty$-Funktion mit den Eigenschaften:
a) $f(0) = 0$,
b) $\left(\dfrac{\partial f}{\partial x}(0), \dfrac{\partial f}{\partial y}(0) \right) \neq (0,0)$.

Dann ist der Nullpunkt ein glatter Randpunkt von

$$U^+ := \{ x \in U; \quad f(x) > 0 \}.$$

Außerdem gilt:

10.6 Bemerkung. *Ist*

$$f : U \longrightarrow \mathbb{R} , \quad U \subset \mathbb{C} \ \textit{ein Gebiet,}$$

eine nicht konstante **harmonische** *Funktion, so ist die Menge der Punkte, in denen beide Ableitungen von f verschwinden, diskret in U.*

Dies ist klar, da

$$\frac{\partial f}{\partial x} - \mathrm{i}\frac{\partial f}{\partial y}$$

eine *analytische* Funktion ist. Aus den beiden Bemerkungen in Verbindung mit der Kompaktheit des Randes folgt nun leicht:

Der Rand von $B(\varepsilon, h)$ ist bis auf höchstens abzählbar viele ε überall glatt. Weicht man diesen ε aus, so haben wir einen Bereich gefunden, auf den man den Satz von STOKES anwenden kann. Wir wollen ihn auf das Differential

$$\omega_h' = -\frac{\partial(u+h)}{\partial y}\,dx + \frac{\partial(u+h)}{\partial x}\,dy$$

anwenden. Wir erinnern daran, dass unsere Behauptung aus 10.4 äquivalent ist zu

$$\oint \omega' \geq 0 \qquad \left(\omega' = -\frac{\partial u}{\partial y}\,dx + \frac{\partial u}{\partial x}\,dy\right).$$

Die Differentiale ω_h' sind offenbar geschlossen, $d\omega_h' = 0$. Aus dem Satz von STOKES folgt nun

$$0 = \int\limits_{Y(\varepsilon)} d\omega_h' = \int\limits_{\partial Y(\varepsilon)} \omega_h' = \int\limits_{\text{äußerer Rand}} \omega_h' + \int\limits_{\text{innerer Rand}} \omega_h'.$$

10.7 Behauptung. *Es gilt*

$$\int\limits_{\text{äußerer Rand}} \omega_h' \geq 0.$$

Hieraus folgt dann

$$-\int\limits_{\text{innerer Rand}} \omega_h' \geq 0.$$

Der innere Rand wird durch α parametrisiert. Das Randintegral ist das Negative des Kurvenintegrals (s. 13.20). Ersetzt man h durch h/n und vollzieht man den Grenzübergang $n \to \infty$, so erhält man

$$\int\limits_{\alpha} \omega' \geq 0,$$

also genau das, was wir beweisen müssen.

Beweis der Behauptung 10.7 (und damit des Lemmas von Nevanlinna 10.4). Wir verwenden folgende

10.8 Sprechweise. *Sei $U \subset X$ eine offene Teilmenge, a ein glatter Randpunkt von U und ω ein Differential, welches in einer offenen Umgebung von a definiert ist. Das Differential ω heiße im Randpunkt a **nicht negativ längs des Randes**, falls es eine orientierte differenzierbare Karte*

$$\varphi : U(a) \longrightarrow V$$
$$\cup \qquad\qquad \cup$$
$$a \longmapsto 0$$

mit der Eigenschaft

$$\varphi(U(a) \cap U) = V \cap \mathbb{H},$$
$$\varphi(\partial U(a) \cap U) = V \cap \mathbb{R},$$

gibt, so dass folgende Bedingung erfüllt ist:

$$f(0) \geq 0 \quad \text{für} \quad \omega_\varphi = f\,dx + g\,dy.$$

Diese Bedingung ist von der Wahl von φ unabhängig, denn ersetzt man φ durch eine andere Karte, so wird $f(0)$ mit einer nicht negativen Zahl multipliziert. Wir nehmen nun an, dass die Integrationsbedingung erfüllt ist, dass also Träger$(\omega) \cap \partial U$ kompakt ist und nur glatte Randpunkte enthält. Wenn ω nicht negativ in jedem glatten Randpunkt a längs des Randes ist, so heiße ω „nicht negativ längs des Randes" schlechthin.

Unmittelbar aus der Definition des Randintegrals folgt:

10.9 Bemerkung. *Wenn ω längs des Randes nicht negativ ist, so gilt*

$$\int_{\partial U} \omega \geq 0.$$

Unsere Behauptung ist also bewiesen, wenn wir zeigen, dass ω'_h längs des äußeren Randes nicht negativ ist. Diese Aussage folgt aus folgendem einfachen lokalen

10.10 Kriterium. *Seien $U \subset \mathbb{C}$ eine offene Teilmenge, a ein glatter Randpunkt von U und u eine C^∞-Funktion, welche in einer offenen Umgebung $U(a)$ definiert sei.*
Annahme.
a) $u \equiv C$ (= *konstant*) *auf* $(\partial U) \cap U(a)$,
b) $u \geq C$ *auf* $U \cap U(a)$.
Dann ist das Differential

$$\omega = -\frac{\partial u}{\partial y}\,dx + \frac{\partial u}{\partial x}\,dy$$

nicht negativ in a längs des Randes von U.

Beweis. Wir wählen (nach eventueller Verkleinerung von $U(a)$) einen orientierungserhaltenden Diffeomorphismus

$$\varphi : U(a) \longrightarrow V \subset \mathbb{C} \text{ offen}$$
$$\begin{array}{ccc} \cup\!\!\!| & & \cup\!\!\!| \\ a & \longmapsto & 0 \end{array}$$

mit der Eigenschaft

$$\varphi(U(a) \cap U) = V \cap \mathbb{H},$$
$$\varphi(U(a) \cap \partial U) = V \cap \mathbb{R}.$$

Wir hätten gerne, dass die JACOBI-Abbildung

$$J(\varphi, \alpha) : \mathbb{R}^2 \longrightarrow \mathbb{R}^2 \quad (= \mathbb{C})$$

eine Drehstreckung, d.h. Multiplikation mit einer komplexen Zahl ist. Wir können o.B.d.A φ dadurch abändern, dass wir eine $\mathbb{R}$-lineare Abbildung der Form

$$(x, y) \longmapsto (\alpha x + \beta y, \gamma y) = B(x, y) , \quad \alpha > 0; \quad \gamma > 0,$$

an φ anschließen. Solche lineare Abbildungen bilden ja die obere Halbebene auf sich ab. Wir benutzen nun einfach:

Zu jedem $\mathbb{R}$-linearen Isomorphismus positiver Determinante

$$A : \mathbb{R}^2 \longrightarrow \mathbb{R}^2$$

existieren reelle Zahlen $\alpha > 0, \beta, \gamma$, so dass $B \cdot A$ eine Drehstreckung ist.

Eine einfache Rechnung zeigt nun: Die Bildung des Differentials

$$u \longmapsto \omega = \omega(u)$$

ist mit einer Drehstreckung

$$m_b : \mathbb{C} \longrightarrow \mathbb{C} \quad (b \in \mathbb{C}^{\cdot}),$$
$$z \longmapsto bz,$$

verträglich, d.h.

$$\omega(u \circ m_b) = m_b^*(\omega).$$

Daher können wir nach eventueller Abänderung $u \mapsto u \circ m_b$ o.B.d.A annehmen: Die JACOBI-Matrix $I(\varphi, a)$ ist die Einheitsmatrix. Damit ist das Differential

$$\omega = -\frac{\partial u}{\partial y} \, dx + \frac{\partial u}{\partial x} \, dy$$

im 0-Punkt besonders einfach auf V umzurechnen. Seien

$$\tilde{u} = u_\varphi \quad (= u \circ \varphi^{-1})$$

und

$$\tilde{\omega} = \omega_\varphi = f \, dx + g \, dy.$$

Aus der Definition der Transformation eines Differentials ergibt sich nun einfach

$$f(0) = -\frac{\partial \tilde{u}}{\partial y}(0).$$

Die Funktion $\tilde{u}$ ist konstant C auf der reellen Achse (in der Nähe von 0) und nicht größer als C in der oberen Halbebene. Hieraus folgt durch Betrachten des Differentialquotienten

$$\frac{\partial \tilde{u}}{\partial y}(0) \leq 0 \quad \text{also} \quad f(0) \geq 0,$$

was zu beweisen war.   □

Übungsaufgaben zu II.10

1. Sei u eine harmonische Funktion auf einem offenen Teil der Ebene. Dann ist $f(z) = \partial u/\partial x - \mathrm{i}\partial u/\partial y$ eine analytische Funktion.

2. Sei u der Realteil einer analytischen Funktion F auf einem offenen Teil der Ebene. Dann ist
$$F' = \frac{\partial u}{\partial x} - \mathrm{i}\frac{\partial u}{\partial y}.$$

3. Sei u eine harmonische Funktion auf einem offenen Teil der Ebene, so dass $f = \partial u/\partial x - \mathrm{i}\partial u/\partial y$ eine Stammfunktion F besitzt. Dann ist u bis auf eine additive Konstante gleich dem Realteil von F.

4. Sei u eine harmonische Funktion auf einer RIEMANN'schen Fläche. Man rechne die Verträglichkeitseigenschaft der Familie
$$\omega_\varphi = \left(\frac{\partial u_\varphi}{\partial x} - \mathrm{i}\frac{\partial u_\varphi}{\partial y}\right)dz$$

direkt nach und beweise so, dass sie ein Differential definiert.

11. Konstruktion von harmonischen Funktionen mit vorgegebener Singularität; der nullberandete Fall

Wir setzen wieder voraus, dass X eine zusammenhängende RIEMANN'sche Flä-che und

$$\varphi : U \longrightarrow \mathbb{E} \qquad (U \subset X \text{ offen}),$$
$$a \longmapsto 0,$$

eine fest vorgegebene Kreisscheibe ist. Wir nehmen in diesem Abschnitt an, dass (X, φ) nullberandet ist, dass also die normierte Lösung

$$\omega : X - \overline{U(1/2)} \longrightarrow \mathbb{R}$$

des Randwertproblems

$$\omega = 1 \text{ auf } \partial(1/2)$$

konstant 1 ist. Dies ist beispielsweise der Fall, wenn X kompakt ist.

Das erweiterte Maximumprinzip für nullberandete Flächen

11.1 Hilfssatz. *Die Fläche X sei nullberandet (in Bezug auf φ). Außerdem sei*

$$u : X - \overline{U(1/2)} \longrightarrow \mathbb{R}$$

eine nach unten beschränkte harmonische Funktion, welche auf den Rand $\partial U(1/2)$ stetig fortsetzbar ist. Es gelte

$$u \geq 0 \text{ auf } \partial U(1/2).$$

Dann folgt

$$u \geq 0 \text{ überall.}$$

Beweis. Wir betrachten eine Ausschöpfung

$$U(3/4) \subset A_1 \subset A_2 \subset \ldots$$

wie in §6. Nach Definition ist ω Limes einer Folge ω_n. Nach Voraussetzung gilt

$$u \geq -C$$

für eine geeignete Konstante $C \geq 0$. Die Ungleichung

$$u \geq -C(1 - \omega_n)$$

gilt auf dem Rande von $A_n - \overline{U(1/2)}$ und daher auch im Innern. Die Behaup-tung folgt nun durch Grenzübergang $n \to \infty$ aus der Voraussetzung $\omega_n \to 1$.

$\square$

11.2 Folgerung. *Ist u beschränkt, so ist u die normierte Lösung des Rand-wertproblems auf* $\partial U(1/2)$.

Wir verallgemeinern nun 10.2 vom kompakten auf den nullberandenten Fall.

11.3 Hilfssatz. *Die Fläche X sei nullberandet. Außerdem sei* $u = u(f)$ *normierte Lösung eines (stetigen) Randwertproblems f auf* $\partial U(1/2)$. *Im Kreisring* $\mathcal{R}$ *(„$1/2 < |z| < 3/4$") ist u Realteil einer analytischen Funktion.*

Beweis. Sei ω die U zugeordnete holomorphe 1-Form

$$\text{(lokal: } \omega = \frac{\partial u}{\partial x}\, dx - \mathrm{i}\frac{\partial u}{\partial y}\, dy.)$$

Die Aussage von 11.3 ist äquivalent mit

$$\int_{\partial U(\varrho)} \omega = 0 \qquad (1/2 < \varrho < 3/4).$$

Aus dem Lemma von Nevanlinna (§10) und der Konstruktion der normierten Lösung u folgt

$$\mathrm{i} \int_{\partial U(\varrho)} \omega \geq 0.$$

Das Gleichheitszeichen muss gelten, da man u durch $-u$ ersetzen darf.   □

11.4 Satz. *Die Riemann'sche Fläche X ist dann und nur dann positiv berandet in Bezug auf* φ, *falls die Green'sche Funktion* G_a *($\varphi(a) = 0$) existiert.*

Beweis. Wir wissen bereits, dass im positiv berandeten Fall die Green'sche Funktion existiert. Sei also X nullberandet. Wir schließen indirekt, nehmen also an, dass G_a existiert. Es gilt

$$G_a(x) \geq \delta > 0 \text{ für } x \in \overline{U(1/2)} - \{a\}.$$

Aus dem erweiterten Maximumprinzip folgt diese Ungleichung überall. Sei (u_n) die Folge der Funktionen, welche G_a via der Ausschpfung (A_n) approximieren. Es gilt $G_a(x) - \delta - u_n \geq 0$ zunächst auf dem Rande von A_n und dann in ganz A_n. Grenzübergang $n \to \infty$ ergibt $-\delta \geq 0$, im Widerspruch zur Konstruktion von δ.   □

Bei der Konstruktion der GREEN'schen Funktion ist es nicht notwendig, für a den Mittelpunkt der vorgegebenen Kreisscheibe zu nehmen. Aus Satz 11.4 folgt also, dass die Menge aller Punkte aus X, in denen die GREEN'sche Funktion existiert, offen ist. Dasselbe Argument zeigt auch, dass die Menge aller Punkte, in denen die GREEN'sche Funktion *nicht* existiert, ebenfalls offen ist. Hieraus folgt:

11.5 Satz. *Wenn eine (zusammenhängende) Riemann'sche Fläche in Bezug auf eine Karte φ nullberandet (positiv berandet) ist, so trifft das für jede Karte zu. Insbesondere existiert die Green'sche Funktion für jeden Punkt, wenn sie für einen Punkt existiert.*

Die Eigenschaften „nullberandet" und „positiv berandet" sind also innere Eigenschaften der RIEMANN'schen Fläche. Es erübrigt sich also das Hinzufügen von „in Bezug auf". Darüber hinaus folgt nun aus 11.4:

11.6 Satz. *Für eine zusammenhängende Riemann'sche Fläche sind äquivalent:*

1) *Die Fläche ist positiv berandet.*
2) *Die Fläche ist hyperbolisch.*

Auf nullberandeten RIEMANN'sche Flächen gilt eine Variante des Satzes von LIOUVILLE:

11.7 Satz. *Jede beschränkte harmonische Funktion auf einer zusammenhängenden nullberandeten Riemann'schen Fläche ist konstant.*

Beweis. Sei u beschränkt und harmonisch auf X. Wir können $u(a) = 0$ annehmen. In einer kleinen Kreisscheibe um a gilt

$$-\varepsilon \le u \le \varepsilon \qquad (\varepsilon > 0 \text{ vorgegeben}).$$

Aus dem erweiterten Maximumprinzip folgt

$$-\varepsilon \le u \le \varepsilon. \qquad\qquad \square$$

11.8 Folgerung. *Jede beschränkte analytische Funktion auf einer zusammenhängenden nullberandeten Riemann'schen Fläche ist konstant.*

Wir haben nun die Mittel bereitgestellt, um den entscheidenden Existenzsatz 9.2 unter etwas schärferer Voraussetzung auf den nullberandeten Fall auszudehnen. Es gilt somit allgemein:

11.9 Satz. *Sei X ein zusammenhängende Riemann'sche Fläche, auf welcher eine Kreisscheibe ausgezeichnet wurde. In dem abgeschlossenen Kreisring $\bar{\mathcal{R}}$ (definiert durch $1/2 \le |z| \le 3/4$) sei eine stetige und im Inneren harmonische Funktion u_0 gegeben.*

Annahme. *u_0 ist in $\mathcal{R}$ Realteil einer analytischen Funktion.*

Behauptung. *Es existiert eine harmonische Funktion*

$$u : X - \overline{U(1/2)} \longrightarrow \mathbb{R}$$

mit folgenden Eigenschaften:

a) *$u - u_0$ ist auf ganz $U(3/4)$ harmonisch fortsetzbar.*
b) *u ist beschränkt in $X - \overline{U(1/2)}$.*

Beweis. Im nicht nullberandeten Fall haben diesen Existenzsatz bereits beweisen (9.2). Sei nun X nullberandet. Wie beim Beweis von 9.2 betrachten wir die Funktionen

$$u_n : X - \overline{U(1/2)} \longrightarrow \mathbb{R}, \quad n \geq 1,$$
$$v_n : U(3/4) \longrightarrow \mathbb{R}, \quad n \geq 0,$$

welche durch $v_0 \equiv 0$ und durch die Randwertbedingungen

$$u_n = v_{n-1} + u_0 \text{ auf } \partial(1/2) \quad \text{(normierte Lösung)},$$
$$v_n = u_n - u_0 \text{ auf } \partial(3/4)$$

induktiv (alternierend) definiert sind. Da wir die der Funktion ω entspringende Zahl q $(0 < q < 1)$ nicht zur Verfügung haben, müssen wir uns einen anderen Konvergenzbeweis zurechtlegen. Dieser beruht auf folgender

Tatsache

$$v_{n+1}(0) = v_n(0).$$

Beweis. Wir bezeichnen der Einfachheit halber die via der Karte $\varphi : U \to \mathbb{E}$ verpflanzte Funktion

$$v \circ \varphi^{-1} : \overline{\mathbb{E}(3/4)} \longrightarrow \mathbb{R}$$

ebenfalls mit v. Der Unterschied wird sich aus der Bezeichnung der Variablen ergeben. In X verwenden wir $a, x, \ldots$, in $\mathbb{E}$ $\zeta, z, \ldots$.

Die *Mittelpunktseigenschaft* harmonischer Funktionen besagt

$$v_{n+1}(0) = \frac{1}{2\pi} \int_0^{2\pi} v_{n+1}\left(\frac{3}{4}e^{it}\right) dt$$

(zunächst nach Verkleinerung von R und dann durch Grenzübergang). Aus dem Randwertverhalten

$$v_n = u_n - u_0 \text{ auf } \partial(3/4)$$

folgt

$$v_{n+1}(0) = \int_0^{2\pi} u_{n+1}\left(\frac{3}{4}e^{it}\right) dt - \int_0^{2\pi} u_0\left(\frac{3}{4}e^{it}\right) dt.$$

Aus der Voraussetzung an u_0, in $\mathcal{R}$ Realteil einer analytischen Funktion zu sein und aus der entsprechenden Eigenschaft von u_{n+1} (als Folge des „NEVANLINNA-Lemmas" 10.4) folgt

$$v_{n+1}(0) = \int_0^{2\pi} u_{n+1}\left(\frac{1}{2}e^{it}\right) dt - \int_0^{2\pi} u_0\left(\frac{1}{2}e^{it}\right) dt.$$

Aus dem Randwertverhalten

$$u_{n+1} = v_n + u_0 \text{ auf } \partial(1/2)$$

folgt nun

$$v_{n+1}(0) = \int_0^{2\pi} v_n\left(\frac{1}{2}e^{it}\right) dt = v_n(0) \text{ (Mittelpunktseigenschaft)}.$$

Damit ist die Tatsache bewiesen.   □

Außerdem benutzen wir folgende einfache

11.10 Tatsache.   *Es existiert eine Konstante* $0 < q < 1$, *so dass jede harmonische Funktion* $v : \mathbb{E}(3/4) \longrightarrow \mathbb{R}$ *mit den Eigenschaften*

a) $v(0) = 0$,
b) $|v(z)| \leq C$,

der Ungleichung

$$|v(z)| \leq qC \text{ für } |z| = 1/2$$

genügt.

Der Beweis folgt unmittelbar aus der HARNACK'schen Ungleichung 2.4.

□

Wir wählen nun eine Konstante C mit der Eigenschaft

$$|u_2 - u_1| \leq C \text{ auf } \partial(1/2).$$

Nach dem Maximumprinzip gilt diese Ungleichung auf ganz $X - \overline{U(1/2)}$, insbesondere auf $\partial(3/4)$. Es folgt

$$|v_2 - v_1| \leq C \text{ auf } \partial(3/4)$$

und daher in $U(3/4)$ und hieraus wegen der zweiten Tatsache

$$|u_3 - u_2| = |v_2 - v_1| \leq Cq \text{ auf } \partial(1/2).$$

Durch Induktion nach n folgt dann

$$|u_{n+1} - u_n| \leq q^n C \text{ auf } X - \overline{U(1/2))}$$
$$|v_n - v_{n-1}| \leq q^n C \text{ auf } U(3/4).$$

Damit haben wir wieder die entscheidende Ungleichung bewiesen. Aus ihr folgt wie beim Beweis von 7.2, dass die Folgen u_n, v_n gleichmäßig gegen harmonische Funktionen u nd v konvergieren und dass $u - u_0$ und v auf $\mathcal{R}$ übereinstimmen.

□

Übungsaufgaben zu II.11

1. Sei U ein offener relativ kompakter nicht leerer Teil einer RIEMANN'schen Fläche X. Man zeige, dass $X - \bar{U}$ hyperbolisch ist.

2. Ein offener und zusammenhängender Teil einer hyperbolischen Fläche ist hyperbolisch.

3. Sei $f : X \to Y$ eine nicht konstante holomorphe Abbildung zusammenhängender RIEMANN'scher Flächen. Mit Y ist auch X hyperbolisch.

12. Die wichtigsten Spezialfälle der Existenzsätze

Wir formulieren in diesem Abschnitt diejenigen Existenzsätze für harmonische Funktionen, welche im folgenden noch benötigt werden.

Die Funktion

$$\frac{z - 1}{z + 1}$$

nimmt nur dann Werte auf der negativen reellen Achse an, falls z im Intervall $[-1, 1]$ enthalten ist. Infolgedessen ist der Hauptzweig

$$\mathbb{C} - [-1, 1] \longrightarrow \mathbb{C}, \qquad z \longmapsto \mathrm{Log}\, \frac{z - 1}{z + 1},$$

eine analytische Funktion. Sowohl sein Realteil als auch sein Imaginärteil sind interessante harmonische Funktionen. Nimmt man den Realteil von $\mathrm{Log}\, \frac{z-1}{z+1}$, so folgt:

12.1 Bemerkung. *Die Funktion*

$$\mathrm{Log}\, |z - 1| - \mathrm{Log}\, |z + 1|$$

ist in $\mathbb{C} - [-1, 1]$ Realteil einer analytischen Funktion.

Diese Funktion kann benutzt werden, um folgenden fundamentalen Existenzsatz für harmonische Funktionen mit logarithmischen Singularitäten zu beweisen:

12.2 Theorem.   *Seien a, b zwei verschiedene Punkte einer zusammenhängenden Riemann'schen Fläche X. Es existiert eine harmonische Funktion*

$$u := u_{a,b} : X - \{a, b\} \longrightarrow \mathbb{C}$$

mit folgenden Eigenschaften:

a) *u ist logarithmisch singulär bei a.*
b) *$-u$ ist logarithmisch singulär bei b.*
c) *u ist beschränkt „im Unendlichen", d.h. in $X - [U(a) \cup U(b)]$, wobei $U(a)$ und $U(b)$ zwei beliebige Umgebungen von a, b seien.*

Beweis. Wenn die beiden Punkte a, b genügend nahe beieinander liegen (so dass sie den Punkten ± 1 bezüglich einer Kreisscheibe mit "$|z| = 2$" entsprechen, so folgt die Behauptung aus dem fundamentalen Existenzsatz 11.9. Von der Voraussetzung „a und b genügend nahe" kann man sich leicht frei machen. Indem man a und b durch eine Kurve verbindet, konstruiert man mittels eines einfachen Kompaktheitsarguments eine Kette von Punkten

$$a = a_0, a_1, \ldots, a_n = b,$$

wobei je zwei aufeinanderfolgende Punkte genügend nahe beieinander liegen. Man definiert dann

$$u_{a,b}(x) := \sum_{i=1}^{n} u_{a_{i-1}, a_i}$$

und erhält eine Funktion mit den Eigenschaften a)–c).   □

Einen anderen Existenzsatz bekommt man, wenn man anstelle des Realteils von $\mathrm{Log}\, \frac{z-1}{z+1}$ den Imaginärteil (also den Realteil von $-i\, \mathrm{Log}\, \frac{z-1}{z+1}$) betrachtet. Der Imaginärteil des Hauptwerts des Logarithmus ist der Hauptwert des Arguments. Bekanntlich macht der Hauptteil des Arguments einen Sprung um 2π beim Überqueren der negativen reellen Achse. Entsprechend macht $\mathrm{Arg}\big(\frac{z+1}{z-1}\big)$ einen Sprung um 2π beim Überqueren von $(-1, 1)$ (s. Aufgabe 1). Hieraus folgt:

12.3 Bemerkung.   *Die Funktion*

$$\mathrm{Arg}\left(\frac{z+1}{z-1}\right) \qquad \textit{(Hauptwert des Arguments)}$$

ist in $\mathbb{C} - [-1, 1]$ Realteil einer analytischen Funktion. Sie ist in keinen Punkt von $[-1, 1]$ stetig fortsetzbar.

Aus dem fundamentalen Existenzsatz 11.9 folgt nun:

12.4 Theorem. *Sei X eine zusammenhängende Riemann'sche Fläche und $\varphi : U \to \{z;\ |z| < 2\}$ eine "Kreisscheibe vom Radius zwei". Wir bezeichnen mit C das Urbild von $[-1, 1]$ in X. Es gibt eine beschränkte harmonische Funktion $u : X - C \to \mathbb{R}$, so dass*

$$u_\varphi(z) - \operatorname{Arg}\left(\frac{z+1}{z-1}\right)$$

auf die ganze Kreisscheibe harmonisch fortsetzbar ist. Die Funktion u ist in keinen Punkt von C stetig fortsetzbar.

Übungsaufgaben zu II.12

1. Man gebe eine streng mathematische Formulierung für die Aussage, dass $\operatorname{Arg}\left(\frac{z+1}{z-1}\right)$ einen Sprung um 2π beim Überqueren von $(-1, 1)$ macht und beweise diese.

2. Sei $S \subset X$ eine endliche Teilmenge einer RIEMANN'schen Fläche, welche mindestens zwei Elemente enthält. Man zeige, dass eine harmonische Funktion u auf $X - S$ existiert, so dass $C_s u$ in $s \in S$ für geeignete Konstanten $C_s \neq 0$ logarithmisch singulär ist.

3. Gibt es auf der Ebene $\mathbb{C}$ eine harmonische Funktion, welche in ∞ logarithmisch singulär ist?

13. Anhang zu Kapitel II. Der Satz von Stokes

Der Satz von STOKES auf Flächen war ein wichtiges Mittel beim Beweis der zentralen Existenzsätze für harmonische Funktionen im nullberandeten Fall. Auch im weiteren Verlauf der Theorie wird der Satz von STOKES benutzt werden. Der CAUCHY'sche Integralsatz lässt sich in sehr allgemeiner Form als Spezialfall des STOKES'schen Satzes deuten. Aus diesen Gründen scheint es angemessen zu sein, einen vollständigen Beweis aufzunehmen, auch wenn dies selbst im zweidimensionalen Fall ziemlichen technischen Aufwand erfordert.

I Lokale Theorie der Differentialformen

Wir beginnen mit dem Begriff der Differentialform auf offenen Teilen der Ebene.

13.1 Definition. *Sei D eine offene Teilmenge der komplexen Ebene.*

1) *Eine 0-Form ist eine stetige Funktion $f : D \to \mathbb{C}$.*
2) *Eine 1-Form ist ein Paar stetiger Funktionen $f, g : D \to \mathbb{C}$.*
3) *Eine 2-Form ist eine stetige Funktion $f : D \to \mathbb{C}$.*

(In der lokalen Theorie sind also 0- und 2-Formen dasselbe. Auf Flächen wird dies anders sein.)

Man nennt „ν-Formen" auch „Differentialformen vom Grade ν". 1-Formen werden auch *Differentiale* genannt.

Man kann ν-Formen in naheliegender Weise (komponentenweise) addieren und mit stetigen komplexwertigen Funktionen multiplizieren.

Seien 1_D bzw. 0_D die Funktionen „konstant 1" bzw. „konstant 0" auf D. Man definiert

a) die 1-Formen

$$dx := (1_D, 0_D), \quad dy := (0_D, 1_D),$$

b) die 2-Form

$$dx \wedge dy := 1_D$$

und erhält dann die übliche Schreibweise

$$(f, g) = f\, dx + g\, dy \quad \text{für 1-Formen,}$$
$$f = f\, dx \wedge dy \quad \text{für 2-Formen.}$$

Das Symbol $dx \wedge dy$ lässt sich zu dem sogenannten *alternierenden Produkt* zweier Differentiale verallgemeinern:

13.2 Definition. *Das alternierende Produkt zweier Differentiale is durch*

$$(f_1 dx + g_1 dy) \wedge (f_2 dx + g_2 dy) := (f_1 g_2 - f_2 g_1) dx \wedge dy$$

definiert.

Man definiert außerdem

$$dz := dx + \mathrm{i} dy$$

und erhält

$$\boxed{(f, \mathrm{i}f) = f(z)\, dz.}$$

Eine ν-Form heißt *differenzierbar*, falls sie (im Sinne der reellen Analysis partiell nach x und y) unendlich oft stetig differenzierbar ist.

Bezeichnung.

$$A^\nu(D) = \text{Menge aller differenzierbaren } \nu\text{-Formen auf } D.$$

Die äußere Ableitung, lokaler Fall

Man definiert

$$d : A^0(D) \longrightarrow A^1(D),$$

$$d(f) = \left(\frac{\partial f}{\partial x}, \frac{\partial f}{\partial y} \right) = \frac{\partial f}{\partial x}\, dx + \frac{\partial f}{\partial y}\, dy$$

und

$$d : A^1(D) \longrightarrow A^2(D),$$

$$d(f\, dx + g\, dy) = \left(\frac{\partial g}{\partial x} - \frac{\partial f}{\partial y} \right) dx \wedge dy.$$

Offenbar gilt

$$d(df) = 0 \text{ für } f \in A^0(D).$$

Ist schließlich f eine *analytische* Funktion, so folgt aus den CAUCHY-RIEMANN'-schen Differentialgleichungen

a) $d(f) = f' \cdot dz,$
b) $d(f \cdot dz) = 0.$

Transformation von Differentialformen, lokaler Fall

Sei

$$\varphi : D \longrightarrow D', \quad D, D' \subset \mathbb{C} \text{ offen,}$$

eine (unendlich oft stetig) differenzierbare Abbildung. Wir wollen einer Differentialform ω auf D' eine „zurückgezogene" Differentialform $\varphi^* \omega$ auf D zuordnen. Diese Zuordnung wird Abbildungen

$$\varphi^* : A^\nu(D') \longrightarrow A^\nu(D)$$

induzieren.

Wir bezeichnen die Koordinaten

von D mit $z = x + iy$ und von D' mit $w = u + iv$.

1) *0-Formen*

Sei f eine 0-Form (= stetige Funktion) auf D'. Man definiert

$$\varphi^*(f) = f \circ \varphi \quad (\text{also } \varphi^*(f)(z) = f(\varphi(z))).$$

2) *1-Formen*

Sei $\omega = f\, du + g\, dv$ eine 1-Form auf D'. Man definiert

$$\varphi^* \omega = \varphi^*(f)\varphi^*(du) + \varphi^*(g)\varphi^*(dv)$$

mit

$$\varphi^*(du) = d\varphi_1, \quad \varphi^*(dv) = d\varphi_2 \qquad (\varphi = \varphi_1 + i\varphi_2).$$

Schreibt man

$$\varphi^*(\omega) = \tilde{f}\,dx + \tilde{g}\,dy,$$

so bedeutet dies

$$\begin{pmatrix} \tilde{f}(z) \\ \tilde{g}(z) \end{pmatrix} = J(\varphi, z)^t \begin{pmatrix} f(\varphi(z)) \\ g(\varphi(z)) \end{pmatrix}.$$

Dabei ist J die reelle Funktionalmatrix und J^t ihre Transponierte, also

$$J(\varphi, z)^t = \begin{pmatrix} \dfrac{\partial \varphi_1}{\partial x} & \dfrac{\partial \varphi_2}{\partial x} \\ \dfrac{\partial \varphi_1}{\partial y} & \dfrac{\partial \varphi_2}{\partial y} \end{pmatrix}.$$

Spezialfall. Die Abbildung φ sei *analytisch.* Aus den CAUCHY-RIEMANN'schen Differentialgleichungen folgt

$$\varphi^*(dw) = \varphi' dz,$$

also allgemein

$$\varphi^*(f\,dw) = \varphi^*(f)\,\varphi' dz.$$

3) *2-Formen*

Sei $\omega = f\,du \wedge dv$ eine 2-Form auf D'. Man definiert $\varphi^*(\omega)$ durch

$$\varphi^*(\omega) = \varphi^*(f)\,\varphi^*(du \wedge dv)$$

und

$$\varphi^*(du \wedge dv) := \varphi^*(du) \wedge \varphi^*(dv).$$

Eine einfache Rechnung zeigt

$$\varphi^*(du \wedge dv) = \det J(\varphi, \cdot) dx \wedge dy.$$

(Dabei bezeichnet $\det J(\varphi, \cdot)$ die Funktion $z \mapsto \det J(\varphi, z)$.) Mit Hilfe der *Kettenregel* beweist man leicht:

13.3 Bemerkung (Natürlichkeit des Zurückziehens).
1) *Es gilt*

$$\varphi^*(\omega \wedge \omega') = \varphi^*(\omega) \wedge \varphi^*(\omega').$$

2) *Seien*

$$D \xrightarrow{\;\varphi\;} D' \xrightarrow{\;\psi\;} D'', \quad D, D', D'' \subset \mathbb{C} \;\; offen,$$

differenzierbare Abbildungen und ω eine Differentialform auf D''. Dann gilt

$$(\psi \circ \varphi)^*\omega = \varphi^*(\psi^*\omega).$$

Auswertung von Differentialformen, lokaler Fall

1) Eine 0-Form f wird an einem Punkt $a \in D$ ausgewertet. Das Resultat ist der *Funktionswert* $f(a)$.

2) Eine 1-Form $f\,dx + g\,dy$ wird an einer stückweise glatten Kurve

$$\alpha : [a, b] \longrightarrow D \qquad (a < b)$$

ausgewertet. Das Resultat ist das *Kurvenintegral*

$$\int\limits_\alpha (f, g) := \int\limits_a^b [f(\alpha(t))\dot\alpha_1(t) + g(\alpha(t))\dot\alpha_2(t)]\,dt.$$

Dabei seien

$$\alpha_1 = \operatorname{Re}\alpha, \quad \alpha_2 = \operatorname{Im}\alpha$$

die beiden Komponenten von α.

(Genau genommen ist der Integrand in den Stellen, in denen α nicht glatt ist, gar nicht definiert. Man umgeht diese Schwierigkeit entweder durch Zerstückeln der Kurve oder durch den verallgemeinerten Integralbegriff aus §3, wo endlich viele Unstetigkeitsstellen des Integranden zugelassen sind.)

13.4 Bemerkung. *Für Differentiale der speziellen Form $\omega = f\,dz = f(dx + i\,dy)$ erhält man*

$$\int\limits_\alpha \omega = \int\limits_\alpha f(\zeta)\,d\zeta = \int\limits_a^b f(\alpha(t))\dot\alpha(t)dt,$$

also das übliche komplexe Kurvenintegral, wie es z.B. in [FB], Kapitel I eingeführt wurde.

Mit Hilfe der Kettenregel beweist man leicht:

13.5 Bemerkung. *Seien*

$$\varphi : D \longrightarrow D' \qquad (D, D' \subset \mathbb{C} \text{ offen})$$

eine differenzierbare Abbildung,

$$\alpha : [a, b] \longrightarrow D \qquad (a < b)$$

eine stückweise glatte Kurve in D und

$$\omega \text{ eine 1-Form auf } D'.$$

Dann gilt mit den Bezeichnungen

$$\omega = f\,du + g\,dv,$$
$$\varphi^*\omega = \tilde f\,dx + \tilde g\,dy,$$
$$\tilde\alpha = \varphi \circ \alpha \ (= \text{Bildkurve von } \alpha \text{ in } D')$$

die Beziehung

$$\tilde f(\alpha(t))\dot\alpha_1(t) + \tilde g(\alpha(t))\dot\alpha_2(t) = f(\tilde\alpha(t))\dot{\tilde\alpha}_1(t) + g(\tilde\alpha(t))\dot{\tilde\alpha}_2(t).$$

Folgerung.

$$\int_\alpha \varphi^* \omega = \int_{\varphi \circ \alpha} \omega.$$

Der Beweis ergibt sich unmittelbar, indem man die Ableitung von $\varphi(\alpha(t))$ mit Hilfe der Kettenregel durch die Ableitung von α und die partiellen Ableitungen von φ ausdrückt.   □

Man kann diese leicht nachzurechnende Bemerkung etwas salopp folgendermaßen formulieren

Das Zurückziehen von 1-Formen ist mit der Bildung des Kurvenintegrals verträglich.

3) *2-Formen*

Eine 2-Form f wird auf einem offenen Teilbereich $U \subset D$ als *Flächenintegral* ausgewertet. Für die Existenz des Flächenintegrals setzen wir voraus, dass

$$K = \bar{U} \cap \mathrm{Träger}(f)$$

kompakt ist. Dabei sei

$$\mathrm{Träger}(f) = \overline{\{a \in D, \ f(a) \neq 0\}}.$$

(Der topologische Abschluss wird beidemal in D gebildet.) Unter dieser Voraussetzung existiert das Integral

$$\int_U f(z) \, dx \wedge dy \ \left(:= \int_U (\mathrm{Re}\, f)(z) \, dxdy + \mathrm{i} \int_U (\mathrm{Im}\, f)(z) \, dxdy \right)$$

im LEBESGUE'schen Sinne. (Wenn man mit dem RIEMANN'schen Integralbegriff arbeiten will, was für unsere Zwecke durchaus ausreichend wäre, so benötigt man etwas schärfere Voraussetzungen, beispielsweise dass K JORDAN-messbar ist.) Aus der Transformationsformel für Flächenintegrale folgt:

13.6 Bemerkung.   *Sei*

$$\varphi : D \xrightarrow{\sim} D' \qquad (D, D' \subset \mathbb{C})$$

ein orientierungserhaltender Diffeomorphismus, (also eine bijektive in beiden Richtungen differenzierbare Abbildung, deren Funktionaldeterminante in allen Punkten positiv ist). Dann gilt

$$\int_U \varphi^*(\omega) = \int_{\varphi(U)} \omega$$

für jede 2-Form ω auf D' und jede offene Teilmenge $U \subset D$, so dass die Integrabilitätsbedingung erfüllt ist.

Das Zurückziehen von 2-Formen ist also mit der Bildung des Flächenintegrals jedenfalls bei orientierungserhaltenden Diffeomorphismen verträglich.

13.7 Beispiel. *Eine biholomorphe Abbildung ist orientierbar*, aus den CAU-CHY-RIEMANN'schen Differentialgleichungen folgt nämlich

$$|\varphi'(z)|^2 = \det J(\varphi, z),$$

wobei J die reelle Funktionalmatrix bezeichne.

II Differentialformen auf differenzierbaren Flächen

Sei X eine topologische Fläche und $\mathcal{D}$ ein Atlas auf X. Man nennt $\mathcal{D}$ *differenzierbar*, falls die Kartentransformationsabbildung

$$\psi \circ \varphi^{-1} : \varphi(U_\varphi \cap U_\psi) \longrightarrow \psi(U_\varphi \cap U_\psi)$$
$$\cap \qquad\qquad\qquad\qquad \cap$$
$$\mathbb{C} \qquad\qquad\qquad\qquad \mathbb{C}$$

für je zwei Karten φ, ψ aus $\mathcal{D}$ ein Diffeomorphismus (im Sinne der reellen Analysis) ist. Zwei differenzierbare Atlanten heißen differenzierbar verträglich, falls auch ihre Vereinigung ein differenzierbarer Atlas ist. Eine differenzierbare Fläche ist ein Paar, bestehend aus einer topologischen Fläche X und einer vollen Äquivalenzklasse differenzierbarer Atlanten. Jeder differenzierbare Atlas $\mathcal{D}$ auf X definiert also eine differenzierbare Fläche, welche wir der Einfachheit halber mit $(X, \mathcal{D})$ bezeichnen. Jede RIEMANN'sche Fläche kann als differenzierbare Fläche aufgefasst werden.

Einige grundlegende Begriffe über differenzierbare Flächen laufen völlig analog zum Fall RIEMANN'scher Flächen, so zum Beispiel:

1) Ist $U \subset X$ ein offener Teil einer differenzierbaren Fläche $X = (X, \mathcal{D})$, so wird U —mit der eingeschränkten Struktur $\mathcal{D}|U$ versehen— selbst eine differenzierbare Fläche.

2) Eine Abbildung $f : (X, \mathcal{D}_X) \to (Y, \mathcal{D}_Y)$ differenzierbarer Flächen heißt differenzierbar, falls für je zwei Karten $\varphi \in \mathcal{D}_X$ und $\psi \in \mathcal{D}_Y$ die Funktion

$$\psi \circ f \circ \varphi^{-1} : \varphi\big(U_\varphi \cap f^{-1}(U_\psi)\big) \longrightarrow \mathbb{C}$$

unendlich oft stetig differenzierbar im Sinne der reellen Analysis ist. (Dies hängt natürlich nur von den Äquivalenzklassen der Atlanten ab).

3) Ist f bijektiv und sind sowohl f als auch f^{-1} differenzierbar, so heißt f ein *Diffeomorphismus*.

4) Eine *differenzierbare Karte* φ auf einer differenzierbaren Mannigfaltigkeit $(X, \mathcal{D})$ ist ein Diffeomorphismus

$$\varphi : U_\varphi \longrightarrow V_\varphi$$
$$\cap \qquad\qquad \cap$$
$$X \qquad\qquad \mathbb{C}$$

eines offenen Teils aus X auf einen offenen Teil von $\mathbb{C}$. Die Menge aller differenzierbaren Karten ist ein differenzierbarer Atlas, welcher $\mathcal{D}$ umfasst. Er ist der größte aller mit $\mathcal{D}$ äquivalenten Atlanten.

Der Begriff der Differentialform auf differenzierbaren Flächen

13.8 Definition. *Eine Differentialform vom Grade ($\nu \in \{0, 1, 2\}$) auf einem differenzierbaren Atlas $\mathcal{D}$ ist eine Familie $\omega = (\omega_\varphi)_{\varphi \in \mathcal{D}}$ von ν-Formen*

$$\omega_\varphi \text{ auf } V_\varphi \quad (\varphi : U_\varphi \longrightarrow V_\varphi$$
$$\cap \qquad \cap$$
$$X \qquad \mathbb{C}),$$

*so dass für je zwei Karten $\varphi, \psi \in \mathcal{D}$ die **Verträglichkeitsbedingung***

$$(\psi \circ \varphi^{-1})^* \omega_\psi = \omega_\varphi$$

gültig ist.

Man kann Differentialformen stets eindeutig auf den maximalen Atlas ausdehnen.

13.9 Bemerkung. *Jede Differentialform auf einem differenzierbaren Atlas ist eindeutig auf den maximalen differenzierbaren Atlas (=Atlas aller differenzierbaren Karten) ausdehnbar.*

Beweis. Der Beweis ist eine Folgerung der Transitivitätsformel 13.3. Wir begnügen uns mit einer kurzen Andeutung im Falle von 2-Formen. Sei also (ω_φ) eine Differentialform auf $\mathcal{D}$ und $\psi : U \to V$ eine beliebige differenzierbare Karte. Wir müssen eine Funktion f_ψ auf V definieren. Sei a ein beliebiger Punkt aus U und $b = \varphi(a)$. Man wähle eine Karte $\varphi : U_\varphi \to V_\varphi$ in $\mathcal{D}$, deren Definitionsbereich a enthält. Die Verträglichkeitsformel diktiert, wie f_ψ auf dem Teil $\psi(U \cap V_\varphi)$ definiert werden muss. Damit ist jedenfalls $f_\psi(b)$ festgelegt. Aus der Formel 13.3 folgt, dass dieser Wert unabhängig von der Wahl von φ ist. Damit ist f_ψ definiert. Der Rest ist einfach. $\quad\square$

13.10 Definition. *Eine Differentialform vom Grad ν auf einer differenzierbaren Fläche ist eine Differentialform auf dem Atlas aller differenzierbaren Karten.*

Wegen 13.9 genügt es, eine Differentialform auf einem Teilatlas anzugeben.

Damit ist auch der Begriff der Differentialform auf einem offenen Teil einer differenzierbaren Fläche erklärt, da ein solcher selbst eine natürliche Struktur als differenzierbare Fläche trägt.

Eine ν-Form (ω_φ) heißt differenzierbar, falls dies für alle Komponenten ω_φ zutrifft ($\varphi \in \mathcal{D}$ genügt).

Bezeichnung.

$$A^\nu(X) = \text{Menge aller differenzierbaren } \nu\text{-Formen auf } X.$$

Zurückziehung von Differentialformen, globaler Fall

Sei

$$f : (X, \mathcal{D}_X) \longrightarrow (Y, \mathcal{D}_Y)$$

eine differenzierbare Abbildung differenzierbarer Flächen. Wir wollen einer ν-Form ω auf Y die zurückgezogene ν-Form $f^*\omega$ auf X zuordnen und insbesondere Abbildungen

$$f^* : A^\nu(Y) \longrightarrow A^\nu(X) \qquad (\nu = 0, 1, 2)$$

gewinnen.

Sei hierzu

$$\varphi : U_\varphi \longrightarrow V_\varphi \text{ eine Karte aus } \mathcal{D}_X.$$

Wir nehmen an, dass dies Karte „klein" ist in dem Sinne, dass es eine Karte

$$\psi : U_\psi \longrightarrow V_\psi \text{ aus } \mathcal{D}_Y$$

mit $V_\varphi \subset U_\psi$ gibt. Dies genügt für unsere Zwecke, da die kleinen Karten einen Atlas bilden. Wir können dann die differenzierbare Abbildung

$$f \circ \varphi^{-1} : V_\varphi \longrightarrow V_\psi$$

betrachten und erhalten durch Zurückziehen eine Differentialform auf V_φ. Die Verträglichbeitsbedingungen sind leicht nachzuweisen. $\qquad\square$

Ist speziell f ein Diffeomorphismus, so stiftet die Zuordnung $\omega \mapsto f^*\omega$ Isomorphismen

$$f^* : A^\nu(Y) \xrightarrow{\sim} A^\nu(X).$$

Dank der Natürlichkeit des alternierenden Produkts (13.3) lässt sich auch dieses auf differenzierbare Flächen übertragen:

13.11 Definition und Bemerkung. *Durch*

$$(\omega \wedge \omega')_\varphi := \omega_\varphi \wedge \omega'_\varphi$$

wird eine Abbildung

$$A^1(X) \times A^1(X) \longrightarrow A^2(X), \quad (\omega, \omega') \longmapsto \omega \wedge \omega',$$

definiert. Diese ist mit Zurückziehen verträglich, es gilt also allgemein

$$f^*(\omega \wedge \omega') = f^*(\omega) \wedge f^*(\omega')$$

für differenzierbare Abbildungen $f : X \to Y$ und Differentiale $\omega, \omega' \in A^1(Y)$.

Auswertung von Differentialformen, globaler Fall

1) Sei $(f_\varphi)_{\varphi \in \mathcal{D}}$ eine 0-Form. Wir ordnen ihr eine Funktion

$$f : X \longrightarrow \mathbb{C}$$

zu, und zwar definieren wir für $a \in X$

$$f(a) := f_\varphi(\varphi(a)),$$

wobei φ eine Karte aus $\mathcal{D}$ sei, deren Definitionsbereich a enthält. Die Verträglichkeitsformel besagt, dass diese Definition nicht von der Wahl der Karte φ abhängt. Die Zuordnung

$$(f_\varphi)_{\varphi \in \mathcal{D}} \longmapsto f$$

definiert offenbar eine Bijektion zwischen der Menge der 0-Formen und der Menge der stetigen Funktionen auf X.

Wir werden im folgenden eine 0-Form mit der entsprechenden Funktion identifizieren.

Insbesondere gilt

$$A^0(X) \,_{\text{„}}=\text{"} \, \mathbb{C}^\infty(X)$$
$$:= \text{Menge der differenzierbaren Abbildungen } f : X \longrightarrow \mathbb{C}.$$

2) *Kurvenintegrale*

Seien

$$\omega = (\omega_\varphi), \quad \omega_\varphi = f_\varphi dx + g_\varphi dy,$$

eine 1-Form auf X und

$$\alpha : [a, b] \longrightarrow X \qquad (a < b)$$

eine stückweise glatte Kurve. (Es ist klar, wie der letztere Begriff „via Karten" zu erklären ist.) Wir definieren eine Funktion

$$h : [a, b] \longrightarrow \mathbb{C}.$$

Sei $t_0 \in [a, b]$. Wir wählen eine differenzierbare Karte $\varphi : U_\varphi \to V_\varphi$ aus $\mathcal{D}$, deren Definitionsbereich den Punkt $\alpha(t_0)$ enthält. Wir verpflanzen α in V_φ,

$$\beta(t) = \varphi(\alpha(t)) \qquad (t \text{ variiert in einer kleinen Umgebung von } t_0)$$

und definieren

$$h(t_0) := f_\varphi(\beta(t))\dot{\beta}_1(t) + g_\varphi(\beta(t))\dot{\beta}_2(t).$$

Aus 13.5 folgt, dass diese Definition nicht von der Wahl der Karte φ anhängt. Damit ist das Kurvenintegral

$$\int_{\alpha} \omega := \int_{a}^{b} h(t)\, dt$$

wohldefiniert.

3) *Flächenintegrale*

Flächenintegrale können nur auf *orientierten* differenzierbaren Mannigfaltigkeiten erkärt werden.

Eine differenzierbarer Atlas $\mathcal{D}$ heißt *orientiert*, falls die Kartenwechselabbildung

$$\psi \circ \varphi^{-1} : \varphi(U_{\varphi} \cap U_{\psi}) \longrightarrow \psi(U_{\varphi} \cap U_{\psi})$$

für je zwei Karten $\psi, \varphi \in \mathcal{D}$ orientierungserhaltend ist, d.h. positive Funktionaldeterminante hat. Zwei orientierte Atlanten heißen *orientiert-äquivalent*, falls ihre Vereinigung ein orientierter differenzierbarer Atlas ist. Eine *orientierte differenzierbare Fläche* ist eine topologische Fläche, auf welcher eine volle Äquivalenzklasse orientiert-äquivalenter Atlanten ausgezeichnet wurde.

Ist γ eine analytische Funktion, so ist ihre reelle Funktionaldeterminante gleich dem Betragsquadrat der komplexen Ableitung. Analytische Atlanten sind also orientiert, und wir können somit RIEMANN'sche Flächen als orientierte differenzierbare Flächen auffassen.

*Riemann'sche Flächen sind **orientierte** differenzierbare Flächen!*

Jeder offene Teil einer orientierten differenzierbaren Fläche $(X, \mathcal{D})$ ist (mit dem eingeschränkten Atlas versehen,) wieder orientiert.

Ein Diffeomorphismus

$$f : (X, \mathcal{D}_X) \longrightarrow (Y, \mathcal{D}_Y)$$

zwischen orientierten differenzierbaren Flächen heißt *orientierungserhaltend*, falls für je zwei Karten $\varphi \in \mathcal{D}_X$ und $\psi \in \mathcal{D}_Y$

$$\psi \circ f \circ \varphi^{-1}$$

orientierungserhaltend ist (d.h. positive Funktionaldeterminante hat).

Unter einer orientierungserhaltenden (differenzierbaren) Karte φ auf einer orientierten differenzierbaren Fläche $(X, \mathcal{D})$ versteht man einen orientierungserhaltenden Diffeomorphismus

$$\varphi : U \longrightarrow V$$

eines offenen Teil $U \subset X$ auf einen offenen Teils V der Ebene $\mathbb{C}$. Die Menge aller orientierungserhaltenden differenzierbaren Karten ist der größte aller mit $\mathcal{D}$ orientiert-äquivalenten Atlanten.

III Flächenintegrale auf differenzierbaren Flächen

Sei ω eine Differentialform auf einer differenzierbaren Fläche X. Man sagt, dass ω in einem Punkt $a \in X$ verschwindet, wenn für eine differenzierbare Karte

$$\begin{array}{ccc} \varphi : U & \longrightarrow & V, \quad a \in U, \\ \cap & & \cap \\ X & & \mathbb{C}, \end{array}$$

die Differentialform ω_φ in $\varphi(a)$ verschwindet. Es ist klar, dass diese Bedingung nicht von der Wahl der Karte anhängt. Wir können daher sinnvoll den Träger von ω

$$\text{Träger}(\omega) = \overline{\{a \in X \,, \; \omega \text{ verschwindet nicht in } a\}}$$

definieren.

Wir nehmen nun an, dass X orientiert und dass ω eine 2-Form (auf ganz X) ist. Wir wollen das Flächenintegral

$$\int_U \omega$$

von ω über eine offene Teilmenge $U \subset X$ definieren und benötigen hierzu die *Integrabilitätsbedingung*. Der Durchschnitt

$$K := \bar{U} \cap \text{Träger}(\omega)$$

ist kompakt.

Wir behandeln zunächst einen

Spezialfall. Es existiere eine orientierungserhaltende Karte

$$\begin{array}{ccc} \varphi : U_\varphi & \longrightarrow & V_\varphi \\ \cap & & \cap \\ X & & \mathbb{C}, \end{array}$$

so dass das Kompaktum K in U_φ enthalten ist. In diesem Falle liegt es nahe

$$\int_U \omega := \int_{V_\varphi} \omega_\varphi$$

zu definieren. Man muss sich klar machen, dass diese Definition von der Wahl von φ unabhängig ist. Dies folgt aber unmittelbar aus der Transformationsformel für Flächenintegrale 13.6 und aus der Verträglichkeitsbedingung 13.8 für die Familie (ω_φ).

Im allgemeinen muss man U in Teile „zertrümmern", welche in Karten enthalten sind und das Integral von ω über U „zusammenstückeln". Dies erfolgt am einfachsten mit Hilfe der Technik der *Zerlegung der Eins* .

13.12 Definition.   *Sei K eine kompakte Teilmenge der differenzierbaren Fläche X und*

$$K \subset U_1 \cap \cdots \cap U_n \subset X$$

eine Überdeckung von K durch endlich viele offene Teilmengen von X. Unter einer Zerlegung der Eins (auf K in Bezug auf die gegebene Überdeckung) versteht man ein n-Tupel von differenzierbaren Funktionen

$$\varphi_\nu : X \longrightarrow \mathbb{C} \qquad (1 \leq \nu \leq n)$$

mit folgenden Eigenschaften

a) $0 \leq \varphi_\nu \leq 1$.

b)   *Der Träger von φ_ν ist kompakt und in U_ν enthalten.*

c) $\displaystyle\sum_{\nu=1}^{n} \varphi_\nu(a) = 1$ *für alle $a \in K$.*

Wir wollen nun die Existenz einer Zerlegung der Eins für geeignete Überdeckungen beweisen.

Unter einer *(differenzierbaren) Kreisscheibe* auf der orientierten Fläche X wollen wir im folgenden einen orientierungserhaltenden Diffeomorphismus

$$\varphi : U_\varphi \longrightarrow \mathbb{E} \text{ (Einheitskreis)}$$

einer offenen relativ kompakten Teilmenge $U_\varphi \subset X$ auf den Einheitskreis $\mathbb{E}$ verstehen. Wir verwenden die

Bezeichnung.
$$U_\varphi' := \{a \in U, \ |\varphi(a)| < 1/2\}.$$

Ein einfaches Kompaktheitsargument zeigt:

13.13 Bemerkung.   *Zu jedem Kompaktum $K \subset X$ einer differenzierbaren Fläche existieren endlich viele Kreisscheiben*

$$\varphi_\nu : U_\nu \longrightarrow \mathbb{E}$$

mit der Eigenschaft

$$K \subset U_1' \cup \cdots \cup U_n' \qquad (\subset U_1 \cup \cdots \cup U_n).$$

Wenn X orientiert ist, kann man erreichen, dass alle φ_ν orientierungserhaltend sind.

Wir beweisen nun:

13.14 Satz. *Zu der in 13.13 beschriebenen Überdeckung*

$$K \subset U_1 \cup \cdots \cup U_n$$

(durch Kreisscheiben) existiert eine Zerlegung der Eins.

Beweis. Für die Konstruktion benötigen wir auch noch eine Überdeckung des Randes von $U'_1 \cup \cdots \cup U'_n$. Und zwar wählen wir Kreisscheiben

$$\varphi_\nu : U_\nu \longrightarrow \mathbb{E}, \quad \nu = n+1, \ldots, N,$$

mit folgender Eigenschaft

a) $U_\nu \cap K = \emptyset$ $(n < \nu \leq N)$.
b) $\bar{U}'_1 \cup \cdots \cup \bar{U}'_n \subset U'_1 \cup \cdots \cup U'_N$.

Wir benutzen nun ohne Beweis die Existenz einer (unendlich oft) differenzierbaren Funktion

$$h : \mathbb{R} \longrightarrow \mathbb{R}$$

mit den Eigenschaften

a) $h(t) = 0$ für $t \geq 3/2$,
b) $h(t) = 1$ für $t \leq 1/2$,
c) $0 \leq h \leq 1$.

(Für unsere Zwecke würde auch eine zweimal stetig differenzierbare Funktion ausreichen.)

Wir definieren dann die differenzierbaren Funktionen

$$H_\nu : X \longrightarrow \mathbb{C} \quad (1 \leq \nu \leq N), \quad H_\nu(a) = \begin{cases} h(|\varphi_\nu(a)|) & \text{für } a \in U_\nu, \\ 0 & \text{sonst} \end{cases},$$

und danach für $\nu \in \{1, \ldots, n\}$

$$h_\nu(a) = \begin{cases} \dfrac{H_\nu(a)}{H_1(a) + \cdots + H_N(a)}, & \text{falls } H_\nu(a) \neq 0, \\ 0 & \text{sonst.} \end{cases}$$

Nach Konstruktion von $U_{n+1}, \ldots, U_N$ ist der Träger von H_ν im Innern des Trägers von $H_1 + \cdots + H_N$ enthalten. Die Funktionen $h_1, \ldots, h_n$ sind daher differenzierbar. Außerdem gilt für $a \in K$

$$\sum_{\nu=1}^{n} h_\nu(a) = \frac{\sum_{\nu=1}^{n} H_\nu(a)}{\sum_{\nu=1}^{N} H_\nu(a)} = 1,$$

da nach Konstruktion von $U_{n+1}, \ldots, U_N$ die Funktionen $H_{n+1}, \ldots, H_N$ auf K verschwinden. $\square$

Wir kommen nun zu der angekündigten Definition des Integrals einer 2-Form ω auf einer orientierten Fläche X längs einer offenen Teilmenge $U \subset X$, wobei gemäß unserer Integrabilitätsbedingung die Menge

$$K = \text{Träger}(\omega) \cap \bar{U}$$

kompakt sei.

Wir wählen eine Zerlegung $h_1, \ldots, h_n$ der 1 auf K, wobei der Träger von h_ν im Definitionsbereich U_ν einer Karte enthalten ist. Das Integral von $h_\nu \omega$ über U ist dann wohldefiniert und es ist naheliegend, die Definition

$$\int\limits_U \omega := \sum_{\nu=1}^{n} \int\limits_U h_\nu \omega$$

zu versuchen. Dies ist sinnvoll, wenn man zeigen kann, dass die rechte Seite dieser Formel unabhängig von der Wahl der Zerlegung der 1 ist. Sei also $\tilde{h}_1, \ldots, \tilde{h}_{\tilde{n}}$ einer weitere Zerlegung der 1. Es genügt

$$\sum_\nu \int h_\nu \omega = \sum_{\mu,\nu} \int \tilde{h}_\mu h_\nu \omega$$

zu zeigen, da die rechte Seite symmetrisch in $\tilde{h}_\mu$ und h_ν ist. Tatsächlich gilt für jedes einzelne ν

$$\sum_\mu \int\limits_U \tilde{h}_\mu h_\nu \omega = \int\limits_U \sum_\mu \tilde{h}_\mu h_\nu \omega = \int\limits_U h_\nu \omega. \qquad \qquad \square$$

IV Randintegrale (Eine Variante des Kurvenintegrals)

Sei U eine offene relativ kompakte Teilmenge einer orientierten Fläche X. Wenn U ein „vernünftiger" Bereich ist, so besteht der Rand von U aus den Bildern endlich vieler stückweise glatter doppelpunktfreier Kurven

$$\alpha_\nu : [0,1] \longrightarrow X, \quad 1 \leq \nu \leq n,$$

welche so orientiert werden können, dass U „zur Linken" liegt.

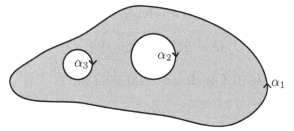

Ist ω eine 1-Form auf X, so ist man geneigt,

$$\int\limits_{\partial U} \omega := \sum_{\nu=1}^{n} \int\limits_{\alpha_\nu} \omega$$

zu definieren.

Tatsächlich ist dieses Konzept des Randintegrals technisch nicht ganz einfach. Es gibt jedoch einen anderen Zugang zum Randintegral, welcher einfacher zum Ziel führt.

Sei also X eine orientierte differenzierbare Fläche und $U \subset X$ eine offene Teilmenge. Ein Randpunkt $a \in \partial U$ heißt *glatt*, falls eine orientierungserhaltende Karte

$$\varphi : U_\varphi \longrightarrow V_\varphi$$
$$\cup \qquad \cup$$
$$a \longmapsto 0$$

mit folgenden Eigenschaften existiert

a) $\varphi(U_\varphi \cap U) = V_\varphi \cap \mathbb{H},$
b) $\varphi((\partial U_\varphi) \cap U) = V_\varphi \cap \mathbb{R}.$

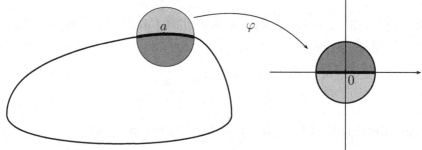

(b) ist übrigens eine Folge von a).)

Die Menge aller glatten Randpunkte von U bezeichnen wir mit

$$\partial^0 U \subset \partial U.$$

Sie ist offenbar eine offene Teilmenge des gesamten Randes.

Sei nun ω eine 1-Form auf X. Wir nehmen an, dass

$$K := \partial U \cap \text{Träger}(\omega)$$

kompakt und im glatten Teil des Randes enthalten ist,

$$K \subset \partial^0 U.$$

Unter diesen Voraussetzungen wollen wir

$$\int_{\partial U} \omega$$

definieren.

1) *Ein Spezialfall.* $\omega = f\,dx + g\,dy$ sei eine 1-Form mit kompaktem Träger auf $X = \mathbb{C}$ und U sei die obere Halbebene $\mathbb{H}$. In diesem Falle definieren wir

$$\int_{\partial \mathbb{H}} \omega = \int_{\mathbb{R}} f(x,0)\,dx.$$

(Das Integral auf der rechten Seite ist in Wahrheit ein eigentliches Integral. Es kann auch verstanden werden als Kurvenintegral von ω längs der Verbindungsstrecke von $-C$ bis C, $C > 0$ genügend groß).

Dieser „Prototyp" des Randintegrals hat eine wichtige *Invarianzeigenschaft.*

13.15 Hifssatz. *Seien $\omega, \tilde{\omega}$ zwei 1-Formen auf $\mathbb{C}$ mit kompaktem Träger und seien $U, \tilde{U} \subset \mathbb{C}$ offene Mengen mit der Eigenschaft*

$$\text{Träger}(\omega) \subset U, \quad \text{Träger}(\tilde{\omega}) \subset \tilde{U}.$$

Schließlich sei $\varphi : U \longrightarrow \tilde{U}$ ein orientierungserhaltender Diffeomorphismus mit der Eigenschaft

$$\varphi(U \cap \mathbb{H}) = \tilde{U} \cap \mathbb{H}, \qquad \varphi(U \cap \mathbb{R}) = \tilde{U} \cap \mathbb{R},$$

und mit

$$\varphi^*(\tilde{\omega}|\tilde{U}) = \omega|U.$$

Behauptung:

$$\int_{\partial \mathbb{H}} \omega = \int_{\partial \mathbb{H}} \tilde{\omega}.$$

Beweis. Wegen der Trägerbedingungen gilt

$$\int_{\partial \mathbb{H}} \omega = \int_{U \cap \mathbb{R}} f(x,0)\,dx \qquad (\omega = f\,dx + g\,dy),$$

$$\int_{\partial \mathbb{H}} \tilde{\omega} = \int_{\tilde{U} \cap \mathbb{R}} \tilde{f}(x,0)\,dx \qquad (\tilde{\omega} = \tilde{f}\,dx + \tilde{g}\,dy).$$

Durch Einschränkung von φ erhält man einen Diffeomorphismus

$$\varphi_0 : U \cap \mathbb{R} \longrightarrow \tilde{U} \cap \mathbb{R}.$$

Aus der Formel $\varphi^*\tilde{\omega} = \omega$ folgt offensichtlich

$$f(x,0) = \tilde{f}(\varphi_0(x),0)\varphi_0'(x).$$

Die behauptete Identität folgt daher aus der Transformationsformel für eindimensionale Integrale, sofern man weiß, dass φ_0 monoton wachsend ist ($\varphi_0'(x) > 0$).

Was man also benötigt ist folgende einfache

13.16 Bemerkung. *Sei*

$$\varphi : U \longrightarrow \tilde{U} \qquad (U, \tilde{U} \subset \mathbb{C} \; \text{offen})$$

ein orientierungserhaltender Diffeomorphismus und sei

$$\varphi(U \cap \mathbb{H}) = \tilde{U} \cap \mathbb{H}$$
$$\varphi(U \cap \mathbb{R}) = \tilde{U} \cap \mathbb{R}.$$

Dann gilt

$$\frac{\partial \varphi}{\partial x}(a) \quad (= \varphi_0'(a)) > 0 \; \text{für alle } a \in U \cap \mathbb{R}.$$

2) *Ein weiterer Spezialfall.* Wir nehmen nun wieder an, dass ω eine 1-Form auf einer beliebigen orientierten differenzierbaren Fläche und $U \subset X$ eine offene Teilmenge ist, so dass Träger$(\omega) \cap \partial U$ kompakt und im glatten Teil des Randes von U enthalten ist.

Wir nehmen überdies an, dass eine orientierte Karte

$$\varphi : U_\varphi \longrightarrow V_\varphi$$

mit folgenden Eigenschaften existiert:

$$\text{Träger}(\omega) \subset U_\varphi, \quad \varphi(U_\varphi \cap U) = V_\varphi \cap \mathbb{H}, \quad \varphi(U_\varphi \cap \partial U) = V_\varphi \cap \mathbb{R}.$$

Dann ist ω_φ eine 1-Form mit kompaktem Träger auf V_φ und daher durch 0 zu einer 1-Form mit kompaktem Träger auf ganz $\mathbb{C}$ ausdehnbar. Wir können daher

$$\int_{\partial U} \omega := \int_{\partial \mathbb{H}} \omega_\varphi$$

definieren. Obige Invarianzeigenschaft bedeutet gerade, dass diese Definition nicht von der Wahl von φ abhängt.

3) *Allgemeine Definition*

Mit Hilfe einer Zerlegung der Eins $h_1, \ldots, h_n$ auf $\partial U \cap \text{Träger}(\omega)$ definiert man nun allgemein das Integral der 1-Form ω längs des Randes von U. Man muss die Zerlegung nur so wählen, dass der Träger von h_ν im Definitionsbereich einer Karte mit der Eigenschaft a), b) enthalten ist und definiert

$$\int_{\partial U} \omega = \sum_{\nu=1}^{n} \int_{\partial U} h_\nu \omega.$$

Wie im Falle des Flächenintegrals zeigt man die Unabhängigkeit von der Wahl einer Zerlegung der 1.

V Der Satz von Stokes

In der lokalen Theorie I haben wir die Ableitungen

$$d : A^0(D) \longrightarrow A^1(D),$$
$$A^1(D) \longrightarrow A^2(D) \qquad (D \subset \mathbb{C} \text{ offen}),$$

eingeführt. Eine einfache Folgerung aus der Kettenregel besagt

13.17 Bemerkung. *Sei*

$$\varphi : D \longrightarrow D' \qquad (D, D' \subset \mathbb{C} \text{ offen})$$

eine differenzierbare Abbildung und ω eine 0- oder 1-Form auf D'. Dann gilt

$$\varphi^*(d\omega) = d(\varphi^*\omega).$$

Folgerung. *Ist $(X, \mathcal{D})$ eine differenzierbare Fläche, so werden durch*

$$d((\omega_\varphi)) = (d\omega_\varphi)$$

Abbildungen

$$d : A^0(X) \longrightarrow A^1(X),$$
$$d : A^1(X) \longrightarrow A^2(X)$$

definiert.

Wir haben nun alle Mittel bereitgestellt, um den Satz von STOKES für Flächen formulieren und beweisen zu können. Man sollte den Satz von Stokes als Verallgemeinerung des Hauptsatzes der Differential- und Integralrechnung ansehen. Dieser lässt sich wie folgt formulieren und kann dann als Satz von Stokes für Kurven angesehen werden. Wir formulieren zunächst diesen:

13.18 Satz von Stokes für Kurven. *Sei $\alpha : [a, b] \to X$ eine stückweise glatte Kurve in einer differenzierbaren Fläche X und sei f eine differenzierbare Funktion auf X. Dann gilt:*

$$\int_\alpha df = f(\alpha(b)) - f(\alpha(a)).$$

Beweis. Nach Zerstückeln der Kurve kann man annehmen, dass X die komplexe Ebene ist. Man benutzt dann die Formel

$$\frac{d}{dt} f(\alpha(t)) = \frac{\partial f}{\partial x}(\alpha(t))\dot{\alpha}_1(t) + \frac{\partial f}{\partial y}(\alpha(t))\dot{\alpha}_2(t),$$

sowie den Hauptsatz der Differential- und Integalrechnung.   □

13.19 Theorem von Stokes für Flächen. *Sei X eine orientierte differen-zierbare Fläche und ω ein Differential auf X. Sei $U \subset X$ eine offene Teilmenge mit folgenden Eigenschaften*

1)   Träger$(\omega) \cap \bar{U}$ *ist kompakt,*
2)   Träger$(\omega) \cap \partial U$ *ist im glatten Teil des Randes von U enthalten.*

Dann gilt

$$\int_{\partial U} \omega = \int_U d\omega.$$

Beweis. Wir wählen eine Zerlegung $h_1, \ldots, h_n$ der 1 auf Träger$(\omega) \cap \bar{U}$ mit folgender Eigenschaft. Sei $\nu \in \{1, \ldots, n\}$. Dann ist entweder Träger$(h_\nu) \cap \partial U = \emptyset$ oder es existiert eine orientierungserhaltende Karte $\varphi : U_\varphi \to V_\varphi$ mit

$$\varphi(U_\varphi \cap U) = V_\varphi \cap \mathbb{H}, \quad \varphi(U_\varphi \cap \partial U) = V_\varphi \cap \mathbb{R}, \quad \text{Träger}(h_\nu) \subset U_\varphi.$$

Es genügt, den Satz von STOKES für $h_\nu \omega$ anstelle von ω zu beweisen. Nach Definition des Flächen- und Randintegrals braucht man daher nur 2 Standard-situationen zu behandeln.

1. Fall. $X = \mathbb{C}$, $U = \mathbb{H}$,
2. Fall. $X = \mathbb{C}$, $U = \mathbb{C}$ (leerer Rand).

Da die betrachtete 1-Form $\omega = f\,dx + g\,dy$ auf $\mathbb{C}$ kompakten Träger hat, kann man den 2. Fall auch als Spezialfall des 1. Falles ansehen. Es bleibt der 1. Fall zu behandeln. Die Formel lautet

$$\int\limits_0^\infty \int\limits_{-\infty}^\infty \left(\frac{\partial g}{\partial x} - \frac{\partial f}{\partial y} \right) dx \wedge dy = \int\limits_{-\infty}^\infty f(x,0)\,dx$$

(f und g sind differenzierbare Funktionen mit kompaktem Träger auf $\mathbb{C}$.)

Zunächst steht nur fest, dass nach dem Hauptsatz der Differential- und Integralrechnung

$$\int\limits_{-\infty}^\infty \frac{\partial g}{\partial x}\,dx = g(x,y) \Big|_{x=-C}^{x=C} = 0$$

(y ist fest, C genügend groß) gilt. Aus demselben Grunde gilt

$$-\int\limits_0^\infty \frac{\partial f}{\partial y}\,dy = f(x,0).$$

Da es auf die Reihenfolge der Integration nicht ankommt, ist die behauptete Formel ebenfalls als triviale Folgerung aus dem Hauptsatz der Differential- und Integralrechnung erkannt.   □

VI Einige Varianten

Integration längs einer Randkomponente

Der Rand ∂U (Voraussetzung wie beim Satz von STOKES 13.19) braucht nicht zusammenhängend zu sein. Es kann eine disjunkte Zerlegung

$$\partial U = \partial_1 U \cup \partial_2 U$$

in nicht leere abgeschlossene Teile existieren. Man kann dann das Integral $\int_{\partial_1 U}$ von ω über $\partial_1 U$ allein definieren. Formal kann man dies auf den bereits behandelten Fall zurückführen, indem man X durch $X - \partial_2 U$ ersetzt, ω auf diese Fläche einschränkt und dann über den Rand von U in dieser Teilfläche integriert. Es gilt

$$\int_{\partial U_1} \omega + \int_{\partial U_2} \omega = \int_{\partial U} \omega.$$

Der Zusammenhang von Rand- und gewöhnlichen Kurvenintegral

Wir haben erwähnt, dass man das eingeführte Randintegral auch als gewöhnliches Kurvenintegral auffassen kann. Wir werden dies gelegentlich in dem extrem einfachen Fall einer Kreisscheibe benutzen:

13.20 Bemerkung. *Sei U eine offene Teilmenge der komplexen Ebene, welche die Einheitskreislinie enthält und sei ω ein Differential auf U. Wir setzen*

$$U^+ = \{z \in U\,,\ |z| < 1\}$$
$$U^- = \{z \in U\,,\ |z| > 1\}.$$

Es gilt

$$\int_{\partial U^+} \omega = - \int_{\partial U^-} \omega = \oint_{|\zeta|=1} \omega,$$

Hierbei bezeichnet $\oint_{|\zeta|=1} \omega$ das gewönliche Kurvenintegral über die Kreislinie e^{it}, $0 \le 1 \le 2\pi$. Der Beweis ist einfach und wird übergangen.

Ein Cauchy'scher Integralsatz

Folgender Spezialfall des Satzes von STOKES ist eine Variante des CAUCHY'schen Integralsatzes.

Sei $U \subset \mathbb{C}$ eine offene relativ kompakte Teilmenge der komplexen Ebene mit glattem Rand und f eine holomorphe Funktion auf einer offenen Umgebung von $\bar U$. Es gilt

$$\int_{\partial U} f(z)\,dz = 0.$$

Ist U übrigens der Kreisring $r < |z| < R$, so besagt diese Variante

$$\oint_{|\zeta|=R} f(\zeta)\,d\zeta = \oint_{|\zeta|=r} f(\zeta)\,d\zeta.$$

Bemerkung. Der Satz von STOKES gestattet Verallgemeinerungen, die wir jedoch nicht benötigen.

Beispielsweise braucht man nicht, dass ω auf ganz X definiert und differenzierbar ist. Es genügt, dass ω im Inneren von U differenzierbar ist, sofern ω und $d\omega$ sich stetig auf den Rand fortsetzen lassen und auch hiervon gibt es noch Abschwächungen in Form von Integrabilitätsbedingungen. Schließlich ist es auch erlaubt, dass im Träger von ω endlich viele nicht glatte Randpunkte enthalten sind. Derartige Verallgemeinerungen führt man jedoch am besten mit Hilfe von „Glättungsfunktionen" auf den „glatten Fall" 13.19 zurück. Wir formulieren hiervon lediglich einen extremen Spezialfall, den man leicht auf den behandelten Fall zurückführen kann.

13.21 Bemerkung (Stoke'scher Integralsatz für Dreiecke). *Sei Δ eine Dreiecksfläche in der Ebene und sei $\partial\Delta$ der Dreiecksweg, welche den Rand von Δ entgegen des Uhrzeigersinns durchläuft. Sei ω ein Differential im Inneren von Δ, so dass sich die Komponenten von ω und $d\omega$ stetig auf den Rand von Δ fortsetzen lassen. Dann gilt*

$$\int_{\Delta} d\omega = \int_{\partial\Delta} \omega.$$

Kapitel III. Uniformisierung

Unter einer Uniformisierung einer RIEMANN'schen Fläche X wollen wir eine analytische Abbildung $\varphi : D \to X$ eines Gebiets $D \subset \bar{\mathbb{C}}$ der Zahlkugel auf X mit gewissen zusätzlichen Eigenschaften verstehen*). Wenn eine solche Abbildung gegeben ist, kann man jede meromorphe Funktion $f : X \to \bar{\mathbb{C}}$ zu einer meromorphen Funktion $F = f \circ \varphi : D \to \bar{\mathbb{C}}$ auf D zurückziehen und hat dann den Vorteil, dass die Funktion f mit einer gewöhnlichen Funktion einer komplexen Veränderlichen in Verbindung gebracht werden kann. Man erhält genau diejenigen meromorphen Funktionen F auf D, welche die Invarianzeigenschaft

$$\varphi(z_1) = \varphi(z_2) \Longrightarrow F(z_1) = F(z_2)$$

besitzen.

Wenn eine Riemann'sche Fläche uniformisiert wurde, $\varphi : D \to X$, so entsprechen die meromorphen Funktionen auf X umkehrbar eindeutig den meromorphen Funktionen auf dem Zahlbereich D mit gewissen Invarianzeigenschaften.

In der Uniformisierungstheorie wird gezeigt, dass zu jeder (zusammenhängenden) RIEMANN'schen Fläche X tatsächlich ein Gebiet D der Zahlkugel und eine surjektive holomorphe Abbildung $\varphi : D \to X$ existiert. Natürlich ist das Paar (D, φ) nicht eindeutig bestimmt. In der Uniformisierungstheorie wird jedoch nicht nur gezeigt, dass es solche Paare gibt. Es wird vielmehr ein Paar mit ganz besonders schönen Eigenschaften konstruiert:

a) Man kann erreichen, dass φ eine *Überlagerungsabbildung* (I.4.2) ist. Insbesondere ist dann φ lokal biholomorph.

b) Man kann erreichen, dass D die volle Zahlkugel $\bar{\mathbb{C}}$, die volle Ebene $\mathbb{C}$ oder der Einheitskreis $\mathbb{E}$ ist.

Durch diese starken Forderungen ist das Paar (D, φ) im wesentlichen eindeutig bestimmt.

Im Beispiel eines Torus $X = \mathbb{C}/L$ ist die natürliche Projektion $\varphi : \mathbb{C} \to X$ eine derartige Uniformisierungsabbildung. Die meromorphen Funktionen auf X entsprechen umkehrbar eindeutig den invarianten meromorphen Funktionen auf $\mathbb{C}$ (also den elliptischen Funktionen), wobei die Invarianz in diesem Falle nichts anderes als die Periodizität bezüglich L bedeutet.

Ein Torus kann übrigens niemals biholomorph auf ein Gebiet der Zahlkugel abgebildet werden, denn dieses Gebiet müsste die volle Zahlkugel sein. Der Torus und die Zahlkugel sind jedoch nicht konform äquivalent.

Die Eleganz und Einfachheit der Theorie der elliptischen Funktionen ([FB], Kapitel V) legt die Frage nahe, ob beliebige RIEMANN'sche Flächen eine Uniformisierung zulassen. Zunächst einmal sollte festgestellt werden, dass RIEMANN'sche Flächen *lokal*

---

*) Auf einen anderen Aspekt der Uniformisierungstheorie, welcher der historischen Linie näher liegt, wird am Ende von §2 dieses Kapitels eingegangen.

uniformisiert werden können: Jeder Punkt besitzt eine offene Umgebung, welche sogar biholomorph auf einen offenen Teil der Ebene abgebildet werden kann. Solche Abbildungen haben wir „analytische Karten" genannt. Man nennt sie manchmal auch „lokale Uniformisierende" oder in der älteren Literatur „Ortsuniformisierende". In der Uniformisierungstheorie geht es jedoch um die Frage der *globalen Uniformisierung.*

Die Uniformisierungstheorie besteht aus zwei Teilen: In dem (einfacheren) rein topologischen Teil wird gezeigt, dass zu jeder zusammenhängenden RIEMANN'schen Fläche X eine *einfach zusammenhängende Riemann'sche Fläche* $\tilde{X}$ zusammen mit einer lokal biholomorphen Abbildung $\varphi : \tilde{X} \to X$ existiert, welche eine Überlagerung im topologischen Sinne ist (I.4.2). Eine solche einfach zusammenhängende Überlagerung ist im wesentlichen eindeutig und hat folgende wichtige Eigenschaft:

Zu je zwei Punkten $x, y \in \tilde{X}$ mit $\varphi(x) = \varphi(y)$ existiert eine (sogar eindeutig) bestimmte biholomorphe Selbstabbildung $\gamma : \tilde{X} \to \tilde{X}$ mit der Eigenschaft $\varphi \circ \gamma = \gamma$, $\gamma(x) = y$. Die Menge all dieser biholomorphen Abbildungen γ bildet eine Gruppe Γ, die sogenannte *Deckbewegungsgruppe.* Zwei Punkte $x, y \in \tilde{X}$ haben also genau dann dasselbe Bild in X, wenn sie durch eine Deckbewegung ineinander überführt werden können. Die Fläche X kann also aus $\tilde{X}$ und aus der Deckbewegungsgruppe rekonstruiert werden,

$$X = \tilde{X}/\Gamma.$$

Das Paar $(\tilde{X}, \Gamma)$ ist durch X im wesentlichen eindeutig bestimmt. Die Gruppe Γ ist übrigens isomorph zur Fundamentalgruppe von X.

Im Beispiel des Torus $X = \mathbb{C}/L$ ist gerade die natürliche Projektion $\varphi : \mathbb{C} \to X$ die universelle Überlagerung. Die Deckbewegungen sind genau die Translationen $z \mapsto z + \omega$, $\omega \in L$. Die Deckbewegungsgruppe ist also isomorph zu L und damit zu $\mathbb{Z} \times \mathbb{Z}$.

Wie wir schon erwähnt haben, beruht die Existenz und Eindeutigkeit der universellen Überlagerung auf einem rein topologischen Sachverhalt. Im Anhang zu diesem Kapitel werden wir die Konstruktion der universellen Überlagerung darstellen.

Der (schwierigere) funktionentheoretische Teil der Uniformisierungstheorie besteht im Beweis des Satzes:

Uniformisierungssatz

Jede einfach zusammenhängende Riemann'sche Fläche ist konform äquivalent zu genau einer der folgenden Riemann'schen Flächen,

a) *der Einheitskreisscheibe* $\mathbb{E}$,

b) *der Zahlebene* $\mathbb{C}$,

c) *der Zahlkugel* $\bar{\mathbb{C}}$.

Kombiniert man die beiden Teile der Uniformisierungstheorie, so erhält man, dass es zu jeder zusammenhängenden RIEMANN'schen Fläche X eine lokal biholomorphe Überlagerungsabbildung $\varphi : D \to X$ gibt, wobei D eines der drei Normgebiete des Abbildungssatzes bezeichne. Man kann X aus D rekonstruieren, indem man zwei Punkte identifiziert, welche durch ein Element der Deckbewegungsgruppe Γ ineinander transformiert werden können. Die meromorphen Funktionen auf X entsprechen umkehrbar eindeutig den Γ-invarianten Funktionen auf D.

Man erhält insbesondere eine *grobe Klassifikation Riemann'scher Flächen,* je nachdem ob der Einheitskreis, die Ebene oder die Zahlkugel die universelle Überlagerung ist. Die vollständige Klassifikation würde bedeuten, dass man alle möglichen Deckbewegungsgruppen beschreibt. Dies ist sehr leicht möglich in den beiden letzt genannten Fällen. Auf der Zahlkugel ist nur eine Deckbewegungsgruppe möglich. Sie besteht aus der Identität. Bis auf Biholomorphie existiert also nur eine RIEMANN'sche Fläche, deren universelle Überlagerung die Zahlkugel ist, nämlich die Zahlkugel selbst. Im Falle der Ebene erweisen sich die Deckbewegungsgruppen als Translationsgruppen $z \mapsto z + \omega$, wobei ω die Elemente einer diskreten Untergruppe $L \subset \mathbb{C}$ durchläuft. Hier finden wir insbesondere die Tori wieder. Die große Masse der RIEMANN'schen Flächen hat als universelle Überlagerung jedoch den Einheitskreis. Anstelle des Einheitskreises kann man auch die zu ihm konform äquivalente obere Halbebene als universelle Überlagerung nehmen. Biholomorphe Selbstabbildungen der oberen Halbebene werden durch MÖBIUStransformationen $z \mapsto Mz$, $M \in \mathrm{SL}(2, \mathbb{R})$, gegeben. Die Gruppe der biholomorphen Selbstabbildungen ist isomorph zur Gruppe $\mathrm{SL}(2, \mathbb{R})/\pm E$. Die Deckbewegungsgruppen entsprechen daher gewissen Untergruppen dieser Gruppe. Diese entsprechen umkehrbar eindeutig Untergruppen von $\mathrm{SL}(2, \mathbb{R})$, welche die negative Einheitsmatrix enthalten. Es stellt sich heraus, dass eine solche Untergruppe genau dann einer Deckbewegungsgruppe entspricht, wenn sie diskret ist und wenn sie keine elliptischen Elemente enthält. Zwei solche Untergruppen führen genau dann zu biholomorph äquivalenten RIEMANN'schen Flächen, wenn sie in $\mathrm{SL}(2, \mathbb{R})$ konjugiert sind. Damit ist das Klassifikationsproblem für RIEMANN'sche Flächen auf die Klassifikation diskreter Untergruppen ohne elliptische Elemente der Gruppe $\mathrm{SL}(2, \mathbb{R})$ zurückgeführt, genauer ihrer Konjugationsklassen. Das letztere Problem ist jedoch sehr schwierig. Mit der Uniformisierungstheorie ist also die Theorie der RIEMANN'schen Flächen keineswegs abgeschlossen.

In den folgenden Kapiteln, insbesondere in der Theorie der *kompakten Riemann'schen Flächen,* werden wir von der Uniformisierungstheorie keinen Gebrauch mehr machen. Lediglich die Anwendungen auf die Theorie der Modulformen stehen in Beziehung zur Uniformisierungstheorie. So gesehen, sind die Anwendungen, die wir von der Uniformisierungstheorie machen werden, im Vergleich zum Aufwand etwas mager. Die zentralen Sätze der Uniformisierungstheorie gehören dennoch zu den Hauptresultaten der klassischen Funktionentheorie. Wir werden immerhin den kleinen und den großen Satz von PICARD als Folge des Uniformisierungssatzes ableiten.

1. Der Uniformisierungssatz

Um den funktionentheoretischen Teil der Uniformisierungstheorie von dem topologischen Teil sauber zu trennen, geben wir eine für diesen Abschnitt gültige Ersatzdefinition für den Begriff des einfachen Zusammenhangs. Wir führen den Begriff der *elementaren* Fläche ein. In einem topologischen Anhang zu diesem Kapitel findet sich eine Einführung in die Überlagerungstheorie. Dort wird der Begriff der einfach zusammenhängenden Fläche eingeführt. Es stellt sich heraus, dass die elementaren Flächen genau die einfach zusammenhängenden Flächen sind.

1.1 Definition.   *Eine zusammenhängende Riemann'sche Fläche heißt **elementar**, falls folgende Bedingung erfüllt ist:*
Sei

$$X = \bigcup_{j \in J} U_j, \quad U_j \subset X \text{ offen},$$

eine offene Überdeckung und

$$f_j : U_j \longrightarrow \bar{\mathbb{C}}$$

eine Schar invertierbarer (d.h. auf keiner Zusammenhangskomponente von U_j identisch verschwindender) meromorpher Funktionen. Es gelte

$$|f_j/f_k| = 1 \text{ auf } U_j \cap U_k.$$

Dann existiert eine meromorphe Funktion

$$f : X \longrightarrow \mathbb{C},$$

so dass

$$|f/f_j| = 1 \text{ auf } U_j \text{ für alle } j \in J$$

gilt.

Im Anhang zu diesem Kapitel werden wir im Zusammenhang mit der *Überlagerungstheorie* den sogenannten *Monodromiesatz* für einfach zusammenhängende RIEMANN'schen Flächen beweisen. Aus diesem Monodromiesatz folgt unmittelbar, dass einfach zusammenhängende RIEMANN'sche Flächen elementar im Sinne von 1.1 sind.

Dass umgekehrt elementare Flächen einfach zusammenhängend sind, wird sich aus unserem Beweis des Uniformisierungssatzes ergeben. Die Situation ist ähnlich wie im Falle des RIEMANN'schen Abbildungssatzes, wie er in [FB] dargestellt ist. Wir verweisen insbesondere auf die dort durchgeführte

Charakterisierung von Elementargebieten [FB], Kapitel IV, Anhang C. Eine
dieser Charakterisierungen besagt, dass ein Gebiet genau dann einfach zusammenhängend ist, wenn jede nullstellenfreie analytische Funktion eine analytische Quadratwurzel besitzt. Man kann leicht zeigen, dass elementare Flächen
im Sinne von 1.1 diese Eigenschaft haben (s. Aufgabe 1 zu diesem Abschnitt) und erhält so bereits jetzt die Äquivalenz von „elementar" und „einfach zusammenhängend" für Gebiete der Ebene. Insbesondere kann der RIE-
MANN'sche Abbildungssatz für elementare Gebiete der Ebene ausgesprochen
werden. Tatsächlich beweisen wir in diesem Abschnitt:

1.2 Theorem. *Jede elementare Riemann'sche Fläche ist biholomorph äqui-
valent zur Einheitskreisscheibe* $\mathbb{E}$ *oder zur Zahlebene* $\mathbb{C}$ *oder zur Zahlkugel* $\bar{\mathbb{C}}$.

Insbesondere ist jede elementare RIEMANN'sche Fläche einfach zusammenhängend, da jedes dieser drei Normgebiete einfach zusammenhängend ist. Zusammen mit dem erwähnten Monodromiesatz erhalten wir also:

1.3 Theorem (Uniformisierungssatz, P. KOEBE, H. POINCARÉ 1907).
*Jede einfach zusammenhängende Riemann'sche Fläche ist biholomorph äquiva-
lent zur Einheitskreisscheibe* $\mathbb{E}$ *oder zur Zahlebene* $\mathbb{C}$ *oder zur Zahlkugel* $\bar{\mathbb{C}}$.

Beweis von 1.2. Im folgenden sei X eine elementare RIEMANN'sche Fläche. Es
ist unser Ziel zu zeigen, dass eine injektive holomorphe Abbildung

$$f : X \longrightarrow \bar{\mathbb{C}}$$

existiert. Dann definiert f schon eine biholomorphe Abbildung von X auf
das Gebiet $f(X) \subset \bar{\mathbb{C}}$ und man kann, wenn $f(X)$ von $\bar{\mathbb{C}}$ verschieden ist, den
bereits bewiesenen RIEMANN'schen Abbildungssatz anwenden. Es ist mit ein
klein wenig mehr Aufwand möglich, den RIEMANN'schen Abbildungssatz an
dieser Stelle zu vermeiden und ihn stattdessen mitzubeweisen (s. Aufgabe 2).

Der hyperbolische und der nullberandete Fall werden getrennt behandelt.

Der positiv berandete (=hyperbolische) Fall

Wir werden sehen, dass eine biholomorphe Abbildung

$$f : X \xrightarrow{\sim} \mathbb{E}$$

auf den Einheitskreis existiert. Nehmen wir einmal an, das sei bereits bewiesen.
Dann ist

$$G_a(x) := -\log|f(x)|$$

die GREEN'sche Funktion von X zu $a := f^{-1}(0)$ (wegen der invarianten Charakterisierung II.8.7). Es folgt

$$|f(x)| = \mathrm{e}^{-G_a(x)}.$$

Damit ist evident, wie man die Funktion f zu konstruieren hat.

Zu jedem Punkt $a \in X$ existiere also die GREEN'sche Funktion

$$G_a : X - \{a\} \longrightarrow \mathbb{R}.$$

Behauptung. *Es existiert eine holomorphe Funktion*

$$F_a : X \longrightarrow \mathbb{C}$$

mit der Eigenschaft
$$|F_a(x)| = \mathrm{e}^{-G_a(x)} \ \text{für } x \neq a.$$

Insbesondere gilt
$$F_a(a) = 0, \quad |F_a(x)| < 1 \ \text{für alle } x.$$

Im Hinblick auf 1.1 genügt es, zu jedem Punkt $b \in X$ eine offene Umgebung $U(b)$ und eine holomorphe Funktion

$$F : U(b) \longrightarrow \mathbb{C}$$

mit

$$|F(x)| = \mathrm{e}^{-G_a(x)} \ \text{für } x \in U(b) \ (x \neq a)$$

zu konstruieren.

Erster Fall. $b \neq a$.

Wählt man $U(b)$ geeignet, so ist G_a in $U(b)$ Realteil einer analytischen Funktion f und man definiert

$$F := e^{-f}.$$

Zweiter Fall. $b = a$.

Da G_a logarithmisch singulär bei a ist, genügt es (im Hinblick auf den 1. Fall), den Spezialfall
$$X = \mathbb{E}, \quad a = 0, \quad G_a(z) = -\log |z|$$

zu behandeln. In diesem Fall ist

$$F(z) = z.$$

Damit ist die Behauptung bewiesen.   □

Wir fixieren nun einen Punkt $a \in X$. Es ist unser Ziel, zu zeigen, dass die Funktion F_a injektiv ist. Zum Beweis betrachten wir für einen beliebigen weiteren Punkt $b \in X$ die Funktion

$$F_{a,b}(x) := \frac{F_a(x) - F_a(b)}{1 - \overline{F_a(b)}F_a(x)}.$$

Ihre wichtigsten Eigenschaften sind:

a) $F_{a,b}$ ist analytisch in X.
b) $|F_{a,b}| < 1$.
c) $F_{a,b}$ hat in $x = b$ eine Nullstelle, sagen wir von der Ordnung $k \in \mathbb{N}$.
d) $F_{a,b}(a) = -F_a(b)$.

Die Funktion $F_{a,b}$ (die aus der GREEN'schen Funktion zu a gebildet wurde), hängt mit der GREEN'schen Funktion zu b zusammen und zwar gilt die

Behauptung.
$$|F_{a,b}(x)| = |F_b(x)| \text{ für alle } x \in X.$$

(Die Behauptung kann für $\mathbb{E}$ leicht durch Rechnung verifiziert werden)

Zum *Beweis* beachten wir, dass die Funktion

$$u(x) := -\frac{1}{k} \log |F_{a,b}(x)|$$

außerhalb einer diskreten Teilmenge nicht negativ und harmonisch ist. Sie hat in $x = b$ eine logarithmische Singularität. Aus der Extremaleigenschaft der GREEN'schen Funktion II.8.8 folgt

$$G_b(x) \leq u(x).$$

Wendet man auf diese Ungleichung die Exponentialfunktion an, so folgt (wegen $k \geq 1$)

$(*)$ $\qquad\qquad\qquad \dfrac{|F_{a,b}(x)|}{|F_b(x)|} \leq 1 \text{ für alle } x.$

Spezialisiert man diese Ungleichung auf $x = a$, so folgt wegen d)

$$|F_a(b)| \leq |F_b(a)|.$$

Das Gleichheitszeichen muss gelten, da man die Rollen von a und b vertauschen kann (wir haben also nebenbei die bemerkenswerte Symmetrierelation $G_a(b) = G_b(a)$ bewiesen). In der Ungleichung $(*)$ gilt für mindestens ein x das Gleichheitszeichen, nämlich für $x = a$. Nach dem Maximumprinzip muss dann das Gleichheitszeichen überall gelten, was zu beweisen war. $\qquad\square$

Aus der Behauptung folgt unmittelbar
$$F_{a,b}(x) \neq 0 \text{ für } x \neq b,$$
also
$$F_a(x) \neq F_a(b) \text{ für } x \neq b.$$

Da b beliebig war, ist dies die behauptete Injektivität von F_a. $\qquad\square$

Das Gebiet $F_a(X)$ ist beschränkt und einfach zusammenhängend, nach dem RIEMANN'schen Abbildungssatz also äquivalent zum Einheitskreis. Man könnte —ohne den RIEMANN'schen Abbildungssatz zu benutzen— auch direkt

$$F_a(X) = \mathbb{E}$$

beweisen. Jedenfalls gilt:

Der Einheitskreis ist bis auf konforme Äquivalenz die einzige einfach zusammenhängende hyperbolische Riemann'sche Fläche.

Der nullberandete Fall.

In diesem Fall gilt der „Satz von LIOUVILLE" (II.11.7):

Jede beschränkte analytische Funktion auf einer nullberandeten Fläche X ist konstant.

Die Funktion $f : X \to \bar{\mathbb{C}}$, die wir nun anpeilen, wird im Falle $X = \mathbb{C}$ oder $X = \bar{\mathbb{C}}$ die Abbildung

$$f(z) := \frac{z-1}{z+1}$$

sein, d.h.

$$\log |f(z)| = \log |z - 1| - \log |z + 1|.$$

Ein Analogon zu dieser Funktion auf beliebigen X existiert nach dem Existenzsatz II.12.2:

Es existiert eine harmonische Funktion

$$u := u_{a,b} : X - \{a, b\} \longrightarrow \mathbb{C}$$

mit folgenden Eigenschaften:

a) *u ist logarithmisch singulär bei a.*
b) *$-u$ ist logarithmisch singulär bei b.*
c) *u ist beschränkt „im Unendlichen", d.h. in $X - [U(a) \cup U(b)]$, wobei $U(a)$ und $U(b)$ zwei beliebige Umgebungen von a, b seien.*

Wir bringen nun die Voraussetzung ins Spiel, dass X elementar ist. Analog zum hyperbolischen Fall konstruiert man nun mittels 1.1 eine analytische Funktion

$$f_{a,b} : X - \{a, b\} \longrightarrow \mathbb{C}$$

mit

$$|f_{a,b}| = e^{u_{a,b}}.$$

Aus einer Abschätzung

$$|u_{a,b}| \leq C \qquad \text{(weg von } a, b)$$

ergibt sich eine Abschätzung

$$e^{-C} \leq |f_{a,b}| \leq e^{C}.$$

Damit haben wir bewiesen:

Sei X eine elementare nullberandete Riemann'sche Fläche. Zu je zwei verschiedenen Punkten $a, b \in X$ existiert eine analytische Funktion

$$f_{a,b} : X - \{a, b\} \longrightarrow \mathbb{C}$$

mit folgenden Eigenschaften:

1) $f_{a,b}$ *hat in* a *eine Nullstelle erster Ordnung und in* b *einen Pol erster Ordnung.*
2) *Zu je zwei Umgebungen* $U(a)$, $U(b)$ *von* a, b *existiert eine Konstante* $C > 0$ *mit der Eigenschaft*

$$C^{-1} \leq |f_{a,b}(x)| \leq C \quad \text{für} \ x \notin U(a) \cup U(b).$$

Insbesondere hat $f_{a,b}$ *außerhalb* $\{a, b\}$ *weder Pole noch Nullstellen.*

Die Funktion $f_{a,b}$ ist übrigens bis auf eine multiplikative Konstante eindeutig bestimmt, da der Quotient zweier solcher Funktionen auf ganz X holomorph und beschränkt, nach dem Satz von LIOUVILLE also konstant ist.

Wir fixieren nun zwei Punkte a und b aus X und betrachten $f = f_{a,b}$ als meromorphe Funktion auf ganz X,

$$f : X \longrightarrow \bar{\mathbb{C}}.$$

Behauptung. *Die Funktion* $f : X \to \bar{\mathbb{C}}$ *ist injektiv.*

Sei c ein von a und b verschiedener Punkt von X. Wir müssen zeigen: Die Funktion

$$f(z) - f(c)$$

hat nur eine einzige Nullstelle, nämlich $z = c$.

Zum *Beweis* betrachten wir

$$g(z) := \frac{f(z) - f(c)}{f_{c,b}(z)}.$$

Diese Funktion ist offenbar auf ganz X holomorph und beschränkt (da sie beschränkt „weg von a, b, c" ist). Sie ist also konstant, d.h.

$$f(z) - f(c) = \lambda f_{c,b}(z) \qquad (\lambda \neq 0).$$

Die einzige Nullstelle der rechtsstehenden Funktion liegt aber bei $z = c$, was zu beweisen war. $\square$

Es ist also $f(X)$ ein zu X biholomorphes elementares Teilgebiet der Zahlkugel. Wenn X kompakt ist, sind wir fertig, da dann $f(X) = \bar{\mathbb{C}}$ gelten muss. Wenn X nicht kompakt ist, existiert ein Punkt $p \in \bar{\mathbb{C}}$, so dass $f(X)$ in $\bar{\mathbb{C}} - \{p\} \cong \mathbb{C}$ enthalten ist. Jedes echt in $\mathbb{C}$ enthaltene elementare Gebiet ist nach dem RIEMANN'schen Abbildungssatz konform äquivalent zum Einheitskreis und somit hyperbolisch. Es gilt also $f(X) \cong \mathbb{C}$. Wie man an dieser Stelle den RIEMANN'schen Abbildungssatz vermeiden kann, wird in Aufgabe 2 behandelt.

Historische Anmerkungen zum Uniformisierungssatz

Der erste vollständige Beweis des Uniformisierungssatzes erfolgte ungefähr zur gleichen Zeit durch P. KOEBE und H. POINCARÉ im Jahre 1907 ([Koe], [Po]). Er stellt einen Höhepunkt einer bereits über 50 Jahre andauernden Entwicklung dar, an deren Beginn der RIEMANN'sche Abbildungssatz stand, für welchen RIEMANN bereits in seiner Dissertation 1851 einen Beweis angab, allerdings unter der Voraussetzung, dass der Rand des vorgelegten einfach zusammenhängenden und beschränkten Gebiets D Glattheitsvoraussetzungen genügt. Unter dieser Einschränkung wurde allerdings mitbewiesen, dass sich die Abbildungsfunktion auf die Abschlüsse topologisch fortsetzen lässt. RIE-MANN's Beweis stützte sich auf die Lösung des DIRICHLET'schen Randwert-problems für D. Er benutzte das sogenannte DIRICHLETprinzip, nach dem eine nicht notwendig harmonische Lösung u des Randwertproblems harmonisch ist, wenn sie das Funktional

$$\int_D \left(\left(\frac{\partial u}{\partial x} \right)^2 + \left(\frac{\partial u}{\partial y} \right)^2 \right) dxdy$$

minimiert. Seine Arbeitshypothese, dass ein solches Minimum auch wirklich angenommen wird, erfuhr Kritik durch WEIERSTRASS, welcher Funktionale angab, für welche ein solches Minimum nicht existiert. Um die Jahrhundert-wende, also fast 50 Jahre nach RIEMANN's Dissertation enträftete HILBERT diese Kritik, indem er einen Beweis für das DIRICHLETprinzip angab. Wei-tere historische Anmerkungen zum RIEMANN'schen Abbildungssatz findet der interessierte Leser in [RS], 8.3.

Die Bemühungen um den Beweis des RIEMANN'schen Abbildungssatzes sind eng verwoben mit den Bemühungen, allgemeinere Abbildungssätze für RIE-MANN'sche Flächen zu beweisen. Da das DIRICHLETprinzip als unzulänglich erschien, diese Probleme zu lösen, wurden andere potentialtheoretische Metho-den entwickelt. An diesen weitläufigen Entwicklungen waren viele namhafte Mathematiker beteiligt, welche wir hier nicht alle aufzählen können. Für die Uniformisierungstheorie war das von NEUMANN und SCHWARZ entwickelte alternierende Verfahren, das wir in Kapitel II ausführlich behandelt haben, von entscheidender Bedeutung. Diese Entwicklungen erlaubten die Lösung vieler Existenzprobleme für harmonische Funktionen. So gelang OSGOOD 1900 unter Weiterverfolgung der Ideen von POINCARÉ und HARNACK der Nachweis, dass auf beschränkten Gebieten der Ebene (unter Glattheitsvoraus-setzungen an den Rand) die GREEN'sche Funktion existiert. Dies war der wesentliche Schritt zum Beweis des RIEMANN'schen Abbildungssatzes, wie wir auch hier beim Beweis des Uniformisierungssatzes im hyperbolischen Fall gese-hen haben. Dass der RIEMANN'sche Abbildungssatz unter geeigneten Reg-ularitätsvoraussetzungen mit stetigem Anschluss an den Rand hieraus folgt, wurde von KOEBE bewiesen. Der Weg zum Beweis des allgemeinen Uni-formisierungssatzes war damit geebnet. KOEBE ging in seiner Arbeit 1907 (s.o.)

folgendermaßen vor. Er schöpfte eine beliebige einfach zusammenhängende
nicht kompakte RIEMANN'sche Fläche durch eine aufsteigende Kette U_n von
einfach zusammenhängenden relativ kompakten offenen Teilmengen mit gutem
Rand aus. Für U_n existiert in Analogie zu dem erwähnten Satz von OSGOOD die
GREEN'sche Funktion G_n zu einem fest gewählten gemeinsamen Punkt $a \in U_n$.
Diese kann benutzt werden, um eine holomorphe Abbildung von U_n auf eine
Kreisscheibe zu konstruieren. Die gewünschte Abbildungsfunktion wird nun
durch Grenzübergang konstruiert. Ob der Einheitskreis oder die Ebene her-
auskommt wird durch die Größe

$$c_n := \lim_{z \to a} (G_n(z) + \log |z|)$$

reguliert. Nach dem Maximumprinzip ist diese Folge monoton wachsend. Je
nachdem ob sie beschränkt ist oder nicht, kommt der Einheitskreis oder die
Ebene heraus.

Was man heute Uniformisierungssatz nennt, ist nur ein herausragender
Höhepunkt anderer Sätze. Die Frage der Erweiterung der uniformisierenden
Abbildung auf den Rand, falls ein solcher vorliegt, sowie die Uniformisierung
nicht einfach zusammenhängender Flächen waren Gegenstand zahlreicher tief-
schürfender Untersuchungen. Verschiedene neue Beweise für den Uniformisierungssatz wurden entwickelt. Zunächst wurde nach dem großen Erfolg des
alternierenden Verfahrens das DIRICHLETprinzip wieder neu etabliert, wie wir
bereits erwähnt haben. Für einen Beweis des Uniformisierungssatzes, welcher
hierauf beruht, verweisen wir auf den Klassiker [We], sowie auf das Buch
von FORSTER [Fo2]. Ein weiteres Verfahren zur Lösung des Randwertproblems, die PERRON'sche Methode (1928), kann ebenfalls zum Beweis des Uniformisierungssatzes verwendet werden. Wie können hierauf nicht näher eingehen und verweisen of [FL] für einen Beweis des Uniformisierungssatzes, welcher
auf dieser Methode beruht.

Es wurden nicht nur verschiedene potentialtheoretische Methoden zum Beweis des Uniformisierungssatzes verwendet. BIEBERBACH gelang im Jahre
1917 ([Bi]) nach Vorarbeiten von PLEMELJ und KOEBE ein rein funktio-
nentheoretischer Beweis im Sinne der WEIERSTRASS'schen Funktionentheorie, so wie wir ja auch im ersten Band einen rein funktionentheoretischen
Beweis des RIEMANN'schen Abbildungssatzes gegeben haben. Es darf noch
erwähnt werden, dass auch die neuen Untersuchungen über den RICCIfluss
auf RIEMANN'schen Mannigfaltigkeiten zu einem weiteren Beweis des Uniformisierungssatzes geführt haben.

Übungsaufgaben zu III.1

1. Jede nullstellenfreie analytische Funktion f auf einer im Sinne von 1.1 elementaren RIEMANN'schen Fläche besitzt eine analytische Quadratwurzel g.

   In den folgenden Aufgaben wird gezeigt, wie man den Beweis des Uniformisierungssatzes so modifizieren kann, dass der RIEMANN'sche Abbildungssatz nicht benutzt werden muss, sondern mitbewiesen wird.

2. Man beweise ohne Verwendung des RIEMANN'schen Abbildungssatzes, dass im Beweis von 1.3 im nullberandeten Fall $f(X) = \bar{\mathbb{C}}$ oder $f(X) = \bar{\mathbb{C}} - \{b\}$ gilt.

   Anleitung. Jedes echte Teilgebiet der Ebene, welches einfach zusammenhängend ist, kann auf ein beschränktes Gebiet der Ebene konform abgebildet werden und ist damit hyperbolisch. Für die Konstruktion einer derartigen konformen Abbildung sei auf die ersten beiden Beweisschritte des RIEMANN'schen Abbildungssatzes in [FB] (IV.4.5) verwiesen.

3. Sei D ein einfach zusammenhängendes Gebiet, welches den Nullpunkt enthält und im Einheitskreis echt enthalten ist. Die GREEN'sche Funktion G zum Nullpunkt von D ist verschieden von der von $\mathbb{E}$.

   Anleitung. Wenn D von $\mathbb{E}$ verschieden ist, existiert ein Randpunkt a von D, welcher in $\mathbb{E}$ enthalten ist. Zu diesem Randpunkt kann man eine analytische Funktion

   $$\psi : D \longrightarrow \mathbb{E}, \quad \psi(0) = 0, \quad \lim_{z \to a} |\psi(z)| = |\sqrt{a}|$$

   konstruieren (s. [FB], IV.4.6). Nach der Extremaleigenschaft der GREEN'schen Funktion gilt

   $$G(z) \leq -\log |\psi(z)|.$$

   Diese Ungleichung ist für die GREEN'sche Funktion des Einheitskreises ($-\log|z|$) anstelle von G falsch.

4. Man beweise ohne Verwendung des RIEMANN'schen Abbildungssatzes, dass im Beweis von 1.2 im hyperbolischen Fall $f(X) = \mathbb{E}$ gilt.

   Anleitung. Aus der Konstruktion von f kann man leicht folgern, dass $-\log|z|$ die GREEN'sche Funktion des Bildgebietes $f(X)$ ist. Der Rest folgt aus der vorangehenden Aufgabe.

2. Grobe Klassifikation Riemann'scher Flächen

Jede RIEMANN'sche Fläche ist biholomorph zu einem Quotienten $\tilde{X}/\Gamma$ einer einfach zusammenhängenden RIEMANN'schen Fläche nach einer frei operierenden Gruppe biholomorpher Selbstabbildungen von $\tilde{X}$. Dies werden wir in dem Anhang über Überlagerungstheorie zu diesem Kapitel beweisen, 5.24. Nach dem Uniformisierungssatz kann erreicht werden, dass die universelle Überlagerung $\tilde{X}$ eines der drei Normgebiete (Kugel, Ebene oder Einheitskreis) ist. Die RIEMANN'schen Flächen können somit in drei Gruppen aufgeteilt werden, je nachdem die universelle Überlagerung die Kugel, die Ebene oder der Einheitskreis ist.

Die Zahlkugel als universelle Überlagerung

Jede biholomorphe Selbstabbildung der Zahlkugel ist eine MÖBIUStransformation ([FB], III. Anhang zu §4 und §5, Aufgabe 7).

$$z \longmapsto \frac{az+b}{cz+d}, \quad \begin{pmatrix} a & b \\ c & d \end{pmatrix} \in \mathrm{GL}(2, \mathbb{C}).$$

Jede MÖBIUStransformation hat mindestens einen Fixpunkt. Die einzige Gruppe biholomorpher Transformationen, welche auf der Zahlkugel frei operiert, ist also diejenige, welche nur aus der Identität besteht. Halten wir fest:

2.1 Bemerkung.   *Es gibt bis auf Biholomorphie nur eine einzige Riemann'sche Fläche, deren universelle Überlagerung kompakt ist, nämlich die Riemann'sche Zahlkugel.*

Die Ebene als universelle Überlagerung

Jede biholomorphe Selbstabbildung der Ebene ist affin ([FB], III. Anhang zu §4 und §5, Aufgabe 5),

$$z \longmapsto az + b,$$

wobei a von Null verschieden ist. Wenn a von 1 verschieden ist, so besitzt sie einen Fixpunkt. Eine frei operierende Gruppe von biholomorphen Selbstabbildungen der Ebene besteht also nur aus Translationen $z \mapsto z + b$. Die Menge der auftretenden b ist eine Untergruppe L von $\mathbb{C}$. Man überlegt sich leicht, dass eine solche Gruppe von Translationen dann und nur dann frei operiert, wenn L diskret ist. Wir benutzen nun, dass es drei verschiedener Typen solcher Gruppen gibt. Entweder besteht L nur aus der Null oder L ist zyklisch oder L ist ein Gitter (s. VI.1.1).

2.2 Satz.   *Eine Riemann'sche Fläche, welche von der Ebene universell überlagert wird, ist konform äquivalent zu einer der folgenden drei Typen:*

1) *Die Ebene $\mathbb{C}$ selbst ($L = \{0\}$).*

2) *Die punktierte Ebene $\mathbb{C}^{\cdot}$. ($L = \mathbb{Z}b$, $b \neq 0$. In diesem Falle liefert die Zuordnung $z \to \exp(2\pi \mathrm{i}z/b)$ eine biholomorphe Abbildung von $\mathbb{C}/L$ auf die punktierte Ebene.)*

3) *Ein Torus $\mathbb{C}/L$, L ein Gitter.*

Natürlich kann die Ebene zu keinem anderen Typ konform äquivalent sein. Sie ist die einzige aufgeführte einfach zusammenhängende Fläche. Ebenso können Tori nicht konform äquivalent zu den beiden anderen Typen sein. Sie sind die einzigen kompakten Flächen der Liste.

Aber Tori können untereinander konform äquivalent sein. Zur Erinnerung: *Zwei Tori sind genau dann konform äquivalent, wenn die entsprechenden Gitter ähnlich sind (durch eine Drehstreckung auseinander hervorgehen). Dies ist genau dann der Fall, wenn ihre j-Invariante übereinstimmt. Jede komplexe Zahl tritt genau einmal als j-Invariante auf.*

Wir haben damit eine vollständige Beschreibung der Biholomorphieklassen RIEMANN'scher Flächen gefunden, deren universelle Überlagerung nicht der Einheitskreis ist.

Wir müssen uns nun den RIEMANN'schen Flächen zuwenden, deren universelle Überlageung der Einheitskreis ist. Anstelle des Einheitskreises können wir auch die obere Halbebene nehmen, da die beiden biholomorph äquivalent sind. Wir erinnern daran, dass die Gruppe Bihol($\mathbb{H}$) der biholomorphen Selbstabbildungen von $\mathbb{H}$ gleich SL$(2, \mathbb{R})/\{\pm E\}$ ist ([FB], V.7. Aufgabe 6), eine Matrix $M \in$ SL$(2, \mathbb{R})$ operiert auf H vermöge

$$z \longmapsto Mz = \frac{az+b}{cz+d}, \quad M = \begin{pmatrix} a & b \\ c & d \end{pmatrix}.$$

Die Matrix ist durch die Abbildung nur bis aufs Vorzeichen eindeutig bestimmt.

Die Untergruppen von Bihol($\mathbb{H}$) entsprechen umkehrbar eindeutig den Untergruppen von SL$(2, \mathbb{R})$, welche die negative Einheitsmatrix enthalten. Wir müssen zweierlei untersuchen.

1) Seien Γ, Γ' zwei Untergruppen von SL$(2, \mathbb{R})$, welche auf $\mathbb{H}$ frei operieren. Wann sind die beiden RIEMANN'schen Flächen $\mathbb{H}/\Gamma$, $\mathbb{H}/\Gamma'$ biholomorph äquivalent?

2) Welche Untergruppen von SL$(2, \mathbb{R})$ (genauer ihre Bilder in Bihol($\mathbb{H}$)) operieren frei?

Die erste Frage ist leicht zu behandeln. Aus der universellen Eigenschaft der universellen Überlagerung folgt unmittelbar, 5.25:

Seien Γ, Γ' zwei Untergruppen von SL$(2, \mathbb{R})$, welche auf $\mathbb{H}$ frei operieren. Beide mögen die negative Einheitsmatrix enthalten. Die Riemann'schen Flächen

$$\mathbb{H}/\Gamma, \quad \mathbb{H}/\Gamma'$$

sind genau dann biholomorph äquivalent, wenn die beiden Gruppen konjugiert sind,

$$\Gamma' = L^{-1}\Gamma L, \quad L \in \text{SL}(2, \mathbb{R}).$$

Die zweite Frage ist schwieriger. Wir benötigen zunächst zwei weitere Begriffe:

a) Eine Teilmenge $\Gamma \subset \mathrm{SL}(2,\mathbb{R})$ ist *diskret,* falls der Durchschnitt von Γ mit jeder kompakten Teilmenge von $\mathrm{SL}(2,\mathbb{R})$ endlich ist.

b) Eine Untergruppe $\Gamma \subset \mathrm{SL}(2,\mathbb{R})$ *operiert diskontinuierlich,* falls für je zwei kompakte Mengen K_1, $K_2 \subset \mathbb{H}$ die Menge

$$\{M \in \Gamma; \quad M(K_1) \cap K_2 \neq 0\}$$

endlich ist. Dabei kann man $K_1 = K_2$ annehmen, da man sie beide durch $K_1 \cup K_2$ ersetzen kann.

2.3 Hilfssatz.   *Eine Untergruppe $\Gamma \subset \mathrm{SL}(2,\mathbb{R})$ ist genau dann diskret, wenn sie diskontinuierlich operiert.*

Beweis. 1) Die Gruppe operiere diskontinuierlich. Wir wählen eine kompakte Teilmenge $K \subset \mathrm{SL}(2,\mathbb{R})$. Ihr Bild unter der Abbildung

$$p : \mathrm{SL}(2,\mathbb{R}) \longrightarrow \mathbb{H}, \quad M \longmapsto M(\mathrm{i}),$$

ist ebenfalls kompakt. Offensichtlich gilt

$$M \in K \Longrightarrow M(\mathrm{i}) \in p(K),$$

und diese Menge ist endlich.

2) Wir benötigen eine wichtige Eigenschaft der Abbildung p. Wie wir im Anschluss zu diesem Beweis zeigen werden, ist diese Abbildung surjektiv und eigentlich. Sei $K \subset \mathbb{H}$ ein Kompaktum und $\mathcal{K} \subset \mathrm{SL}(2,\mathbb{R})$ ihr Urbild unter p. Es gilt

$$M(K) \cap K \neq 0 \Longrightarrow M \in \mathcal{K}\mathcal{K}^{-1}.$$

Die letztere Menge ist als Bild des Kompaktums $\mathcal{K} \times \mathcal{K}^{-1}$ unter der stetigen Abbildung $(x,y) \to xy^{-1}$ kompakt.   □

Es bleibt nachzutragen, dass die Abbildung p surjektiv und eigentlich ist.

2.4 Hilfssatz.   *Die Abbildung*

$$p : \mathrm{SL}(2,\mathbb{R}) \longrightarrow \mathbb{H}, \quad M \longmapsto M(\mathrm{i}),$$

ist surjektiv und eigentlich.

Beweis. Die Surjektivität folgt aus der Formel

$$z = \begin{pmatrix} 1 & x \\ 0 & 1 \end{pmatrix} \begin{pmatrix} \sqrt{y} & 0 \\ 0 & \sqrt{y}^{-1} \end{pmatrix} (\mathrm{i}).$$

Der Beweis der Eigentlichkeit beruht darauf, dass der Stabilisator des Punktes i die spezielle orthogonale Gruppe

$$\mathrm{SO}(2,\mathbb{R}) := \{M \in \mathrm{SL}(2,\mathbb{R}); \quad M'M = E\} = \{M \in \mathrm{SL}(2,\mathbb{R}); \quad M(\mathrm{i}) = \mathrm{i}\}$$

ist, wie eine einfache Rechnung zeigt. Die spezielle orthogonale Gruppe ist beschränkt, da die Zeilen einer orthogonalen Matrix euklidsche Länge 1 haben und (in $\mathbb{R}^4$) auch abgeschlossen, also kompakt. Nun können wir zeigen, dass p eigentlich ist, dass also das Urbild einer kompakten Menge kompakt ist. Da unsere Räume abzählbare Basis der Topologie haben, ist kompakt gleichbedeutend mit folgenkompakt. Wir müssen also zeigen:

Sei $M_n \in \mathrm{SL}(2,\mathbb{R})$ eine Folge, so dass $z_n = M_n(\mathrm{i})$ in der oberen Halbebene einen Häufungspunkt hat. Dann besitzt die Folge M_n selbst einen Häufungspunkt.

Nach Voraussetzung hat die Folge

$$P_n = \begin{pmatrix} 1 & x_n \\ 0 & 1 \end{pmatrix} \begin{pmatrix} \sqrt{y_n} & 0 \\ 0 & \sqrt{y_n}^{-1} \end{pmatrix}$$

einen Häufungspunkt. Wir können annehmen, dass sie konvergiert. Es gilt $M_n = P_n N_n$ mit orthogonalen Matrizen N_n. Da die orthogonale Gruppe kompakt ist, besitzt die Folge der N_n und somit der M_n einen Häufungspunkt.

$$\square$$

Es ist offensichtlich, dass frei operierende Gruppen auch eigentlich diskontinuierlich operieren. Die Umkehrung ist falsch.

2.5 Definition.   *Eine Untergruppe $\Gamma \subset \mathrm{SL}(2,\mathbb{R})$ operiert fixpunktfrei, falls kein Element $M \in \Gamma$, $M \neq \pm E$, einen Fixpunkt in der oberen Halbebene besitzt.*

Eine einfache Überlegung, welche wir dem Leser überlassen, zeigt:

2.6 Hilfssatz.   *Eine Untergruppe $\Gamma \subset \mathrm{SL}(2,\mathbb{R})$ operiert genau dann frei auf der oberen Halbebene, wenn sie eigentlich diskontinuierlich und fixpunktfrei operiert.*

Eine von $\pm E$ verschiedene Matrix $M \in \mathrm{SL}(2,\mathbb{R})$ hat genau dann einen Fixpunkt in der oberen Halbebene, wenn ihre Spur dem Betrage nach kleiner als 2 ist ([FB], VI.1.7). Man nennt solche Matrizen auch *elliptisch*.

Zusammenfassend können wir sagen:

2.7 Satz.   *Die Biholomorphieklassen Riemann'scher Flächen mit universeller Überlagerung $\mathbb{E}$ entsprechen umkehrbar eindeutig den Konjugationsklassen diskreter Untergruppen von $\mathrm{SL}(2,\mathbb{R})$, welche die negative Einheitsmatrix enthalten und welche keine elliptischen Elemente enthalten.*

Die Theorie dieser Untergruppen ist sehr kompliziert, der Satz ist für die Theorie der RIEMANN'schen Flächen daher nur von bedingtem Wert.

Wir beschließen den Abschnitt, indem wir eine Beispielklasse von Gruppen angeben. Die elliptische Modulgruppe $\mathrm{SL}(2,\mathbb{Z})$ ist sicherlich diskret aber nicht fixpunktfrei, wie wir wissen. Wir betrachten daher die Hauptkongruenzgruppe

$$\Gamma[q] = \mathrm{Kern}(\mathrm{SL}(2,\mathbb{Z}) \longrightarrow \mathrm{SL}(2,\mathbb{Z}/q\mathbb{Z})).$$

Da sie nicht immer die negative Einheitsmatrix enthält, müssen wir

$$\tilde{\Gamma}[q] = \Gamma[q] \cup -\Gamma[q]$$

nehmen. Ein Blick auf die Klassifikation der elliptischen Fixpunkte zeigt ([FB], VI.1.8), dass $\tilde{\Gamma}[q]$ im Falle $q > 1$ keine elliptischen Elemente enthält. Man erhält so eine Serie von Deckbewegungsgruppen RIEMANN'scher Flächen.

Wir gehen abschließend auf einen historischen Aspekt der Uniformisierungstheorie ein. Sei D eines der drei Normgebiete und Γ eine frei operierende Gruppe biholomorpher Selbstabbildungen von D. Unter einer *automorphen Funktion* wollen wir hier eine Γ-invariante meromorphe Funktion auf D verstehen. Die automorphen Funktionen entsprechen umkehrbar eindeutig den meromorphen Funktionen auf der RIEMANN'schen Fläche D/Γ. Gegeben sei nun eine nicht konstante analytische Funktion F zweier komplexer Variablen, welche auf einem Gebiet $\mathcal{D} \subset \mathbb{C} \times \mathbb{C}$ definiert sei. Bereits der Fall eines Polynoms ist hochgradig interessant. Unter einer *Uniformisierung* von F versteht man ein Paar von automorphen Funktionen f, g (zu geeignetem (D, Γ), so dass folgende beiden Eigenschaften erfüllt sind:

1) Es gilt identisch
$$F(f(t), g(t)) = 0,$$
wobei $t \in D$ alle Punkte aus D durchlaufen darf, in denen f und g keine Pole haben.

2) Jeder Punkt (z, w) der Nullstellenmenge
$$\mathcal{N} := \{(z, w) \in D \times D; \quad F(z, w) = 0\}$$
bis auf eine diskrete Ausnahmemenge S lässt sich in der Form $(z, w) = (f(t), g(t))$ schreiben.

Uniformisierung in diesem Sinne bedeutet also *Parametrisierung durch automorphe Funktionen.*

In diesem Sinne wird beispielsweise die Gleichung

$$z^2 + w^2 = 0 \qquad (F(z, w) = z^2 + w^2 - 1)$$

durch die Funktionen $f(t) = \sin t$, $g(t) = \cos t$ uniformisiert. Das zugehörige Gebiet ist $D = \mathbb{C}$, die Gruppe Γ besteht aus den Translationen $z \mapsto z + 2\pi i k$, $k \in \mathbb{Z}$.

Ein anderes Beispiel stellt die Gleichung

$$w^2 = 4z^3 - g_2 z - g_3, \qquad g_2^3 - 27 g_3^2 \neq 0,$$

dar. Aus der Theorie der elliptischen Funktionen weiß man, dass ein Gitter $L \subset \mathbb{C}$ existiert, so dass diese Gleichung durch $f(t) = \wp(t)$ und $g(t) = \wp'(t)$ uniformisiert wird. Dabei sei $\wp$ die WEIERSTRASS'sche $\wp$-Funktion zum Gitter L.

Allgemein gelangt man zu einer Uniformisierung durch automorphe Funktionen wie folgt. Zunächst überlegt man sich, dass eine diskrete Teilmenge $S \subset \mathcal{N}$ des Nullstellengebildes existiert, so dass das Komplement $X_0 = \mathcal{N} - S$ eine natürliche Struktur als RIEMANN'sche Fläche besitzt. „Natürlich" soll hierbei beinhalten, dass die beiden Projektionen $f(z, w) = z$ und $f(z, w) = w$ analytische Funktionen sind. Dies haben wir für irreduzible Polynome bewiesen, der allgemeine Fall kann ähnlich behandelt werden. Wir übergehen dies, da der Fall der Polynome interessant genug ist. Die Fläche X_0 kann man u.U. durch Hinzufügen weiterer Punkte erweitern, wie ebenfalls das Beispiel der algebraischen Funktionen zeigt. Wir denken uns daher allgemein eine RIEMANN'sche Fläche X gegeben, welche eine diskrete Teilmenge T enthält, so dass X_0 biholomorph äquivalent zu $X - T$ ist. Der Einfachheit halber nehmen wir $X_0 = X - T$ an. Dies soll so geschehen, dass die beiden Funktionen f und g meromorph auf ganz X sind. In der Wahl von S und X hat man gewisse Freiheiten und kann so durchaus verschiedene Uniformisierungen ein und derselben Gleichung erhalten.

Nun setzt die Uniformisierungstheorie ein, wie wir sie entwickelt haben. Die Fläche X kann als Quotient D/Γ eines der drei Normgebiete nach einer frei operierenden Gruppe biholomorpher Transformationen geschrieben werden. Die beiden Funktionen f und g entsprechen automorphen Funktionen auf D, welche wir der Einfachheit halber wieder mit f und g bezeichnen. Die Uniformisierung durch automorphe Funktionen

$$F(f(t), g(t)) = 0$$

ist damit geleistet.

Übungsaufgaben zu III.2

1. Sei S eine nicht leere endliche Teilmenge eines Torus $X = \mathbb{C}/L$. Die universelle Überlagerung der Fläche $X - S$ ist der Einheitskreis.

2. Seien U, V zwei einfach zusammenhängende offene Teilmengen der Ebene. Man zeige, dass jede Zusammenhangskomponente von $U \cap V$ einfach zusammenhängend ist.

   Anleitung. Man benutze eine Charakterisierung des einfachen Zusammenhangs über die Umlaufzahl, s. [FB], Kapitel IV, Anhang C.

   Man zeige, dass die analoge Aussage für andere Flächen, z.B. $\bar{\mathbb{C}}$ anstelle von $\mathbb{C}$ falsch ist.

3. Seien X eine RIEMANN'sche Fläche, G eine endliche Gruppe biholomorpher Selbstabbildungen von X, welche einen gemeinsamen Fixpunkt a haben. Man zeige, dass

eine analytische Karte

$$\varphi : U \longrightarrow \mathbb{E}, \quad a \in U \subset X,$$

existiert, so dass U unter G invariant ist ($\gamma(U) = U$ für alle $\gamma \in G$) und so, dass die in $\mathbb{E}$ verpflanzte Gruppe $G_\varphi = \varphi G \varphi^{-1}$ aus allen Drehungen

$$z \longmapsto e^{\frac{2\pi i \nu z}{n}}; \quad 0 \leq \nu < n,$$

besteht. Dabei ist n die Ordnung von G.

Tip. Benutze die vorhergehende Aufgabe und den RIEMANN'schen Abbildungssatz.

4. Die vorhergehende Aufgabe besitzt eine besonders einfache Lösung in einem wichtigen Spezialfall: Sei $X = \mathbb{H}$ die obere Halbebene und G bestehe aus Möbiustransformationen $z \mapsto (az + b)(cz + d)^{-1}$, $\left(\begin{smallmatrix} a & b \\ c & d \end{smallmatrix}\right) \in \mathrm{SL}(2, \mathbb{R})$.

Tip. Man kann $\mathbb{H}$ durch den Einheitskreis und a durch den Nullpunkt ersetzen. Jetzt nutze man aus, dass jede biholomorphe Abbildung des Einheitskreises mit Fixpunkt 0 eine Drehung $z \mapsto \zeta z$, $|\zeta| = 1$, ist. Jede endliche Gruppe von Einheitswurzeln ist von der in der vorhergehenden Aufgabe angegebenen Form.

5. Sei G die Gruppe der Drehungen $z \to \zeta z$, $\zeta^n = 1$, der Ordnung n des Einheitskreises $\mathbb{E}$ und $\mathbb{E}/G$ der Quotientenraum.

Man zeige. Es existiert genau eine bijektive Abbildung $\varphi : \mathbb{E}/G \to \mathbb{E}$, so dass das Diagramm

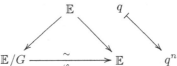

kommutativ ist. Die Abbildung φ ist topologisch und definiert eine Struktur als Riemann'sche Fläche auf $\mathbb{E}/G$.

6. Seien X eine RIEMANN'sche Fläche und Γ eine Gruppe biholomorpher Selbstabbildungen von X mit folgenden Eigenschaften:

1) X/Γ ist HAUSDORFF'sch.

2) Der Stabilisator Γ_a ist für jeden Punkt $a \in X$ endlich.

3) Zu jedem $a \in X$ existiert eine offene Umgebung $U(a)$ mit der Eigenschaft

$$\gamma(U(a)) \cap U(a) \neq \emptyset \Longrightarrow \gamma \in \Gamma_a.$$

Man zeige, dass man $U(a)$ invariant unter Γ_a wählen kann und dass die natürliche Abbildung

$$U(a)/\Gamma_a \longrightarrow X/\Gamma$$

eine offene Einbettung (= Homöomorphismus auf eine offene Teilmenge) ist.

Man konstruiere auf dem Quotientenraum X/Γ eine Struktur als RIEMANN'sche Fläche, so dass die natürliche Projektion $X \to X/\Gamma$ analytisch ist. Man zeige, dass eine Struktur mit dieser Eigenschaft im wesentlichen eindeutig bestimmt ist.

7. Eine Untergruppe von $\mathrm{SL}(2,\mathbb{R})$, genauer ihr Bild in $\mathrm{Bihol}\,\mathbb{H}$, hat genau dann die Eigenschaften 1)–3) aus der vorhergehenden Aufgabe, falls sie diskret ist. Beispielsweise sind alle Untergruppen von $\mathrm{SL}(2,\mathbb{Z})$ diskret.

8. Die j-Funktion definiert eine biholomorphe Abbildung

$$j : \mathbb{H}/\mathrm{SL}(2,\mathbb{Z}) \longrightarrow \mathbb{C}.$$

3. Der Satz von Picard

Eine schöne Anwendung der Theorie der RIEMANN'schen Flächen auf die Funktionentheorie sind der kleine und der große Satz von PICARD.

Aus dem Satz von CASORATI-WEIERSTRASS folgt, dass der Wertevorrat einer nicht konstanten ganzen Funktion in der komplexen Ebene dicht liegt. Der kleine Satz von PICARD besagt, dass sogar alle Werte mit höchstens einer Ausnahme angenommen werden:

3.1 Der kleine Satz von Picard (PICARD 1879). *Jede analytische Funktion*

$$f : \mathbb{C} \longrightarrow \mathbb{C} - \{0,1\}$$

ist konstant.

Der Beweis beruht darauf, dass die universelle Überlagerung der zweifach punktierten Ebene $\mathbb{C} - \{0,1\}$ biholomorph äquivalent zum Einheitskreis ist. Dies folgt aus der Klassifikation der Flächen mit universeller Überlagerung $\bar{\mathbb{C}}$ und $\mathbb{C}$ des vorangehenden Abschnitts.

Die einzige Fläche aus der Liste, bei welcher nicht unmittelbar klar ist, dass sie nicht zur zweifach punktierten Ebene biholomorph äquivalent ist, ist die einfach punktierte Ebene. Tatsächlich sind die beiden topologisch inäquivalent, wie man durchaus elementar zeigen kann: Die Fundamentalgruppe der einfach punktierten Ebene ist zyklisch, wie wir wissen, die der zweifach punktierten Ebene jedoch offensichtlich nicht. Vielleicht noch einfacher ist der Nachweis, dass sie nicht biholomorph äquivalent sind. Man sieht dies an den Automorpismengruppen: Die Gruppe der konformen Selbstabbildungen von $\mathbb{C}^{\bullet}$ enthält unendlich viele Drehungen. Die Gruppe der biholomorphen Selbstabbildungen der zweifach punktierten Ebene $\mathbb{C} - \{0,1\} = \bar{\mathbb{C}} - \{0,1,\infty\}$ ist jedoch endlich. Zunächst ist klar, dass eine solche biholomorphe Selbstabbildung in den drei Punkten $0, 1\infty$ außerwesentlich singulär ist. Sie ist daher die Einschränkung einer konformen Selbstabbildung der Zahlkugel, also einer Möbiustransformation. Eine solche Möbiustransformation muss die drei Punkte permutieren. Da eine Möbiustransformation durch ihre Werte auf drei Punkten eindeutig bestimmt ist, erhalten wir eine Einbettung (sogar einen Isomorphismus) in die Permutationsgruppe von drei Elementen.

Die Funktion f lässt sich zu einer analytischen Abbildung der universellen Überlagerungen hochheben,

$$F : \mathbb{C} \longrightarrow \mathbb{E}.$$

Nach dem Satz von LIOUVILLE ist F konstant.   □

Der große Satz von PICARD besagt, dass jede analytische Funktion

$$f : \mathbb{E} - \{0\} \longrightarrow \mathbb{C} - \{0, 1\}$$

mit wesentlicher Singularität in 0 konstant ist. Zu seinem Beweis benötigt man eine Verallgemeinerung des Satzes von MONTEL ([FB], IV.4.9). Wir benötigen eine kurze Vorbemerkung zum Begriff der lokal gleichmäßigen Konvergenz.

3.2 Bemerkung.   *Seien $D, D' \subset \mathbb{C}$ offene Teile der komplexen Ebene, und sei*

$$f_n : D \longrightarrow D'$$

eine Folge stetiger Funktionen, welche gegen eine Funktion

$$f : D \longrightarrow D'$$

lokal gleichmäßig konvergiert . Dann gibt es zu jedem Punkt $a \in D$ und zu jeder Umgebung $V(b) \subset D'$ des Bildpunkts $b = f(a)$ eine Umgebung $U(a)$, so dass $U(a)$ durch alle f_n ($n \in \mathbb{N}$) und durch f in $V(b)$ abgebildet wird.

Diese kleine Beobachtung, deren Beweis wir übergehen wollen, gestattet es, den Begriff der lokal gleichmäßigen Konvergenz in folgendem Sinne auf RIEMANN'sche Flächen zu verallgemeinern.

3.3 Definition.   *Seien X, Y Riemann'sche Flächen. Eine Folge stetiger Funktionen*

$$f_n : X \longrightarrow Y$$

konvergiert lokal gleichmäßig gegen eine stetige Funktion

$$f : X \longrightarrow Y,$$

falls es zu jedem Punkt $a \in X$ analytische Karten

$$\varphi : U_\varphi \longrightarrow V_\varphi, \quad a \in U_\varphi \subset X,$$
$$\psi : U_\psi \longrightarrow V_\psi, \quad b \in U_\psi \subset Y,$$

gibt, so dass U_φ durch alle f_n und durch f in U_ψ abgebildet wird und so, dass die in die Karte verpflanzte Folge

$$\psi \circ f_n \circ \varphi^{-1} : V_\varphi \longrightarrow V_\psi$$

lokal gleichmäßig gegen $\psi \circ f \circ \varphi^{-1}$ konvergiert.

Wenn X, Y offene Teile der Ebene sind, so erhält man den üblichen Begriff der lokal gleichmäßigen Konvergenz zurück.

3.4 Satz (verallgemeinerter Satz von Montel). *Seien X, Y zwei Riemann'sche Flächen. Die universelle Überlagerung von Y sei biholomorph äquivalent zum Einheitskreis. Gegeben sei eine Folge analytischer Funktionen*

$$f_n : X \longrightarrow Y.$$

Wir nehmen an, dass $(f_n(a))$ für mindestens einen Punkt $a \in X$ eine in Y konvergente Teilfolge hat. Dann besitzt f_n eine lokal gleichmäßig konvergente Teilfolge.

Ist X ein offener Teil der Ebene und Y der Einheitskreis, so erhält man den gewöhnlichen Satz von MONTEL zurück. (Die Voraussetzung, dass $(f_n(a))$ für mindestens einen Punkt eine konvergente Teilfolge besitzt, kann man fallen lassen; sie ist erfüllt, wenn man den Einheitskreis durch eine größere Kreisscheibe ersetzt.)

Beweis von 3.4. Wir können annehmen, dass die ganze Folge $f_n(a)$ gegen einen Punkt $b \in Y$ konvergiert. Wir betrachten die universellen Überlagerungen $\tilde{X} \to X$ und $\lambda : \mathbb{E} \to Y$. Sei $\tilde{a} \in \tilde{X}$ ein Urbildpunkt von a und $\tilde{b} \in \mathbb{E}$ ein Urbildpunkt von b. Wir heben f_n zu einer Folge analytischer Funktionen

$$F_n : \tilde{X} \longrightarrow \mathbb{E}$$

hoch. Dies kann so geschehen, dass $F_n(\tilde{a})$ auf einen vorgegebenen Urbildpunkt von $f_n(a)$ abgebildet wird. Man kann daher erreichen, dass $F_n(\tilde{a})$ gegen $\tilde{b}$ konvergiert. Nach dem gewöhnlichen Satz von MONTEL besitzt F_n eine lokal gleichmäßig konvergente Teilfolge, wir können annehmen, dass dies die ganze Folge ist. Die Grenzfunktion F bildet $\tilde{a}$ in $\mathbb{E}$ ab. Nach dem Maximumprinzip wird ganz $\tilde{X}$ in $\mathbb{E}$ abgebildet (a priori könnten Randpunkte von $\mathbb{E}$ im Bild liegen). Wir können insbesondere F mit der Überlagerungsabbildung $\lambda : \mathbb{E} \to Y$ zusammensetzen. Die Zusammensetzung $\lambda \circ F$ ist wie $\lambda \circ F_n$ under der Deckbewegungsgruppe der Überlagerung $\tilde{X} \to X$ invariant und entsteht daher durch Hochheben einer Funktion $f : X \to Y$. Es ist klar, dass f_n gegen f lokal gleichmäßig konvergiert. □

3.5 Der große Satz von Picard (PICARD 1879). *Sei*

$$f : \mathbb{E}^* = \mathbb{E} - \{0\} \longrightarrow \mathbb{C}$$

eine analytische Funktion mit wesentlicher Singularität in 0. Dann nimmt f alle Werte der komplexen Ebene mit höchstens einer Ausnahme an.

Vor dem Beweis machen wir eine kleine

Vorbemerkung. Seien $q_n \in \mathbb{E}^*$ eine Nullfolge und $f : \mathbb{E}^* \to \mathbb{C}$ eine analytische Funktion. Wenn die Folge $f_n(q) = f(q_n q)$ im punktierten Einheitskreis lokal gleichmäßig konvergiert, hat f eine hebbare Singularität in 0.

Beweis der Vorbemerkung. Wenn die Folge lokal gleichmäßig konvergiert, so ist sie insbesondere auf der Kreislinie $|q| = 1/2$ beschränkt,

$$|f(q_n q)| \le C, \quad |q| = 1/2.$$

Dies bedeutet, dass f auf einer Folge von konzentrischen Kreislinien, deren Radien gegen 0 konvergieren, beschränkt bleibt. Nach dem Maximumprinzip ist f dann auch zwischen je zweien dieser Kreislinien (durch C) beschränkt. Es folgt, dass f in $0 < |z| \le 1/2$ beschränkt ist. Nach dem RIEMANN'schen Hebbarkeitssatz ist 0 eine hebbare Singularität.   □

Nach dieser Vorbereitung kommen wir zum Beweis des großen Satzes von PICARD.

Beweis von 3.5. Wir müssen zeigen, dass eine analytische Funktion

$$f : \mathbb{E}^{\boldsymbol{\cdot}} \longrightarrow \mathbb{C} - \{0, 1\}$$

keine wesentliche Singularität haben kann. Wir schließen indirekt, nehmen also an, dass 0 eine wesentliche Singularität ist. Nach dem Satz von CASORATI-WEIERSTRASS existiert eine Nullfolge q_n, $0 < |q_n| < 1/2$, so dass $f(q_n)$ gegen einen willkürlich vorgegeben Punkt b der Ebene konvergiert. Wir wählen für b irgendeinen von 0 und 1 verschiedenen Punkt. Die Funktionenfolge

$$f_n : \mathbb{E}^{\boldsymbol{\cdot}} \longrightarrow \mathbb{C} - \{0, 1\},$$
$$f_n(q) := f(2 q_n q),$$

konvergiert in einem Punkt (nämlich $1/2$). Nach dem verallgemeinerten Satz von MONTEL besitzt sie eine lokal gleichmäßig konvergente Teilfolge. Nach der Vorbemerkung ist 0 eine hebbare Singularität im Widerspruch zur Annahme.   □

Beim Beweis des großen Satzes von PICARD haben wir die Uniformisierungstheorie verwendet, und zwar schlossen wir mit Hilfe das großen Uniformisierungssatzes, dass eine holomorphe Überlagerungsaabbildung

$$\lambda : \mathbb{E} \longrightarrow \bar{\mathbb{C}} - \{0, 1, \infty\}$$

existiert. Man kann den Uniformisierungssatz also vermeiden, wenn man eine solche Funktion λ anderweitig konstruiert. Bemerkenswerterweise liefert die Theorie der Modulformen eine solche Funktion. Die Hauptkongruenzgruppe der Stufe zwei $\Gamma[2]$ in der vollen elliptischen Modulgruppe operiert auf der oberen Halbebene. Es lässt sich explizit eine in $\mathbb{H}$ holomorphe Modulfunktion λ konstruieren, welche $\mathbb{H}/\Gamma[2]$ bijektiv auf die dreifach punktierte Zahlkugel abbildet. Damit ist $\mathbb{H}$ die universelle Überlagerung der dreifach punktierten Zahlkugel und $\Gamma[2]/\{\pm E\}$ die Deckbewegungsgruppe. Zur Konstruktion von λ verweisen wir auf die Übungsaufgaben. Da $\Gamma[2]$ ein Normalteiler in der vollen elliptischen Modulgruppe Γ ist, operiert die Faktorgruppe $\Gamma/\Gamma[2]$ als Gruppe biholomorpher Selbstabbildungen auf $\mathbb{H}/\Gamma[2]$. Diese Faktorgruppe ist in der Tat isomorph zur Permutationsgruppe von drei Elementen. Dies steht im

Einklang mit der erwähnten Bestimmung der Automorphismengruppe der dreifach punktierten Zahlkugel.

Übungsaufgaben zu III.3

1. Sei $S \subset \mathbb{C}$ eine endliche Teilmenge der Ebene und Γ die Fundamentalgruppe von $\mathbb{C} - S$ (in Bezug auf irgendeinen Basispunkt). Man konstruiere einen surjektiven Homomorphismus
$$\Gamma \longrightarrow \mathbb{Z}^n, \quad n = \#S.$$
Man folgere, dass die zweifach punktierte Ebene und die einfach punktierte Ebene nicht homöomorph sind.

2. In der folgenden Aufgabe wird gezeigt, dass die Fundamentalgruppe der zweifach punktierten Ebene nicht kommutativ ist. Man zeige der Reihe nach:

   a) Die Abbildung
   $$f : \mathbb{C} - \{0\} \longrightarrow \mathbb{C}, \quad z \longmapsto z^4 + z^{-4},$$
   ist eigentlich.

   b) Sei T die Menge der komplexen Zahlen, die aus dem Nullpunkt und aus den 6 sechsten Einheitswurzeln besteht und sei $S = \{-1, 2\}$. Durch Einschränkung von f erhält man eine eigentliche und lokal biholomorphe Abbildung
   $$f_0 : \mathbb{C} - T \longrightarrow \mathbb{C} - S.$$

   c) Die Transformationen
   $$z \longmapsto iz \text{ und } z \longmapsto \frac{1}{z}$$
   sind Deckbewegungen, welche nicht miteinander kommutieren.

3. Sei $S \subset \bar{\mathbb{C}}$ eine endliche Teilmenge der Kugelfläche. Die Fundamentalgruppe von $\bar{\mathbb{C}} - S$ ist genau dann kommutativ, wenn $\#S \leq 2$ gilt.

4. Im ersten Band [FB], Kapitel VI, §5, führten wir die JACOBI'schen Thetareihen $\vartheta, \widetilde{\vartheta}, \widetilde{\widetilde{\vartheta}}$ ein. Mit den dortigen Resultaten lasst sich beweisen:

   Die Funktion
   $$\lambda(z) = \frac{\widetilde{\vartheta}(z)^4}{\widetilde{\widetilde{\vartheta}}(z)^4}$$
   ist unter der Kongruenzgruppe $\Gamma[2]$ invariant. Sie erzeugt ihren Körper der Modulfunktionen. Sie induziert eine biholomorphe Abbildung von $\mathbb{H}/\Gamma[2]$ auf die dreifach punktierte Zahlkugel. Welche drei Punkte fehlen?

   (Die Funktion λ ist KLEIN's Lambda-Funktion.)

4. Anhang A. Die Fundamentalgruppe

Sei X ein bogenweise zusammenhängender topologischer Raum. Wir werden jedem Punkt $a \in X$ eine Gruppe, die *Fundamentalgruppe* $\pi(X, a)$ zuordnen. Ihre Elemente sind die Homotopieklassen von geschlossenen Kurven mit Basispunkt a. Der Isomorphietyp dieser Gruppe hängt nicht von der Wahl des Basispunktes a ab. Man spricht daher auch von *der* Fundamentalgruppe von X. Genau dann ist X *einfach zusammenhängend*, wenn die Fundamentalgruppe trivial ist.

In diesem Abschnitt werden alle Kurven über das Einheitsintervall parametrisiert:

$$\alpha : [0, 1] \longrightarrow X.$$

Dementsprechend definiert man die *Zusammensetzung* zweier Kurven

$$\alpha : [0, 1] \longrightarrow X \quad \text{mit } \alpha(1) = \beta(0)$$
$$\beta : [0, 1] \longrightarrow X$$

durch

$$\gamma : [0, 1] \longrightarrow X, \qquad \gamma(t) = \begin{cases} \alpha(2t) & \text{für } 0 \leq t \leq \frac{1}{2}, \\ \beta(2t - 1) & \text{für } \frac{1}{2} \leq t \leq 1. \end{cases}$$

Schreibweise. $\gamma = \alpha \cdot \beta$.

Entsprechend definiert man die *reziproke* (oder inverse) Kurve

$$\alpha^- : [0, 1] \longrightarrow X$$

von α mittels

$$\alpha^-(t) := \alpha(1 - t) \quad \text{für } 0 \leq t \leq 1.$$

Für $\alpha(0) = a$ und $\alpha(1) = b$ führt die Kurve α^- von b nach a.

Man hat zwei wichtige Äquivalenzrelationen für Kurven α, β mit demselben Anfangspunkt und Endpunkt.

1) Die *Parameteräquivalenz*. Sie bedeutet, dass eine topologische Abbildung

$$\tau : [0, 1] \longrightarrow [0, 1], \quad \tau(0) = 0, \ \tau(1) = 1,$$

mit

$$\beta(\tau(t)) = \alpha(t)$$

existiert.

Schreibweise. $\alpha \sim \beta$ (Parameteräquivalenz).

2) Die *Homotopie* (s. auch [FB], Kapitel IV, A3).

4.1 Definition. *Seien*

$$\alpha, \beta : [0,1] \longrightarrow X$$

zwei Kurven mit demselben Anfangs- und demselben Endpunkt

$$a = \alpha(0) = \beta(0); \quad \alpha(1) = \beta(1) = b.$$

Eine **Homotopie** *zwischen* α *und* β *ist eine stetige Abbildung*

$$H : [0,1] \times [0,1] \longrightarrow X$$

mit den Eigenschaften:

a) *Die Kurven*

$$\alpha_s : [0,1] \longrightarrow X,$$
$$\alpha_s(t) = H(t,s), \qquad (s \in [0,1]),$$

haben alle den Anfangspunkt a *und den Endpunkt* b.

b) $\alpha_0 = \alpha; \quad \alpha_1 = \beta$.

Man nennt α *und* β *homotop, falls eine Homotopie zwischen* α *und* β *existiert.*

Schreibweise. $\alpha \stackrel{.}{\sim} \beta$ *(Homotopie).*

Anschaulich gesprochen ist eine Homotopie H eine stetige Deformation von α in β unter Beibehaltung des Anfangs- und Endpunktes.

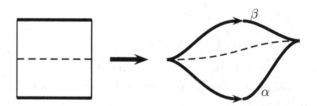

4.2 Definition.   *Eine* **geschlossene** *Kurve* $\alpha : [0,1] \to X$ *heißt* **nullhomotop***, falls sie zur konstanten Kurve*

$$\beta(t) = \alpha(0) \quad (= \alpha(1)), \ t \in [0,1],$$

homotop ist.

Wir formulieren einige einfache Tatsachen, deren Beweise dem Leser überlassen bleiben.

1) Die Parameteräquivalenz und die Homotopie sind Äquivalenzrelationen.

2) Parameteräquivalenz impliziert Homotopie,
$$\alpha \sim \beta \implies \alpha \stackrel{\wedge}{-} \beta.$$
(betrachte $H(t,s) = \alpha\,(t(1-s) + s\tau(t))$.)

3) Seien
$$\alpha, \beta, \gamma : [0,1] \longrightarrow X$$
drei Kurven mit der Eigenschaft
$$\alpha(1) = \beta(0), \quad \beta(1) = \gamma(0),$$
dann gilt
$$(\alpha \cdot \beta) \cdot \gamma \sim \alpha \cdot (\beta \cdot \gamma), \quad \text{also auch} \quad (\alpha \cdot \beta) \cdot \gamma \stackrel{\wedge}{-} \alpha \cdot (\beta \cdot \gamma).$$

4) Seien α, α' und β, β' zwei Paare homotoper Kurven. Es gelte $\alpha(1) = \beta(0)$. Dann sind auch die Kurven $\alpha \cdot \beta$ und $\alpha' \cdot \beta'$ homotop.

5) Es ist stets $\alpha \cdot \alpha^-$ nullhomotop,

wie die Homotopie
$$H(t,s) = \begin{cases} \alpha(2t(1-s)), & 0 \le t \le 1/2, \\ \alpha(2(1-t)(1-s)), & 1/2 \le t \le 1, \end{cases}$$
zeigt.

6) Zwei Kurven α, β mit demselben Anfangs- und Endpunkt sind genau dann homotop, falls $\alpha \cdot \beta^-$ nullhomotop ist.
$$(\alpha \sim \beta \Longleftrightarrow \alpha \cdot \beta^- \sim \beta \cdot \beta^-.)$$
Wir zeichnen einen Punkt $a \in X$ aus und bezeichnen mit
$$\mathcal{S}(X,a)$$
die Menge aller geschlossenen Kurven mit Ausgangspunkt a. Die Homotopie definiert auf $\mathcal{S}(X,a)$ eine Äquivalenzrelation. Die Menge der Äquivalenzklassen (=Homotopieklassen) sei
$$\pi(X,a) := \mathcal{S}(X,a)/\stackrel{\wedge}{-}.$$
Wir bezeichnen die Homotopieklasse einer Kurve α manchmal mit $[\alpha]$. Die bisherigen Beobachtungen zeigen:

4.3 Bemerkung. *Die Definition*

$$[\alpha] \cdot [\beta] = [\alpha \cdot \beta] \quad f\ddot{u}r \quad \alpha, \beta \in \mathcal{S}(X, a)$$

ist unabhängig von der Wahl der Repräsentanten und definiert daher eine Verknüpfung auf $\pi(X, a)$. *Dadurch erhält* $\pi(X, a)$ *eine Struktur als Gruppe. Neutrales Element ist die Homotopieklasse der konstanten Kurve (mit Anfangs- und Endpunkt a). Inverses zu* $[\alpha]$ *ist* $[\alpha]^{-1} = [\alpha^{-}]$.

Man nennt $\pi(X, a)$ die *Fundamentalgruppe* von X zum Basispunkt a. Andere Namen sind POINCARÉ-Gruppe oder erste Homotopiegruppe. Man bezeichnet sie zur Unterscheidung von höheren Homotopiegruppen auch gelegentlich mit $\pi_1(X, a)$. Wir untersuchen noch die Abhängigkeit von $\pi(X, a)$ vom Basispunkt a.

Seien $a, b \in X$ zwei Punkte. Wir wählen eine Verbindungskurve

$$\gamma : [0, 1] \longrightarrow X, \quad \gamma(0) = a, \ \gamma(1) = b.$$

Offenbar gilt:

4.4 Bemerkung. *Die Abbildung*

$$d_\gamma : \pi(X, a) \longrightarrow \quad \pi(X, b),$$
$$[\alpha] \longmapsto [\gamma^{-} \cdot \alpha \cdot \gamma],$$

definiert einen Gruppenisomorphismus.

Für (bogenzusammenhängende) topologische Räume X ist also die Fundamentalgruppe $\pi(X, a)$ bis auf Isomorphie unabhängig vom Basispunkt a; man schreibt daher auch häufig $\pi(X)$ anstelle von $\pi(X, a)$. Dabei ist allerdings Vorsicht geboten, da es i.a. keinen ausgezeichneten (kanonischen) Isomorphismus gibt. (Dieser hängt von der Wahl von γ ab.)

4.5 Definition. *Ein topologischer Raum X heißt* **einfach zusammenhängend**, *falls er bogenweise zusammenhängend ist und falls je zwei Kurven mit demselben Anfangs- und Endpunkt homotop sind.*

Der Begriff „nullhomotop" hängt mit dem folgenden Begriff „auffüllbar" eng zusammen.

4.6 Definition. *Eine stetige Abbildung der Kreislinie*

$$\alpha : \partial \mathbb{E} \longrightarrow X$$

heißt **auffüllbar**, *falls es eine stetige Fortsetzung auf den abgeschlossenen Einheitskreis*

$$A : \bar{\mathbb{E}} \longrightarrow X$$

gibt.

Dieselbe Definition verwendet man sinngemäß für das Quadrat $[0, 1] \times [0, 1]$ anstelle der Kreisscheibe $\bar{\mathbb{E}}$. Es besteht kein prinzipieller Unterschied, da eine topologische Abbildung von Q auf $\bar{\mathbb{E}}$ existiert, welche auch die Ränder topologisch aufeinander abbildet.

4.7 Bemerkung. *Sei X ein bogenweise zusammenhängender Raum. Dann sind äquivalent:*

1) *X ist einfach zusammenhängend.*
2) *$\pi(X, a) = \{e\}$ für ein $a \in X$.*
3) *$\pi(X, a) = \{e\}$ für alle $a \in X$.*
4) *Jede stetige Abbildung*

$$\alpha : \partial \mathbb{E} \longrightarrow X$$

  ist auffüllbar.

(*e* bezeichne dabei das neutrale Element der Fundamentalgruppe.)

Beweis. Die Äquivalenz von 1), 2) und 3) sind bereits klar. Es genügt daher die Äquivalenz von 2) und 4) zu zeigen.

2) $\Rightarrow$ 4):   Sei $\alpha : \partial \mathbb{E} \to X$ eine stetige Abbildung. Die Kurve

$$\beta(t) = \alpha\big(e^{2\pi it}\big)$$

ist nullhomotop, sei $H(t, s) = \beta_s(t)$ eine Deformation von β in den Punkt $\beta(0)$. Durch

$$A\big(re^{2\pi it}\big) = \beta_{1-r}\big(e^{2\pi it}\big), \quad 0 \le r, t \le 1,$$

wird eine stetige Auffüllung von α definiert.

4) $\Rightarrow$ 2):   Sei α eine geschlossene Kurve. Nach Voraussetzung existiert eine stetige Abbildung $A : \overline{\mathbb{E}} \to X$ mit $A(e^{2\pi it}) = \alpha(t)$.
Die Abbildung

$$H(t, s) = A\big(s + (1 - s)e^{2\pi it}\big)$$

ist eine Homotopie, welche α auf einen Punkt zusammenzieht.

Beispiele für Fundamentalgruppen

1) Ist $D \subset \mathbb{R}^n$ sternförmig bezüglich $a \in D$, dann ist $\pi(D, a) = \{e\}$, denn durch

$$H(t, s) = (1 - s)\alpha(t) + sa$$

   wird eine Homotopie zwischen α und der konstanten Kurve $\beta(t) = a$ für $t \in [0, 1]$ definiert. Insbesondere ist jedes Sterngebiet $D \subset \mathbb{R}^n$ und speziell $\mathbb{R}^n$ selbst für jedes $n \in \mathbb{N}$ einfach zusammenhängend.

2) In [FB], Kapitel IV, A10 haben wir gezeigt:

Die Fundamentalgruppe der punktierten Ebene ist isomorph zu $\mathbb{Z}$.

$$\pi(\mathbb{C}^{\bullet}, 1) \xrightarrow{\sim} \mathbb{Z},$$
$$[\alpha] \longmapsto \text{Umlaufzahl von } \alpha \text{ um } 0.$$

(Die Umlaufzahl ist nach der Homotopieversion des CAUCHY'schen Integralsatzes eine Homotopieinvariante).

Die Fundamentalgruppe eines topologischen Raumes ist nur in Ausnahmefällen kommutativ (abelsch). Es lässt sich beispielsweise zeigen, dass die Fundamentalgruppe der zweifach punktierten Ebene eine freie nicht abelsche Gruppe mit zwei Erzeugenden ist (s. Aufgabe 2 in III.3). Es gibt mehrere Möglichkeiten, aus einer Gruppe einen abelschen Anteil zu extrahieren, beispielsweise wie folgt:

Ist G irgendeine Gruppe, so ist die Menge $\mathrm{Hom}(G, \mathbb{R})$ aller Gruppenhomomorphismen von G in die additive Gruppe der reellen Zahlen in naheliegender Weise ein Untervektorraum des reellen Vektorraums aller Abbildungen von G nach $\mathbb{R}$. Den Vektorraum

$$H^1(X, a) = \mathrm{Hom}(\pi(X, a), \mathbb{R})$$

nennt man auch die (erste) *Kohomologiegruppe* von X (mit Koeffizienten in $\mathbb{R}$). Sie hängt per Konstruktion von der Wahl des Basispunktes ab, allerdings nicht wesentlich. Ist nämlich b ein weiterer Basispunkt, so kann man eine feste Kurve γ betrachten, welche a mit b verbindet. Nach Wahl von γ erhält man einen Isomorphismus (4.4)

$$\pi(X, a) \longrightarrow \pi(X, b).$$

Dieser Isomorphismus hängt von der Wahl von γ ab. Man überlegt sich jedoch leicht, dass der induzierte Isomorphismus

$$H^1(X, b) \longrightarrow H^1(X, a)$$

von der Wahl von γ unabhängig ist. Wir nennen ihn den *kanonischen Isomorphismus*. Da wir die Kohomologiegruppen zu verschiedenen Basispunkten mittels des kanonischen Isomorphismus identifizieren können, schreiben wir auch einfach

$$H^1(X) = H^1(X, a).$$

Man schreibt häufig auch $H^1(X, \mathbb{R})$ anstelle von $H^1(X)$, um anzudeuten, dass man als Koeffizientenbereich $\mathbb{R}$ genommen hat. Im Prinzip könnte man als Koeffizientenbereich anstelle von $\mathbb{R}$ eine beliebige abelsche Gruppe nehmen. Dann ist i.a. allerdings die Kohomologiegruppe lediglich eine abelsche Gruppe und kein Vektorraum. Die Dimension des Vektorraums $H^1(X, \mathbb{R})$ (sie kann unendlich sein) ist eine wichtige Invariante des Raumes X. Für topologisch äquivalente Räume stimmen diese Invarianten überein. Wenn man zwei Räume X und Y hat, für welche die Invarianten nicht übereinstimmen, so können die Räume auch nicht topologisch äquivalent sein. Wir geben zur Illustration ein Beispiel ohne Beweis:

Sei $S \subset \mathbb{C}$ eine Punktmenge, welche aus n komplexen Zahlen besteht. Man kann zeigen, dass

$$H^1(\mathbb{C} - S, \mathbb{R}) \cong \mathbb{R}^n$$

gilt. Ist also T eine andere endliche Teilmenge von $\mathbb{C}$, so können als Folge dieses Resultats die Räume $\mathbb{C} - S$ und $\mathbb{C} - T$ nur dann homöomorph sein, wenn S und T gleich viele Elemente enthalten. (Sie sind dann tatsächlich topologisch äquivalent). Ein Spezialfall hiervon wird in einer Übungsaufgabe behandelt werden.

5. Anhang B. Die universelle Überlagerung

Die nun folgende Konstruktion der universellen Überlagerung ist historisch eng mit der Theorie der RIEMANN'schen Flächen verwoben. Die Fläche wurde in den Anfängen der Theorie so aufgeschnitten, dass ein zu einem ebenen Gebiet topologisch äquivalentes Gebilde entstand. Aus i.a. unendlich vielen Kopien dieser aufgeschnittenen Fläche wurde dann die „universelle Überlagerung" durch Verkleben von Schnitträndern erzeugt.

Am Beispiel des Torus lässt sich dies leicht erklären. Einen Torus kann man sich aus einem Rechteck entstehend vorstellen, bei dem gegenüberliegende Randkanten verheftet wurden. Die Randkanten ergeben zwei geschlossene Kurven auf dem Torus. Schneidet man den Torus längs dieser Kurven auf, so erhält man das Rechteck zurück. Die universelle Überlagerung des Torus ist eine Ebene, die man sich als Verheftungsraum von unendlich vielen Rechtecken mittels eines naheliegenden Verheftungsmusters vorstellen kann. In ähnlicher Weise werden wir in Kapitel IV eine kompakte RIEMANN'sche Fläche so aufschneiden, dass ein $4p$-Eck entsteht.

Der rein topologische Hintergrund wurde erst allmählich sichtbar. In WEYL's berühmtem Buch [We] wurde die die universelle Überlagerung erstmals in der heute üblichen topologischen Sprechweise konstruiert.

Bereits im Zusammenhang mit der Konstruktion der einer algebraischen Funktion zugeordneten RIEMANN'schen Fläche haben wir den Begriff der Überlagerung eingeführt und einen extremen Spezialfall der Überlagerungstheorie behandelt. Wir wiederholen kurz die wichtigsten Begriffe.

5.1 Definition. *Eine lokal topologische Abbildung*

$$f : Y \longrightarrow X$$

*heißt **Überlagerung**, falls folgende Bedingung erfüllt ist:*

Zu jedem Punkt $b \in X$ existiert eine offene Umgebung $V(b)$ mit folgender Eigenschaft:

Zu jedem Urbildpunkt $a \in Y$ von b existiert eine offene Umgebung $U(a)$, so dass das volle Urbild $f^{-1}(V(b))$ die disjunkte Vereinigung aller $U(a)$ ist,

$$f^{-1}(V(b)) = \bigcup_{f(a)=b} U(a) \qquad (a \neq a' \Longrightarrow U(a) \cap U(a') = \emptyset)$$

und so, dass jedes $U(a)$ durch f auf $V(b)$ topologisch abgebildet wird.

Die Überlagerungseigenschaft hat eine wichtige offensichtliche Konsequenz. Ordnet man jedem Punkt $a \in X$ die Anzahl der Punkte in der Faser über a zu (diese Anzahl kann unendlich sein),

$$a \longmapsto \# f^{-1}(a) \leq \infty,$$

so ist diese Abbildung offenbar lokal konstant (sie ist konstant auf $V(b)$). Hieraus folgt:

5.2 Bemerkung. *Ist $Y \to X$ eine Überlagerung eines zusammenhängenden Raumes X, so besitzt jeder Punkt $a \in X$ gleich viele Urbildpunkte. Insbesondere ist sie surjektiv, wenn Y nicht leer ist.*

Diese gemeinsame Anzahl nennt man auch den *Grad* oder die *Blätterzahl* der Überlagerung. Die letztere Bezeichnung darf man nicht in dem Sinne missverstehen, dass Y disjunkt in unterscheidbare Blätter zerfällt.

Typisches Beispiel für eine n-blättrige Überlagerung ist $\mathbb{C}^{\bullet} \to \mathbb{C}^{\bullet}$, $q \mapsto q^n$. Beispiel für eine unendlichblättrige Überlagerung ist $\exp : \mathbb{C} \to \mathbb{C}^{\bullet}$. In beiden Fällen kann man für $V(b)$ eine geschlitzte Ebene nehmen, also das Komplement einer von 0 ausgehenden Halbgeraden, welche nicht durch b läuft.

Ein wichtiges Hilfsmittel zum Studium von Überlagerungen ist das Liften (Hochheben) von Kurven. Wir erinnern an den Begriff der Kurvenliftung.

5.3 Definition. *Eine stetige Abbildung $f : Y \to X$ von topologischen Räumen besitzt die Kurvenliftungseigenschaft, falls es zu jeder Kurve*

$$\alpha : [0,1] \longrightarrow X$$

und zu jedem Punkt $b \in Y$ über $\alpha(0)$ (d.h. $f(b) = \alpha(0)$) eine Liftkurve β mit Anfangspunkt b existiert, d.h.

$$\alpha = f \circ \beta, \quad \beta(0) = b.$$

Man will manchmal nicht nur einzelne Kurven, sondern ganze Homotopien liften:

5.4 Definition. *Eine stetige Abbildung*

$$f : Y \longrightarrow X$$

*hat die **Homotopieliftungseigenschaft**, falls zu jeder stetigen Abbildung*

$$H : [0,1] \times [0,1] \longrightarrow X$$

und zu jedem Punkt $b \in Y$ mit $f(b) = H(0,0)$ eine stetige Abbildung

$$\tilde{H} : [0,1] \times [0,1] \longrightarrow Y$$

mit den Eigenschaften

$$f \circ \tilde{H} = H, \quad \tilde{H}(0,0) = b.$$

existiert.

Es ist klar, dass für lokal topologische Abbildungen die Hochhebung $\tilde{H}$ durch H und b eindeutig bestimmt ist. Besonders interessant ist der Fall, dass H eine Homotopie ist. Dies bedeutet, dass die beiden Abbildungen

$$s \longmapsto H(0,s), \quad s \longmapsto H(1,s)$$

konstant sind.

5.5 Bemerkung. *Sei $f : Y \to X$ eine lokal topologische Abbildung, welche die Homotopieliftungseigenschaft besitzt. In den Bezeichnungen von 5.4 gilt: Ist H eine Homotopie, so ist auch $\tilde{H}$ eine Homotopie.*

Beweis. Durch

$$s \longmapsto \tilde{H}(0,s), \quad s \longmapsto \tilde{H}(1,s)$$

werden stetige Abbildungen des Einheitsintervalls in die Urbildmengen der beiden Punkte $H(0,0) = H(0,s)$, $H(1,1) = H(1,s)$ definiert. Wenn f lokal topologisch ist, sind diese beiden Punktmengen diskret. Die beiden Abbildungen sind also konstant. $\qquad\square$

In Kapitel I wurde bereits gezeigt (I.4.3 und I.4.4):

5.6 Satz. *Überlagerungen haben die Kurvenliftungseigenschaft und die Homotopieliftungseigenschaft.*

Für weitergehende Eigenschaften von Überlagerungen benötigt man Bedingungen an die zugrundeliegenden topologischen Räume, welche für Flächen trivialerweise erfüllt sind. Eine dieser Eigenschaften ist der lokale bogenweise Zusammenhang:

Ein Raum X heißt **lokal bogenweise zusammenhängend,** *wenn es zu jeder Umgebung U eines beliebigen Punktes $a \in X$ eine bogenweise zusammenhängende Umgebung $V \subset U$ gibt.*

Wir setzen im folgenden stillschweigend voraus, dass alle auftretenden Räume bogenweise zusammenhängend und lokal bogenweise zusammenhängend sind. (Der Leser mag sich überlegen, dass man im einen oder anderen Fall diese Voraussetzung abschwächen kann.)

Die Kurvenliftungseigenschaft und die Homotopieliftungseigenschaft von Überlagerungen sind Spezialfälle des folgenden allgemeinen Phänomens:

5.7 Satz. *Seien*

$$f : Y \longrightarrow X$$

eine Überlagerung und

$$g : Z \longrightarrow X$$

eine stetige Abbildung eines **einfach zusammenhängenden** *Raumes Z in X, und seien $c \in Z$ und $b \in Y$ zwei Punkte mit demselben Bildpunkt in X, $f(b) = g(c)$. Dann existiert eine eindeutig bestimmte stetige "Liftung"*

$$h : Z \longrightarrow Y$$

mit den Eigenschaften

$$f \circ h = g, \quad h(c) = b.$$

Beweis. Wir verbinden einen beliebigen Punkt $z \in Z$ durch eine Kurve mit c.

$$\alpha : [0, 1] \longrightarrow Z; \qquad \alpha(0) = c, \ \alpha(1) = z.$$

Wir betrachten dann die Bildkurve $g \circ \alpha$ in X und bezeichnen deren (eindeutig) bestimmten Lift zum Anfangspunkt b in Y mit

$$\beta : [0, 1] \longrightarrow \tilde{X}.$$

Wir definieren

$$h(z) := \beta(1).$$

Aus der Homotopieliftungseigenschaft in Verbindung mit dem einfachen Zusammenhang von Z folgert man leicht, dass $h(z)$ nicht von der Wahl der verbindenden Kurve β abhängt.

Es bleibt zu zeigen, dass h stetig ist. Hier geht ein, dass Z lokal bogenweise zusammenhängend ist. Wir zeigen die Stetigkeit in einem vorgegeben Punkt z_0.

Seien $x_0 = g(z_0)$ und $y_0 = h(z_0)$. Wir wählen eine offene Umgebung $V(y_0)$, welche durch f topologisch auf eine Umgebung $U(x_0)$ von x_0 abgebildet wird.

Danach wählen wir eine bogenweise zusammenhängende Umgebung $W(z_0)$ mit $g(W(z_0)) \subset U(x_0)$. Wir behaupten, dass $h(W(z_0))$ ganz in $V(y_0)$ enthalten ist. (Hieraus folgt die Stetigkeit von h in z_0, da man $V(y_0)$ beliebig klein wählen kann.) Ist $z \in W(z_0)$ ein beliebiger Punkt in $W(z_0)$, so kann man den Punkt $y = h(z)$ folgendermaßen erhalten: Man verbindet z_0 mit z in $W(z_0)$ und betrachtet die Bildkurve in $U(x_0)$. Diese Kurve kann zu einer Kurve in Y mit Anfangspunkt y_0 eindeutig geliftet werden. Da man sie trivialerweise nach $V(y_0)$ liften kann, ist die Liftkurve ganz in $V(y_0)$ enthalten. Insbesondere ist ihr Endpunkt, also $h(z)$ in $V(y_0)$ enthalten.

5.8 Satz. *Sei $f : Y \to X$ eine Überlagerung eines einfach zusammenhängenden Raumes X. Dann ist f trivial, d.h. eine topologische Abbildung.*

Dies folgt leicht aus 5.7. $\qquad\qquad\qquad\qquad\qquad\qquad\qquad\qquad\qquad\qquad$ □

Beim Beweis von 5.7 haben wir von der Überlagerungseigenschaft von f nur benutzt, dass f eine lokal topologische Abbildung ist, welche die Kurven- und Homotopieliftungseigenschaft benutzt. Insbesondere gilt 5.8 unter dieser (scheinbar) schwächeren Voraussetzung. Da dies eine wesentliche Rolle beim Beweis des Monodromiesatzes spielen wird, halten wir es fest:

5.9 Zusatz zu 5.8. *Satz 5.8 gilt für alle lokal topologischen f, welche die Kurven- und Homotopieliftungseigenschaft haben.*

Im folgenden konstruieren wir unter gewissen Voraussetzungen eine ausgezeichnete Überlagerung, die sogenannte *universelle Überlagerung X*.

5.10 Definition. *Eine Überlagerung eines bogenweise zusamenhängenden Raums X,*

$$f : \tilde{X} \longrightarrow X,$$

*heißt **universell**, falls $\tilde{X}$ einfach zusammenhängend ist.*

Die Rechtfertigung für diese Begriffsbildung ergibt sich aus folgendem Satz,

5.11 Satz. *Sei*

$$f : \tilde{X} \longrightarrow X$$

eine universelle und

$$g : Y \longrightarrow X$$

eine beliebige Überlagerung. Dann existiert eine Überlagerung

$$h : \tilde{X} \longrightarrow Y,$$

so dass das Diagramm

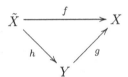

kommutativ ist ($g \circ f = h$).

5.12 Zusatz. *Seien $a \in \tilde{X}$ und $b \in Y$ Punkte mit demselben Bildpunkt in X, so kann die Abbildung so konstruiert werden, dass*

$$h(a) = b$$

gilt. Sie wird durch diese Bedingung eindeutig bestimmt.

Beweis. Die Existenz einer stetigen Abbildung h mit den angegebenen Eigenschaften folgt aus 5.7. Es ist leicht zu sehen, dass h eine Überlagerung ist, wenn f und g beide Überlagerungen sind. $\square$

5.13 Definition. *Sei*

$$f : Y \longrightarrow X$$

*eine Überlagerung. Eine **Deckbewegung** ist eine topologische Abbildung*

$$\gamma : Y \longrightarrow Y,$$

so dass

$$f \circ \gamma = f$$

gilt.

Unmittelbar klar ist:

5.14 Bemerkung. *Die Gesamtheit aller Deckbewegungen einer Überlagerung bildet eine Gruppe (bezüglich der Zusammensetzung von Abbildungen).*

Man nennt die Gruppe der Deckbewegungen von $f : Y \to X$ auch die **Deckbewegungsgruppe**.

5.15 Definition. *Eine Überlagerung $f : Y \to X$ heißt **Galois'sch**, falls zu je zwei Punkten $a, b \in Y$ mit demselben Spurpunkt $f(a) = f(b)$ eine Deckbewegung $\gamma : Y \to Y$ mit $\gamma(a) = b$, existiert.*

Wenn Y einfach zusammenhängend ist, so existieren nach 5.11 eine eindeutig bestimmte Überlagerungsabbildung $\gamma : Y \to Y$ mit $\gamma(a) = b$ und $\gamma \circ f = f$. Indem man die Rollen von a und b vertauscht, sieht man, dass γ eine topologische Abbildung und somit eine Deckbewegung ist. Wir erhalten:

5.16 Bemerkung. *Universelle Überlagerungen sind Galois'sch.*

Wir stellen einige Eigenschaften von Deckbewegungsgruppen zusammen:

5.17 Definition. *Sei Γ eine Gruppe topologischer Selbstabbildungen eines topologischen Raumes X. Die Gruppe operiert **frei** auf X, falls folgende beiden Bedingungen erfüllt sind:*

1) *Zu je zwei Punkten $a, b \in X$ existieren Umgebungen $U(a), U(b)$ mit der Eigenschaft*

$$\gamma(U(a)) \cap U(b) \neq \emptyset \implies \gamma(a) = b.$$

2) *Wenn ein Element $\gamma \in \Gamma$ einen Fixpunkt $a \in X$, $\gamma(a) = a$ besitzt, so ist γ die Identität.*

5.18 Bemerkung.   *Die Deckbewegungsgruppe einer Überlagerung $f : Y \to X$ operiert frei.*

Beweis. Es genügt 1) zu beweisen, da 2) in der Eindeutigkeitsaussage von 5.7 enthalten ist. Wir nehmen zunächst an, dass die Punkte a und b verschiedene Spurpunkte haben. Da f lokal topologisch ist, kann man disjunkte offene Umgebungen $U(a)$ und $U(b)$ in Y so wählen, deren Bilder in X noch disjunkt sind. Es gilt dann offensichtlich $\gamma(U(a)) \cap U(b) = \emptyset$. Wenn die beiden Spurpunkte $c = f(a) = f(b)$ gleich sind, wählt man eine offene und zusammenhängende Umgebung $V(c)$ in X, deren Urbild Vereinigung paarweise disjunkter Umgebungen $U(y)$ der Urbildpunkte $y \in Y$, $f(y) = c$ ist, welche durch f topologisch auf $V(c)$ abgebildet werden. Ist nun γ eine Deckbewegung, so ist $\gamma(U(a))$ in der Vereinigung aller $U(y)$, $f(y) = c$, enthalten. Wenn $\gamma(U(a)) \cap U(b)$ nicht leer ist, so muss $\gamma(U(a)) = U(b)$ aus Zusammenhangsgründen gelten. Wegen $f \circ \gamma = f$ folgt $\gamma(a) = b$. □

Sei Γ eine Gruppe topologischer Abbildungen eines topologischen Raumes X. Man nennt zwei Punkte $a, b \in X$ äquivalent bezüglich Γ, falls ein Element

$$\gamma \in \Gamma, \qquad \gamma(a) = b,$$

existiert. Den Quotientenraum nach dieser Äquivalenzrelation bezeichnet man mit X/Γ.

5.19 Bemerkung.   *Sei Γ eine Gruppe topologischer Selbstabbildungen von X, welche frei operiert. Dann ist die natürliche Projektion*

$$p : X \longrightarrow X/\Gamma$$

eine Galois'sche Überlagerung mit Deckbewegungsgruppe Γ.

Beweis. Man wählt zu einem beliebigen Punkt $a \in X$ eine offene Umgebung $U(a)$, so dass $\gamma(U(a)) \cap U(a) = \emptyset$ für $\gamma \neq e$. Dann ist das Bild $V(b) = p(U(a))$ eine offene Umgebung von $b = p(a)$ mit der Eigenschaft

$$p^{-1}(V(b)) = \bigcup_{\gamma \in \Gamma} \gamma(U(a)).$$

Die Zerlegung auf der rechten Seite ist disjunkt und jedes einzelne $\gamma(U(a))$ wird topologisch auf $V(b)$ abgebildet. Der Rest ist klar. □

Es besteht ein enger Zusammenhang der *universellen Überlagerung* und der *Fundamentalgruppe*. Dieser Zusammenhang führt auch zu einem Existenzbeweis für die universelle Überlagerung.

Sei $f : \tilde{X} \to X$ eine universelle Überlagerung. Wir zeichnen einen Punkt $\tilde{a} \in \tilde{X}$ aus und bezeichnen seinen Bildpunkt mit $a = f(\tilde{a})$. Wir wollen jedem Element γ der Deckbewegungsgruppe Γ ein Element der Fundamentalgruppe

$\pi(X, a)$ zuordnen. Dazu verbinden wir die Punkte $\tilde{a}$ und $\gamma(\tilde{a})$ mit einer Kurve α,

$$\alpha : [0,1] \longrightarrow \tilde{X}; \qquad \alpha(0) = \tilde{a}, \ \alpha(1) = \gamma(\tilde{a}).$$

Die Homotopieklasse dieser Kurve ist wegen des einfachen Zusammenhangs von $\tilde{X}$ eindeutig bestimmt. Daher definiert ihr Bild in X ein wohldefiniertes Element der Fundamentalgruppe $\pi(X, a)$. Die so definierte Abbildung $\Gamma \to \pi(X, a)$ ist wegen der Kurvenliftungseigenschaft und wegen 5.7 surjektiv. Wegen 5.6 ist sie auch injektiv. Fassen wir zusammen:

5.20 Bemerkung. *Sei $\tilde{X} \to X$ eine universelle Überlagerung, $\tilde{a}$ ein ausgezeichneter Punkt in $\tilde{X}$ und a sein Bildpunkt in X. Die konstruierte Abbildung*

$$\Gamma \longrightarrow \pi(X, a)$$

ist ein Isomorphismus.

Die Fundamentalgruppe eines Raumes und die Deckbewegungsgruppe seiner universellen Überlagerung sind isomorph.

Diese Beobachtung legt eine Konstruktion der universellen Überlagerung nahe. Ihre Durchführung erfordert gewisse Voraussetzungen an den Raum X, welche in dem uns interessierenden Fall von zusammenhängenden Flächen erfüllt sind. Was man braucht, ist folgendes:

Ein Raum X heißt **hinreichend zusammenhängend,** *falls er bogenweise zusammenhängend ist und falls es zu jeder Umgebung U eines beliebigen Punktes $a \in X$ eine einfach zusammenhängende Umgebung $V \subset U$ gibt.*

Diese Eigenschaft wird für den Rest des Paragraphen vorausgesetzt.

5.21 Satz. *Jeder hinreichend zusammenhängende topologische Raum besitzt eine universelle Überlagerung.*

Beweis. Wir zeichnen einen Punkt $a \in X$ aus. Ist x ein beliebiger Punkt von X, so bezeichnen wir mit $\langle a, x \rangle$ die Menge der Homotopieklassen von Kurven mit Anfangspunkt a und Endpunkt x. Wir betrachten die Menge $\tilde{X}$ aller Paare

$$(x, A); \quad x \in X, \ A \in \langle a, x \rangle.$$

Wir nennen die Homotopieklasse A auch eine *Markierung* des Punktes x. Die Elemente von $\tilde{X}$ sind also Punkte aus X, welche mit einer Markierung versehen wurden. Man hat eine natürliche Projektion (Vergessen der Markierung)

$$f : \tilde{X} \longrightarrow X,$$
$$(x, A) \longmapsto x.$$

Unser Ziel ist es, $\tilde{X}$ so zu topologisieren, dass $f : \tilde{X} \to X$ eine universelle Überlagerung ist.

Sei $U \subset X$ eine einfach zusammenhängende offene Teilmenge und A eine Markierung eines festen Punktes $x_0 \in U$. Man kann dann jeden anderen Punkt $x \in U$ folgendermaßen eindeutig markieren. Man wählt eine Kurve β mit Anfangspunkt x_0 und Endpunkt x, welche ganz in U verläuft. Die Homotopieklasse B von $\alpha \cdot \beta$ ist wegen des einfachen Zusammenhangs von U eindeutig bestimmt. Wir versehen x mit der Markierung B. Die Menge aller Punkte $(x, B) \in \tilde{X}$, die man so gewinnt, bilden eine Teilmenge $W = W(U, (x_0, A))$. Diese wird durch die natürliche Projektion f bijektiv auf U abgebildet.

Es ist nun naheliegend, den Raum $\tilde{X}$ so zu topologisieren, dass die Mengen W offen werden und dass die Abbildung f eine topologische Abbildung $W \to U$ definiert. Damit wird man ziemlich zwangsläufig auf die folgende Definition geführt:

Eine Teilmenge $\tilde{U} \subset \tilde{X}$ heiße offen, falls folgende Bedingung erfüllt ist: Sei (x_0, A) ein Punkt aus $\tilde{U}$. Es existiert eine einfach zusammenhängende offene Umgebung $x_0 \in U \subset X$, so dass $W(U, (x_0, A))$ in $\tilde{U}$ enthalten ist.

Offensichtlich bei dieser Konstruktion sind folgende drei Eigenschaften:

1) Hierdurch wird eine Topologie auf $\tilde{X}$ definiert.
2) Der Raum $\tilde{X}$ ist zusammenhängend und HAUSDORFF'sch.
3) Die Projektion f ist lokal topologisch (insbesondere stetig).

Was zu zeigen bleibt ist:

4) Die Abbildung $f : \tilde{X} \to X$ ist eine Überlagerung.
5) $\tilde{X}$ ist einfach zusammenhängend.

Zu 4). Sei $x_0 \in X$ ein vorgegebener Punkt. Wir wählen eine einfach zusammenhängende Umgebung U von x_0. Man überlegt sich leicht

$$f^{-1}(U) = \bigcup_A W(U, (x_0, A)) \qquad \text{(disjunkte Zerlegung)},$$

wobei A alle Markierungen von x_0 durchläuft und verifiziert so die Überlagerungseigenschaft.

Zu 5). Man müsste zunächst zeigen, dass $\tilde{X}$ zusammenhangend ist. Dies ist tatsächlich der Fall und kann leicht bewiesen werden. Wir übergehen jedoch diesen Punkt, da es zum Beweis von 5.21 ausreicht, $\tilde{X}$ durch eine Zusammenhangskomponente zu ersetzen. Es bleibt also zu zeigen, dass eine geschlossene Kurve $\tilde{\alpha}$ in $\tilde{X}$ nullhomotop ist. Dabei darf man annehmen, dass der Basispunkt der Grundpunkt a ist, welcher mit der Homotopieklasse der konstanten Kurve $\beta(t) = a$ markiert wurde. Das Bild von $\tilde{\alpha}$ ist eine geschlossene Kurve $\alpha = f \circ \tilde{\alpha}$ in X. Es ist also $\tilde{\alpha}(t) = (\alpha(t), A_t)$, wobei A_t die Homotopieklasse einer von a nach $\alpha(t)$ führenden Kurve ist.

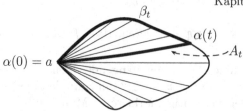

Es gibt eine ganz ausgezeichnete Kurve von a nach $\alpha(t)$, nämlich die „Einschränkung" β_t:

$$\beta_t(s) = \alpha(st),$$

welche von a nach $\alpha(t)$ längs α führt. Der Beweis beruht nun auf folgender

Behauptung. Die Kurve β_t liegt in der Homotopieklasse A_t.

Beweis der Behauptung. Für $t = 0$ ist dies jedenfalls richtig. Nutzt man die Stetigkeit von $\tilde{\alpha}$ sowie die Definition der Topologie von $\tilde{X}$ aus, so sieht man, dass β_t jedenfalls für hinreichend kleine t in der Homotopieklasse von A_t ist. Man betrachte nun wie in solchen Situationen üblich, das Supremum aller t mit der genannten Eigenschaft und zeige, dass $t = 1$ gelten muss.

Da die Kurve $\tilde{\alpha}$ geschlossen ist, müssen die Endmarkierung und die Anfangsmarkierung übereinstimmen. Dies bedeutet, dass α nullhomotop ist. Es existiert also ein stetige Schar geschlossener Kurven α_s ($0 \leq s \leq 1$), alle mit Anfangs- und Endpunkt a, durch welche α in die konstante Kurve deformiert wird, $\alpha_0 = \alpha$, $\alpha_1(t) = a$. Sei nun s fest. Wir markieren jeden Punkt $\alpha_s(t)$ wie oben, indem man die Einschränkung $\alpha_s|[0, t]$ betrachtet (und auf $[0, 1]$ umparametrisiert). Dies bedeutet eine Liftung von α_s zu einer Kurve $\tilde{\alpha}_s$ auf $\tilde{X}$. Dies ist offensichtlich eine Homotopie, durch welche $\tilde{\alpha}$ auf einen Punkt zusammengezogen wird.   □

Eine wichtige Folgerung aus der Existenz der universellen Überlagerung ist:

5.22 Satz. *Ein hinreichend zusammenhängender topologische Raum ist genau dann einfach zusammenhängend, falls jede zusammenhängende Überlagerung trivial (d.h. eine topologische Abbildung) ist.*

Dieser Satz liefert eine neue Charakterisierung des Überlagerungsbegriffs.

Eine Abbildung $f : Y \to X$ eines topologischen Raumes Y in einen hinreichend zusammenhängenden Raum X ist genau dann eine Überlagerung, falls für jede einfach zusammenhängende offene Teilmenge $U \subset X$ gilt:

Jede Zusammenhangskomponente des Urbilds $f^{-1}(U)$ wird durch f topologisch auf U abgebildet.

Wir beschließen diesen Abschnitt, indem wir auf einige Besonderheiten der Überlagerungstheorie *Riemann'scher* Flächen eingehen. Es ergeben sich hierbei keinerlei neue Schwierigkeiten.

Zunächst erinnern wir an folgendes einfache Resultat (I.2.8).

Sei $f : Y \to X$ eine lokal topologische Abbildung einer Fläche Y in eine Riemann'sche Fläche X. Die Fläche Y trägt eine im wesentlichen eindeutig bestimmte Struktur als Riemann'sche Fläche, so dass f lokal biholomorph ist.

Insbesondere ist die universelle Überlagerung $\tilde{X}$ einer RIEMANN'schen Fläche selbst eine RIEMANN'sche Fläche. Aus trivialen Gründen sind die Deckbewegungen biholomorph.

Eine analytische Struktur von Y lässt sich bei einer lokal topologischen Abbildung $f : Y \to X$ i.a. nicht nach unten (auf X) durchdrücken. Wohl aber in folgendem Spezialfall:

5.23 Bemerkung. *Sei Γ eine Gruppe biholomorpher Selbstabbildung einer Riemann'schen Fläche X, welche frei operiert. Dann trägt der Quotientenraum X/Γ eine im wesentlichen eindeutig bestimmte Struktur als Riemann'sche Fläche, so dass die natürliche Projektion $p : X \to X/\Gamma$ lokal biholomorph ist.*

Im Spezialfall der Ebene $X = \mathbb{C}$ und einer Gruppe von Translationen $z \mapsto z+\omega$, wobei ω ein Gitter durchläuft, haben wir dies bewiesen. Die Verallgemeinerung bietet keine grundsätzliche Schwierigkeit, der Beweis wird daher nur kurz angedeutet:

Eine offene Teilmenge $U \subset X$ heißt klein, falls sie durch die Projektion p topologisch auf eine offene Menge $U' \subset X/\Gamma$ abgebildet wird und falls sie Definitionsbereich einer analytischen Karte $U \to V$ ist. Durch Umkehren von p erhält man eine topologische Karte $U' \to V$. Die Menge all dieser Karten bildet einen analytischen Atlas.   □

Aus der topologischen Überlagerungstheorie folgt:

5.24 Satz. *Zu jeder Riemann'schen Fläche X existiert eine einfach zusammenhängende Riemann'sche Fäche $\tilde{X}$ und eine frei operierende Gruppe Γ biholomorpher Selbstabbildungen von $\tilde{X}$, so dass X und $\tilde{X}/\Gamma$ biholomorph äquivalent sind. Das Paar $(\tilde{X}, \Gamma)$ ist im wesentlichen eindeutig bestimmt.*

Ist also $(\tilde{X}', \Gamma')$ ein weiteres Paar mit dieser Eigenschaft, so existiert eine biholomorphe Abbildung $\varphi : \tilde{X}' \to \tilde{X}$ mit der Eigenschaft $\Gamma' = \varphi^{-1}\Gamma\varphi$.

Einen Spezialfall dieser Eindeutigkeitsaussage heben wir noch hervor:

5.25 Bemerkung. *Sei X eine einfach zusammenhände Riemann'sche Fläche, und seien Γ, Γ' zwei frei operierende Gruppen biholomorpher Selbstabbildungen von X. Die Riemann'schen Flächen X/Γ, X/Γ' sind genau dann biholomorph äquivalent, wenn die Gruppen Γ, Γ' in der Gruppe aller biholomorphen Selbstabbildungen von X konjugiert sind.*

6. Anhang C. Der Monodromiesatz

Der Monodromiesatz ist ein klassisches Resultat der Funktionentheorie, welches einen rein topologischen Hintergrund hat und aus diesem Grund in diesem *topologischen* Anhang behandelt wird. Der topologische Sachverhalt, auf dem er beruht, ist

6.1 Satz. *Eine lokal topologische Abbildung $f : Y \to X$ hinreichend zusammenhängender Räume ist genau dann eine Überlagerung, falls sie die Kurvenliftungseigenschaft besitzt.*

Beweis. Der entscheidende erste Schritt ist es zu zeigen, dass f die Homotopieliftungseigenschaft hat. Sei also $H : [0,1] \times [0,1] \to X$ eine stetige Abbildung und $b \in Y$ ein Punkt über $a = H(0,0)$. Man will H zu einer stetigen Abbildung $\tilde{H} \to Y$ mit $\tilde{H}(0,0) = b$ liften. Zunächst definiert man $\tilde{H}(0,y)$ über die Kurvenliftungseigenschaft. Dann definiert man $\tilde{H}(x,y)$ für jedes feste y als Kurvenliftung der Kurve $x \mapsto H(x,y)$ zum Anfangspunkt $\tilde{H}(0,y)$. Damit ist die Abbildung $\tilde{H} : [0,1] \times [0,1] \to X$ definiert. Es bleibt ihre Stetigkeit nachzuweisen. Per Konstruktion ist sie stetig auf der linken Kante des Quadrats und den waagrechten Strecken. Sollte das Bild von $\tilde{H}$ in einer offenen Teilmenge von Y enthalten sein, welche topologisch auf ihr Bild abgebildet wird, so stimmt $\tilde{H}$ mit der aus der Umkehrung von f resultierenden Hochhebung überein. Diese Überlegung zeigt, dass $\tilde{H}$ zumindest in einer Umgebung der linken Randkante, aus Kompaktheitsgründen somit in einem Rechteck $[0,1] \times [0,\varepsilon)$, $0 < \varepsilon \leq 1$, stetig ist. Man überlegt sich leicht, dass $\tilde{H}$ dann sogar auf dem Abschluss $[0,1] \times [0,\varepsilon]$ stetig ist, indem man zu einem Punkt (x,ε) eine offene Umgebung von $\tilde{H}(x,\varepsilon)$ betrachtet, welche durch f topologisch abgebildet wird. Danach betrachtet man wie üblich das Supremum aller ε und zeigt $\varepsilon = 1$.

Der Rest des Beweises von 6.1 folgt nun wir folgt. Man betrachtet eine Liftung $\tilde{f} : \tilde{Y} \to \tilde{Y}$ auf die universellen Überlagerungen (gemäß 5.7). Nach 5.9 ist diese Abbildung topologisch. Hieraus folgt leicht, dass f eine Überlagerung ist. $\square$

Der Monodromiesatz ist eine Aussage über die Eindeutigkeit der analytischen Fortsetzung von Funktionselementen. Den Begriff des Funktionselements haben wir im Zusammenhang mit der Konstruktion das analytischen Gebildes eingeführt. Wir wollen den Begriff des Funktionselements hier in zweierlei Hinsicht allgemeiner fassen.

1) Wir betrachten auch *meromorphe* Funktionselemente, lassen also Pole zu.
2) Der Grundraum für die Funktionselemente ist nicht die komplexe Ebene, sondern allgemeiner eine RIEMANN'sche Fläche.

Durch diese Verallgemeinerung treten keinerlei neue Probleme auf, sie ist harmlos.

Unter einem *Funktionselement* auf einer RIEMANN'schen Fläche X versteht man ein Paar (a, f), bestehend aus einem Punkt $a \in X$ und einer meromorphen Funktion $f : U(a) \longrightarrow \bar{\mathbb{C}}$ in einer offenen Umgebung von a. Zwei Funktionselemente (a, f) und (b, g) werden dabei als gleich angesehen, falls $a = b$ gilt und falls f und g in einer kleinen Umgebung von $a = b$ übereinstimmen. Genaugenommen handelt es sich hierbei um eine Äquivalenzklasse und wir schreiben gelegentlich $[a, f]$ anstelle von (a, f), wenn wir auf diesen Umstand besonders hinweisen wollen.

Sei

$$\alpha : I \longrightarrow X, \quad I \subset \mathbb{R} \text{ Intervall,}$$

eine Kurve in X. Jedem Punkt $t \in I$ sei ein Funktionselement $(\alpha(t), f_t)$ zugeordnet. Man nennt die Schar dieser Funktionselemente eine *reguläre Belegung von I*, falls zu jedem $t_0 \in I$ eine offene Umgebung $U = U(\alpha(t_0))$ von $\alpha(t_0)$ und eine meromorphe Funktion

$$f : U \longrightarrow \bar{\mathbb{C}}$$

existieren, so dass

$$[\alpha(t), f] = [\alpha(t), f_t]$$

für alle t aus einer genügend kleinen Umgebung von $t_0 \in I$ gilt. Zwei Funktionselemente (a, f) und (b, g) heißen äquivalent, wenn es eine Kurve α gibt, welche a mit b verbindet und eine reguläre Belegung $(\alpha(t), f_t)$ mit $f_0 = f$ und $f_1 = g$.

Sei $\mathcal{R}$ eine volle Äquivalenzklasse von Funktionselementen auf X. Wie im Fall $X = \mathbb{C}$ (wo allerdings nur holomorphe Funktionselemente betrachtet wurden, was aber keinen Unterschied in der Argumentation ergibt) versieht man $\mathcal{R}$ mit einer Struktur als RIEMANN'sche Fläche mit folgenden Eigenschaften:

1) Die Abbildung

$$p : \mathcal{R} \longrightarrow X, \quad (a, f) \longmapsto a,$$

   ist lokal biholomorph.

2) Die Funktion

$$\mathcal{R} \longrightarrow \bar{\mathbb{C}}, \quad (a, f) \longmapsto f(a),$$

   ist meromorph.

3) Die Kurven in $\mathcal{R}$ entsprechen umkehrbar eindeutig den regulären Belegungen von Kurven in X.

Hieraus ergibt sich:

4) Eine reguläre Belegung $(\alpha(t), f_t)$ einer Kurve $\alpha : [0, 1] \longrightarrow X$ ist durch das Anfangselement $(\alpha(0), f_0)$ eindeutig bestimmt.

(Man sagt dann auch: $(\alpha(1), f_1)$ entsteht aus $(\alpha(0), f_0)$ durch analytische Fortsetzung längs α.)

5) *Annahme.* Sei (a, f_a) ein Funktionselement, welches sich längs jeder von a beginnenden Kurve analytisch fortsetzen lässt.

Dann besitzt also die Abbildung $p : \mathcal{R} \longrightarrow X$ die *Kurvenliftungseigenschaft.* Nach 6.1 ist sie eine Überlagerung. Nach 5.22 ist diese Überlagerung trivial, wenn X einfach zusammenhängend ist.

Diese topologischen Betrachtungen beinhalten den „altmodischen"

6.2 Monodromiesatz (WEIERSTRASS, Vorlesungen). *Sei (a, f_a) ein Funktionselement auf einer einfach zusammenhängenden Riemann'schen Fläche X, welches sich längs jeder von a ausgehenden Kurve analytisch fortsetzen lässt. Dann existiert eine meromorphe Funktion $f : X \longrightarrow \bar{\mathbb{C}}$ mit*

$$[a, f_a] = [a, f].$$

Als Anwendung des Monodromiesatzes wollen wir nun zeigen, dass einfach zusammmenhängende RIEMANN'sche Flächen elementar sind im Sinne von Definition 1.1:

Sei also $X = \bigcup U_i$ eine offene Überdeckung von X und sei $f_i : U_i \longrightarrow \bar{\mathbb{C}}$ eine Schar invertierbarer meromorpher Funktionen mit der Eigenschaft

$$|f_i/f_j| = 1 \text{ auf } U_i \cap U_j.$$

Sei a ein Punkt, welcher im Durchschnitt zweier Mengen der Überdeckung enthalten ist, $a \in U_i \cap U_j$. Ist $U \subset U_i \cap U_j$ eine zusammenhängende offene Umgebung von a, so so stimmen f_i und f_j in U bis auf einen *konstanten* Faktor vom Betrag 1 überein.

Aus dieser Eigenschaft folgt leicht, dass sich ein Funktionselement (a, f_i) für fest gewähltes $a \in U_i$ längs einer jeden von a ausgehenden Kurve analytisch fortsetzen lässt. Nach dem Monodromiesatz existiert dann eine meromorphe Funktion f auf X mit $[a, f] = [a, f_i]$. Aus dem Prinzip der analytischen Fortsetzung folgert man leicht $|f/f_j| = 1$ für alle j.

6.3 Satz. *Eine einfach zusammenhängende Riemann'sche Fläche ist elementar im Sinne von Definition 1.1.*

Nach dem Uniformisierungssatz in der Fassung 1.2 sind umgekehrt elementare Fläche einfach zusammenhängend.

Übungsaufgaben zu den Anhängen von Kapitel III

1. Sei $S \subset \mathbb{C}$ eine endliche Teilmenge. Jede biholomorphe Abbildung von $\mathbb{C} - S$ ist Einschränkung einer MÖBIUStransformation.

2. Sei $P(z)$ ein nicht konstantes Polynom und M eine MÖBIUStransformation mit der Eigenschaft $P(M(z)) = P(z)$ für alle z. Man zeige, dass M affin ist, $M(z) = az+b$.

3. Man konstruiere ein Polynom P vom Grad > 1, so dass jede MÖBIUStransformation M mit der Eigenschaft $P(M(z)) = P(z)$ die Identität ist. (Die Matrix M ist ein skalares Vielfaches der Einheitsmatrix). Man zeige, dass solch ein Polynom mindestens den Grad drei hat.

4. Sei P ein nicht konstantes Polynom. Wir wählen eine endliche Menge $S \subset \mathbb{C}$, so dass ihr Urbild $T = P^{-1}(S)$ unter P alle Punkte enthält, in denen die Ableitung von P verschwindet. Man zeige, dass

$$P : \mathbb{C} - T \longrightarrow \mathbb{C} - S$$

eine Überlagerung ist.

5. Mit Hilfe der Aufgaben 1–4 konstruiere man eine nicht GALOIS'sche Überlagerung.

6. Sei $\tilde{X} \to X$ eine universelle Überlagerung mit Deckbewegungsgruppe Γ und $Y \to X$ eine beliebige Überlagerung. Wir wählen eine Überlagerungsabbildung $\tilde{X} \to Y$ gemäß 5.11.
   Die Überlagerungsabbildung $\tilde{X} \to Y$ ist GALOIS'sch. Ihre Deckbewegungsgruppe Γ_0 ist eine Untergruppe von Γ. Die Blätterzahl von $Y \to X$ ist genau dann endlich, wenn der Index von Γ_0 in Γ endlich ist und die Blätterzahl stimmt dann mit dem Index überein. Die Überlagerung $Y \to X$ ist genau dann GALOIS'sch, falls Γ_0 ein Normalteiler in Γ ist. In diesem Fall ist die Faktorgruppe Γ/Γ_0 in natürlicher Weise isomorph zur Deckbewegungsgruppe von $Y \to X$.

7. Jede Untergruppe vom Index zwei ist ein Normalteiler.

8. Man zeige mit Hilfe von Aufgabe 6 und 7, dass jede zweiblättrige Überlagerung GALOIS'sch ist.

9. Jede nullstellenfreie analytische Funktion f auf einer einfach zusammenhängenden RIEMANN'schen Fläche besitzt einen analytischen Logarithmus.
   Man gebe zwei Beweise:
   a) Man benutze der Monodromiesatz.
   b) Man integriere das Differential $\frac{df}{f}$.

IV. Kompakte Riemann'sche Flächen

Dieses große Kapitel ist der Theorie der *kompakten* RIEMANN'schen Flächen gewidmet. Tori sind Beispiele kompakter RIEMANN'scher Flächen. Es wird also die Theorie der elliptischen Funktionen verallgemeinert. Jeder algebraischen Funktion kann eine kompakte RIEMANN'sche Fläche zugeordnet werden und man erhält so jede kompakte RIEMANN'sche Fläche. Die kompakten RIEMANN'schen Flächen leisten für die Integration algebraischer Funktionen dasselbe wie die elliptischen Funktionen für die elliptischen Integrale. Der Triumph der Theorie der RIEMANN'schen Flächen ist es, inbesondere die „Integrale erster Gattung" einer algebraischen Funktion verständlich zu machen und das sogenannte JACOBI'sche Umkehrproblem zu lösen. Bis dahin ist ein langer Weg, an dessen Ende die berühmten Sätze der Theorie der RIEMANN'schen Flächen stehen, der *Riemann-Roch'sche Satz, das Abel'sche Theorem und das Jacobi'sche Umkehrtheorem.* Auf dem Weg dorthin muss auch die Topologie der kompakten RIEMANN'schen Flächen verstanden werden. Die topologische Klassifikation werden wir hier voll behandeln.

1. Meromorphe Differentiale

Wir formulieren den allgemeinen Existenzsatz für RIEMANN'sche Flächen neu und benutzen dabei anstelle der die Sprache „der harmonischen Funktionen mit Singularitäten", die der „meromorphen Differentiale". (Die potentialtheoretischen Methoden werden nach dieser Neuformulierung ausgedient haben.)

1.1 Definition. *Ein holomorphes Differential ω auf einer offenen Teilmenge $U \subset \mathbb{C}$ ist ein Differential der speziellen Form $\omega = f(z)\,dz$ mit einer* **holomorphen** *Funktion $f : U \to \mathbb{C}$.*

Holomorphe Differentiale sind also spezielle Differentiale, wie wir sie im Anhang zu Kapitel II (II.13) eingeführt haben. Sie haben die Form $f\,dz = f\,dx + \mathrm{i}f\,dy$ mit einer holomorphen Funktion f. Die Rechenregeln, die wir dort allgemein für Differentiale der Form $f\,dx + g\,dy$ eingeführt haben, gestalten sich für holomorphe Differentiale und holomorphe Tramsformationen besonders einfach. Wir stellen noch einmal die grundlegenden Rechenregeln für das Rechnen mit holomorphen Differentialen zusammen.

1) Die holomorphen Differentiale auf einem offenen Teil $D \subset \mathbb{C}$ entsprechen umkehrbar eindeutig den holomorphen Funktionen auf D.

2) Ist $\varphi : U \longrightarrow V$, $U, V \subset \mathbb{C}$ offen, eine holomorphe Abbildung und $\omega = g(w)\,dw$ ein holomorphes Differential auf V, so ist

$$\varphi^* \omega := g\left(\varphi(z)\right) \cdot \varphi'(z)\,dz.$$

Dieses „Zurückziehen" ist transitiv.

3) Die totale Ableitung einer holomorphen Funktion ist

$$df := f'(z)\,dz.$$

4) Holomorphe Differentiale sind geschlossen, d.h. ihre totale Ableitung ist 0.

Dies folgt beispielsweise daraus, dass holomorphe Funktionen lokal Stammfunktionen besitzen.

5) Sei $(X, \mathcal{A})$ eine RIEMANN'sche Fläche. Da X dann insbesondere eine differenzierbare Fläche ist, ist der Begriff der Differentialform und damit insbesondere des Differentials erklärt (II.13.10). Wegen II.13.9 braucht man die Komponenten ω_φ nur für einen Teilatlas, beispielsweise den Atlas aller analytischen Karten oder einen definierenden Teilatlas $\mathcal{A}$. Ein Differential (ω_φ) heißt *holomorph*, falls ω_φ holomorph für alle analytischen Karten ist. Es genügt, diese Eigenschaft für alle φ aus dem definierenden Atlas $\mathcal{A}$ zu fordern. Damit erhält man folgende direkte einfache Beschreibung holomorpher Differentiale auf RIEMANN'schen Flächen:

1.2 Bemerkung. *Ein holomorphes Differential $\omega = (\omega_\varphi)$ auf einer Riemann'schen Fläche X ist durch eine Vorschrift gegeben, welche jeder analytischen Karte $\varphi : U_\varphi \to V_\varphi$ ein holomorphes Differential*

$$\omega_\varphi = f_\varphi dz$$

zuordnet, so dass für je zwei analytische Karten φ, ψ die Umsetzungsformel

$$(\psi \circ \varphi^{-1})^* \omega_\varphi = \omega_\psi$$

gültig ist.

5) Ist

$$f : (X, \mathcal{A}) \longrightarrow (Y, \mathcal{B})$$

eine analytische Abbildung RIEMANN'scher Flächen, so ist für jedes holomorphe Differential ω auf Y das zurückgezogene Differential $f^* \omega$ auf X ebenfalls holomorph.

Bezeichnung. $\Omega(X)$ sei die Menge aller holomorphen Differentiale auf X. Dies ist ein $\mathbb{C}$-Vektorraum, sogar ein Modul über dem Ring $\mathcal{O}(X)$ der holomorphen Funktionen auf X.

Meromorphe Differentiale

Sei X eine Riemann'sche Fläche und $S \subset \mathbb{C}$ eine diskrete Teilmenge, ω ein holomorphes Differential auf $X - S$. Zu jedem $s \in S$ kann man eine analytische Karte $\varphi : U \to V$, $s \mapsto 0$ mit $U \cap S = \{s\}$ wählen. Dann ist $U - \{s\} \to V - \{0\}$ eine analytische Karte auf $X - S$ und ω bezüglich dieser Karte in der Form $f(z)dz$ mit einer in $V - \{0\}$ holomorphen Funktion darstellbar. Es kann sein, dass f in 0 eine außerwesentliche Singularität hat, dass also f eine meromorphe Funktion auf V definiert. Aus der Verträglichkeitsformel für die ω_φ folgt unmittelbar, dass diese Bedingung nicht von der Wahl von φ abhängt. Ebensowenig hängt

$$\text{Ord}(\omega, s) := \text{Ord}(f, 0)$$

von der Wahl von φ ab. Ist diese Zahl negativ, so nennt man s einen Pol von ω der Ordnung $- \text{Ord}(\omega, s)$.

1.3 Definition.   *Ein **meromorphes Differential** ω auf einer Riemann'schen Fläche X ist ein holomorphes Differential*

$$\omega \in \Omega(X - S),$$

wobei $S \subset X$ eine diskrete Teilmenge von X sei. Die Punkte von S seien Pole von ω.

Ist $\varphi : U_\varphi \to V_\varphi$ eine analytische Karte, so kann man in naheliegender Weise die lokale Komponente

$$\omega_\varphi = f_\varphi(z)dz$$

mit einer in V_φ meromorphen Funktion f_φ definieren. Das meromorphe Differential kann so auch als Familie meromorpher Funktionen $f_\varphi : V_\varphi \to \bar{\mathbb{C}}$ mit dem einschlägigen Transformationsverhalten verstanden werden.

Bezeichnung.

$$\mathcal{K}(X) = \text{Menge der meromorphen Differentiale auf } X.$$

Ähnlich wie bei meromorphen Funktionen definiert man gewisse algebraische Operationen auf $\mathcal{K}(X)$.

1.4 Bemerkung.   *Man kann meromorphe Differentiale addieren und mit meromorphen Funktionen multiplizieren, d.h.*

$\mathcal{K}(X)$ ist ein Modul über dem Ring $\mathcal{M}(X)$ der meromorphen Funktionen.

Außerdem hat man eine Abbildung („totales Differential")

$$d : \mathcal{M}(X) \longrightarrow \mathcal{K}(X), \qquad f \longmapsto df.$$

(In „lokalen Koordinaten" ist $df = f'(z)\,dz$.)

Sei ω_0 ein meromorphes Differential auf der RIEMANN'schen Fläche X, welches auf keiner offenen, nichtleeren Teilmenge verschwindet. Sei ω ein weiteres meromorphes Differential und

$$\varphi : U_\varphi \longrightarrow V_\varphi$$

eine analytische Karte auf X, sowie

$$\omega_\varphi = g_\varphi\,dz, \qquad \omega_{0,\varphi} = h_\varphi\,dz.$$

Dann ist

$$f_\varphi(x) := \frac{g_\varphi\left(\varphi(x)\right)}{h_\varphi\left(\varphi(x)\right)}, \quad x \in U_\varphi,$$

eine meromorphe Funktion auf U_φ. Die Funktionen f_φ stimmen im Durchschnitt zweier Karten überein, da sich die Transformationsfaktoren bei der Quotientenbildung herauskürzen. Daher definieren sie eine meromorphe Funktion auf ganz X. Dies zeigt:

1.5 Hilfssatz.   *Sei ω_0 ein meromorphes Differential auf der Riemann'schen Fläche X, welches auf keiner offenen, nichtleeren Teilmenge verschwindet. Dann ist jedes meromorphe Differential ω von der Form*

$$\omega = f\omega_0$$

mit einer meromorphen Funktion f.

Mit anderen Worten: Die Abbildung

$$\mathcal{M}(X) \xrightarrow{\sim} \mathcal{K}(X), \qquad f \longmapsto f\omega_0,$$

ist bijektiv.

Schreibweise. $f := \dfrac{\omega}{\omega_0}.$

Analog zu meromorphen Funktionen gilt:

1.6 Bemerkung.   *Wenn ein meromorphes Differential auf einem nicht leeren offenen Teil einer zusammenhängenden Riemann'schen Fläche verschwindet, so verschwindet es identisch.*

Das Residuum

Das Residuum einer analytischen Funktion hat eine gewisse Transformations-eigenschaft (s. [FB], III.6, Aufgabe 10).

Sei $\varphi : U \to V$ eine biholomorphe Abbildung offener Teile der Ebene und f eine meromorphe Funktion auf V. Für $a \in U$ gilt dann die Transformationsformel

$$\boxed{\operatorname{Res}(f(w); \varphi(a)) = \operatorname{Res}(\varphi'(z)f(\varphi(z)); a).}$$

Diese ergibt sich unmittelbar aus der Darstellung

$$\operatorname{Res}(\omega; a) = \frac{1}{2\pi i} \oint f(z)\, dz,$$

wobei über eine kleine Kreislinie um a integriert wird und aus der Transfor-mationsformel für Kurvenintegrale. Ein anderer Beweis kann durch direkte Rechnung mit den Reihenentwicklungen von f und φ gegeben werden.

Der in der Transformationsformel für das Residuum auftretende Faktor $\varphi'(z)$ bewirkt, dass man RIEMANN'schen Flächen nicht in sinnvoller Weise das Residuum einer meromorphen Funktion definieren kann. Da der Faktor φ' jedoch in der Verträglichkeitsformel meromorpher Differentiale auftritt, kann man das Residuum in sinnvoller Weise für meromorphe Differentiale definieren.

1.7 Bemerkung und Definition. *Sei $\omega = (\omega_\varphi)$ ein meromorphes Differen-tial auf einer Riemann'schen Fläche X, a ein Punkt aus X. Wir wählen eine analytische Karte φ, in deren Definitionsbereich a liegt. Der Ausdruck*

$$\operatorname{Res}(\omega; a) := \operatorname{Res}(f_\varphi; \varphi(a)) \qquad (\omega_\varphi = f_\varphi dz)$$

*hängt nicht von der Wahl der Karte ab. Er heißt das **Residuum des Diffe-rentials** ω im Punkt a.*

Wir kommen nun zur Konstruktion meromorpher Differentiale. Dabei stützen wir uns auf die Existenzsätze harmonischer Funktionen aus Kapitel II. Bereits zu Beginn des Paragraphen 10 in Kapitel 2 haben wir darauf hingewiesen, dass man einer harmonischen Funktion u auf einem offenen Teil der Ebene eine holomorphe Funktion

$$f := \frac{\partial u}{\partial x} - i\frac{\partial u}{\partial y}$$

zuordnen kann. Ist u der Realteil einer analytischen Funktion F (was lokal immer der Fall ist), so ist $dF = f(z)\, dz$. Hieraus ergibt sich leicht (vgl. II.10.3)

1.8 Bemerkung. *Sei u eine harmonische Funktion auf einer Riemann'schen Fläche X. Ordnet man einer beliebigen analytische Karte $\varphi : U \to V$ das Differential*

$$\omega_\varphi := \left(\frac{\partial u_\varphi}{\partial x} - \mathrm{i} \frac{\partial u_\varphi}{\partial y} \right) dz \qquad (u_\varphi = u \circ \varphi^{-1})$$

zu, so erhält man ein holomorphes Differential.

Wir nennen ω das u zugeordnete holomorphe Differential.

Wir wenden uns nun der Frage zu, inwieweit man die Pole eines meromorphen Differentials auf einer kompakten RIEMANN'schen Fläche vorgeben kann. Auf einer kompakten Fläche kann ein meromorphes Differential natürlich höchstens endlich viele Pole haben.

1.9 Satz (Residuensatz). *Sei ω ein meromorphes Differential auf einer **kompakten** Riemann'schen Fläche X. Dann ist die Summe aller Residuen von ω gleich 0.*

Beweis. Wir wählen zu jedem Pol $a \in X$ eine Kreisscheibe

$$\varphi_a : U_a \longrightarrow \mathbb{E}, \qquad a \longmapsto 0.$$

Wir können annehmen, dass diese Kreisscheiben paarweise disjunkt sind. Die offene Teilmenge

$$U = X - \bigcup_{a \, \mathrm{Pol}} \overline{U_a(1/2)}$$

ist relativ kompakt (da X kompakt ist) und hat glatten Rand. Der allgemeine Satz von STOKES besagt wegen $d\omega = 0$

$$0 = \int_{\partial U} \omega = \sum_a \int_{\partial U_a(\frac{1}{2})} \omega = -2\pi\mathrm{i} \sum_a \mathrm{Res}_a \, \omega. \qquad \square$$

Tatsächlich ist der Residuensatz in gewissem Sinne die einzige Einschränkung für die Existenz eines meromorphen Differentials, und zwar gilt der *zentrale Existenzsatz*:

1.10 Theorem. *Sei $S \subset X$ eine endliche Teilmenge einer Riemann'schen Fläche X. Zu jedem Punkt $a \in S$ sei eine offene Umgebung $U(a)$ und ein meromorphes Differential ω_a in $U(a)$ gegeben. Die Umgebungen seien paarweise disjunkt und ω_a sei in $U(a) - \{a\}$ holomorph. Weiter gelte*

$$\sum_{a \in S} \mathrm{Res}_a \, \omega_a = 0.$$

Dann existiert ein meromorphes Differential ω auf X, welches außerhalb S keine Pole hat und so, dass $\omega - \omega_a$ auf $U(a)$ holomorph fortsetzbar ist.

Beweis.

Erster Fall: Alle Residuen verschwinden.

Sei

$$f : \mathbb{E}^{\bullet} \longrightarrow \mathbb{C}$$

eine analytische Funktion im punktierten Einheitskreis, deren Residuum in 0 verschwindet. Dann existiert eine holomorphe Stammfunktion F (gliedweise Integration der Laurentreihe). Ist u der Realteil von F, so ist das mit u assoziierte Differential $f(z)\,dz$, denn es ist

$$\frac{\partial u}{\partial x} - i\frac{\partial u}{\partial y} = f.$$

Aus dem zentralen Existenzsatz II.12.2 folgt nun: Wenn das Residuum von ω_a in a verschwindet, so existiert eine harmonische Funktion

$$h : X - \{a\} \longrightarrow \mathbb{C},$$

so dass das assoziierte Differential $\omega(h) \in \Omega(X - \{a\})$ die Eigenschaft hat, dass

$$\omega(h) - \omega_a \qquad (\text{auf } U(a) - \{a\})$$

in a eine hebbare Singularität hat.

Theorem 1.10 ist damit bewiesen, wenn die Residuen der ω_a in a verschwinden.

Zweiter Fall: Sei $S \subset X$ eine endliche Punktmenge. Jedem $s \in S$ sei eine Zahl $a_s \in \mathbb{C}$ zugeordnet, so dass

$$\sum_{s \in S} a_s = 0$$

gilt.

Behauptung. Es existiert ein in X meromorphes Differential $\omega \in \Omega(X - S)$ mit

$$\text{Res}_s \, \omega = a_s \quad \text{für } s \in S.$$

Beweis. Es genügt den Fall zu behandeln, dass S aus zwei Punkten s, s' besteht und dass

$$a_s = -a_{s'} = 1$$

gilt. Aus dem zentralen Existenzsatz II.12.2 folgt die Existenz einer harmonischen Funktion

$$u : X - \{s, s'\} \longrightarrow \mathbb{C},$$

so dass u in s' und $-u$ in s logarithmisch singulär ist. Das assoziierte Differential hat die gewünschte Eigenschaft, denn im Falle $u(z) = -\text{Log}(z)$ gilt

$$\frac{\partial u}{\partial x} - i\frac{\partial u}{\partial y} = -\frac{1}{z}.$$

Damit ist Theorem 1.10 bewiesen.   □

Durch Division zweier Differentiale mit verschiedenen Polen kann man eine meromorphe Funktion konstruieren. Damit sehen wir, dass unsere Existenzsätze über harmonische Funktionen folgendes fundamentale funktionentheoretische Resultat beinhalten.

1.11 Theorem. *Auf jeder Riemann'schen Fläche existiert eine nicht konstante meromorphe Funktion.*

Ist f eine nichtkonstante meromorphe Funktion auf einer zusammenhängenden RIEMANN'schen Fläche, so ist df ein meromorphes Differential und jedes meromorphe Differential kann dann in der Form gdf mit einer weiteren meromorphen Funktion geschrieben werden. Meromorphe Funktionen und Differentiale sind also nahe verwandt.

Übungsaufgaben zu IV.1

1. Sei $L \subset \mathbb{C}$ ein Gitter und $X = \mathbb{C}/L$ der zugehörige Torus. Die meromorphen Differentiale auf X entsprechen umkehrbar eindeutig den Differentialen der Form $f(z)dz$ mit einer elliptischen Funktion f.

   Man folgere.

   1) Der Residuensatz 1.9 impliziert den dritten LIOUVILLEschen Satz.

   2) Der Vektorraum der holomorphen Differentiale ist eindimensional.

2) Sei $f(z)$ eine in $|z| > r$ $(r > 0)$ holomorphe Funktion. Das Differential $f(z)dz$ hat in $\infty \in \bar{\mathbb{C}}$ genau dann eine hebbare Singularität, falls

$$f\left(-\frac{1}{z}\right) z^{-2}$$

   im Nullpunkt eine hebbare Singularität hat. Man folgere, dass es auf der Zahlkugel $\bar{\mathbb{C}}$ kein von Null verschiedenes holomorphes Differential gibt.

3. Sei X eine RIEMANN'sche Fläche und Γ eine Gruppe biholomorpher Selbstabbildungen von X, welche frei operiert, $p : X \to X/\Gamma$ die natürliche Projektion. Die Zuordnung

$$\omega \longmapsto \tilde{\omega} = p^* \omega$$

   definiert eine Bijektion zwischen der Menge der holomorphen (meromorphen) Differentiale auf X/Γ und der Menge der Γ-invarianten holomorphen (meromorphen) Differentiale auf X. (Γ-invariant bedeutet: $\gamma^* \tilde{\omega} = \tilde{\omega}$ für alle $\gamma \in \Gamma$.)

4. Seien $D \subset \mathbb{C}$ ein Gebiet und $M \in \mathrm{SL}(2, \mathbb{C})$ eine MÖBIUStransformation, welche D invariant lässt. Ein meromorphes Differential $f(z)dz$ auf D ist genau dann invariant unter M, falls

$$f(Mz) = (cz + d)^2 f(z)$$

   gilt.

5. Sei X eine kompakte RIEMANN'sche Fläche.

Ein *Differential erster Gattung* ist ein auf ganz X holomorphes Differential.

Ein *Elementardifferential zweiter Gattung* ist ein meromorphes Differential mit genau einem Pol.

Ein *Elementardifferential dritter Gattung* ist ein meromorphes Differential, welches genau zwei Pole hat und wenn diese von erster Ordnung sind.

Man zeige. Jedes meromorphe Differential ist die Summe endlich vieler Elementardifferentiale und eines Differentials erster Gattung. Inwieweit ist diese Zerlegung eindeutig?

2. Kompakte Riemann'sche Flächen und algebraische Funktionen

Im folgenden sei X eine zusammenhängende und kompakte RIEMANN'sche Fläche. Aus dem Existenzsatz des letzten Abschnitts folgern wir:

2.1 Satz. *Sei $S \subset X$ eine endliche Teilmenge. Jedem $s \in S$ sei eine komplexe Zahl $b_s \in \mathbb{C}$ zugeordnet. Es existiert eine meromorphe Funktion*

$$f : X \longrightarrow \bar{\mathbb{C}} \ \text{mit} \ f(s) = b_s \ \text{für} \ s \in S.$$

Beweis. Seien

$$g(z) = \alpha\, z^{-2} + \text{höhere Terme},$$

$$h(z) = \beta\, z^{-2} + \text{höhere Terme},$$

zwei LAURENTreihen, welche in einer (punktierten) Nullumgebung konvergieren mögen. Es gelte $\beta \neq 0$. Dann hat die Funktion $g(z)/h(z)$ im Nullpunkt eine hebbare Singularität und ihr Wert dort ist α/β. Aus dem Existenzsatz 1.10 und dieser kleinen Beobachtung ergibt sich durch Division zweier geeigneter meromorpher Differentiale unmittelbar 2.1. $\square$

Verzweigungspunkte

Sei $f : X \to Y$ eine nicht konstante analytische Abbildung zusammenhängender RIEMANN'scher Flächen. Ein Punkt $a \in X$ heißt *Verzweigungspunkt*, falls es keine offene Umgebung von a gibt, welche auf ihr Bild biholomorph abgebildet wird. Wir haben gesehen, I.1.17, dass eine nicht konstante analytische Abbildung f in lokalen Koordinaten die Form $q \mapsto q^n$ hat. Genau dann liegt ein Verzweigungspunkt vor, wenn $n > 1$ gilt. Wir nennen n die *Verzweigungsordnung*. Genau dann liegt also ein Verzweigungspunkt vor, wenn $n > 1$ ist. Wir untersuchen die Verzweigungspunkte genauer, wenn die Abbildung $f : X \to Y$ eigentlich ist. Der Fall $Y = \mathbb{E}$ ist besonders wichtig. Wir nehmen an, dass ein einziger möglicher Verzweigungspunkt $a \in X$ vorhanden ist und dass dieser über $0 \in \mathbb{E}$ liegt. Dann ist $X - \{a\} \to \mathbb{E}^{\bullet}$ eine lokal biholomorphe und eigentliche Abbildung, auf die wir das Resultat I.4.5 aus der Überlagerungstheorie anwenden können. Eine einfache Variante besagt:

2.2 Satz. *Sei $f : X \to \mathbb{E}$ eine eigentliche holomorphe Abbildung einer zusammenhängenden Riemann'schen Fläche mit dem einzigen möglichen Verzweigungspunkt a der Verzweigungsordnung n. Dieser liege über dem Nullpunkt. Dann existiert eine biholomorphe Abbildung*

$$\varphi : X \xrightarrow{\sim} \mathbb{E},$$

so dass das Diagramm

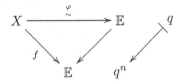

kommutativ ist.

Beweis. Aus der Überlagerungstheorie I.4.5 folgt zunächst die Existenz einer biholomorphen Abbildung $X - \{a\} \to \mathbb{E}^{\bullet}$ mit der entsprechenden Eigenschaft. Die durch $a \mapsto 0$ ausgedehnte Abbildung $X \to \mathbb{E}$ ist offenbar stetig. Aus dem RIEMANN'schen Hebbarkeitssatz der gewöhnlichen Funktionentheorie folgt, dass sie analytisch ist. Wie in der gewöhnlichen Funktionentheorie zeigt man, dass eine bijektive holomorphe Abbildung RIEMANN'scher Flächen sogar biholomorph ist.   □

Wir behandeln nun den besonders wichtigen Fall, dass $f : X \to Y$ eine nicht konstante analytische Abbildung zusammenhängender *kompakter* RIEMANN'scher Flächen ist. Sei b ein Punkt von Y. Dieser hat nur endlich viele Urbildpunkte $a_1, \ldots a_n$. Wir bezeichnen mit $k_1, \ldots, k_n$ die Verzweigungsordnung in jedem dieser Punkte.

Sprechweise. *Der Punkt b wird*

$$k_1 a_1 + \cdots k_n a_n$$

oft mal angenommen, wenn man mit Vielfachheit rechnet.

2.3 Satz. *Sei $f : X \to Y$ eine nicht konstante analytische Abbildung zusammenhängender kompakter Riemann'scher Flächen. Jeder Punkt von Y wird gleich oft angenommen, wenn man mit Vielfachheit rechnet.*

Beweis. Man ordnet jedem Punkt b die Anzahl der Urbildpunkte zu mit Vielfachheit gerechnet. Es genügt zu zeigen, dass diese Zuordnung lokal konstant ist. Dazu betrachte man zu jedem Punkt aus Y eine Kreisscheibe $\varphi : V \to \mathbb{E}$ und wende 2.2 auf die Zusammenhangskomponenten von $f^{-1}(V)$ an. Man hat sich klar zu machen, dass die induzierten Abbildungen nach $\mathbb{E}$ noch eigentlich bleiben.   □

2.4 Definition. *Unter dem Grad einer nicht konstanten analytischen Abbildung zusammenhängender kompakter Riemann'scher Flächen versteht man die Anzahl der Urbildpunkte eines Punktes aus Y (mit Vielfachheit gerechnet).*

Man kann den Grad vielleicht etwas einfacher auch wie folgt definieren: Man bezeichne mit T_0 die Menge der Verzweigungspunkte, mit $S = f(T_0)$ ihr Bild in Y und mit $T := f^{-1}(S)$. Dies sind endliche Mengen. Die Abbildung $X - T \to Y - S$ ist eigentlich und lokal biholomorph und somit eine Überlagerung. Als solche hat sie einen Überlagerungsgrad, III.5.2. Dies ist die Anzahl der Urbildpunkt eines Punktes aus $Y - S$. Da in $X - T$ keine Verzweigungspunkte liegen, ist dies der Grad im Sinne von 2.4.

Jedenfalls beruht unsere Untersuchung über den Grad letztlich auf einem rein topologischen Resultat, der Klassifizierung der eigentlichen Überlagerungen von $\mathbb{E}^{\bullet}$. Wegen der grundsätzlichen Bedeutung dieses Resultats geben wir im Spezialfall $Y = \bar{\mathbb{C}}$ einen völlig anderen, rein funktionentheoretischen Beweis. Sei also $f : X \to \bar{\mathbb{C}}$ eine meromorphe Funktion. Es genügt zu zeigen, dass f gleich viele Pole wie Nullstellen hat, da man dieses Resultat dann auch auf $f - C$ anwenden kann. Zunächst einmal bemerken wir, dass die Ordnung $\mathrm{Ord}(f, a)$ in einer Nullstelle mit der Verzweigungsordnung übereinstimmt. Bei einem Pol ist die Verzweigungsordnung $- \mathrm{Ord}(f, a)$. Die Aussage lautet also

$$\sum_{a \in X} \mathrm{Ord}(f, a) = 0.$$

Nun gilt offenbar die Formel

$$\mathrm{Ord}(f, a) = \mathrm{Res}\left(\frac{df}{f}; a\right).$$

Die Behauptung folgt somit aus dem Residuensatz 1.9.   □

2.5 Hilfssatz. *Sei*

$$f : X \longrightarrow \bar{\mathbb{C}} \qquad (X \text{ kompakt, zusammenhängend})$$

eine nicht konstante meromorphe Funktion vom Grad d. Jede weitere meromorphe Funktion $g : X \to \bar{\mathbb{C}}$ genügt einer Relation

$$\sum_{\nu=0}^{d} R_\nu(f) g^\nu = 0.$$

Dabei sind $R_\nu : \bar{\mathbb{C}} \longrightarrow \bar{\mathbb{C}}$ rationale Funktionen.

Zusatz. *Es existiere ein Punkt $b \in \bar{\mathbb{C}} - S$, welcher nicht Bild eines Verzweigungspunktes ist, so dass die Einschränkung von g auf die Faser $f^{-1}(b)$ injektiv ist. Dann ist R_d notwendig von Null verschieden.*

Beweis. Wir wählen irgendeine endliche Teilmenge $S \subset \bar{\mathbb{C}}$, welche die Menge der Bilder der Verzweigungspunkte von f enthält, und so dass die Menge der Pole von g in $T := f^{-1}(S)$ enthalten ist. Wir definieren dann die Funktion

$$F(z, w) := \prod_{f(b)=z} (w - g(b)) = \sum_{\nu=o}^{d} R_\nu(z)w^\nu, \; w \in \mathbb{C}, \, z \in \mathbb{C} - S.$$

Aus der Tatsache, dass die Einschränkung von f

$$f : X - T \longrightarrow \bar{\mathbb{C}} - S$$

eine Überlagerung ist, folgert man leicht, dass die Funktionen

$$R_\nu : \bar{\mathbb{C}} - S \longrightarrow \mathbb{C}$$

holomorph sind.

Behauptung. *Die Funktionen R_ν sind meromorph auf ganz $\bar{\mathbb{C}}$.*

(Damit ist dann 2.5 bewiesen, denn es gilt trivialerweise

$$\sum R_\nu \left(f(z) \right) g(z)^\nu = F\left(f(z), g(z) \right) = 0.)$$

Der Beweis der Behauptung ergibt sich aus folgender

2.6 Bemerkung. *Sei $f : X \to Y$ eine eigentliche, surjektive holomorphe Abbildung Riemann'scher Flächen und*

$$S \subset Y, \quad T := f^{-1}(S) \subset X$$

diskrete Teilmengen. Der Überlagerungsgrad von

$$X - T \longrightarrow Y - S$$

sei d. Dann gilt:

1) *Eine Funktion $R : Y \to \bar{\mathbb{C}}$ ist genau dann meromorph, wenn ihr Urbild $R \circ f : X \to \bar{\mathbb{C}}$ meromorph ist.*

2) *Sei g eine meromorphe Funktion, deren Pole in T liegen mögen. Sei außerdem $S(z_1, \ldots, z_d)$ ein symmetrisches (d.h. von der Reihenfolge der Variablen unabhängiges) Polynom in d Variablen). Dann ist die durch*

$$G(x) := S \left(g(x_1), \ldots, g(x_d) \right), \; x \in X - T, \; f^{-1}(f(x)) = \{x_1, \ldots, x_d\},$$

definierte Funktion auf ganz X meromorph fortsetzbar.

Der zweite Teil dieser Bemerkung ist völlig trivial, wenn die Abbildung f : $X \to Y$ „GALOIS'sch" ist. Darunter versteht man folgendes:

Es existiert eine endliche Gruppe Γ von biholomorphen Selbstabbildungen von X, so dass

$$f^{-1}\left(f(x)\right) = \{\gamma(x); \quad \gamma \in \Gamma\} \; \textit{für} \; x \in X$$

gilt.

Denn in diesem Fall ist die Funktion G ein Polynom in den meromorphen Funktionen $g \circ \gamma$, $\gamma \in \Gamma$. Beispiel für eine GALOIS'sche Abbildung ist das „Verzweigungselement"

$$\mathbb{E} \longrightarrow \mathbb{E}, \quad z \longmapsto z^d.$$

Die Elemente von Γ sind Multiplikationen mit d-ten Einheitswurzeln. Der Beweis der Bemerkung (auch des ersten Teils) ergibt sich nun unmittelbar aus der Klassifikation der Verzweigungselemente, denn lokal ist f äquivalent mit dem Verzweigungselement.

Beweis des Zusatzes von 2.5. Wir wenden Teil 2) der im Lauf des obigen Beweises formulierten Bemerkung auf das symmetrische Polynom

$$S(z_1, \ldots, z_d) = \prod_{1 \le i < j \le d} (z_i - z_j)^2$$

an und erhalten:

Wenn die Einschränkung von g auf eine Faser $f^{-1}(b)$ $(b \in \bar{\mathbb{C}} - S)$ injektiv ist, so gilt dies für fast alle Fasern (bis auf endlich viele Ausnahmen).

Man drückt die im Zusatz formulierte Eigenschaft daher auch kurz und prägnant folgendermaßen aus:

Sprechweise (Voraussetzungen des Zusatzes). *Die Funktion g ist auf der* **generischen Faser** *von f injektiv.*

Der Beweis des Zusatzes ist nun ebenfalls klar. Man wählt einen Punkt $x \in X$ allgemein genug. Dann ist das Polynom

$$P(z) := \sum_{\nu=0}^{d} R_\nu \left(f(z)\right) z^\nu$$

von Null verschieden und hat d verschiedene Nullstellen (nämlich die Werte von g auf $f^{-1}\left(f(z)\right)$). Es folgt notwendigerweise $R_d\left(f(x)\right) \ne 0$. $\qquad \square$

Der Körper der meromorphen Funktionen

Der Körper der meromorphen Funktionen $\mathcal{M}(X)$ enthält den Körper der konstanten Funktionen. Der Einfachheit halber identifizieren wir eine komplexe Zahl mit der zugehörigen konstanten Funktion. Damit wird $\mathcal{M}(X)$ ein Erweiterungskörper

$$\mathbb{C} \subset \mathcal{M}(X).$$

Der einfachste Fall ist der der Zahlkugel $X = \bar{\mathbb{C}}$. In diesem Falle ist $\mathcal{M}(X)$ der Körper der rationalen Funktionen

$$\mathcal{M}(\bar{\mathbb{C}}) = \mathbb{C}(z).$$

Ist $\mathbb{C} \subset K$ eine beliebige Körpererweiterung von $\mathbb{C}$, so ist jedes Element $f \in K$, $f \notin \mathbb{C}$, transzendent über $\mathbb{C}$, d.h. ist $P \in \mathbb{C}[z]$ ein von Null verschiedenes Polynom, so ist auch $P(f)$ von Null verschieden. Dies folgt aus dem Fundamentalsatz der Algebra, denn P hat bereits in $\mathbb{C}$ so viele Nullstellen, wie sein Grad angibt. Insbesondere ist für eine beliebige rationale Funktion

$$R = \frac{P}{Q}; \ P, Q \in \mathbb{C}[z], \ Q \neq 0,$$

der Ausdruck

$$R(f) = \frac{P(f)}{Q(f)}$$

wohldefiniert. Die Zuordnung $f \to R(f)$ definiert einen Körperisomorphismus

$$\mathbb{C}(z) \xrightarrow{\sim} \mathbb{C}(f) \subset K$$

auf den von f erzeugten Unterkörper von K. Eine Körpererweiterung $K \subset L$ heißt *endlich* (manchmal auch *endlich algebraisch*), falls L als K-Vektorraum endlichdimensional ist.

2.7 Definition.   *Ein Körper $K \supset \mathbb{C}$ heißt **algebraischer Funktionenkörper** einer Variablen, falls ein Element $f \in K$, $f \notin \mathbb{C}$, existiert, so dass die Erweiterung*

$$K \supset \mathbb{C}(f)$$

endlich ist.

Wir benutzen aus der elementaren Algebra den

2.8 Satz vom primitiven Element.   *Sei K ein Körper der Charakteristik 0 und $L \supset K$ eine endliche Körpererweiterung. Dann existiert ein Element $f \in L$, so dass die Elemente*

$$1, f, \dots, f^{d-1} \qquad (d := \dim_K L)$$

eine Basis von L über K bilden.

Aus diesem Satz folgt:

Sei K ein Körper der Charakteristik 0 und $L \supset K$ eine Körpererweiterung. Es existiere eine Zahl $d > 0$, so dass jedes Element $f \in L$ einer algebraischen Gleichung

$$f^d + a_{d-1} f^{d-1} + \dots + a_1 f + a_0 = 0 \ \text{mit } a_j \in K \ (0 \leq j \leq d)$$

genügt. Dann ist die Körpererweiterung endlich.

Wäre dies nicht so, so könnte man eine echt aufsteigende Kette von endlichen Erweiterungen von K konstruieren,

$$K \subsetneq K_1 \subsetneq K_2 \subsetneq \ldots \subsetneq L.$$

Die Grade

$$d_j := \dim_K K_j$$

wachsen dann notwendig über alle Grenzen. Andererseits folgt aus dem Satz vom primitiven Element und der Voraussetzung

$$d_j \leq d. \qquad\qquad\qquad\qquad \square$$

2.9 Satz. *Der Körper der meromorphen Funktionen einer zusammenhängenden und kompakten Riemann'schen Fläche X ist ein algebraischer Funktionenkörper einer Variablen. Genauer gilt: Ist $f \in \mathcal{M}(X)$ eine beliebige nicht konstante meromorphe Funktion vom Grad d und $g \in \mathcal{M}(X)$ eine meromorphe Funktion, welche auf der generischen Faser von f injektiv ist, so gilt*

$$\mathcal{M}(X) = \mathbb{C}(f) \oplus \mathbb{C}(f)g \oplus \ldots \oplus \mathbb{C}(f)g^{d-1}.$$

Die Existenz von f und g sind durch den Existenzsatz 2.1 gesichert.

Der *Beweis* ist klar, denn es gilt einerseits

$$\dim_{\mathbb{C}(f)} \mathcal{M}(X) \leq d$$

(nach 2.5 und dem Satz vom primitiven Element 2.8), und andererseits sind nach dem Zusatz zu 2.5 die Elemente $1, g, \ldots, g^{d-1}$ linear unabhängig. Sie müssen also eine Basis bilden. $\qquad\qquad \square$

Beispiele.

1) Sei $L \subset \mathbb{C}$ ein Gitter und $X := \mathbb{C}/L$ sei der dazugehörige Torus. Die WEIERSTRASS'sche $\wp$-Funktion hat den Grad (=Ordnung) 2. Ihre Ableitung $\wp'$ ist injektiv auf der generischen Faser (sonst wäre $\wp'(z) = \wp'(-z)$). Es folgt

$$\mathcal{M}(X) = \mathbb{C}(\wp) \oplus \wp'\mathbb{C}(\wp),$$

im Einklang mit der Theorie der elliptischen Funktionen.

2) Sei X die RIEMANN'sche Fläche einer algebraischen Funktion. Der Körper der meromorphen Funktionen wird von „den beiden Projektionen" p und q erzeugt; genauer gilt

$$\mathcal{M}(X) = \bigoplus_{\nu=0}^{d-1} \mathbb{C}(p)q^\nu.$$

Wir haben nun die Mittel bereitgestellt, um zu zeigen, dass jede kompakte RIEMANN'sche Fläche die RIEMANN'sche Fläche einer algebraischen Funktion ist:

Mit den Bezeichnungen von 2.5 gilt

$$g^d = \sum_{\nu=0}^{d-1} R_\nu(f) g^\nu$$

mit geeigneten rationalen Funktionen R_ν. Multiplikation mit einem gemeinsamen Nenner dieser rationalen Funktionen liefert:

Es existiert ein Polynom $P(z,w) \in \mathbb{C}[z,w]$ mit folgenden Eigenschaften:

a) $P(f,g) = 0$.

b) P hat für fast alle z als Polynom in w den Grad d.

Man kann außerdem folgendes erreichen:

c) Die Koeffizienten $a_\nu(z)$ des Polynoms

$$P(z,w) = \sum_{\nu=0}^{d} a_\nu(z) w^\nu$$

haben keinen nicht konstanten Teiler in $\mathbb{C}[z]$.

Das Polynom P ist offensichtlich irreduzibel. Wir bezeichnen mit

$$X(P) := \{ (z,w) \in \mathbb{C} \times \mathbb{C}; \quad P(z,w) = 0 \}$$

die diesem Polynom zugeordnete algebraische Kurve. Wählt man die endliche Teilmenge $S \subset \bar{\mathbb{C}}$ so groß, dass die Pole von f und g in T von S enthalten sind, so erhalten wir eine Abbildung

$$X - T \longrightarrow X(P),$$
$$x \longmapsto (f(x), g(x)).$$

Wählt man S genügend groß, so ist diese Abbildung injektiv. Ihr Bild sei $X_0(P)$. Das Komplement von $X_0(P)$ in $X(P)$ besteht nur aus endlich vielen Punkten.

Die beiden Abbildungen f und g in dem folgenden kommutativen Diagramm

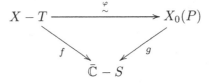

sind lokal biholomorph. Insbesondere ist φ holomorph und dann sogar biholomorph.

Benutzt man noch die Eindeutigkeit der Kompaktifizierung einer RIEMANN'schen Fläche (I.3.8), so folgt:

2.10 Satz.   *Jede (zusammenhängende und) kompakte Riemann'sche Fläche X ist zu der einem irreduziblen Polynom $P(z,w) \in \mathbb{C}[z,w]$ zugeordneten kompakten Riemann'sche Fläche biholomorph äquivalent.*

Wir haben gezeigt, 2.9, dass der Körper der meromorphen Funktionen einer kompakten RIEMANN'schen Fläche ein algebraischer Funktionenkörper einer Variablen ist. Wir zeigen nun umgekehrt, dass jeder algebraische Funktionenkörper zum Körper der meromorphen Funktionen einer geeigneten kompakten RIEMANN'schen Fläche isomorph ist. Dabei wollen wir zwei algebraische Funktionenkörper einer Variablen K, L isomorph heißen, wenn es einen Körperisomorphismus $\sigma : K \xrightarrow{\sim} L$ gibt, welcher auf $\mathbb{C}$ die Identität ist.

2.11 Satz.   *Jeder algebraische Funktionenkörper einer Variablen ist zu dem Körper der meromorphen Funktionen einer geeigneten kompakten Riemann'schen Fläche isomorph.*

Beweis.   Sei $K \supset \mathbb{C}$ ein algebraischer Funktionenkörper, $f \in K$ ein nicht konstantes Element und g ein zugehöriges primitives Element, d.h.

$$K = \bigoplus_{\nu=0}^{d-1} \mathbb{C}(f)g^{\nu}.$$

Wie wir beim Beweis von 2.9 gesehen haben, existiert dann ein irreduzibles Polynom $P(z,w)$ mit der Eigenschaft

$$P(f,g) = 0.$$

Die assoziierte kompakte RIEMANN'sche Fläche hat die gewünschte Eigenschaft.

$\square$

Homomorphismen von Funktionenkörpern.

Seien $\mathbb{C} \subset K$, $\mathbb{C} \subset L$ zwei algebraische Funktionenkörper einer Variablen. Unter einem *Homomorphismus*

$$\varphi : K \longrightarrow L$$

verstehen wir eine Abbildung mit den Eigenschaften

  a) $\varphi(C) = C$ für $C \in \mathbb{C}$,

  b) $\varphi(f + g) = \varphi(f) + \varphi(g)$, $\varphi(f \cdot g) = \varphi(f) \cdot \varphi(g)$.

Ein solcher Homomorphismus ist automatisch injektiv. Ist φ überdies surjektiv, so ist φ einen *Isomorphismus*. Neben X sei nun eine weitere kompakte und zusammenhängende RIEMANN'sche Fläche Y gegeben. Jeder nicht konstanten holomorphen Abbildung

$$f : X \longrightarrow Y$$

ist ein Homomorphismus

$$\varphi = f^* : \mathcal{M}(Y) \longrightarrow \mathcal{M}(X), \qquad g \longmapsto g \circ f,$$

der Funktionenkörper zugeordnet. Jeder Homomorphismus ist von dieser Form:

2.12 Satz.   *Seien X, Y zwei zusammenhängende kompakte Riemann'sche Flächen. Zu jedem Homomorphismus der Funktionenkörper*

$$\varphi : \mathcal{M}(Y) \longrightarrow \mathcal{M}(X)$$

existiert eine eindeutig bestimmte holomorphe nicht konstante Abbildung

$$h : X \longrightarrow Y,$$

welche φ induziert, $\varphi = h^*$.

Folgerung. *Zwei zusammenhängende kompakte Riemann'sche Flächen sind dann und nur dann biholomorph äquivalent, wenn ihre Funktionenkörper isomorph sind.*

Beweis. Wir wählen ein nicht konstantes Element $f \in \mathcal{M}(Y)$ und bezeichnen sein Bild in $\mathcal{M}(X)$ mit $\tilde{f} = \varphi(f)$. Außerdem wählen wir zugehörige primitive Elemente $g, \tilde{g}$,

$$\mathcal{M}(Y) = \sum_{\nu=0}^{d} \mathbb{C}(f)g^{\nu}, \quad \mathcal{M}(X) = \sum_{\nu=0}^{\tilde{d}} \mathbb{C}(\tilde{f})\tilde{g}^{\nu}.$$

Es gilt

$$\varphi(g) = \sum_{\nu=0}^{\tilde{d}} R_{\nu}(\tilde{f})\tilde{g}^{\nu}$$

mit gewissen rationalen Funktionen R_{ν}. Man kann erreichen, dass dies sogar Polynome sind (da man $\tilde{g}$ mit einem von Null verschiedenen Polynom in $\tilde{f}$ multiplizieren kann). Schließlich betrachten wir irreduzible Polynome $P, \tilde{P}$ zweier Variablen mit

$$P(f, g) = 0, \ \tilde{P}(\tilde{f}, \tilde{g}) = 0.$$

Die Zuordnung

$$(z, w) \longmapsto \left(z, \sum_{\nu=0}^{d} R_{\nu}(z)w^{\nu} \right)$$

definiert offenbar eine Abbildung $\tilde{\mathcal{N}} \to \mathcal{N}$ der $\tilde{P}$ und P zugeordneten affinen algebraischen Kurven, so dass das Diagramm

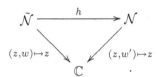

Hieraus folgt:

Es existieren endliche Punktmengen $T_1 \subset X$, $T_2 \subset Y$, $S \subset \bar{\mathbb{C}}$ und eine holomorphe Abbildung

$$h : X - T_1 \longrightarrow Y - T_2,$$

so dass das Diagramm

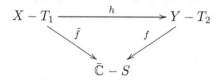

kommutativ ist mit eigentlichen lokal biholomorphen $f, \tilde{f}$.

Es bleibt zu zeigen, dass h auf ganz X holomorph fortsetzbar ist. Diese Aussage führt man mit Hilfe der Klassifikation der Verzweigungselemente auf folgende lokale Situation zurück.

Sei $h : \mathbb{E}^{\bullet} \longrightarrow \mathbb{E}^{\bullet}$ eine holomorphe Abbildung, so dass das Diagramm

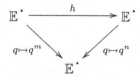

kommutativ ist. Dann hat h eine hebbare Singularität in $q = 0$ und es gilt $h(0) = 0$. Dies kann man mit Hilfe des RIEMANN'schen Hebbarkeitssatzes oder auch einer einfachen Rechnung mit der LAURENTreihe von h zeigen. □

Die Sätze 2.11 und 2.12 kann man grob so aussprechen

Die Theorie der kompakten Riemann'schen Flächen und der Funktionenkörper einer Variablen ist äquivalent.

Nicht algebraische Konstruktion kompakter Riemann'scher Flächen

Sei X eine RIEMANN'sche Fläche und seien $U \subset X$, $V \subset X$ zwei offene disjunkte Teilmengen zusammen mit einer biholomorphen Abbildung

$$\varphi : U \xrightarrow{\sim} V.$$

Wir wollen innerhalb X die beiden Mengen U und V „via φ" zusammenkleben und führen dazu folgende Äquivalenzrelation ein:

Zwei Punkte $x, y \in X$ heißen äquivalent, falls gilt:

$$
\begin{array}{llll}
\text{Entweder} & x = y & & \\
\text{oder} & x \in U & \text{und} & y = \varphi(x) \\
\text{oder} & y \in U & \text{und} & x = \varphi(y).
\end{array}
$$

Den Quotientenraum nach dieser Äquivalenzrelation bezeichnen wir mit

$$Y := X/ \sim .$$

Offensichtlich ist die natürliche Abbildung

$$X \longrightarrow Y$$

lokal topologisch.

Annahme. Y ist Hausdorff'sch.

Dann trägt Y eine Struktur als Riemann'sche Fläche, so dass die Abbildung $X \to Y$ lokal biholomorph ist.

Der *Beweis* ist trivial.

(Diese Aussage zeigt übrigens, wie wichtig die HAUSDORFFeigenschaft für die Theorie der RIEMANN'schen Flächen ist. Würde man auf sie verzichten, so könnte man auf obigem Wege die skurrilsten Gebilde konstruieren. Beispielsweise könnte man für X die disjunkte Vereinigung zweier Exemplare der komplexen Ebene nehmen und diese längs der punktierten Ebenen verheften. Man erhielte eine Art komplexer Ebene mit verdoppeltem Nullpunkt.)

Beispiel. Wir betrachten auf der RIEMANN'sche Fläche X zwei disjunkte analytische Karten

$$\psi : U \longrightarrow V, \quad \psi' : U' \longrightarrow V', \quad U, U' \subset X,$$

wobei V und V' die abgeschlossene Kreisscheibe vom Radius 2 enthalten mögen. Wir stanzen in die Fläche X zwei Löcher,

$$X' = X - \{x \in U; \ \ |\psi(x)| \leq 1/2\} - \{y \in U'; \ \ |\psi'(y)| \leq 1/2\}.$$

Wir betrachten nun in V und V' die „Ringe"

$$\frac{1}{2} < |z| < 2.$$

Ihre Urbilder unter ψ, ψ' bezeichnen wir mit

$$R \subset U, \ R' \subset U'.$$

Wir wollen nun R und R' innerhalb X' verkleben. Man könnte zunächst daran denken, als Verklebefunktion die durch die Identität auf $\mathbb{E}$ induzierte Abbildung $\psi^{-1} \circ \psi'$ zu nehmen. Aber das Resultat wäre nicht HAUSDORFF'sch. Anders wird die Situation, wenn man beim Verkleben die Rolle der inneren und äußeren Ränder von R und R' vertauscht, also beispielsweise folgende Verklebefunktion nimmt

$$\varphi : R \xrightarrow{\sim} R',$$

$$\varphi(x) = \psi'^{-1} \left(\psi(x)^{-1}\right).$$

Dies ist eine biholomorphe Abbildung und der Quotient Y ist nun HAUS-DORFF'sch, wovon sich der Leser überzeugen möge.

Anschaulich passiert folgendes: In die Fläche X wurden zwei Löcher gestanzt und diese wurden durch einen Henkel verbunden.

Nimmt man beispielsweise für X die RIEMANN'schen Zahlkugel, so erhält man ein Kugel mit einem Henkel, also ein Gebilde, dass offensichtlich topologisch äquivalent mit einem Torus ist. Man kann vermuten, dass Y biholomorph äquivalent mit einem Torus $\mathbb{C}/L$ ist. Dies ist tatsächlich richtig, wie wir später sehen werden (und wie man auch in nicht ganz offensichtlicher Weise aus dem Uniformisierungssatz schließen könnte).

Man kann dann die Frage stellen, wie z.B. die j-Invariante von diesem Gebilde aussieht. Die Antwort auf diese so naheliegende Frage ist unbekannt.

Jedenfalls zeigen diese nicht algebraischen Konstruktionen eines: Der Satz, dass jede kompakte RIEMANN'sche Fläche zu einer algebraischen Funktion gehört, ist hochgradig nicht trivial. Es ist daher nicht verwunderlich, dass zu seinem Beweis die tiefliegenden potentialtheoretischen Existenzsätze herangezogen werden mussten.

Übungsaufgaben zu IV.2

1. Sei f eine holomorphe Funktion im punktierten Einheitskreis $\mathbb{E} - \{0\}$. Wenn die Funktion $z^{n-1} f(z^n)$ für irgendeine natürliche Zahl eine hebbare Singularität im Nullpunkt har, so hat auch f eine hebbare Singularität im Nullpunkt.

2. Wir betrachten für irgendeine natürliche Zahl n die Abbildung

$$f : \mathbb{E} \longrightarrow \mathbb{E}, \quad z \longmapsto w := z^n.$$

Man zeige, dass das Urbild eines Differentials $g(w)dw$ unter f gleich

$$nz^{n-1}g(z^n)dz \quad (= f^*(g(w)dw)$$

ist.

3. Sei $f : X \to Y$ eine surjektive und eigentliche analytische Abbildung RIEMANN'-scher Flächen und ω ein meromorphes Differential ω auf Y. Genau dann ist ω holomorph, wenn sein Urbild $f^*\omega$ holomorph (auf X) ist.

4. Sei $f : X \to \bar{\mathbb{C}}$ eine nicht konstante meromorphe Funktion auf einer zusammenhängenden kompakten RIEMANN'schen Fläche. Man bestimme die Pole und Nullstellen des Differentials df.

   Antwort. Pole von df können nur in den Polen von f auftreten. Ist a ein Pol der Ordnung n von f, so ist a ein Pol der Ordnung $n + 1$.

   Nullstellen liegen in denjenigen Punkten vor, in denen f verzweigt. Die Nullstellenordnung von df ist gleich der Verzweigungsordnung minus Eins.

3. Die Triangulierung einer kompakten Riemann'schen Fläche

Ein bekannter Satz der Topologie besagt, dass jede Fläche mit abzählbarer Basis der Topologie triangulierbar ist. Der Beweis dieses Satzes ist jedoch nicht einfach. Für RIEMANN'sche Flächen ist er einfacher aber immer noch schwierig genug. In Paragraph 2 haben wir gezeigt, dass kompakte RIEMANN'sche Flächen als endlichblättrige verzweigte Überlagerungen der Kugel dargestellt werden können. Aus dieser Tatsache werden wir einen einfachen Beweis für die *Triangulierbarkeit einer kompakten Riemann'schen Fläche* ableiten.

Polyeder

Wir zeichnen in der Ebene ein Standarddreieck aus; um konkret zu sein die konvexe Hülle der Punkte 0,1,i.

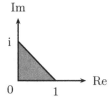

$$\Delta = \{z \in \mathbb{C}; \quad y \geq 0, \ x \geq 0; \ x + y \leq 1\}.$$

In diesem Abschnitt wollen wir die Verbindungsstrecke zweier *komplexer* Zahlen a, b mit

$$[a, b] := \{z; \quad z = a + t(b - a), \ 0 \leq t \leq 1\}$$

bezeichnen. Man nennt die drei Punkte 0,1,i die *Ecken* und die Strecken

$$[0, 1], \ [1, i] \text{ und } [i, 0]$$

die *Kanten* des Standarddreiecks Δ.

3.1 Definition. *Ein **Dreieck** φ in einem topologischen Raum X ist eine topologische Abbildung φ von Δ auf eine (kompakte) Teilmenge $\Delta^\varphi \subset X$,*

$$\varphi : \Delta \xrightarrow{\sim} \Delta^\varphi \subset X.$$

1) Man nennt Δ^φ die dem Dreieck φ zugrunde liegende Dreiecksfläche.

2) Die Bilder der Kanten von Δ heißen die Kanten von φ.

3) Die Bilder der Ecken von Δ heißen die Ecken von φ.

Dreiecksflächen, Kanten und Ecken sind also Punktmengen, das Dreieck selbst ist eine Abbildung.

3.2 Definition. *Ein **(endliches) Polyeder** ist ein Paar $(X, \mathcal{M})$, bestehend aus einem topologischen Raum X und einer endlichen Menge $\mathcal{M}$ von Dreiecken in X mit folgenden Eigenschaften:*

1) *Es gilt*

$$X = \bigcup_{\varphi \in \mathcal{M}} \Delta^\varphi.$$

2) *Seien $\varphi \neq \psi$ zwei verschiedene Dreiecke in $\mathcal{M}$. Dann gibt es drei Möglichkeiten für den Durchschnitt $\Delta^\varphi \cap \Delta^\psi$:*

   a) *Er ist leer.*

   b) *Er besteht aus genau einer gemeinsamen Ecke.*

   c) *Er besteht aus genau einer gemeinsamen Kante.*

3) *Drei paarweise verschiedene Dreiecke können keine gemeinsame Kante haben.*

Ein einfaches Beispiel für ein Polyeder erhält man aus einer abgeschlossenen Kreisscheibe, indem man sie in $k \geq 3$ regelmäßige Sektoren aufteilt.

3.3 Definition. *Sei $(X, \mathcal{M})$ ein Polyeder. Man nennt $\mathcal{M}$ eine **Triangulierung** von X, falls jede Kante von $\mathcal{M}$ genau zwei Dreiecken angehört.*

Es ist nicht besonders schwer zu zeigen, dass ein topologischer Raum X, welcher eine Triangulierung gestattet, eine (kompakte) Fläche ist. Wir benötigen diese Tatsache nicht; es ist umgekehrt unser Ziel, zu zeigen, dass jede kompakte RIEMANN'sche Fläche eine Triangulierung besitzt.

3.4 Satz. *Jede kompakte Riemann'sche Fläche X ist triangulierbar.*

Zusatz. *Sei $S \subset X$ eine endliche Teilmenge. Man kann dann sogar eine Triangulierung mit folgenden Eigenschaften konstruieren:*

1) *Jeder Punkt von S ist ein Eckpunkt der Triangulierung.*

2) *Zu jedem Punkt $s \in S$ existiert eine Kreisscheibe $U \xrightarrow{\sim} \mathbb{E}$ so dass die Dreiecksflächen mit Eckpunkt s genau den k Sektoren ($k \geq 3$ geeignet) der abgeschlossenen Kreisscheibe vom Radius $1/2$ in $\mathbb{E}$ entsprechen (s. obiges Beispiel).*

Zunächst ist ziemlich klar, dass der Satz für die Zahlkugel gilt. Man beginnt beispielsweise mit einer regelmäßigen Tetraederzerlegung.

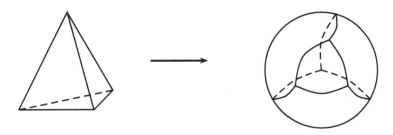

Die Kanten der auftretenden Dreicke können als Großkreise angenommen werden. Zunächst einmal macht man dies so, dass die Punkte aus S im Inneren der Dreiecke. also auf keiner Kante liegen. Dann legt man um jeden Punkt von S ein kleines "kreisförmiges" Dreieck, welches ganz im Inneren des betreffenden Dreiecks der Tetraedertriangulierung enthalten ist und baut dieses irgendwie in eine Triangulierung ein, etwa wie in der Abbildung angedeutet. (Man erreicht so 2) im Falle der Kugel sogar mit $k = 3$.

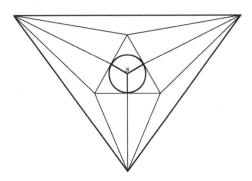

Sei nun $f : Y \to X$ eine nicht konstante analytische Abbildung kompakter RIEMANN'scher Flächen. Wir nehmen an, der Satz sei für X bewiesen und beweisen ihn dann für Y. Wir wählen jetzt eine Triangulierung von X mit den im Zusatz zu 3.4 angegebenen Eigenschaften, wobei S die die Menge der Bilder der Verzweigungspunkte sei. Zeichnet man auf jeder Kante einen inneren Punkt (nicht notwendig den Mittelpunkt) aus, so läst sich die Triangulierung gemäß folgender Abbildung verfeinern.

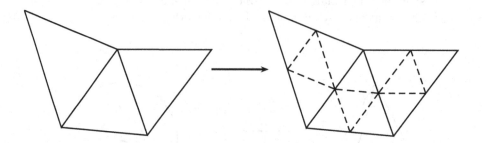

Durch iterierte Verfeinerung der Triangulierung kann man erreichen, dass die
in 3.4 beschrieben Kreisscheibe $\varphi : U \xrightarrow{\sim} \mathbb{E}$ so klein ist, dass ihr Urbild in
disjunkte Kreisscheiben zerfällt, so dass f in diesen Kreisscheiben die Form
$q \to q^d$ bekommt. Überdies kann man annehmen, dass jedes Dreieck der Triangulierung in einer in diesem Sinne kleinen Kreisscheibe enthalten ist.

Man kann nun in naheliegender Weise die Triangulierung der Fläche X auf
Y hochheben. Ein Dreieck

$$\varphi : \Delta \longrightarrow Y$$

gehöre genau dann der zu konstruierenden Triangulierung an, falls die Zusammensetzung

$$f \circ \varphi : \Delta \longrightarrow X$$

der vorgegebenen Triangulierung von X angehört.

Es ist leicht zu sehen, dass hierdurch tatsächlich eine Triangulierung von Y
definiert wird. Man nennt sie die „hochgehobene" Triangulierung. Zum Beweis
muss man lediglich für die Verzweigungspunkte folgende kleine Überlegung
anstellen: Wir betrachten das „Verzweigungselement"

$$f : \mathbb{E} \longrightarrow \mathbb{E}, \quad q \longmapsto q^d.$$

Der Einheitskreis $\mathbb{E}$ „unten" sei etwa durch die k-ten Einheitswurzeln in k
regelmäßige Sektoren $\Delta_1, \ldots, \Delta_k$ aufgeteilt. Teilt man den Einheitskreis $\mathbb{E}$
„oben" entsprechend durch die kd-ten Einheitswurzeln in kd regelmäßige Sektoren auf, so wird durch die Abbildung f jeder dieser kd Sektoren topologisch
auf einen der k Sektoren $\Delta_1, \ldots, \Delta_k$ topologisch abgebildet.

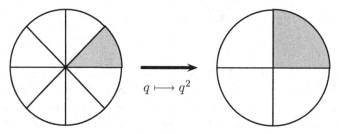

$$q \longmapsto q^2$$

Anhang zu 3. Die Riemann-Hurwitz'sche Verzweigungsformel

Sei $(X, \mathcal{M})$ eine triangulierte Fläche, E die Anzahl der Ecken, K die Anzahl der Kanten und D die Anzahl der Dreiecke. Man nennt die alternierende Summe

$$e := E - K + D$$

die EULERzahl der Triangulierung. Ein bekannter Satz der Topologie besagt, dass die EULERzahl eine topologische Invariante ist; verschiedene Triangulierungen ein und derselben Fläche führen stets zur selben EULERzahl. Wir werden später mit Hilfe des RIEMANN-ROCH'schen Satzes sehen, dass homöomorphe RIEMANN'sche Flächen stets dieselbe EULERzahl *unabhängig* von der gewählten Triangulierung haben. Auch die Umkehrung wird sich als richtig erweisen. Wir werden also sehen:

Zwei kompakte Riemann'sche Flächen sind genau dann homöomorph, wenn ihre Eulerzahlen übereinstimmen.

Aus diesem Grund ist es wichtig, einfache Verfahren zur Berechnung der EULERzahl zur Verfügung zu haben. Dazu stellen wir die *Riemann-Hurwitz'sche Verzweigungsformel* auf.

Sei $f : X \to Y$ eine holomorphe nicht konstante Abbildung zusammenhängender kompakter RIEMANN'scher Flächen. Besonders interessant ist $Y = \bar{\mathbb{C}}$. Sei $S \subset Y$ die Menge der Bilder der Verzweigungspunkte von f und $T := f^{-1}(S)$ die Menge ihrer Urbilder in X. Wir erinnern daran, dass die Abbildung f in geeigneten analytischen Karten um $t \in T$ und $f(t) \in S$ durch die Formel $z \mapsto z^n$ mit einer geeigneten natürlichen Zahl $n = n_t$ gegeben wird. Man nennt n_t die Verzweigungszahl von f in t. Sie ist (bei unserer Normierung) genau dann 1, wenn f in t unverzweigt ist.

3.5 Riemann-Hurwitz'sche Verzweigungsformel. *Seien $f : X \to Y$ eine holomorphe Abbildung kompakter Riemann'scher Flächen, $S \subset Y$ die Menge der Bilder der Verzweigungspunkte von f und $T := f^{-1}(S)$ die Menge ihrer Urbilder in X. Außerdem sei n die Blätterzahl der (unverzweigten) Überlagerung*

$$X - T \to Y - S.$$

Es existieren Triangulierungen *) *von X und Y, so dass die Geschlechter $p(X)$, $p(Y)$ der folgenden Relation genügen:*

$$\boxed{p(X) = n\,(p(Y) - 1) + 1 + \frac{1}{2} \sum_{t \in T} (n_t - 1)}$$

---

*) Wie schon bemerkt, werden wir später die Unabhängigkeit von der Wahl der Triangulierung beweisen.

Ist speziell $Y = \bar{\mathbb{C}}$ die Zahlkugel, so kann man von einer Triangulierung mit $p(Y) = 0$ ausgehen.

Folgerung. *Die Zahl $\sum_{t \in T}(n_t - 1)$ ist stets gerade.*

Beweis. Man starte mit einer Triangulierung wie beim Beweis von 3.4 und hebt sie, wie dort beschrieben, zu einer Triangulierung von X hoch. Hat die Triangulierung von Y

$$E \text{ Ecken, } K \text{ Kanten und } D \text{ Dreiecke,}$$

so hat die hochgehobene Triangulierung offenbar nK Kanten und nD Dreiecke, die Zahl der Ecken ist jedoch nicht nE, sondern vermindert sich entsprechend der Verzweigung

$$nE - \sum_{t \in T}(n_t - 1).$$

Es folgt

$$2 - 2p(Y) = E - K + D,$$

$$2 - 2p(X) = nE - nK + nD - \sum_{t \in T}(n_t - 1).$$

Hieraus folgt die Verzweigungsformel.

Im Falle $Y = \bar{\mathbb{C}}$ hat man in der Tetraederzerlegung eine Triangulierung mit $p(Y) = 0$. Bei den verwendeten Verfeinerungen ändert sich $p(Y)$ offenbar nicht. Damit ist klar, dass man in diesem Falle mit einer Triangulierung mit $p(Y) = 0$ starten kann. $\square$

Wir betonen noch einmal, dass nach dem (noch zu beweisenden) EULER'-schen Polyedersatz sogar $p(\bar{\mathbb{C}}) = 0$ für *jede* Triangulierung der Zahlkugel gilt.

Beispiel. Sei

$$P(z) = a_n z^n + \ldots + a_0$$

ein Polynom ohne mehrfache Nullstelle. Wir betrachten die RIEMANN'sche Fläche der algebraischen Funktion

$$w^2 = P(z).$$

Aus der Konstruktion der hierzu gehörenden kompakten RIEMANN'schen Fläche ergibt sich:

1) Die Nullstellenmenge S des Polynoms P ist die Menge der endlichen Verzweigungspunkte.
2) ∞ ist genau dann Verzweigungspunkt, wenn n ungerade ist. (Dies folgt beispielsweise aus der Folgerung zu 3.5, da die Verzweigungszahl nur 1 oder 2 sein kann.)

Jeder Verzweigungspunkt hat genau einen Urbildpunkt und die Verzweigungszahl ist jeweils 2. Da das Geschlecht der Zahlkugel 0 ist (jedenfalls bei geeigneter Triangulierung), ergibt sich aus der Verzweigungsformel das Geschlecht

$$p = 2(0 - 1) + 1 + \begin{cases} n/2, & \text{falls } n \text{ gerade,} \\ (n+1)/2, & \text{falls } n \text{ ungerade.} \end{cases}$$

Es ergibt sich also folgendes

3.6 Theorem. *Das Geschlecht p der kompakten Riemann'schen Fläche zu*

$$w^2 = P(z),$$

wobei $P(z)$ ein Polynom vom Grade n ohne mehrfache Nullstelle ist, ist (jedenfalls bei geeigneter Triangulierung)

$$p = \begin{cases} (n-2)/2, & \text{falls } n \text{ gerade,} \\ (n-1)/2, & \text{falls } n \text{ ungerade.} \end{cases}$$

Ist der Grad von P beispielsweise 3 oder 4, so erhält man $p = 1$. Wie wir sehen werden, bedeutet dies, dass die Fläche topologisch ein Torus ist. Dies steht im Einklang mit der Theorie der elliptischen Funktionen [FB], wo ja gezeigt wurde, dass die $\wp$-Funktion eine bijektive Abbildung des Torus $\mathbb{C}/L$ auf eine projektive algebraische Kurve zu einem gewissen Polynom dritten Grades definiert.

Übungsaufgaben zu IV.3

1. Zu jeder ganzen Zahl $p \geq 0$ existiert eine (triangulierte) kompakte Riemann'sche Fläche vom Geschlecht p.

2. Man konstruiere für einen Torus $X = \mathbb{C}/L$ auf zwei verschiedene Weisen eine Triangulierung mit $p(X) = 1$.

    a) Man konstruiere sie direkt geometrisch.

    b) Man betrachte die Weierstrass'sche $\wp$-Funktion $\wp : X \to \bar{\mathbb{C}}$ und untersuche ihr Verzweigungsverhalten.

3. Eine Riemann'sche Fläche X heißt *hyperelliptisch*, falls eine meromorphe Funktion $f : X \to \bar{\mathbb{C}}$ existiert, durch welche X der Zahlkugel zweiblättrig (verzweigt) überlagert wird. Man zeige, dass folgende Aussagen äquivalent sind.

    a) X ist hyperelliptisch.

    b) Der Körper der meromorphen Funktionen ist (als Funktionenkörper) eine Erweiterung vom Grad 2 eines rationalen Funktionenkörpers $K \supset \mathbb{C}(z)$.

    c) Es existiert ein Polynom P ohne mehrfache Nullstelle, so dass X biholomorph äquivalent zur Riemann'schen Fläche von $w^2 = P(z)$ ist.

4. Das Geschlecht der zu $w^n + z^n = 1$ gehörigen kompakten Riemann'schen Fläche ist $(n-1)(n-2)/2$. (Man nennt diese Flächen auch „Fermatkurven").

4. Kombinatorische Schemata

Die topologische Natur des einem Polyeder zugrundeliegenden topologischen Raumes ist durch gewisse endlich viele kombinatorische Daten bestimmt. Deren Beschreibung wollen wir uns zuwenden.

Gegeben sei eine *endliche Menge* $\mathcal{P}$. Wir führen folgende Sprechweise ein:

1) Eine *Ecke* in $\mathcal{P}$ ist ein Element $P \in \mathcal{P}$.

2) Eine *Kante K* in $\mathcal{P}$ ist eine Teilmenge von 2 Elementen aus $\mathcal{P}$.

3) Ein *Dreieck D* in $\mathcal{P}$ ist eine Teilmenge von 3 Elementen aus $\mathcal{P}$.

Ist D ein Dreieck in $\mathcal{P}$, so heißt jede zweielementige Teilmenge von D eine Kante von D. Jedes Dreieck hat also drei Kanten. Ist P ein Element eines Dreiecks D bzw. einer Kante K, so nennt man P eine Ecke von D bzw. K. Jedes Dreieck hat also 3 und jede Kante 2 Ecken.

4.1 Definition. *Ein **kombinatorisches Schema** $\mathcal{S}$ ist ein Paar*

$$\mathcal{S} = (\mathcal{P}, \mathcal{D}),$$

bestehend aus einer endlichen Menge $\mathcal{P}$ und einer Menge $\mathcal{D}$ von Dreiecken in $\mathcal{P}$, so dass folgende Bedingungen erfüllt sind:

1) *Jeder Punkt $P \in \mathcal{P}$ ist Eckpunkt mindestens eines Dreiecks aus $\mathcal{D}$, also*

$$\mathcal{P} = \bigcup_{D \in \mathcal{D}} D.$$

2) *Es gibt höchstens zwei Dreiecke in $\mathcal{D}$, welche eine vorgegebene Kante gemeinsam haben.*

Orientierung.

Sei I eine endliche Menge, welche mindestens zwei Elemente enthalte. Eine *Anordnung* von I ist eine bijektive Abbildung

$$\alpha : \{1, \ldots, n\} \xrightarrow{\sim} I.$$

Zwei Anordnungen

$$\alpha, \beta : \{1, \ldots, n\} \xrightarrow{\sim} I.$$

heißen *orientierungsgleich*, falls die Permutation

$$\beta^{-1} \circ \alpha : \{1, \ldots, n\} \longrightarrow \{1, \ldots, n\}$$

gerade ist.

Eine *Orientierung* von I ist eine volle Äquivalenzklasse orientierungsgleicher Anordnungen.

Da die Gruppe der geraden Permutationen (alternierende Gruppe) in der vollen Permutationsgruppe den Index zwei hat ($n \geq 2$), besitzt I genau zwei Orientierungen. Wir benötigen das Konzept der Orientierung nur für Mengen von 2 bzw. 3 Elementen. In diesen Fällen kann man den Begriff der Orientierung direkt definieren:

1) Eine Orientierung einer Menge von zwei Elementen ist eine Anordnung dieser Menge als geordnetes Paar.

2) Eine Menge $\{a, b, c\}$ von drei Elementen besitzt die beiden Orientierungen

$$[a, b, c] := \{ (a, b, c); \ (b, c, a); \ (c, a, b) \},$$

$$[b, a, c] := \{ (b, a, c); \ (a, c, b); \ (c, b, a) \}.$$

Sei $J \subset I$ eine Teilmenge, welche aus I durch Herausnehmen eines Elements entsteht, d.h. $\#J = n - 1$. Wir nehmen jetzt $n \geq 3$ an. Man kann eine Orientierung von I in naheliegender Weise auf J einschränken. Da wir diesen Prozess nur im Falle $n = 3$ benötigen, geben wir ihn einfach (als Definition) an. Wir betrachten auf der dreipunktigen Menge $\{a, b, c\}$ die Orientierung $[a, b, c]$. Die Orientierungen auf den zweipunktigen Teilmengen werden durch die geordneten Paare

$$(a, b), \ (b, c), \ (c, a)$$

gegeben.

Im folgenden werden wir Orientierungen der drei Eckpunkte eines Dreiecks betrachten. Anschaulich sollte man sich unter einer solchen Orientierung einen *Umlaufsinn* des Dreiecks vorstellen.

4.2 Definition. *Eine **Orientierung** eines kombinatorischen Schemas $(\mathcal{P}, \mathcal{D})$ ist eine Vorschrift, welche auf jedem Dreieck $D \in \mathcal{D}$ eine Orientierung auszeichnet. Dabei soll folgende Bedingung erfüllt sein:*

Ist K eine Kante in $\mathcal{P}$, welche zwei verschiedenen Dreiecken D, D' angehört, so induzieren D und D' die beiden verschiedenen Anordnungen (= Orientierungen) von K.

Beispiel. Sei $n \geq 3$ eine natürliche Zahl. Wir betrachten $n + 1$ Punkte

$$0, P_1, \ldots, P_n.$$

Die n Teilmengen $\{0, P_\nu, P_{\nu+1}\}$ $(1 \leq \nu \leq n)$ $(P_{n+1} := P_1)$ mögen die Dreiecke sein. Man erhält offensichtlich ein kombinatorisches Schema, das sogenannte *n-Eck*.

Versieht man die n Dreiecke des n-Ecks mit der Orientierung

$$[0, P_\nu, P_{\nu+1}] \qquad (1 \le \nu \le n; \ P_{n+1} := P_1),$$

so erhält man eine Orientierung des n-Ecks.

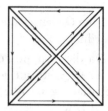

Jedem Polyeder $(X, \mathcal{M})$ ist in offensichtlicher Weise ein kombinatorisches Schema

$$\mathcal{S} = \mathcal{S}(X, \mathcal{M}) = (\mathcal{P}, \mathcal{D})$$

zugeordnet. Die Punkte von $\mathcal{S}$ sind die Eckpunkte der Dreiecke aus $\mathcal{M}$. Jedes Dreieck $\varphi \in \mathcal{M}$ definiert ein Dreieck $D = D(\varphi)$ in $\mathcal{P}$, nämlich die Menge der drei Eckpunkte von φ. $\mathcal{D}$ ist definitionsgemäß die Menge der so gewonnenen Dreiecke. Man hat also eine surjektive Abbildung

$$\mathcal{M} \longrightarrow \mathcal{D}, \quad \varphi \longmapsto D(\varphi).$$

Da zwei verschiedene Dreiecke in $\mathcal{M}$ keine drei Eckpunkte gemeinsam haben können, ist diese Abbildung injektiv und somit also bijektiv.

4.3 Definition. *Eine **Orientierung eines Polyeders** ist eine Orientierung des assoziierten kombinatorischen Schemas.*

Anschaulich bedeutet dies, dass jedes Dreieck einen Umlaufsinn bekommt und somit jede Kante eine Richtung. Dreiecke mit gemeinsamer Kante induzieren verschiedene Richtungen auf der Kante.

4.4 Satz. *Jede kompakte Riemann'sche Fläche besitzt eine orientierbare Triangulierung.*

Beweis. Die Tetraedertriangulierung der Zahlkugel ist orientierbar. Die hierauf aufbauenden Konstruktionen der Verfeinerung und Hochhebung auf Überlagerungen erhalten die Orientierung. □

Es gilt übrigens etwas mehr, nämlich dass *jede* Triangulierung einer Fläche orientierbar ist, wenn sie *eine* orientierte Triangulierung besitzt (vgl. Aufgabe 4).

Wir wollen im folgenden nur noch orientierbare kombinatorische Schemata und orientierbare Polyeder betrachten. Für kombinatorische Schemata hat man einen naheliegenden Isomorphiebegriff.

4.5 Definition. *Ein **Isomorphismus (orientierbarer) kombinatorischer Schemata***

$$f : (\mathcal{P}, \mathcal{D}) \xrightarrow{\sim} (\mathcal{P}', \mathcal{D}')$$

ist eine bijektive Abbildung $f : \mathcal{P} \longrightarrow \mathcal{P}'$, so dass f und f^{-1} Dreiecke in Dreiecke überführt, wobei deren Umlaufsinn erhalten bleibt.

Entsprechend gibt es einen Isomorphiebegriff für Polyeder.

4.6 Definition. *Ein Isomorphismus*

$$F : (X, \mathcal{M}) \longrightarrow (X', \mathcal{M}')$$

von (orientierbaren) Polyedern ist eine topologische Abbildung

$$F : X \longrightarrow X',$$

so dass durch F und F^{-1} Dreiecksflächen auf Dreiecksflächen, Kanten auf Kanten und Ecken auf Ecken abgebildet werden. Der Umlaufsinn der drei Ecken eines Dreiecks soll erhalten bleiben.

Ein Isomorphismus

$$F : (X, \mathcal{M}) \longrightarrow (X', \mathcal{M}')$$

von orientierten Polyedern induziert in naheliegender Weise einen Isomorphismus

$$f : \mathcal{S}(X, \mathcal{M}) \longrightarrow \mathcal{S}(X', \mathcal{M}')$$

der zugehörigen kombinatorischen Schemata. Hiervon gilt auch die Umkehrung:

4.7 Satz.   *Seien $(X, \mathcal{M})$, $(X', \mathcal{M}')$ zwei orientierte Polyeder und $(\mathcal{P}, \mathcal{D})$, $(\mathcal{P}', \mathcal{D}')$ die assoziierten kombinatorischen Schemata. Jeder Isomorphismus*

$$f : (\mathcal{P}, \mathcal{D}) \longrightarrow (\mathcal{P}', \mathcal{D}')$$

wird durch einen Isomorphismus der Polyeder

$$F : (X, \mathcal{M}) \longrightarrow (X', \mathcal{M}')$$

induziert.

Insbesondere sind X und X' homöomorph, wenn die „kombinatorischen Daten übereinstimmen".

Beweis. Wir ordnen die Dreiecksflächen des Polyeders $(X, \mathcal{M})$ in irgendeiner Reihenfolge an, $\Delta_1, \ldots, \Delta_n$ und bezeichnen die entsprechenden Dreiecksflächen von $(X', \mathcal{M}')$ mit $\Delta'_1, \ldots, \Delta'_n$.

Behauptung. Es existieren topologische Abbildungen

$$F_j : \Delta_j \longrightarrow \Delta'_j, \quad 1 \leq i \leq n,$$

mit folgenden beiden Eigenschaften:

1) Ecken und Kanten von Δ_j werden auf die bezüglich f entsprechenden Ecken und Kanten von Δ'_j abgebildet. Die Orientierung der drei Ecken bleibt erhalten.

2) Wenn Δ_j und ein „Vorgänger" Δ_i, $i < j$, nicht leeren Durchschnitt haben, so stimmen F_j und F_i auf diesem Durchschnitt überein.

Beweis der Behauptung. Die Abbildungen $F_1, \ldots, F_n$ werden induktiv konstruiert. Seien $F_1, \ldots, F_i$, $i < j$, schon so konstruiert, dass die Eigenschaften 1) und 2) sinngemäß erfüllt sind. Man muss nun eine topologische Abbildung $F_j : \Delta_j \to \Delta_j'$ so konstruieren, dass sie auf gewissen Ecken und Kanten mit vorgegebenen topologischen Abbildungen übereinstimmt. (Im schlimmsten Fall kommen alle an Δ_j angrenzenden Dreiecke unter den Vorgängern vor.) Die Existenz der Abbildung F_j folgt leicht aus folgender Aussage über das Standarddreieck.

Sei h eine topologische Abbildung des Randes des Standarddreiecks auf sich, welche die Ecken permutiert. Dann ist h zu einer topologischen Abbildung des gesamten Standarddreiecks auf sich fortsetzbar.

Beweis. Zunächst überlegt man sich leicht, dass ein Homöomorphismus von Δ existiert, welcher Kanten auf Kanten abbildet und welcher eine vorgegebene Permutation der Ecken induziert. Beispielsweise werden durch Spiegelung an der Diagonalen die Ecken 1 und i vertauscht. Daher darf man o.B.d.A. annehmen, dass die drei Ecken festgehalten werden. Des Weiteren kann man annehmen, dass die Abbildung h auf zwei der drei Randkanten die Identität ist, da sich h aus drei Abbildungen dieser Art zusammensetzen lässt. Jetzt ist man in folgender Situation:

Sei Δ das Standarddreieck mit den Ecken $0, 1, i$ und sei $h : [0,1] \to [0,1]$ eine topologische Abbildung, welche 0 und 1 festlässt. Dann lässt sich h zu einer topologischen Abbildung $H : \Delta \to \Delta$, welche auf den beiden verbleibenden Randkanten die Identität ist, fortsetzen.

Der Beweis ist einfach, man konstruiert h so, dass die Strecke $[\mathrm{i}, t]$ für $t \in [0,1]$ affin auf die Strecke $[\mathrm{i}, h(t)]$ abgebildet wird. □

Beweis von 4.7. Man kann nun die Abbildungen F_i zu einer Abbildung $F : X \to X'$ zusammenfassen. Es ist leicht zu zeigen, dass diese topologisch ist (vgl. Aufgabe 5).

Es ist unser nächstes Ziel zu zeigen, dass jedes kombinatorische Schema durch ein Polyeder realisiert werden kann. Dieses Polyeder wird durch Verheften einzelner Dreiecksflächen entstehen.

Verheften von Räumen

Dem Verheften von Räumen liegt die Identifizierungstopologie zugrunde. Ist X ein topologischer Raum, auf dem eine Äquivalenzrelation $\sim$ gegeben, so kann man den Quotientenraum $X/\sim$ betrachten s. Kap I, §0.

Sei etwas allgemeiner R eine beliebige Relation auf X. Man kann dann die von R *erzeugte Äquivalenzrelation* betrachten: Relationen auf X sind Teilmengen von $X \times X$. Ist $R \subset X \times X$ eine solche Relation, so bedeutet xRy für $x, y \in X$ gerade, dass (x, y) in R enthalten ist. Die von R erzeugte Äquivalenzrelation ist der Durchschnitt aller Äquivalenzrelationen $R' \subset X \times X$, welche R umfassen. Unter dem *Verheftungsraum X/R* verstehen wir den Quotientenraum von X nach der von R erzeugten Äquivalenzrelation. In der Regel wird

X/R nicht HAUSDORFF'sch sein, selbst wenn X HAUSDORFF'sch ist. In den Anwendungen, die wir betrachten, wird jedoch unmittelbar klar sein, dass die betrachteten Verheftungsräume HAUSDORFF'sch bleiben.

Seien nun X und Y zwei HAUSDORFFräume, in denen Teilmengen $A \subset X$ und $B \subset Y$ ausgezeichnet seien. Außerdem sei eine topologische Abbildung $f : A \to B$ gegeben: Wir nehmen an, dass X und Y disjunkt sind und topologisieren dann die Vereinigung $X \cup Y$ so, dass X und Y offene Unterräume sind. Wir betrachten in ihr die Relation

$$R := \{(a, f(a); \quad a \in A\}$$

Wir können den Verheftungsraum $Z = (X \cup Y)/R$ betrachten. Man sagt, dass Z aus X und Y durch Verheften von A und B via f entsteht. Man hat natürliche Abbildungen $X \to Z$, $Y \to Z$. Diese sind injektiv und stetig. Wenn A und B abgeschlossen sind, so sind diese beiden Abbildungen offenbar abgeschlossen, d.h. die Bilder abgeschlossener Mengen sind abgeschlossen. Hieraus folgt, dass die Abbildungen

$$X \longrightarrow Z, \quad Y \longrightarrow Z, \quad A \longrightarrow Z, \quad B \longrightarrow Z$$

topologische Abbildungen auf ihre Bilder definieren.

4.8 Satz. *Jedes orientierte kombinatorische Schema ist zu einem kombinatorischen Schema isomorph, welches einem Polyeder zugeordnet ist.*

Folgerung. *Die Isomorphieklassen von orientierten Polyedern und orientierten kombinatorischen Schemata entsprechen sich umkehrbar eindeutig.*

Beweis. Wir versehen die (endliche) Menge $\mathcal{D}$ der Dreiecke des gegebenen kombinatorischen Schemas $(\mathcal{P}, \mathcal{D})$ mit der diskreten Topologie (jede Teilmenge ist offen). Das kartesische Produkt von $\mathcal{D}$ mit dem Standarddreieck Δ

$$\mathcal{X} := \mathcal{D} \times \Delta$$

ist ein kompakter Raum. Er ist die disjunkte Vereinigung aller $\Delta_D := \{D\} \times \Delta$. Man soll sich jedes Δ_D als eine Kopie des Standarddreiecks Δ vorstellen, $\mathcal{X}$ ist also eine disjunkte Vereinigung von endlich vielen „Standarddreiecken". Die drei Ecken des Standarddreiecks Δ seien entgegen dem Uhrzeigersinn orientiert, also in der Reihenfolge $[0, 1, i]$. Wir wählen für jedes $D \in \mathcal{D}$ eine bijektive orientierungserhaltende Abbildung von D auf die Ecken von Δ. Mittels der natürlichen bijektiven Abbildung $\Delta \xrightarrow{\sim} \Delta_D$ erhält man dann eine orientierungserhaltende Abbildung von D auf die drei Ecken von Δ_D. (Gemeint sind natürlich die den Punkten $0, 1, i$ entsprechenden Punkte). Wir werden in $\mathcal{X}$ eine gewisse Relation R, die *Ecken- und Kantenverheftung* definieren.

1) Seien D, D' zwei verschiedene Dreiecke aus $\mathcal{D}$, welche genau eine Ecke gemeinsam haben. Sind $a \in \Delta_D$ und $b \in \Delta'_D$ die entsprechenden Ecken, so sollen diese verheftet werden. Es gelte also aRb.

2) Seien D, D' zwei verschiedene Dreiecke aus $\mathcal{D}$, welche eine Kante gemeinsam haben. Wir wählen eine topologische (wenn man will affine) Abbildung
   $f : K \to K'$ der entsprechenden Kanten von Δ_D und Δ'_D, so dass f den Anfangspunkt (bzw. Endpunkt) von K in den Endpunkt (bzw. Anfangspunkt)
   von K' überführt. Wir vereinbaren also $aRf(a)$ für $a \in K$.

Man überlegt sich leicht, dass der Verheftungsraum

$$X := \mathcal{X}/R$$

HAUSDORFF'sch ist. Als stetiges Bild eines kompakten Raums ist er kompakt.
Jedem Dreieck $D \in \mathcal{D}$ ist ein Dreieck

$$\varphi : \Delta \longrightarrow X$$

zugeordnet, nämlich die Zusammensetzung der natürlichen Abbildungen

$$\Delta \longrightarrow \Delta_D \longrightarrow \mathcal{X} \longrightarrow \mathcal{X}/R.$$

Es ist offensichtlich, dass man so ein Polyeder mit der gewünschten Eigenschaft
erhält.   □

Übungsaufgaben zu IV.4

1. Sei $(X, \mathcal{M})$ ein Polyeder. Wenn X zusammenhängend ist, so besitzt $(X, \mathcal{M})$
   entweder gar keine oder genau zwei („entgegengesetzte") Orientierungen.

2. Sei $\varphi : V \longrightarrow V'$ eine biholomorphe Abbildung zweier einfach zusammenhängender Gebiete der Ebene, α eine geschlossene Kurve in V und $a \in V$ ein Punkt, den
   α mit Umlaufzahl $+1$ umläuft. Dann umläuft die Bildkurve $\varphi \circ \alpha$ den Bildpunkt
   $\varphi(a)$ ebenfalls mit Umlaufzahl $+1$.

3. Sei $\varphi : \bar{\mathbb{E}} \to \mathbb{C}$ eine injektive stetige Abbildung des abgeschlossenen Einheitskreises
   in die komplexe Ebene. Die Umlaufzahl der Kurve

   $$\alpha(t) = \varphi(\exp(2\pi i t)) \qquad (0 \le t \le 1)$$

   um einen Punkt $b = \varphi(a)$, $a \in \mathbb{E}$ ist ± 1 unabhängig von a. Man formuliere eine
   analoge Aussage für das Standarddreieck anstelle von $\bar{\mathbb{E}}$.
   Anleitung. Die Fundamentalgruppe von $(\bar{\mathbb{E}}, b)$ wird von α erzeugt. Daher teilt
   die Umlaufzahl von α die Umlaufzahl jeder anderen Kurve um b.

4. Jede Triangulierung einer RIEMANN'schen Fläche ist orientierbar.

Anleitung. Nach einer geeigneten Verfeinerung kann man annehmen, dass die Vereinigung je zwei angrenzender Dreiecke im Definitionsbereich einer analytischen Karte enthalten ist. Man definiere den Umlaufssinn um ein Dreieck so, dass die Umlaufzahlen um innere Punkte in Bezug auf die analytische Karte $+1$ sind. Dass dies möglich ist, folgt aus Aufgabe 3. Aus Aufgabe 2 folgt, dass diese Orientierung unabhängig von der Wahl der analytischen Karte ist. Nochmalige Anwendung von Aufgabe 2 zeigt, dass man eine Orientierung der Triangulierung erhält.

5. Ist $X = A_1 \cup \ldots \cup A_n$ eine endliche abgeschlossene Überdeckung eines topologischen Raumes und ist $f : X \to Y$ eine Abbildung in einen weiteren topologischen Raum Y, so f genau dann stetig, wenn alle Einschränkungen $f_i = f|A_i$ stetig sind.

5. Randverheftungen

Ein topologisches Modell des Torus kann man durch Verheften der gegenüberliegenden Kanten eines Vierecks erhalten. In ähnlicher Weise werden wir für jede kompakte Fläche mit einer orientierten Triangulierung ein topologisches Modell konstruieren, das durch Verheften gewisser Randkanten eines n-Ecks entsteht.

Wir betrachten zunächst ein beliebiges orientiertes kombinatorisches Schema $\mathcal{S} = (\mathcal{P}, \mathcal{D})$. Diejenigen Kanten, welche nur einem Dreieck angehören, nennen wir die *Randkanten*. Ecken, welche einer Randkante angehören, nennen wir auch „äußere Ecken".

5.1 Definition.   *Eine **Randverheftung** Σ eines orientierten kombinatorischen Schemas $\mathcal{S}$ besteht aus einer geraden Anzahl $2n$ von Randkanten, welche in n (ungeordnete) Paare $\{K, L\}$ aufgeteilt sind.*
Eine Randverheftung eines Polyeders ist eine Randverheftung des zugehörigen kombinatorischen Schemas.

Zu jeder dieser $2n$ Randkanten K gibt es also genau eine komplementäre Kante L. Wir wollen in dem kombinatorischen Schema komplementäre Kanten miteinander verheften, um so ein kombinatorische Gegenstück für das Verheften von Randkanten von Polyedern zu erhalten, was uns eigentlich interessiert. Wir beschreiben zunächst das Letztere.

Sei also $(X, \mathcal{M})$ ein Polyeder mit Randverheftung. Man wählt dann zu jeder Kante K von X mit einer komplementären Kante L eine topologische Abbildung $K \xrightarrow{\sim} L$, welche die Richtung umkehrt. Danach betrachtet man die von der hierdurch definierten Randverheftung erzeugte Äquivalenzrelation $\sim$ und bildet den Quotientenraum $X' = X/\sim$. Wie in 4.7 zeigt man:

5.2 Bemerkung.   *Der topologische Raum $X' = X/\sim$, welcher einem Polyeder $(X, \mathcal{M})$ mit Randverheftung zugeordnet ist, hängt bis auf Homöomor-*

phie nicht von der Wahl der Verheftungsabbildungen $K \xrightarrow{\sim} L$ ab. Insbesondere ist jedem kombinatorischen Schema mit Randverheftung (via 4.8) ein bis auf Homöomorphie eindeutig bestimmter topologischer Raum zugeordnet.

Der Raum X' erbt von X nicht unbedingt eine Polyederstruktur, da die Zusammensetzung eines Dreiecks $\varphi \in \mathcal{M}$ mit $X \to X'$ nicht injektiv zu sein braucht. Um dieses Phänomen besser beschreiben zu können, betrachten wir die Verheftung auf dem Niveau der kombinatorischen Schemata mit Randverheftung $(\mathcal{P}, \mathcal{D}, \Sigma)$. Dazu definieren wir zunächst eine Relation $\sim$ auf der Menge der Ecken. Die Relation $a \sim b$ bedeute, dass a und b beides äußere Ecken sind und dass es eine der $2n$ Randkanten gibt, so dass a Anfangspunkt (bzw. Endpunkt) und b Endpunkt (bzw. Anfangspunkt) der komplementären Kante ist.

Beispiel. Wir betrachten die "Torusverheftung" eines Rechtecks (Verheftung gegenüberliegender Kanten).

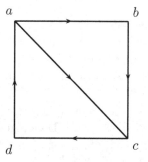

Verheftet werden also die Kanten $\{a, b\}$ mit $\{c, d\}$ und sowie $\{b, c\}$ mit $\{a, d\}$. Demnach gilt

$$a \sim b, \quad c \sim d, \quad a \sim d, \quad b \sim c$$

Hingegen gilt nicht $a \sim c$. Die Relation $\sim$ ist also keine Äquivalenzrelation.

Daher müssen wir die von $\sim$ erzeugte Äquivalenzrelation betrachten. Dies ist die kleinste Äquivalenzrelation, welche die Relation $\sim$ umfasst. Wir betrachten nun die Quotientenmenge $\mathcal{P}' = \mathcal{P}/\Sigma$ nach dieser Äquivalenzrelation. Man hat eine Projektionsabbildung $\mathcal{P} \to \mathcal{P}'$. Durch sie werden in der Eckenmenge $\mathcal{P}$ gewisse äußere Ecken identifiziert.

Es gibt einen naheliegenden Gedanken, auf $\mathcal{P}'$ eine Struktur als kombinatorisches Schema zu definieren: Ein Dreieck $D' \subset \mathcal{P}'$ sei definitionsgemäß das Bild eines Dreiecks aus $D \subset \mathcal{P}$. Hierdurch wird jedoch nicht immer eine Struktur als kombinatorisches Schema definiert, wie schon das obige Beispiel der Torusverheftung zeigt, da dort ja alle (vier) Ecken identifiziert werden. In diesem Fall besteht also $\mathcal{P}'$ aus einem einzigen Punkt. Die Bilder D' von Dreiecken sind also gar keine Dreiecke mehr.

5.3 Definition. *Eine Randverheftung Σ von $\mathcal{S} = (\mathcal{P}, \mathcal{D})$ heißt* **polyedral,** *falls folgende beiden Bedingungen erfüllt sind:*

1) *Ist $D \in \mathcal{D}$ ein Dreieck aus $\mathcal{P}$, so ist sein Bild $D' \subset \mathcal{P}' = \mathcal{P}/\Sigma$ eine Menge von drei Elementen.*

2) *Sei $\mathcal{D}'$ die Menge der so erhaltenen Dreiecke in $\mathcal{P}'$. Das Paar $\mathcal{S}' = (\mathcal{P}', \mathcal{D}')$ ist ein kombinatorisches Schema.*

Eine Randverheftung eines Polyeders heißt polyedral, wenn dies für das assozi- ierte kombinatorische Schema der Fall ist.

Die Abbildung

$$\mathcal{D} \longrightarrow \mathcal{D}', \quad D \longmapsto D',$$

ist dann offensichtlich bijektiv. Wir nennen $\mathcal{S}' = (\mathcal{P}', \mathcal{D}')$ das *Verheftungs- schema* bezüglich der vorgelegten Randverheftung. Die Bilder der Dreiecke $\varphi \in \mathcal{M}$, also deren Zusammensetzung mit der kanonischen Projektion $X \to X'$, definieren dann ein Polyeder $(X', \mathcal{M}')$. Dessen assoziiertes kombinatorisches Schema ist offenbar isomorph zu $(\mathcal{P}', \mathcal{M}')$.

Verheftung von Randkanten von Polyedern kann man also durch Inspektion endlich vieler kombinatorischer Daten verfolgen und so anschauliche Sachver- halte mathematisch exakt beweisen. Für die Visualisierung eines kombina- torischen Schemas ist es meist besser, ein entsprechendes Polyeder zu zeichnen.

Wie wir schon gesehen haben, ist nicht jede Randverheftung polyedral. Dies ist jedoch keine wesentliche Einschränkung, wenn man gewisse Verfeinerungen zulässt, die am topologischen Typ des zugeordneten Polyeders nichts ändern. Genauer benötigen wir zwei Typen von „elementaren" Verfeinerungen eines kombinatorischen Schemas mit Randverheftung $(\mathcal{P}, \mathcal{D}, \Sigma)$. Der Fall ohne Rand- verheftung ist damit mit eingeschlossen ($\Sigma = \emptyset$).

Beim ersten Typ einer elementaren Verfeinerung dürfen zwei anliegende Dreiecke wie folgt in vier Dreiecke verwandelt werden:

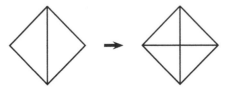

Beim zweiten Typ muss eine Randkante vorhanden sein, im folgenden Bild fett gezeichnet.

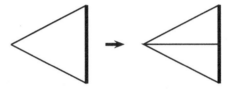

Wenn diese Randkante dem Verheftungsdatum Σ angehört, so muss diese Kon- struktion auch mit der komplementären Kante vorgenommen werden.

Übt man eine elementare Verfeinerung an $(\mathcal{P}_1, \mathcal{D}_1, \Sigma_1)$ aus, so erhält man ein (bis auf Isomorphie wohldefiniertes) neues kombinatorisches Schema $(\mathcal{P}_2, \mathcal{D}_2)$. Es sollte klar sein, wie man die Randverheftung Σ_1 zu einer Randverheftung Σ_2 überträgt. Die Definition ist so zu machen, dass die Verheftungsräume X_1', X_2' nach 5.2 homöomorph sind. Allgemeiner heißt $(\tilde{\mathcal{P}}, \tilde{\mathcal{D}}, \tilde{\Sigma})$ eine Verfeinerung von $(\mathcal{P}, \mathcal{D}, \Sigma)$, falls es eine Kette von elementaren Verfeinerungen

$$(\mathcal{P}, \mathcal{D}, \Sigma) \cong (\mathcal{P}_1, \mathcal{D}_1, \Sigma_1) \longmapsto \ldots \longmapsto (\mathcal{P}_n, \mathcal{D}_n, \Sigma_n) \cong (\tilde{\mathcal{P}}, \tilde{\mathcal{D}}, \tilde{\Sigma})$$

gibt. Eine einfache Überlegung zeigt:

5.4 Bemerkung. *Jedes kombinatorische Schema mit Randverheftung besitzt eine polyedrale Verfeinerung.*

Dasselbe gilt natürlich auch für Polyeder mit Randverheftung. Insbesondere kann der Verheftungsraum 5.2 immer mit einer Struktur als Polyeder versehen werden. Wir wollen an einem Beispiel demonstrieren, wie man Randverheftungen auf kombinatorischer Ebene konkret bestimmen kann: Wir betrachten in einem Viereck die Verheftung anliegender Kanten:

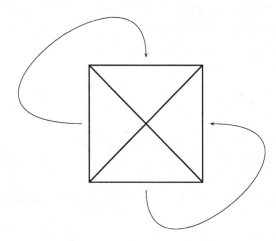

Da diese nicht polyedral ist, betrachten wir stattdessen das modifizierte Viereck.

Modifiziertes Viereck   **Tetraeder von oben**

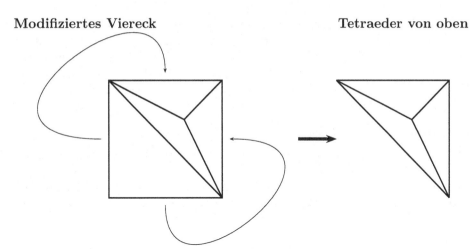

Es ist leicht zu sehen, dass beide Vierecke eine gemeinsame Verfeinerung besitzen. Sie führen also zu homöomorphen Verheftungsräumen. Die Randverheftung des modifizierten Vierecks ist polyedral. Seine Randverheftung ist
(als kombinatorisches Schema) offensichtlich zur Tetraedertriangulierung der
Zahlkugel isomorph. Nach 4.7 sind die beiden Räume homöomorph. Damit
haben wir durch Inspektion rein kombinatorischer Daten gezeigt:

5.5 Bemerkung. *Verheftet man im Viereck anliegende Randkanten, so erhält
man einen zur Kugelfläche homöomorphen Raum.*

Nach diesem Vorbild kann man alle kompakten RIEMANN'schen Flächen klassifizieren. Dies wird im kommenden Abschnitt durchgeführt.

6. Die Normalform kompakter Riemann'scher Flachen

Alle Flächen werden als zusammenhängend vorausgesetzt. In diesem Abschnitt
steht das n-Eck, $n \geq 3$, mit den äußeren Ecken $P_1, P_2, \ldots, P_n$ und einer inneren
Ecke P_0 im Mittelpunkt. Die Dreiecke sind $[P_0, P_i, P_{i+1}]$, $1 \leq i \leq n$, wobei
wir noch $P_{n+1} := P_1$ gesetzt haben. Wir haben bereits gesehen, dass man
eine Kugel durch Randverheftung zweier anliegenden Kanten eines Vierecks
gewinnen kann und einen Torus durch Verheften gegenüberliegender Kanten
eines Vierecks. Wir zeigen nun allgemeiner:

6.1 Hilfssatz. *Jede kompakte Fläche, welche eine orientierte Triangulierung
besitzt, insbesondere jede kompakte Riemann'sche Fläche, ist homöomorph zum
Verheftungsraum eines n-Ecks nach einer geeigneten Randverheftung, an der
alle Kanten beteiligt sind. Inbesondere ist n gerade.*

Beweis. Wir betrachten eine orientierte Triangulierung der vorgelegten Fläche X. Zunächst nutzt man den Zusammenhang von X aus. Eine einfache Überlegung zeigt, dass sich die Dreiecke der Triangulierung so anordnen lassen, dass jedes Dreieck mit einem der Vorgänger eine Randkante gemeinsam hat. Wir werden dazu geführt, induktiv ein kombinatorisches Schema $\mathcal{X}_n$ folgendermaßen zu konstruieren:

a) $\mathcal{X}_1$ ist ein einzelnes Dreieck.

b) $\mathcal{X}_i$ entsteht aus $\mathcal{X}_{i-1}$ durch Anheften eines Dreiecks an eine der Randkanten.

In dem kombinatorischen Schema sind nun weitere Paare von Randkanten zu verheften, um das kombinatorische Schema der Ausgangstriangulierung zu erhalten.

Es ist durch Induktion nach n leicht zu sehen, dass $\mathcal{X}_n$ durch elementare kombinatorische Umformungen in eine Standard-n-Eck überführt werden kann. In der folgenden Abbildung entsteht beispielsweise ein Standardfünfeck durch Anheften eines Dreiecks an ein Standardquadrat.

Damit ist folgendes klar:

Ist X eine kompakte Fläche X, welche eine orientierte Triangulierung besitzt, so existiert eine Randverheftung Σ eines Standard-n-Ecks $\mathcal{P}_n$, an der alle Randkanten beteiligt sind, so dass der Verheftungsraum $X(\Sigma)$ und X homöomorph sind.

Wir machen im folgenden die

Annahme. *Die Zahl n sei minimal mit dieser Eigenschaft gewählt. Außerdem schließen wir den Fall eines Vierecks ($n = 4$) aus, bei dem anliegende Kanten verheftet werden. (Dieser Fall führt zur Kugelfläche, 5.5).*

Behauptung. *Unter dieser Annahme kann es nie vorkommen, dass zwei anliegende Randkanten verheftet werden.*

Beweis. Wir nehmen an, dass in dem n-Eck zwei anliegende Kanten verheftet werden. Auf Grund der Annahme gilt $n \geq 6$. Wir zeigen, dass dann X homöomorph ist zum Verheftungsraum eines $(n-2)$-Ecks: Wir illustrieren dies am Beispiel eines 6-Ecks. In der folgenden Abbildung sind die zu verheftenden aneinanderliegenden Kanten fett gezeichnet.

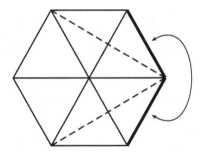

Die beiden gestrichelten Hilfslinien bewirken eine Verfeinerung des Standard-6-Ecks, so dass die Verheftung der beiden anliegenden Kanten polyedral wird. Folgende Abbildung zeigt das 6-Eck in etwas verzerrter Form und deutet an, dass das Verheftungsschema ein 4-Eck wird:

Sechseck   **(verfeinert, 10 Dreiecke)**   **Viereck**

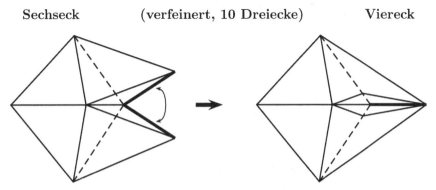

Eine einfache Transitivitätsaussage besagt, dass man die gesamte Randverheftung des Sechsecks in zwei Etappen vornehmen kann, erst Verheftung der beiden anliegenden und danach die Verheftung der „Restlichen". Die Verheftung der restlichen Randkanten des Sechsecks induziert in offensichtlicher Weise eine Randverheftung des Vierecks. Damit sollte die Behauptung klar sein.   □

Durch die Randverheftung Σ des n-Ecks $\mathcal{P}_n$ wird eine Äquivalenzrelation auf der Menge der n äußeren Ecken definiert. Zwei Ecken sind genau dann äquivalent, wenn sie in der topologischen Realisierung denselben Punkt ergeben. Beispielsweise sind bei der Torusverheftung alle 4 Ecken äquivalent.

Allgemein zerfallen die äußeren Ecken bei einer Randverheftung in mehrere Äquivalenzklassen. Es ist unser Ziel, dann eine neue Randverheftung Σ' auf $\mathcal{P}_n$ zu konstruieren, so dass die topologischen Realisierungen $X(\Sigma)$ und $X(\Sigma')$ homöomorph sind und so, dass bei der neuen Randverheftung *alle* Eckpunkte äquivalent sind. Dazu nehmen wir einmal an, nicht alle Ecken seien äquivalent. Wir wählen eine Äquivalenzklasse $\mathcal{A}$ von Eckpunkten, deren Anzahl m von Elementen maximal ist. Es gelte also $m < n$. Die folgende Konstruktion führt auf ein Σ', welches eine Äquivalenzklasse, bestehend aus $m + 1$ Eckpunkten, enthält. Iterierte Anwendung dieser Konstruktion führt dann zu einer Randverheftung, deren Eckpunkte nur eine Äquivalenzklasse bilden.

In der maximalen Äquivalenzlasse $\mathcal{A}$ existiert ein Eckpunkt a, so dass mindestens einer der Nachbarpunkte von a nicht in $\mathcal{A}$ enthalten ist. Andernfalls wären alle Eckpunkte äquivalent. Es existiert also eine Randkante K, deren einer Eckpunkt a ist und deren zweiter Eckpunkt b nicht mit a äquivalent ist. Der Punkt b gehört neben K einer zweiten Randkante L an. Diese hat neben b einen weiteren Eckpunkt c. Die zu L komplementäre Kante L' ist von K verschieden, da benachbarte Kanten nicht verheftet werden dürfen. Wir schneiden nun das Dreieck mit den Ecken a, b, c von dem n-Eck ab und erhalten ein $(n-1)$-Eck (im Bild schraffiert):

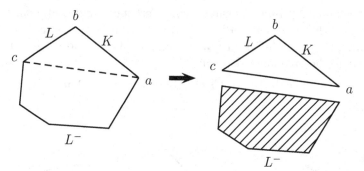

Wir heften nun das abgeschnittene Dreieck wieder an das $(n-1)$-Eck an, indem wir L mit L^- verheften, wie in der Abbildung angedeutet:

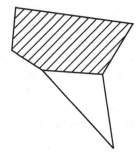

Wir erhalten wieder ein n-Eck mit einer offensichtlichen Randverheftung Σ', so dass $X(\Sigma_n)$ und $X(\Sigma_n')$ homöomorph sind. (Dies kann man auf kombinatorischer und topologischer Ebene einsehen.) Die Äquivalenzklasse des Randpunktes a enthält bei der neuen Randverheftung $m+1$ Punkte.

Die bisherigen Überlegungen zeigen:

Jeder kompakte Fläche mit orientierter Triangulierung, welche nicht topologisch äquivalent mit der Kugelfläche ist, ist homöomorph zum Verheftungsraum eines n-Ecks mit Randverheftung Σ, bei welcher keine anliegenden Kanten verheftet werden und so, dass alle äußeren Eckpunkte zu einem Punkt verheftet werden.

Bei den folgenden beiden Konstruktionen wird diese Eigenschaft erhalten bleiben.

Seien K und K^- zwei komplementäre Kanten.

Behauptung. Es existiert ein weiteres Paar komplementärer Kanten L, L^-, so dass die Kanten K, L, K^-, L^- entgegen dem Uhrzeigersinn angeordnet sind.

Beweis der Behauptung. Wir betrachten eine Kante L, so dass K, L, K' entgegen dem Uhrzeigersinn angeordent sind. Da K und K^- nicht aneinanderstoßen dürfen, existieren solche Kanten. Würden alle diese Kanten mit Kanten L^- verheftet werden, so dass K, L^-, K^- ebenfalls entgegen dem Uhrzeigersinn angeordnet sind, so wäre die Anzahl der Äquivalenzklassen von Ecken größer als 1, was aber nicht der Fall ist.   □

Wir benötigen jetzt noch zwei Typen von Konstruktionen, welche die Randverheftung verändern ohne den topologischen Typ des Verheftungsraums zu ändern. Auch diese lassen sich völlig in der Sprache der kombinatorischen Schemata durchführen. Wir begnügen uns damit, sie an Bildern zu erläutern.

Erste Konstruktion. Man will erreichen, dass ein entgegen dem Uhrzeigersinn angeordnetes Quadrupel K, L, K^-, L^- existiert, so dass K, L, K^- direkt aufeinander folgen.

Dazu schneidet man das Polygon vom Endpunkt von L bis zum Anfangspunkt von L^- auf. Es entstehen zwei Schnittkanten K_1, K_1^- (fett gezeichnet). Man verheftet nun K und K^-. Anstelle von K, L, K^-, L^- treten nun die vier Randkanten L, K_1, L^-, K_1^-. Sie sind entgegen dem Uhrzeigersinn angeordnet und die drei Kanten L, K_1, L^- folgen direkt aufeinander. Das ist die Konfiguration, die wir haben wollten.

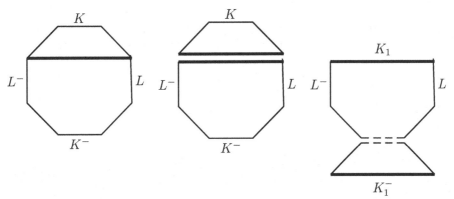

Zweite Konstruktion. Man will erreichen, dass ein entgegen dem Uhrzeigersinn angeordnetes Quadrupel K, L, K^-, L^- existiert, so dass alle vier K, L, K^-, L^- direkt aufeinander folgen.

Wir betrachten wieder zwei Paare komplementärer Kanten, so dass K, L, K^-, L^- entgegen dem Uhrzeigersinn angeordnet sind. Wir nehmen überdies an, dass die drei Kanten K, L, K^- direkt aufeinander folgen. Danach schneidet man das Polygon vom Endpunkt von L^- zum Anfangspunkt von L auf und verheftet anschließend K mit K^-. Bezeichnet man die beiden neuen Schnittkanten mit S und S^- (in der richtigen Reihenfolge), so folgen die vier Kanten

L^-, S, L, S^- entgegen dem Uhrzeigersinn direkt aufeinander, was man erreichen wollte.

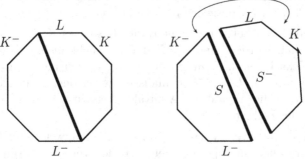

Beide Konstruktionen zusammen zeigen, dass zwei Paare komplementärer Kanten existieren, so dass K, L, K^-, L^- entgegen dem Uhrzeigersinn direkt aufeinander folgen. Wenn es im Komplement dieser Kanten überhaupt noch weitere
Kanten gibt ($n > 4$), so findet man mit derselben Konstruktion im Komplement ein weiteres Quadrupel von Kanten dieser Art, u.s.w. Die Menge aller
Randkanten wird schließlich die Vereinigung von Quadrupeln dieser speziellen
Art. Indem man diese Quadrupel entgegen dem Uhrzeigersinn anordnet, erhält
man die sogenannte *Normalform*.   □

Die Normalform

6.2 Definition.   *Es sei* $n = 4p$; $p \in \mathbb{N}$. *Wir nummerieren die (äußeren)
Ecken des $4p$-Ecks* $\mathcal{P}_{4p}$ *in ihrer natürlichen Reihenfolge und Orientierung*

$$P_1, \ldots, P_{4p}$$

und definieren ergänzend $P_{4p+1} := P_1$. *Danach teilen wir die $4p$ Kanten in
Vierergruppen folgendermaßen auf:*

$$K_1 = (P_1, P_2), \quad L_1 = (P_2, P_3), \quad K_1^- = (P_3, P_4), \quad L_1^- = (P_4, P_5),$$

usw., allgemein

$$K_i = (P_{4i-3}, P_{4i-2}), \quad L_i = (P_{4i-2}, P_{4i-1}),$$
$$K_i^- = (P_{4i-1}, P_{4i}), \quad L_i^- = (P_{4i}, P_{4i+1}).$$

Wir betrachten die Verheftungsvorschrift

$$K_i \leftrightarrow K_i^- \qquad L_i \leftrightarrow L_i^-.$$

Das $4p$-Eck zusammen mit dieser Randverheftung heißt **Normalform**.

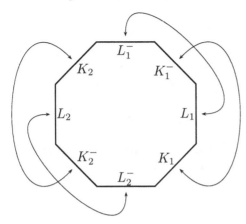

Im Falle $p = 1$ erhält man einen Torus; allgemein kann man sich vorstellen, dass man eine „Henkelfläche" bekommt, wobei jeder Block K_i, L_i, K_i^-, L_i^- einen Henkel beisteuert. Wir illustrieren dies an einem Achteck, welches wir in folgender modifizierter Form zeichnen. Man sieht aus dieser Darstellung, dass der Verheftungsraum aus zwei durch einen Tunnel verbundene Tori besteht.

Achteck   **Verheftungsraum**

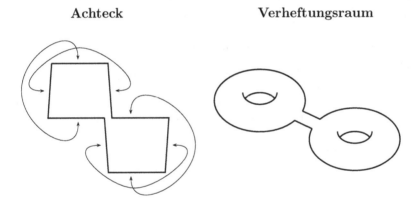

Damit erhalten wir die *topologische Klassifikation* der kompakten RIEMANN'-schen Flächen (allgemeiner der kompakten topologischen Flächen mit orientierter Triangulierung).

6.3 Theorem.   *Eine kompakte Riemann'sche Fläche ist entweder homöomorph zur Zahlkugel oder zum Verheftungsraum eines 4p-Ecks (p > 0) in der Normalform (6.2).*

Wir werden im nächsten Abschnitt sehen, dass die Zahl p eindeutig bestimmt ist. Man nennt sie das *topologische Geschlecht der Fläche*. Ist die Flache mit der Zahlkugel topologisch äquivalent, so setzt man ergänzend $p = 0$.

Das Rückkehrschnittsystem

Wir bezeichnen mit $\mathcal{X}(p)$ das $4p$-Eck in der Ebene. Unsere RIEMANN'sche Fläche ist homöomorph zum Verheftungsraum nach der Standardrandverheftung. Die induzierte stetige Projektionsabbildung bezeichnen wir mit

$$\pi : \mathcal{X}(p) \longrightarrow X.$$

Die Kanten K_i des $4p$-Ecks $\mathcal{X}(p)$ sind Strecken, die wir in ihrer natürlichen Orientierung (entgegen dem Uhrzeigersinn) affin durch das Einheitsintervall parametrisieren. Die Bildkurven sind geschlossene Kurven

$$\alpha_i : [0,1] \longrightarrow X,$$

und entsprechend sind die Bildkurven der Kanten L_i geschlossene Kurven

$$\beta_i : [0,1] \longrightarrow X.$$

Die Anfangs- und Endpunkte all dieser Kurven ist ein und derselbe Punkt q, welcher aus der Verheftung der $4p$ Ecken entsteht. Zwei verschiedene der Kurven $\alpha_1, \ldots, \alpha_p,\ \beta_1, \ldots, \beta_p$ haben außer diesem keinen Punkt gemeinsam. Man nennt diese $4p$ Kurven auch das *Rückkehrschnittsystem*.

Sei $R \subset X$ die Menge aller Punkte, welche auf einer der Kurven des Rückkehrschnittsystems liegen. Dies ist eine kompakte Teilmenge. Das Innere von $\mathcal{X}(p)$ wird bei der Verheftungsabbildung topologisch auf das Komplement $X_0 = X - R$ abgebildet. Insbesondere ist X_0 einfach zusammenhängend.

6.4 Satz. *Die Fundamentalgruppe $\pi(X, q)$ wird von den $2p$ Kurven des Rückkehrschnittsystems*

$$\alpha_1, \ldots, \alpha_p,\ \beta_1, \ldots, \beta_p$$

erzeugt.

Beweis. Sei α eine von q ausgehende geschlossene Kurve auf X.

Jeder Punkt $x \in X$ besitzt eine geeignete kleine einfach zusammenhängende offene Umgebung U, die man, die man entsprechend der drei möglichen Lagen als Bild der im folgenden Bild schraffierten Flächen erhält.

$$x \notin R \qquad\qquad x \in R,\ x \neq q \qquad\qquad x = q$$

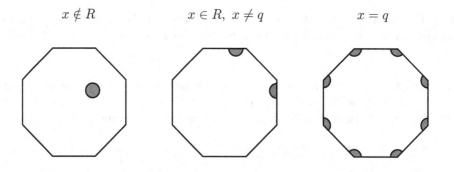

Die Vereinigung dieser schraffierten Flächen bildet in jedem der drei Fälle das
volle Urbild von U in $\mathcal{X}(p)$. Die topologische Gestalt von U wird durch das
folgende Bild beschrieben. (Eine streng mathematische Begründung kann man
leicht auf dem Niveau kombinatorischer Schemata geben.)

Die eingezeichneten Strecken beschreiben in jedem der drei Fälle $U \cap R$. Aus
diesem Bild wird klar, dass je zwei Punkte aus U in U durch eine Kurve verbunden werden können, welche R in nur endlich vielen Punkten trifft. Der
eigentliche Beweis von 6.4 erfolgt nun in zwei Schritten:

Erster Schritt. Es existiert eine mit α homotope Kurve β, so dass nur endlich
viele Punkte $t \in [0,1]$ existieren, für welche der Kurvenpunkt $\beta(t)$ in R enthalten ist.

Zum Beweis wählt man eine Unterteilung

$$0 \leq a_0 < a_1 < \ldots < a_n = 1,$$

so dass jedes Teilstück $\alpha[a_{i-1}, a_i]$; $(1 \leq i \leq n)$ ganz in einer kleinen Umgebung
der angegebenen Art enthalten ist. Die gewünschte Deformation ist nun leicht
durchzuführen.

Zweiter Schritt. Es existiert eine mit α homotope Kurve β, welche ganz in R
enthalten ist aber es nur endlich viele $t \in [0,1]$ gibt, so dass $\alpha(t)$ gleich dem
Basispunkt q ist:

Nach dem ersten Schritt können wir annehmen, dass α sich aus endlich
vielen Kurvenstücken $\alpha^{(\nu)} : [a_\nu, b_\nu] \to X$ zusammensetzen lässt, so dass $\alpha^{(\nu)}(t)$
genau für die Eckwerte $t = a_\nu$ und $t = b_\nu$ in R enthalten ist. Mit Ausnahme
dieser beiden Werte verläuft also die Kurve $\alpha^{(\nu)}$ ganz in dem Teil X_0. Dieser
Teil ist topologisch äquivalent zu Inneren des $4p$-Ecks. Man kann daher die
Einschränkung $\alpha^{(\nu)}|(a_\nu, b_\nu)$ zu einer Kurve $\tilde{\alpha}^{(\nu)} : (a_\nu, b_\nu) \to \mathcal{X}(p)$, welche
im Inneren des $4p$-Ecks verläuft, hochheben. Ist $\varepsilon > 0$ genügend klein, so
verläuft das Anfangsstück (analog das Endstück) $\alpha^{(\nu)}|[a_\nu, a_\nu + \varepsilon]$ ganz in einer
kleinen Umgebung der angegebenen Art. Aus Zusammenhangsgründen verläuft
dann $\tilde{\alpha}^{(\nu)}|(a_\nu, a_\nu + \varepsilon)$ ganz in einem der schraffierten Kreissegmente des obigen
Bildes. Damit ist klar, dass sich $\tilde{\alpha}^{(\nu)}$ stetig auf das abgeschlossene Intervall
fortsetzen lässt. Wir bezeichnen die Fortsetzung wieder mit $\tilde{\alpha}^{(\nu)} : [a_\nu, b_\mu] \to$
$\mathcal{X}(p)$. Anfangs- und Endpunkt dieser Kurve liegen auf dem Rand des $4p$-Ecks.
Da dieses einfach zusammenhängend und der Rand zusammenhängend ist, ist
$\tilde{\alpha}^{(\nu)}$ homotop zu einer Kurve, welche ganz auf dem Rand des $4p$-Ecks verläuft.
Daher ist $\alpha^{(\nu)}$ und somit auch α zu einer Kurve homotop, welche ganz in R
verläuft.

Dritter Schritt. Es ist nach den ersten beiden Schritten keine Einschränkung der Allgemeinheit, folgende Annahmen zu machen:

1) Das Bild von α ist in R enthalten.
2) α trifft q nur endlich oft.

Man kann nun α aus endlich vielen Kurven zusammensetzen, welche außer Anfangs- und Endpunkt den Punkt q nicht mehr durchlaufen. Wir können damit o.B.d.A. annehmen, dass $\alpha(t)$ nur für $t = 0$ und $t = 1$ gleich dem Basispunkt q ist. Offenbar besteht $R - \{q\}$ aus $2p$ Zusammenhangskomponenten, nämlich den Bildern der einzelnen Kurven des Rückkehrschnittsystems jeweils ohne q. Damit ist klar, dass α ganz im Bild *eines* α_ν oder β_ν enthalten ist. Diese Bilder sind homöomorph zu Kreislinien. Die Behauptung folgt nun aus der Tatsache, dass die Fundamentalgruppe der Kreislinie zyklisch ist.   □

Wir müssen noch klären, wie sich die Kurven des Rückkehrschnittsystems in dem Basispunkt q (ihrem Anfangs- und Endpunkt) auf der Fläche treffen. An dieser Stelle ist es zweckmässig, den Begriff der *freien Homotopie* zu verwenden, welcher nur für *geschlossene* Kurven Bedeutung hat.

6.5 Definition.   *Zwei geschlossene Kurven*

$$\alpha, \beta : [0, 1] \longrightarrow X$$

*in einem topologischen Raum X heißen **frei homotop**, wenn es eine Schar*

$$\alpha_s : [0, 1] \longrightarrow X, \quad 0 \le s \le 1,$$

geschlossener Kurven gibt, so dass die Abbildung

$$H : [0, 1] \times [0, 1] \longrightarrow X,$$
$$H(s, t) = \alpha_s(t),$$

stetig ist.

Im Gegensatz zur üblichen gebundenen Homotopie wird also nicht gefordert, dass die Basispunkte der Kurven festgehalten werden. Der Begriff der freien Homotopie steht in engem Zusammenhang mit dem Begriff der „Auffüllbarkeit" III.4.6.

Die Kurven des Rückkehrschnittsystems zerfallen in Paare (α_ν, β_ν). Wir nennen α_ν den *Partner* von β_ν und umgekehrt.

6.6 Satz.   *Jede Kurve des Rückkehrschnittsystems ist frei homotop zu einer Kurve, welche disjunkt zu allen Kurven des Rückkehrschnittsystems ist mit Ausnahme einer einzigen, nämlich dem Partner.*

Beweis. Wie in der beiliegenden Abbildung verschiebt man eine Randkante K im $4p$-Eck ein Stück nach innen. □

Obwohl wir mit 6.6 auskommen, ist es hilfreich, sich folgende genauere Aussage über die Lage der Kurven des Rückkehrschnittsystems zueinander klarzumachen. Diese kann man ebenfalls am $4p$-Eck ablesen.

Zwei Partnerkurven kreuzen sich in q:

Andernfalls stoßen sie aneinander an:

(eine der beiden Kurven ist gestrichelt gezeichnet, die andere nicht.)

Übungsaufgaben zu IV.6

1. Man studiere sämtliche Randverheftungen des 8-Ecks zu $p = 1$.

2. Man gebe ein Beispiel für eine Randverheftung des 6-Ecks an, so dass der Verheftungsraum homöomorph zur Zahlkugel ist.

7. Differentiale erster Gattung

Sei X eine (zusammenhängende) kompakte RIEMANN'sche Fläche. Wir denken uns einen Homömorphismus von X auf den Verheftungsraum des $4p$-Ecks mit Standardrandverheftung fest vorgegeben und bezeichnen die natürliche Projektion mit

$$\pi : \mathcal{X}(p) \longrightarrow X.$$

Das Rückkehrschnittsystem $\alpha_1, \ldots, \beta_p$ ist ein System von geschlossenen Kurven auf X. Der Basispunkt (Anfangs- und Endpunkt dieser Kurven) werde wieder mit q bezeichnet.

Wir bezeichnen mit $\Omega(X)$ den Vektorraum der überall holomorphen Differentiale auf X (man nennt sie manchmal auch „Differentiale erster Gattung").

Ziel dieses Abschnittes ist der Beweis einer Vorstufe des RIEMANN-ROCH'-schen Satzes:

7.1 Theorem. *Die Menge $\Omega(X)$ der holomorphen Differentiale ist ein komplexer Vektorraum der Dimension p,*

$$\dim_{\mathbb{C}} \Omega(X) = p.$$

1. Folgerung. *Die Zahl p ist durch X eindeutig bestimmt.*

Man nennt p das *Geschlecht* der RIEMANN'schen Fläche X.

2. Folgerung. *Topologisch äquivalente Riemann'sche Flächen haben dasselbe Geschlecht.*

Beim Beweis von 7.1 muss man Kurvenintegrale von Differentialen betrachten: Den Begriff des Differentials $\omega \in A^1(X)$ haben wir im Anhang zu Kapitel II eingeführt, ebenfalls das Kurvenintegral $\int_{\alpha} \omega$ eines solchen Differentials längs einer stückweise glatten Kurve. Schließlich erinnern wir daran, dass man einer $\mathcal{C}^{\infty}$-Funktion $f : X \to \mathbb{C}$ das totale Differential $df \in A^1(X)$ zuordnen kann. Es gilt der „Satz von Stokes für Kurven" (s. II.13.18)

$$\int_{\alpha} df = f(\alpha(1)) - f(\alpha(0)).$$

Von uns ist in erster Linie der Fall holomorpher Differentiale ω von Bedeutung. In diesem Spezialfall wollen wir an die Definition des Kurvenintegrals nocheinmal erinnern: Ist $\varphi : U \to V$ ein Karte und α eine glatte Kurve , welche ganz in dieser Karte verläuft, $\alpha : [a, b] \to U$, so ist

$$\int_{\alpha} \omega = \int_{\varphi \circ \alpha} f(\zeta) \, d\zeta \quad (\omega_{\varphi} = f(z)dz).$$

Wenn α nicht in einer einzigen Karte verläuft und nur stückweise glatt ist, so zerstückelt man α in endlich viele glatte Stücke, welche in Karten verlaufen und summiert die einzelnen Integrale auf. Wir benötigen eine *Homotopieversion* des CAUCHY'schen Integralsatzes. In diesem Zusammenhang ist es zweckmässig, das Integral über *holomorphe* Differentiale auch längs beliebiger stetiger, nicht notwendig stückweiser glatter, Kurven zu definieren.

7.2 Hilfssatz (Homotopieversion des Cauchy'schen Integralsatzes).
Ist ω ein holomorphes Differential auf einer Riemann'schen Fläche X, so lässt sich das Kurvenintegral von ω längs beliebiger stetiger Kurven so erklären, dass für stückweise glatte Kurven das übliche herauskommt und so, dass Integration längs homotoper Kurven dasselbe ergibt.

Zusatz. *Sind α, β zwei geschlossene frei homotope Kurven in X, so gilt*

$$\int_{\alpha} \omega = \int_{\beta} \omega.$$

Der einfache Beweis erfolgt in völliger Analogie zum ebenen Fall. Wir verweisen auf [FB], Kapitel IV, Satz A2. Der Vollständigkeit halber skizzieren wir kurz den Beweis. Zunächst definiert man das Integral längs einer beliebigen stetigen Kurve, indem man sie durch eine stückweise glatte Kurve geeignet approximiert. Dazu zerlegt man das Parameterintervall mittels einer Partition $0 = a_0 < \cdots < a_n = 1$ in endlich viele Teilintervalle, so dass jedes Kurvenstückchen in einer Kreisscheibe enthalten ist. Innerhalb dieser Kreisscheibe ersetzt man dann das Kurvenstückchen durch ein glattes Kurvenstückchen (in folgender Abbildung fett gezeichnet.) Es ist (mittels der CAUCHY'schen Integralsatzes für Kreisscheiben) leicht zu zeigen, dass das Integral längs der approximierenden Kurve nicht von der Wahl dieser Approximation abhängt.

Zum Beweis von 7.2 muss man folgendes zeigen. Sei $H : Q \to X$ eine stetige Abbildung eines abgeschlossenen Rechtecks in X. Das Bild des Randes von Q definiert in naheliegender Weise eine geschlossene Kurve α in X. Man muss $\int_\alpha \omega = 0$ zeigen. Dies ist klar, wenn das Bild von Q ganz in einer Kreisscheibe verläuft. Allgemein zerlegt man Q gemäß folgender Abbildung in genügende kleine Teilrechtecke und summiert deren entsprechende Integrale auf.

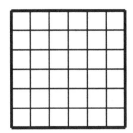

Die Aufteilung des Rechtecks muss nicht äquidistant sein. Daher kann man endlich vielen Stellen ausweichen, wenn man will und erhält folgende Verallgemeinerung von 7.2.

7.3 Bemerkung. *Die Homotopieversion des Cauchy'schen Integralsatzes 7.2 gilt auch für meromorphe Differentiale, wenn folgende Bedingungen erfüllt sind:*

a) *Auf dem Bild der Integrationslinien liegen keine Pole.*
b) *Die Residuen aller Pole verschwinden.*

Nach dieser Vorbereitung kommen wir zum wichtigen Begriff der *Periode* eines holomorphen Differentials. Im Falle $p = 0$ ist die Periodenmenge definitionsgemäß leer. Im Falle $p > 0$ definieren wir:

7.4 Definition.   *Sei $\omega \in \Omega(X)$ ein überall holomorphes Differential. Die*
Zahlen

$$A_i = \int\limits_{\alpha_i} \omega \quad und \quad B_i = \int\limits_{\beta_i} \omega$$

*heißen die **Perioden** von ω.*

Natürlich hängen die Perioden von der Wahl der Realisierung als $4p$-Eck
$\mathcal{X}(p) \to X$ ab. Wir werden später untersuchen, wie sie sich ändern, wenn
man die Realisierung wechselt.

7.5 Hilfssatz.   *Ein überall holomorphes Differential $\omega \in \Omega(X)$ ist durch den*
Realteil seiner Perioden *eindeutig bestimmt, m.a.W.:*
Die sogenannte „Periodenabbildung"

$$\Omega(X) \longrightarrow \mathbb{R}^{2p}, \quad \omega \longmapsto \mathrm{Re}(A_1, \ldots, A_p, B_1, \ldots, B_p),$$

ist injektiv.

1. Folgerung. *$\Omega(X)$ ist ein reeller Vektorraum der Dimension $\leq 2p$.*

2. Folgerung. *$\Omega(X)$ ist ein endlich dimensionaler komplexer Vektorraum,*
dessen Dimension höchstens p ist.

Beweis des Hilfssatzes. Sei ω ein Element des Kerns der Periodenabbildung.
Aus der Bestimmung der Fundamentalgruppe sowie der Homotopieversion des
CAUCHY'schen Integralsatzs folgt:

Verbindet man einen beliebigen Punkt $x \in X$ von q ausgehend mit einer Kurve,
so hängt

$$u(x) := \mathrm{Re} \int\limits_{q}^{x} \omega$$

nicht von der Wahl der Verbindungskurve ab.

Die Funktion u ist lokal der Realteil einer analytischen Funktion und daher
harmonisch. Aus dem Maximumprinzip für harmonische Funktionen folgt, dass
u konstant ist. Hieraus folgt, dass ω verschwindet. $\square$

7.6 Satz.   *Sei $A_1, \ldots, A_p, B_1, \ldots, B_p$ ein $2p$-Tupel reeller Zahlen. Es existiert*
ein überall holomorphes Differential $\omega \in \Omega(X)$, dessen Perioden die vorgegebe-
nen Realteile hat:

$$A_i = \mathrm{Re} \int\limits_{\alpha_i} \omega \quad und \quad B_i = \mathrm{Re} \int\limits_{\beta_i} \omega \qquad (1 \leq i \leq p).$$

Aus 7.5 und 7.6 folgt dann Theorem 7.1. Der Beweis beruht auf dem zentralen Existenzsatz II.12.2 für harmonische Funktionen. (Wir benötigen hier diesen Existenzsatz nur für kompakte und nicht für beliebige nullberandete Flächen. In diesem Fall ist der Beweis einfacher. Man benötigt insbesondere nicht das diffizile Lemma von Nevanlinna II.10.4, sondern man kommt mit der einfacheren Variante II.10.2 aus.)

Wir erinnern daran, dass nach 6.6 alle Kurven α_i, β_i mit Ausnahme von α_1 frei homotop zu Kurven $\tilde{\alpha}_i, \tilde{\beta}_i$ sind, welche disjunkt zu β_1 verlaufen. Wir wollen die Kurve β_1 durch einen homotopen „Streckenzug" β_1^* ersetzen: Das soll in diesem Zusammenhang folgendes bedeuten: Man kann das Parameterintervall der Kurve in endlich viele Stücke $0 = a_0 < a_1 < \ldots < a_n = 1$ zerlegen, so dass analytische Karten (Kreisscheiben)

$$\varphi_i : U_i \xrightarrow{\sim} U_2(0) = \{z \in \mathbb{C}; \ |z| < 2\} \quad \text{mit} \quad \gamma([a_{i-1}, a_i]) \subset U_i$$

existieren und so dass die Kurvenstückchen $\beta_i^* = \beta^*|[a_{i-1}, a_i]$ in der Kreisscheibe $U_2(0)$ der Strecke von -1 nach $+1$ entsprechen. Es ist klar, dass man die Konstruktion so durchführen kann, dass β_1^* wie β_1 ganz im Komplement der Kurven $\tilde{\alpha}_2, \ldots, \tilde{\alpha}_p, \tilde{\beta}_1, \ldots, \tilde{\beta}_p$ verläuft. Nach dieser Vorbereitung kommen wir zum

Beweis von Satz 7.6. Wir können annehmen, dass alle vorgegebenen Realteile bis auf einen verschwinden, also etwa

$$A_1 = 1; \ A_2 = \ldots = A_p = B_1 = \ldots = B_p = 0.$$

Wir nutzen nun den Existenzsatz II.12.4 aus: Im Komplement des Kurvenstückchens β_i^* existiert eine harmonische Funktion u_i mit folgender Eigenschaften:

Die Funktion

$$u_i^{\varphi_i}(z) - \text{Arg}\left(\frac{z+1}{z-1}\right)$$

ist in die volle Kreisscheibe $U_2(0)$ harmonisch fortsetzbar. Sie ist in keinen Punkt von $(-1, 1)$ stetig fortsetzbar. Wir definieren u als Summe der Funktionen $u_1, \ldots, u_n$. Jedenfalls ist dann u im Komplement der Kurve β^* harmonisch.

Wir betrachten nun zu u_i und u assoziierten holomorphen Differentiale (1.8) $\omega_i, 1 \leq i \leq n$, und $\omega \ (= \omega_1 + \cdots \omega_n)$. (Lokal ist eine harmonische Funktion Realteil einer analytischen Funktion. Das assoziierte Differential ist das totale Differential dieser Funktion.) Das assoziierte Differential der Funktion

$$\text{Arg}\,\frac{z+1}{z-1}$$

ist $-i/(z+1) + i/(z-1)$. Daher ist ω_i auf ganz X analytisch fortsetzbar mit Ausnahme zweier Pole erster Ordnung mit entgegengesetzten Residuen. Diese heben sich beim Aufsummieren weg, das zu u assoziierte Differential ω ist also auf ganz X analytisch fortsetzbar. (Man muss sich das so vorstellen, dass u beim Überqueren von β^* einen Sprung macht, welcher nach Differentiation verschwindet.)

Wir wissen, dass jede der Kurven des Rückkehrschnittsystems mit Ausnahme von α_1 frei homotop zu einer geschlossenen Kurve $\tilde{\alpha}_i, \tilde{\beta}_i$ welche ganz im Komplement von β_1^* verläuft. Es folgt

$$\operatorname{Re} \int_{\alpha_i} \omega = \operatorname{Re} \int_{\tilde{\alpha}_i} \omega = \int_{\tilde{\alpha}_i} du = 0 \qquad (i > 1)$$

und entsprechend für alle $\tilde{\beta}_i$. Zum Beweis von 7.6 bleibt es zu zeigen, dass das Integral von ω längs α_1 nicht verschwindet. Wir schließen indirekt, nehmen also an, dass das Integral verschwindet. Nach 7.5 ist dann ω identisch Null, die Funktion u mithin konstant. Insbesondere ist u stetig auf ganz X fortsetzbar. Dies kann aber nicht sein, denn in den Punkten des Stückchens $\beta_1^*((a_0, a_1))$ sind zwar alle u_i, $i \neq 1$ stetig, nicht jedoch u_1. Damit ist Satz 7.6 vollständig bewiesen.   □

Wir illustrieren Theorem 7.1 an einem Beispiel, das in der Entwicklung der Theorie von großer Bedeutung war. Wir studieren den Fall einer hyperelliptischen RIEMANN'schen Fläche X. Das ist die der algebraischen Funktion „$\sqrt{P(z)}$" zugeordnete RIEMANN'sche Fläche. Dabei sei P ein Polynom vom Grade $2p + 1$ oder $2p + 2$ ohne mehrfache Nullstelle sei. Wir erinnern daran, dass X eine kompakte zusammenhängende RIEMANN'sche Fläche ist mit zwei ausgezeichneten meromorphen Funktionen

$$f \qquad\qquad „= z",$$
$$g \qquad\qquad „= \sqrt{P(z)}".$$

Vermöge f wird X eine zweiblättrige (verzweigte) Überlagerung der Kugel, auf welcher $\sqrt{P(z)}$ als (eindeutige) meromorphe Funktion g erscheint. Das Geschlecht von X ist p (3.6). Man kann auf X die meromorphen Differentiale

$$\frac{f^m df}{g} \qquad\qquad „= \frac{z^m dz}{\sqrt{P(z)}}"$$

betrachten Man kann zeigen (Aufgabe 3), dass diese genau dann auf ganz X holomorph sind, wenn $m < p$ gilt. Da diese Differentiale linear unabhängig sind, müssen sie $\Omega(X)$ erzeugen:

7.7 Bemerkung. *Sei X die Riemann'sche Fläche zu „$\sqrt{P(z)}$", wobei P ein Polynom vom Grade $2p + 1$ oder $2p + 2$ ohne mehrfache Nullstelle sei. Die Differentiale*

$$„\frac{z^m dz}{\sqrt{P(z)}}", \qquad 0 \leq m < p,$$

bilden eine Basis von $\Omega(X)$.

Übungsaufgaben zu IV.7

1. Man zeige, dass die Homotopieversion des CAUCHY'schen Integralsatzes sinngemäß für alle Differentiale $\omega \in A^1(X)$ mit der Eigenschaft $d\omega = 0$ gilt.

2. Eine $\mathcal{C}^\infty$-Funktion heißt Stammfunktion eines Differentials $\omega \in A^1(X)$, falls $df = \omega$ gilt. Man zeige, dass ω genau dann eine Stammfunktion besitzt, falls das Integral von ω längs jeder geschlossenen Kurve verschwindet. Man erhält eine solche Stammfunktion durch Integration von ω längs einer Kurve, welche von einem festen Basispunkt ausgeht und einem variablen Punkt endet. Wenn ω ein holomorphes Differential ist, so erhält man auf diesem Wege eine holomorphe Stammfunktion.

3. Sei X die Riemann'sche Fläche zu „$\sqrt{P(z)}$", wobei P ein Polynom vom Grade $2p + 1$ oder $2p + 2$ ohne mehrfache Nullstelle sei. Man zeige, dass

$$\text{„}\frac{z^m dz}{\sqrt{P(z)}}\text{"}, \qquad 0 \le m < p,$$

genau dann holomorph ist auf ganz X, wenn $0 \le m < p$.

Anhang zu 7. Der Polyedersatz

Sei $(\mathcal{P}, \mathcal{D})$ ein kombinatorisches Schema zusammen mit einer Randverheftung Σ, an der alle Randkanten beteiligt sind. Insbesondere ist dann die Anzahl der Randkanten eine gerade Zahl.

$$2R \quad := \quad \text{Anzahl der Randkanten,}$$
$$K \quad := \quad \text{Anzahl der „inneren“ Kanten,}$$
$$A \quad := \quad \text{Anzahl der Äquivalenzklassen von äußeren Ecken,}$$
$$E \quad := \quad \text{Anzahl der inneren Ecken,}$$
$$D \quad := \quad \text{Anzahl der Dreiecke.}$$

Wir nennen

$$e := D - (K + R) + E + A$$

die EULERzahl von $(\mathcal{P}, \mathcal{D}, \Sigma)$.

Erstes Beispiel. Sei X eine kompakte Fläche mit einer (orientierten) Triangulierung $\mathcal{M}$. Das assoziierte kombinatorische Schema $(\mathcal{P}, \mathcal{D})$ hat keine Randkante. In diesem Fall ist

$$e(\mathcal{P}, \mathcal{D}) = D - K + E$$

$$= \#\text{Dreiecke} - \#\text{Kanten} + \#\text{Ecken}$$

die bereits eingeführte EULERzahl.

Zweites Beispiel. Sei $(\mathcal{P}, \mathcal{D})$ ein $4p$-Eck mit der Normalverheftung. In diesem Fall ist

$$2R = 4p, \quad K = 4p, \quad A = 1,$$
$$E = 1 \quad \text{und} \quad D = 4p$$

und daher

$$e = 4p - (4p + 2p) + 2 = 2 - 2p.$$

7.8 Bemerkung. *Stellt man aus einer orientierten Triangulierung einer kompakten Fläche die Normalform als $4p$-Eck her, so ändert sich bei allen Konstruktionen aus Paragraph 5 und 6 die Eulerzahl e (der Realisierung $(\mathcal{P}, \mathcal{D}, \Sigma)$) nicht.*

Folgerung. *Wenn eine kompakte Fläche eine orientierte Triangulierung zulässt (also beispielsweise, wenn sie eine Struktur als Riemann'sche Fläche besitzt), so ist die Eulerzahl e unabhängig von der Wahl einer orientierten Triangulierung.*

Folgerung (EULER $\sim$1750, LEGENDRE 1794). *Die Eulerzahl irgendeiner Triangulierung der Kugelfläche ist 2.*

Folgerung. *Ist $f : X \to \bar{\mathbb{C}}$ eine nicht konstante meromorphe Funktion auf einer kompakten Riemann'schen Fläche, so kann man das topologische Geschlecht p mit Hilfe der Hurwitz'schen Verzweigungsformel 3.5 berechnen.*

Damit erhebt sich nun die Frage, welche kompakten Flächen eine Struktur als RIEMANN'sche Fläche tragen. Es lässt sich zeigen, dass jede orientierte Fläche mit abzählbarer Basis der Topologie eine Struktur als RIEMANN'sche Fläche zulässt. (Dabei muss man den Begriff der Orientierbarkeit topologischer Flächen noch definieren.) Wir beweisen nur:

7.9 Satz. *Jede kompakte Fläche mit einer orientierten Triangulierung lässt eine Struktur als Riemann'sche Fläche zu.*

Zum *Beweis* muss man nur zeigen, dass für jedes $p \geq 0$ eine kompakte RIEMANN'sche Fläche existiert. Man nehme beispielsweise die hyperelliptische RIEMANN'sche Fläche zu

$$w^2 = z^{2p+1} - 1. \qquad \square$$

Übungsaufgaben zu IV.7

1. Man gebe eine Randverheftung eines 12-Ecks zu $p = 1$ an.

2. Man bestimme alle Randverheftungen eines 10-Ecks zu $p = 0$.

8. Erste Periodenrelationen

Wir gehen wieder aus von einer kompakten RIEMANN'schen Fläche X, welche durch ein $4p$-Eck $\mathcal{X}(p)$ (als regelmäßiges $4p$-Eck in der Ebene realisiert) mit Standardrandverheftung realisiert ist. Insbesondere ist damit das Rückkehrschnittsystem α_i, β_i definiert. Wir haben die Perioden eines Differentials ω in Bezug auf dieses Rückkehrschnittsystem durch

$$A_i = \int_{\alpha_i} \omega, \quad B_i = \int_{\beta_i} \omega \qquad (1 \leq i \leq p)$$

definiert. Ist $\omega_1, \ldots, \omega_p$ eine Basis des Vektorraums der überall holomorphen Differentiale, so kann man die *Periodenmatrix*

$$P := \begin{pmatrix} A_1^{(1)} & \cdots & A_1^{(p)} & B_1^{(1)} & \cdots & B_1^{(p)} \\ \vdots & & \vdots & \vdots & & \vdots \\ A_1^{(p)} & \cdots & A_p^{(p)} & B_p^{(1)} & \cdots & B_p^{(p)} \end{pmatrix}$$

bilden. Ist ω ein beliebiges holomorphes Differential, so sind die Periodenvektoren von ω Linearkombinationen der Zeilen von P. Da ein holomorphes Differential genau dann verschwindet, wenn sein Perioden 0 sind, gilt:

8.1 Bemerkung.   *Die Periodenmatrix P (in Bezug auf das vorgegebene Rückkehrschnittsystem und die vorgegebene Basis von $\Omega(X)$) hat den Rang p.*

Die Periodenmatrizen genügen weiteren stark einschränkenden Bedingungen. Diese fallen unter die Rubrik „Periodenrelationen". In diesem Abschnitt wollen wir lediglich diejenigen Periodenrelationen beweisen, welche für den Beweis des RIEMANN-ROCH'schen Satzes erforderlich sind. Weitergehende Periodenrelationen werden wir im Zusammenhang mit dem abelschen Theorem ableiten (§11).

Wir bezeichnen die Projektion des $4p$-Ecks auf X wieder mit

$$\pi : \mathcal{X}(p) \longrightarrow X.$$

Sei ω ein auf ganz X holomorphes Differential. Wir wollen diesem Differential eine stetige Funktion

$$f : \mathcal{X}(p) \longrightarrow \mathbb{C}$$

auf dem $4p$-Eck zuordnen. Dazu zeichnen wir einen beliebigen Punkt a im $4p$-Eck aus. Für jeden anderen Punkt x des $4p$-Ecks wählen wir in $\mathcal{X}(p)$ eine Kurve α von a nach x. Man kann beispielsweise die Verbindungsstrecke nehmen. Wir definieren

$$f(x) := \int_{\pi \circ \alpha} \omega.$$

Nach der Homotopieversion des CAUCHY'schen Integralsatzes hängt dieses Integral nicht von der Wahl von α ab. Sind x, y zwei beliebige Punkte von $\mathcal{X}(p)$ und β die Verbindungsstrecke von x nach y, so gilt

$$f(y) - f(x) = \int_{\pi \circ \beta} \omega.$$

Wir wenden dies in einem Spezialfall an. Der Punkt x liege auf der Kante K_i und y sei der komplementäre Punkt auf der Kante K_i^-. Das Bild der Verbindungsstrecke von x nach y ist eine geschlossen Kurve in X, welche frei homotop zu β_i (der Bildkurve der Kante L_i in richtiger Orientierung). Es folgt

$$f(y) - f(x) = \int_{\beta_i} \omega.$$

Entsprechendes gilt für die Kanten L_i, L_i^-.

8.2 Hilfssatz.   *Sei ω ein holomorphes Differential auf X. Die assoziierte (stetige) Funktion*

$$f : \mathcal{X}(p) \longrightarrow \mathbb{C}$$

hat folgende Eigenschaft:

Ist x ein Punkt auf der Randkante K_i und ist x^- der komplementäre Punkt auf K_i^-, so gilt

$$f(x^-) - f(x) = \int_{\beta_i} \omega.$$

Entsprechend gilt: Ist y ein Punkt aus L_i und ist y^- der komplementäre Punkt aus L_i^-, so gilt

$$f(y^-) - f(y) = -\int_{\beta_i} \omega.$$

Der Beweis der RIEMANN'schen Periodenrelationen ist besonders durchsichtig, wenn die Abbildung π glatt ist. Dabei verwenden wir folgenden Glattheitsbegriff: Eine Funktion auf $\mathcal{X}(p)$ oder allgemeiner auf einem offenen Teil (bezüglich der induzierten Topologie) $U \subset \mathcal{X}(p)$ heiße glatt, falls sie im Durchschnitt von U mit dem Innern von $\mathcal{X}(p)$ unendlich oft stetig differenzierbar ist und falls alle partiellen Ableitungen von f auf U stetig fortsetzbar sind. Mit Hilfe von Karten definiert man dann den Begriff der glatten Abbildung von U in eine differenzierbare Fläche.

Wir wollen bei folgendem Beweis zunächst einmal annehmen, dass $\pi : \mathcal{X}(p) \to X$ in diesem Sinne glatt ist.

Es genügt weniger zu wissen, nämlich dass π *stückweise glatt* ist. Im Anhang zu diesem Abschnitt wird erläutert, was dies bedeutet und es wird auch gezeigt, dass stückweise glatte Realisierungen $\pi : \mathcal{X}(p) \to X$ stets existieren. Wir empfehlen dem Leser, dieses Problem zunächst einmal außer acht zu lassen. Bei der anschließenden Lektüre des Anhangs wird klar werden, dass der Beweis auch für stückweise glatte π funktioniert.

Unter einem glatten Differential $\omega = f dx + g dy$ auf $\mathcal{X}(p)$ versteht man ein Paar von glatten Funktionen $f, g : \mathcal{X}(p) \to \mathbb{C}$. Für solche glatten Differentiale gilt der STOKE'sche Integralsatz[*)]

$$\oint_{\partial \mathcal{X}(p)} \omega = \int_{\mathcal{X}(p)} d\omega.$$

Ist ω ein $\mathcal{C}^\infty$-Differential auf X, so definiert das in üblicher Weise zurückgezogene Differential $\pi^* \omega$ ein glattes Differential auf $\mathcal{X}(p)$.

[*)] In II.13.21 wurde der STOKE'sche Integralsatz für Dreiecke formuliert. Für das n-Eck folgt er durch Summieren über die n Dreiecke.

8.3 Hilfssatz. *Sei ω ein holomorphes Differential und ω' ein Differential mit $d\omega' = 0$. Es gilt*

$$\int_X \omega \wedge \omega' = \sum_{i=1}^p \left[\int_{\alpha_i} \omega \int_{\beta_i} \omega' - \int_{\alpha_i} \omega' \int_{\beta_i} \omega \right].$$

Beweis. Wir betrachten die Funktion $f : \mathcal{X}(p) \to \mathbb{C}$, die man durch Integration von ω bekommt. Offensichtlich ist f glatt. Wir betrachten außerdem die zurückgezogenen Differentiale $\tilde{\omega} = \pi^*\omega$ und $\tilde{\omega}' = \pi^*\omega'$. Wegen $d\omega' = 0$ gilt $d(f\tilde{\omega}') = \tilde{\omega} \wedge \tilde{\omega}'$. Wir wenden den Satz von STOKES an und erhalten

$$\int_X \omega \wedge \omega' = \int_{\partial \mathcal{X}(p)} f\tilde{\omega}'.$$

Der Beitrag des Kantenpaars K_i, K_i^- in dem Integral ist

$$\int_{K_i} f\tilde{\omega}' - \int_{K_i^-} f\tilde{\omega}'.$$

Dabei sei K_i entgegen und K_i^- im Uhrzeigersinn orientiert (wodurch sich das Minuszeichen ergibt). Nach Hilfssatz 8.2 unterscheiden sich die Werte von f auf entsprechenden Kantenpunkten nur um die additive Konstante $\int_{\beta_i} \omega$. Der Beitrag des Kantenpaars ist also

$$\int_{\beta_i} \omega \int_{K_i} \tilde{\omega}' = \int_{\beta_i} \omega \int_{\alpha_i} \omega'.$$

Entsprechend erhält man für den Beitrag des Kantenpaars L_i, L_i^- den Ausdruck

$$-\int_{\alpha_i} \omega \int_{\beta_i} \omega'.$$

Durch Aufsummieren erhält man die Behauptung. $\square$

Die Periodenrelationen erster Art

Seien nun ω, ω' zwei *holomorphe* Differentiale auf X. Dann gilt $\omega \wedge \omega' = 0$ und aus 8.3 folgt:

8.4 Satz. *Seien ω und ω' zwei holomorphe Differentiale auf X. Dann gilt die **Periodenrelation***

$$\sum_{i=1}^{p} \int_{\alpha_i} \omega \int_{\beta_i} \omega' = \sum_{i=1}^{p} \int_{\beta_i} \omega \int_{\alpha_i} \omega'.$$

Für den Beweis des RIEMANN-ROCH'schen Satzes benötigt man eine leichte Verallgemeinerung von 8.2 und 8.4. Diese bezieht sich darauf, dass das Differential ω meromorph ist, also auch Pole besitzen darf. Allerdings sollen diese alle im Komplement des Rückkehrschnittsystems liegen. Wir fordern auch, dass alle Residuen von ω verschwinden. Dann können wir die Homotopieversion das CAUCHY'schen Integralsatzes 7.3 anwenden und durch Integration eine meromorphe Funktion f_0 auf $X - R$ mit der Eigenschaft $df_0 = \omega$ produzieren. Wir ziehen sie zurück mittels π und erhalten eine Funktion f, welche im Innern des $4p$-Ecks mit Ausnahme einer endlichen Punktmenge S definiert und stetig ist. Ist α eine Kurve, die ganz im Inneren des p-Ecks verläuft und keinen Ausnahmepunkt trifft, so gilt

$$f(\alpha(1)) - f(\alpha(0)) = \int_{\pi \circ \alpha} \omega.$$

Es ist klar, dass man f mittels dieser Integraldarstellung stetig auf den Rand des $4p$-Ecks fortsetzen kann,

$$f : \mathcal{X}(p) - S \longrightarrow \mathbb{C}.$$

8.5 Variante von 8.2. *Sei ω ein meromorphes Differential auf X, dessen Pole im Komplement R des Rückkehrschnittsystems liegen und so, dass alle Residuen verschwinden. Die assoziierte stetige Funktion*

$$f : \mathcal{X}(p) - S \longrightarrow \mathbb{C}$$

hat auf dem Rand das in 8.2 beschriebene Verhalten.

Der Beweis ist derselbe wie der von 8.2.   □

8.6 Variante von 8.4. *Wie in 8.4 sei ω' ein holomorphes Differential. Das Differential ω sei lediglich meromorph, wobei mögliche Pole im Komplement des Rückkehrschnittsystems R liegen. Die Residuen mögen verschwinden. Für jeden Pol a der Ordnung $m(a)$ von ω gelte: Das Differential ω' hat in a eine Nullstelle mindestens der Ordnung $m(a) - 1$. Dann ist die in 8.4 formulierte Periodenrelation gültig.*

Aus der Voraussetzung folgt, dass die Funktion $f_0\omega'$ im Komplement des Rück-kehrschnittsystems holomorph ist. Dies reicht, um den Beweis von 8.4 zu übertragen. $\qquad\qquad\qquad\qquad\qquad\qquad\qquad\qquad\qquad\qquad\qquad\qquad\quad$ □

Übungsaufgaben zu IV.8

1. Wie ändert sich die Periodenmatrix, wenn man die Basis von $\Omega(X)$ wechselt?

2. Sei $X = \mathbb{C}/L$ ein Torus. Man gebe eine Basis von $\Omega(X)$ sowie ein konkretes Rückkehrschnittsystem an und bestimme die zugehörige Periodenmatrix.

Anhang zu 8. Stückweise Glattheit

Sei $\Delta \subset \mathbb{C}$ ein abgeschlossenes Dreieck. Wir benötigen einen für unsere Zwecke zugeschnittenen Begriff einer *stückweise glatten* Abbildung

$$f : \Delta \longrightarrow X$$

von Δ in eine RIEMANN'sche Fläche X, welche dem Begriff einer stückweise glatten Kurve

$$\alpha : [0,1] \longrightarrow X$$

entspricht.

Wir betrachten nun im Innern jeder der drei Kanten von Δ einen Punkt und unterteilen Δ durch die Verbindungsstrecken dieser Punkte in vier Dreiecke. Wir nennen dies eine *Unterteilung erster Stufe* von Δ.

Unterteilt man in derselben Weise jedes der vier entstandenen Dreiecke in vier Teildreiecke, so gelangt man zu einer Unterteilung zweiter Stufe u.s.w.

8.7 Definition. *Eine Abbildung*

$$f : \Delta \longrightarrow X$$

eines ebenen Dreiecks in eine Riemann'sche Fläche X heißt **stückweise glatt**, *wenn es eine Unterteilung n-ter Stufe gibt, (n geeignet) so dass die Einschränkung von f auf jedes der 4^n Teildreiecke glatt ist.*

8.8 Satz. *Die Realisierung einer kompakten Riemann'schen Fläche kann so durchgeführt werden, dass die Abbildung*

$$\mathcal{X}(p) \longrightarrow X$$

(d.h. ihre Einschränkungen auf jedes der 4p-Dreiecke) stückweise glatt ist.

Zum *Beweis* muss man sich klar machen, dass alle Konstruktionen, welche bei der Realisierung verwendet werden, in der „stückweise glatten Welt" formuliert und durchgeführt werden.

Der Vorteil einer stückweise glatten Realisierung

$$p : \mathcal{X}(p) \longrightarrow X$$

ist, dass man Differentiale ω auf X auf $\mathcal{X}(p)$ zurückziehen kann und auf den "pullback" $p^*\omega$ den Satz von STOKES anwenden kann. Wir wollen dies kurz erläutern.

Sei ω ein glattes Differential auf einem Dreieck $\Delta \subset \mathbb{C}$. Das Integral längs einer stückweise glatten Kurve $\alpha : [0,1] \to \Delta$ ist durch

$$\int_\alpha \omega = \int_0^1 h(t)\,dt,$$

(∗) $$h(t) = f(\alpha(t))\alpha_1'(t) + g(\alpha(t))\alpha_2'(t),$$

definiert. Wir betrachten nun eine stückweise glatte Realisierung der RIE-MANN'schen Fläche X durch ein 4p-Eck,

$$p : \mathcal{X}(p) \longrightarrow X.$$

Sei ω ein glattes Differential auf X. Wir wollen das zurückgezogene Differential $p^*\omega$ auf $\mathcal{X}(p)$ definieren. Gegeben ist eine Triangulierung von $\mathcal{X}(p)$, welche durch Standardunterteilung der $4p$ Dreiecke entsteht, so dass die Einschränkung von f auf jedes Dreieck der Triangulierung glatt ist. Man kann dann $f^*\omega$ als glattes Differential auf jedem dieser Dreiecke definieren. Man erhält ein im folgenden Sinne stückweise glattes Differential:

8.9 Definition. *Ein stückweise glattes Differential ω auf dem 4p-Eck $\mathcal{X}(p)$ ist ein Paar, bestehend aus einer Triangulierung von $\mathcal{X}(p)$, welche durch Standardunterteilung der $4p$ Dreiecke entsteht und einer Vorschrift, welche jedem Dreieck Δ der Triangulierung ein glattes Differential ω_Δ auf diesem Dreieck zuordnet. Diese sollen im folgenden Sinne zusammenpassen:*

Sind Δ, Δ' zwei Dreiecke der Triangulierung mit einer gemeinsamen Kante K und ist $\alpha : [0,1] \to K$ eine glatte Parametrisierung der Kante, so stimmen dir Integranden der Kurvenintegrale von ω_Δ und ω_Δ' (s.(∗)) überein.

Insbesondere gilt

$$\int_K \omega_\Delta = \int_K \omega'_\Delta,$$

wobei längs der Kante beidesmal in derselben Richtung zu integrieren ist.

Stückweise glatte Differentiale dürfen durchaus beim Übertritt von einem Dreieck in ein Nachbardreieck Sprünge machen, die sich jedoch bei der Integration längs Kanten nicht bemerkbar machen. Für stückweise Differentiale ω auf $\mathcal{X}(p)$ kann man in naheliegender Weise des Flächenintgral

$$\int_{\mathcal{X}(p)} d\omega$$

und das Randintegral

$$\oint_{\partial\mathcal{X}(p)} \omega$$

definieren. Es gilt der Satz von STOKES, welchen man unmittelbar aus dem Satz von STOKES für Dreiecke durch Aufsummieren erhält.

8.10 Satz von Stokes. *Ist ω ein stückweise glattes Differential auf dem 4p-Eck, so gilt*

$$\oint_{\partial\mathcal{X}(p)} \omega = \int_{\mathcal{X}(p)} d\omega.$$

Im folgenden wollen wir immer stillschweigend annehmen, dass $\pi : \mathcal{X}(p) \to X$ stückweise glatt ist.

9. Der Riemann-Roch'sche Satz

Sei X eine Menge. Wir wollen die von X erzeugte freie abelsche Gruppe $\mathcal{D}(X)$ definieren. Die Elemente von $\mathcal{D}(X)$ sind Abbildungen

$$D : X \longrightarrow \mathbb{Z},$$

so dass

$$D(a) = 0 \text{ für fast alle } a \in X$$

(d.h. für alle bis auf endlich viele Ausnahmen) gilt.
Offensichtlich ist $\mathcal{D}(X)$ mit der üblichen Addition von Abbildungen eine abelsche Gruppe.

Spezialfall. Für $X = \{1, \ldots, n\}$ ist $\mathcal{D}(X) = \mathbb{Z}^n$.

Wir nennen die Elemente von $\mathcal{D}(X)$ auch *Divisoren*. Jedem Punkt $a \in X$ ist ein Divisor

$$(a) \in \mathcal{D}(X)$$

zugeordnet und zwar ist

$$(a)(x) = \begin{cases} 1 & \text{für } x = a, \\ 0 & \text{sonst.} \end{cases}$$

Diese Zuordnung definiert eine injektive Abbildung

$$X \longrightarrow \mathcal{D}(X), \quad a \longmapsto (a).$$

Manchmal identifizieren wir X mit seinem Bild in $\mathcal{D}(X)$. Aber

Vorsicht. Wenn X bereits eine additive Gruppe ist, kann dies zu Verwechslungen führen, da dann $(a) + (b)$ und $(a + b)$ möglicherweise völlig verschieden sind.

Jeden Divisor $D \in \mathcal{D}(X)$ kann man in der Form

$$D = \sum_{a \in X} D(a)(a) \qquad \text{(endliche Summe)}$$

schreiben. Jeder Divisor lässt sich auch in der Form

$$D = (a_1) + \ldots + (a_n) - (b_1) - \ldots - (b_m)$$

schreiben, wobei die Mengen $\{a_1, \ldots, a_n\}$ und $\{b_1, \ldots, b_m\}$ disjunkt sind. Schließlich definiert man noch den *Grad eines Divisors* durch

$$\text{Grad}(D) = \sum_{a \in X} D(a).$$

Offensichtlich ist

$$\text{Grad} : \mathcal{D}(X) \longrightarrow \mathbb{Z}$$

ein Gruppenhomomorphismus. Trivialerweise ist

$$\text{Grad}\,((a_1) + \cdots + (a_n) - (b_1) - \cdots - (b_m)) = n - m.$$

Sei nun X eine (zusammenhängende) kompakte RIEMANN'sche Fläche. Jeder von Null verschiedenen meromorphen Funktion

$$f : X \longrightarrow \bar{\mathbb{C}}$$

kann man einen Divisor (f) zuordnen und zwar ist

$$D(a) = \text{Ord}(f; a)$$

genau die Ordnung von f in a. Es ist also

$$D(a) > 0 \iff a \text{ Nullstelle von } f,$$

$$D(a) < 0 \iff a \text{ Polstelle von } f.$$

Bezeichnet man die Nullstellen mit $a_1, \ldots, a_n$ (jede so oft hingeschrieben, wie ihre Vielfachheit angibt) und entsprechend die Menge der Pole mit $b_1, \ldots, b_m$, so gilt also

$$(f) = (a_1) + \cdots + (a_n) - (b_1) - \cdots - (b_m).$$

Wir wissen, dass eine meromorphe Funktion genauso viele Null- wie Polstellen hat ($n = m$). Mit anderen Worten:

Der Grad eines Divisors (f) einer meromorphen Funktion ist 0.

9.1 Bemerkung.   *Seien $f, g \in \mathcal{M}(X) - \{0\}$ zwei von 0 verschiedene meromorphe Funktionen. Dann gilt*

$$(f) + (g) = (f \cdot g).$$

Außerdem ist der Divisor einer konstanten Funktion das Nullelement in $\mathcal{D}(X)$.

9.2 Definition.   *Ein Divisor $D \in \mathcal{D}(X)$ heißt **Hauptdivisor**, falls es eine meromorphe Funktion f gibt mit*

$$D = (f).$$

Wir wissen, dass f durch D bis auf einen konstanten Faktor eindeutig bestimmt ist. Wegen 9.1 bildet die Menge der Hauptdivisoren

$$\mathcal{H}(X) = \{\, D \in \mathcal{D}(X); \quad D = (f); \ f \in \mathcal{M}(X) - \{0\} \,\}$$

eine Untergruppe von $\mathcal{D}(X)$. Man nennt die Faktorgruppe

$$\mathrm{Pic}(X) := \mathcal{D}(X)/\mathcal{H}(X)$$

die *Divisorenklassengruppe von X*. Da der Grad eines Hauptdivisors 0 ist, ist die Gradabbildung

$$\mathrm{Grad} : \mathrm{Pic}(X) \longrightarrow \mathbb{Z}, \quad [D] \longmapsto \mathrm{Grad}(D),$$

auf der Divisorenklassengruppe wohldefiniert.

Der Riemann-Roch'sche Raum

Seien D, D' zwei Divisoren auf X. Wir definieren

$$D \geq D' \iff D(a) \geq D'(a) \text{ für alle } a \in X.$$

Der RIEMANN-ROCH'sche Raum $\mathcal{L}(D)$ eines Divisors D ist die Menge aller meromorphen Funktionen $f \in \mathcal{M}(X)$ mit der Eigenschaft

$$(f) \geq -D,$$

zusammen mit der Nullfunktion. Wir werden also symbolisch die Gleichung

$$(0) \geq -D$$

immer als richtig annehmen,

$$\mathcal{L}(D) = \{\, f \in \mathcal{M}(X); \quad (f) \geq -D \,\}.$$

9.3 Bemerkung. *Die Menge $\mathcal{L}(D)$ ist ein $\mathbb{C}$-Vektorraum.*

Der Beweis ist klar.   □

Wir werden sehen, dass $\mathcal{L}(D)$ endlichdimensional ist. Der Raum $\mathcal{L}(D)$ hängt im wesentlichen nur von der Klasse von D ab. Genauer gilt:
Die Zuordnung

$$\mathcal{L}(D) \longrightarrow \mathcal{L}(D + (f)), \quad g \longmapsto \quad g \cdot f,$$

ist ein Isomorphismus.

Das RIEMANN-ROCH'sche Problem ist die Bestimmung der Dimension

$$l(D) := \dim_{\mathbb{C}} \mathcal{L}(D).$$

Der RIEMANN-ROCH'sche Satz ist eine Teilantwort auf diese Frage.

Bemerkung. *Sei speziell*

$$D := n \cdot (a), \quad n \in \mathbb{N}.$$

Dann besteht $\mathcal{L}(D)$ aus allen meromorphen Funktionen, die höchstens in a einen Pol haben, der wiederum höchstens die Ordnung n hat.

Übungsaufgabe. Sei $X = \mathbb{C}/L$ ein Torus. Man beweise

$$l\,(n(a)) = \begin{cases} 1 & \text{für } n = 1, \\ 2 & \text{für } n = 2. \end{cases}$$

9.4 Theorem (Riemann-Roch'sche Ungleichung, B. RIEMANN 1857**).**
Es gilt

$$l(D) \geq \operatorname{Grad} D - p + 1, \qquad p = \textit{Geschlecht von } X.$$

Dies ist ein Existenzsatz für meromorphe Funktionen. Um dies zu verdeutlichen, betrachten wir noch einmal den Fall $D = n(a)$ und erhalten:

Folgerung. *Es gibt zu jedem Punkt $a \in X$ eine meromorphe Funktion f, welche außerhalb a holomorph ist und in a einen Pol höchstens der Ordnung $p + 1$ hat.*

Der RIEMANN-ROCH'sche Satz ist stärker als die Ungleichung 9.4. Man erhält auch noch Informationen über den „Defekt"

$$h(D) := l(D) - \text{Grad}(D) + p - 1.$$

Dazu muss man die *kanonische Klasse*, ein fundamental wichtiges Element von $\text{Pic}(X)$, einführen.

Sei ω ein von Null verschiedenes meromorphes Differential auf X. Wir haben gesehen, dass man auch bei solchen Differentialen von Nullstellen, Polstellen und Ordnungen reden kann. Man kann also ω einen Divisor

$$K := (\omega) \in \mathcal{D}(X)$$

zuordnen. Man nennt K einen *kanonischen Divisor*. Ist f eine von Null verschiedene meromorphe Funktion, so gilt

$$(f \cdot \omega) = (f) + (\omega).$$

Wir wissen, dass $f \cdot \omega$ bei festem ω und variablem f *alle* meromorphen Differentiale durchläuft. Wir erhalten:

9.5 Bemerkung. *Die Divisorenklasse eines kanonischen Divisors ist eindeutig bestimmt.*

9.6 Definition. *Man nennt die Divisorenklasse eines meromorphen Differentials die **kanonische Klasse** von X.*

Eine fundamentale Verschärfung der Ungleichung $h(D) \geq 0$ ist die Gleichung

$$h(D) = l(K - D),$$

also

9.7 Theorem (Riemann-Roch'scher Satz, G. ROCH 1876). *Es gilt*

$$\dim \mathcal{L}(D) - \dim \mathcal{L}(K - D) = \text{Grad}(D) - p + 1.$$

Folgerung. $\operatorname{Grad} K = 2p - 2$.

Anmerkung. Im Falle eines Torus $X = \mathbb{C}/L$ hat man das holomorphe Differential „dz". Ihm ist der Nulldivisor mit dem Grad 0 im Einklang mit 9.7 zugeordnet. Auf der Zahlkugel $\bar{\mathbb{C}}$ ($p = 0$) hingegen hat dz einen Pol 2. Ordnung in ∞ (wegen $d(-1/z) = -z^2 dz$); es ist also $\operatorname{Grad}(dz) = -2$, ebenfalls im Einklang mit 9.7.

Folgerung. *Ist* $\operatorname{Grad}(D) > 2p - 2$, *so ist die Riemann-Roch'sche Ungleichung eine Gleichung:*
$$\dim \mathcal{L}(D) = \operatorname{Grad}(D) - p + 1.$$

Der Raum $\mathcal{L}(D)$ ist nur dann von Null verschieden, wenn $\operatorname{Grad}(D) \geq 0$ ist. Man hat also endlich viele „Ausnahmezahlen"
$$0 \leq \operatorname{Grad}(D) \leq 2p - 2,$$

in denen der RIEMANN-ROCH'sche Satz „nur" eine Ungleichung liefert.

Der Beweis des Riemann-Roch'schen Satzes

Wir führen neben
$$\mathcal{L}(D) = \{\, f; \quad (f) \geq -D \,\}$$

auch noch den „komplementären" Raum
$$\mathcal{K}(D) := \{\, \omega \text{ meromorphes Differential}; \quad (\omega) \geq D \,\}$$

ein. Es gilt offenbar
$$\dim \mathcal{K}(D) = \dim \mathcal{L}(K - D).$$

Der RIEMANN-ROCH'sche Satz besagt also
$$\dim \mathcal{L}(D) - \dim \mathcal{K}(D) = \operatorname{Grad}(D) - p + 1.$$

Ein Spezialfall des RIEMANN-ROCH'schen Satzes ist unmittelbar einzusehen:

Erster Schritt. Spezialfall: $D < 0$.

In diesem Fall ist $\mathcal{L}(D) = 0$. Der Raum $\mathcal{K}(D)$ besteht aus allen meromorphen Differentialen, welche für Punkte $a \in X$ mit $D(a) < 0$ höchstens Pole der Ordnung $-D(a)$ haben und sonst holomorph sind. Wir wissen nun aber, dass man die Hauptteile eines meromorphen Differentials bis auf die Residuenbedingung (Summe der Residuen gleich 0) willkürlich vorgeben kann. Andererseits ist ein meromorphes Differential durch seine Hauptteile bis auf ein überall holomorphes Differential eindeutig bestimmt. Es folgt
$$\dim \mathcal{K}(D) = -(\operatorname{Grad}(D) + 1) + p,$$

und das ist gerade der RIEMANN-ROCH'sche Satz.

Zweiter Schritt. Spezialfall: $D = 0$.

In diesem Fall ist

$$\dim \mathcal{L}(D) = 1; \qquad \dim \mathcal{K}(D) = \dim \Omega(D) = p,$$

der RIEMANN-ROCH'sche Satz ist damit ebenfalls richtig.

Dritter Schritt. Sei D ein beliebiger Divisor und $a \in X$ ein fester Punkt. Wir schließen im übrigen nicht aus, dass a bereits in D auftritt. Wir wollen die Divisoren

$$D \text{ und } D' = D + (a)$$

vergleichen. Natürlich gilt $D \le D'$ und daher

$$\mathcal{L}(D) \subset \mathcal{L}(D').$$

Wir behaupten jedoch

$$\dim \left(\mathcal{L}(D')/\mathcal{L}(D) \right) \le 1.$$

Zum Beweis konstruieren wir eine lineare Abbildung

$$\mathcal{L}(D') \longrightarrow \mathbb{C},$$

deren Kern genau $\mathcal{L}(D)$ ist. Zur Konstruktion betrachten wir eine Kreisscheibe um a

$$\varphi : U \xrightarrow{\sim} \mathbb{E}, \quad a \longmapsto 0,$$

und betrachten die LAURENTentwicklung einer meromorphen Funktion f bezüglich dieser Kreisscheibe

$$f_\varphi(z) = \sum_{n=-\infty}^{\infty} a_n z^n.$$

Sei $e := -D(a)$. Wenn f in $\mathcal{L}(D')$ enthalten ist, so gilt

$$a_n \ne 0 \Longrightarrow n \ge e - 1.$$

Eine Funktion $f \in \mathcal{L}(D')$ ist dann und nur dann in $\mathcal{L}(D)$ enthalten, wenn

$$a_n \ne 0 \Rightarrow n \ge e.$$

Die Abbildung

$$\mathcal{L}(D') \longrightarrow \mathbb{C}, \quad f \longmapsto a_e,$$

hat die gewünschte Eigenschaft.

Folgerung. Die Räume $\mathcal{L}(D)$ (und damit auch $\mathcal{K}(D)$) sind endlichdimensional.

Mit einer analogen Überlegung zeigt man

$$\mathcal{K}(D') \subset \mathcal{K}(D) \text{ und } \dim\left(\mathcal{K}(D)/\mathcal{K}(D')\right) \leq 1.$$

Vierter Schritt. Wir führen die Größe

$$\delta(D) = \dim \mathcal{L}(D) - \dim \mathcal{K}(D) - \operatorname{Grad}(D) + p - 1$$

ein. Der RIEMANN-ROCH'sche Satz besagt

$$\delta(D) = 0.$$

In diesem Beweisschritt zeigen wir

$$\delta(D') \leq \delta(D) \qquad (D' = D + (a)).$$

Es gilt

$$\delta(D) - \delta(D') = 1 - \dim\left(\mathcal{L}(D')/\mathcal{L}(D)\right) - \dim\left(\mathcal{K}(D)/\mathcal{K}(D')\right).$$

Wenn die behauptete Ungleichung also falsch ist, so muss nach dem 3. Schritt

$$\dim\left(\mathcal{L}(D')/\mathcal{L}(D)\right) = \dim\left(\mathcal{K}(D)/\mathcal{K}(D')\right) = 1$$

gelten. Es existieren daher Elemente

$$\begin{aligned} f &\in \mathcal{L}(D'), & f &\notin \mathcal{L}(D), \\ \omega &\in \mathcal{K}(D), & \omega &\notin \mathcal{K}(D'). \end{aligned}$$

Man überlegt sich nun leicht:

a) $f \cdot \omega$ ist außerhalb a holomorph.
b) $f \cdot \omega$ hat in a einen Pol erster Ordnung.
Das ist aber nicht mit dem Residuensatz (Summe der Residuen von $f \cdot \omega$ ist 0) verträglich.

Durch Induktion zeigt man nun allgemein:

$$D' \geq D \implies \delta(D') \leq \delta(D).$$

Zu einem beliebigen Divisor D findet man Divisoren

$$D_1 > 0, \quad D_2 < 0$$

mit der Eigenschaft

$$D_2 \leq D \leq D_1.$$

Es folgt $0 = \delta(D_2) \geq \delta(D) \geq \delta(D_1)$. Für den Beweis des Riemann-Roch'schen Satzes genügt es also

$$\delta(D_1) \geq 0 \quad \text{für} \quad D_1 > 0$$

zu zeigen.

Fünfter und letzter Schritt. Wir müssen

$$\dim \mathcal{L}(D) - \dim \mathcal{K}(D) \geq \text{Grad}(D) - p + 1 \text{ für } D > 0$$

zeigen. Zum Beweis konstruiert man einen geschickten Vektorraum $\mathcal{I}(D)$ meromorpher Differentiale, in welchem sowohl $\mathcal{L}(D)$ als auch $\mathcal{K}(D)$ „verankert" ist.

Definition. Der Vektorraum $\mathcal{I}(D)$ besteht aus allen meromorphen Differentialen ω mit folgenden beiden Eigenschaften:

a) Sei $a \in X$, $D(a) > 0$. Die Polordnung von ω in a ist höchstens $D(a) + 1$.
b) Alle Residuen von ω verschwinden.

Aus dem Existenzsatz für meromorphe Differentiale und aus der Bestimmung der überall holomorphen Differentiale folgt unmittelbar

$$\dim \mathcal{I}(D) = \text{Grad}(D) + p.$$

Jedem Element $f \in \mathcal{L}(D)$ ist ein Element aus $\mathcal{I}(D)$ zugeordnet, nämlich df. Die Abbildung

$$\mathcal{L}(D) \longrightarrow \mathcal{I}(D), \quad f \longmapsto df,$$

ist $\mathbb{C}$-linear, ihr Kern besteht aus den konstanten Funktionen. Wir wollen das Bild von $\mathcal{L}(D)$ als Kern einer geeigneten Abbildung konstruieren. Dazu müssen wir annehmen, dass keiner der Punkte der Punkte a, $D(a) > 0$, auf einer der Kurven $\alpha_1, \ldots, \alpha_p$, $\beta_1, \ldots, \beta_p$ liegt. Dies ist bei geeigneter Realisierung des $4p$-Ecks möglich. Dann können wir die Abbildung

$$\mathcal{I}(D) \longrightarrow \mathbb{C}^{2p}, \quad \omega \longmapsto (A_1, \ldots, A_p, B_1, \ldots, B_p),$$

mit

$$A_j := \int_{\alpha_j} \omega; \quad B_j := \int_{\beta_j} \omega \qquad (1 \leq j \leq p)$$

betrachten. Der Kern dieser Abbildung besteht aus residuenlosen meromorphen Differentialen ω mit verschwindenden $A_1, \ldots, B_p$. Nach der Homotopieversion des CAUCHY'schen Integralsatzes 7.3 verschwindet dann das Integral längs jeder geschlossenen Kurve. Daher hat ω eine meromorphe Stammfunktion f. Diese liegt offenbar in $\mathcal{L}(D)$:

Der Kern der obigen linearen Abbildung ist gerade das Bild von $\mathcal{L}(D)$.

Wer damit vertraut ist, schreibt dies als exakte Sequenz

$$0 \longrightarrow \mathbb{C} \longrightarrow \mathcal{L}(D) \longrightarrow \mathcal{I}(D) \longrightarrow \mathbb{C}^{2p}.$$

Als entscheidendes Hilfsmittel kommt nun die *Periodenrelationen* 8.4 in der Version 8.6 ins Spiel. Aus ihnen folgt:

Sei $\omega' \in \mathcal{K}(D)$ ein Differential mit den Perioden

$$A'_j = \int\limits_{\alpha_j} \omega; \quad B'_j = \int\limits_{\beta_j} \omega.$$

Dann gilt für alle $\omega \in \mathcal{I}(D)$

$$A_1 A'_1 + \ldots + A_p A'_p + B_1 B'_1 + \ldots + B_p B'_p = 0.$$

Wir haben also jedem Element $\omega' \in \mathcal{K}(D)$ eine lineare Gleichung zugeordnet, welche für das Bild der Periodenabbildung

$$\mathcal{I}(D) \longrightarrow \mathbb{C}^{2p}$$

gültig ist. Ist $\omega'_1, \ldots, \omega'_d$ eine Basis von $\mathcal{K}(D)$, so erhält man d solcher Gleichungen. Die Matrix dieses Gleichungssystems ist die Periodenmatrix

$$\begin{pmatrix} A_1^{(1)'} & \ldots & A_p^{(1)'} & B_1^{(1)'} & \ldots & B_p^{(1)'} \\ \vdots & & & & & \vdots \\ A_1^{(d)'} & \ldots & A_p^{(d)'} & B_1^{(d)'} & \ldots & B_p^{(d)'} \end{pmatrix}$$

Diese hat den Rang d (8.1). Es folgt, dass die Dimension des Bildes von $\mathcal{I}(D)$ bei der Periodenabbildung höchstens $2p - \dim \mathcal{K}(D)$ ist. Aus der Gleichung

$$\dim \mathcal{I}(D) = \dim \text{Kern} + \dim \text{Bild}$$

folgt

$$\text{Grad}(D) + p \leq \dim \mathcal{L}(D) - 1 + 2p - \dim \mathcal{K}(D).$$

Das ist genau die behauptete Ungleichung $\delta(D) \geq 0$. Damit ist der RIEMANN-ROCH'sche Satz vollständig bewiesen. $\square$

Übungsaufgaben zu IV.9

1. Man betrachte für ein Element $f \in \mathcal{L}(D)$ die LAURENT-Entwicklungen in den Punkten a mit $D(a) > 0$ bezüglich irgendwie gewählter Karten. Da f durch endlich viele LAURENTkoeffizienten festgelegt ist, erhält man so einen einfachen Beweis für die Endlichdimensionalität von $\mathcal{L}(D)$.

2. Man beweise den RIEMANN-ROCH'schen Satz direkt für die Zahlkugel.

3. Man beweise den RIEMANN-ROCH'schen Satz für einen Torus $X = \mathbb{C}/L$ mit Hilfe des abelschen Theorems für elliptische Funktionen.

10. Weitere Periodenrelationen

Wir wenden die Formel 8.3 für das konjugiert komplexe Differential $\omega' = \bar{\omega}$ an. Dieses ist in lokalen Koordinaten durch

$$\overline{h(z)dz} := \overline{h(z)}\,\overline{dz} \text{ mit } \overline{dz} = dx - idy$$

definiert. Aus der Definition des Kurvenintegrals längs einer Kurve α folgt unmittelbar die Formel

$$\int_\alpha \bar{\omega}' = \overline{\int_\alpha \omega'}.$$

In lokalen Koordinaten berechnet sich $\omega \wedge \bar{\omega}$ als

$$-2i|h(z)|^2 dx\, dy.$$

Aus 8.3 folgt:

10.1 Satz. *Sei ω ein holomorphes Differential auf X. Dann gilt*

$$\operatorname{Im} \sum_{i=1}^p \int_{\alpha_i} \omega \overline{\int_{\beta_i} \omega} \geq 0.$$

Das Gleichheitszeichen gilt nur, falls $\omega = 0$.

Als wichtige Folgerung der Ungleichung 10.1 erhalten wir eine Variante des Existenz- und Eindeutigkeitssatzes für holomorphe Differentiale.

10.2 Theorem. *Die Abbildung*

$$\Omega(X) \longrightarrow \mathbb{C}^p, \quad \omega \longmapsto \left(\int_{\alpha_1} \omega, \dots, \int_{\alpha_p} \omega \right),$$

ist ein Isomorphismus.

(Entsprechendes gilt, wenn man die α-Perioden durch die β-Perioden ersetzt.)

Also: Ein holomorphes Differential ist bestimmt durch

1) die Realteile aller $2p$ Perioden, oder
2) die p α-Perioden, oder
3) die p β-Perioden.

10.3 Satz und Definition. *Zu dem vorgelegten Rückkehrschnittsystem existiert eine eindeutig bestimmte Basis*

$$\omega_1, \ldots, \omega_p$$

von $\Omega(X)$ mit der Eigenschaft

$$\int\limits_{\alpha_i} \omega_j = \delta_{ij} = \begin{cases} 1, & \text{falls } i = j, \\ 0, & \text{falls } i \neq j. \end{cases}$$

Man nennt $\omega_1, \ldots, \omega_p$ die zu dem Rückkehrschnittsystem gehörige **kanonische Basis**.

Eine einfache Umschreibung der Periodenrelationen 8.4, 10.1 ergibt

10.4 Satz. *Sei $\omega_1, \ldots, \omega_p$ die kanonische Basis (in Bezug auf das vorgelegte Rückkehrschnittsystem). Wir betrachten die „Periodenmatrix"*

$$Z = (z_{ij})_{1 \leq i,j \leq p}, \quad z_{ij} := \int\limits_{\beta_i} \omega_j.$$

Dann gilt:

1) *Die Matrix Z ist symmetrisch: $Z = Z^t$.*
2) *Der Imaginärteil $Y := \operatorname{Im} Z$ ist positiv definit.*

Eine symmetrische Matrix Y heißt bekanntlich positiv definit, falls folgende beiden äquivalenten Bedingungen erfüllt sind:

1) Für jedes von 0 verschiedene n-Tupel reeller Zahlen $a_1, \ldots a_n$ gilt

$$\sum_{i=1}^{n} y_{ij} a_i a_j > 0.$$

2) Für jedes von 0 verschiedene n-Tupel komplexer Zahlen $a_1, \ldots a_n$ gilt

$$\sum_{i=1}^{n} y_{ij} \bar{a}_i a_j > 0.$$

Nun wollen wir untersuchen, wie sich die Matrix Z ändert, wenn man das Rückkehrschnittsystem verändert. Sei also eine zweite Realisierung gegeben. Wir bezeichnen die entsprechenden Kurven auf X mit

$$\tilde{\alpha}_1, \ldots, \tilde{\alpha}_p, \tilde{\beta}_1, \ldots, \tilde{\beta}_p,$$

die kanonische Basis hierzu mit

$$\tilde{\omega}_1, \ldots, \tilde{\omega}_p$$

und die Periodenmatrix entsprechend mit

$$\tilde{Z} = \left(\int_{\tilde{\beta}_i} \tilde{\omega}_j \right)_{1 \leq i,j \leq p}.$$

10.5 Definition. *Eine $2p \times 2p$-Matrix M heißt **symplektisch**, falls sie der Relation*

$$M^t I M = I \quad mit\ I = \begin{pmatrix} 0 & E \\ -E & 0 \end{pmatrix}$$

genügt. Dabei sei E die Einheitsmatrix und 0 die Nullmatrix.

Im Prinzip können die Koeffizienten symplektischer Matrizen Elemente eines beliebigen kommutativen Ringes mit Einselement sein. Für uns sind in erster Linie ganze Koeffizienten von Interesse.

10.6 Bemerkung. *Die Menge aller ganzen symplektischen Matrizen bildet eine Gruppe $\mathrm{Sp}(p, \mathbb{Z})$. Man nennt sie die **symplektische Modulgruppe**. Im Falle $p = 1$ stimmt sie mit der Gruppe $\mathrm{SL}(2, \mathbb{Z})$ überein,*

$$\mathrm{Sp}(1, \mathbb{Z}) = \mathrm{SL}(2, \mathbb{Z}).$$

Die Schnittpaarung

Als eine weitere Anwendung der Periodenrelationen 10.1 konstruieren wir die Schnittpaarung. Dazu zeichnen wir einen Punkt q auf der RIEMANN'schen Fläche aus. Wir betrachten dann die Fundamentalgruppe $\pi(X, q)$ zu diesem Basispunkt.

Ist ω ein Integral erster Gattung, so hängt das Integral

$$\mathrm{Re} \int_\alpha \omega$$

nur von der Homotopieklasse von α ab und definiert einen Homomorphismus von $\pi(X, q)$ in die additive Gruppe der reellen Zahlen. Somit kann jedem Differential ω ein Element von

$$H^1(X, \mathbb{R}) := \mathrm{Hom}(\pi(X, q), \mathbb{R})$$

zugeordnet werden.

10.7 Satz. *Die natürliche Abbildung*

$$\Omega(X) \longrightarrow H^1(X, \mathbb{R})$$

ist ein Isomorphismus.

Dieser Satz ist eine Reformulierung der bewiesenen Tatsache, dass ein Differential erster Gattung durch die Realteile seiner Perioden eindeutig bestimmt ist und dass man diese Realteile vorgeben kann.   □

Es folgt insbesondere, dass $H^1(X, \mathbb{R})$ ein reeller Vektorraum der Dimension $2p$ ist. Ein Element aus $H^1(X, \mathbb{R})$ ist durch seine Werte auf den Kurven $\alpha_1, \ldots, \alpha_p; \beta_1, \ldots, \beta_p$ eines Rückkehrschnittsystem (zu einer stückweise glatten Realisierung) bestimmt. Diese Werte können willkürlich vorgegeben werden. Wir können also in $H^1(X, \mathbb{R})$ das *duale System*

$$\alpha_1^*, \ldots, \alpha_p^*; \ \beta_1^*, \ldots, \beta_p^*$$

betrachten: Das bedeutet, dass α_i^* auf α_i den Wert 1 annimmt und auf allen anderen $2p - 1$ Elementen den Wert 0 (analog β_i).

Wir nutzen den Isomorphismus 10.7 dazu aus, um die sogenannte „Schnittpaarung" auf $H^1(X, \mathbb{R})$ zu definieren: Wir definieren sie zunächst auf $\Omega(X)$ durch

$$\langle \omega, \omega' \rangle = \operatorname{Re} \int_X \omega \wedge \bar{\omega}',$$

wobei $\omega \wedge \bar{\omega}'$ das alternierende Produkt bezeichne.

Wir übertragen die konstruierte Paarung von $\Omega(X)$ auf $H^1(X, \mathbb{R})$ mittels des Isomorphismus 10.7.

10.8 Satz (FROBENIUS). *Sei*

$$\alpha_1, \ldots, \alpha_p; \ \beta_1, \ldots, \beta_p$$

das zu einer stückweise glatten Realisierung von X als $4p$-Eck mit Standardverheftung gehörige Rückkehrschnittsystem. Es gilt

$$\langle \alpha_i^*, \beta_i^* \rangle = -\langle \beta_i^*, \alpha_i^* \rangle = 1 \quad (1 \le i \le p).$$

Alle anderen Schnittprodukte sind 0.

Beweis. Man hat in $H^1(X, \mathbb{R})$ zwei $\mathbb{R}$-Basen, nämlich $\alpha_1^*, \ldots \alpha_p^*, \beta_1^* \ldots \beta_p^*$ sowie die Bilder der $\omega_1, \ldots, \omega_p, \mathrm{i}\omega_1, \ldots, \mathrm{i}\omega_p$. Die Übergangsmatrix berechnet sich aus den Relationen 8.3 zu

$$\begin{pmatrix} E & 0 \\ X & Y \end{pmatrix} \qquad (Z = X + \mathrm{i}Y).$$

Die Matrix der Skalarprodukte der zweiten Basis ist (ebenfalls wegen 8.3) gleich

$$\begin{pmatrix} 0 & Y \\ -Y & 0 \end{pmatrix}.$$

Die Umrechnung auf die erste Basis ergibt 10.8.   □

Der Satz von FROBENIUS liefert eine fundamentale Eigenschaft für die Übergangsmatrix von einem Rückkehrschnittsystem zu einem anderen. Sei also eine weitere stückweise glatte Realisierung durch ein $4p$-Eck mit Standardverheftung gegeben und sei

$$\alpha_1'^*, \ldots, \alpha_p'^*; \ \beta_1'^*, \ldots, \beta_p'^*$$

die zum Rückkehrschnittsystem gehörige duale Basis von $H^1(X, \mathbb{R})$. Der Übergang wird durch eine ganze $2p \times 2p$ Matrix M vermittelt. Setzt man

$$\alpha_{n+i} = \beta_i, \ \alpha_{n+i}'^* = \beta_i'^* \quad (1 \leq i \leq p),$$

so gilt also

$$\alpha_i'^* = \sum_{j=1}^{2p} m_{ij} \alpha_j^*.$$

Mit Hilfe des Satzes von FROBENIUS beweist man unmittelbar:

Die Übergangsmatrix $M = (m_{ij})$ ist symplektisch.

Den beiden Rückkehrschnittsystemen sind kanonische Basen

$$\omega_1, \ldots, \omega_p; \ \omega_1', \ldots, \omega_p'$$

zugeordnet. Die Übergangsmatrix bezeichnen wir mit A,

$$\omega_i' = \sum_{j=1}^{p} a_{ij} \omega_j \quad (1 \leq i \leq p).$$

Wir erhalten nach einer einfachen Rechnung:

10.9 Satz. *Es existieren*

a) *eine Matrix $A \in \mathrm{GL}(n, \mathbb{C})$,*
b) *eine symplektische Modulmatrix $M \in \mathrm{Sp}(2n, \mathbb{Z})$,*
so dass gilt:

$$A \cdot (E, Z) \cdot M = (E, \tilde{Z}).$$

Wir haben im Zusammenhang mit der Theorie der elliptischen Modulgruppe gesehen ([FB], Kapitel V), dass 10.9 im Fall $p = 1$ damit äquivalent ist, dass eine Modulsubstitution

$$M \in \mathrm{SL}(2, \mathbb{Z})$$

existiert, welche Z in $\tilde{Z}$ überführt. Im Fall $p > 1$ werden wir sehen, dass eine Verallgemeinerung der elliptischen Modulgruppe (die Modulgruppe p-ten Grades) existiert, welche dasselbe leistet. Wir werden uns vorerst damit begnügen, die zugehörige Äquivalenzrelation zu definieren.

10.10 Definition. *Sei*

$$\mathbb{H}_p := \left\{ Z \in \mathbb{C}^{(p,p)}; \quad Z = Z^t, \ Y > 0 \right\}$$

die Menge der symmetrischen komplexen $p \times p$-Matrizen mit positiv definitem Imaginärteil. Zwei Punkte $Z, \tilde{Z} \in \mathbb{H}_p$ heißen äquivalent, wenn es Matrizen $A \in \mathrm{GL}(n, \mathbb{C})$, $M \in \mathrm{Sp}(n, \mathbb{Z})$ gibt mit der Eigenschaft

$$A \cdot (E, Z) \cdot M = (E, \tilde{Z}).$$

Dies ist offensichtlich eine Äquivalenzrelation (Aufgabe 1).
Bezeichnung. Sei

$$\mathcal{A}_p = \mathbb{H}_p / \sim$$

die Menge der Äquivalenzklassen modulo dieser Äquivalenzrelation.
Im Fall $p = 1$ ist $\mathbb{H}_p$ die gewöhnliche obere Halbebene und

$$\mathcal{A}_1 = \mathbb{H}_1 / \mathrm{SL}(2, \mathbb{Z})$$

der Quotient nach der elliptischen Modulgruppe.

Wir haben somit jeder kompakten RIEMANN'schen Fläche X einen wohldefinierten Punkt

$$\tau(X) \in \mathcal{A}_p$$

zugeordnet. Biholomorph äquivalente Flächen führen zum selben Punkt.
Bezeichnung. Sei $\mathcal{M}_p$ die Menge der Klassen biholomorph äquivalenter kompakter RIEMANN'scher Flächen vom Geschlecht p.

10.11 Bemerkung. *Die Zuordnung $X \mapsto \tau(X)$ induziert eine Abbildung —die sogenannte Periodenabbildung—*

$$\tau : \mathcal{M}_p \longrightarrow \mathcal{A}_p.$$

Ein tiefliegender Satz (von TORELLI) besagt, dass die Periodenabbildung τ injektiv ist. Wir werden diesen Satz in diesem Buch im Fall $p > 1$ nicht beweisen. Der Fall $p = 0$ ist relativ einfach. Nach dem RIEMANN'schen Abbildungssatz ist jede RIEMANN'sche Fläche vom Geschlecht 0 zur Zahlkugel biholomorph äquivalent, $\mathcal{M}_0$ besteht also aus einem Element. Der Fall $p = 1$ ist bereits schwieriger. Spezielle Flächen vom Geschlecht 1 sind die komplexen Tori $\mathbb{C}/L$. Wir wissen aus der Theorie der elliptischen Funktionen, dass die Teilmenge $\mathcal{M}_1' \subset \mathcal{M}_1$ aller durch Tori repräsentierten Isomorphieklassen bijektiv auf

$$\mathcal{A}_1 = \mathbb{H} / \mathrm{SL}(2, \mathbb{Z})$$

abgebildet wird. Der Satz von TORELLI ist daher im Fall $p = 1$ äquivalent mit:

Jede Riemann'sche Fläche vom Geschlecht 1 ist zu einem komplexen Torus biholomorph äquivalent.

Diesen Satz werden wir später als Anwendung des abelschen Theorems beweisen. (Es gibt auch einen anderen Beweis, welcher auf dem Uniformisierungssatz beruht.) Im Fall $p = 1$ ist die Periodenabbildung also nicht nur injektiv, sondern auch bijektiv. Das ist für $p > 1$ anders; es lässt sich nämlich zeigen, dass $\mathcal{A}_p$ ein komplexer Raum der Dimension

$$\dim_{\mathbb{C}} \mathcal{A}_p = \frac{p(p + 1)}{2} \qquad (= \text{Anzahl der „Variablen" in } \mathbb{H}_p)$$

ist und dass $\mathcal{M}_p$ ein komplexer Unterraum der Dimension $\dim_{\mathbb{C}} \mathcal{M}_p = 3p - 3$ ist. Für $p > 2$ ist insbesondere $\mathcal{M}_p$ dünn in $\mathcal{A}_p$.

Das sogenannte SCHOTTKYproblem verlangt, die Punkte aus $\mathcal{M}_p$ durch *Gleichungen und Ungleichungen* in $\mathcal{A}_p$ zu kennzeichnen. Dieses tiefe Problem ist immer noch nicht vollständig gelöst.

Noch ein wesentlicher Unterschied zum Fall $p = 1$ besteht für $p > 1$. Sei $P = P^{(p,2p)}$ eine $p \times 2p$-Matrix mit reell unabhängigen Spalten. Man kann sich fragen, ob Matrizen $A \in \mathrm{GL}(n, \mathbb{C})$, $U \in \mathrm{Sp}(n, \mathbb{Z})$ mit der Eigenschaft

$$A \cdot P \cdot U = (E, Z); \quad Z \in \mathbb{H}_p,$$

existieren. Für $p = 1$ ist dies immer der Fall. Eine Dimensionsbetrachtung zeigt, dass es im Fall $p > 1$ kein Analogon gibt. Dies wird in dem Kapitel VII über abelsche Funktionen noch genau erläutert. Die Zahl unabhängiger komplexer Parameter von P modulo A und M ist $p \cdot 2p - p^2 = p^2$, die Zahl der komplexen Parameter von $\mathbb{H}_p$ ist hingegen nur $\frac{p(p+1)}{2}$; für $p > 1$ sind die Anzahlen also verschieden.

Übungsaufgaben zu IV.10

1. Man verifiziere, dass in 10.10 eine Äquivalenzrelation definiert wurde und zeige, dass sie im Falle $p = 1$ auf die übliche Äquialenzrelation modulo $\mathrm{SL}(2, \mathbb{Z})$ hinausläuft.

2. Auf einem Torus $X = \mathbb{C}/L$ hat man nach Wahl einer Gitterbasis ω_1, ω_2 ein ausgezeichnetes Rückkehrschnittsystem. Man bestimme hierzu die kanonische Basis von $\Omega(X)$.

11. Das abelsche Theorem

Der RIEMANN-ROCH'sche Satz gibt keine Auskunft darüber, wann ein Divisor vom Grad 0 ein Hauptdivisor ist. Eine Ausnahme bildet der Fall eines Torus $\mathbb{C}/L$. Da die kanonische Klasse trivial ist, gilt

$$\dim \mathcal{L}(D) > 0 \quad \text{für} \quad \operatorname{Grad} D > 0.$$

Aus dieser Tatsache kann man leicht den schweren Teil des abelschen Theorems für elliptische Funktionen folgern und umgekehrt folgt der RIEMANN-ROCH'sche Satz leicht aus dem abelschen Theorem, wie wir bereits bemerkt haben.

Auf einer beliebigen RIEMANN'schen Fläche vom Geschlecht $p > 0$ ist es schwieriger, zu einem Analogon des abelschen Theorems zu kommen.

Die Jacobi'sche Varietät

In diesem Abschnitt verwenden wir den Begriff „Periode" in leicht modifizierter Form. Sei $\omega_1, \dots, \omega_p$ eine Basis des Vektorraums $\Omega(X)$ der überall holomorphen Differentiale. Sei α eine geschlossene Kurve auf X. Das p-Tupel

$$(A_1, \dots, A_p) \text{ mit } A_j := \int\limits_{\alpha} \omega_j \quad (1 \le j \le p)$$

nennt man eine *Periode* von X bezüglich der vorgelegten Basis.

11.1 Definition.   *Eine Teilmenge L eines endlich dimensionalen reellen Vektorraums V heißt ein **Gitter**, falls es eine Basis $e_1, \dots, e_n$ gibt, so dass*

$$L = \mathbb{Z}e_1 + \dots + \mathbb{Z}e_n$$

gilt.

Unter einem Gitter eines endlich dimensionalen komplexen Vektorraums versteht man ein Gitter des unterliegenden reellen Vektorraums.

11.2 Bemerkung.   *Die Menge L aller Perioden*

$$L = L(\omega_1, \dots, \omega_p) \subset \mathbb{C}^p$$

bildet ein Gitter.

Beweis. Lässt man für α alle Kurven des Rückkehrschnittsystems durchlaufen, so erhält man $2p$ über $\mathbb{R}$ linear unabhängige Perioden. Aus diesen lassen sich alle Perioden ganzzahlig kombinieren. $\qquad\square$

Wir betrachten den $2p$-dimensionalen Torus

$$\mathrm{Jac}(X) := \mathbb{C}^p/L$$

und nennen $\mathrm{Jac}(X)$ die *Jacobi'sche Varietät* von X. Die Jacobi'sche Varietät hängt von der Wahl der Basis nicht wesentlich ab. Ist $\omega_1', \ldots, \omega_p'$ eine zweite Basis und L' das assoziierte Gitter, so gilt für die Übergangsmatrix $A \in \mathrm{GL}(p, \mathbb{C})$ der beiden Basen

$$A(L) = L'.$$

Der Vektorraumisomorphismus $A : \mathbb{C}^p \longrightarrow \mathbb{C}^p$ induziert dann eine Bijektion der Tori

$$A : \mathbb{C}^p/L \longrightarrow \mathbb{C}^p/L'.$$

Man kann die Jacobi'sche Varietät auch basisinvariant beschreiben. Sei

$$\Omega(X)^* := \mathrm{Hom}_{\mathbb{C}}(\Omega(X), \mathbb{C})$$

der Dualraum von $\Omega(X)$. Jeder geschlossenen Kurve α in X ordnet man ein Element des Dualraums, nämlich die Linearform

$$\omega \longmapsto \int_\alpha \omega,$$

zu. Die Menge dieser Linearformen ist ein Gitter $L \subset \Omega(X)^*$ und die Jacobi'sche Varietät ist

$$\mathrm{Jac}(X) = \Omega(X)^*/L.$$

Wir zeichnen nun einen Punkt $q \in X$ aus und definieren eine Abbildung

$$\lambda = \lambda_q : X \longrightarrow \mathrm{Jac}(X).$$

Und zwar ordnen wir zunächst einem Punkt $a \in X$ das Tupel

$$\left(\int_q^a \omega_1, \ldots, \int_q^a \omega_p \right)$$

zu, wobei eine feste Verbindungskurve von q zu a gewählt worden sei. Ein solches Tupel ist durch die Wahl des Verbindungswegs bis auf eine Periode aus L eindeutig bestimmt. Die Restklasse in $\mathrm{Jac}(X)$ ist also wohldefiniert. Man nennt λ auch die *Periodenabbildung*.

Wir machen nun von der Tatsache Gebrauch, dass der Torus $\mathbb{C}^p/L$ wie im Fall $p = 1$ eine Struktur als abelsche Gruppe besitzt. Diese ist so definiert, dass die natürliche Projektion

$$\mathbb{C}^p \longrightarrow \mathbb{C}^p/L$$

ein Homomorphismus ist. Diese Tatsache gibt uns die Möglichkeit, die Abbildung λ zu einer Abbildung

$$\Lambda : \mathcal{D}(X) \longrightarrow \mathrm{Jac}(X)$$

auf der Menge *aller Divisoren* auszudehnen indem wir definieren

$$\Lambda(D) = \sum_{a \in X} D(a)\lambda(a) \qquad \text{(endliche Summe)}.$$

Das Diagramm

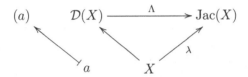

ist kommutativ. Die Abbildung Λ ist so konstruiert, dass sie ein Gruppenhomomorphismus ist.

11.3 Bemerkung. *Sei $\mathcal{D}^{(0)}(X)$ die Menge der Divisoren vom Grad 0. Die Einschränkung von Λ auf $\mathcal{D}^{(0)}(X)$*

$$\Lambda : \mathcal{D}^{(0)}(X) \longrightarrow \mathrm{Jac}(X)$$

hängt nicht von der Wahl des Basispunktes q ab.

Das berühmte abelsche Theorem besagt:

11.4 Theorem. *Ein Divisor $D \in \mathcal{D}(X)$ ist genau dann der Divisor einer meromorphen Funktion, falls folgende beiden Bedingungen erfüllt sind:*
1) *Grad $D = 0$, d.h. $D \in \mathcal{D}^{(0)}(X)$.*
2) *$\Lambda(D) = 0$ (in $\mathrm{Jac}(X)$).*

Dieses Theorem kann ohne die Theorie der RIEMANN'schen Flächen als Satz über Integrale algebraischer Funktionen ausgesprochen werden. In dieser Form wurde die Notwendigkeit der Bedingung 2) von N.H. ABEL 1828 bewiesen. Die Umkehrung wurde erstmalig von A. CLEBSCH 1865 bewiesen.

Vor dem Beweis geben wir einige Folgerungen an.

1. Folgerung. *Die Abbildung*

$$\lambda : X \longrightarrow \mathrm{Jac}(X)$$

ist im Falle $p \geq 1$ injektiv.

Beweis der ersten Folgerung. Seien $a, b \in X$ mit

$$a \neq b, \quad \lambda(a) = \lambda(b).$$

Nach dem abelschen Theorem existiert eine meromorphe Funktion f mit

$$(f) = (a) - (b).$$

Dies wäre eine Funktion der Ordnung 1; sie würde X auf die Zahlkugel biholomorph abbilden.   □

2. Folgerung. *Sei $p = 1$. Die Abbildung*

$$\lambda : X \longrightarrow \mathrm{Jac}(X) = \mathbb{C}/L$$

ist eine biholomorphe Abbildung Riemann'scher Flächen. Insbesondere ist jede Riemann'scher Fläche vom Geschlecht 1 biholomorph äquivalent zu einem Torus.

Das abelsche Theorem für elliptische Funktionen folgt insbesondere aus dem allgemeineren Theorem 11.4. Zum Beweis der zweiten Folgerung muss man sich nur klarmachen, dass die Abbildung λ holomorph ist. Sie ist injektiv und auch surjektiv, da $\lambda(X)$ offen und kompakt in $\mathbb{C}/L$ ist. Daher ist λ bijektiv und somit biholomorph.

Der Beweis des abelschen Theorems

Dieser beruht auf einer gewissen Periodenrelation für die sogenannten normierten abelschen Differentiale dritter Gattung*), welche wir zunächst ableiten wollen:

Sei

$$\pi : \mathcal{X}(p) \longrightarrow X$$

eine (stückweise glatte) Realisierung von X als $4p$-Eck und

$$\alpha_1, \ldots, \alpha_p, \ \beta_1, \ldots, \beta_p$$

---

*) Man unterteilt die meromorphen Differentiale in solche
erster Gattung (überall holomorphe),
zweiter Gattung (alle Pole haben Residuum Null),
dritter Gattung (alle Pole sind von erster Ordnung und haben damit ein von Null verschiedenes Residuum).

das korrespondierende Rückkehrschnittsystem. Seien a, b zwei verschiedene Punkte auf X. Unter einem abelschen Differential dritter Gattung zu diesen beiden Punkten versteht man ein Differential $\omega = \omega_{ab}$ mit folgenden Eigenschaften:

1) ω ist holomorph außerhalb $\{a, b\}$.
2) ω hat Pole erster Ordnung in a und b.
3) $\operatorname{Res}_a \omega = -\operatorname{Res}_b \omega = 1$.

Wir wissen, dass ein solches Differential existiert. Natürlich ist ω nur bis auf ein überall holomorphes Differential eindeutig bestimmt. Wenn die beiden Punkte nicht auf dem Rückkehrschnittsystem liegen, kann man ω derart „normieren", dass

$$\int_{\alpha_k} \omega = 0 \qquad \text{für } k = 1, \ldots, p$$

gilt. ω ist nach dieser Normalisierung eindeutig bestimmt und heißt das (in Bezug auf das vorgelegte Rückkehrschnittsystem) *normierte abelsche Differential dritter Gattung*. Dieses normierte Differential genügt einer wichtigen *Periodenrelation*.

11.5 Hilfssatz. *Sei*

$$\pi : \mathcal{X}(p) \longrightarrow X$$

eine stückweise glatte Realisierung von X als 4p-Eck und $\alpha_1, \ldots, \alpha_p$, $\beta_1, \ldots, \beta_p$ das zugehörige Rückkehrschnittsystem, sowie $\omega_1, \ldots, \omega_p$ die zugehörige kanonische Basis von $\Omega(X)$. Seien a, b zwei Punkte, welche nicht auf dem Rückkehrschnittsystem liegen und sei ω_{ab} das normierte abelsche Differential dritter Gattung. Dann gilt:

$$\int_{\beta_k} \omega_{ab} = 2\pi\mathrm{i} \int_b^a \omega_k \qquad (1 \le k \le p),$$

wobei auf der rechten Seite längs irgendeines Weges von b nach a integriert wird, der das Rückkehrschnittsystem nicht trifft.

Anmerkung. Das Integral hängt nicht von der Wahl der Kurve ab, da das Komplement X_0 des Rückkehrschnittsystems einfach zusammenhängend ist.

Beweis. Im Komplement des Rückkehrschnittsystems besitzt ω_k eine (holomorphe) Stammfunktion

$$f_k : X_0 \longrightarrow \mathbb{C}, \quad \omega_k = df_k.$$

Wir bezeichnen die entsprechende Funktion im Inneren des 4p-Ecks ebenfalls mit

$$f_k : \mathcal{X}(p)^0 \longrightarrow \mathbb{C}$$

und entsprechend das zurückgezogene Differential von ω_{ab}. Wir wissen, dass f_k auf ganz $\mathcal{X}(p)$ stetig fortsetzbar ist. Aus dem Sprungverhalten von f_k folgt

$$\oint_{\partial\mathcal{X}(p)} f_k\omega_{ab} = \int_{\beta_k} \omega_{ab}.$$

Wir wollen das Integral auf der linken Seite mit Hilfe des Residuensatzes auswerten und dazu lieber auf der Riemannschen Fläche X argumentieren. Dazu schrumpfen wir das $4p$-Eck um einen Faktor $0 < r < 1$, welcher beliebig nahe bei 1 liegt, Das verkleinerte $4p$-Eck sei $\mathcal{X}_r(p)$. Wir durchlaufen den Rand $\partial\mathcal{X}_r(p)$ in der üblichen Orientierung und bezeichnen die Bildkurve in X mit $\partial(r)$.

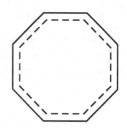

Ein einfaches Stetigkeitsargument zeigt

$$\oint_{\partial\mathcal{X}(p)} f_k\omega_{ab} = \lim_{r \to 1} \oint_{\partial(r)} f_k\omega_{ab}.$$

Die Kurve $\partial(r)$ verläuft im Komplement des Rückkehrschnittsystems. Zeichnet man um jeden der Punkte a und b eine kleine Kreislinie und verbindet sie durch eine Strecke, so erhält man ein in $X_0 - \{a,b\}$ eine zu $\partial(r)$ frei homotope Kurve α. Dies zeigt man am besten im $4p$-Eck.

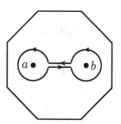

Nach der Homotopieversion des CAUCHY'schen Integralsatzes (für die RIEMANN'sche Fläche $X_0 - \{a,b\}$) gilt

$$\oint_{\partial(r)} f_k\omega_{ab} = \int_{\alpha} f_k\omega_{ab}.$$

Das Integral über α ist gleich der Summe über die beiden Residuen von

$$f_k\omega_{ab},$$

also gleich $f(a) - f(b)$. Da f_k eine Stammfunktion von ω_k ist, gilt

$$f(a) - f(b) = \int_a^b \omega_k,$$

womit der Hilfssatz bewiesen ist. $\square$

Neben 11.5 benötigen wir noch einen weiteren Hilfssatz, welcher die Ganzzahligkeit der Umlaufzahl (definiert über das Umlaufintegral) verallgemeinert:

11.6 Hilfssatz. *Sei* $f : X \to \mathbb{C}^{\cdot}$ *eine holomorphe Funktion ohne Nullstelle auf einer Riemann'schen Fläche* X. *Das Integral*

$$\frac{1}{2\pi i} \int_{\alpha} \frac{df}{f}$$

ist für jede geschlossene Kurve α *ganz rational.*

Beweis. Wenn f einen holomorphen Logarithmus F besitzt, so gilt

$$\frac{1}{2\pi i} \int_{\alpha} \frac{df}{f} = \frac{1}{2\pi i} \left(F(\alpha(1)) - F(\alpha(0)) \right)$$

für eine beliebige (nicht notwendig geschlossene) Kurve α.

Allgemein besitzt aber jeder Punkt von X eine offene Umgebung, innerhalb welcher f einen holomorphen Logarithmus besitzt. Hieraus schließt man mit der Konstruktion des „analytischen Gebildes":

Es existiert eine RIEMANN'schen Fläche X und eine holomorphe Abbildung

$$p : \tilde{X} \longrightarrow X,$$

so dass der "Pull-Back" $\tilde{f} = f \circ p$ einen holomorphen Logarithmus $\tilde{F}$ besitzt. Wir heben α zu einer Kurve $\tilde{\alpha}$ auf $\tilde{X}$ hoch und erhalten wegen der Transformationsinvarianz des Kurvenintegrals

$$\frac{1}{2\pi i} \int_{\alpha} \frac{df}{f} = \frac{1}{2\pi i} \int_{\tilde{\alpha}} \frac{d\tilde{f}}{\tilde{f}} = \frac{1}{2\pi i} \left(\tilde{F}(\tilde{\alpha}(1)) - \tilde{F}(\tilde{\alpha}(0)) \right).$$

Nun sind $\tilde{F}(\tilde{\alpha}(1))$ und $\tilde{F}(\tilde{\alpha}(0))$ beides Logarithmen von $f(\alpha(0)) = f(\alpha(1))$, sie unterscheiden sich daher nur um ein ganzzahliges Vielfaches von $2\pi i$. □

Nach diesen Vorbereitungen beweisen wir nun die eine Richtung des abelschen Theorems, nämlich dass die Bedingungen 1) und 2) *notwendig* sind. Von der Bedingung 1) wissen wir es bereits; es ist also noch zu zeigen:

Behauptung. *Ist* f *eine meromorphe Funktion, so gilt*

$$\Lambda((f)) = 0 \quad (in \ \mathrm{Jac}(X)).$$

Beweis. Wir wählen eine Realisierung von X als (stückweise glattes) $4p$-Eck

$$\mathcal{X}(p) \longrightarrow X.$$

Wir dürfen annehmen, dass keiner der Pole oder Nullstellen von f auf einer der Kurven $\alpha_1, \ldots, \alpha_p, \beta_1, \ldots, \beta_p$ liegt. (Obwohl wir es nie ausdrücklich als Satz formuliert haben, folgt aus der Konstruktion des $4p$-Ecks unmittelbar, dass man endlich vielen Punkten auf X ausweichen kann.)

Wir wählen außerdem einen Basispunkt q, in welchem f weder Pol noch Nullstelle hat und welcher ebenfalls nicht auf dem Rückkehrschnittsystem liegt. Wir schreiben den Divisor von f in der Form

$$(f) = (a_1) + \ldots + (a_n) - (b_1) - \ldots - (b_n),$$

wobei a_i die Nullstellen und b_i die Pole von f bezeichnen mögen. Dann betrachten wir das Differential

$$\frac{df}{f} - \sum_{k=1}^{n} (\omega_{a_k q} - \omega_{b_k q}).$$

Dabei bezeichne ω_{ab} allgemein das normierte abelsche Differential dritter Gattung. Das konstruierte Differential ist seiner Bildung nach überall holomorph. Es gilt also

$$\frac{df}{f} = \sum_{k=1}^{n} (\omega_{a_k q} - \omega_{b_k q}) + \sum_{k=1}^{n} c_k \omega_k$$

mit geeigneten Konstanten c_k. Dabei ist $(\omega_1, \ldots, \omega_p)$ die zum Rückkehrschnittsystem gehörige kanonische Basis von $\Omega(X)$. Wir berechnen nun das Bild des Hauptdivisors (f) in der JACOBI'schen Varietät $\mathrm{Jac}(X)$ und bilden dazu

$$\Lambda_j := \sum_{k=1}^{p} \left(\int_q^{a_k} \omega_j - \int_q^{b_k} \omega_j \right),$$

wobei der Verbindungsweg im Komplement des Rückkehrschnittsystems gewählt sei. Das Tupel

$$\Lambda := (\Lambda_1, \ldots, \Lambda_p) \in \mathbb{C}^p$$

ist dann ein wohldefinierter Repräsentant von $\Lambda((f)) \in \mathrm{Jac}(X)$. Aus den Periodenrelationen für die abelschen Differentiale dritter Gattung folgt nun

$$\Lambda_j = \frac{1}{2\pi\mathrm{i}} \int_{\beta_j} \frac{df}{f} - \frac{1}{2\pi\mathrm{i}} \sum_{k=1}^{p} c_k \int_{\beta_j} \omega_k.$$

Offenbar ist $\Lambda := (\Lambda_1, \ldots, \Lambda_p)$ ein Element des Periodengitters, falls folgende beiden Bedingungen erfüllt sind:

a)
$$\frac{1}{2\pi\mathrm{i}} \int_{\beta_j} \frac{df}{f} \in \mathbb{Z},$$

b) $\qquad\qquad\qquad\qquad\dfrac{1}{2\pi\mathrm{i}}c_k \in \mathbb{Z}.$

Beachtet man

$$\int\limits_{\alpha_k} \frac{df}{f} = c_k,$$

so folgen a) und b) aus 11.6.   □

Nun ist noch zu zeigen:

Behauptung. *Die Bedingungen 1) und 2) aus 11.4 sind hinreichend.*

Wir gehen aus von einem Divisor

$$D = (a_1) + \cdots + (a_n) - (b_1) - \cdots - (b_n).$$

Mit einem weiteren Basispunkt b_0, welcher von $a_0, \ldots, a_n, b_1, \ldots, b_n$ verschieden ist und ebenfalls nicht auf dem Rückkehrschnittsystem liegt, bilden wir das Differential

$$\omega := \sum_{k=1}^{n} (\omega_{a_k b_0} - \omega_{b_k b_0}) + \sum_{k=1}^{n} c_k \omega_k$$

mit noch zu bestimmenden Konstanten c_k. Danach betrachten wir die Funktion f mit

$$f(a) := \exp \int\limits_{b_0}^{a} \omega.$$

Wenn dieser Ausdruck nicht von der Wahl des Verbindungswegs von b_0 nach a abhängt, so ist f offenbar meromorph auf X mit dem Divisor $(f) = D$. Was wir also zu zeigen haben, ist:

Es sei $\Lambda(D) = 0$ in $\mathrm{Jac}(X)$. Dann kann man die Konstanten c_k so wählen, dass

$$\frac{1}{2\pi\mathrm{i}} \int\limits_{\alpha_k} \omega, \quad \frac{1}{2\pi\mathrm{i}} \int\limits_{\alpha_k} \omega, \qquad (1 \le k \le p),$$

ganzrational sind.

Es gilt

$$\int\limits_{\alpha_k} \omega = c_k \qquad (1 \le k \le p)$$

und aufgrund der Periodenrelation 11.5

$$\int\limits_{\beta_j} \omega = 2\pi\mathrm{i} \sum_{k=1}^{p} \left(\int\limits_{q}^{a_k} \omega_j - \int\limits_{q}^{b_k} \omega_j \right) + \sum_{k=1}^{p} c_k \int\limits_{\beta_j} \omega_k.$$

Nun benutzen wir die Voraussetzung

$$\Lambda(D) = 0 \text{ in } \mathrm{Jac}(X).$$

Sie bedeutet

$$\sum_{k=1}^{p} \left(\int_q^{a_k} \omega_j - \int_q^{b_k} \omega_j \right) = n_j + \sum_{k=1}^{p} m_k \int_{\beta_k} \omega_j$$

mit ganz rationalen n_j, m_k. Definiert man

$$c_k := -2\pi \mathrm{i} m_k,$$

so ist alles gezeigt und das abelsche Theorem bewiesen.   □

Übungsaufgaben zu IV.11

1. Wie verändert sich die Abbildung $\Lambda : \mathcal{D}(X) \to \mathrm{Jac}(X)$ bei Abänderung des Basispunktes?

12. Das Jacobi'sche Umkehrproblem

Sei $\mathrm{Pic}^{(0)}(X)$ die Gruppe der Divisorenklassen vom Grad 0. Aus dem abelschen Theorem folgt, dass die Abbildung

$$\Lambda : \mathcal{D}^{(0)} \longrightarrow \mathrm{Jac}(X)$$

eine injektive Abbildung

$$\mathrm{Pic}^{(0)}(X) \longrightarrow \mathrm{Jac}(X)$$

induziert. Es liegt die Frage nahe, ob diese Abbildung auch surjektiv ist. Sie wird im folgenden positiv beantwortet; die Abbildung

$$\mathrm{Pic}^{(0)}(X) \longrightarrow \mathrm{Jac}(X)$$

wird sich als *bijektiv* herausstellen. Man kann das dann so interpretieren, dass durch diese Bijektion $\mathrm{Pic}^{(0)}(X)$ eine Struktur als komplexer Torus erhält.

Wir werden noch mehr beweisen als nur die Bijektion zwischen $\mathrm{Pic}^{(0)}(X)$ und $\mathrm{Jac}(X)$. Dazu führen wir die *symmetrische Potenz* einer Menge X ein. Die n-te kartesische Potenz ist

$$X^n = X \times \ldots \times X \qquad (n\text{-mal}).$$

Auf X^n operiert die Gruppe S_n der Permutationen der Ziffern $1, \ldots, n$ durch

$$\sigma(x_1, \ldots, x_n) := (x_{\sigma^{-1}(1)}, \ldots, x_{\sigma^{-1}(n)}).$$

Identifiziert man zwei n-Tupel, wenn sie sich nur um eine solche Permutation unterscheiden, so erhält man die n-te symmetrische Potenz

$$X^{(n)} := X^n / S_n.$$

12.1 Bemerkung. *Die Zuordnung*

$$X^{(n)} \longrightarrow \mathcal{D}(X),$$
$$(a_1, \ldots, a_n) \longmapsto (a_1) + \cdots + (a_n),$$

definiert eine Bijektion der n-ten symmetrischen Potenz $X^{(n)}$ mit der Menge der Divisoren

$$D \geq 0, \quad \mathrm{Grad}\, D = n.$$

Sei nun X eine RIEMANN'sche Fläche mit einem Basispunkt q. Wir können dann die Abbildung

$$\Lambda = \Lambda_n : X^{(n)} \longrightarrow \mathrm{Jac}(X)$$

betrachten. Wir erinnern an die Definition

$$\Lambda_n(a_1, \ldots, a_n) = \left(\int\limits_q^{a_1} \omega_j + \ldots + \int\limits_q^{a_n} \omega_j \right)_{1 \leq j \leq p}.$$

Das JACOBI'sche Umkehrtheorem besagt*):

12.2 Theorem. *Sei X eine kompakte Riemann'sche Fläche vom Geschlecht p.*
1) *Die Abbildung*

$$\Lambda_p : X^{(p)} \longrightarrow \mathrm{Jac}(X)$$

ist surjektiv. Ihre Fasern sind zusammenhängend.

2) *Es existiert ein offener dichter Teil $U \subset X^{(p)}$, so dass die Einschränkung von Λ_p auf U eine topologische Abbildung von U auf einen offenen und dichten Teil von $\mathrm{Jac}(X)$ definiert.*

---

*) Historisch ist diese Bezeichnung nicht korrekt. In VI.13.13 werden wir sehen, dass die Abbildung Λ_p eine bijektive Beziehung zwischen den meromorphen Funktionen auf $X^{(p)}$ und $\mathrm{Jac}(X)$ vermittelt. Erst dies liefert die Lösung des JACOBI'schen Umkehrproblems. Wir gehen hierauf und einige historische Hintergründe nochmals im Zusammenhang mit dem Beweis von VI.13.13 ein.

Dabei wird natürlich $X^{(p)} = X^p/S_p$ mit der Quotiententopologie des p-fachen kartesischen Produkts (mit der Produkttopologie) versehen.

(Warum gerade die p-te symmetrische Potenz? Dies macht eine Dimensionsbetrachtung plausibel. $\mathrm{Jac}(X)$ ist ein Torus der komplexen Dimension p.)

Man kann also sagen, dass Λ_p „fast bijektiv" ist. Nur im Falle $p = 1$ jedoch ist tatsächlich Λ_p bijektiv. Die Analyse der „Entartungsorts" von Λ_p ist interessant und schwierig.

Wir geben vor dem Beweis des Umkehrtheorems die wichtige Folgerung an:

12.3 Folgerung. *Die Abbildung*

$$\Lambda : \mathrm{Pic}^{(0)}(X) \overset{\sim}{\longrightarrow} \mathrm{Jac}(X)$$

ist bijektiv.

Beweis von Theorem 12.2. Wir beweisen zunächst den

1. Schritt. *Es existiert eine offene und dichte Teilmenge U des p-fachen kartesischen Produkts X^p, so dass die Einschränkung von Λ_p (genauer ihre Zusammensetzung mit der natürlichen Projektion $X^p \to X^{(p)}$) lokal topologisch ist.*

Zum Beweis verwendet man ein Argument der Differentialrechnung:

Seien $U, V \subset \mathbb{C}^n$ offene Teilmengen und sei $\varphi : U \longrightarrow V$ eine Abbildung mit folgenden Eigenschaften:

1) Die Funktionen

$$z_\nu \longmapsto \varphi_\mu(z_1, \ldots, z_n) \qquad (1 \leq \nu, \mu \leq n)$$

sind bei festen $z_1, \ldots, z_{\nu-1}, z_{\nu+1}, \ldots, z_n$ holomorph; die partiellen Ableitungen seien alle stetig.

2) Die Matrix der komplexen Ableitungen

$$\mathcal{J}_{\mathbb{C}}(\varphi, z) := \left(\frac{\partial \varphi_\mu}{\partial z_\nu} \right)_{1 \leq \mu, \nu \leq n}$$

ist für alle $z \in U$ invertierbar.

Behauptung. Dann ist φ lokal topologisch.

Zum Beweis beachte man, dass aus der Existenz und Stetigkeit der komplexen partiellen Ableitungen folgt, dass φ im Sinne der reellen Analysis stetig partiell ableitbar ist. Sei $\mathcal{J}_{\mathbb{R}}(\varphi, z)$ die reelle $2n \times 2n$-Funktionalmatrix. Aus den CAUCHY-RIEMANN'schen Differentialgleichungen erhält man Formeln, mit denen man $\mathcal{J}_{\mathbb{R}}$ aus $\mathcal{J}_{\mathbb{C}}$ berechnen kann. Aus ihnen folgt

$$\det \mathcal{J}_{\mathbb{R}}(\varphi, z) = |\det \mathcal{J}_{\mathbb{C}}(\varphi, z)|^2 .$$

Die Behauptung ist daher eine Folge des *reellen* Satzes für implizite Funktionen. Mit der selben Methode haben wir den Satz für implizite Funktionen im Falle $p = 1$ in [FB] in Kapitel I auf das reelle Analogon zurückgeführt. Das selbe Argument wurde auch im Anhang B (Ein Satz für implizite Funktionen) zu I.6 verwendet.

Zum Beweis des ersten Schrittes konstruieren wir zu jeder offenen nicht leeren Teilmenge $U \subset X^p$ eine nicht leere offene Teilmenge $U_0 \subset U$, so dass die Einschränkung von Λ_p auf U_0 lokal topologisch ist. Wir können annehmen, dass U von der Form $U = U_1 \times \ldots \times U_p$ mit Kreisscheiben

$$\varphi_i : U_i \longrightarrow \mathbb{E}$$

ist. Die holomorphen Differentiale ω_ν werden durch holomorphe Funktionen

$$f_\nu : \mathbb{E} \longrightarrow \mathbb{C}$$

beschrieben. Die Periodenabbildung erfährt nur eine Translation, wenn man den Basispunkt q abändert. Aus diesem Grund können wir annehmen, dass der Basispunkt dem Punkt $(0, \ldots, 0) \in \mathbb{E}^p$ entspricht. In diesen Koordinaten wird die Periodenabbildung nun durch

$$\Lambda_p : \mathbb{E}^p \longrightarrow \mathbb{C}^p,$$
$$(z_1, \ldots, z_p) \longmapsto (A_1(z_1, \ldots, z_p), \ldots, A_p(z_1, \ldots, z_p)),$$
$$A_\nu(z_1, \ldots, z_p) := \sum_{\mu=1}^{p} \int_0^{z_\mu} f_\nu(\zeta)d\zeta,$$

gegeben. Die komplexe Funktionalmatrix dieser Abbildung ist

$$(f_\nu(z_\mu)).$$

Die Funktionen f_ν sind wie die Differentiale ω_ν linear unabhängig. Wir müssen zeigen, dass sie für mindestens ein Tupel $(z_1, \ldots, z_p) \in U$ nicht ausgeartet ist. Dies folgt leicht aus der linearen Unabhängigkeit der Funktionen $f_1, \ldots, f_p$ (s. Aufgabe 1).

2. Schritt. *Surjektivität von Λ_p.*

Sei

$$C := (C_1, \ldots, C_p) \in \mathbb{C}^p/L = \mathrm{Jac}(X).$$

Wir müssen einen Divisor

$$D \geq 0, \ \mathrm{Grad}\,D = p,$$

konstruieren, so dass

$$\Lambda_p(D) = C \quad \text{in} \quad \mathbb{C}^p/L$$

gilt. Zum Beweis betrachten wir irgendein Tupel $(a_1, \ldots, a_p) \in X^p$, so dass eine volle Umgebung dieses Tupels durch Λ_p topologisch auf eine offene Teilmenge von $\mathrm{Jac}(X)$ abgebildet wird (1. Schritt). Sei

$$C' = \Lambda_p(a_1, \ldots, a_p) \quad (= \Lambda_p((a_1) + \ldots + (a_n))).$$

Wählt man dann die natürliche Zahl n genügend groß, so ist

$$C' + C/n$$

in dieser offenen Teilmenge von $\mathrm{Jac}(X)$ und daher im Bild von Λ_p enthalten. Es existiert daher ein p-Tupel

$$(b_1, \ldots, b_p) \in X^p$$

mit

$$\Lambda_p(b_1, \ldots, b_p) = C' + C/n = \Lambda_p(a_1, \ldots, a_p) + C/n$$

oder

$$C = n\left(\Lambda_p((b_1) + \ldots + (b_p) - (a_1) - \ldots - (a_p))\right).$$

Wir betrachten nun den Divisor

$$D := n(b_1) + \ldots + n(b_p) - n(a_1) - \ldots - n(a_p) + p(q).$$

Sein Grad ist p. Aus dem RIEMANN-ROCH'schen Satz folgt die Existenz einer meromorphen Funktion

$$f \in \mathcal{L}(D), \quad f \neq 0.$$

Der Divisor

$$\tilde{D} = (f) + D = (f) + (b_1) + \ldots + (b_p) - (a_1) - \ldots - (a_p) + p(q)$$

ist ≥ 0 und hat den Grad p. Nach dem abelschen Theorem (notwendiger Teil) gilt

$$\Lambda\left((f)\right) = 0$$

und daher

$$\Lambda(\tilde{D}) = C.$$

Anmerkung. Wir haben den RIEMANN-ROCH'schen Satz beim Beweis der Surjektivität benutzt. Mit gewissen fundamentalen Sätzen aus der Funktionentheorie mehrerer Veränderlicher könnte man den RIEMANN-ROCH'schen Satz vermeiden. Für Kenner geben wir hier die Schlussweise an: $\Lambda_p(X^p)$ ist eine analytische Teilmenge von $\mathrm{Jac}(X)$, welche nach dem ersten Schritt die Dimension p hat; sie muss daher mit ganz $\mathrm{Jac}(X)$ übereinstimmen.

3. Schritt. *Die Fasern $\Lambda_p^{-1}(C)$ der Abbildung*

$$\Lambda_p : X^{(p)} \longrightarrow \mathrm{Jac}(X)$$

sind zusammenhängend.

Damit ist dann das JACOBI'sche Umkehrtheorem bewiesen, da es nach dem ersten Schritt eine offene und dichte Teilmenge in X^p und damit auch eine offene dichte Teilmenge $U \subset X^{(p)}$ gibt, so dass jeder Punkt $a \in U$ isoliert in seiner Faser

$$a \in \Lambda_p^{-1}\left(\Lambda_p(a)\right)$$

liegt. Aus Zusammenhangsgründen kann die Faser dann nur aus $\{a\}$ bestehen. Das bedeutet, dass die Einschränkung von Λ_p auf U injektiv ist. Nach dem ersten Teil kann man U so wählen, dass die Abbildung $U \to \mathrm{Jac}(X)$ offen ist. Damit ist das Bild $V \subset \mathrm{Jac}(X)$ offen und $U \to V$ ist topologisch.

Beweis des dritten Schrittes. Sei $D \in X^{(p)}$. Wir fassen D als Divisor auf,

$$D \geq 0, \ \mathrm{Grad}\, D = p.$$

Sei

$$f \in \mathcal{L}(D) - \{0\}.$$

Dann hat $D' = D + (f)$ ebenfalls die Eigenschaft

$$D' \geq 0, \ \mathrm{Grad}\, D' = p.$$

Nach dem abelschen Theorem haben D und D' dasselbe Bild in $\mathrm{Jac}(X)$. Wir erhalten:

Bemerkung. Die Abbildung

$$H : \mathcal{L}(D) - \{0\} \longrightarrow X^{(p)}, \quad f \longmapsto D + (f),$$

definiert eine surjektive Abbildung von $\mathcal{L}(D) - \{0\}$ auf die Faser $\Lambda_p^{-1}\left(\Lambda_p(D)\right)$, in welcher D enthalten ist.

Genauer gilt: Identifiziert man in $\mathcal{L}(D) - \{0\}$ zwei Elemente, welche sich nur um einen skalaren Faktor unterscheiden, so erhält man den zu $\mathcal{L}(D)$ assoziierten projektiven Raum $P(\mathcal{L}(D))$. Obige Abbildung induziert dann eine Bijektion

$$P(\mathcal{L}(D)) \xrightarrow{\sim} \Lambda_p^{-1}\left(\Lambda_p(D)\right).$$

Der Raum $\mathcal{L}(D)$ ist ein endlichdimensionaler Vektorraum und trägt damit eine wohldefinierte Topologie. (Man identifiziert $\mathcal{L}(D)$ nach Wahl einer Basis mit $\mathbb{C}^d$ und überträgt die übliche Topologie von $\mathbb{C}^d$. Diese Topologie auf $\mathcal{L}(D)$ ist von der Basiswahl unabhängig.)

Zum Beweis des Zusammenhangs genügt es zu zeigen:

Die Abbildung

$$\mathcal{L}(D) - \{0\} \longrightarrow X^{(p)}, \qquad f \longmapsto D + (f),$$

ist stetig.

Der Beweis der Stetigkeit beruht auf der *stetigen Abhängigkeit der Nullstellen bei stetiger Variation einer analytischen Funktion.*

Wir wollen die Stetigkeit in einem vorgegebenen Element $f \in \mathcal{L}(D) - \{0\}$ zeigen. Dazu ergänzen wir f zu einer Basis $f = f_1, \ldots, f_d$. Wir betrachten nun auf $\mathcal{L}(D)$ die Maximumnorm bezüglich dieser Basis. Die Topologie auf $\mathcal{L}(D)$ kann durch diese Norm definiert werden. Nach Voraussetzung gilt

$$(f) + D = (a_1) + \cdots + (a_n)$$

mit (nicht notwendig paarweise verschiedenen) Punkten $a_i \in X$. Sei $U \subset X^{(p)}$ eine Umgebung des Bildpunktes. Wir müssen $\varepsilon > 0$ konstruieren, so dass

$$\|g - f\| < \varepsilon \Longrightarrow (g) + D \in U$$

folgt. Da $X^p \to X^{(p)}$ offen und stetig ist, können wir annehmen, dass U das Bild einer Menge der Form $W_1 \times \cdots \times W_p$ mit offenen Umgebungen $a_i \in W_i \subset X$ ist. Wir müssen also zeigen:

$$\|g - f\| < \varepsilon \Longrightarrow (g) + D = (b_1) + \cdots + (b_n) \quad \text{mit} \quad b_i \in W_i.$$

Da wir die Umgebungen W_i verkleinern dürfen, können wir sie wie folgt präparieren:

$$a_i = a_j \Longrightarrow W_i = W_j, \qquad a_i \neq a_j \Longrightarrow W_i \cap W_j = \emptyset.$$

Wir können annehmen, dass W_i biholomorph äquivalent zu einer Kreisscheibe ist und (nach eventueller Verkleinerung) einen „guten" Rand hat. Eine weitere Annahme, die man machen kann, ist, dass f auf dem Rand von W_i weder Pole noch Nullstellen hat. Außerdem kann man annehmen, dass auf dem Rand von W_i kein Punkt des Trägers von D existiert. Ein einfaches Kompaktheitsargument zeigt dann, dass man $\varepsilon > 0$ so klein wählen kann, dass auch jedes g mit $\|g - f\| < \varepsilon$ auf dem Rand von W_i keine Pole und Nullstellen hat.

Auf einer offenen Umgebung W von $\bar{W}_1 \cup \ldots \cup \bar{W}_n$ findet man eine meromorphe Funktion h, welche dort auf D passt, d.h. $\text{Ord}(h, a) = D(a)$ für alle $a \in W$. Die Funktionen $F := fh$ und allgemeiner $G := gh$ für beliebige $g \in \mathcal{L}(D)$ sind auf ganz W holomorph. Wir kennen die Anzahl ihrer Nullstellen in U_i. Sie ist n_i, wobei n_i angibt, wie oft a_i unter den $a_1, \ldots, a_n$ auftritt. Andererseits ist die Zahl der Nullstellen durch das Integral

$$\frac{1}{2\pi \mathrm{i}} \int\limits_{\partial U_i} \frac{dF}{F}$$

gegeben. Da das nullstellenzählende Integral immer eine ganze Zahl ist, gilt aus Stetigkeitsgründen

$$\frac{1}{2\pi i} \int\limits_{\partial U_i} \frac{dG}{G} = \frac{1}{2\pi i} \int\limits_{\partial U_i} \frac{dF}{F} = n_i$$

Die Funktion hat also in U_i genau n_i Nullstellen (mit Vielfachheit gerechnet). Indiziert man diese mit den Indizes j mit $a_j = a_i$, so erhält man insgesamt n Nullstellen $b_1, \ldots, b_n$ mit $b_i \in W_i$, welche den Divisor von G innerhalb $W_1 \cup \ldots \cup W_n$ beschreiben. Der Divisor $(g) + D$ stimmt also innerhalb $W_1 \cup \ldots \cup W_n$ mit dem Divisor $(b_1) + \ldots + (b_n)$ überein. Da $(g) + D \geq 0$ überall gilt, erhalten wir generell

$$(g) + D \geq (b_1) + \cdots + (b_n).$$

Aus Gradgründen muss das Gleichheitszeichen gelten. Damit ist die behauptete Stetigkeit bewiesen. □

Mehrfach periodische Funktionen

Sei X eine kompakte RIEMANN'sche Fläche vom Geschlecht $p > 0$. Wir betrachten eine nicht konstante meromorphe Funktion

$$f : X \longrightarrow \bar{\mathbb{C}}.$$

Sie ist holomorph auf dem Komplement einer endlichen Punktmenge $\mathcal{S} = f^{-1}(\infty)$,

$$f_0 : X_0 \longrightarrow \mathbb{C}, \ X_0 := X - \mathcal{S}.$$

Die Funktion f_0 induziert in naheliegender Weise eine Abbildung

$$f_0 : X_0^{(p)} \longrightarrow \mathbb{C}^{(p)}.$$

Im Anhang zu diesem Abschnitt geben wir mit Hilfe der elementar symmetrischen Funktionen eine topologische Abbildung $E : \mathbb{C}^{(n)} \xrightarrow{\sim} \mathbb{C}^n$ an. Setzt man sie mit f_0 zusammen, so erhält man eine Abbildung $F : X^{(p)} \to \mathbb{C}^p$ und somit ein p-Tupel von Funktionen

$$F_1, \ldots, F_p : X_0^{(p)} \longrightarrow \mathbb{C}.$$

Durch Zusammensetzung mit der „Umkehrabbildung" von

$$X^{(p)} \longrightarrow \mathrm{Jac}(X)$$

erhält man ein p-Tupel von Funktionen $A_1, \ldots, A_p$, welche auf einem offenen und dichten Teil von $\mathrm{Jac}(X) = \mathbb{C}^p/L$ definiert sind. Zieht man sie zurück auf $\mathbb{C}^p$, so erhält man

a) einen offenen dichten Teil $U \subset \mathbb{C}^p$ mit der Eigenschaft

$$a \in U \implies a + g \in U \text{ für alle } g \in L,$$

b) ein p-Tupel von Funktionen

$$A_1, \ldots, A_p : U \longrightarrow \mathbb{C}$$

mit der Eigenschaft

$$A_\nu(z + g) = A_\nu(z) \quad \text{für} \quad g \in L.$$

Damit haben wir mehrfach periodische Funktionen gewonnen.

Im Falle $p = 1$ ist unmittelbar klar, dass es sich um elliptische Funktionen handelt. Für $p > 1$ ergibt sich nun die Aufgabe:

1) Man entwickle einen Begriff meromorpher Funktionen auf $\mathbb{C}^p$.

2) Man zeige, dass die Funktionen $A_1, \ldots, A_p$ meromorph sind.

3) Man entwickle eine Theorie der meromorphen Funktionen, welche L als Periodengitter haben.

Diese Fragestellungen bestimmen den weiteren Verlauf dieses Bandes.

Anhang zu 12. Stetigkeit der Wurzeln

Seien

$$E_\nu = \sum_{k_1 + \ldots + k_n = \nu} z_1^{k_1} \ldots z_n^{k_n}, \qquad 1 \le \nu \le n,$$

die elementarsymmetrischen Polynome. Die durch sie induzierte Abbildung

$$E : \mathbb{C}^n \longrightarrow \mathbb{C}^n, \quad z \longmapsto (E_1(z), \ldots, E_n(z)),$$

kann aus trivialen Gründen auf die symmetrische Potenz

$$\mathbb{C}^{(n)} = \mathbb{C}^n / S_n$$

„durchgedrückt" werden.

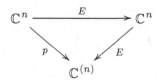

12.4 Satz.   *Die durch die elementarsymmetrischen Polynome induzierte Abbildung*

$$\mathbb{C}^{(n)} \xrightarrow[\sim]{E} \mathbb{C}^n$$

ist topologisch.

Anmerkung. Anstelle der elementarsymmetrischen Polynome kann man auch die Potenzsummen

$$T_\nu(z) = \sum_{j=1}^{n} z_j^\nu \quad (1 \le \nu \le n)$$

verwenden (denn die T_ν lassen sich durch Polynome in den E_ν ausdrücken und umgekehrt, wie man in der elementaren Algebra zeigt).

Beweis.

1) Die Stetigkeit von E folgt aus der Definition der Quotiententopologie auf $\mathbb{C}^n/S_n$.

2) $E : \mathbb{C}^{(n)} \to \mathbb{C}^n$ ist bijektiv.

3) Wir geben die Umkehrabbildung an: Sei $(\alpha_0, \ldots, \alpha_{n-1}) \in \mathbb{C}^n$. Wir betrachten das normierte Polynom mit den Koeffizienten α_i und faktorisieren es:

$$X^n + \alpha_{n-1} + \cdots \alpha_0 = (X - a_1) \cdot \ldots \cdot (X - a_n)$$

Die Nullstellen $a_1, \ldots, a_n$ sind bis auf die Reihenfolge eindeutig bestimmt und definieren somit einen Punkt aus $\mathbb{C}^{(n)}$. Bekanntlich sind die Koeffizienten α_i bis aufs Vorzeichen genau die elementarsymmetrischen Ausdrücke in den Nullstellen. Dies beweist die Bijektivität.

4) $E : \mathbb{C}^n \to \mathbb{C}^n$ ist eigentlich, d.h. das Urbild einer kompakten Menge ist kompakt. Dies folgt aus einer der „Versionen" der Stetigkeit der Wurzeln, die wir bereits kennen, I.3.5.

Eine stetige, bijektive und eigentliche Abbildung ist aber topologisch. (Es genügt zu zeigen, dass die Einschränkung von E^{-1} auf Kompakta stetig ist.)

Übungsaufgaben zu IV.12

1. Seien

$$g_1, \ldots, g_n : \mathcal{M} \longrightarrow \mathbb{C}$$

n linear unabhängige Funktionen auf irgendeiner Menge $\mathcal{M}$. Dann existiert eine Teilmenge $\mathcal{X} \subset \mathcal{M}$, welche aus n Punkten besteht, so dass die Einschränkungen

$$g_1|\mathcal{X}, \ldots, g_n|\mathcal{X}$$

linear unabhängig sind.

Anhang zu Kapitel IV,
Dimensionsformeln für Vektorräume von Modulformen

13. Multikanonische Formen

Sei $X = (X, \mathcal{A})$ eine RIEMANN'sche Fläche. Wir erinnern an den Begriff des holomorphen Differentials.

Ein holomorphes Differential ist definitionsgemäß eine Familie

$$\omega = (\omega_\varphi)_{\varphi \in \mathcal{A}} \qquad (\varphi : U_\varphi \longrightarrow V_\varphi)$$

von holomorphen Funktionen $\omega_\varphi : V_\varphi \to \mathbb{C}$, so dass im Durchschnitt $U_\varphi \cap U_\psi$ zweier Karten $\varphi, \psi \in \mathcal{A}$ die Umsetzungsformel

$$\gamma^* \omega_\varphi = \omega_\psi \text{ mit } \gamma := \psi \circ \varphi^{-1}$$

gültig ist. Dies bedeutet im Klartext:

Ist $a \in U_\varphi \cap U_\psi$ ein Punkt im Durchschnitt und sind $z = \varphi(a)$, $w = \psi(a)$ die entsprechenden Punkte in den Kartenblättern, so gilt

$$\omega_\psi(w) = \gamma'(z)\omega_\varphi(z).$$

Diesen Begriff kann man verallgemeinern, indem man die Ableitung $\gamma'(z)$ durch eine Potenz ersetzt. Man gelang so zum Begriff des *höheren Differentials* oder der *multikanonischen Form*. Wir bevorzugen die letztere Sprechweise.

13.1 Definition.   *Eine (holomorphe) multikanonische Form vom Gewicht $m \in \mathbb{Z}$ auf einem analytischen Atlas $\mathcal{A}$ ist eine Familie*

$$\omega = (\omega_\varphi)_{\varphi \in \mathcal{A}} \qquad (\varphi : U_\varphi \longrightarrow V_\varphi)$$

von holomorphen Funktionen $\omega_\varphi : V_\varphi \to \mathbb{C}$, so dass für je zwei Karten $\varphi, \psi \in \mathcal{A}$ die Umsetzungsformel

$$\omega_\psi(w) = \gamma'(z)^m \omega_\varphi(z)$$
$$(z = \varphi(a), \ w = \psi(a) \ mit \ a \in U_\varphi \cap V_\psi)$$

gültig ist.

Multikanonische Formen vom Gewicht 0 sind Nullformen und können mit holomorphen Funktionen auf X identifiziert werden, multikanonische Formen vom Gewicht 1 sind holomorphe Differentiale.

13.2 Ergänzung zur Definition.   *Ersetzt man in der Definition „holomorph" durch „meromorph", so erhält man den Begriff der meromorphen multikanonischen Form.*

Einige Regeln für den Umgang mit Differentialen übertragen sich unmittelbar auf multikanonische Formen. Man hat zu berücksichtigen, dass die Potenzen der Ableitung der Kettenregel genügen wie die Ableitung selbst. Wir stellen die wichtigsten Regeln kurz zusammen.

1) Jede holomorphe (meromorphe) multikanonische Form lässt sich eindeutig zu einer multikanonischen Form auf den maximalen Atlas $\mathcal{A}_{\max}$ ausdehnen.

2) Ist $U \subset X$ eine offene RIEMANN'sche Teilfläche, so kann man in natürlicher Weise die Einschränkung $\omega|U$ einer multikanonischen Form von X auf U definieren. Ist $X = \bigcup_i U_i$ eine offene Überdeckung und ist auf jedem U_i eine multikanonische Form ω_i eines festen Gewichts k gegeben, so gilt:
   Genau dann existiert eine multikanonische Form ω auf X mit $\omega_i = \omega|U_i$ für alle i, falls

$$\omega_i|(U_i \cap U_j) = \omega_j|(U_i \cap U_j) \text{ für alle } i, j$$

   gilt.

3) Ist $f : X \to Y$ eine holomorphe Abbildung RIEMANN'scher Flächen, so kann man einer multikanonischen Form ω auf Y eine multikanonische Form $f^*\omega$ desselben Typs auf X zuordnen. Diese Zuordnung hat die folgenden Eigenschaften (und ist durch diese festgelegt).

   a) Im Fall der natürlichen Inklusion $U \to X$ einer offenen Teilfläche ist f^* die Einschränkung im Sinne von 2).

   b) Sind $f : X \to Y$ und $g : Y \to Z$ zwei holomorphe Abbildungen RIEMANN'scher Flächen, so gilt

$$f^* \circ g^* = (g \circ f)^*.$$

   c) Ist $U \subset \mathbb{C}$ ein offener Teil der Ebene, aufgefasst als RIEMANN'sche Fläche mittels der tautologischen Karte id_U, so entsprechen die holomorphen (meromorphen) multikanonischen Formen einfach den holomorphen Funktionen auf U. Ist f eine meromorphe Funktion auf U, so schreibt man für die entsprechende multikanonische Form ω_f vom Gewicht m auch

$$\omega_f = f(z)(dz)^m.$$

   Ist $\varphi : U \to V$ eine analytische Abbildung offener Teile der komplexen Ebene und

$$\omega = g(w)(dw)^m$$

   eine multikanonische Form vom Gewicht m auf V und

$$\varphi^*\omega = f(z)(dz)^m$$

die zurückgezogene Form, so gilt

$$\boxed{f(z) = \varphi'(z)^m g(\varphi(z))}$$

Algebraische Rechenregeln für multikanonische Formen

1) Man kann multikanonische Formen ω, ω' *desselben* Gewichts addieren,

$$(\omega + \omega')_\varphi := \omega_\varphi + \omega'_\varphi$$

und erhält eine multikanonische Form desselben Typs.

2) Man kann eine holomorphe (meromorphe) multikanonische Form ω mit einer holomorphen (meromorphen) Funktion f multiplizieren,

$$(f\omega)_\varphi := f\omega_\varphi$$

und erhält eine multikanonische Form desselben Typs.

Die letztere Operation gestattet eine Verallgemeinerung:

3) Seien ω, ω' multikanonische Formen vom Gewicht m, m'. Man kann das Produkt $\omega\omega'$ durch

$$(\omega\omega')_\varphi := \omega_\varphi \omega'_\varphi$$

definieren und erhält eine multikanonische Form vom Gewicht $m + m'$.

Um dieses Produkt vom alternierenden Produkt von Differentialformen zu unterscheiden, schreibt man manchmal auch

$$\omega \otimes \omega' = \omega\omega'$$

und nennt $\omega \otimes \omega'$ das Tensorprodukt der beiden Formen. Aus trivialen Gründen ist das Tensorprodukt assoziativ und distributiv. Man kann insbesondere Potenzen

$$\omega^{\otimes n} = \omega^n := \omega \cdots \omega \quad (n\text{-mal})$$

definieren. Diese Bezeichnung ist kohärent mit der bereits eingeführten Bezeichnung $f(z)(dz)^m$ für multikanonische Tensoren auf offenen Teilen der Ebene (dz ist ein Differential, welches der Funktion „konstant Eins" entspricht).

Sei X eine zusammenhängende RIEMANN'sche Fläche und ω eine meromorphe multikanonische Form, welche nicht identisch Null ist. Wie bei Differentialen und Funktionen zeigt man dann, dass keine Komponente ω_φ für irgendeine nicht leere analytische Karte φ verschwinden kann. Diese Beobachtung gestattet es, die inverse multikanonische Form ω^{-1} vom Gewicht $-m$ durch

$$\left(\omega^{-1}\right)_\varphi = \left(\omega_\varphi\right)^{-1}$$

zu definieren.

Invariante multikanonische Formen

Sei $\gamma : X \to X$ eine biholomorphe Selbstabbildung einer RIEMANN'schen Fläche X und ω eine multikanonische Form auf X. Man nennt X invariant unter γ, falls $\gamma^*\omega = \omega$ gilt. Ist allgemeiner Γ eine Gruppe biholomorpher Selbstabbildungen von X, so nennt man ω invariant unter Γ, falls es unter allen $\gamma \in \Gamma$ invariant ist,

$$\gamma^*\omega = \omega \text{ für alle } \gamma \in \Gamma.$$

Wie für Funktionen und Differentiale gilt (vgl. Aufgabe 3 zu IV.1):

13.3 Hilfssatz. *Sei Γ eine Gruppe biholomorpher Selbstabbildungen der Riemann'schen Fläche X, welche auf X frei operiert und sei $Y = X/\Gamma$ die Quotientenfläche, $\pi : X \to Y$ die natürliche Projektion. Die Zuordnung*

$$\omega \longmapsto \pi^*\omega$$

definiert eine umkehrbar eindeutige Beziehung zwischen der Menge der holomorphen (meromorphen) multikanonischen Formen auf Y und der Menge der Γ-invarianten holomorphen (meromorphen) multikanonischen Tensoren auf X.

Sei speziell $X = D \subset \mathbb{C}$ eine offener Teil der Ebene. Für die multikanonische Form $\omega = f(z)(dz)^m$ bedeutet die Invarianzbeziehung $\gamma^*\omega = \omega$ nichts anderes als

$$\boxed{f(\gamma z)\big(\gamma'(z)\big)^m = f(z)}$$

Ist speziell $D = \mathbb{H}$ die obere Halbebene und γ die Möbiustransformation

$$\gamma(z) = Mz = \frac{az+b}{cz+d}, \quad M = \begin{pmatrix} a & b \\ c & d \end{pmatrix} \in \mathrm{SL}(2,\mathbb{R}),$$

so lautet die Invarianzbedingung

$$f(Mz)(cz+d)^{-2m} = f(z).$$

Funktionen mit derartigem Transformationsverhalten sind wir in der Theorie der Modulformen begegnet.

13.4 Satz. *Sei $\Gamma \subset \mathrm{SL}(2,\mathbb{R})$ eine Untergruppe, deren Bild in $\mathrm{Bihol}\,\mathbb{H}$ frei operiert. Die multikanonischen holomorphen (meromorphen) Formen vom Gewicht m auf der Riemann'schen Fläche*

$$X = \mathbb{H}/\Gamma$$

entsprechen umkehrbar eindeutig den holomorphen (meromorphen) Funktionen auf $\mathbb{H}$ mit dem Transformationsverhalten

$$f(Mz) = (cz+d)^{2m} f(z) \text{ für alle } M \in \Gamma.$$

Man nennt Funktionen mit diesem Transformationsverhalten auch *automorphe Formen* bezüglich Γ. Modulformen sind also nichts anderes als automorphe Formen zu speziellen Gruppen Γ, nämlich Kongruenzuntergruppen der Modulgruppe, wobei allerdings noch zusätzliche Bedingungen in den Spitzen zu fordern sind.

Es erhebt sich nun die Frage, ob die Theorie der RIEMANN'schen Flächen für die Theorie der Modulformen genutzt werden kann. Tatsächlich kann man den RIEMANN-ROCH'schen Satz dazu benutzen, die Dimensionen von Vektorräumen von Modulformen in vielen Fällen abzuleiten.

Als ersten Schritt ordnen wir multikanonischen Formen Divisoren zu. Sei ω eine meromorphe multikanonische Form auf der RIEMANN'schen Fläche X. Sei $a \in X$ ein fester Punkt. Wir wählen eine analytische Karte $\varphi : U_\varphi \to V_\varphi$ bei a, d.h. $a \in U_\varphi$. Wir nehmen an, dass ω_φ nicht identisch verschwindet. Wenn X zusammenhängend ist, bedeutet dies einfach, dass ω selbst nicht identisch verschwindet. Die Ordnung der Funktion ω_φ im Punkt $z := \varphi(a)$ hängt nicht von der Wahl von φ ab, da sich die Ordnung einer meromorphen Funktion nicht ändert, wenn man sie mit einer holomorphen Funktion ohne Nullstelle multipliziert. Wir können also die Ordnung von ω in a durch

$$\mathrm{Ord}(\omega; a) := \mathrm{Ord}(\omega_\varphi; z)$$

definieren.

Ist X eine zusammenhängende RIEMANN'sche Fläche und verschwindet ω nicht identisch, so ist also die Ordnung in allen Punkten definiert. Die Menge der Punkte, in denen sie von Null verschieden ist, ist diskret. Sie ist endlich, wenn X sogar kompakt ist. Wir haben somit einer von Null verschiedenen meromorphen multikanonischen Form auf einer zusammenhängenden kompakten RIEMANN'schen Fläche einen Divisor zugeordnet, welchen wir mit (ω) bezeichnen. Es gilt offenbar

$$(\omega\omega') = (\omega) + (\omega').$$

Die folgende Bemerkung rechtfertigt die Bezeichnung „multikanonische Form".

13.5 Bemerkung. *Sei X eine zusammenhängende kompakte Riemann'sche Fläche und K ein kanonischer Divisor auf X (also der Divisor eines meromorphen Differentials). Der Divisor einer beliebigen von Null verschiedenen meromorphen multikanonischen Form ω vom Gewicht m ist äquivalent zu mK. Insbesondere gilt*

$$\mathrm{Grad}(\omega) = m(2p - 2) \quad (p = \text{Geschlecht von } X).$$

Beweis. Wir wählen ein von Null verschiedenes meromorphes Differential ω_0. Dann ist ω/ω_0^m eine multikanonische Form vom Gewicht Null und entspricht einer meromorphen Funktion. Ihr assoziierter Divisor ist ein Hauptdivisor und hat den Grad 0. $\qquad\square$

Wir sehen übrigens auch, dass die Divisoren zweier von Null verschiedener multikanonischer Formen ω, ω' desselben Gewichts äquivalent sind. Es gilt $\omega' = f\omega$ mit einer meromorphen Funktion f. Die Form ω ist genau dann holomorph, falls

$$(f) \geq -(\omega')$$

gilt. Der Vektorraum aller holomorphen multikanonischen Formen vom Gewicht m —wir bezeichnen ihn mit $\Omega^{\otimes m}(X)$— ist also isomorph zum RIEMANN-ROCH'schen Raum $\mathcal{L}((\omega'))$ und damit zum Raum $\mathcal{L}(mK)$, wobei K einen kanonischen Divisor bezeichne. Damit können wir die Dimension von $\Omega^{\otimes m}(X)$ mit Hilfe des RIEMANN-ROCH'schen Satzes berechnen. Wir beschränken uns im Moment auf den Fall, wo der Grad eines kanonischen Divisors positiv ist, d.h. auf den Fall $p > 1$.

13.6 Theorem. *Sei X eine zusammenhängende Riemann'sche Fläche vom Geschlecht $p \geq 2$. Die Dimension des Vektorraums aller holomorphen multikanonischen Formen vom Gewicht m ist*

$$\dim \Omega^{\otimes m}(X) = \begin{cases} 0 & \text{für } m < 0, \\ p & \text{für } m = 1, \\ (p-1)(2m-1) & \text{für } m > 1. \end{cases}$$

Wir übersetzen dieses Resultat in die Sprache der automorphen Formen.

13.7 Folgerung. *Sei $\Gamma \subset \mathrm{SL}(2,\mathbb{R})$ eine Untergruppe, deren Bild in $\mathrm{Bihol}\,\mathbb{H}$ frei operiert und so, dass $\mathbb{H}/\Gamma$ kompakt ist. Die Dimension des Vektorraums aller automorphen Funktionen vom Gewicht k, d.h. aller holomorphen Funktionen $f : H \to \mathbb{C}$ mit dem Transformationsverhalten*

$$f(Mz) = (cz+d)^k f(z) \quad \text{für alle } M \in \Gamma$$

ist für gerades $k > 1$ ist gleich

$$(p-1)(k-1) \quad (p = \text{Geschlecht von } \mathbb{H}/\Gamma).$$

Sie ist 0 für $k < 0$, 1 für $k = 0$ und p für $k = 2$.

(Aus der Uniformisierungstheorie folgt $p \geq 2$).

14. Die Dimension des Vektorraums der Modulformen

Wir wollen den RIEMANN-ROCH'schen Satz dazu benutzen, um Dimensionen von Vektorräumen von Modulformen bezüglich Kongruenzgruppen zu bestimmen. Alles was wir über Modulformen benutzen werden, findet man in dem ersten Band [FB]. Die Hauptschwierigkeit besteht darin, dass $\mathbb{H}/\Gamma$ nicht kompakt ist. Um diese Schwierigkeit in den Griff zu bekommen, werden wir diesen Raum kompaktifizieren. Zunächst einmal stellen wir fest, dass in ihm das Trennungsaxiom gilt (s. auch III.2. Aufgabe 6 und 7):

14.1 Bemerkung. *Sei Γ ein Untergruppe der Modulgruppe* $\mathrm{SL}(2, \mathbb{Z})$. *Der Quotientenraum $\mathbb{H}/\Gamma$ ist Hausdorff'sch.*

Beweis. Seien $a, b \in \mathbb{H}$ zwei modulo Γ inäquivalenten Punkte. Wir müssen zeigen, dass es zwei Umgebungen $U(a), U(b)$ gibt, so dass kein Punkt aus $U(a)$ einem Punkt aus $U(b)$ äquivalent ist. (Dann sind die Bilder von $U(a), U(b)$ disjunkte Umgebungen der Bilder von a, b im Quotienten.) Wir schließen indirekt und finden dann Folgen $a_n \to a$, $b_n \to b$, so dass a_n mit b_n äquivalent ist, $M_n a_n = b_n$, $M_n \in \Gamma$. Es existiert eine Zahl $\delta > 0$, so dass beide Folgen in der durch

$$|x| \le \delta^{-1}, \quad y \ge \delta$$

definierten Menge enthalten sind Wegen [FB], VI.1.2 ist die Folge M_n in einer endlichen Menge enthalten, man kann nach Übergang zu einer Teilfolge erreichen, dass sie konstant M ist. Durch Grenzübergang folgt $Ma = b$, im Widerspruch zur Annahme, dass a und b inäquivalent sind. $\square$

Dieser Beweis zeigt etwas mehr: Zu jedem Punkt a der oberen Halbebene existiert eine kleine offene Umgebung, so dass $M(U(a)) \cap U(a) \ne \emptyset$ impliziert, dass M im Stabilisator von a liegt ($M(a) = a$). Dies zeigt:

14.2 Hilfssatz. *Sei Γ eine Untergruppe der Modulgruppe, welcher außer der Einheitsmatrix E und möglicherweise $-E$ kein Element endlicher Ordnung besitzt. Ihr Bild in* Bihol $\mathbb{H}$ *operiert frei. Insbesondere trägt $\mathbb{H}/\Gamma$ eine Struktur als Riemann'sche Fläche. Die natürliche Abbildung $\mathbb{H} \to \mathbb{H}/\Gamma$ ist lokal biholomorph.*

Wir geben Beispiele für solche Gruppen:

14.3 Bemerkung. *Die sogenannte Hauptkongruenzgruppe der Stufe $q \in \mathbb{N}$*

$$\Gamma[q] := \mathrm{Kern}\big(\mathrm{SL}(2, \mathbb{Z}) \longrightarrow \mathrm{SL}(2, \mathbb{Z}/q\mathbb{Z})\big)$$

ist eine Untergruppe von endlichem Index, welche für $q \ge 2$ kein von $\pm E$ verschiedenes Element endlicher Ordnung enthält.

Beweis. Als Kern eines Homomorphismus in eine *endliche* Gruppe hat die Hauptkongruenzgruppe endlichen Index. Die Elemente endlicher Ordnung von $\mathrm{SL}(2, \mathbb{Z})$ kennt man, [FB] VI.1.8. □

Unter einer *Kongruenzgruppe* versteht man eine Untergruppe von $\mathrm{SL}(2, \mathbb{Z})$, welche $\Gamma[q]$ für geeignetes q enthält. Kongruenzgruppen haben in $\mathrm{SL}(2, \mathbb{Z})$ endlichen Index. Der Raum $\mathbb{H}/\Gamma$ ist nicht kompakt, wie die Konstruktion des Fundamentalbereichs der Modulgruppe zeigt. Wir wollen ihn durch Hinzufügen von endlich vielen Punkten kompaktifizieren und erweitern dazu die obere Halbebene $\mathbb{H}$ durch die Spitzen,

$$\mathbb{H}^* = \mathbb{H} \cup \bar{\mathbb{Q}}, \quad \bar{\mathbb{Q}} = \mathbb{Q} \cup \{\infty\}.$$

Wir erinnern daran, dass die Modulgruppe auch auf $\mathbb{H}^*$ durch die üblichen Formeln operiert. Wir können also für jede Untergruppe Γ der Modulgruppe die Menge

$$X_\Gamma := \mathbb{H}^*/\Gamma$$

betrachten. Neu hinzugekommen sind die Spitzenklassen, also die Element der Menge

$$S_\Gamma := \bar{\mathbb{Q}}/\Gamma.$$

Wir wissen ([FB] VI.5.3, Folgerung), dass diese Menge endlich ist. Im Falle der vollen Modulgruppe besteht sie aus einem einzigen Element. Wir wollen auf X_Γ eine Topologie einführen. Sie soll als Quotiententopologie einer Topologie auf $\mathbb{H}^*$ eingeführt werden. Diese Topologie soll die Eigenschaft haben, dass $\mathbb{H}$ ein offener Teil ist, auf dem die übliche Topologie induziert wird. Außerdem soll die volle Modulgruppe topologisch auf $\mathbb{H}^*$ operieren. Es kommt daher letztlich nur darauf an, wie die Umgebungen der Spitze $i\infty$ aussehen oder wann eine Folge z_n nach $i\infty$ konvergiert. Von der Theorie der Modulformen her liegt nahe, dass dies $\mathrm{Im}\, z_n \to \infty$ bedeuten soll (und nicht $|z_n| \to \infty$), die angestrebte Topologie wird also nicht von der RIEMANN'schen Zahlkugel induziert sein, weshalb wir auch die Schreibweise $i\infty$ anstelle ∞ bevorzugen). Bei der angestrebten Topologie werden also die Mengen

$$U_C^* = U_C \cup \{i\infty\}$$

mit

$$U_C := \{z, \quad \mathrm{Im}\, z > C\} \quad (C > 0)$$

als typische Umgebungen von $i\infty$ zu dienen haben. Damit die Modulgruppe topologisch operiert, werden als typische Umgebungen einer Spitze $\kappa = M(i\infty)$, $M \in \mathrm{SL}(2, \mathbb{Z})$, die transformierten Mengen $M(U_C^*) = M(U_C) \cup \{\kappa\}$ zu dienen haben. Diese Mengen, sogenannte *Horozykeln*, kann man leicht beschreiben.

14.4 Bemerkung. *Sei* $M \in \mathrm{SL}(2, \mathbb{Z})$, $M(i\infty) = \kappa \in \mathbb{Q}$. *Jede Menge der Schar* $M(U_C)$, $C > 0$, *ist eine offene Kreisscheibe in der oberen Halbebene, welche die reelle Achse in* κ *berührt. Jede Kreisscheibe dieser Art kommt in dieser Schar vor.*

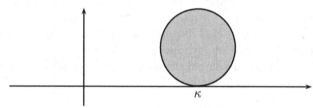

Nach diesen Vorbereitungen ist klar, wie man die Topologie zu definieren hat. Eine Menge $U \in \mathbb{H}^*$ heißt genau dann offen, falls ihr Durchschnitt mit $\mathbb{H}$ im üblichen Sinne offen ist und falls sie, sollte die Spitze $\kappa = M(i\infty)$ in U enthalten sein, einen Horozykel $M(U_C^*)$, C geeignet, umfasst.

14.5 Bemerkung. *Auf* $\mathbb{H}^* = \mathbb{H} \cup \bar{\mathbb{Q}}$ *existiert genau eine Topologie mit folgenden Eigenschaften:*

1) *Die obere Halbebene ist ein offener Teil, die von* $\mathbb{H}^*$ *induzierte Topologie ist die übliche.*

2) *Die Modulgruppe operiert topologisch auf* $\mathbb{H}^*$.

3) *Eine Teilmenge* $U \subset \mathbb{H}$ *ist genau dann eine Umgebung von* $i\infty$, *falls sie eine Menge* U_C^* *(C geeignet) umfasst.*

Wir betonen noch einmal, dass die Topologie von $\mathbb{H}^*$ unorthodox ist, sie wird nicht von der Topologie der Zahlkugel induziert. Die Menge der Spitzen ist offenbar diskret in $\mathbb{H}^*$. Die Bedeutung dieser Topologie liegt in:

14.6 Satz. *Ist* Γ *eine Untergruppe von endlichem Index der Modulgruppe, beispielsweise eine Kongruenzgruppe, so ist der Quotientenraum*

$$X_\Gamma := \mathbb{H}^*/\Gamma$$

kompakt.

Beweis. Als erstes zeigen wir, dass X_Γ HAUSDORFF'sch ist. Wir müssen zeigen, dass zwei Γ-inäquivalente Punkte $a, b \in \mathbb{H}^*$ Umgebungen besitzen, so dass kein Punk der einen Umgebung mit einem Punkt der anderen Umgebung äquivalent ist. Wir können annehmen, dass einer der beiden Punkte eine Spitze, o.B.d.A. $b = i\infty$, ist. Wir schließen wieder indirekt und nehmen an, dass Folgen $a_n \to a$ und $b_n \to b = i\infty$ existieren, so dass a_n mit b_n äquivalent ist, $M_n a_n = b_n$, $M_n \in \Gamma$. Es sind nun zwei Fälle zu unterscheiden, je nachdem a eine Spitze ist oder nicht. Wir behandeln den etwas schwierigeren Fall, dass a eine Spitze ist und wählen dann $N \in \mathrm{SL}(2, \mathbb{Z})$ mit $Na = i\infty$. Es existiert dann eine Zahl

$\delta > 0$, so dass die beiden Folgen b_n und Na_n in der durch $y \geq \delta$ definierten Menge enthalten sind. (Wenn a keine Spitze ist, so gilt dies auch für $N = E$). Indem man eventuell a_n bzw. b_n durch Elemente des Stabilisators Γ_a bzw. Γ_b abändert, kann man überdies erreichen, dass die beiden Folgen auch noch in der durch $|x| \leq \delta^{-1}$ definierten Menge enthalten sind und man kann wie beim Beweis von 14.1 zu Ende schließen. □

Als nächstes zeigen wir, dass X_Γ kompakt ist. Im Falle $\Gamma = \mathrm{SL}(2, \mathbb{Z})$ folgt dies unmittelbar aus der Gestalt des Fundamentalbereichs $\mathcal{F}$ der Modulgruppe ([FB], V.8.7), denn $\mathcal{F} \cup \{\mathrm{i}\infty\}$ ist eine kompakte Teilmenge von $\mathbb{H}^*$. Allgemein benutze man, dass die natürliche Projektion

$$X_\Gamma \longrightarrow X_{\mathrm{SL}(2,\mathbb{Z})}$$

offensichtlich eigentlich ist.

Die Kompaktifizierung eines lokal kompakten Raumes ist an sich nichts besonderes, man hat beispielsweise stets die Möglichkeit zur Einpunktkompaktifizierung. Die Bedeutung der Kompaktifizierung, die wir hier durchgeführt haben liegt darin, dass X_Γ nicht nur ein kompakter Raum, sondern sogar eine Fläche ist. Um dies zu beweisen, müssen wir X_Γ in der Nähe einer Spitzenklasse untersuchen. Dabei können wir uns auf die Spitze $\mathrm{i}\infty$ beschränken, denn eine beliebige Modulsubstitution $M \in \mathrm{SL}(2, \mathbb{Z})$ induziert offenbar eine topologische Abbildung

$$X_\Gamma \longrightarrow X_{M\Gamma M^{-1}}, \quad [a] \longmapsto [Ma].$$

Wählt man die Konstante C genügend groß, so sind zwei Punkte in U_C dann und nur dann Γ-äquivalent, falls sie durch eine Translation auseinander hervorgehen. Die natürliche Abbildung

$$U_C/\Gamma_\infty \longrightarrow \mathbb{H}/\Gamma$$

ist injektiv. Dabei bezeichne Γ_∞ den Stabilisator von ∞, also alle Matrizen $M \in \Gamma$ mit der Eigenschaft $c = 0$. Sie sind notwendig von der Form

$$M = \pm \begin{pmatrix} 1 & b \\ 0 & 1 \end{pmatrix}.$$

Der Abschluss von U_C in $\mathbb{H}^*$ ist

$$U_C^* := U_C \cup \{\mathrm{i}\infty\}.$$

Die natürliche Abbildung

$$U_C^*/\Gamma_\infty \longrightarrow X_\Gamma = \mathbb{H}^*/\Gamma$$

ist ebenfalls injektiv. Aus der Definition der Quotiententopologie folgt unmittelbar, dass sie stetig und offen ist, sie definiert also eine topologische Abbildung von U_C^*/Γ_∞ auf eine offene Umgebung der Spitzenklasse $[\infty]$ in X_Γ.

Sei R die kleinste positive Zahl, so dass die Translation $z \mapsto z + R$ in der Gruppe Γ enthalten ist. Wir betrachten die Kreisscheibe $U_r(0)$ vom Radius $r := \exp(-2\pi C/R)$ in der komplexen Ebene. Die Funktion $z \to \exp(2\pi i z/R)$ definiert eine bijektive Abbildung

$$U_C/\Gamma \longrightarrow U_r(0)^\bullet.$$

Indem man der Spitze den Nullpunkt zuordnet, erhält man eine Ausdehnung zu einer bijektiven Abbildung

$$U_C^*/\Gamma_\infty \longrightarrow U_r(0).$$

Die Topologie von $\mathbb{H}^*$ wurde gerade so definiert, dass diese Abbildung topologisch wird. Setzt man diese Abbildung mit der Einbettung in X_Γ zusammen, so erhält man eine topologische Abbildung der Kreisscheibe auf eine Umgebung von $[i\infty]$ in X_Γ. Ihre Umkehrabbildung ist eine Karte auf X_Γ. Es ist offensichtlich, dass diese Karte mit den die analytische Struktur von $\mathbb{H}/\Gamma$ definierenden Karten analytisch verträglich sind. Dies liegt einfach daran, dass die Exponentialabbildung lokal biholomorph ist. Fassen wir diese Überlegungen zusammen, so erhalten wir:

14.7 Satz. *Man kann für jede Kongruenzgruppe Γ, welche außer E und mölicherweise $-E$ keine Elemente endlicher Ordnung besitzt, eine Struktur als Riemann'sche Fläche auf $X_\Gamma = \mathbb{H}^*/\Gamma$ erklären, so dass folgende Bedingungen erfüllt sind:*

1) *$\mathbb{H}/\Gamma$ ist eine offene Riemann'sche Unterfläche, die natürliche Abbildung $\mathbb{H} \to X_\Gamma$ ist lokal biholomorph.*

2) *Ist $C > 0$ so groß gewählt, dass die natürliche Abbildung $U_C/\Gamma_\infty \to \mathbb{H}/\Gamma$ injektiv ist und ist $U_r(0) \to U_C^*/\Gamma_\infty$ die Umkehrabbildung der durch $z \mapsto \exp(2\pi i z/R)$ vermittelten Abbildung, so liefert die Zusammensetzung*

$$U_r(0) \longrightarrow X_\Gamma$$

eine biholomorphe Abbildung der Kreisscheibe $U_r(0)$ auf eine offene Umgebung der Spitzenklasse von $i\infty$ in X_Γ.

3) *Die durch eine beliebige Modulmatrix $M \in \mathrm{SL}(2, \mathbb{Z})$ definierte Abbildung*

$$X_\Gamma \longrightarrow X_{M\Gamma M^{-1}}$$

ist biholomorph.

Es ist klar, dass die analytischen Strukturen der Flächen X_Γ durch die Bedingungen 1)–3) eindeutig bestimmt sind.

Sei $f \in \{\Gamma, k\}$ eine meromorphe Modulform geraden Gewichts $k = 2m$ (im Sinne von [FB], VI.2.1) und sei ω_f die assoziierte multikanonische Form auf

$\mathbb{H}/\Gamma$. Wir wollen zeigen, dass ω_f auf ganz X_Γ meromorph ist und untersuchen dazu ω_f in der Nähe der typischen Spitze $i\infty$. Wir ziehen ω_f auf das Kartenblatt $U_r(0)^\cdot$ zurück und erhalten eine multikanonische Form $g(q)(dq)^m$. Dabei ist $g(q)$ natürlich nichts anderes als die Komponente von ω_f bezüglich dieser analytischen Karte. Wir haben also zu zeigen, dass $g(q)$ im Nullpunkt eine außerwesentliche Singularität hat. Zieht man $g(q)(dq)^m$ mittels der Funktion $q := \exp(2\pi i z/R)$ auf U_C zurück, so erhält man $f(z)(dz)^m$. Die Regeln für das Zurckziehen von multikanonischen Formen besagen:

$$f(z) = \left(\frac{dq}{dz}\right)^m g(q) = \left(\frac{2\pi i}{R}\right)^m q^m g(q).$$

Man sieht nun, dass g im Nullpunkt meromorph ist. Der auftretende Faktor q^m bewirkt jedoch eine Verschiebung der Ordnungen. Sei beispielsweise $m = 1$. Man sieht, dass g genau dann eine hebbare Singularität im Nullpunkt hat, wenn f in der Spitze $i\infty$ verschwindet. Wir erinnern daran, dass eine Modulform Spitzenform heißt, wenn sie in allen Spitzen verschwindet.

14.8 Satz. *Der Vektorraum $\Omega(X_\Gamma)$ der holomorphen Differentiale auf X_Γ ist isomorph zum Vektorraum $[\Gamma, 2]_0$ der Spitzenformen vom Gewicht zwei. Insbesondere gilt*

$$\dim[\Gamma, 2]_0 = p \quad (= \text{Geschlecht von } X_\Gamma).$$

Sei f eine von Null verschiedene meromorphe Modulform. Wir haben für einen beliebigen Punkt $a \in \mathbb{H}^*$ die Ordnung $\mathrm{Ord}(f, a)$ definiert ([FB], Kapitel VI, §2). Wir erinnern noch einmal: Ist a ein Punkt in der oberen Halbebene, so ist $\mathrm{Ord}(f; a)$ die gewöhnliche Ordnung. Ist a die Spitze $i\infty$, so wird die Ordnung über die Fourierentwicklung definiert. Dazu ist die kleinste positive Zahl $R > 0$ zu betrachten, so dass

$$\begin{pmatrix} 1 & R \\ 0 & 1 \end{pmatrix} \quad \text{oder} \quad \begin{pmatrix} -1 & R \\ 0 & -1 \end{pmatrix}$$

in Γ enthalten ist. Da das Gewicht von f gerade ist, gilt $f(z + R) = f(z)$ und es existiert eine Entwicklung

$$f(z) = \sum_{n=-\infty}^{\infty} a_n q^n \quad (q = e^{2\pi i z/R}).$$

Man definiert

$$\mathrm{Ord}(f; i\infty) := \min\{n, \quad a_n \neq 0\}.$$

Ist $\kappa = M(i\infty)$, $M \in \mathrm{SL}(2, \mathbb{Z})$, eine beliebige Spitze, so ersetzt man Γ durch $M\Gamma M^{-1}$ und f durch $f|M$ und definiert

$$\mathrm{Ord}(f; \kappa) = \mathrm{Ord}(f|M; i\infty).$$

Es ist leicht zu sehen, dass diese Definition nicht von der Wahl von M abhängt. Damit ist $\mathrm{Ord}(f; a)$ für alle $a \in \mathbb{H}^*$ definiert. Es ist trivial, dass diese Definition nur von der Γ-Äquivalenzklasse von a abhängt, man kann also

$$\mathrm{Ord}(f; x) := \mathrm{Ord}(f; a), \quad x = [a] \in \mathbb{H}^*/\Gamma,$$

definieren. Nur für endlich viele $x \in X_\Gamma$ ist die Ordnung von Null verschieden. Wir haben somit der Modulform f einen Divisor zugeordnet, welchen wir mit (f) bezeichnen. Halten wir fest:

14.9 Bemerkung. *Man kann einer beliebigen von Null verschiedenen meromorphen Modulform f geraden Gewichts $k = 2m$ einen Divisor (f) auf der kompakten Riemann'schen Fläche X_Γ zuordnen, so dass folgende Bedingungen erfüllt sind:*

1) *Die Modulform ist genau dann ganz, falls $(f) \geq 0$ gilt. Sie ist genau dann eine Spitzenform, falls $(f) \geq \sum_{s \in S_\Gamma}(s)$ gilt.*

2) *Ist ω_f die f zugeordnete meromorphe multikanonische Form auf X_Γ, so gilt*

$$(f) = (\omega_f) + m \sum_{s \in S_\Gamma} s.$$

   Insbesondere gilt

$$\mathrm{Grad}((f)) = m(2p - 2 + h).$$

3) *Es gilt*

$$(fg) = (f) + (g).$$

Wir wählen nun zu jedem Gewicht $k = 2m$ eine von Null verschiedene meromorphe Modulform f_0 aus. Man kann etwa $f_0 = (G_6/G_4)^m$ nehmen. Jede andere meromorphe Modulform f desselben Gewichts ist dann von der Form $f = hf_0$ mit einer Modulfunktion (=Modulform vom Gewicht Null) h. Genau dann ist f ganz, wenn $(h) \geq -(f_0)$ gilt, d.h. f ist aus dem RIEMANN-ROCH'schen Raum $\mathcal{L}((f_0))$. Wir erhalten also

14.10 Satz. *Ist K ein kanonischer Divisor auf X_Γ, so gilt*

$$[\Gamma, k] \cong \mathcal{L}\left(mK + m \sum_{s \in S_\Gamma} s\right)$$

und entsprechend

$$[\Gamma, k]_0 \cong \mathcal{L}\left(mK + (m-1) \sum_{s \in S_\Gamma} s\right).$$

Aus dem RIEMANN ROCH'schen Satz folgt nun

14.11 Satz. *Sei Γ eine Kongruenzuntergruppe der Modulgruppe, welche außer E und möglicherweise $-E$ kein Element endlicher Ordnung enthält. Für gerades $k > 0$ gilt*

$$\dim[\Gamma, k] = \frac{k}{2}(2p - 2 + h) + 1 - p$$

und

$$\dim[\Gamma, k]_0 = \begin{cases} \dim[\Gamma, k] - h & \text{für } k > 2, \\ \dim[\Gamma, k] - h + 1 & \text{für } k = 2. \end{cases}$$

Dabei sei h die Anzahl der Spitzenklassen und p das Geschlecht von X_Γ.

Als nächstes bestimmen wir für viele Gruppen das Geschlecht $p =: p(\Gamma)$ und die Anzahl der Spitzenklassen $h =: h(\Gamma)$.

Das topologische Geschlecht

Bei der Definition der Ordnung einer Modulform trat die kleinste natürliche Zahl R auf, so dass die Translation $z \mapsto z + R$ zu Γ gehört. Jede andere Translation ist dann ein Vielfaches. Wenn die negative Einheitsmatrix in Γ enthalten ist, so ist der Stabilisator der Spitze $i\infty$ gleich

$$\Gamma_\infty := \{M \in \Gamma; \quad M(i\infty) = i\infty\} = \left\{\pm \begin{pmatrix} 1 & xR \\ 0 & 1 \end{pmatrix}; \quad x \in \mathbb{Z}\right\}.$$

Dies ist eine Untergruppe vom Index R im Stabilisator von $i\infty$ der vollen Modulgruppe. Man nennt R die *Breite der Spitze* ∞. Ist $\kappa = M(i\infty)$, $M \in \mathrm{SL}(2, \mathbb{Z})$, eine beliebige Spitze, so definiert man als Breite der Spitze κ die Breite der Spitze $i\infty$ in Bezug auf die konjugierte Gruppe $M\Gamma M^{-1}$. Man bezeichnet die Spitzenbreite mit

$$R(\kappa) = R_\Gamma(\kappa) = \text{Breite der Spitze } \kappa.$$

Es ist klar, dass diese Definition nicht von der Wahl von M und auch nur von der Γ-Äquivalenzklasse abhängt: Wenn die negative Einheitsmatrix in Γ enthalten ist, so ist die Spitzenbreite $R(\kappa)$ gleich dem Index der Stabilisatoren der Spitze

$$[\mathrm{SL}(2, \mathbb{Z})_\kappa : \Gamma_\kappa].$$

14.12 Bemerkung. *Sei $\kappa = M(i\infty)$, $M \in \mathrm{SL}(2, \mathbb{Z})$ eine beliebige Spitze von Γ. Die Breite der Spitze $i\infty$ von $M\Gamma M^{-1}$ hängt nur von κ, nicht jedoch von der Wahl von M ab. Man nennt sie die Breite der Spitze κ von Γ. Sie hängt nur von der Γ-Äquivalenzklasse von κ ab.*

Von besonderer Bedeutung ist die Summe aller Spitzenbreiten

$$R(\Gamma) := \sum_{x \in S_\Gamma} R_\Gamma(x).$$

14.13 Bemerkung. *Sei Γ eine Kongruenzgruppe. Wir nehmen an, dass die negative Einheitsmatrix in Γ enthalten ist. Die Summe der Spitzenbreiten ist gleich dem Index von Γ in der vollen Modulgruppe,*

$$R(\Gamma) = [\mathrm{SL}(2, \mathbb{Z}) : \Gamma].$$

Beweis. Sei

$$\kappa_1 = M_1(\mathrm{i}\infty), \dots, \kappa_h = M_h(\mathrm{i}\infty)$$

ein Vertretersystem der Spitzenklassen. Wir wählen für jeden Vertreter κ_ν ein Vertretersystem $N_{\nu,1}, \dots N_{\nu,R_\nu}$ der Nebenklassen von Γ_κ in $\mathrm{SL}(2,\mathbb{Z})_\kappa$. Offenbar durchläuft $M_\nu N_{\nu,\mu}$ ein Vertretersystem von Γ in $\mathrm{SL}(2,\mathbb{Z})$.   □

Wir erinnern daran, dass es eine Modulform vom Gewicht 12 zur vollen Modulgruppe gibt, welche in der oberen Halbebene keine Nullstelle hat und welche in der Spitze ∞ in erster Ordnung verschwindet. Fasst man sie als Modulform zu einer Kongruenzgruppe Γ auf, so ist die Verschwindungsordnung in der Spitze ∞ gleich der Breite der Spitze $\mathrm{i}\infty$. Wir erhalten:

14.14 Satz. *Sei Γ eine Kongruenzgruppe, welche die negative Einheitsmatrix enthält und so dass ihr Bild in* Bihol $\mathbb{H}$ *frei operiert. Sei $R(\Gamma)$ die Summe aller Spitzenbreiten von Γ. Es gilt*

$$R(\Gamma) = [\mathrm{SL}(2,\mathbb{Z}) : \Gamma] = 6(2p - 2 + h).$$

14.15 Folgerung. *Für gerades $k > 0$ gilt*

$$\dim[\Gamma, k] = \frac{k}{12}[\mathrm{SL}(2,\mathbb{Z}) : \Gamma] + 1 - p.$$

Die Voraussetzung $-E \subset \Gamma$ ist harmlos, da man andernfalls Γ durch $\Gamma \cup -\Gamma$ ersetzen kann. Die beiden Gruppen haben dieselben Modulformen geraden Gewichts.

Die Größen p und h lassen sich für die Hauptkongruenzgruppe der Stufe zwei leicht angeben. Da sie in der vollen Modulgruppe den Index 6 hat, erhält man nach Wahl eines Vertretersystems der Nebenklassen sechs Spitzen, die ein Vertretersystem aller Klassen enthalten müssen. Man rechnet leicht nach, dass sie aus drei Paaren äquivalenter Spitzen bestehen, die Zahl der Spitzenklassen ist also drei. Das Geschlecht kann man beispielsweise mittels 14.8 ermitteln: Aus dem Struktursatz [FB], VI.6.3 kann man ablesen, dass jede Spitzenform vom Gewicht zwei zu $\Gamma[2]$ verschwindet. Man kann dies auch rein topologisch zeigen, indem man mittels des Fundamentalbereichs von $\Gamma[2]$ eine Triangulierung konstruiert und den Polyedersatz anwendet. Dies zeigt:

14.16 Hilfssatz. *Es gilt*

$$p(\Gamma[2]) = 0, \quad h(\Gamma[2]) = 3.$$

Index und Anzahl der Spitzenklassen kann man angeben, wenn man ein Vertretersystem der Nebenklassen von Γ in der vollen Modulgruppe kennt. Wir führen die Rechnung für die Hauptkongruenzgruppe $\Gamma[q]$ durch, wobei wir benutzen wollen, dass die Abbildung

$$\mathrm{SL}(2,\mathbb{Z}) \longrightarrow \mathrm{SL}(2,\mathbb{Z}/q\mathbb{Z})$$

surjektiv ist und dass folgedessen

$$[\mathrm{SL}(2,\mathbb{Z}) : \Gamma[q]] = \#\,\mathrm{SL}(2,\mathbb{Z}/q\mathbb{Z}) = q^3 \prod_{l \text{ prim}, \, l|q} \left(1 - \frac{1}{l^2}\right)$$

gilt. Dies ist ein Spezialfall eines Resultats, das wir noch beweisen werden (VII.6.5).

14.17 Satz. *Für die Hauptkongruenzgruppe der Stufe $q > 2$ gilt:*

$$[\mathrm{SL}(2,\mathbb{Z}) : \Gamma[q]] = q^3 \prod_{l|q} \left(1 - \frac{1}{l^2}\right),$$

$$h = \frac{1}{2} q^2 \prod_{l|q} \left(1 - \frac{1}{l^2}\right),$$

$$p = 1 + \frac{q-6}{12} h.$$

Es gelten die Dimensionsformeln

$$\dim[\Gamma[q], k] = \frac{1}{24} q^3 \prod_{l|q} \left(1 - \frac{1}{l^2}\right) + 1 - p.$$

für gerades $k > 2$.

Folgerung. *In den Fällen $q \leq 5$ ist das Geschlecht Null.*

Beweis. Es ist besser, mit der Gruppe $\tilde{\Gamma}[q] = \Gamma[q] \cup -\Gamma[q]$ zu arbeiten. Die Zahl der Spitzenklassen ist dieselbe, aber der Index muss durch zwei dividiert werden. Da die Spitzenbreiten alle gleich q sind, folgt die Formel für die Zahl der Spitzenklassen aus der Formel für den Index.

Die Formel für das Geschlecht bestimmt man zunächst für gerade Stufe q, indem man die kanonische Abbildung

$$X_{\Gamma[q]} \longrightarrow X_{\Gamma[2]}$$

betrachtet und die Riemann-Hurwitz'sche Verzweigungsformel anwendet. Man sieht leicht, dass jeder Punkt aus $\mathbb{H}/\Gamma[2]$ genau

$$[\Gamma[2] : \tilde{\Gamma}[q]] = \frac{[\Gamma[1] : \tilde{\Gamma}[q]]}{[\Gamma[1] : \Gamma[2]]}$$

Urbildpunkte hat. Dies ist also der Grad der Abbildung. Die einzigen Verzweigungspunkte sind die Spitzenklassen. Diese haben Verzweigungsordnung q.

Ist q ungerade, so wendet man die Verzweigungsformel auf

$$X_{\Gamma[2q]} \longrightarrow X_{\Gamma[q]}$$

an.   □

15. Die Dimension des Vektorraums der Modulformen zu Multiplikatorsystemen

Sei v ein Multiplikatorsystem zu einer Kongruenzgruppe Γ. Wir benutzen die
Bezeichnungen aus [FB], Kapitel VI, §5. Wir wollen wieder einer von Null
verschiedenen meromorphen Modulform $f \in \{\Gamma, r/2, v\}$ einen Divisor auf X_Γ
zuordnen. Dabei darf $k := r/2$ auch halbzahlig sein, d.h. r kann ungerade sein.
Dazu müssen wir wieder die Ordnung von f in der Spitze i∞ erklären. Sei also
wieder R die kleinste positive Zahl, so dass

$$\begin{pmatrix} 1 & R \\ 0 & 1 \end{pmatrix} \text{ oder } \begin{pmatrix} -1 & R \\ 0 & -1 \end{pmatrix}$$

in Γ enthalten ist. Die Schwierigkeit, die nun auftritt ist, dass f nicht Periode
R zu haben braucht. Es gilt lediglich $f(z + R) = \varepsilon f(z)$ mit einer gewissen
Einheitswurzel ε. Diese Schwierigkeit tritt bereits bei trivialem Multiplikatorsystem auf, nämlich dann, wenn das Gewicht k eine ungerade Zahl ist und
wenn $\begin{pmatrix} -1 & R \\ 0 & -1 \end{pmatrix}$ in Γ enthalten ist. Es gilt

$$\varepsilon = \begin{cases} v\begin{pmatrix} 1 & R \\ 0 & 1 \end{pmatrix} & \text{falls } \begin{pmatrix} 1 & R \\ 0 & 1 \end{pmatrix} \in \Gamma, \\ (-1)^k v\begin{pmatrix} -1 & R \\ 0 & 1 \end{pmatrix} & \text{falls } \begin{pmatrix} -1 & R \\ 0 & -1 \end{pmatrix} \in \Gamma. \end{cases}$$

Wir nennen die Einheitswurzel ε die *Irregularität der Spitze* i∞. Sie hängt von
dem Tripel $(\Gamma, r/2, v)$ ab. Das Auftreten der Irregularität erfordert folgende
zusätzlichen Überlegungen:

Wir schreiben die Irregularität in der Form

$$\varepsilon = e^{2\pi i a}, \quad 0 \le a < 1.$$

Die Funktion $z \mapsto \exp(2\pi i a z)$ hat dasselbe Transformationsverhalten wie f
unter der Translation $z \mapsto z + R$. Die Funktion $z \mapsto f(z) \exp(-2\pi i a z)$ ist
daher vollperiodisch und kann in eine Fourierreihe entwickelt werden,

$$f(z)e^{-2\pi i a z} = \sum_{n=-\infty}^{\infty} a_n e^{\frac{2\pi i n z}{R}}.$$

Wir definieren nun

$$\mathrm{Ord}(f, \mathrm{i}\infty) = \min\{n; \quad a_n \neq 0\}.$$

Man sollte sich vor Augen halten, dass in dieser Definition eine gewisse Willkür herrscht, da sie von der Darstellung von ε in der Form $\exp(2\pi\mathrm{i}a)$ abhängt. Normiert man a anders, so verändert sich die Ordnung. Man muss bedenken, dass wir keine Deutung beliebiger Modulformen durch Begriffsbildungen auf der RIEMANN'schen Fläche $\mathbb{H}/\Gamma$ wie im Falle geraden Gewichts und zum trivialen Multiplikatorsystem, wo sie als multikanonische Formen gedeutet werden können, haben.

Analog zum Fall geraden Gewichts und trivialem Multiplikatorsystem definiert man $\mathrm{Ord}(f; a)$ für eine beliebige Spitze, indem man a nach $\mathrm{i}\infty$ transformiert und zu einer konjugierten Gruppe und entsprechend transformierter Form übergeht. Diese Definition hängt nicht ab von der Wahl der Substitution, welche a nach $\mathrm{i}\infty$ wirft. Ist a ein Punkt der oberen Halbebene, so ist die Ordnung die gewöhnliche Ordnung der meromorphen Funktion f. Man ordnet auf diese Weise der Modulform f wieder einen Divisor (f) zu.

Im Unterschied zum Fall geraden Gewichts und trivialen Multiplikatorsystems gilt die Formel $(fg) = (f) + (g)$ nicht allgemein. Sie ist offensichtlich richtig, wenn eine der beiden Formen keine Irregularität aufweist. Insbesondere gilt

15.1 Hilfssatz.   *Sei $f \in \{\Gamma, k, v\}$ eine von Null verschiedene meromorphe Modulform und $h \in \{\Gamma, 0\}$ eine (vollinvariante) von Null verschieden Modulfunktion. Dann gilt*

$$(hf) = (h) + (f).$$

Hieraus ergibt sich wieder:

15.2 Hilfssatz.   *Wenn eine von Null verschieden meromorphe Modulform $f \in \{\Gamma, k, v\}$ existiert, so gilt*

$$[\Gamma, k, v] \cong \mathcal{L}((f)).$$

Mit der Frage der Existenz einer (lediglich meromorphen) Modulform wollen wir uns nicht befassen, sie ist in all unseren Anwendungen offensichtlich. Es bleibt der Grad des Divisors (f) zu bestimmen. Was liegt näher, als eine natürliche Zahl N zu bestimmen, so dass Nk gerade ist und f^N triviales Multiplikatorsystem hat. Dann ist jedenfalls nach den Resultaten des vorhergehenden Abschnitts

$$\mathrm{Grad}\big((f^N)\big) = \frac{Nk}{2}(2p - 2 + h).$$

Man benötigt also den Zusammenhang zwischen $\mathrm{Ord}(f; \mathrm{i}\infty)$ und $\mathrm{Ord}(f^N, \mathrm{i}\infty)$. Die Entwicklung von f lautet

$$f(z) = e^{2\pi\mathrm{i}az} \sum a_n e^{\frac{2\pi\mathrm{i}nz}{R}}.$$

Es folgt

$$f(z)^N = e^{2\pi i N a z} \left(\sum a_n e^{\frac{2\pi i n z}{R}} \right)^N.$$

Die Zahl Na ist ganz. Wir sehen

$$\text{Ord}(f^N; i\infty) = aN + N\,\text{Ord}(f, i\infty).$$

15.3 Bemerkung. *Sei $\kappa = M(i\infty)$, $M \in \text{SL}(2, \mathbb{Z})$ eine beliebige Spitze von Γ. Die Irregularität in der Spitze $i\infty$ von $(M\Gamma M^{-1}, v^M)$ hängt nicht von der Wahl von M ab. Man nennt sie die Irregularität in der Spitze κ von $(\Gamma, r/2, v)$. Die Irregularität hängt nur von der Γ-Äquivalenzklasse von κ ab.*

Damit erhalten wir:

15.4 Satz. *Sei Γ eine Kongruenzgruppe, deren Bild in $\text{Bihol}\,\mathbb{H}$ frei operiert. Sei weiterhin $f \in \{\Gamma, k, v\}$ eine von Null verschiedene meromorphe Modulform und N eine natürliche Zahl, so dass Nk gerade ist und so dass alle auftretenden Spitzenbreiten N teilen. Dann gilt*

$$(f^N) = N(f) + \sum_{s \in S_\Gamma} Na(s).$$

Insbesondere gilt

$$\text{Grad}(f) = \frac{k}{2}(2p - 2 + h) - \sum_{s \in S_\Gamma} a(s).$$

Dabei sei $\varepsilon(s) = \exp(2\pi i a(s))$ die Irregularität (in der Standarddarstellung $0 \leq a(s) < 1$).

15.5 Folgerung. *Im Falle $k \geq 2$ gilt*

$$\dim[\Gamma, k, v] = \frac{k}{2}(2p - 2 + h) + 1 - p - \sum_{s \in S_\Gamma} a(s).$$

Übungsaufgaben zum Anhang von Kapitel IV

1. In [FB] am Ende von VI.6 wurde für $r \geq 2$ folgende Formel bewiesen:
$$\dim[\Gamma[4,8], r/2, v_\vartheta^r] = 4r - 2.$$
   Im Falle $r \geq 4$ beweise man sie erneut mittels 15.5.

2. Sei $\Gamma \subset \mathrm{SL}(2,\mathbb{Z})$ eine Kongruenzgruppe, deren Bild in Bihol $\mathbb{H}$ nicht notwendig frei operiert. Wie wir in der Übungsaufgabe 4 zu III.2 gesehen haben, trägt $\mathbb{H}/\Gamma$ auch in diesem Fall eine Struktur als RIEMANN'sche Fläche.

   Man zeige. Der Raum X_Γ trägt für beliebige Kongruenzgruppen Γ eine im wesentlichen eindeutige Struktur als kompakte RIEMANN'sche Fläche, so dass die natürliche Projektion
$$\mathbb{H} \longrightarrow X_\Gamma$$
   holomorph ist.

3. Im Falle der vollen Modulgruppe $\Gamma = \mathrm{SL}(2,\mathbb{Z})$ ist X_Γ biholomorph äquivalent zur Zahlkugel.

   Man gebe verschiedene Beweise für diesen Satz:

   1) Man benutze die j-Funktion (vgl. Aufgabe 7 aus III.2).
   2) Nach dem Uniformisierungssatz genügt es zu zeigen, dass das Geschlecht von X_Γ Null ist. Dies kann man mittels der EULER'schen Polyederformel über eine geeignete Triangulierung des Fundamentalbereichs zeigen.
   3) Man wende die Verzweigungsformel auf $X_{\Gamma[2]} \to X_{\Gamma[1]}$ an.

4. Man berechne das topologische Geschlecht $p(\Gamma)$ von $\mathbb{H}/\Gamma$ für eine beliebige Kongruenzgruppe Γ mit Hilfe der HURWITZ'schen Verzweigungsformel für die natürliche Projektion
$$X_\Gamma \longrightarrow X_{\mathrm{SL}(2,\mathbb{Z})} = \bar{\mathbb{C}}.$$
   Wenn $-E$ in Γ enthalten ist, so gilt
$$p(\Gamma) = 1 + \frac{[\mathrm{SL}(2,\mathbb{Z}) : \Gamma]}{12} - \frac{a}{4} - \frac{b}{3} - \frac{h}{2}.$$
   Dabei bezeichne $a = a(\Gamma)$ bzw. $b = b(\Gamma)$ die Anzahl der Γ-Äquivalenzklassen von Fixpunkten der Ordnung zwei bzw. drei. Die Ordnung $e(a)$ eines Punkts $a \in \mathbb{H}$ ist definitionsgemäß die Ordnung des Bildes das Bildes von Γ_a in Bihol $\mathbb{H}$. Sie ist die Ordnung von Γ_a, wenn $-E$ nicht in Γ enthalten ist, andernfalls die Hälfte. Sie hängt natürlich nur von der Γ-Äquivalenzklasse ab.

5. Man zeige, dass die Formel
$$\dim[\Gamma, 2]_0 = p(\Gamma)$$
   für beliebige Kongruenzgruppen gilt.

6. Man zeige, dass die Formel

$$\dim[\Gamma, k] = \begin{cases} \dim[\Gamma, k]_0 + h & \text{für } k > 2, \\ \dim[\Gamma, k]_0 + h - 1 & \text{für } k = 2, \end{cases}$$

bei geradem k für beliebige Kongruenzgruppen gilt.

7. Für gerades $k > 0$ und beliebige Kongruenzgruppen gilt

$$\dim[\Gamma, k] = (k-1)(p-1) + \frac{kh}{2} + \sum_{a \in \mathbb{H}/\Gamma} \left[\frac{k}{2} \left(1 - \frac{1}{e(a)} \right) \right].$$

Dabei sei $[x]$ die größte ganze Zahl $\leq x$. Die Summe ist natürlich endlich, da $e(a)$ fast immer Eins ist.

8. Man leite aus der vorhergehenden Aufgabe einen neuen Beweis für den Struktursatz VI.3.4 aus [FB] vor. (Er besagt, dass der Ring der Modulformen zur vollen Modulgruppe von zwei Formen vom Gewicht 4 und 6 erzeugt wird.)

9. Um die Dimensionsformel auch für beliebiges Gewicht $k \in \frac{1}{2}\mathbb{Z}$ und für beliebiges Multiplikatorsystem v zu erhalten, muss man den elliptischen Fixpunkten $a \in \mathbb{H}$ analog zu den Spitzen eine *Irregularität* zuordnen. Wir nehmen wieder an, die Existenz einer meromorphen Modulform f sei gesichert. Die Funktion

$$g(w) = (w-1)^{-k} f\left(\frac{\bar{a}w - a}{w - 1} \right)$$

ist im Einheitskreis definiert. Ist $e(a)$ die Ordnung des Fixpunktes, so hat g ein Transformationsverhalten

$$g(e^{2\pi i/e(a)} w) = \eta g(w)$$

mit einer Einheitswurzel

$$\eta = e^{2\pi i \alpha}, \quad 0 \leq \alpha = \alpha(a) < 1,$$

welche nun die Rolle der Irregularität einnimmt. Sie ist nur abhängig von Γ, v und k und der Γ-Äquivalenzklasse von a.

Man zeige. Es gilt allgemein für $k > 2$

$$\dim[\Gamma, k, v] = (k-1)(p-1) + \frac{kh}{2} + \sum_{a \in \mathbb{H}/\Gamma} \left(\frac{k}{2}\left(1 - \frac{1}{e(a)} \right) - \alpha(a) \right).$$

Kapitel V. Analytische Funktionen mehrerer Variabler

Das JACOBI'sche Umkehrtheorem führt auf mehrfach periodische Funktionen mehrerer Veränderlicher. Es stellt sich damit die Aufgabe, eine zur Theorie der elliptischen Funktionen analoge Theorie zu entwickeln. Dies macht eine Einführung in die Funktionentheorie mehrerer komplexer Veränderlicher erforderlich. In diesem Kapitel geben wir eine elementare Einführung, welche im wesentlichen WEIERSTRASS folgt. Ein Hauptziel ist der Beweis des Satzes, dass jede meromorphe Funktion auf dem $\mathbb{C}^n$ als Quotient zweier ganzer Funktionen geschrieben werden kann. Dieser Satz wurde erstmalig von POINCARÉ bewiesen. WEIERSTRASS hatte dieses Problem als ein sehr schwieriges angesehen. Im Falle $n = 1$ kann man diesen Satz leicht mit WEIERSTRASSprodukten beweisen, sogar für beliebige Gebiete $D \subset \mathbb{C}$ anstelle von $\mathbb{C}$. Der Fall $n > 1$ ist schwieriger, da die Nullstellen und Pole analytischer Funktionen mehrerer Veränderlicher nicht isoliert sind. Dort gilt er auch nicht für beliebige Gebiete $D \subset \mathbb{C}^n$.

Das Studium der Nullstellen ist eng verwandt mit der Teilbarkeitslehre im Ring der konvergenten Potenzreihen. Diese wird durch zwei zentrale Sätze, dem WEIERSTRASS'schen Vorbereitungssatz und dem Divisionssatz reguliert. Beide Sätze sind eng verwandt. Sie sind sogar in dem Sinne äquivalent, als man relativ einfach den einen aus dem anderen ableiten kann. Der Vorbereitungssatz von WEIERSTRASS erschien 1886 erstmals im Druck, kam aber schon in den Vorlesungen 1860 vor. Der Divisionssatz wird fälschlicherweise häufig auch Vorbereitungssatz genannt, was historisch jedoch falsch ist. Historische Kommentare und Richtigstellungen findet man bei C.L. SIEGEL in seiner Arbeit *„Zu den Beweisen des Vorbereitungssatzes von Weierstraß"* (Gesammelte Abhandlungen, Band IV, Nr. 83). Dort wird darauf hingewiesen, dass der Divisionssatz erstmalig 1887 von STICKELBERGER bewiesen wurde und von SPÄTH im Jahre 1929 wieder entdeckt wurde. SIEGEL gibt in obiger Arbeit auch einen einfachen Beweis des Vorbereitungssatzes, welcher auf einem Potenzreihenansatz beruht. Wir werden hier einen anderen Beweis darstellen, welcher das CAUCHY-Integral benutzt.

Am Ende dieses Kapitels geben wir noch eine kurze Einführung in den lokalen Kalkül der alternierenden Differentialformen, welche den bereits behandelten zweidimensionalen Fall (Anhang zu Kapitel II) erweitert.

1. Elementare Eigenschaften analytischer Funktionen mehrerer Variabler

Wir kennen den Begriff der *analytischen (= holomorphen) Funktion* einer komplexen Variablen und bauen hierauf den Begriff der analytischen Funktion mehrerer Variabler auf.

1.1 Definition. *Eine Funktion*

$$f : D \longrightarrow \mathbb{C}$$

auf einem offenen Teil $D \subset \mathbb{C}^n$ heißt analytisch, falls sie stetig ist und falls sie als Funktion jeder der n Variablen (bei Festhaltung der restlichen $n - 1$ Variablen) analytisch ist.

Anmerkung. Nach einem nicht trivialen Satz von Hartogs ist die Voraussetzung der Stetigkeit in 1.1 überflüssig.

Die folgenden Eigenschaften analytischer Funktionen können leicht auf den Fall $n = 1$ zurückgeführt werden.

1. Summe und Produkt zweier analytischer Funktionen $f, g : D \to \mathbb{C}$ sind analytisch, konstante Funktionen sind analytisch, außerdem ist $1/f$ analytisch, wenn f eine analytische Funktion ohne Nullstellen ist.

Bezeichnung.

$$\mathcal{O}(D) = \{f : D \to \mathbb{C}, \ f \text{ analytisch}\}.$$

$\mathcal{O}(D)$ ist also eine $\mathbb{C}$-Algebra.

2. **Maximumprinzip.** *Die Menge D sei zusammenhängend. Wenn $|f(z)|$ in D ein Maximum annimmt, so ist f konstant.*

Sei $a \in D$ ein Punkt, in welchem $|f(z)|$ ein Maximum annimmt. Zum Beweis betrachte man die Menge aller Punkte, in denen $f(z) = f(a)$ gilt. Diese Menge ist aus Stetigkeitsgründen abgeschlossen in D. Mit Hilfe des Maximumprinzips der Funktionentheorie einer Variablen schließt man leicht, dass diese Menge auch offen ist. Da D zusammenhängend ist, stimmt diese Menge mit D überein.

3. Ist $f_n : D \to \mathbb{C}$ eine lokal gleichmäßig konvergente Folge analytischer Funktionen, so ist die Grenzfunktion ebenfalls analytisch.

4. *Identitätssatz für analytische Funktionen mehrerer Variabler:*

Eine analytische Funktion $f : D \to \mathbb{C}$ auf einem Gebiet D, welche auf einem offenen nicht leeren Teil verschwindet, ist identisch Null.

Beweis. Es gibt eine größte offene Menge $U \subset D$, auf welcher f identisch verschwindet. Wenn U von D verschieden ist, existiert ein Randpunkt $a \in D$ von U. Zum Beweis kann man D durch eine offene Umgebung von a ersetzen und daher $D = D_1 \times \ldots \times D_n$, annehmen, wobei die D_ν Gebiete in $\mathbb{C}$ sind. Nach Voraussetzung existieren nicht leere offene Mengen $U_\nu \subset D_\nu$, so dass f auf $U_1 \times \ldots \times U_n$ verschwindet. Nun wende man induktiv den Identitätssatz im Falle $n = 1$ an.

Ein anderer Beweis wird sich aus der lokalen Entwickelbarkeit in Potenzreihen ergeben (2.2).

Für weitergehende Eigenschaften analytischer Funktionen benötigt man wie im Falle $n = 1$ die Potenzreihenentwicklung.

Übungsaufgaben zu V.1

1. Sei $D \subset \mathbb{C}^n$ ein Gebiet, welches mit dem $\mathbb{R}^n$ einen nichtleeren Durchschnitt hat. Jede analytische Funktion, welche auf $D \cap \mathbb{R}^n$ verschwindet, ist identisch Null.

2. Eine Funktion $f : U \to \mathbb{R}$ auf einem offenen Teil $U \subset \mathbb{R}^n$ heißt *reell analytisch*, falls es zu jedem Punkt $a \in U$ eine offene Umgebung $U(a) \subset \mathbb{C}^n$ und eine (komplex) analytische Funktion $f_a : U(a) \to \mathbb{C}^n$ mit der Eigenschaft

$$f(x) = f_a(x) \text{ für } x \in U(a) \cap U$$

   gibt.

   Man zeige, dass für reell analytische Funktionen der Identitätssatz gilt:

   Wenn U zusammenhängend ist und f auf einem offenen nicht leeren Teil von U verschwindet, so verschwindet f auf ganz U.

3. Seien $f : U \to \mathbb{C}$ eine nicht konstante analytische Funktion auf einem Gebiet $U \subset \mathbb{C}$ und $P : \mathbb{C} \times \mathbb{C} \to \mathbb{C}$ eine analytische Funktion mit der Eigenschaft

$$P(\operatorname{Re} f, \operatorname{Im} f) \equiv 0.$$

   Dann verschwindet P identisch.

4. Der Wertevorrat $f(D)$ einer auf einem Gebiet $D \subset \mathbb{C}^n$ definierten nicht konstanten analytischen Funktion ist offen in $\mathbb{C}$.

2. Mehrfache Potenzreihen

Beim Umgang mit Potenzreihen ist es zweckmäßig, die algebraischen Rechenregeln von Konvergenzfragen zu trennen. Viele der algebraischen Eigenschaften von Potenzreihen lassen sich bereits für *formale Potenzreihen* entwickeln. Es handelt sich hierbei um Potenzreihen, bei denen keinerlei Konvergenzvoraussetzungen gemacht werden. Die Koeffizienten der Potenzreihen sind in unserem Zusammenhang meist komplexe Zahlen. Für die Definition formaler Potenzreihen können als Koeffizientenbereiche jedoch beliebige *kommutative Ringe mit Einselement* $1 = 1_R \in R$ genommen werden. Manchmal ist es wichtig zu wissen, dass R ein *Integritätsbereich* ist, dass also

$$ab = 0 \implies a = 0 \text{ oder } b = 0$$

gilt. Sei zunächst einmal R ein beliebiger kommutativer Ring mit Einselement.

Eine (formale) *Potenzreihe in n Veränderlichen* über dem Grundring R ist eine Abbildung

$$P : \mathbb{N}_0^n \longrightarrow R, \qquad (\nu_1, \ldots, \nu_n) \longmapsto a_{\nu_1, \ldots, \nu_n},$$

welche man —ihrer späteren Bestimmung entsprechend— in der Form

$$P = \sum a_{\nu_1, \ldots, \nu_n} X_1^{\nu_1} \ldots X_n^{\nu_n}$$

schreibt. Dabei sind $X_1, \ldots, X_n$ lediglich Symbole.

Es ist zweckmäßig, den Kalkül der Multiindizes zu verwenden:

$$\boxed{\begin{aligned} \nu &:= (\nu_1, \ldots, \nu_n), & X &:= (X_1, \ldots, X_n), \\ \nu! &:= \nu_1! \ldots \nu_n!, & X^\nu &:= X_1^{\nu_1} \ldots X_n^{\nu_n}. \end{aligned}}$$

Die Potenzreihe nimmt dann die Gestalt

$$P = \sum_{\nu \in \mathbb{N}_0^n} a_\nu X^\nu$$

an. Die Summation wird über alle Multiindizes $\nu \in \mathbb{N}_0^n$ erstreckt.

Für zwei Potenzreihen

$$P = \sum_{\nu \in \mathbb{N}_0^n} a_\nu X^\nu, \quad Q = \sum_{\nu \in \mathbb{N}_0^n} b_\nu X^\nu$$

definieren wir Summe und Produkt:

(1) $$P + Q := \sum_{\nu \in \mathbb{N}_0^n} (a_\nu + b_\nu) X^\nu,$$

(2) $$P \cdot Q := \sum_{\nu \in \mathbb{N}_0^n} c_\nu X^\nu, \quad c_\nu := \sum_{\alpha + \beta = \nu} a_\alpha b_\beta \quad \text{(endliche Summe!)}$$

Man überlegt sich leicht, dass die Menge aller formalen Potenzreihen mit der durch (1) und (2) eingeführten Addition und Multiplikation einen assoziativen und kommutativen Ring mit Einselement

$$\mathbf{1} = \sum_{\nu \in \mathbb{N}_0^n} a_\nu X^\nu, \quad a_\nu = \begin{cases} 0 & \text{für } \nu \neq (0, \ldots, 0), \\ 1 & \text{für } \nu = (0, \ldots, 0), \end{cases}$$

bildet. Man bezeichnet diesen Ring mit

$$R[\![X_1, \ldots, X_n]\!]$$

und nennt ihn den Ring der formalen Potenzreihen in n Unbestimmten über dem Grundring R. Dieser Ring enthält den Polynomring $R[X_1, \ldots, X_n]$ als Unterring. Ein Polynom ist nichts anderes als eine formale Potenzreihe, welche nur endlich viele von 0 verschiedene Koeffizienten besitzt. Der Grundring R ist in $R[X_1, \ldots, X_n]$ und damit auch in $R[\![X_1, \ldots, X_n]\!]$ in natürlicher Weise eingebettet, $r \mapsto r \cdot \mathbf{1}$. Man identifiziert meist r mit $r \cdot \mathbf{1}$.

Andere Schreibweisen fur Potenzreihen

Sei P eine Potenzreihe und $d \geq 0$ eine nicht negative ganz Zahl. Man definiert
dann

$$P_d := \sum_{\nu_1 + \cdots + \nu_n = d} a_\nu X^\nu.$$

Dies ist ein Polynom. Es setzt sich aus allen homogenen Termen vom Grad d
zusammen, welche in P auftreten. Ist P ein Polynom, so gilt

$$P = \sum_{d=0}^{\infty} P_d,$$

wobei es ich in Wahrheit um eine endliche Summe handelt. Eine Potenzreihe
ist durch die Gesamtheit der homogenen Terme P_d völlig bestimmt. Daher ist
is sinnvoll, allgemein die Schreibweise

$$P = \sum_{d=0}^{\infty} P_d$$

(per definitionem) zu verwenden. Sind P und Q zwei Potenzreihen, so verifiziert
man unmittelbar

$$(PQ)_d = \sum_{d_1 + d_2 = d} P_{d_1} Q_{d_2} \qquad \text{(endliche Summe)}.$$

Unter der *Ordnung* einer von 0 verschiedenen Potenzreihe*) versteht man das
kleinste d, so dass P_d von 0 verschieden ist. Sind d_1, d_2 die Ordnungen von P,
Q, so gilt

$$(PQ)_{d_1 + d_2} = P_{d_1} Q_{d_2}.$$

Wir setzen als bekannt voraus, dass der Polynomring über einem Integritätsbereich selbst ein Integritätsbereich ist. Wir erhalten:

*Der Potenzreihenring über einem Integritätsbereich ist selbst ein Integritätsbe-
reich.*

Potenzreihen als Koeffizienten von Potenzreihen

Sei P eine Potenzreihe in n Unbestimmten. Wir zeichnen eine der Unbestimmten aus, etwa X_n. Ist k eine nicht negative ganze Zahl, so bilden wir die
Potenzreihe $P^{(k)}$ in $n - 1$ Unbestimmten

$$P^{(k)} := \sum_{\nu_n = k} a_\nu X_1^{\nu_1} \cdots X_{n-1}^{\nu_{n-1}}.$$

---

*) Eine Potenzreihe heißt natürlich von 0 verschieden, falls nicht alle Koeffizien-
ten verschwinden oder, was dasselbe bedeutet, falls sie nicht das Nullelement des
Potenzreihenrings ist.

Man rechnet leicht nach:

Die Zuordnung

$$P \longmapsto \sum_{k=0}^{\infty} P^{(k)} X_n^k$$

definiert einen Isomorphismus

$$R[\![X_1, \dots, X_n]\!] \longrightarrow R[\![X_1, \dots, X_{n-1}]\!]\,[\![X_n]\!].$$

Wir identifizieren die beiden Ringe und schreiben

$$P = \sum_{k=0}^{\infty} P^{(k)} X_n^k.$$

Wir wollen nun konvergente Potenzreihen einführen und nehmen dazu an, dass der Grundring der Körper der komplexen Zahlen ist.

2.1 Definition.   *Eine formale Potenzreihe*

$$P = \sum_{\nu \in \mathbb{N}_0^n} a_\nu X^\nu$$

*heißt **konvergent**, falls es ein n-Tupel von 0 verschiedener komplexer Zahlen* $(z_1, \dots, z_n)$ *gibt, so dass die Reihe*

$$P(z_1, \dots, z_n) = \sum_{\nu \in \mathbb{N}_0^n} a_{\nu_1, \dots, \nu_n} z_1^{\nu_1} \cdots z_n^{\nu_n}$$

absolut konvergiert.

Wir erinnern an einige bekannte Tatsachen über absolut konvergente Reihen:

Sei $(a_s)_{s \in S}$ eine Schar komplexer Zahlen, welche durch eine abzählbare Menge S indiziert wird. Die „Reihe" $\sum_{s \in S} a_s$ heißt *absolut konvergent*, falls es eine Zahl $C > 0$ gibt, so dass

$$\sum_{s \in S_0} |a_s| \leq C$$

für jede endliche Teilmenge $S_0 \subset S$ gilt. In diesem Falle kann man den Wert der Reihe definieren, etwa indem man die Elemente von S irgendwie anordnet

$$S = \{\, s_1, s_2, s_3, \dots \,\}.$$

Der Zahlenwert

$$\sum_{s \in S} a_s := a_{s_1} + a_{s_2} + a_{s_3} + \dots$$

hängt nach dem kleinen Umordnungssatz nicht von der Wahl dieser Anordnung ab.

Sei nun allgemeiner

$$f_s : X \longrightarrow \mathbb{C}$$

eine durch S parametrisierte Schar von Funktionen auf einem topologischen Raum X. Die Reihe

$$\sum_{s \in S} f_s$$

heißt *normal konvergent*, falls es zu jedem Punkt $a \in X$ eine Umgebung $U = U(a)$ sowie Konstanten m_s gibt, so dass

$$|f(x)| \leq m_s \text{ für alle } x \in U \text{ und } s \in S$$

gilt und so dass

$$\sum_{s \in S} m_s$$

konvergiert. Die Reihe konvergiert dann in jeder Anordnung absolut und lokal gleichmäßig (WEIERSTRASS'sches Majorantenkriterium).

Wenn die Potenzreihe P im Punkt $(w_1, \ldots, w_n)$ mit $w_k \neq 0$ für $k = 1, \ldots, n$ absolut konvergiert, so konvergiert sie nach dem Majorantenkriterium auch in jedem Punkt

$$(z_1, \ldots, z_n); \quad |z_k| < |w_k|.$$

Ein n-Tupel $r = (r_1, \ldots, r_n)$ positiver reeller Zahlen heißt **ein Konvergenz-multiradius** *von P, wenn P in allen Punkten*

$$(z_1, \ldots, z_n); \quad |z_k| < r_k \quad \text{für} \quad k = 1, \ldots, n$$

konvergiert.

Bezeichnung. Sei $b \in \mathbb{C}^n$; $r \in \mathbb{R}^n_{>0}$. Dann heißt

$$U_r(b) := \left\{ z \in \mathbb{C}^n; \quad |z_k - b_k| < r_k \text{ für } k = 1, \ldots, n \right\}$$
$$= U_{r_1}(b_1) \times \ldots \times U_{r_n}(b_n)$$

der *Polyzylinder* mit Mittelpunkt b und Multiradius r.

2.2 Satz.   *Sei $b \in \mathbb{C}^n$ ein fester Punkt und r ein n-Tupel positiver reeller Zahlen.*

1) *Sei P eine Potenzreihe mit Konvergenzmultiradius r. Dann konvergiert die Reihe*

$$P(z - b) = \sum_{\nu \in \mathbb{N}_0^n} a_\nu (z - b)^\nu$$

normal in ganz $U_r(b)$ und stellt dort eine analytische Funktion dar.

2) *Jede analytische Funktion*

$$f : U_r(b) \longrightarrow \mathbb{C}$$

lässt sich in ganz $U_r(b)$ in eine dort normal konvergente Potenzreihe P entwickeln,

$$f(z) = P(z - b) = \sum_{\nu \in \mathbb{N}_0^n} a_\nu (z - b)^\nu,$$

und es gilt

$$\boxed{a_\nu = \frac{f^{(\nu)}(b)}{\nu!}.}$$

Beweis. Zu 1). Der Beweis vom Fall $n = 1$ lässt sich übertragen. Aus den bekannten Stabilitätssätzen für analytische Funktionen einer Veränderlichen folgt außerdem die TAYLOR'sche Formel in 2).

Zu 2). Wegen der bereits bewiesenen Eindeutigkeitsaussage kann man den Polyzylinder etwas vergrößern; anders ausgedrückt: Man kann annehmen, dass f in einer offenen Umgebung des Abschlusses von $U_r(b)$ analytisch ist. Wir können außerdem $b = 0$ voraussetzen.

Die Idee ist nun, den bekannten Beweis vom Fall $n = 1$ ([FB], III.2.2) zu übertragen. Hierzu benötigt man eine geeignete Verallgemeinerung der CAUCHY'schen Integralformel, welche wir wiederum durch iterierte Anwendung auf den Fall $n = 1$ zurückführen wollen:

Dazu wenden wir die CAUCHY'sche Integralformel auf die analytische Funktion einer Variablen

$$z_n \longmapsto f(z_1, \ldots, z_n)$$

bei festem $z_1, \ldots, z_{n-1}$ an und erhalten

$$f(z_1, \ldots, z_n) = \frac{1}{2\pi i} \oint_{|\zeta_n| = r_n} \frac{f(z_1, \ldots, z_{n-1}, \zeta_n)}{\zeta_n - z_n} d\zeta_n.$$

Wendet man nun die CAUCHY'sche Integralformel nacheinander für die Variablen $z_1, \ldots, z_n$ an, so folgt die

---

Cauchy'sche Integralformel in mehreren Veränderlichen

$$f(z_1, \ldots, z_n) = \frac{1}{(2\pi i)^n} \oint_{|\zeta_1| = r_1} \cdots \oint_{|\zeta_n| = r_n} \frac{f(\zeta_1, \ldots, \zeta_n)}{(\zeta_1 - z_1) \cdots (\zeta_n - z_n)} d\zeta_1 \ldots d\zeta_n.$$

Die Potenzreihenentwicklung von f erhält man jetzt analog zum Fall $n = 1$, indem man den Integranden in eine *geometrische Reihe* entwickelt und Integration mit Summation vertauscht. Die mehrfache geometrische Reihe ergibt sich aus der gewöhnlichen

$$\frac{1}{\zeta - z} = \frac{1}{\zeta} \frac{1}{1 - \frac{z}{\zeta}} = \frac{1}{\zeta} \sum_{\nu=0}^{\infty} \left(\frac{z}{\zeta}\right)^{\nu}$$

durch gliedweises Ausmultiplizieren (CAUCHY'scher Multiplikationssatz)

$$\frac{1}{\zeta_1 - z_1} \cdots \frac{1}{\zeta_n - z_n} = \frac{1}{\zeta_1 \cdots \zeta_n} \sum_{\nu \in \mathbb{N}_0^n} \left(\frac{z_1}{\zeta_1}\right)^{\nu_1} \cdots \left(\frac{z_n}{\zeta_n}\right)^{\nu_n}$$

(Gültigkeitsbereich: $|z_k| < |\zeta_k| = r_k, \quad k = 1, \ldots, n.$)

Rechnen mit konvergenten Potenzreihen

Wir stellen im folgenden einige Rechenregeln über konvergente Potenzreihen zusammen, ihr Beweis kann wie im Falle $n = 1$ erfolgen.

1) *Addition und Multiplikation von (konvergenten) Potenzreihen*

Die Potenzreihen

$$\sum a_\nu (z - a)^\nu, \quad \sum b_\nu (z - a)^\nu$$

mögen in dem Polyzylinder U um a konvergieren. Dann gilt in U

$$\sum a_\nu (z - a)^\nu + \sum b_\nu (z - a)^\nu = \sum (a_\nu + b_\nu)(z - a)^\nu$$
$$\left(\sum a_\nu (z - a)^\nu\right) \cdot \left(\sum b_\nu (z - a))^\nu\right) = \sum_n \left(\sum_{\mu+\nu=n} a_\mu b_\nu\right)(z - a)^n.$$

Man kann dies auch so ausdrücken. Die Abbildung

$$\mathcal{O}(U) \longrightarrow \mathbb{C}[[X_1, \ldots, X_n]],$$

welcher einer analytischen Funktion $f \in \mathcal{O}(U)$ mit Potenzreihenentwicklung $f(z) = \sum a_\nu (z - a)^\nu$ die formale Potenzreihe $\sum a_\nu X^\nu$ zuordnet, ist ein Ringhomomorphismus.

2) *Umordnen von Potenzreihen*

Die Potenzreihe

$$\sum a_\nu (z - a)^\nu$$

möge in dem Polyzylinder $U_r(a)$ konvergieren. Sei

$$U_\rho(b) \subset U_r(a)$$

ein in diesem Polyzylinder enthaltener Polyzylinder. Man erhält die Entwicklung des durch die ursprüngliche Potenzreihe dargestellten Funktion durch formales Umordnen mittels

$$(z - a)^\nu = [(z - b) + (b - a)]^\nu = \sum \binom{\nu}{k}(z - b)^k (b - a)^{\nu-k},$$

$$\binom{\nu}{k} := \binom{\nu_1}{k_1} \cdots \binom{\nu_n}{k_n}.$$

In $U_\rho(b)$ gilt also

$$\sum a_\nu (z - a)^\nu = \sum b_\nu (z - b)^\nu$$

mit

$$\boxed{b_\nu = \sum_k a_\nu \binom{\nu}{k}(b - a)^{\nu-k}}$$

3) *Ineinandereinsetzen von Potenzreihen*

Seien

$$U \xrightarrow{f} V \xrightarrow{g} \mathbb{C},$$
$$U \subset \mathbb{C}^n, \ V \subset \mathbb{C}^m \text{ offen,}$$

Abbildungen, deren Komponenten analytische Funktionen sind und sei

$$a \in U, \ b = f(a).$$

Wir betrachten die Entwicklungen der Komponenten von f

$$f_j(z) = \sum_\nu a_\nu^{(j)}(z - a)^\nu$$

in einer Umgebung von a und von g in einer Umgebung von b,

$$g(z) = \sum b_\mu (z - b)^\mu.$$

Man erhält die Potenzreihenentwicklung von $g(f(z))$ in einer kleinen Umgebung von a durch formales Einsetzen und Umordnen.

Im Gegensatz zum Falle $n = 1$ gibt es im Falle $n > 1$ keinen *größten* Konvergenzradius, welchen man dann *den* Konvergenzradius nennen könnte, wie folgendes Beispiel zeigt:

$$\sum_{n=0}^{\infty} z_1^n z_2^n.$$

Der Bereich
$$\{(z_1, z_2) \in \mathbb{C} \times \mathbb{C}; \quad |z_1 z_2| < 1\}$$
ist die größte offene Menge, in welcher diese Reihe konvergiert. Dies ist kein Polyzylinder. Über die genauen Konvergenzbereiche gibt Übungsaufgabe 4 Auskunft.

Übungsaufgaben zu V.2

1. Jede in ganz $\mathbb{C}^n$ analytische und beschränkte Funktion ist konstant. („Satz von LIOUVILLE").

2. Man entwickle die Funktion
$$\frac{1}{(z_1 - 1)^2 (z_2 - 2)^3}$$
in eine Potenzreihe um den Nullpunkt.

3. Sei $\sum_{s \in S} a_s$ eine absolut konvergente Reihe. Man kann ihren Grenzwert A ohne Anordnung von S folgendermaßen kennzeichnen:

   Zu jedem $\varepsilon > 0$ existiert eine endliche Teilmenge $S_0 \subset S$, so dass für jede endliche Zwischenmenge $S_0 \subset T \subset S$

   $$\left| \sum_{s \in T} a_s - A \right| < \varepsilon$$

   gilt.

4. Unter einem REINHARDT'schen Gebiet $D \subset \mathbb{C}^n$ versteht man ein Gebiet, welches unter „Drehungen" der Art
$$(z_1, \ldots, z_n) \longmapsto (\zeta_1 z_1, \ldots, \zeta_n z_n), \quad |\zeta_\nu| = 1 \ (1 \leq \nu \leq n)$$
invariant bleibt. Es heißt *vollständig,* falls dies sogar für $|\zeta_\nu| \leq 1$ gilt.

   Man zeige.

   a) Im Falle $n = 1$ sind die REINHARDT'schen Gebiete genau die Kreisringe (mit Mittelpunkt 0), die vollständigen REINHARDT'schen Gebiete somit die Kreisscheiben.

   b) Die größte offene Menge, in welcher eine (irgendwo) konvergente Potenzreihe $\sum a_\nu z^\nu$ absolut konvergiert, ist ein vollständiges REINHARDT'sches Gebiet. Sie konvergiert in diesem Gebiet normal und stellt dort eine analytische Funktion dar.

   c) Jede in einem vollständigen REINHARDT'schen Gebiet analytische Funktion ist in dem ganzen Gebiet in eine Potenzreihe entwickelbar.

Anleitung. Man benutze die offensichtliche Tatsache, dass jedes vollständige REIN-
HARDT'sche Gebiet sich als Vereinigung von Polyzylindern mit Mittelpunkt Null
schreiben lässt.

5. Unter einer LAURENTreihe in mehreren Variablen versteht man eine Reihe

$$\sum_{\nu \in \mathbb{Z}^n} a_{\nu_1, \dots \nu_n} z_1^{\nu_1} \cdots z_n^{\nu_n}.$$

Es wird also über n-Tupel beliebiger ganzer Zahlen, auch negativer, summiert.

Man zeige. Wir nehmen an, dass die LAURENTreihe in wenigstens einem Punkt
$(w_1, \dots, w_n)$ mit $w_\nu \neq 0$ für $1 \leq \nu \leq n$ absolut konvergiert. Die größte offene
Menge, in welcher $\sum a_\nu z^\nu$ absolut konvergiert, ist ein REINHARDT'sches Gebiet.
Sie konvergiert in diesem Gebiet normal und stellt dort eine analytische Funktion
dar. Umgekehrt lässt sich jede analytische Funktion in einem REINHARDT'schen
Gebiet in eine LAURENTreihe entwickeln.

Anleitung. Jedes REINHARDT'sche Gebiet lässt sich als Vereinigung von „Poly-
kreisringen" $D_1 \times \dots \times D_n$ schreiben. Hierbei sind also die D_ν Kreisringe mit
Mittelpunkt 0 in der komplexen Ebene.

3. Analytische Abbildungen

Eine Abbildung

$$f : U \longrightarrow V, \quad U \subset \mathbb{C}^n, \quad V \subset \mathbb{C}^m \text{ offen,}$$

heißt *analytisch* (holomorph), falls die Komponenten

$$f_k = p_k \circ f, \quad p_k : V \longrightarrow \mathbb{C}, \ k\text{-te Projektion} \quad (1 \leq k \leq m),$$

analytische Funktionen sind.

3.1 Bemerkung. *Eine Abbildung*

$$f : U \longrightarrow V, \quad U \subset \mathbb{C}^n, \quad V \subset \mathbb{C}^m \text{ offen,}$$

*ist genau dann analytisch, wenn sie in jedem Punkt $a \in U$ **total komplex
differenzierbar** ist, d.h. es gilt*

$$f(z) - f(a) = A(z - a) + r(z)$$

mit einer $\mathbb{C}$-linearen Abbildung

$$A : \mathbb{C}^n \longrightarrow \mathbb{C}^m$$

und einem Restglied r mit der Eigenschaft

$$\frac{r(z)}{\|z - a\|} \longrightarrow 0 \ \text{für} \ z \longrightarrow a \quad (\|\cdot\| \ \text{euklidsche Norm}).$$

Beweis. Aus 2.2 folgt, dass analytische Abbildungen total komplex differenzierbar sind. Umgekehrt zeigt man wie im Reellen, dass total komplex differenzierbare Funktionen stetig und partiell komplex ableitbar sind.   □

Die lineare Abbildung A wird durch eine komplexe $m \times n$-Matrix beschrieben

$$A(z_1, \ldots, z_n) = (w_1, \ldots, w_m),$$

$$w_i = \sum_{j=1}^{n} a_{ij} z_j, \quad 1 \le i \le m.$$

Diese Matrix ist die komplexe Funktionalmatrix

$$A = \mathcal{J}(f; a) = \begin{pmatrix} \frac{\partial f_1}{\partial z_1} & \cdots & \frac{\partial f_1}{\partial z_n} \\ \vdots & \ddots & \vdots \\ \frac{\partial f_m}{\partial z_1} & \cdots & \frac{\partial f_m}{\partial z_n} \end{pmatrix} (a)$$

Jede $\mathbb{C}$-lineare Abbildung ist auch $\mathbb{R}$-linear; man kann daher A auch durch eine *reelle $2m \times 2n$-Matrix* beschreiben.

Aus der reellen Kettenregel und aus der Tatsache, dass die Zusammensetzung zweier $\mathbb{C}$-linearer Abbildungen $\mathbb{C}$-linear ist, folgt die „komplexe" Kettenregel:

3.2 Bemerkung. *Seien*

$$f : U \longrightarrow V, \quad g : V \longrightarrow W$$

($U \subset \mathbb{C}^n$, $V \subset \mathbb{C}^m$, $W \subset \mathbb{C}^p$ offene Teile)

analytische Abbildungen. Dann ist auch die Zusammensetzung $g \circ f$ analytisch und es gilt

$$\boxed{\mathcal{J}(g \circ f; a) = \mathcal{J}(g; f(a)) \cdot \mathcal{J}(f; a).}$$

Ebenso ergibt sich aus dem „reellen" Satz über implizite Funktionen der entsprechende „komplexe" Satz, wenn man berücksichtigt, dass die Umkehrabbildung einer invertierbaren $\mathbb{C}$-linearen Abbildung ebenfalls $\mathbb{C}$-linear ist.

3.3 Bemerkung (Satz für umkehrbare Funktionen). *Sei*

$$f : U \longrightarrow V, \quad U, V \subset \mathbb{C}^n \text{ offen},$$

eine analytische Abbildung und a ein Punkt aus U. Folgende beiden Aussagen sind äquivalent:

1) *f bildet eine geeignete offene Umgebung $U(a)$ biholomorph auf eine offene Umgebung $V(f(a))$ ab.*

2) *$\mathcal{J}(f; a)$ ist invertierbar.*

(Eine Abbildung f heißt *biholomorph*, wenn sie bijektiv ist und wenn sowohl f als auch f^{-1} analytisch (=holomorph) ist.)

Anmerkung. Sei

$$A : \mathbb{C}^n \longrightarrow \mathbb{C}^n$$

eine $\mathbb{C}$-lineare Abbildung. Diese kann man durch eine komplexe $n \times n$-Matrix beschreiben. Die Determinante dieser Matrix bezeichnen wir mit $\det(A)$. Man kann A aber auch als $\mathbb{R}$-lineare Abbildung auffassen und dann durch eine *reelle* $2n \times 2n$-Matrix darstellen. Die Determinante dieser reellen Matrix bezeichnen wir mit $\det_{\mathbb{R}}(A)$. Es gilt (s. Aufgabe 1)

$$\det_{\mathbb{R}}(A) = |\det(A)|^2.$$

Wie in der reellen Analysis folgt aus dem Satz für umkehrbare Funktionen der Satz für implizite Funktionen. Wir formulieren einen Spezialfall:

3.4 Bemerkung. *Sei $f(w, z_1, \ldots, z_n)$ analytisch auf einer offenen Teilmenge des $\mathbb{C}^{n+1}$. Sei $(b, a_1, \ldots, a_n)$ ein Punkt mit*

$$f(b, a_1, \ldots, a_n) = 0 \quad und \quad \frac{\partial f}{\partial w}(b, a_1, \ldots, a_n) \neq 0.$$

Dann existiert eine holomorphe Funktion φ in einer kleinen offenen Umgebung von $(a_1, \ldots, a_n)$ mit den Eigenschaften

$$b = \varphi(a_1, \ldots, a_n), \quad f(\varphi(z_1, \ldots, z_n), z_1, \ldots, z_n) \equiv 0.$$

Hierdurch werden alle Lösungen von $f(w, z) = 0$ nahe (b, a) beschrieben.

Man vergleiche auch §6, Anhang B in Kapitel I. Dort haben wir diesen Satz im Fall $n = 1$ behandelt.

Nullstellen analytischer Funktionen

Bereits in §1 haben wir den Identitätssatz für analytische Funktionen formuliert und gezeigt, wie man ihn auf den Fall $n = 1$ zurückführen kann. Einen weiteren Beweis erhält man unmittelbar aus der Potenzreihenentwicklung. Eine Umformulierung des Identitätssatzes besagt:

3.5 Bemerkung. *Sei $f : D \to \mathbb{C}$ eine analytische Funktion auf einem Gebiet $D \subset \mathbb{C}^n$, welche nicht identisch verschwindet. Dann enthält die Nullstellenmenge von f keine inneren Punkte.*

Folgerung. *Der Ring $\mathcal{O}(D)$ der holomorphen Funktionen auf einem nicht leeren Gebiet $D \subset \mathbb{C}^n$ ist ein Integritätsbereich.*

Im Gegensatz zum Falle $n = 1$ sind im Falle $n > 1$ die Nullstellenmengen analytischer Funktionen niemals diskret, wenn sie nicht leer sind. Dies werden wir in §4 allgemein beweisen. Hier begnügen wir uns mit einem typischen Beispiel

$$f(z_1, z_2) = z_1 \cdot z_2.$$

Die Nullstellenmenge dieser Funktion ist das „Achsenkreuz" $\mathbb{C} \times \{0\} \cup \{0\} \times \mathbb{C}$. Dies ist einer der Gründe, warum die Funktionentheorie mehrerer Veränderlicher soviel komplizierter ist, als die einer Veränderlichen. Besondere Sorgfalt ist auch beim Begriff der meromorphen Funktion erforderlich. Eine sinnvolle Definition dieses Begriffs sollte so beschaffen sein, dass jedenfalls rationale Funktionen meromorph sind. Besipielsweise sollte z_1/z_2 eine meromorphe Funktion sein. Ihre Nullstellenmenge ($z_1 = 0$) und ihre Polstellenmenge ($z_2 = 0$) (was immer darunter zu verstehen sei) kreuzen sich im Nullpunkt, so dass diesem kein sinnvoller Wert zugeordnet werden kann. Meromorphe Funktionen können daher im Falle $n > 1$ i.a. nicht als Funktionen auf dem ganzen Definitionsbereich aufgefasst werden, auch nicht, wenn man ∞ als Wert zulässt. Diese Betrachtungen machen deutlich, warum wir den Begriff der meromorphen Funktion mehrerer Veränderlicher etwas anders als im Falle $n = 1$ einführen.

Meromorphe Funktionen

3.6 Definition. *Sei $D \subset \mathbb{C}^n$ ein Gebiet, d.h eine offene und zusammenhängende Teilmenge und sei $D_0 \subset D$ ein offener und dichter Teil von D. Eine analytische Funktion*

$$f : D_0 \longrightarrow \mathbb{C}$$

*heißt **meromorph in** D, falls folgende Bedingung erfüllt ist:*

Zu jedem Punkt $a \in D$ existieren eine offene zusammenhängende Umgebung U sowie zwei analytische Funktionen $g, h : U \to \mathbb{C}$, wobei h nicht identisch 0 ist, und so dass

$$f(z) = \frac{g(z)}{h(z)} \text{ für alle } z \in U \cap D_0 \text{ mit der Eigenschaft } h(z) \neq 0.$$

In dieser Definition sind zwei Feinheiten zu beachten:

1) Wir haben nicht gefordert, dass h auf $U \cap D_0$ nullstellenfrei ist. Die Darstellung $f(z) = g(z)/h(z)$ gilt also lediglich in der Menge

$$\{z \in U \cap D_0; \quad h(z) \neq 0\}.$$

Diese Menge ist nach dem Identitätssatz offen und dicht in $U \cap D_0$. Man kann sich natürlich unabhängig hiervon die Frage stellen, ob man diese Darstellung von f so finden kann, dass h in ganz $U \cap D_0$ von Null verschieden ist. Dies ist richtig, erfordert jedoch Einsichten in das Nullstellenverhalten analytischer Funktionen, welche wir noch nicht zur Verfügung haben.

2) Wir haben zwar gefordert, dass D zusammenhängend ist, nicht jedoch D_0. Der Grund ist folgender: Ist g eine analytische Funktion auf D, welche nicht identisch verschwindet, so kann man $D_0 := \{z \in D; \quad g(z) \neq 0\}$ und auf D_0 die analytische Funktion $f(z) = 1/g(z)$ betrachten. Der Begriff der Meromorphie sollte so geprägt werden, dass diese Funktion meromorph in D ist. Nun wissen wir im Augenblick noch nicht, dass D_0 zusammenhängend ist. Dies ist zwar der Fall, wird aber erst später bewiesen. Aus diesem Grund fordern wir nicht den Zusammenhang von D_0. Dennoch gilt das Prinzip der analytischen Fortsetzung auch für meromorphe Funktionen:

3.7 Hilfssatz. *Seien $D \in \mathbb{C}^n$ ein Gebiet und $f : D_0 \to \mathbb{C}$ eine analytische Funktion auf einem offenen und dichten Teil von D, welche in ganz D meromorph sei. Wenn f auf einem offenen nicht leeren Teil von D_0 verschwindet, so ist sie identisch 0.*

Beweis. Es könnte Zusammenhangskomponenten von D_0 geben, auf denen f identisch verschwindet und solche, wo dies nicht der Fall ist. Wir wollen indirekt schließen und nehmen an, dass beides eintritt. Sei A die Vereinigung aller Zusammenhangskomponenten von D_0, auf denen f identisch verschwindet und sei B die Vereinigung aller Zusammenhangskomponenten von D_0, auf denen dies nicht der Fall ist. Die Mengen A und B sind offen, nicht leer und disjunkt. Ihre Vereinigung ist D_0, f verschwindet auf A identisch, wohingegen die Nullstellenmenge von f in B dünn ist (d.h. sie enthält keine inneren Punkte). Da D_0 dicht in D ist, ist D die Vereinigung der in D gebildeten Abschlüsse $\bar{A}$ von A und $\bar{B}$ von B. Diese sind abgeschlossen in D. Da D zusammenhängend ist, kann der Durchschnitt von $\bar{A}$ und $\bar{B}$ nicht leer sein. Folgedessen existiert ein gemeinsamer Randpunkt $a \in D$, $a \in \partial A \cap \partial B$. Gemäß Definition der Meromorphie lässt sich f in einer kleinen offenen und zusammenhängenden Umgebung U von a als Quotient analytischer Funktionen in obigem Sinne darstellen, $f = g/h$. Die Funktion g verschwindet auf einem offenen und dichten Teil von $U \cap A$. Nach dem Identitätssatz verschwindet sie auf ganz U und damit auf einer offenen nicht leeren Teilmenge von B. Dies steht im Widerspruch zu der Tatsache, dass die Nullstellenmenge von f in B dünn ist.   □

Der Körper der meromorphen Funktionen

Wenn eine analytische Funktion $f : D_0 \to \mathbb{C}$ in dem größeren Bereich D meromorph ist, so kann es natürlich eintreten, dass f auf einen größeren offenen Bereich $D_0 \subset D' \subset D$ analytisch fortsetzbar ist. Aus diesem Grund ist bei dem Begriff der meromorphen Funktion eine gewisse Vorsicht am Platze:

Wir betrachten Paare (D_ν, f_ν), $\nu = 1, 2$,

$$f_\nu : D_\nu \longrightarrow \mathbb{C} \text{ analytisch},$$

wobei D_ν im Gebiet D offen und dicht und f_ν meromorph in D seien. Der Durchschnitt $D_1 \cap D_2$ ist ebenfalls offen und dicht in D. Die beiden Paare heißen äquivalent

$$(D_1, f_1) \sim (D_2, f_2),$$

wenn f_1 und f_2 auf einem offenen nichtleeren Teil von $D_1 \cap D_2$ übereinstimmen. Sie stimmen dann nach obigem Identitätssatz 3.7 auf dem ganzen Durchschnitt $D_1 \cap D_2$ überein.

3.8 Definition. *Sei $D \subset \mathbb{C}^n$ ein Gebiet. Eine meromorphe Funktion auf D ist eine volle Äquivalenzklasse in D meromorpher analytischen Funktionen $f : D_0 \to \mathbb{C}$ bezüglich der soeben eingeführten Äquivalenzrelation. Wir bezeichnen die Äquivalenzklasse von (D_0 , f) mit $[D_0 , f]$ (später wieder einfach mit f).*

Ist (D_0, f) Repräsentant einer meromorphen Funktion, so nennt man D_0 auch *einen Holomorphiebereich* von $[D_0, f]$. Die Vereinigung aller Holomorphiebereiche einer meromorphen Funktion ist selbst ein Holomorphiebereich. Jede meromorphe Funktion besitzt also einen eindeutig bestimmten Repräsentanten mit größtem Holomorphiebereich. Man nennt diesen größten Holomorphiebereich auch *den Holomorphiebereich* der gegebenen meromorphen Funktion.

Wie bereits erwähnt wurde, ist der Durchschnitt zweier offener und dichter Teile von D wieder offen und dicht. Sind (D_1 , f_1) und (D_2 , f_2) Repräsentanten zweier meromorpher Funktionen, so kann man Summe und Produkt von f_1 und f_2 als analytische Funktionen auf dem Durchschnitt $D_1 \cap D_2$ erklären. Diese sind offensichtlich meromorph in ganz D. Die Festsetzung

$$[D_1 , f_1] \dotplus [D_2 , f_2] := [D_1 \cap D_2 , f_1 \dotplus f_2]$$

hängt nicht von der Wahl der Repräsentanten ab.

Die Menge der meromorphen Funktionen bildet offensichtlich einen kommutativen und assoziativen Ring. Aber es gilt sogar

3.9 Satz. *Die Menge $\mathcal{M}(D)$ der meromorphen Funktionen auf einem Gebiet D bildet mit der eingeführten Addition und Multiplikation einen Körper.*

Beweis. Ist $[D_0 , f]$ eine meromorphe Funktion, welche nicht identisch verschwindet, so ist

$$D_0' := \{\, a \in D_0; \quad f(a) \neq 0 \,\}$$

offen und nach dem Identitätssatz 3.7 dicht in D_0, damit auch in D. Die Funktion $g(z) = 1/f(z)$ ist analytisch in D_0' und offensichtlich meromorph in D. Es gilt

$$[D_0 , f]^{-1} = [D_0' , g]. \qquad \square$$

Jede in ganz D analytische Funktion ist natürlich erst recht meromorph in D ($f = f/1$). Ordnet man f die meromorphe Funktion $[D , f]$ zu, so erhält man eine Einbettung

$$\mathcal{O}(D) \hookrightarrow \mathcal{M}(D), \quad f \mapsto [D , f].$$

Wir werden einfach $\mathcal{O}(D)$ mit seinem Bild in $\mathcal{M}(D)$ identifizieren. Dieses besteht aus allen meromorphen Funktionen, welchen einen auf ganz D definierten Repräsentanten besitzen.

$\mathcal{M}(D)$ enthält speziell den Körper der Quotienten von $\mathcal{O}(D)$

$$\mathcal{M}(D) \supset \left\{ \frac{f}{g}; \quad f, g \in \mathcal{O}(D), \ g \neq 0 \right\}.$$

Es ist ein wichtiges Problem, ob $\mathcal{M}(D)$ mit dem Quotientenkörper von $\mathcal{O}(D)$ übereinstimmt. Das ist im Falle $n = 1$ immer richtig. In [FB] wurde dies —allerdings nur für den Fall $D = \mathbb{C}$— mit Hilfe des WEIERSTRASS'schen Produktsatzes (Konstruktion analytischer Funktionenmit vorgegebenen Nullstellen) bewiesen.

Der Fall $n > 1$ ist wesentlich schwieriger. Es wird einiger Anstrengungen bedürfen, um zeigen zu können, dass wenigstens im Fall $D = \mathbb{C}^n$ jede meromorphe Funktion Quotient zweier analytischer Funktionen ist.

Übungsaufgaben zu V.3

1. Sei A eine komplexe $m \times n$-Matrix. Ihr ist eine lineare Abbildung $\mathbb{C}^m \to \mathbb{C}^n$ zugeordnet. Man identifiere nun $\mathbb{C}^m$ (analog $\mathbb{C}^m$) mit $\mathbb{R}^{2m}$ via

$$(z_1, \ldots, z_m) \longmapsto (x_1, \ldots, x_m, y_1, \ldots, y_m)$$

und erhält so eine lineare Abbildung $\mathbb{R}^{2m} \to \mathbb{R}^{2n}$. Wie lautet die assoziierte reelle $(2m) \times (2n)$-Matrix? Wie muss eine reelle $(2m) \times (2n)$-Matrix beschaffen sein, damit sie von einer komplexen $m \times n$-Matrix kommt?

2. Sei V ein endlichdimensionaler Vektorraum über einem Körper K und $A : V \to V$ eine K-lineare Abbildung. Dann ist die Determinante $\det_K A$ wohldefiniert. Sie ist gleich der Determinante der Matrix, welche A nach Wahl einer Basis von V entspricht. Sei nun speziell $K = \mathbb{C}$. Da V auch als Vektorraum über $\mathbb{R}$ aufgefasst werden kann und da jede $\mathbb{C}$-lineare Abbildung erst recht $\mathbb{R}$ linear ist, sind sowohl $\det_\mathbb{C} A$ als auch $\det_\mathbb{R} A$ definiert. Man zeige

$$\det_\mathbb{R} A = |\det_\mathbb{C} A|^2.$$

Anleitung. Man reduziert auf den Fall, wo eine $\mathbb{C}$-Basis existiert, bezüglich welcher A durch eine Diagonalmatrix dargestellt ist. Danach reduziert man auf den Fall des eindimensionalen Vektorraums $V = \mathbb{C}$.

3. Seien $D \subset \mathbb{C}^m$ eine offene Menge und $f : D \to \mathbb{C}^n$ eine analytische Abbildung, so dass die (komplexe) JACOBImatrix in allen Punkten den Rang n hat. Der Wertevorrat $f(D)$ ist offen in $\mathbb{C}^n$.

4. Der Weierstraß'sche Vorbereitungssatz

Die Funktionentheorie einer Variablen ist dadurch ausgezeichnet, dass die Nullstellen analytischer Funktionen, welche nicht identisch verschwinden, isolierte Punkte sind. Hiermit hängt zusammen, dass die Teilbarkeitslehre im Ring der konvergenten Potenzreihen besonders einfach ist. Jede von Null verschiedene konvergente Potenzreihe P ist das Produkt einer Potenz von z und einer Potenzreihe Q, welche im Nullpunkt nicht verschwindet. Potenzreihen, welche im Nullpunkt nicht verschwinden, sind im Potenzreihenring invertierbar. Im Potenzreihenring einer Veränderlichen gibt es also im wesentlichen nur ein Primelement, namlich z, und $P = Q \cdot z^n$ ist die Primfaktorzerlegung von P. Die Teilbarkeitslehre im Potenzreihenring ist also noch einfacher als im Polynomring $\mathbb{C}[z]$. Die Primelemente des Polynomrings sind genau die nicht konstanten linearen Polynome, und die Primfaktorzerlegung eines nicht konstanten Polynoms $P \in \mathbb{C}[z]$ ist nichts anderes als die aus dem Fundamentalsatz der Algebra resultierende Zerlegung in Linearfaktoren,

$$P(z) = C(z - a_1) \cdots (z - a_n).$$

Die Polynome $z - a$, $a \neq 0$, sind im Polynomring Primelemente, im Potenzreihenring jedoch Einheiten. Das Inverse von $1 - z$ ist beispielsweise die geometrische Reihe.

In der Funktionentheorie mehrerer Veränderlicher ist die Situation komplizierter, was sich bereits beim Polynomring $\mathbb{C}[z_1, \ldots, z_n]$ zeigt. Er ist kein euklidscher Ring wie im Falle $n = 1$. Dennoch gilt auch in ihm der Satz von der eindeutigen Primfaktorzerlegung. In dem algebraischen Anhang zu diesem Band wird auf die Teilbarkeitslehre eingegangen und insbsondere dieser wichtige auf GAUSS zurückgehende Satz bewiesen, VIII.2.4.

Über die Gestalt der Nullstellengebilde und die Teilbarkeitslehre im Potenzreihenring mehrerer Variabler geben zwei fundamentale Sätze, der *Vorbereitungssatz* von K. WEIERSTRASS und der *Divisionssatz* Auskunft. Diese beiden Sätze bilden das Fundament der Funktionentheorie mehrerer Veränderlicher. Aus diesen Sätzen werden wir beispielsweise folgern, dass auch im Potenzreihenring der Satz von der eindeutigen Primfaktorzerlegung gilt.

In engem Zusammenhang mit der Teilbarkeitslehre im Ring der konvergenten Potenzreihen steht das Studium der *Nullstellenmenge* einer Potenzreihe, denn

$$P|Q \quad \Longrightarrow \quad (P(z) = 0 \Rightarrow Q(z) = 0 \text{ in einer Umgebung von } z = 0).$$

Wir bemerken zunächst, dass man jede Potenzreihe P mit $P(0) = 0$ als Produkt von endlich vielen unzerlegbaren Elementen darstellen kann. Dazu erinnern wir and die Definition der Ordnung einer Potenzreihe P, $P \neq 0$, durch

$$o(P) := \min\{\, \nu_1 + \nu_2 + \cdots + \nu_n; \quad a_{\nu_1, \ldots, \nu_n} \neq 0 \,\}.$$

Man definiert ergänzend

$$o(0) := \infty.$$

Ist Q mit $Q(0) = 0$ eine zweite Potenzreihe, so zeigt man

$$o(P \cdot Q) = o(P) + o(Q).$$

Zum Beweis ist es zweckmässig, die Ordnung etwas anders zu charakterisieren. Durch Zusammenfassung von Termen kann man eine Potenzreihe P auch in der Form

$$P = P_0 + P_1 + P_2 + \cdots$$

schreiben, wobei P_m allgemein ein homogenes Polynom vom Grad m sei (s. §2). Dies ist eine Linearkombination von Monomen, deren Exponentensumme jeweils m ist. Es gilt

$$o(P) = \min\{\, m; \quad P_m \neq 0 \,\} \quad (P \neq 0).$$

Hieraus ergibt sich leicht die behauptete Relation $o(PQ) = o(P) + o(Q)$.

Die Zerlegbarkeit in ein Produkt von endlich vielen unzerlegbaren Elementen ergibt sich nun leicht durch Induktion nach $o(P)$.

4.1 Definition.   *Eine Potenzreihe $P \in \mathcal{O}_n := \mathbb{C}\{z_1, \ldots, z_n\}$ heißt z_n-allgemein, falls*

$$P(0, \ldots, 0, z_n) \not\equiv 0.$$

Eine Potenzreihe ist offenbar genau dann z_n-allgemein, wenn in ihr ein Monom auftritt, welches nicht von $z_1, \ldots z_{n-1}$ abhängt. Beispielsweise ist $z_1 + z_2 \; z_2$-allgemein, $z_1 z_2$ jedoch nicht.

Sei $A = (a_{\mu\nu})_{1 \leq \mu, \nu \leq n}$ eine invertierbare komplexe $n \times n$ Matrix. Wir fassen A als lineare Abbildung

$$A : \mathbb{C}^n \longrightarrow \mathbb{C}^n, \quad z \longmapsto w, \qquad w_\mu = \sum_{\nu=1}^{n} a_{\mu\nu} z_\nu,$$

auf. Ist dann $P \in \mathcal{O}_n$ eine konvergente Potenzreihe, so erhält man durch Einsetzen und Umordnen wieder eine konvergente Potenzreihe P^A

$$P^A(z) := P(A^{-1}z).$$

Offensichtlich ist die Abbildung

$$\mathcal{O}_n \xrightarrow{\sim} \mathcal{O}_n, \qquad P \longmapsto P^A,$$

ein Ringautomorphismus, d.h.

$$(P \overset{.}{+} Q)^A = P^A \overset{.}{+} Q^A.$$

Die Umkehrabbildung wird durch die Matrix A^{-1} vermittelt.

4.2 Bemerkung. *Zu jeder endlichen Menge konvergenter Potenzreihen $P \in \mathcal{O}_n$, $P \neq 0$, existiert eine invertierbare $n \times n$ Matrix A, so dass alle P^A z_n-allgemein sind.*

Beweis. Es gibt einen Punkt $a \neq 0$ in einem gemeinsamen Konvergenzbereich mit $P(a) \neq 0$. Nach einer geeigneten linearen Koordinatentransformation (Wahl von A) kann man $A(a) = (0, \ldots, 0, 1)$ erreichen. Dann sind alle P^A z_n-allgemein.   □

Nullstellen von Potenzreihen

Für das lokale Nullstellenverhalten analytischer Funktionen genügt es, die Nullstellen z_n-allgemeiner Potenzreihen zu untersuchen Einen gewissen Überblick gibt folgender einfache

4.3 Hilfssatz. *Sei P eine z_n-allgemeine Potenzreihe mit den Eigenschaften*

$$P(0) = 0, \quad \mathrm{Grad}(P(0, \ldots, 0, z_n)) = d.$$

Die Zahl $r > 0$ sei so klein gewählt, dass P für $|z_\nu| \leq r$ absolut konvergiert und so dass $P(0, \ldots, 0, z_n)$ im Kreis $|z_n| \leq r$ außer 0 keine Nullstelle hat. Dann existiert eine Zahl ε, $0 < \varepsilon < r$, mit folgenden Eigenschaften:

1. *Es gilt $P(z_1, \ldots, z_{n-1}, z_n) \neq 0$ für $|z_n| = r$ und $|z_\nu| < \varepsilon$ $(1 \leq \nu \leq n-1)$.*
2. *Die Funktion $z_n \longmapsto P(z_1, \ldots, z_n)$ hat für jedes feste $(z_1, \ldots, z_{n-1})$ mit $|z_\nu| < \varepsilon$ in der Kreisscheibe $|z_n| < r$ genau d Nullstellen (mit Vielfachheit gerechnet).*

Beweis. Die erste Aussage gilt zunächst für ein fest gewähltes z_n aus Stetigkeitsgründen. Allgemein folgt sie mittels eines einfachen Kompaktheitsarguments.

Die zweite Aussage folgt nun mittels des nullstellenzählenden Integrals der gewöhnlichen Funktionentheorie ([FB], III.5.7). Mit Hilfe diese Integrals zeigt man, dass die Zahl der Nullstellen stetig von $z_1, \ldots, z_{n-1}$ abhängt. Da sie eine ganze Zahl ist, muss sie konstant sein und damit gleich ihrem Wert für $z_1 = \cdots = z_{n-1} = 0$.   □

Die Tatsache, dass man die Parameter $z_1, \ldots, z_{n-1}$ frei wählen kann, drückt man auch folgendermaßen aus:

Die Nullstellenmenge einer analytischen Funktion auf einem Gebiet D ist entweder leer oder ganz D oder ein **komplex (n-1)-dimensionales Gebilde.**

Wir wollen dies nicht genauer präzisieren und keine Dimensionstheorie entwickeln.

Sind $P_0, \ldots, P_m$ konvergente Potenzreihen in $(n-1)$ Variablen, etwa Elemente von $\mathcal{O}_{n-1} = \mathbb{C}\{z_1, \ldots, z_{n-1}\}$, so ist

$$P_0 + P_1 z_n + \ldots + P_m z_n^m$$

eine konvergente Potenzreihe in $\mathcal{O}_n$. Mit anderen Worten: *Der Polynomring $\mathcal{O}_{n-1}[z_n]$ in einer Veränderlichen über $\mathcal{O}_{n-1}$ ist in $\mathcal{O}_n$ eingebettet:*

$$\mathcal{O}_{n-1}[z_n] \hookrightarrow \mathcal{O}_n.$$

4.4 Definition.   *Ein Element $P \in \mathcal{O}_{n-1}[z_n]$ heißt* **Weierstraßpolynom,** *falls der höchste Koeffizient 1 ist und alle anderen Koeffizienten Nichteinheiten sind, also*

$$P = z_n^d + P_{d-1} z_n^{d-1} + \ldots + P_0, \ d \geq 1,$$
$$P_\nu \in \mathcal{O}_{n-1}, \quad P_\nu(0) = 0 \ \textit{für} \ 0 \leq \nu \leq d - 1.$$

Ein normiertes Polynom aus $\mathcal{O}_{n-1}[z_n]$ ist offenbar genau dann ein WEIERSTRASSpolynom, falls

$$P(0, \ldots, 0, z_n) = z_n^d \quad (d \geq 1).$$

WEIERSTRASSpolynome sind insbesondere z_n-allgemein. Einheiten in $\mathcal{O}_n$ sind ebenfalls z_n-allgemein. Insbesondere ist das Produkt eines WEIERSTRASSpolynoms mit einer Einheit z_n-allgemein. Der fundamentale Vorbereitungssatz von WEIERSTRASS beinhaltet, dass *jede* z_n-allgemeine Potenzreihe das Produkt einer Einheit und eines WEIERSTRASSpolynoms ist. Da die z_n-Allgemeinheit keine wesentliche Bedingung ist (4.2), liefert der Vorbereitungssatz eine Brücke zwischen den Ringen $\mathcal{O}_{n-1}[z_n]$ und $\mathcal{O}_n$.

4.5 Weierstraß'scher Vorbereitungssatz (Weierstraß, 1886).
Sei $P \in \mathcal{O}_n = \mathbb{C}\{z_1, \ldots, z_n\}$ eine z_n-allgemeine Potenzreihe. Dann existiert eine eindeutig bestimmte Zerlegung

$$P = U \cdot Q,$$

wobei Q ein Weierstraßpolynom und U eine Einheit ist ($U(0) \neq 0$).

Mit dem Vorbereitungssatz in engem Zusammenhang steht folgender Satz, der manchmal fälschlicherweise ebenfalls Vorbereitungssatz genannt wird.

4.6 Divisionssatz (Stickelberger, 1887).
Sei Q eine z_n-allgemeine Potenzreihe mit $Q(0) = 0$. Sei d die Nullstellenord-nung der Potenzreihe $Q(0, \ldots, 0, z_n)$ in $z_n = 0$ $(0 < d < \infty)$. Jede Potenzrei-he $P \in \mathcal{O}_n$ besitzt eine eindeutig bestimmte Zerlegung der Art

$$P = RQ + S,$$

wobei
   a) $R \in \mathcal{O}_n$,
   b) $S \in \mathcal{O}_{n-1}[z_n]$, $\mathrm{Grad}_{z_n}(S) < d$ *(oder $S = 0$).*

Bevor wir die beiden Sätze beweisen, geben wir die grundlegenden Anwendungen auf die Teilbarkeitslehre in $\mathcal{O}_n$ an.

Teilbarkeitslehre im Potenzreihenring

Wir vergleichen die Teilbarkeitslehre der Ringe $\mathcal{O}_{n-1}[z_n]$ und $\mathcal{O}_n$. Dazu dient

4.7 Hilfssatz.   *Sei $Q \in \mathcal{O}_{n-1}[z_n]$ ein Weierstraßpolynom und sei $A \in \mathcal{O}_n$ eine Potenzreihe mit der Eigenschaft*

$$P = AQ \in \mathcal{O}_{n-1}[z_n].$$

Dann ist auch $A \in \mathcal{O}_{n-1}[z_n]$.

Für beliebige Polynome $Q \in \mathcal{O}_{n-1}[z_n]$ anstelle von WEIERSTRASSpolynomen ist diese Aussage falsch, wie das Beispiel

$$(1 - z_n)(1 + z_n + z_n^2 + \cdots) = 1$$

zeigt.

Beweis von 4.7. Erster Schritt. Wir nehmen überdies an, dass der Grad von P (als Polynom über $\mathcal{O}_{n-1}$) kleiner als der Grad von Q ist und zeigen dann sogar $A = 0$. Wir wählen $r > 0$ so klein, dass alle auftretenden Potenzreihen für $|z_\nu| < r$ konvergieren und wählen danach $\varepsilon > 0$ so klein, dass $\varepsilon \leq r$ und dass jede Nullstelle

$$Q(z_1, \ldots, z_n) = 0, \quad |z_\nu| < \varepsilon \text{ für } \nu = 1, \ldots, n-1,$$

automatisch die Eigenschaft $|z_n| < r$ hat. Dann hat das Polynom

$$z_n \longmapsto P(z_1, \ldots, z_n)$$

für jedes $(n-1)$-Tupel $(z_1, \ldots, z_{n-1})$, $|z_\nu| < \varepsilon$, wie Q mindestens $d = \mathrm{Grad}\, Q$ Nullstellen, wenn man diese mit Vielfachheit rechnet. Wegen $\mathrm{Grad}\, P < \mathrm{Grad}\, Q$ gilt

$$P(z_1, \ldots, z_n) \equiv 0 \text{ für } |z_\nu| < \varepsilon, \ \nu = 1, \ldots, n-1.$$

Hieraus folgt aber $P = 0$ und damit auch $A = 0$.

Zweiter Schritt. Wir benutzen eine einfache Eigenschaft der „Division mit Rest" im Polynomring einer Veränderlichen über einem beliebigen (kommutativen) Grundring R (in unserer Anwendung ist $R = \mathcal{O}_{n-1}$).

Sei $P \in R[X]$ ein beliebiges und $Q \in R[X]$ ein normiertes Polynom, d.h. der höchste Koeffizient von Q sei 1. Dann gilt

$$P = AQ + B, \quad \operatorname{Grad} B < \operatorname{Grad} Q \quad (oder\ B = 0)$$

mit eindeutig bestimmten Polynomen A, B.

Wir wenden dies an auf $R = \mathcal{O}_{n-1}$ und auf die beiden in 4.7 vorgegebenen Polynome P und Q. Division mit Rest ergibt

$$P = CQ + D, \quad \operatorname{Grad} D < \operatorname{Grad} Q.$$

Zusammen mit der Gleichung $P = AQ$ folgt

$$(A - C)Q = D, \quad \operatorname{Grad} D < \operatorname{Grad} Q.$$

Aus dem ersten Schritt folgt dann $A = C$, d.h. A ist wie C ein Polynom über $\mathcal{O}_{n-1}$. $\square$

Eine unmittelbare Anwendung von Hilfssatz 4.7 ist:

4.8 Hilfssatz.   *Ein Weierstraßpolynom $P \in \mathcal{O}_{n-1}[z_n]$ ist genau dann ein Primelement in $\mathcal{O}_n$, wenn es ein Primelement in $\mathcal{O}_{n-1}[z_n]$ ist.*

Hingegen ist $1 - z_n$ eine Einheit in $\mathcal{O}_n$ aber ein Primelement in $\mathcal{O}_{n-1}[z_n]$.

Beweis von 4.8. 1) Wenn P ein Primelement in $\mathcal{O}_n$ ist, so folgt aus Hilfssatz 4.7 leicht, dass P auch ein Primelement in $\mathcal{O}_{n-1}[z_n]$ ist.

2) Sei nun P ein Primelement in $\mathcal{O}_{n-1}[z_n]$. Wir müssen zeigen, dass P ein Primelement in $\mathcal{O}_n$ ist. Es gelte also

$$P | AB, \quad A, B \in \mathcal{O}_n.$$

Wir können nach einer eventuellen Koordinatentransformation annehmen, dass A, B beide z_n-allgemein sind. Aus dem Vorbereitungssatz folgt

$$A = A_0 \cdot U, \quad B = B_0 \cdot V$$

mit gewissen Einheiten U, V und WEIERSTRASSpolynomen A_0, B_0. Aus $P | AB$ folgt $P | A_0 B_0$ in $\mathcal{O}_n$. Wegen Hilfssatz 4.7 folgt $P | A_0 B_0$ in $\mathcal{O}_{n-1}[z_n]$ und damit

$$P | A_0 \text{ oder } P | B_0 \text{ in } \mathcal{O}_{n-1}[z_n],$$

da P in diesem Ring ein Primelement sein sollte. Es folgt

$$P | A \text{ oder } P | B \text{ in } \mathcal{O}_n. \qquad \square$$

Wir beweisen nun:

4.9 Satz. *Der Ring $\mathcal{O}_n$ der konvergenten Potenzreihen ist ein ZPE-Ring.*

Wie wir bereits gesehen haben, ist jede Potenzreihe P endliches Produkt unzerlegbarer Elemente (Induktion nach $o(P)$). Es ist also zu zeigen, dass jedes unzerlegbare Element von $\mathcal{O}_n$ sogar ein Primelement ist:

Beweis durch Induktion nach n. Der Induktionsbeginn ist trivial; wir nehmen nun an, der Satz sei für $(n-1)$ anstelle von n bewiesen und zeigen dann, dass er auch für n gilt. Natürlich dürfen wir o.B.d.A annehmen, dass P z_n-allgemein, nach dem Vorbereitungssatz sogar, dass es ein WEIERSTRASSpolynom ist. Wir zeigen zunächst, dass P in $\mathcal{O}_{n-1}[z_n]$ unzerlegbar ist. Sei also $P = AB$ eine Zerlegung in $\mathcal{O}_{n-1}[z_n]$. Da P in $\mathcal{O}_n$ unzerlegbar ist, können wir annehmen, dass A eine Einheit in $\mathcal{O}_n$ ist, $A(0) \neq 0$. Aus der Gleichung $P(0,\dots,0,z_n) = z_n^d = A(0,\dots,0,z_n)B(0,\dots,0,z_n)$ folgt, dass $A(0,\dots,0,z_n)$ bis auf einen konstanten Faktor eine Potenz von z_n ist, $A(0,\dots,0,z_n) = Cz_n^\delta$. Da A im Nullpunkt nicht verschwindet, ist $\delta = 0$. Hieraus folgt, dass B als Polynom in z_n mindestens den Grad d hat. Es hat dann aber genau den Grad d und A muss den Grad 0 haben. Somit ist A in $\mathcal{O}_{n-1}$ enthalten und dort eine Einheit.

Wir wenden nun die Induktionsvoraussetzung an: Der Ring $\mathcal{O}_{n-1}$ ist faktoriell. Nach dem erwähnten *Satz von Gauß* (VIII.2.2) ist $\mathcal{O}_{n-1}[z_n]$ ebenfalls faktoriell. Somit ist also P in $\mathcal{O}_{n-1}[z_n]$ und wegen 4.8 dann auch in $\mathcal{O}_n$ ein Primelement. □

Beweis des Vorbereitungs- und Divisionssatzes

Erster Schritt. Wir beginnen mit einem

Spezialfall des Divisionssatzes: Der Divisionssatz 4.6 ist richtig, wenn Q ein Weierstraßpolynom (und nicht nur eine z_n-allgemeine Potenzreihe) ist.

Wir müssen für eine beliebige Potenzreihe $P \in \mathcal{O}_n$ eine Zerlegung der Art

$$P = AQ + B, \quad B \in \mathcal{O}_{n-1}[z_n], \quad \mathrm{Grad}\, B < \mathrm{Grad}\, Q,$$

konstruieren und zeigen, dass diese eindeutig ist.

Eindeutigkeit. Aus $AQ + B = 0$ folgt $A \in \mathcal{O}_{n-1}[z_n]$ wegen 4.7 und dann aus Gradgründen $A = B = 0$.

Existenz. Wir wollen

$$A(z_1,\dots,z_n) := \frac{1}{2\pi i} \oint\limits_{|\zeta|=r} \frac{P(z_1,\dots,z_{n-1},\zeta)}{Q(z_1,\dots,z_{n-1},\zeta)} \frac{d\zeta}{\zeta - z_n}$$

definieren und müssen hierzu erklären, wie die Zahl $r > 0$ zu wählen ist. Sie soll so klein sein, dass die Potenzreihen P und Q in

$$U = \{\, z;\ \|z\| < 2r \,\}, \quad \|z\| := \max\{\,|z_\nu|,\ \nu = 1,\dots,n\,\}$$

konvergieren. Es existiert dann eine Zahl ε, $0 < \varepsilon < r$, so dass

$$Q(z_1, \ldots, z_n) \neq 0 \ \text{für} \ |z_n| \geq r, \quad |z_\nu| < \varepsilon \ \text{für} \ 1 \leq \nu \leq n-1.$$

Die Funktion A ist analytisch in $\|z\| < \varepsilon$ und dort in eine Potenzreihe ent-wickelbar, welche wir wieder mit A bezeichnen. Wir müssen jetzt also zeigen, dass

$$B := P - AQ$$

ein Polynom in z_n ist und zwar von kleinerem Grad als Q. Mittels der CAUCHY'schen Integralformel für P erhält man (mit $z := (z_1, \ldots, z_{n-1})$)

$$B(z, z_n) = \frac{1}{2\pi i} \oint_{|\zeta| = r} \frac{P(z, \zeta)}{\zeta - z_n} d\zeta - \frac{1}{2\pi i} \oint_{|\zeta| = r} Q(z, z_n) \frac{P(z, \zeta)}{Q(z, \zeta)} \frac{d\zeta}{\zeta - z_n}$$

$$= \frac{1}{2\pi i} \oint_{|\zeta| = r} \frac{P(z, \zeta)}{Q(z, \zeta)} \left[\frac{Q(z, \zeta) - Q(z, z_n)}{\zeta - z_n} \right] d\zeta.$$

Die Variable z_n taucht nur noch in der eckigen Klammer auf. Bei festgehaltenen $z_1, \ldots, z_{n-1}, \zeta$ ist $Q(z_1, \ldots, z_{n-1}, \zeta) - Q(z_1, \ldots, z_n)$ ein Polynom vom Grade $d = \operatorname{Grad} Q$ in z_n. Dieses hat die Nullstelle $z_n = \zeta$ und ist daher durch $z_n - \zeta$ teilbar, wobei der Quotient ein Polynom vom Grade $d-1$ ist. Die Funktion B ist daher ein Polynom vom Grade $< d$ in z_n.

Zweiter Schritt. Sei $P \in \mathcal{O}_n$ eine beliebige z_n-allgemeine Potenzreihe und Q ein WEIERSTRASSpolynom vom Grad d. Beide mögen für $\|z\| \leq r$ konvergieren. Weiterhin existiere eine Zahl ε, $0 < \varepsilon < r$, so dass für jedes feste $(z_1, \ldots, z_{n-1})$ mit $|z_\nu| < \varepsilon$ für $(1 \leq \nu \leq n-1)$ die Funktionen

$$z_n \longmapsto Q(z_1, \ldots, z_n), \quad z_n \longmapsto P(z_1, \ldots, z_n)$$

dieselben Nullstellen —mit Vielfachheit gerechnet— im Kreis $|z_n| < r$ haben. Dann gilt

$$P = UQ$$

mit einer Einheit U.

Beweis. Wir können ε so klein wählen, dass alle d Nullstellen von Q in $|z_n| < r$ enthalten sind. Nach dem Spezialfall des Divisionssatzes gilt

$$P = AQ + B, \quad B \in \mathcal{O}_{n-1}[z_n], \quad \operatorname{Grad} B < \operatorname{Grad} Q.$$

Wir können annehmen, dass A und B in $|z_n| < r$ konvergieren. Das Polynom

$$z_n \longmapsto B(z_1, \ldots, z_n)$$

hat für jedes $(z_1, \ldots, z_{n-1})$, $|z_\nu| < \varepsilon$, $1 \le \nu \le n-1$ mehr Nullstellen als sein Grad angibt und ist daher identisch 0. Außerdem folgt $A(0, \ldots, 0) \neq 0$. Somit ist A eine Einheit.   □

Dritter Schritt. Beweis des Vorbereitungssatzes.

Es sei P eine z_n-allgemeine Potenzreihe, und d, $0 < d < \infty$, sei die Nullstellenordnung von $P(0, \ldots, 0, z_n)$ in $z_n = 0$. Die Zahlen $0 < \varepsilon < r$ werden wie in 4.3 gewählt. Wir bilden die Funktionen

$$\sigma_k(z_1, \ldots, z_{n-1}) = \frac{1}{2\pi i} \oint_{|\zeta|=r} \zeta^k \frac{\partial P(z, \zeta)}{\partial \zeta} \frac{d\zeta}{P(z, \zeta)}, \quad k = 0, 1, 2, \ldots.$$

Diese sind im Bereich

$$z \in \mathbb{C}^{n-1}, \quad \|z\| < \varepsilon,$$

analytisch. Das Integral σ_0 zählt bekanntlich die Anzahl der Nullstellen, $d = \sigma_0(z_1, \ldots, z_{n-1})$. Wir ordnen die Nullstellen irgendwie an,

$$t_1(z), \ldots, t_d(z).$$

Man kann natürlich nicht erwarten, dass $t_\nu(z)$ analytisch in z ist. Aber eine leichte Verallgemeinerung des Satzes über die Anzahl der Nullstellen besagt

$$\sigma_k(z) = t_1(z)^k + \ldots + t_d(z)^k.$$

Daher sind die symmetrischen Ausdrücke $t_1(z)^k + \ldots + t_d(z)^k$ analytisch in z. Nach einem Satz der elementaren Algebra, den wir ohne Beweis verwenden wollen, gilt: *Das ν-te elementarsymmetrische Polynom $(1 \le \nu \le d)$*

$$E_\nu(X_1, \ldots, X_d) = (-1)^\nu \sum_{1 \le j_1 < \ldots < j_\nu \le d} X_{j_1} \ldots X_{j_\nu}$$

ist als Polynom (mit rationalen Koeffizienten) in

$$\sigma_k(X_1, \ldots, X_d) = \sum_{j=1}^{d} X_j^k$$

darstellbar $(1 \le k \le d$ genügt).

Beispiel.

$$E_2(X_1, X_2) = X_1 X_2 = \frac{1}{2}\big((X_1 + X_2)^2 - (X_1^2 + X_2^2)\big) = \frac{1}{2}(\sigma_1^2 - \sigma_2).$$

Insbesondere sind die elementarsymmetrischen Polynome in $t_1(z), \ldots, t_d(z)$ analytische Funktionen. Wir bilden nun das WEIERSTRASSpolynom

$$Q(z_1, \ldots, z_{n-1}, z_n) = z_n^d + E_1(t_1(z), \ldots, t_d(z)) z_n^{d-1} + \ldots + E_d(t_1(z), \ldots, t_d(z)).$$

Die Nullstellen dieses Polynoms für festes $\|z\| < \varepsilon$ sind nach den (trivialen) „VIETA'schen Wurzelsätzen" gerade $t_1(z), \ldots, t_d(z)$, stimmen also mit denen von P überein. Nach dem zweiten Schritt unterscheiden sich P und Q nur um eine Einheit. Damit ist der Vorbereitungssatz bewiesen.   □

Vierter Schritt. Beweis des Divisionssatzes.

Dieser folgt unmittelbar aus dem Spezialfall des Divisionssatzes (erster Schritt) in Verbindung mit dem jetzt bewiesenen Vorbereitungssatz.   □

Wir geben noch eine Anwendung des Vorbereitungssatzes, welche nochmals den engen Zusammenhang von Nullstellen und Teilbarkeit im Potenzreihenring deutlich macht.

4.10 Satz. *Seien $P, Q \in \mathcal{O}_n$ zwei von Null verschiedene Potenzreihen. Dann sind folgende beiden Aussagen gleichbedeutend:*

a) *In einer kleinen Umgebung des Nullpunkts gilt*

$$P(z) = 0 \Longrightarrow Q(z) = 0.$$

b) *Es existiert eine natürliche Zahl m, so dass $P | Q^m$.*

Beweis. Man kann annehmen, dass P und Q WEIERSTRASSpolynome sind. Der Grad von P sei d. Wir wollen $P | Q^d$ zeigen und führen hierzu Polynomdivision durch,

$$Q^d = AP + B, \quad \mathrm{Grad}(B) < d.$$

Für jedes $(z_1, \ldots, z_{n-1})$ in einer genügend kleinen Umgebung des Nullpunkts hat B dieselben Nullstellen wie P. Die Vielfachheiten der Nullstellen von B sind mindestens so groß wie der von P. Es folgt $B = 0$.   □

Übungsaufgaben zu V.4

1. Die Potenzreihe

$$z_2 + \sum_{\nu=1}^{\infty} z_1^{\nu}$$

   ist z_2-allgemein. Wie lautet das zugehörige WEIERSTRASSpolynom?

2. Man schreibe die elementarsymmetrischen Polynome

$$z_1 + z_2 + z_3, \quad z_1 z_2 + z_1 z_3 + z_2 z_3 + z_1 z_2 z_3$$

   explizit als Polynome in

$$z_1 + z_2 + z_3, \quad z_1^2 + z_2^2 + z_3^2, \quad z_1^3 + z_2^3 + z_3^3.$$

3. Man zeige, dass in $\mathbb{C}\{z\}$ ein einziges von Null verschiedenes Primideal existiert.

4. Man zeige, dass eine analytische Funktion von mehr als einer Variablen nie eine isolierte Nullstelle haben kann.

5. Darstellung meromorpher Funktionen als Quotienten analytischer Funktionen

Eine meromorphe Funktion auf einem Gebiet D lässt sich definitionsgemäß *lokal* als Quotient zweier analytischer Funktionen darstellen. Es existiert also eine Überdeckung

$$D = \bigcup_{i \in I} U_i, \quad U_i \text{ offen und zusammenhängend,}$$

sowie analytische Funktionen

$$f_i, g_i : U_i \longrightarrow \mathbb{C}, \quad g_i \neq 0,$$

so dass

$$f|_{U_i} = \frac{f_i}{g_i}.$$

Eine solche Darstellung ist nicht eindeutig! Man ist geneigt, eine gewisse Eindeutigkeit dadurch zu erzwingen, dass man fordert, dass f_i und g_i teilerfremd sind. Dabei heißen zwei Elemente ϱ, σ eines kommutativen Ringes R mit Einselement *teilerfremd*, wenn

$$x | \varrho \text{ und } x | \sigma \quad \Longrightarrow \quad x \in R^*.$$

Die Schwierigkeit besteht darin, dass der Ring der analytischen Funktionen nicht faktoriell ist (wie man sich etwa im Falle $n = 1$ leicht überlegen kann). Lediglich der Ring $\mathcal{O}_n = \mathbb{C}\{z_1, \ldots, z_n\}$ der konvergenten Potenzreihen ist faktoriell. Um damit auskommen zu können, benötigen wir:

5.1 Satz. *Seien*

$$f, g : D \longrightarrow \mathbb{C}, \quad D \subset \mathbb{C}^n \text{ offen,}$$

analytische Funktionen und $a \in D$ ein Punkt, so dass die Potenzreihenentwicklung von f und g in a teilerfremde Elemente des Potenzreihenringes

$$\mathbb{C}\{X_1, \ldots, X_n\} \qquad (\text{„} X_\nu = z_\nu - a_\nu \text{"})$$

sind. Dann sind die Potenzreihenentwicklungen von f und g in allen Punkten b aus einer vollen Umgebung von a ebenfalls teilerfremd.

Wir werden einen anderen Satz (5.2) beweisen, aus dem Satz 5.1 dann folgt. Dazu bezeichnen wir die Potenzreihenentwicklung von f (und analog die von g) in $a \in D$ mit

$$[f]_a \in \mathbb{C}\{X_1, \ldots, X_n\} \qquad (\text{„} X_\nu = z_\nu - a_\nu \text{"}).$$

Wir schreiben $[f]_a$ und $[g]_a$ als Potenzprodukt von Primelementen

$$[f]_a = \prod_{j=1}^{r} [f_j]_a^{\mu_j} \quad \text{und} \quad [g]_a = \prod_{j=1}^{s} [g_j]_a^{\nu_j},$$

wobei $[f_j]_a$ (und analog $[g_j]_a$) paarweise nicht assoziiert seien. Dabei nennt man zwei Elemente ϱ, σ eines Ringes R *assoziiert*, wenn sie sich nur um eine Einheit unterscheiden, d.h.

$$\sigma = \varepsilon \varrho, \quad \varepsilon \in R^*.$$

Nach eventueller Verkleinerung von D dürfen wir annehmen, dass die Repräsentanten f_j, g_j in ganz D analytisch sind. Wir betrachten dann

$$F := f_1 \cdots f_r \quad \text{und} \quad G := g_1 \cdots g_s$$

anstelle von f und g. Es ist klar, dass $[F]_a$ und $[G]_a$ genau dann teilerfremd sind, wenn $[f]_a$ und $[g]_a$ es sind. Die Teilerfremdheit von $[F]_a$ und $[G]_a$ bedeutet, dass $[F]_a \cdot [G]_a$ ein quadratfreies Element des Potenzreihenringes ist. Ein Element ϱ eines Ringes R heißt dabei *quadratfrei*, falls

$$x^2 | \varrho \quad \Longrightarrow \quad x \in R^*.$$

Für beliebiges $b \in D$ folgt umgekehrt aus der Quadratfreiheit von $[F]_b \cdot [G]_b$, dass $[F]_b$ und $[G]_b$ teilerfremd sind. Somit folgt Satz 5.1 also aus:

5.2 Satz. *Sei*
$$f : D \longrightarrow \mathbb{C}, \quad D \subset \mathbb{C}^n \text{ offen,}$$

eine analytische Funktion. Die Menge aller Punkte $a \in D$, für welche die Potenzreihenentwicklung $[f]_a$ ein quadratfreies Element des Potenzreihenringes

$$\mathbb{C}\{X_1, \ldots, X_n\} \qquad (\text{„}X_\nu = z_\nu - a_\nu\text{“})$$

ist, ist offen in D.

Beweis. Sei $a \in D$ ein fester Punkt, in dem die Potenzreihenentwicklung $[f]_a$ quadratfrei ist. Wir müssen zeigen, dass $[f]_b$ in einer vollen Umgebung von a ebenfalls quadratfrei ist. Es ist sicherlich keine Einschränkung der Allgemeinheit, wenn wir annnehmen, dass $[f]_a$ X_n-allgemein ist, dass also

$$f(a_1, \ldots, a_{n-1}, z_n - a_n) \not\equiv 0$$

ist. Diese Bedingung überträgt sich auf eine volle Umgebung von a. Wir können also annehmen, dass $[f]_b$ in allen Punkten $b \in D$ X_n-allgemein ist ($\text{„}X_n = z_n - b_n\text{“}$).

Für die Quadratfreiheit einer X_n-allgemeinen Potenzreihe beweisen wir das folgende Kriterium, aus dem 5.2 unmittelbar folgt (dabei nehmen wir an, um die trivialen Fälle auszuschließen, dass die betrachtete Potenzreihe weder identisch verschwindet, noch eine Einheit ist):

5.3 Kriterium für die Quadratfreiheit einer z_n-allgemeinen Potenz-reihe. *Sei*

$$P \in \mathbb{C}\{z_1, \ldots, z_n\}, \quad P(0) = 0, \quad P \neq 0,$$

*eine z_n-allgemeine Potenzreihe. Genau dann ist P **nicht** quadratfrei, falls gilt:*

$$\prod_{i<j} [t_i(z) - t_j(z)]^2 = 0 \ \text{ für } \ z \in \mathbb{C}^{n-1}, \quad \|z\| < \varepsilon.$$

(Wir verwenden dieselbe Bezeichnungen wie beim Beweis des Vorbereitungs-satzes.)

Beweis des Kriteriums. Die in dem Kriterium angegebene Bedingung ändert sich nicht, wenn man P mit einer Einheit U multipliziert. Nach dem Vorbereitungssatz dürfen wir annehmen, dass P ein WEIERSTRASSpolynom ist. Aus dem Vorbereitungssatz und aus 4.7 folgert man leicht:

Ein Weierstraßpolynom ist genau dann ein quadratfreies Element von $\mathcal{O}_n$, wenn es quadratfrei in $\mathcal{O}_{n-1}[z_n]$ ist.

Das letztere ist nach einem (für beliebige normierte Polynome über faktoriellen Ringen gültigen) algebraischen Kriterium genau dann der Fall, wenn die *Diskriminante* Δ nicht verschwindet (s. Anhang, VIII.3.2). Die Diskriminante kann man folgendermaßen berechnen:

$$\Delta = \prod_{\mu < \nu} (t_\nu - t_\mu)^2 \in \mathcal{O}_{n-1}.$$

Damit ist 5.3 bewiesen. □

Wir kehren zurück zu unserem Problem, eine meromorphe Funktion f auf einem Gebiet D als Quotient von analytischen Funktionen darzustellen. Zu jedem Punkt $a \in D$ existieren definitionsgemäß eine offene zusammenhängende Umgebung $U(a)$ sowie analytische Funktionen

$$g_a, h_a : U(a) \longrightarrow \mathbb{C},$$

so dass

$$f|_{U(a)} = \frac{g_a}{h_a}.$$

Dabei kann man —nach eventueller Verkleinerung von $U(a)$— erreichen, dass die Potenzreihenentwicklungen von g_a und h_a in a teilerfremd sind. Nach Satz 5.1 gilt dies dann auch in einer vollen Umgebung von a, so dass wir also die Teilerfremdheit gleich in ganz $U(a)$ voraussetzen dürfen. Halten wir fest:

5.4 Satz. *Sei f eine meromorphe Funktion auf einem Gebiet $D \subset \mathbb{C}^n$. Dann existiert eine Überdeckung*

$$D = \bigcup_{i \in I} U_i, \quad U_i \subset D \text{ offen und zusammenhängend,}$$

sowie eine Schar analytischer Funktionen

$$g_i, h_i : U_i \longrightarrow \mathbb{C} \qquad (h_i \neq 0),$$

so dass folgende beiden Bedingungen erfüllt sind:

  a) $f|_{U_i} = \dfrac{g_i}{h_i}$.

  b) *Die Potenzreihenentwicklungen $[g_i]_a$ und $[h_i]_a$ sind in allen Punkten $a \in U_i$ teilerfremd.*

Zusatz. *Im Durchschnitt zweier Teile U_i, U_j der Überdeckung gilt*

$$g_i|_{U_i \cap U_j} = \varphi_{ij} \cdot g_j|_{U_i \cap U_j}$$

mit einer in $U_i \cap U_j$ analytischen invertierbaren Funktion

$$\varphi_{ij} \in \mathcal{O}(U_i \cap U_j)^*.$$

Der Zusatz ergibt sich einfach aus der folgenden trivialen algebraischen

Bemerkung. *Seien (ϱ, σ), (ϱ', σ') zwei Paare teilerfremder Elemente eines ZPE-Ringes. Aus der Gleichung*

$$\varrho\sigma' = \sigma\varrho' \qquad (d.h. \text{,,}\varrho/\sigma = \varrho'/\sigma' \text{``})$$

folgt

$$\varrho = \varepsilon\varrho' \quad und \quad \sigma = \varepsilon\sigma'$$

*mit einer **Einheit** $\varepsilon \in R^*$.*

Die im Zusatz zu 5.4 auftretende Bedingung ist es wert, in Form einer Definition festgehalten zu werden:

5.5 Definition. *Ein **Divisorendatum** (oder eine Cousinverteilung) auf einem Gebiet $D \subset \mathbb{C}^n$ ist eine Familie $(U_i, f_i)_{i \in I}$ bestehend aus*

  a) *einer offenen Überdeckung*

$$X = \bigcup_{i \in I} U_i, \quad U_i \subset D \text{ offen und zusammenhängend,}$$

  b) *einer Schar analytischer Funktionen $f_i : U_i \to \mathbb{C}$ mit der Eigenschaft*

$$f_i = \varphi_{ij} \cdot f_j \text{ in } U_i \cap U_j, \quad \varphi_{ij} \in \mathcal{O}(U_i \cap U_j)^*.$$

Wir sagen, dass eine analytische Funktion $f : D \to \mathbb{C}$ *auf das Divisorendatum passt*, wenn für alle i gilt

$$f|_{U_i} = \varphi_i \cdot f_i, \quad \varphi_i \in \mathcal{O}(U_i)^*.$$

Dann stimmt insbesondere die Nullstellenmenge von f innerhalb von U_i mit der von f_i überein.

Man sollte sich bei dieser Gelegenheit vor Augen halten, dass die Menge der Nullstellen von f_i und f_j in $U_i \cap U_j$ übereinstimmen. Ein Divisorendatum sollte man verstehen als „*eine Vorgabe von Nullstellenmengen mit Vielfachheiten*".

Zur Konstruktion von f bietet sich daher der folgende Weg an:

Man verschaffe sich zunächst eine Schar von *invertierbaren* analytischen Funktionen

$$g_i \in \mathcal{O}(U_i)^*$$

mit der Eigenschaft

$$g_i = \varphi_{ij} \cdot g_j \text{ in } U_i \cap U_j,$$

wobei φ_{ij} die in 5.5 auftretenden Verbindungsfunktionen sind. Dann gilt für alle i, j

$$\frac{f_i}{g_i} = \frac{f_j}{g_j} \text{ in } U_i \cap U_j,$$

Infolgedessen existiert eine analytische Funktion $f : D \to \mathbb{C}$ mit

$$f|_{U_i} = \frac{f_i}{g_i}.$$

Diese löst das gestellte Problem.

Die Konstruktion der invertierbaren Funktionen g_i beruht auf einem gewissen *Verheftungslemma*, das wir zunächst in einer topologisch besonders einfachen Situation formulieren und beweisen wollen. Wir nehmen an, dass U_i und U_j *achsenparallele Quader* in sehr spezieller Lage sind. Dabei verstehen wir unter einem offenen Quader im $\mathbb{R}^n$ allgemein das kartesische Produkt von n offenen Intervallen, wobei wir wie üblich $\mathbb{C}^n$ mit $\mathbb{R}^{2n}$ identifizieren,

$$(z_1, \ldots, z_n) \longleftrightarrow (x_1, y_1, \ldots, x_n, y_n).$$

Gegeben sei dann

a) ein offener (achsenparalleler) Quader $Q' \subset \mathbb{R}^{2n-1}$,
b) reelle Zahlen $a < b < c < d$.

Mit diesen bilden wir dann

$$Q_1 := (a, c) \times Q' \subset \mathbb{C}^n$$

und

$$Q_2 := (b, d) \times Q' \subset \mathbb{C}^n.$$

Es ist also

$$Q_1 \cap Q_2 := (b, c) \times Q'.$$

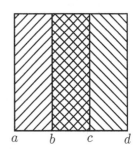

5.6 Hilfssatz.   *Seien Q_1, Q_2 zwei offene Quader im $\mathbb{C}^n$ ($= \mathbb{R}^{2n}$) in der speziellen Lage*

$$Q_1 := (a, c) \times Q' \subset \mathbb{C}^n, \quad Q_2 := (b, d) \times Q' \subset \mathbb{C}^n \qquad (a < b < c < d).$$

Sei außerdem f eine analytische Funktion auf einer offenen Menge U, welche den Abschluss $\overline{Q_1 \cap Q_2}$ umfasst. Dann gilt:

1) **Additives Verheftungslemma.** *Es existieren analytische Funktionen*

$$f_\nu : Q_\nu \longrightarrow \mathbb{C}, \quad \nu = 1, 2,$$

    mit der Eigenschaft

$$f(z) = f_1(z) - f_2(z) \ \text{ für } \ z \in Q_1 \cap Q_2.$$

2) **Multiplikatives Verheftungslemma.** *Wenn f invertierbar ist (also ohne Nullstelle), so existieren invertierbare analytische Funktionen*

$$f_\nu : Q_\nu \longrightarrow \mathbb{C}, \quad f_\nu \in \mathcal{O}(U)^*, \quad \nu = 1, 2,$$

    so dass

$$f(z) = \frac{f_1(z)}{f_2(z)}.$$

Beweis des additiven Verheftungslemmas.

Der Beweis beruht auf der Cauchy'schen Integralformel angewendet auf f als Funktion von z_1. Da bei der gesamten Betrachtung $z_2, \ldots, z_n$ festgehalten werden können und die auftretenden Integrale nach dem *Leibniz'schen Kriterium* von $z_2, \ldots, z_n$ analytisch abhängen, genügt es, den Beweis im Fall $n = 1$ auszuführen. Die Cauchy'sche Integralformel besagt

$$f(z) = \frac{1}{2\pi i} \oint_{\partial(Q_1 \cap Q_2)} \frac{f(\zeta)}{\zeta - z} \, d\zeta \quad \text{für} \ z \in Q_1 \cap Q_2.$$

Man zeigt leicht, dass der Rand $\partial(Q_1 \cap Q_2)$ aus zwei Wegstücken W_1 und W_2 zusammengefügt werden kann, wobei W_1 ganz auf dem Rand von Q_1 und W_2 ganz auf dem Rand von Q_2 verläuft.

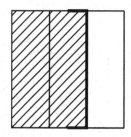 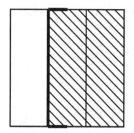

Es gilt dann

$$f(z) = f_1(z) - f_2(z) \ \text{ für } \ z \in Q_1 \cap Q_2$$

mit

$$f_\nu(z) := \oint\limits_{W_\nu} \frac{f(\zeta)}{\zeta - z}\, d\zeta \quad \nu = 1, 2.$$

Die Funktionen f_ν, $\nu = 1, 2$, sind aber im Komplement von W_ν analytisch, mithin also in ganz Q_ν (sogar in einem viel größeren Bereich!)   □

Beweis des multiplikativen Verheftungslemmas.

Dieses kann sofort auf den additiven Fall zurückgeführt werden, wenn f von der Form

$$f(z) = e^{F(z)}, \quad F : D \longrightarrow \mathbb{C} \text{ analytisch},$$

ist. Man muss dann nämlich nur für F das additive Problem lösen

$$F = F_1 - F_2, \quad F_\nu \in \mathcal{O}(Q_\nu),$$

und erhält dann

$$f = \frac{f_1}{f_2} \text{ mit } f_\nu = e^{F_\nu}.$$

Wir müssen also noch die Existenz eines analytischen Logarithmus auf geeigneten Gebieten zeigen. Das geschieht ähnlich wie im Fall $n = 1$ und soll als Hilfssatz festgehalten werden:

5.7 Hilfssatz. *Sei*

$$f : D \longrightarrow \mathbb{C}, \quad D \subset \mathbb{C}^n \text{ offen und konvex},$$

eine analytische Funktion ohne Nullstelle auf einem konvexen Gebiet. Dann existiert ein analytischer Logarithmus F von f, d.h eine analytische Funktion $F : D \to \mathbb{C}$ mit

$$e^F = f.$$

Beweis. Sei $a \in D$ ein fester Punkt. Ist $z \in D$ ein beliebiger weiterer Punkt, so ist die Verbindungsstrecke ganz in D enthalten. Daher ist die Funktion

$$\alpha(t) := f\left(a + t(z - a)\right), \quad 0 \leq t \leq 1,$$

wohldefiniert und stetig. Wir setzen

$$F(z) := \int\limits_0^1 \frac{\alpha'(t)}{\alpha(t)}\, dt + \mathrm{Log}\, f(a).$$

Diese Funktion hängt nach dem *Leibniz'schen Kriterium* analytisch von z ab. Außerdem gilt

$$e^F = f \qquad \left(\text{denn } \frac{\alpha'(t)}{\alpha(t)} = \frac{d}{dt}\, \mathrm{Log}\, \alpha(t)\text{“}\right). \qquad \square$$

Warum nun nennt man Hilfssatz 5.6 das „Verheftungslemma"?

Man betrachte analytische Funktionen

$$g_\nu : Q_\nu \longrightarrow \mathbb{C}, \quad \nu = 1, 2.$$

Es möge eine invertierbare analytische Funktion

$$\varphi_{12} \in \mathcal{O}(U)^* \qquad (U \supset \overline{Q_1 \cap Q_2})$$

mit der Eigenschaft

$$g_1 = \varphi_{12} \cdot g_2 \text{ in } Q_1 \cap Q_2$$

existieren. Dann gibt es eine analytische Funktion

$$g : Q_1 \cup Q_2 \longrightarrow \mathbb{C}$$

so dass gilt:

$$g = \varphi_\nu g_\nu \text{ in } Q_\nu, \quad \varphi_\nu \in \mathcal{O}(Q_\nu)^*$$

(g ist die „verheftete Funktion".)

Zum Beweis stelle man φ_{12} nach dem multiplikativen Verheftungslemma in der Form

$$\varphi_{12} = \frac{f_2}{f_1}, \quad f_\nu \in \mathcal{O}(Q_\nu)^*$$

dar. Die Funktionen

$$\frac{g_2}{f_2} \text{ und } \frac{g_1}{f_1}$$

stimmen in $Q_1 \cap Q_2$ überein und „verschmelzen" zu einer einzigen auf ganz $Q_1 \cup Q_2$ definierten Funktion.

Damit sind wir im Besitz der Mittel zum Beweis des wichtigen

5.8 Satz (P. COUSIN 1895).   *Sei (U_i, f_i) ein Divisorendatum auf dem $\mathbb{C}^n$ $(= \bigcup_{i \in I} U_i)$. Dann existiert eine analytische Funktion*

$$f : \mathbb{C}^n \longrightarrow \mathbb{C}$$

mit

$$f|_{U_i} = \varphi_i \cdot f_i, \quad \varphi_i \in \mathcal{O}(U_i)^*.$$

Bemerkung. Im Fall $n = 1$ ist dieser Satz für ein beliebiges Gebiet $D \subset \mathbb{C}^n$ richtig, im Fall $n > 1$ jedoch nicht!

Beweis von Satz 5.8. In einem ersten Schritt beweisen wir, dass es auf einer offenen Umgebung U des abgeschlossenen Einheitswürfels

$$W := \{ z \in \mathbb{C}^n; \quad 0 \le x_\nu, y_\nu \le 1 \text{ für } 1 \le \nu \le n \}$$

eine analytische Funktion $f : U \to \mathbb{C}$ gibt, welche auf das vorgegebene Divisorendatum passt:

$$f = \varphi_i \cdot f_i \text{ in } U \cap U_i, \qquad \varphi_i \in \mathcal{O}(U \cap U_i)^*.$$

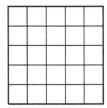

Dazu zerlegen wir den Würfel W in N^{2n} abgeschlossene Teilwürfel, indem wir jede Kante in N äquidistante Stücke unterteilen. Die so entstandenen Teilwürfel bezeichnen wir mit $W_{\nu_1,\dots,\nu_{2n}}$, $1 \le \nu_j \le N$ $(1 \le j \le 2n)$.

Wir wählen N so groß, dass jedes $W_{\nu_1,\dots,\nu_{2n}}$ in einem U_i enthalten ist und bezeichnen ein solches fest gewähltes U_i mit $U_{\nu_1,\dots,\nu_{2n}}$, entsprechend bezeichnen wir f_i mit $f_{\nu_1,\dots,\nu_{2n}}$.

Im weiteren Verlauf beschränken wir uns auf den Fall $n = 1$, welcher etwas einfacher darzustellen ist. (Der Fall $n > 1$ lässt sich genauso behandeln; er erfordert lediglich etwas mehr Bezeichnungsaufwand.)

Behauptung. In einer geeigneten offenen Umgebung von $W_{11} \cup W_{12}$ existiert eine analytische Funktion, welche auf das Divisorendatum passt.

Dies folgt unmittelbar aus dem Verheftungslemma, wie wir im Anschluss an 5.7 ausgeführt haben. Nochmalige Anwendung des Verheftungslemmas liefert eine auf das Divisorendatum passende analytische Funktion in einer offenen Umgebung von $W_{11} \cup W_{12} \cup W_{13}$. Durch Induktion erhält man eine derartige Funktion in einer offenen Umgebung von $W_{11} \cup \dots \cup W_{1N}$. Diese nennen wir F_1. Ebenso werden analytische Funktionen F_i in einer offenen Umgebung von $W_{i1} \cup \dots \cup W_{iN}$ konstruiert. Jetzt kann man —wiederum mit Hilfe des Verheftungslemmas— die Funktionen F_1 und F_2 verheften usw. und gelangt schließlich und endlich zu einer analytischen Funktion, welche auf das Divisorendatum passt. Es ist klar, dass sich dieser Gedanke auf den Fall $n > 1$ übertragen lässt. Außerdem sind unsere Überlegungen natürlich auf beliebige abgeschlossene Würfel anwendbar. Wir erhalten also:

Zu jedem Kompaktum $K \subset \mathbb{C}^n$ existiert eine offene Umgebung $U \supset K$ und eine analytische Funktion $f : U \to \mathbb{C}$, welche auf das Divisorendatum passt.

Um eine auf ganz $\mathbb{C}^n$ analytische Funktion f zu erhalten, wenden wir ein Ausschöpfungsverfahren an:

Sei

$$V_k = \{\, z \in \mathbb{C}^n; \quad \|z\| < k \,\}, \quad k = 1, 2, \dots.$$

Wir wählen zunächst irgendeine analytische Funktion

$$h_k : V_k \longrightarrow \mathbb{C},$$

welche auf das Divisorendatum passt. Dann gilt für $k < l$

$$h_l = h_k \, e^{\varphi_{kl}} \quad \text{in } V_k$$

mit einer in V_k analytischen Funktion φ_{kl},

$$\boxed{h_{k+1} = h_k \, e^{\varphi_k} \quad \text{in } V_k} \qquad (\varphi_k := \varphi_{k,k+1}).$$

Die Folge (V_k, h_k) ist ebenfalls ein Divisorendatum. Jede analytische Funktion, welche auf dieses Divisorendatum passt, passt natürlich auch auf das ursprüngliche! Es ist uns also gelungen (mittels des Verheftungslemmas) eine beliebige Überdeckung $(U_i)_{i \in I}$ durch die aufsteigende Kette $V_1 \subset V_2 \subset \ldots$ zu ersetzen!

Wir haben noch die Freiheit, h_k durch $\tilde{h}_k = h_k \, e^{\psi_k}$, $\quad \psi_k : V_k \to \mathbb{C}$ analytisch, zu ersetzen.

Behauptung. Wählt man die Funktionen $\psi_k \in \mathcal{O}(V_k)$ geeignet, so gilt

$$\tilde{h}_{k+1} = \tilde{h}_k \, e^{\tilde{\varphi}_k}$$

mit
a) $\tilde{\varphi}_k \in \mathcal{O}(V_k)$,
b) $|\tilde{\varphi}_k(z)| \le 2^{-k} \quad$ *für $z \in V_{k-1}$.*

Beweis. Wir behaupten, dass man sogar Polynome ψ_k mit den gewüschten Eigenschaften finden kann. (Diese sind dann sogar auf ganz $\mathbb{C}^n$ analytisch.) Man konstruiert ψ_k leicht durch Induktion nach k, wenn man berücksichtigt, dass sich jede analytische Funktion auf V_k (beispielsweise φ_k) auf dem Kompaktum $\bar{U}_{k-1} \subset U_k$ beliebig gut durch Polynome approximieren lässt. Dies folgt daraus, dass die TAYLORentwicklung auf Polyzylindern möglich und lokal gleichmäßig konvergent ist. Die (einfachen) Einzelheiten übergehen wir.
□

Wir können und wollen nun annehmen, dass

$$|\varphi_k(z)| \le 2^{-k} \quad \text{für } z \in V_{k-1}$$

gilt. Zu jedem $z \in \mathbb{C}^n$ existiert ein k_0 mit $z \in V_{k_0}$. Die Reihe

$$\sum_{k \ge k_0} \varphi_k(z)$$

konvergiert. Insbesondere konvergiert also die Folge

$$(h_k(z))_{k \ge k_0},$$

denn es ist

$$h_l = h_k \, e^{\varphi_k + \cdots + \varphi_{l-1}} \quad \text{für} \quad l > k.$$

Wir bezeichnen den Grenzwert der Folge mit

$$f(z) := \lim_{k \geq k_0} h_k(z).$$

Es ist klar, dass diese Folge lokal gleichmäßig konvergiert, da die aus den φ_k gebildete Reihe lokal gleichmäßig konvergiert. Die Funktion f ist also analytisch! Sie passt offensichtlich auf das Datum (V_k, h_k). Damit ist Satz 5.4 bewiesen. □

Aus den Sätzen 5.4 und 5.8 folgt das Hauptresultat dieses Abschnittes. Das folgende Theorem wurde 1879 ohne Beweis von WEIERSTRASS ausgesprochen und bemerkt, er werde sehr schwer zu beweisen sein. Den ersten Beweis gab POINCARÉ. Einen vereinfachten Beweis gab COUSIN 1895.

5.9 Theorem (POINCARÉ 1883). *Jede meromorphe Funktion f auf dem $\mathbb{C}^n$ ist als Quotient zweier analytischer Funktionen darstellbar,*

$$f = \frac{g}{h}, \quad g, h : \mathbb{C}^n \longrightarrow \mathbb{C} \ \text{analytisch.}$$

Man kann erreichen, dass die Potenzreihenentwicklungen von g und h in jedem Punkt teilerfremd sind.

Zusatz. *Seien*

$$f = \frac{g}{h} = \frac{\tilde{g}}{\tilde{h}}$$

zwei Darstellungen von f als Quotient analytischer Funktionen, wobei die Potenzreihenentwicklungen von g und h sowie von $\tilde{g}$ und $\tilde{h}$ in jedem Punkt teilerfremd seien. Dann gilt

$$\tilde{g} = g \cdot e^{\varphi} \quad \text{und} \quad \tilde{h} = h \cdot e^{\varphi}$$

mit einer analytischen Funktion $\varphi : \mathbb{C}^n \to \mathbb{C}$.

Zum Beweis des Zusatzes hat man neben der ZPE-Eigenschaft des Potenzreihenringes die Existenz eines analytischen Logarithmus auf dem $\mathbb{C}^n$ (5.7) heranzuziehen.

Übungsaufgaben zu V.5

1. Man zeige, dass der WEIERSTRASS'sche Produktsatz in der Form [FB], IV.2.1, ein Spezialfall von 5.8 ist.

2. Sei P ein Primelement des Potenzreihenrings $\mathcal{O}_n$ und Q eine beliebige Potenzreihe, so dass $P(z) = 0 \Rightarrow Q(z) = 0$ in einer kleinen Umgebung des Nullpunkts gilt. Dann gilt $P|Q$.

3. Eine analytische Funktion $f : U \to \mathbb{C}$ auf einem offenen Teil $U \subset \mathbb{C}^n$ heißt *reduziert,* wenn ihre Potenzreihenentwicklung in jedem Punkt reduziert (quadratfrei ist). Man zeige: Sind f, g zwei reduzierte analytische Funktionen auf U mit derselben Nullstellenmenge und ist f reduziert, so gilt $g = \varphi f$ mit einer analytischen Funktion φ.

4. Jede von Null verschiedene analytische Funktion $f : \mathbb{C}^n \to \mathbb{C}$ lässt sich in der Form
$$f = f^{\mathrm{red}} g$$
schreiben. Dabei ist f^{red} eine reduzierte analytische Funktion mit derselben Nullstellenmenge wie f.

Anleitung. Man benutze 5.8 und die vorhergehende Aufgabe.

6. Alternierende Differentialformen

Im reell zweidimensionalen Fall haben wir den Kalkül der Differentialformen entwickelt (Anhang zu Kapitel II: Der Satz von Stokes). Den lokalen Teil dieser Theorie wollen wir nun auf den Fall beliebiger Dimension verallgemeinern:

Im folgenden sei n eine feste natürliche Zahl. Wir bezeichnen mit
$$\mathcal{M}_p := \mathcal{M}_p^{(n)} := \big\{\, a \subset \{1,\ldots,n\}; \quad \#a = p \,\big\}$$
die Menge aller p-elementigen Teilmengen von $\{1,\ldots,n\}$. Deren Anzahl ist
$$\binom{n}{p} \qquad (=0, \text{ falls } p < 0 \text{ oder } p > n).$$

6.1 Definition. *Eine (alternierende)* **Differentialform** *ω vom Grade p auf einem offenen Teil $D \subset \mathbb{R}^n$ ist eine Abbildung, welche jedem $a \in \mathcal{M}_p$ eine C^∞-Funktion*
$$f_a : D \to \mathbb{C}$$
zuordnet.
$$\omega = (f_a)_{a \in \mathcal{M}_p}.$$

Wir bezeichnen mit $A^p(D)$ die Menge aller Differentialformen vom Grade p auf D und nennen diese auch kurz p-Formen.

Die Menge $\mathcal{M}_0^{(n)}$ besteht aus einem einzigen Element (nämlich der leeren Menge). Eine Nullform besitzt daher nur eine einzige Komponente. Wir können und wollen daher 0-Formen mit Funktionen identifizieren. Es gilt speziell

$$A^0(D) = C^\infty(D).$$

Rechnen mit alternierenden Differentialformen

I. Algebraische Rechenregeln

Da man p-Formen komponentenweise addieren kann und mit Funktionen multiplizieren darf, bildet $A^p(D)$ einen *Modul* über $C^0(D)$

$$(f_a) + (g_a) = (f_a + g_a),$$

$$f \cdot (f_a) = (f \cdot f_a).$$

Übrigens ist

$$A^p(D) = 0 \text{ für } p < 0 \text{ oder } p > n,$$

da in diesen Fällen $\mathcal{M}_p$ leer ist.

II. Das totale Differential einer Funktion.

Da einelementige Teilmengen von $\{1,\ldots,n\}$ mit den Elementen $\{1,\ldots,n\}$ identifiziert werden können, ist eine 1-Form nichts anderes als ein n-Tupel von Funktionen

$$A^1(D) = A^0(D) \times \ldots \times A^0(D),$$

$$A^1(D) = \underbrace{C^\infty(D) \times \ldots \times C^\infty(D)}_{n-\text{fach}}.$$

Das *totale Differential* einer C^∞-Funktion f ist durch

$$df := \left(\frac{\partial f}{\partial x_1}, \ldots, \frac{\partial f}{\partial x_n} \right)$$

erklärt. Es gelten die Rechenregeln

a) $d(f+g) = df + dg,$
b) $d(f \cdot g) = f \cdot dg + g \cdot df,$
c) $df = 0 \iff f$ ist lokal konstant.

Bezeichnet man mit

$$p_\nu : D \to \mathbb{C}, \quad p_\nu(x) = x_\nu,$$

die Projektion auf die ν-te Koordinate, so gilt

$$dp_\nu = (0, \ldots, 0, 1, 0, \ldots, 0)$$
$$\uparrow$$
$$\nu\text{-te Komponente}$$

Schreibweise: $dx_\nu := dp_\nu$.

Man kann also jede 1-Form $(f_1, \ldots, f_n)$ auch in der Gestalt

$$(f_1, \ldots, f_n) = \sum_{\nu=1}^{n} f_\nu \, dx_\nu$$

schreiben. Das totale Differential sieht dann wie folgt aus:

$$df = \sum_{\nu=1}^{n} \frac{\partial f}{\partial x_\nu} \, dx_\nu.$$

III. Das schiefe Produkt

In Analogie zum Fall $p = 1$ ordnen wir einer p-elementigen Teilmenge $a \subset \{1, \ldots, n\}$ die p-Form

$$(dx_a)_b = \begin{cases} 1 & \text{für } a = b \\ 0 & \text{für } a \neq b \end{cases}$$

zu. Jede p-Form $\omega = (f_a)_{a \in \mathcal{M}_p}$ kann man dann auch in der Form

$$\omega = \sum_{a \in \mathcal{M}_p} f_a \, dx_a$$

schreiben. Seien

$$a, b \subset \{1, \ldots, n\}, \quad \#a = p, \quad \#b = q.$$

Wir definieren einen „Vorzeichenfaktor" $\varepsilon(a, b)$.

Erster Fall. Wir setzen

$$\varepsilon(a, b) = 0, \text{ falls } a \cap b \neq \emptyset.$$

Zweiter Fall. Sei $a \cap b = \emptyset$.
Wir ordnen die Elemente von a in ihrer natürlichen Reihenfolge an:

$$a = \{a_1, \ldots, a_p\}, \quad a_1 < a_2 < \ldots < a_p,$$

und entsprechend

$$b = \{b_1, \ldots, b_q\}, \quad b_1 < b_2 < \ldots < b_q.$$

Es gilt dann

$$a \cup b = \{ a_1, \ldots, a_p, b_1, \ldots, b_q \}, \quad \#(a \cup b) = p + q.$$

Aber die Elemente in der geschweiften Klammer stehen nicht notwendigerweise in ihrer natürlichen Reihenfolge (es muss nicht $a_p < b_1$ gelten).

Wir bezeichnen mit $\varepsilon(a, b)$ das Vorzeichen derjenigen Permutation (von $p+q$ Elementen), welche man braucht, um $(a_1, \ldots, a_p, b_1, \ldots, b_q)$ in die natürliche Reihenfolge zu bringen.

Beispiele.

$$a = \{ 1, 2 \}, \quad b = \{ 2, 3 \}, \quad \varepsilon(a, b) = 0, \; .$$
$$a = \{ 1, 3 \}, \quad b = \{ 2, 4 \}, \quad \varepsilon(a, b) = -1,$$
$$a = \{ 2, 4 \}, \quad b = \{ 3, 5 \}, \quad \varepsilon(a, b) = -1.$$

Wir definieren nun das *schiefe Produkt*

$$A^p(D) \quad \times \quad A^q(D) \quad \longrightarrow \quad A^{p+q}(D),$$
$$\omega \quad , \quad \omega' \quad \longmapsto \quad \omega \wedge \omega',$$

durch die Formeln

$$\left(\sum_{a \in M_p} f_a \, dx_a \right) \wedge \left(\sum_{b \in M_q} g_b \, dx_b \right) := \left(\sum_{\substack{a \in M_p \\ b \in M_q}} f_a g_b \, dx_a \wedge dx_b \right)$$

$$\boxed{dx_a \wedge dx_b := \varepsilon(a, b) \, dx_{a \cup b} \, .}$$

Es ist eine einfache Übungsaufgabe, die folgenden Rechenregeln zu verifizieren.

1) Im Falle $p = 0$ stimmt das schiefe Produkt mit dem in I. eingeführten gewöhnlichen Produkt überein,

$$f \wedge \omega = f \cdot \omega \; \text{ für } \; f \in A^0(D).$$

2) Das schiefe Produkt ist *schiefkommutativ*,

$$\omega \wedge \omega' = (-1)^{pq} \, \omega' \wedge \omega \; \text{ für } \; \omega \in A^p(D), \; \omega' \in A^q(D).$$

Insbesondere gilt

$$\omega \wedge \omega = 0,$$

falls p ungerade ist.

3) Das schiefe Produkt ist *assoziativ*,

$$(\omega \wedge \omega') \wedge \omega'' = \omega \wedge (\omega' \wedge \omega''),$$

$$\omega \in A^p(D), \quad \omega' \in A^q(D), \quad \omega'' \in A^r(D).$$

4) Das schiefe Produkt ist *bilinear*,

$$(\omega_1 + \omega_2) \wedge \omega = \omega_1 \wedge \omega + \omega_2 \wedge \omega,$$

$$\omega_1, \omega_2 \in A^p(D), \quad \omega \in A^q(D).$$

Wegen der Assoziativität kann man insbesondere das schiefe Produkt

$$\omega_1 \wedge \ldots \wedge \omega_m$$

mehrerer alternierender Differentialformen definieren.

Man zeigt leicht durch Induktion nach p, dass, wenn $a = \{a_1, \ldots, a_p\}$ (in natürlicher Reihenfolge) eine p-elementige Teilmenge von $\{1, \ldots n\}$ ist, folgendes gilt:

$$dx_a = dx_{a_1} \wedge \ldots \wedge dx_{a_p}.$$

Schreibt man noch $f_{a_1, \ldots, a_p}$ anstelle von f_a, so erhält man die besonders häufig benutzte Darstellung einer p-Form ω

$$
\boxed{
\begin{aligned}
\omega &= \sum_{a \in \mathcal{M}_p} f_a \, dx_a \\
&= \sum_{1 \le a_1 < \ldots < a_p \le n} f_{a_1, \ldots, a_p} \, dx_{a_1} \wedge \ldots \wedge dx_{a_p}
\end{aligned}
}
$$

Als Beispiel berechnen wir das schiefe Produkt zweier 1-Formen. Beachtet man

$$dx_\nu \wedge dx_\mu = - dx_\mu \wedge dx_\nu = 0, \text{ falls } \mu = \nu,$$

so folgt

$$\left(\sum_{\nu=1}^n f_\nu \, dx_\nu \right) \wedge \left(\sum_{\mu=1}^n g_\mu \, dx_\mu \right) = \sum_{1 \le \nu < \mu \le n} (f_\nu g_\mu - f_\mu g_\nu) \, dx_\nu \wedge dx_\mu.$$

IV. Die äußere Ableitung

In Verallgemeinerung der totalen Ableitung einer Funktion definieren wir eine Abbildung

$$d : A^p \to A^{p+1}$$

durch die Formel

$$d\left(\sum f_a \, dx_a\right) = \sum df_a \wedge dx_a.$$

Die Überprüfung der folgenden Rechenregeln sei wiederum dem Leser überlassen:

1. $d(\omega + \omega') = d\omega + d\omega'$,
2. $d(\omega \wedge \omega') = (d\omega) \wedge \omega' + (-1)^p \, \omega \wedge (d\omega')$,
   $\omega \in A^p(D), \quad \omega' \in A^q(D)$.

   Insbesondere also $d(c\omega) = cd\omega$ für $c \in \mathbb{C}$.
3. $d(d\omega) = 0$.

Ein wichtiger Spezialfall von 2. ist die Formel

$$d(\omega \wedge \omega') = d\omega \wedge \omega' \text{ falls } d\omega' = 0.$$

Durch Induktion folgert man

$$d(\omega_1 \wedge \ldots \wedge \omega_m) = 0 \text{ falls } d\omega_1 = \ldots = d\omega_m = 0.$$

Daher gilt auch

$$d(\omega \wedge df_1 \wedge \ldots \wedge df_m) = d\omega \wedge df_1 \wedge \ldots \wedge df_m.$$

V. Komplexe Koordinaten

Wir betrachten nun den Fall einer offenen Teilmenge $D \subset \mathbb{C}^n$. Da wir $\mathbb{C}^n$ mit $\mathbb{R}^{2n}$ identifizieren können,

$$\mathbb{C}^n \longleftrightarrow \mathbb{R}^{2n},$$
$$(z_1, \ldots, z_n) \longleftrightarrow (x_1, y_1, \ldots, x_n, y_n),$$

gilt alles für den reellen Fall Gesagte auch in Komplexen. Es empfiehlt sich jedoch häufig, im Komplexen auch „komplexe Koordinaten" zu benutzen

$$dz_\nu := dx_\nu + \mathrm{i}\, dy_\nu, \quad d\bar{z}_\nu := dx_\nu - \mathrm{i}\, dy_\nu.$$

Es gilt

$$dx_\nu = \frac{1}{2}(dz_\nu + d\bar{z}_\nu), \quad dy_\nu = \frac{1}{2\mathrm{i}}(dz_\nu - d\bar{z}_\nu).$$

Durch einfaches „Umrechnen" erhält man, dass sich jede 1-Form schreiben lässt als

$$\omega = \sum_{\nu=1}^{n} f_\nu \, dz_\nu + \sum_{\nu=1}^{n} g_\nu \, d\bar{z}_\nu.$$

Setzt man

$$A^{1,0}(D) = \left\{ \sum_{\nu=1}^{n} f_\nu \, dz_\nu \right\}$$

$$A^{0,1}(D) = \left\{ \sum_{\nu=1}^{n} g_\nu \, d\bar{z}_\nu \right\},$$

so folgt

$$A^1(D) = A^{1,0}(D) + A^{0,1}(D).$$

Wir wollen diese Zerlegung auf beliebige Grade verallgemeinern und setzen hierzu

$$A^{p,q}(D) := \left\{ \sum_{\substack{1 \leq i_1 < \ldots < i_p \leq n \\ 1 \leq j_1 < \ldots < j_q \leq n}} f_{\binom{i_1,\ldots,i_p}{j_1,\ldots,j_q}} \, dz_{i_1} \wedge \ldots \wedge dz_{i_p} \wedge d\bar{z}_{j_1} \wedge \ldots \wedge d\bar{z}_{j_q} \right\}.$$

Dann gilt offensichtlich

$$A^m(D) = \sum_{p+q=m} A^{p,q}(D).$$

Diese Summenzerlegung ist *direkt*, d.h die Zerlegung einer m-Form ω in der Gestalt

$$\omega = \sum \omega_{p,q}, \quad \omega_{p,q} \in A^{p,q}(D),$$

ist eindeutig.

Offensichtlich respektiert das schiefe Produkt diese Zerlegung in folgendem Sinne: Ist

$$\omega \in A^{p,q}(D), \quad \omega' \in A^{p',q'}(D),$$

so gilt

$$\omega \wedge \omega' \in A^{(p+p',q+q')}(D).$$

Die äußere Ableitung hingegen respektiert die Zerlegung von $A^m(D)$ nicht. Es ist jedoch möglich, $d\omega$ in eine Summe aufzuspalten, so dass die einzelnen Summanden diese Zerlegung respektieren. Hierzu setzen wir

$$\frac{\partial}{\partial z_\nu} = \frac{1}{2}\left(\frac{\partial}{\partial x_\nu} - \mathrm{i}\frac{\partial}{\partial y_\nu} \right),$$

$$\frac{\partial}{\partial \bar{z}_\nu} = \frac{1}{2}\left(\frac{\partial}{\partial x_\nu} + \mathrm{i}\frac{\partial}{\partial y_\nu} \right).$$

Definiert man die Operatoren

$$\partial : C^\infty(D) \longrightarrow A^{1,0}(D),$$

$$\bar{\partial} : C^\infty(D) \longrightarrow A^{0,1}(D)$$

durch

$$\partial f := \sum_{\nu=1}^{n} \frac{\partial f}{\partial z_\nu} \, dz_\nu,$$

$$\bar{\partial} f := \sum_{\nu=1}^{n} \frac{\partial f}{\partial \bar{z}_\nu} \, d\bar{z}_\nu,$$

so gilt offensichtlich

$$df = \partial f + \bar{\partial} f.$$

Wir definieren nun allgemeiner lineare Abbildungen

$$\partial : A^{p,q}(D) \to A^{p+1,q}$$

$$\bar{\partial} : A^{p,q}(D) \to A^{p,q+1}$$

durch die Formeln

$$\partial(f \, dz_{i_1} \wedge \ldots \wedge dz_{i_p} \wedge d\bar{z}_{j_1} \wedge \ldots \wedge d\bar{z}_{j_q}) = \partial(f) \wedge dz_{i_1} \wedge \ldots \wedge dz_{i_p} \wedge d\bar{z}_{j_1} \wedge \ldots \wedge d\bar{z}_{j_q}$$

und

$$\bar{\partial}(f \, dz_{i_1} \wedge \ldots \wedge dz_{i_p} \wedge d\bar{z}_{j_1} \wedge \ldots \wedge d\bar{z}_{j_q}) = \bar{\partial}(f) \wedge dz_{i_1} \wedge \ldots \wedge dz_{i_p} \wedge d\bar{z}_{j_1} \wedge \ldots \wedge d\bar{z}_{j_q}$$

$$(1 \le i_1 < \ldots < i_p \le n, \quad 1 \le j_1 < \ldots < j_q \le n).$$

Dann gelten die Rechenregeln

$$\partial \circ \partial = 0, \quad \bar{\partial} \circ \bar{\partial} = 0,$$

$$\partial \circ \bar{\partial} = -\bar{\partial} \circ \partial.$$

Nun formulieren wir die beiden wichtigsten Sätze über alternierende Differentialformen im „lokalen Fall", wobei wir jeweils voraussetzen, dass $D \subset \mathbb{R}^n$ ein *konvexes Gebiet* sei (d.h D sei offen und mit je zwei Punkten sei auch die Verbindungsstrecke in D enthalten). Vorher jedoch bringen wir noch eine Definition.

6.2 Definition. *Eine Differentialform ω heißt **geschlossen**, wenn gilt*

$$d\omega = 0.$$

Man sagt manchmal auch d-geschlossen und definiert sinngemäß ∂-geschlossen $(\partial\omega = 0)$ und $\bar{\partial}$ geschlossen $(\bar{\partial}\omega = 0)$.

6.3 Lemma von Poincaré.
Auf konvexem D existiert zu jeder geschlossenen p-Form ω eine (p − 1)-Form ω' mit

$$\omega = d\omega'.$$

Im Falle $p = n = 1$ folgt dies aus dem Hauptsatz der Differential- und Integralrechnung.

6.4 Lemma von Dolbeault.
Auf konvexem D existiert zu jeder (p, q)-Form ω, welche $\bar{\partial}$-geschlossen ist (d.h. $\bar{\partial}\omega = 0$), eine (p, q − 1)-Form ω' mit

$$\omega = \bar{\partial}\omega'.$$

(Das entsprechende Lemma für den ∂-Komplex gilt natürlich auch.)

Wir werden diese beiden Lemmata nicht beweisen, da wir im folgenden von ihnen auch keinen Gebrauch machen werden.

VI. Analytische Differentialformen.

Eine Differentialform ω auf einem offenen Teil des $\mathbb{C}^n$ heißt *analytisch*, falls folgende beiden Bedingungen erfüllt sind:

a) ω ist vom Typ $(p, 0)$, d.h. von der Gestalt

$$\omega = \sum f_{i_1,\ldots,i_p}\, dz_{i_1} \wedge \ldots \wedge dz_{i_p}.$$

b) Die Komponenten $f_{i_1,\ldots,i_p}$ sind analytisch.

Offensichtlich ist eine p-Form ω vom Typ $(p, 0)$ ($q = 0$ ist hierbei wichtig!) genau dann analytisch, wenn

$$\bar{\partial}\omega = 0.$$

Die *äußere Ableitung* einer analytischen p-Form ist wieder analytisch und zwar gilt

$$d\omega = \partial\omega = \sum df_{i_1,\ldots,i_p} \wedge dz_{i_1} \wedge \ldots \wedge dz_{i_p}.$$

Die äußere Ableitung einer analytischen Funktion ist

$$df = \partial f = \sum \frac{\partial f}{\partial z_\nu}\, dz_\nu.$$

Bezeichnet man mit $\Omega^p(D)$ die Menge aller analytischen p-Formen auf D, so definiert die äußere Ableitung eine Abbildung

$$\partial = d : \Omega^p(D) \to \Omega^{p+1}(D).$$

Es gilt natürlich $d^2 = 0$.

6.5 Analytisches Lemma von Poincaré.

Ist $D \subset \mathbb{C}^n$ ein konvexes Gebiet, so ist jede geschlossene analytische p-Form ω $(d\omega = 0)$ von der Gestalt

$$\omega = d\omega', \quad \omega' \in \Omega^{p-1}(D).$$

Im Falle $n = p = 1$ ist dies der bekannte funktionentheoretische Satz, dass jede analytische Funktion auf einem konvexen Gebiet eine Stammfunktion besitzt.

Wir benötigen das analytische *Lemma von Poincaré* für beliebiges n im Falle $p = 1$ und $D = \mathbb{C}^n$ und beweisen es in diesem Spezialfall:

Seien $f_1, \ldots, f_n$ analytische Funktionen auf dem $\mathbb{C}^n$. Es gelte

$$\frac{\partial f_i}{\partial z_k} = \frac{\partial f_k}{\partial z_i} \quad \text{für } 1 \le i, k \le n \quad \left(\text{äquivalent: } d\Big(\sum f_\nu \, dz_\nu \Big) = 0\right).$$

Dann existiert eine analytische Funktion f auf $\mathbb{C}^n$ mit

$$\frac{\partial f}{\partial z_i} = f_i \quad \text{für } i = 1, \ldots, n.$$

Beweis durch Induktion nach n.

Den Fall $n = 1$ (Induktionsbeginn) haben wir bereits erläutert. Sei also $n > 1$. Man findet zunächst durch gliedweise Integration der Potenzreihenentwicklung von f_1 eine analytische Funktion f mit

$$\frac{\partial f}{\partial z_1} = f_1.$$

Da man f_i durch $f_i - \frac{\partial f}{\partial z_i}$ ersetzen kann, ohne die Voraussetzungen zu verletzen, dürfen wir

$$f_1 = 0$$

annehmen. Dann folgt aber

$$\frac{\partial f_k}{\partial z_1} = 0 \text{ für alle } k.$$

Die Funktionen f_k hängen also gar nicht von z_1 ab. Damit folgt die Behauptung aus der Induktionsvoraussetzung. $\qquad\square$

Übungsaufgaben zu V.6

1. Man bestimme eine analytische Funktion $f(z_1, z_2)$ mit
$$df = z_2^2 dz_1 + 2z_1 z_2 dz_2.$$

2. Man beweise die Produktregel.
$$d(\omega \wedge \omega') = (d\omega) \wedge \omega' + (-1)^p \, \omega \wedge (d\omega')$$

3. Man beweise
$$d(\omega_1 \wedge \ldots \wedge \omega_k) = d\omega_1 \wedge \omega_2 \wedge \ldots \wedge \omega_k \quad \text{falls} \quad d(\omega_2) = \cdots = d\omega_k = 0.$$

Kapitel VI. Abelsche Funktionen

So wie die Theorie der elliptischen Integrale in natürlicher Weise zur Theorie der elliptischen Funktionen führt, so führt die Theorie der allgemeinen algebraischen Integrale über die Theorie der kompakten RIEMANN'schen Flächen zur Theorie der abelschen Funktionen. Dies sind meromorphe Funktionen auf einem höherdimensionalen komplexen Torus. Der Fall $n > 1$ gestaltet sich allerdings weit schwieriger als der Fall der elliptischen Funktionen ($n = 1$). Ein Grund dafür ist, dass der WEIERSTRASS'sche Ansatz über die $\wp$-Funktion im Falle $n > 1$ nicht funktioniert. Dies liegt daran, dass Nullstellen und Pole meromorpher Funktionen mehrerer Veränderlicher nicht mehr diskret sind und somit die Theorie der MITTAG-LEFFLER'schen Partialbruchreihen und WEIERSTRASSprodukte nicht mehr funktioniert. In [FB], Kapitel V, §6 haben wir kurz einen anderen Zugang zur Theorie der elliptischen Funktionen erwähnt, in dem anstelle der WEIERSTRASS'schen σ-Funktion die JACOBI'sche Thetafunktion für den Beweis des abelschen Theorems verwendet wurde. Diesen Faden werden wir hier wieder aufgreifen. Viele der Ideen dieses Kapitels stammen aus IGUSA's fundamentalem Buch [Ig4].

1. Gitter und Tori

Wir beginnen mit der reellen Theorie.

1.1 Hilfssatz. *Sei $L \subset \mathbb{R}^n$ eine diskrete additive Untergruppe. Es existieren k linear unabhängige Vektoren $\omega^{(1)}, \ldots \omega^{(k)}$ mit*

$$L = \mathbb{Z}\omega^{(1)} + \ldots + \mathbb{Z}\omega^{(k)}.$$

Die Zahl k ist eindeutig bestimmt ($k \le n$).

Der Beweis erfolgt durch Induktion nach n:

Induktionsbeginn ($n = 1$). Ist $L \subset \mathbb{R}$ eine von 0 verschiedene diskrete Untergruppe, so existiert ein Element $a \in L$, $a \ne 0$, mit minimalem Betrag. Man zeigt leicht $L = a\mathbb{Z}$.

Induktionsschritt. Der Satz sei für $n-1$ anstelle von n bewiesen. Die Diskretheit von L bedeutet, dass in jedem Kompaktum nur endlich viele Elemente von L liegen können. Wir können o.B.d.A. $L \ne 0$ annehmen. Dann existiert unter allen von 0 verschiedenen Vektoren einer mit minimaler euklidscher Länge

$$|\omega^{(1)}| = \sqrt{\sum_{\nu=1}^{n} \left|\omega_\nu^{(1)}\right|^2}.$$

Nach einer geeigneten Koordinatentransformation können und wollen wir annehmen, dass

$$\omega^{(1)} = (1, 0, \ldots, 0)$$

gilt. Aus dem Induktionsbeginn folgt

$$\{x \in \mathbb{R}; \quad (x, 0, \ldots, 0) \in L\} = \mathbb{Z}.$$

Wir betrachten nun die Projektion

$$p : \mathbb{R}^n \longrightarrow \mathbb{R}^{n-1}, \quad (x_1, \ldots, x_n) \longmapsto (x_2, \ldots, x_n),$$

und behaupten: *Das Bild $L' = p(L)$ ist diskret in $\mathbb{R}^{n-1}$.*
Andernfalls müsste es unendlich viele Vektoren $\omega \in L$ mit

$$|\omega_\nu| \le C \text{ für } \nu = 2, \ldots, n \quad (C \text{ geeignet})$$

geben. Nach Abändern mit einem ganzzahligen Vielfachen von $\omega^{(1)}$ kann man auch noch $|\omega_1| \le C$ erreichen und erhält damit einen Widerspruch zur Diskretheit von L.

Nach Induktionsvoraussetzung existieren Vektoren $\omega^{(2)}, \ldots, \omega^{(k)} \in \mathbb{R}^n$, so dass ihre Bilder in $\mathbb{R}^{n-1}$ linear unabhängig sind und L' als $\mathbb{Z}$-Modul erzeugen. Natürlich sind dann auch $\omega^{(1)}, \ldots, \omega^{(k)}$ linear unabhängig. Offensichtlich gilt

$$L = \sum_{\nu=1}^{k} \mathbb{Z}\omega^{(\nu)}.$$

Die Eindeutigkeit von k ist klar, denn k ist die Dimension des von L erzeugten Vektorraums. $\square$

1.2 Definition. *Ist die in Hilfssatz 1.1 auftretende Zahl k gleich der Raumdimension n, so nennt man L ein* **Gitter**. *Die Punktmenge*

$$P = \left\{ \sum_{\nu=1}^{n} t_\nu \omega^{(\nu)}; \quad 0 \le t_\nu \le 1 \right\}$$

heißt ein **Fundamentalparallelotop** *von L.*

Offensichtlich gilt

$$\mathbb{R}^n = \bigcup_{a \in L} P_a, \quad P_a = \{a + x; \ x \in P\},$$

d.h. der $\mathbb{R}^n$ wird von den um die Gitterpunkte verschobenen Fundamentalparallelotopen vollständig überdeckt. Diese Zerlegung ist überlappungsfrei in dem Sinne, dass zwei verschiedene höchstens Randpunkte gemeinsam haben können.

1.3 Bemerkung. *Sei $L \subset \mathbb{R}^n$ ein Gitter. Dann ist auch*

$$L^\circ := \{\, x \in \mathbb{R}^n; \quad \langle a, x \rangle \in \mathbb{Z} \text{ für alle } a \in L \,\} \qquad \left(\langle a, x \rangle = \sum_{\nu=1}^{n} a_\nu x_\nu \right)$$

ein Gitter. Es gilt $(L^\circ)^\circ = L$.

Man nennt L° das zu L *duale Gitter.*

Beweis. Es gilt offenbar

$$(\mathbb{Z}^n)^\circ = \mathbb{Z}^n.$$

Jedes Gitter hat die Form

$$L = A\,\mathbb{Z}^n$$

mit einer invertierbaren $n \times n$-Matrix A. Ihre Spalten sind die Elemente einer Gitterbasis. Offensichtlich gilt

$$L^\circ = A^{t\,-1}\mathbb{Z}^n. \qquad\qquad \square$$

Wie üblich ordnet man einem Gitter $L \subset \mathbb{R}^n$ einen Torus

$$X = \mathbb{R}^n / L$$

zu. Die Elemente von X sind Äquivalenzklassen

$$[x] = \{\, x + a;\ a \in L \,\}$$

bezüglich der Äquivalenzrelation

$$x \sim y \quad \Longleftrightarrow \quad x - y \in L.$$

Man hat eine natürliche Projektion

$$p : \mathbb{R}^n \longrightarrow X, \quad x \longmapsto [x].$$

Funktionen auf X entsprechen umkehrbar eindeutig Funktionen auf $\mathbb{R}^n$, welche bezüglich L periodisch sind,

$$f(x + a) = f(x) \text{ für alle } a \in L.$$

Fourierreihen

Wir bezeichnen mit $\mathcal{C}^\infty(X)$ die Menge aller L-periodischen $\mathcal{C}^\infty$-Funktionen auf $\mathbb{R}^n$. Beispiele für unter L periodische Funktionen sind

$$f(x) = e^{2\pi i \langle a, x \rangle}, \quad a \in L^\circ.$$

Die Theorie der FOURIERreihen besagt, dass dies die Bausteine beliebiger periodischer Funktionen sind.

1.4 Hilfssatz. *Jede periodische C^∞-Funktion*

$$f \in C^\infty(X), \quad X = \mathbb{R}^n/L,$$

besitzt eine in ganz $\mathbb{R}^n$ absolut und gleichmäßig konvergente Entwicklung

$$f(x) = \sum_{g \in L^\circ} a_g e^{2\pi i \langle x, g \rangle}.$$

Die Koeffizienten a_g sind eindeutig bestimmt und zwar gilt

$$a_g = \frac{1}{\mathrm{vol}(P)} \int_P f(x) e^{-2\pi i \langle x, g \rangle} dx_1 \cdots dx_n.$$

Dabei sei P ein Fundamentalparallelotop von L und $\mathrm{vol}(P)$ sein euklidsches Volumen.

Im Falle $L = \mathbb{Z}^n$ wird dies üblicherweise in den Grundvorlesungen über Analysis bewiesen. Die Fourierentwicklung hat dann die Gestalt

$$f(x) = \sum_{g \text{ ganz}} a_g e^{2\pi i (g_1 x_1 + \ldots + g_n x_n)},$$

$$a_g = \int_0^1 \cdots \int_0^1 f(x) e^{-2\pi i (g_1 x_1 + \ldots + g_n x_n)}.$$

Wir setzen dies als bekannt voraus. Allgemein stellt man das Gitter in der Form $L = A\mathbb{Z}^n$ dar. Beachtet man

$$\langle Ax, A^{t^{-1}} y \rangle = \langle x, y \rangle,$$

so sieht man, dass die FOURIERentwicklung von f bezüglich L in die von

$$g(x) = f(Ax)$$

bezüglich $\mathbb{Z}^n$ übergeht.   □

Wie müssen nun aber die Koeffizienten a_g beschaffen sein, damit die zugehörige FOURIERreihe konvergiert und eine C^∞-Funktion darstellt?

1.5 Hilfssatz. *Die Reihe*

$$f(x) = \sum_{g \in L^\circ} a_g e^{2\pi i \langle x, g \rangle}$$

ist genau dann die Fourierreihe einer C^∞-Funktion, wenn für jedes Polynom $P(g_1, \ldots, g_n)$ gilt:

$$|a_g P(g_1, \ldots, g_n)| \longrightarrow 0 \quad \text{für } g_1^2 + \cdots + g_n^2 \longrightarrow \infty.$$

Beweis. Wir können $L = \mathbb{Z}^n$ annehmen.

1) Das in 1.5 geforderte Abklingverhalten der Koeffizienten a_g sei erfüllt. Wir müssen zeigen, dass die FOURIERreihe und alle Reihen, die man durch wiederholtes gliedweises Differenzieren erhält, absolut und gleichmäßig konvergieren. Gliedweises Differenzieren nach x_ν bedeutet, dass a_g durch $2\pi i g_\nu a_g$ ersetzt wird. Das Abklingverhalten bleibt also bestehen! Daher genügt es zu zeigen, dass die FOURIERreihe selbst, also

$$\sum_{g \in L^\circ} |a_g|$$

konvergiert. Dazu genügt es zu zeigen, dass die Majoranten

$$\sum{}' (g_1^2 + \ldots + g_n^2)^{-k} \qquad \left(\sum{}' := \sum_{\nu \neq 0} \right).$$

für hinreichend großes k konvergieren. Diese Reihe konvergiert genau dann, wenn das Integral

$$\int\limits_{x_1^2 + \ldots + x_n^2 \geq 1} (x_1^2 + \ldots + x_n^2)^{-k}$$

konvergiert. Mit Hilfe von Polarkoordinaten zeigt man leicht, dass dies für $2k > n$ der Fall ist (vgl. [FB], V.2.1).

2) Die Funktion f sei beliebig oft (stetig partiell) ableitbar. Mittels partieller Integration zeigt man

$$g_\nu \cdot a_g = \frac{1}{2\pi i} \int\limits_P \frac{\partial f}{\partial x_\nu} e^{-2\pi i \langle g, x \rangle}.$$

Der Integrand ist auf dem Kompaktum P gleichmäßig in g beschränkt, da der Exponentialfaktor den Betrag 1 hat. Durch iterierte Anwendung dieser Beobachtung zeigt man, dass

$$a_g P(g_1, \ldots, g_n)$$

für jedes Polynom beschränkt ist. Der Ausdruck muss sogar gegen 0 streben, da man noch mit $g_1^2 + \ldots + g_n^2$ multiplizieren kann. $\qquad\Box$

Übungsaufgaben zu VI.1

1. Sei L ein Gitter. Eine Untergruppe $L' \subset L$ ist genau dann ein Gitter, wenn sie endlichen Index hat.

2. Man zeige, dass das Volumen eines Fundamentalparallelotops eines Gitters unabhängig von der Wahl der Gitterbasis ist.

3. Sei $L' \subset L$ eine Untergruppe von endlichem Index $[L : L']$ eines Gitters, P', P seien Fundamentalparallelotope. Man zeige

$$\mathrm{vol}(P') = [L : L']\mathrm{vol}(P).$$

2. Hodge-Theorie des reellen Torus

Wir bezeichnen mit $A^p(X)$ die Menge aller p-Formen auf $\mathbb{R}^n$ deren Komponenten periodisch sind. Wir betrachten nun den DE RHAM-Komplex des Torus

$$\cdots \xrightarrow{d} A^p(X) \xrightarrow{d} A^{p+1}(X) \xrightarrow{d} \cdots.$$

Die Periodizität bleibt beim Ableiten natürlich erhalten. Wir setzen

$$C^p(X) = \mathrm{Kern}\big(A^p(X) \xrightarrow{d} A^{p+1}(X)\big),$$

$$B^p(X) = \mathrm{Bild}\big(A^{p-1}(X) \xrightarrow{d} A^p(X)\big)$$

sowie

$$H^p(X) = {C^p(X)}/{B^p(X)} \quad (\text{es gilt } B^p(X) \subset C^p(X)),$$

$$h^p(X) = \dim_{\mathbb{C}} H^p(X).$$

Außerdem sei

$$\mathcal{H}^p(X) = \left\{ \omega \in A^p(X); \quad \begin{array}{l} \text{die Komponenten von } \omega \\ \text{sind konstant} \end{array} \right\}.$$

Es gilt

$$\dim \mathcal{H}^p(X) = \binom{n}{p}.$$

Beim Differenzieren einer FOURIERreihe erhält man eine solche *ohne* konstanten FOURIERkoeffizienten. Daher ist d i.a. nicht surjektiv!

2.1 Satz. *Sei $L \subset \mathbb{R}^n$ ein Gitter. Es gilt*

$$C^p(X) = B^p(X) \oplus \mathcal{H}^p(X).$$

Die Zusammensetzung der Inklusion $\mathcal{H}^p(X) \hookrightarrow C^p(X)$ mit der Projektion $C^p(X) \to H^p(X)$ induziert insbesondere einen Isomorphismus

$$H^p(X) \cong \mathcal{H}^p(X), \quad \text{somit gilt } h^p(X) = \binom{n}{p}.$$

Beweis. Wie wir schon bemerkt haben, ist

$$B^p(X) \cap \mathcal{H}^p(X) = 0.$$

Es genügt daher zu zeigen, dass im Bild $B^p(X)$ von d alle geschlossenen p-Formen ω mit verschwindendem konstanten FOURIERkoeffizienten enthalten sind. Es ist nützlich, zunächst einmal den Fall $n = p = 1$ zu behandeln. Dann muss man zeigen:

Ist

$$f(x) = \sum_{k=-\infty}^{\infty} a_k e^{2\pi i k x}$$

eine C^∞-Fourierreihe, deren konstanter Fourierkoeffizient verschwindet, so ist $f(x)$ die Ableitung einer C^∞-Fourierreihe.

Es ist klar, was man zu tun hat: Die Reihe

$$g(x) = \sum_{k \neq 0} \left(\frac{a_k}{2\pi i k} \right) e^{2\pi i k}$$

ist wegen 1.5 wie f eine C^∞-Funktion.

Im Grunde beruht der allgemeine Fall (n, p beliebig) auf demselben Effekt; bei der Durchführung treten jedoch gewisse kombinatorische Schwierigkeiten auf. Der folgende Formalismus —in sehr viel allgemeinerer Situation (auch im komplexen Fall) anwendbar— umgeht diese Schwierigkeiten.

Der LAPLACEoperator ist durch die Formel

$$\Delta f = \sum_{\nu=1}^{n} \frac{\partial^2 f}{\partial x_\nu^2}$$

definiert. Er führt periodische in periodische Funktionen über. Allgemeiner erklären wir den LAPLACEoperator auf Differentialformen komponentenweise,

$$\Delta \left(\sum f_{i_1,\ldots,i_p} \, dx_{i_1} \wedge \ldots \wedge dx_{i_p} \right) = \sum \Delta f_{i_1,\ldots,i_p} \, dx_{i_1} \wedge \ldots \wedge dx_{i_p}.$$

Dies definiert einen Operator

$$\Delta : A^p(X) \to A^p(X).$$

Wir definieren nun für beliebiges p einen Operator, die sogenannte *Koableitung*

$$\delta : A^p(X) \to A^{p-1}(X)$$

durch die Formel

$$\delta \left(\sum_{1 \leq i_1 < \ldots < i_p \leq n} f_{i_1,\ldots,i_p}\, dx_{i_1} \wedge \ldots \wedge dx_{i_p} \right)$$

$$= \sum_{\nu=1}^{p} (-1)^\nu \sum_{1 \leq i_1 < \ldots < i_p \leq n} \frac{\partial f_{i_1,\ldots,i_p}}{\partial x_{i_\nu}}\, dx_{i_1} \wedge \ldots \wedge d\hat{x}_{i_\nu} \wedge \ldots \wedge dx_{i_p}.$$

Dabei bedeutet das Symbol „ˆ", dass der darunterliegende Term zu streichen ist.

Mittels der Koableitung erhält man eine wichtige Aufspaltung des LAPLACE-operators. Eine einfache Rechnung, welche dem Leser überlassen bleiben soll, zeigt nämlich

$$\boxed{-\Delta = d\delta + \delta\, d} \qquad\qquad \text{(auf } A^p(X) \text{)}.$$

Wir betrachten zwei weitere Operatoren, welche auf FOURIERreihen

$$f(x) = \sum_{g \in L^\circ} a_g e^{2\pi \mathrm{i} \langle x, g \rangle}$$

wirken.

a) $\qquad\qquad (Hf)(x) = a_0,$

b) $\qquad\qquad (Gf)(x) = -\dfrac{1}{4\pi^2} \sum_{g \neq 0} \dfrac{a_g}{g_1^2 + \ldots + g_n^2} e^{2\pi \mathrm{i} \langle x, g \rangle}.$

Auch diese Operatoren verallgemeinern wir dadurch auf Differentialformen, dass wir sie *komponentenweise* anwenden.

Der Schlüssel zum Beweis von Satz 2.1 ist dann die folgende einfache Formel:

$$\boxed{(\Delta G)(\omega) = \omega - H\omega} \qquad\qquad (\omega \in A^p(X)).$$

Sei nun ω eine geschlossene Form ohne konstanten FOURIERkoeffizienten, d.h.

$$d\omega = 0 \text{ und } H\omega = 0.$$

Offensichtlich gilt

$$d\omega = 0 \Longrightarrow d(G\omega) = 0,$$

wie man aus den FOURIERreihe abliest. Obige Formel geht daher über in $-d(\delta G\omega) = \omega$, womit 2.1 bewiesen wäre. □

Übungsaufgaben zu VI.2

1. Man rechne die Formeln

$$-\Delta = d\delta + \delta d, \qquad (\Delta G)(\omega) = \omega - H\omega$$

   im Falle $n = 2$ nach.

2. Im Falle $n = 2$ ist jede harmonische L-periodische Funktion konstant.

   Anleitung. Man kann annehmen, dass die Funktion f reellwertig ist und die Theorie aus Kapitel II benutzen.

   Bei der folgenden Aufgabe darf benutzt werden, dass dies für beliebige n gilt.

3. Für eine p-Form $\omega \in A^p(X)$ gilt

$$\Delta\omega = 0 \iff d\omega = \partial\omega = 0.$$

3. Hodge-Theorie eines komplexen Torus

Wir kommen nun zum Fall eines komplexen Torus

$$X = \mathbb{C}^n/L, \quad L \subset \mathbb{C}^n \,(= \mathbb{R}^{2n}) \text{ ein Gitter.}$$

In Kapitel V, §6 haben wir den DOLBEAULTkomplex eingeführt. Wir betrachten nun sein periodisches Pendent,

$$A^{p,q}(X) := A^{p,q}(\mathbb{C}^n) \cap A^{p+q}(X).$$

Die Operatoren ∂, $\bar{\partial}$ respektieren diesen Komplex. Wir können in Analogie zum reellen Fall folgende Vektorräume definieren:

$$C^{p,q}(X) = \operatorname{Kern}\left(A^{p,q}(X) \xrightarrow{\bar{\partial}} A^{p,q+1}\right),$$

$$B^{p,q}(X) = \operatorname{Bild}\left(A^{p,q-1}(X) \xrightarrow{\bar{\partial}} A^{p,q}(X)\right),$$

$$H^{p,q}(X) = C^{p,q}(X)/B^{p,q}(X),$$

$$\mathcal{H}^{p,q}(X) = A^{p,q}(X) \cap \mathcal{H}^{p+q}(X)$$

$$= \left\{\omega \in A^{p,q}(X); \quad \begin{array}{l} \text{die Komponenten von } \omega \\ \text{sind konstant} \end{array}\right\}.$$

Die sogenannten HODGEzahlen sind

$$h^{p,q} = \dim_{\mathbb{C}} H^{p,q}(X).$$

3.1 Satz. *Sei $L \subset \mathbb{C}^n$ ein Gitter. Es gilt*

$$C^{p,q}(X) = B^{p,q}(X) \oplus \mathcal{H}^{p,q}(X),$$

insbesondere

$$H^{p,q}(X) \cong \mathcal{H}^{p,q}(X) \ und \ h^{p,q}(X) = \binom{n}{p} \cdot \binom{n}{q}.$$

Der Beweis ist dem des reellen Zerlegungssatzes völlig analog und braucht daher lediglich angedeutet zu werden:

Zunächst überlegt man sich, dass die im reellen Fall eingeführten Operatoren Δ, G, H die *Bigraduierung*

$$A^m(X) = \bigoplus_{p+q=m} A^{p,q}(X)$$

respektieren und zwar überlegt man sich, dass die Formeln

$$\Delta(f\omega_0) = (\Delta f)\omega_0, \quad G(f\omega_0) = (Gf)\omega_0, \quad \text{und } H(f\omega_0) = (Hf)\omega_0$$

auch in den komplexen Koordinaten

$$\omega_0 = dz_{i_1} \wedge \ldots \wedge dz_{i_p} \wedge d\bar{z}_{j_1} \wedge \ldots \wedge d\bar{z}_{j_q}$$

gültig sind. Dies liegt daran, dass man ω_0 als Linearkombination mit konstanten Koeffizienten der entsprechenden reellen Basiselemente schreiben kann.

Außerdem gilt in Analogie zum reellen Fall

$$\bar{\partial}\omega = 0 \Longrightarrow \bar{\partial}G\omega = 0.$$

Der Beweis des reellen Falles überträgt sich also auf den komplexen Fall, wenn ein Operator

$$\delta : A^{p,q}(X) \to A^{p,q-1}(X)$$

gefunden werden kann, so dass

$$-\Delta = \bar{\partial}\delta + \delta\bar{\partial} \qquad \text{auf } A^{p,q}(X)$$

gilt. Durch

$$\delta(f \, dz_{i_1} \wedge \ldots \wedge dz_{i_p} \wedge d\bar{z}_{j_1} \wedge \ldots \wedge d\bar{z}_{j_q})$$

$$= \sum_{\nu=1}^{q} (-1)^\nu \frac{\partial f}{\partial \bar{z}_{j_\nu}} \, dz_{i_1} \wedge \ldots \wedge dz_{i_p} \wedge d\bar{z}_{j_1} \wedge d\hat{\bar{z}}_{j_\nu} \wedge \ldots \wedge d\bar{z}_{j_q}$$

wird ein solcher Operator definiert.   □

Wir weisen auf einen fundamentalen Unterschied zwischen der reellen und
der komplexen HODGEzerlegung hin. Im Reellen gibt es in jeder Dimension „im
wesentlichen" nur einen Torus und nur einen DE RHAM-Komplex. Dies liegt
daran, dass die äußere Ableitung d mit $\mathbb{R}$-linearen Abbildungen kommutiert
und daran, dass man jedes Gitter im $\mathbb{R}^n$ durch einen $\mathbb{R}$-linearen Isomorphismus
in ein anderes überführen kann. Im Komplexen ist dies anders.

*Die Operatoren $\partial/\partial z_\nu$ und $\partial/\partial \bar{z}_\nu$ kommutieren nur mit $\mathbb{C}$-linearen Abbildungen
—nicht mit beliebigen $\mathbb{R}$-linearen.*

Im allgemeinen kann man aber zwei Gitter $L, L' \subset \mathbb{C}^n$ nicht durch einen $\mathbb{C}$-
linearen Isomorphismus ineinander transformieren! (Im Falle $n = 1$ sind die
$\mathbb{C}$-linearen Automorphismen gerade die *Drehstreckungen*.)

Übungsaufgaben zu VI.3

1. Man rechne die Formel

$$-\Delta = \bar{\partial}\delta + \delta\bar{\partial} \qquad \text{auf } A^{p,q}(X)$$

   im Falle $n = 1$ nach.

2. Eine Differentialform $\omega \in A^{p,q}(X)$ hat genau dann konstante Komponenten, wenn

$$\bar{\partial}\omega = \delta\omega = 0$$

   gilt.

4. Automorphiesummanden

Sei f eine meromorphe Funktion auf $\mathbb{C}^n$. Ist $\omega \in \mathbb{C}^n$ ein fester Vektor, so
definiert man in naheliegender Weise die meromorphe Funktion $g(z) = f(z+\omega)$.
Man sagt, dass f die Periode ω hat, wenn $g = f$ gilt.

Im folgenden sei $L \subset \mathbb{C}^n$ ein Gitter. Eine *abelsche Funktion* f ist eine
meromorphe Funktion auf $\mathbb{C}^n$, welche bezüglich L periodisch ist:

$$f(z + \omega) = f(z) \text{ für alle } \omega \in L.$$

Eine abelsche Funktion besitzt also $2n$ über $\mathbb{R}$ linear unabhängige Perioden.
Im Falle $n = 1$ ist eine abelsche Funktion also nichts anderes als eine ellipti-
sche Funktion. In Analogie zum sogenannten ersten LIOUVILLE'schen Satz der
Theorie der elliptischen Funktionen gilt:

4.1 Bemerkung.   *Jede analytische abelsche Funktion ist konstant.*

Beweis. Eine abelsche Funktion nimmt alle ihre Werte schon in einem Fundamentalparallelotop an. Da dieses kompakt ist, ist eine überall analytische abelsche Funktion beschränkt und daher nach dem Maximumprinzip konstant.

$$\square$$

In Kapitel V (Theorem V.5.9) haben wir gesehen, dass jede meromorphe Funktion auf dem $\mathbb{C}^n$ und damit jede abelsche Funktion f als Quotient zweier analytischer Funktionen g und h geschrieben werden kann, $f = h/g$. Man kann erreichen, dass h und g in jedem Punkt teilerfremde Potenzreihenentwicklungen haben. Ist a eine Periode von f, so hat man zwei in diesem Sinne teilerfremde Quotientendarstellungen $f(z) = g(z)/h(z) = g(z+a)/h(z+a)$. Es folgt dann

$$h(z+a) = e^{2\pi i H_a(z)} h(z)$$

(analog für g) mit gewissen analytischen Funktionen H_a. Wenn f nicht identisch 0 ist, so muss H_a folgender Funktionalgleichung genügen:

$$\boxed{H_{a+b}(z) \equiv H_b(z+a) + H_a(z) \ \mathrm{mod}\ 1.}$$

(Die Kongruenz

$$a \equiv b \ \mathrm{mod}\ 1$$

bedeutet definitionsgemäß, dass $a - b$ eine ganze Zahl ist.)

4.2 Definition.   *Ein **Automorphiesummand** (bezüglich L) ist eine Abbildung*

$$H : L \times \mathbb{C}^n \longrightarrow \mathbb{C}, \quad (a, z) \longmapsto H_a(z),$$

mit folgenden Eigenschaften:

1) $H_a(z)$ *ist für jedes feste $a \in L$ analytisch in z.*
2) $H_{a+b}(z) \equiv H_b(z+a) + H_a(z) \ \mathrm{mod}\ 1.$

Dank des Satzes über die Quotientendarstellung meromorpher Funktionen sind abelschen Funkionen Automorphiesummanden zugeordnet. Ein gut Teil der Theorie der abelschen Funktioen besteht darin, diese Summanden zu klassifizieren. Diese Klassifikation wird in diesem und dem nachfolgenden Paragraphen durchgeführt (s. Satz 5.6):

Triviale Automorphiesummanden

Ist $\varphi : \mathbb{C}^n \to \mathbb{C}$ eine analytische Funktion, so ist

$$H_a(z) := \varphi(z+a) - \varphi(z)$$

offenbar ein Automorphiesummand. Aus Gründen, die gleich sichtbar werden, nennen wir solche Automorphiesummanden *triviale Automorphiesummanden*.

4.3 Definition. *Zwei Automorphiesummanden* $H_a, \tilde{H}_a$ *heißen* **äquivalent***, falls sie sich nur um einen trivialen Summanden unterscheiden:*

$$\tilde{H}_a(z) = H_a(z) + \varphi(z + a) - \varphi(z), \quad \varphi \text{ analytisch auf } \mathbb{C}^n.$$

Äquivalente Automorphiesummanden sind als „im wesentlichen gleich" anzusehen: Ist h eine Lösung der Funktionalgleichung

$$h(z + a) = e^{2\pi i H_a(z)} h(z),$$

so ist

$$\tilde{h}(z) := e^{2\pi i \varphi(z)} h(z)$$

eine Lösung von

$$\tilde{h}(z + a) = e^{2\pi i \tilde{H}_a(z)} \tilde{h}(z).$$

Man erhält also eine umkehrbar eindeutige Korrespondenz der Lösungsräume. Ist g eine weitere Lösung und $\tilde{g}$ die entsprechend transformierte Funktion, so gilt

$$\frac{g(z)}{h(z)} = \frac{\tilde{g}(z)}{\tilde{h}(z)}.$$

Äquivalente Automorphiesummanden leisten also für die Konstruktion abelscher Funktionen dasselbe.

Im folgenden wollen wir aus jeder Äquivalenzklasse von Automorphiesummanden einen Repräsentanten herausgreifen. Wir werden in diesem Abschnitt zeigen (Theorem 4.5), dass man stets erreichen kann, dass $H_a(z)$ als Funktion von z ein Polynom vom Grade ≤ 1 ist. Zum Beweis verwenden wir die HODGE-zerlegung auf einem komplexen Torus.

Es ist nützlich, wenn auch für unsere Zwecke nicht unbedingt notwendig, die Menge der Äquivalenzklassen von Automorphiesummanden mit einer Gruppenstruktur zu versehen. Zunächst stellt man fest, dass die naheliegend definierte Summe zweier Automorphiesummanden wieder ein Automorphiesummand ist. Die Gesamtheit der Automorphiesummanden bildet mit dieser Addition eine abelsche Gruppe. Die Menge der trivialen Automorphiesummanden ist eine Untergruppe. Die Elemente der Faktorgruppe sind genau die Äquivalenzklassen von Automorphisummanden. Im folgenden geht es um die Bestimmung dieser Faktorgruppe. Es besteht ein Zusammenhang zwischen dieser Gruppe und der PICARDgruppe einer kompakten RIEMANN'schen Fläche (s. Aufgabe 4).

Wir wollen zunächst aus der Kongruenz 2) in 4.2 eine Gleichung machen und betrachten dazu den *Imaginärteil* $h_a(z) = \operatorname{Im} H_a(z)$ des Automorphiesummanden. Es gilt

$$h_{a+b}(z) = h_b(z + a) + h_a(z).$$

Wir nehmen in Kauf, dass h_a keine analytische Funktion ist. Das Ziel der folgenden Konstruktion ist es, dem System der reellen Funktionen h_a eine geschlossene periodische Differentialform vom Typ $(p, q) = (1, 1)$ zuzuordnen. Auf diese Differentialform werden wir dann den Zerlegungssatz 3.1 anwenden.

4.4 Hilfssatz. *Sei*

$$h : L \times \mathbb{C}^n \longrightarrow \mathbb{R}, \quad (a, z) \longmapsto h_a(z),$$

eine Abbildung mit den Eigenschaften:

1) $h_a(z)$ *ist für festes* $a \in L$ *eine (reelle)* C^∞-*Funktion,*
2) $h_{a+b}(z) = h_b(z + a) + h_a(z)$.

Dann existiert eine reelle C^∞-*Funktion* $h : \mathbb{C}^n \to \mathbb{R}$ *mit der Eigenschaft*

$$h_a(z) = h(z + a) - h(z).$$

(In der reellen Theorie ist also das System h_a als trivialer C^∞-Automorphie-summand anzusehen.)

Beweis von 4.4. Wir wählen eine reelle C^∞-Funktion

$$\varphi : \mathbb{C}^n \longrightarrow \mathbb{R}, \quad \varphi \geq 0,$$

mit folgenden Eigenschaften:

1) Der Träger von φ ist kompakt.
2) Die Menge der Punkte $z \in \mathbb{C}^n$ mit $\varphi(z) > 0$ umfasst ein Fundamentalpa-rallelotop von L.

Die Existenz einer solchen Funktion setzen wir als bekannt voraus. Wegen 1) und 2) ist die Reihe

$$\sum_{a \in L} \varphi(z - a) \qquad \text{(die Summe ist endlich für festes } z)$$

eine periodische überall positive (!) C^∞-Funktion. Setzt man

$$\psi_b(z) := \frac{\varphi(z - b)}{\sum_{a \in L} \varphi(z - a)},$$

so erhält man für jedes $b \in L$ eine C^∞-*Funktion mit kompaktem Träger* mit der Eigenschaft

$$\psi_{a+b}(z + b) = \psi_a(z).$$

Man rechnet leicht nach, dass die Funktion

$$h(z) := \sum_{a \in L} \psi_a(z) h_a(z - a)$$

die gewünschte Eigenschaft hat.   □

Zurück zu unserem Automorphiesummanden $H_a(z)$. Nach Hilfssatz 4.4 existiert eine reelle C^∞-Funktion h mit der Eigenschaft

$$h(z + a) - h(z) = \operatorname{Im} H_a(z).$$

Wir wenden auf diese Gleichung den Operator $\partial\bar\partial$ an (s. Kap. 5, §6). Analytische Funktionen werden durch $\bar\partial$, antianalytische durch ∂ annulliert. Wegen $\partial\bar\partial = -\bar\partial\partial$ wird die Summe aus einer analytischen und einer anti-analytischen Funktion durch $\partial\bar\partial$ annulliert. Wir erhalten also:

$$\partial\bar\partial \operatorname{Im} H_a(z) = 0$$

und hieraus:

Die (1,1)-Form $\partial\bar\partial h$ ist periodisch unter L, also

$$\omega := \partial\bar\partial h \in A^{1,1}(X), \quad X := \mathbb{C}^n/L.$$

Natürlich gilt

$$\bar\partial\omega = 0 \qquad (\text{wegen } \partial\bar\partial = -\bar\partial\partial \text{ und } \bar\partial^2 = 0).$$

Damit haben wir, wie angekündigt, dem Automorphiesummanden eine $\bar\partial$-geschlossene Differentialform vom Typ $(1,1)$ zugordnet. Auf diese wenden wir nun die HODGEzerlegung an. Nach 3.1 gilt

$$\partial\bar\partial h = \sum_{1 \le i,k \le n} a_{ik}\, dz_i \wedge d\bar z_k + \bar\partial\phi$$

mit einer *periodischen* (1,0)-Form

$$\phi = \sum \phi_i\, dz_i \ \in A^{1,0}(X)$$

sowie einer Matrix (a_{ik}) komplexer Zahlen.

An dieser Stelle betonen wir noch einmal ausdrücklich, dass h selbst *nicht periodisch* zu sein braucht.

Offensichtlich gilt

$$\sum_{1 \le i,k \le n} a_{ik}\, dz_i \wedge d\bar z_k = \partial\bar\partial \sum a_{ik} z_i \bar z_k$$

und daher

$$\bar\partial\big[\partial(-h + \sum a_{ik} z_i \bar z_k) - \phi\big] = 0.$$

Die in der eckigen Klammer stehende Differentialform

$$\omega_0 := \partial(-h + \sum a_{ik} z_i \bar{z}_k) - \phi$$

ist vom Typ (1,0). Da sie von $\bar{\partial}$ annulliert wird, ist sie eine *analytische Differentialform vom Typ* $(p,q) = (1,0)$. Aus $\partial^2 = 0$ folgt $\partial\omega_0 = -\partial\phi$. Daher ist $\partial\omega_0$ wie φ periodisch (und analytisch). Nach dem „Satz von LIOUVILLE" 4.1 sind die Komponenten von $\partial\omega_0$ und damit von $\partial\phi$ konstant! Die konstanten Terme in der FOURIERentwicklung von ϕ werden durch ∂ annulliert. Aus diesem Grund gilt sogar

$$\partial\omega_0 = -\partial\phi = 0.$$

Wir haben somit gezeigt, dass ω_0 eine analytische Differentialform ist, welche von ∂ annulliert wird.

Aus dem *analytischen Lemma von* Poincaré V.6.5 folgt dann $\omega_0 = \partial g$ mit einer analytischen (nicht notwendig periodischen) Funktion $g : \mathbb{C}^n \to \mathbb{C}$.

Jetzt nutzen wir aus, dass φ eine Differentialform vom Typ (1,0) ist, welche von ∂ annulliert wird. Der Zerlegungssatz 3.1 gilt sinngemäß auch für den ∂-anstelle den $\bar{\partial}$-Komplex. Es folgt

$$\phi = \sum C_i \, dz_i + \partial\varphi$$

mit einer *periodischen* C^∞-Funktion φ und einem n-Tupel komplexer Zahlen (C_i).

Vergleich der beiden Darstellungen für ω_0 und φ ergibt

$$\partial g = \partial(-h + \sum a_{ik} z_i \bar{z}_k) - \sum C_i \, dz_i - \partial\varphi.$$

Ersetzt man g durch die ebenfalls analytische Funktion

$$g + \sum C_i z_i,$$

so geht diese Gleichung über in

$$\partial(-h + \sum a_{ik} z_i \bar{z}_k - g - \varphi) = 0.$$

Dabei ist g eine analytische (nicht notwendig periodische), φ eine periodische (nicht notwendig analytische) Funktion. Der Ausdruck in der Klammer muss eine antianalytische Funktion sein. Wir erhalten also

$$\boxed{\begin{array}{l} -h = -\sum a_{ik} z_i \bar{z}_k + g + \tilde{g} + \varphi \\[2mm] \text{mit} \\[2mm] \quad a)\ g \text{ analytisch,} \\[1mm] \quad b)\ \tilde{g} \text{ antianalytisch,} \\[1mm] \quad c)\ \varphi \text{ periodisch.} \end{array}}$$

Uns kommt es lediglich auf die Differenz

$$\operatorname{Im} H_a(z) = h(z+a) - h(z) \qquad\qquad (a \in L)$$

an. Diese hängt von der periodischen Funktion φ gar nicht ab. Wir dürfen also $\varphi = 0$ annehmen. Außerdem wissen wir, dass h reell ist, also

$$-h = -\operatorname{Re}\left[\sum a_{ik} z_i \bar{z}_k\right] + \operatorname{Re} g + \operatorname{Re} \tilde{g}.$$

Der Realteil von $\tilde{g}$ ändert sich aber nicht, wenn man $\tilde{g}$ durch sein konjugiert Komplexes ersetzt. Diese Funktion ist dann aber ebenso wie g analytisch und kann daher in g mit aufgenommen werden, d.h. wir dürfen

$$-h = -\operatorname{Re}\left[\sum a_{ik} z_i \bar{z}_k\right] + \operatorname{Re} g$$

annehmen. Ersetzt man noch den Automorphiesummanden H_a durch den äquivalenten

$$\tilde{H}_a(z) := H_a(z) + \mathrm{i}(g(z+a) - g(z)),$$

so gilt

$$\operatorname{Im} \tilde{H}_a(z) = \tilde{h}(z+a) - \tilde{h}(z)$$

mit

$$\tilde{h}(z) = \operatorname{Re}\left[\sum a_{ik} z_i \bar{z}_k\right].$$

Hieraus folgt

$$\operatorname{Im}\big(\tilde{H}_a(z)\big) = \sum_\nu \alpha_\nu z_\nu + \sum_\nu \beta_\nu \bar{z}_\nu + K$$

mit gewissen komplexen Konstanten α_ν, β_ν, K ($\alpha_\nu = \bar{\beta}_\nu$, $K \in \mathbb{R}$). Da aber der Realteil einer analytischen Funktion durch den Imaginärteil bis auf eine additive Konstante eindeutig bestimmt ist, folgt aus der letzten Gleichung

$$\tilde{H}_a(z) = C + \sum_{\nu=1}^{n} C_\nu z_\nu$$

mit gewissen komplexen Zahlen C, C_ν, welche natürlich von a abhängen. Damit erhalten wir als Hauptresultat dieses Abschnittes:

4.5 Theorem. *In jeder Klasse äquivalenter Automorphiesummanden ist einer der Form*

$$H_a(z) = Q_a(z) + C_a.$$

enthalten. Dabei ist Q_a eine lineare Funktion in z und C_a eine Konstante.

(Eine Funktion $Q : \mathbb{C}^n \to \mathbb{C}$ heißt *linear*, wenn sie von der Form

$$Q(z) = \alpha_1 z_1 + \ldots + \alpha_n z_n$$

ist.) Die Hodgezerlegung hat mit dem Beweis dieses Satzes ausgedient und wird im weiteren nicht mehr gebraucht.

4.6 Definition.   *Der Automorphiesummand $H_a(z)$ habe die in 4.5 angegebene Normalform. Man nennt dann eine analytische Lösung der Funktionalgleichung*

$$f(z + a) = e^{2\pi i H_a(z)} f(z) \quad \text{für} \quad a \in L$$

eine **Thetafunktion.**

Unsere bisherige Theorie zusammenfassend können wir sagen:

4.7 Satz.   *Jede abelsche Funktion ist der Quotient zweier Thetafunktionen zu geeignetem Automorphiesummanden.*

Die Klassifikation der Automorphiesummanden ist mit Theorem 4.5 noch nicht abgeschlossen. Es bestehen noch zweierlei Probleme:

1) Wie muss das System (Q_a, C_a) beschaffen sein, damit H_a ein Automorphiesummand wird?

2) Wann sind die solchen Systemen zugeordneten Automorphiesummanden äquivalent?

Im nächsten Paragraphen werden wir sehen, wie man beide Probleme mit etwas Aufwand an linearer Algebra in den Griff bekommen kann.

Übungsaufgaben zu VI.4

1. Die WEIERSTRASS'sche σ-Funktion ([FB], Kap. V, §6) ist eine Thetafunktion.

2. Die JACOBI'sche Thetafunktion ([FB], Kap. V, §6) $f(z) := \vartheta(\tau, z)$ ist eine Thetafunktion zum Gitter $\mathbb{Z} + \tau\mathbb{Z}$.

3. Man beweise 4.7 im Falle $n = 1$ mit den Mitteln der Theorie der elliptischen Funktionen ([FB], Kap. V).

4. Wir betrachten einen komplex eindimensionalen Torus $X = \mathbb{C}/L$. Sei D eine Divisor auf X. Nach dem WEIERSTRASS'schen Produktsatz kann man eine meromorphe Funktion f auf $\mathbb{C}$ finden, welche in naheliegendem Sinne auf D passt. Man kann dann den Automorphiesummanden $\log(f(z + \omega)/f(z))$ betrachten (mit einer holomorphen Wahl des Logarithmus). Man zeige, dass hierdurch ein Isomorphismus von $\mathrm{Pic}(X)$ auf die Gruppe der Äquivalenzklassen von Automorphiesummanden definiert wird.

5. Quasihermitesche Formen auf Gittern

Wir streben eine einfache algebraische Beschreibung von Automorphiesummanden der Form

$$H_a(z) := Q_a(z) + C_a, \quad Q_a \text{ linear in } z,$$

an. Natürlich ist dieser Summand eindeutig festgelegt, wenn man $H_a(z)$ für alle a aus einer Gitterbasis $\omega_1, \ldots, \omega_{2n}$ kennt:

$$H_{\omega_\nu}(z) =: H^{(\nu)}(z) = Q^{(\nu)}(z) + C^{(\nu)}.$$

Man kann jedoch nicht —und darin besteht unser Problem— die Linearformen $Q^{(\nu)}$ und die Zahlen $C^{(\nu)}$ willkürlich vorgeben. Wegen der *Kommutativität* der Gruppe L muss man auf die Relation

$$H_b(z + a) + H_a(z) = H_a(z + b) + H_b(z)$$

Rücksicht nehmen!

Die Bedingungen, die die Linearformen $Q^{(\nu)}$ und Konstanten $C^{(\nu)}$ erfüllen müssen, lassen sich mit etwas Aufwand an linearer Algebra in den Griff bekommen.

Wir erinnern an einige Begriffe aus der linearen Algebra: Sei $\mathcal{Z}$ ein endlich dimensionaler komplexer Vektorraum. Wir könnten o.B.d.A. $\mathcal{Z} = \mathbb{C}^n$ annehmen, eine koordinatenfreie Darstellung erweist sich jedoch als übersichtlicher. Wenn wir wollen, können wir $\mathcal{Z}$ auch als reellen Vektorraum „doppelter Dimension" auffassen.

In diesem Zusammenhang erinnern wir daran, dass jeder endlich dimensionale reelle Vektorraum V eine Struktur als topologischen Raum besitzt, so dass jeder Vektorraumisomorphismus $V \to \mathbb{R}^n$ eine topologische Abbildung wird. Dementsprechend ist der Begriff des Gitters $L \subset V$ in naheliegender Weise wohldefiniert. Sind V, W sogar komplexe endlichdimensionale Vektorräume, so ist der Begriff der analytischen (=holomorphen) Abbildung eines offenen Teils von V in einen offenen Teil von W wohldefiniert.

Eine (komplexe) *symmetrische Bilinearform* S auf $\mathcal{Z}$ ist eine Abbildung

$$S : \mathcal{Z} \times \mathcal{Z} \to \mathbb{C}$$

mit den Eigenschaften

a) $S(z, w)$ ist linear in z bei festem w.
b) $S(z, w) = S(w, z)$.

Eine *hermitesche Form* auf $\mathcal{Z}$ ist eine Abbildung

$$H : \mathcal{Z} \times \mathcal{Z} \to \mathbb{C}$$

mit den Eigenschaften:

a) $H(z, w)$ ist linear in z bei festem w.
b) $H(z, w) = \overline{H(w, z)}$.

Eine *quasihermitesche Form* Q auf $\mathcal{Z}$ ist eine Abbildung

$$Q : \mathcal{Z} \times \mathcal{Z} \to \mathbb{C},$$

welche sich als Summe einer hermiteschen Form H und einer symmetrischen Bilinearform S darstellen lässt:

$$\boxed{Q = H + S.}$$

Der quasihermiteschen Form Q ordnen wir eine neue —lediglich $\mathbb{R}$-bilineare— Form zu:

$$A(z, w) := \frac{1}{2i} \left(Q(z, w) - Q(w, z) \right).$$

Offensichtlich hängt A lediglich von H ab:

$$\boxed{A(z, w) = \operatorname{Im} H(z, w)}$$

und es gilt

$$A(z, w) = -A(w, z),$$

d.h. A ist eine *alternierende $\mathbb{R}$-Bilinearform* auf $\mathcal{Z}$.

Man kann übrigens H aus A zurückgewinnen; eine einfache Rechnung zeigt

$$\boxed{H(z, w) = A(iz, w) + iA(z, w), \quad A(iz, w) = A(iw, z).}$$

Die Zerlegung einer quasihermiteschen Form als Summe einer hermiteschen Form und einer symmetrischen Bilinearform ist insbesondere eindeutig!

5.1 Bemerkung.   *Eine Abbildung*

$$Q : \mathcal{Z} \times \mathcal{Z} \to \mathbb{C}$$

ist genau dann quasihermitesch, wenn

a) $Q(z, w)$ *in z $\mathbb{C}$-linear,*
b) $Q(z, w)$ *in w $\mathbb{R}$-linear,*
c) $A(z, w) := \frac{1}{2i} \left(Q(z, w) - Q(w, z) \right)$ *reell ist.*

Der Beweis ist einfach und wird übergangen (s. Aufgabe 1).

Darstellungen durch Matrizen

Sei $\mathcal{Z} := \mathbb{C}^n$ mit der $\mathbb{C}$-Standardbasis $e_1, \ldots, e_n$. Wir werden für die den Bilinearformen entsprechenden Matrizen dieselbe Bezeichnung verwenden. Verwechslungen sind nicht zu befürchten, da die Matrix die Bilinearform eindeutig bestimmt und umgekehrt.

1) Die Matrix S mit den Einträgen

$$s_{\mu\nu} := S(e_\mu, e_\nu)$$

ist symmetrisch.

2) Die Matrix H mit den Einträgen

$$h_{\mu\nu} := H(e_\mu, e_\nu)$$

ist hermitesch (d.h. $h_{\mu\nu} = \bar{h}_{\nu\mu}$).

Da A nur $\mathbb{R}$-bilinear ist, sollte man zur Beschreibung eine $\mathbb{R}$-Basis verwenden, beispielsweise

$$e_1, \ldots, e_n;\ e_{n+1} := \mathrm{i}e_1, \ldots, e_{2n} := \mathrm{i}e_n.$$

Die Matrix A mit den Einträgen

$$a_{\mu\nu} = A(e_\mu, e_\nu) \qquad (1 \le \mu, \nu \le 2n)$$

ist eine *alternierende* $2n \times 2n$-Matrix $(a_{\mu\nu} = -a_{\nu\mu})$.

Der Zusammenhang zwischen A und H in der Matrizendarstellung ist

$$A = \begin{pmatrix} \operatorname{Im} H & -\operatorname{Re} H \\ +\operatorname{Re} H & \operatorname{Im} H \end{pmatrix}.$$

Wie hängen quasihermitesche Formen mit (affinen) Automorphiesummanden zusammen? Eine Funktion $H : \mathcal{Z} \to \mathbb{C}$ auf dem komplexen Vektorraum $\mathcal{Z}$ heiße *affin*, wenn sie sich als Summe einer linearen Funktion Q und einer Konstanten C schreiben lässt, $H(z) = Q(z) + C$. Unter einem (affinen) Automorphiesummanden in dem etwa abstrakteren Kontext verstehen wir natürlich eine Vorschrift, welche jedem Gittervektor $a \in L$ eine affine Funktion $H_a : \mathcal{Z} \to \mathbb{C}$ zuordnet, so dass die Relation

$$H_{a+b}(z) \equiv H_b(z + a) + H_a(z) \bmod 1$$

gültig ist, also

$$Q_{a+b}(z) + C_{a+b} \equiv Q_a(z + b) + C_a + Q_b(z) + C_b \bmod 1.$$

Setzt man $z = 0$, so folgt

$$C_{a+b} \equiv Q_a(b) + C_a + C_b \bmod 1$$

und danach

$$Q_{a+b}(z) = Q_a(z) + Q_b(z).$$

Die Abbildung $a \mapsto Q_a(z)$ ist also bei festem z eine $\mathbb{Z}$-lineare Abbildung in a. Wir machen nun Gebrauch von folgendem trivialen Prinzip.

Jede $\mathbb{Z}$-lineare Abbildung eines Gitters $L \subset \mathcal{Z}$ in einen $\mathbb{R}$-Vektorraum ist durch die Werte auf einer Gitterbasis eindeutig festgelegt und kann zu einer $\mathbb{R}$-linearen Abbildung auf ganz $\mathcal{Z}$ fortgesetzt werden.

Wir wenden dieses Prinzip auf die Zuordnung $a \mapsto 2iQ_a$ an. Es existiert demnach eine eindeutig bestimmte Abbildung

$$Q : \mathcal{Z} \times \mathcal{Z} \to \mathbb{C}$$

mit den Eigenschaften

a) $Q(z,w) = 2iQ_w(z)$ für $w \in L$,
b) $Q(z,w)$ ist $\mathbb{C}$-linear in der ersten Variablen z,
c) $Q(z,w)$ ist $\mathbb{R}$-linear in der zweiten Variablen w.

Wir behaupten, dass Q quasihermitesch ist. Wegen 5.1 genügt es zu zeigen, dass

$$A(z,w) := \frac{1}{2i}\left(Q(z,w) - Q(w,z)\right)$$

nur reelle Werte annimmt. Dies muss man nur auf einer $\mathbb{R}$-Basis nachweisen, mithin nur für alle Werte aus L. Es ist aber sogar

$$A(a,b) = Q_b(a) - Q_a(b) \in \mathbb{Z};$$

Q ist also, wie behauptet, quasihermitesch. Im folgenden wird es sich als sehr wichtig herausstellen, dass A auf $L \times L$ nur ganze Werte annimmt, so dass wir diese Eigenschaft begrifflich fixieren.

5.2 Definition. *Sei $L \subset \mathcal{Z}$ ein Gitter in einem endlichdimensionalen $\mathbb{C}$-Vektorraum $\mathcal{Z}$. Eine **quasihermitesche Form auf dem Gitter** L ist eine Abbildung*

$$Q : \mathcal{Z} \times \mathcal{Z} \to \mathbb{C}$$

mit folgenden Eigenschaften:

1) *Q ist quasihermitesch, d.h. Summe einer symmetrischen Bilinearform S und einer hermiteschen Form H.*
2) *Die alternierende $\mathbb{R}$-Bilinearform*

$$A(z,w) := \frac{1}{2i}\left(Q(z,w) - Q(w,z)\right)$$

hat die Eigenschaft

$$A(a,b) \in \mathbb{Z} \text{ für alle } a,b \in L.$$

Halten wir noch einmal fest:

5.3 Bemerkung. *Sei*

$$H_a(z) := Q_a(z) + C_a$$

ein affiner Automorphiesummand. Es existiert eine eindeutig bestimmte quasihermitesche Form Q auf L mit der Eigenschaft

$$Q(z, a) = 2\mathrm{i}Q_a(z) \ \text{ für } \ a \in L.$$

Nun liegt folgende Frage nahe: Gegeben sei eine quasihermitesche Form Q auf L. Wie müssen die Konstanten C_a beschaffen sein, damit

$$H_a(z) := Q_a(z) + C_a, \quad Q_a(z) := \frac{1}{2\mathrm{i}}Q(z, a),$$

ein Automorphiesummand ist?

Es ist zweckmäßig, die Konstante C_a durch

$$D_a := C_a - \frac{1}{2}Q_a(a)$$

zu ersetzen. Die charakteristische Gleichung lautet dann

$$\boxed{D_{a+b} \equiv \frac{1}{2}A(a, b) + D_a + D_b \bmod 1.}$$

Wir wollen die Lösungen dieses Gleichungssystems beschreiben. Die folgenden Überlegungen zielen darauf ab zu zeigen, dass es genügt, die *reellen* Lösungen zu bestimmen. Aus der Gleichung folgt zunächst

$$\operatorname{Im} D_{a+b} = \operatorname{Im} D_a + \operatorname{Im} D_b.$$

Die Zuordnung $a \mapsto \operatorname{Im} D_a$ is also $\mathbb{Z}$-linear und kann daher zu einer $\mathbb{R}$-linearen Abbildung $r : \mathcal{Z} \to \mathbb{R}$ erweitert werden. Jede reelle $\mathbb{R}$-lineare Abbildung r ist der Imaginärteil einer $\mathbb{C}$-linearen Abbildung $l : \mathcal{Z} \to \mathbb{C}$, nämlich von

$$l(z) := r(\mathrm{i}z) + \mathrm{i}r(z).$$

Halten wir fest:

Es existiert eine $\mathbb{C}$-Linearform $l : \mathcal{Z} \to \mathbb{C}$, so dass

$$E_a := D_a - l(a)$$

nur reelle Werte annimmt. Wir müssen jetzt also nur noch die *reellen* Lösungen der Gleichung

$$E_{a+b} \equiv \frac{1}{2}A(a, b) + E_a + E_b \bmod 1$$

analysieren. Zunächst fixieren wir sie begrifflich:

5.4 Definition. *Ein A-Charakter auf L ist eine Abbildung*

$$E : L \longrightarrow \mathbb{R}$$

mit der Eigenschaft

$$E_{a+b} \equiv \frac{1}{2} A(a, b) + E_a + E_b \bmod 1.$$

Über die A-Charaktere kann man sich leicht einen vollständigen Überblick verschaffen:

Wir betrachten besser die Zusammensetzung

$$F_a : L \to \mathbb{R}/\mathbb{Z}$$

von E_a mit der natürlichen Projektion $\mathbb{R} \to \mathbb{R}/\mathbb{Z}$, da es uns auf E_a nur modulo 1 ankommt.

Erster Fall. $A = 0$, also

$$F_{a+b} = F_a + F_b.$$

Man erhält die Lösungen dieser Gleichung folgendermaßen: Man wähle eine Gitterbasis von L. Die Werte von E kann man dann auf der Gitterbasis willkürlich vorschreiben. Die Gruppe aller Charaktere ist also isomorph zu

$$(\mathbb{R}/\mathbb{Z})^{2n} \qquad (\cong \text{ Gruppe der } A\text{-Charaktere im Fall } A = 0).$$

Zweiter Fall. A beliebig: Die Differenz zweier A-Charaktere ist ein 0-Charakter. Man erhält also alle A-Charaktere durch Addition eines 0-Charakters zu einem bestimmten A-Charakter. Somit bleibt also noch zu klären, ob überhaupt ein A-Charakter existiert.

5.5 Bemerkung. *Sei A eine alternierende Bilinearform, welche auf $L \times L$ nur ganze Werte annimmt. Dann existiert ein A-Charakter.*

Beweis. Offensichtlich existiert zu jeder ganzen alternierenden Matrix $A = -A^t$ eine ganze Matrix B mit

$$A = B - B^t,$$

im Falle $n = 2$ beispielsweise

$$\begin{pmatrix} 0 & a \\ -a & 0 \end{pmatrix} = \begin{pmatrix} 0 & a \\ 0 & 0 \end{pmatrix} - \begin{pmatrix} 0 & 0 \\ a & 0 \end{pmatrix}.$$

In der Sprache der Bilinearformen bedeutet dies: Die auf $L \times L$ alternierende Bilinearform A besitzt eine Darstellung der Form

$$A(z, w) = B(z, w) - B(w, z).$$

mit einer $\mathbb{R}$-Bilinearform, welche auf $L \times L$ nur ganze Werte annimmt. Offensichtlich ist

$$E(a) := \frac{1}{2} B(a, a)$$

ein A-Charakter.   □

5.6 Satz.   *Sei L ein Gitter in dem endlichdimensionalen $\mathbb{C}$-Vektorraum $\mathcal{Z}$. Gegeben seien*
a) *eine quasihermitesche Form Q auf $\mathcal{Z}$,*
b) *eine $\mathbb{C}$-Linearform l auf $\mathcal{Z}$,*
c) *ein A-Charakter E auf L.*
Dann ist

$$H_a(z) := \frac{1}{2\mathrm{i}}Q(z,a) + \frac{1}{4\mathrm{i}}Q(a,a) + l(a) + E_a$$

ein Automorphiesummand. Jeder Automorphiesummand der Form

$$H_a(z) := Q_a(z) + C_a, \quad Q_a \text{ linear},$$

ist von dieser Form.

Zusatz. *Das Tripel $(Q, l, E \bmod 1)$ ist durch den Automorphiesummanden H_a eindeutig festgelegt.*

Beweis. Man rechnet leicht nach, dass H_a tatsächlich ein Automorphiesummand ist. Die vorangehenden Überlegungen zeigen, dass jeder Automorphiesummand von dieser Form ist. □

Unter den in Satz 5.6 beschriebenen Automorphiesummanden kommen triviale vor:

1) Ist l eine $\mathbb{C}$-Linearform auf $\mathcal{Z}$, so ist der Automorphiesummand

$$H_a(z) := l(a) \qquad (= l(a+z) - l(z))$$

trivial.

2) Ist S eine *symmetrische* $\mathbb{C}$-Bilinearform auf $\mathcal{Z}$, so ist der Automorphiesummand

$$H_a(z) := \frac{1}{2\mathrm{i}}S(z,a) + \frac{1}{4\mathrm{i}}S(a,a)$$

$$= \frac{1}{4\mathrm{i}}(S(z+a, z+a) - S(z,z))$$

trivial.

Wir erhalten also:

5.7 Bemerkung. *Der durch das Tripel (Q, l, E) definierte Automorphiesummand ist äquivalent zu dem durch das Tripel*

$$(H, 0, E), \quad H := Q - S,$$

definierten Automorphiesummanden. Außer diesen Äquivalenzen treten keine weiteren auf.

Damit ist die Beschreibung der Automorphiesummanden abgeschlossen.

Man kann 5.7 formalisieren: Dazu bezeichnen wir mit $\mathrm{Pic}(X)$ die Gruppe der Äquivalenzklassen von Automorphiesummanden. Wegen Aufgabe 4 zu VI.4 ist diese Bezeichnung gerechtfertigt. Wegen 5.7 ist diese Gruppe isomorph zur Gruppe der Paare (H, E). Gruppenverknüpfung ist hierbei

$$(H_1, E_1) + (H_2, E_2) = (H_1 + H_2, E_1 E_2).$$

Wir bezeichnen die durch alle $(0, E)$ erzeugte Untergruppe mit $\mathrm{Pic}^0(X)$. Wir haben gesehen, dass sie isomorph ist zu $\mathbb{R}^{2n}/\mathbb{Z}^{2n}$. Dies ist ein (reeller) Torus derselben Dimension wie X. Die Faktorgruppe $\mathrm{Pic}(X)/\mathrm{Pic}^0(X)$ ist die sogenannte NERON-SEVERIgruppe $\mathrm{NS}(X)$. Man kann das in Form einer exakten Sequenz schreiben,

$$0 \longrightarrow \mathrm{Pix}^0(X) \longrightarrow \mathrm{Pic}(X) \longrightarrow \mathrm{NS}(X) \longrightarrow 0.$$

Die NERON-SEVERIgruppe ist somit isomorph zur (additiven) Gruppe aller hermiteschen Formen auf $\mathcal{Z}$, welche auf $L \times L$ ganz sind.

Übungsaufgaben zu VI.5

1. Man führe den Beweis von 5.1 aus.

2. Man bestimme für die JACOBI'sche Thetafunktion $\vartheta(\tau, z)$ ([FB], Kap. V, §6) das Tripel $[Q, l, E]$.

3. Sei $f(z)$ eine von Null verschiedene Thetafunktion. Man zeige, dass

$$\frac{f(z + a)f(z - a)}{f(z)^2}$$

für jedes a eine abelsche Funktion ist.

4. Man zeige, dass jede Thetafunktion ohne Nullstelle konstant ist.

5. Die NERON-SEVERIgruppe ist isomorph zu $\mathbb{Z}^m$, m geeignet. Im Falle $n = 1$ ist sie isomorph zu $\mathbb{Z}$. Die Abbildung $\mathrm{Pic}(X) \longrightarrow \mathrm{NS}(X)$ entspricht der Gradabbildung für Divisoren (im Sinne der Isomorphie aus Aufgabe 4 in VI.4).

6. Riemann'sche Formen

Wir fixieren ein Tripel (Q, l, E) wie in 5.6 und den zugehörigen Automorphie-summanden H_a. Wir untersuchen jetzt Thetafunktionen

$$f : \mathcal{Z} \longrightarrow \mathbb{C} \text{ analytisch}, \qquad f(a + z) = e^{2\pi i H_a(z)} f(z).$$

Den Raum all dieser Thetafunktionen bezeichnen wir mit

$$[Q, l, E] \qquad (\cong [H, 0, E]).$$

Es wird aber nicht immer zweckmäßig sein, (Q, l, E) in der speziellen Form $(H, 0, E)$ anzusetzen.

6.1 Hilfssatz. *Wenn in $[Q, l, E]$ eine Thetafunktion existiert, welche nicht identisch verschwindet, so ist die hermitesche Form H semipositiv, $H \geq 0$.*

Semipositiv bedeute hierbei

$$H(z, z) \geq 0 \text{ für alle } z \in \mathcal{Z}.$$

Da H hermitesch ist, sind die Zahlen $H(z, z)$ natürlich reell.

Beweis von 6.1. Sei $f \in [H, 0, E]$. Wir nehmen an, dass ein z_0 mit $H(z_0, z_0) < 0$ existiert und zeigen dann $f \equiv 0$. Schlüssel zum Beweis ist die

Behauptung. Die Funktion

$$g(z) := |f(z)| e^{-\pi H(z,z)/2}$$

ist periodisch unter L.

Dies folgt unmittelbar aus der Gleichung

$$|f(z + a)| = e^{-2\pi \operatorname{Im} H_a(z)} |f(z)|$$

und aus

$$-\operatorname{Im} H_a(z) = \frac{1}{2} \operatorname{Re} H(z, a) + \frac{1}{4} H(a, a).$$

Da die Funktion g stetig und periodisch ist, besitzt sie ein Maximum. Es gilt daher mit einer geeigneten Konstanten M

$$\boxed{|f(z)| \leq M e^{\pi H(z,z)/2}.}$$

Wir wählen ein festes $z \in \mathcal{Z}$ aus. Für variables $t \in \mathbb{C}$ gilt

$$H(z + tz_0, z + tz_0) = |t|^2 H(z_0, z_0) + \alpha t + \bar{\alpha}\bar{t} + \beta.$$

Dieser Ausdruck strebt für $t \to \infty$ gegen $-\infty$. Die Funktion

$$h(t) := f(z + tz_0)$$

ist daher beschränkt auf ganz $\mathbb{C}$ und daher nach dem Satz von LIOUVILLE konstant. Die Konstante muss 0 sein. Dies gilt für alle $z \in \mathcal{Z}$. Es folgt: $f \equiv 0$.

$\square$

6.2 Definition.   *Eine **Riemann'sche Form** auf dem Gitter $L \subset \mathcal{Z}$ ist eine hermitesche Form H auf $\mathcal{Z}$ mit den Eigenschaften:*
a) *H ist semipositiv,*
b) *der alternierende Anteil A von H ist ganz auf $L \times L$.*
*Man nennt H **nichtdegeneriert**, wenn H positiv definit ist, d.h.*

$$H(z, z) > 0 \quad \text{für} \quad z \neq 0.$$

Das einfachste Beispiel einer RIEMANN'schen Form H ist die Nullform. Diese ist für unsere Theorie völlig uninteressant, denn es gilt:
Jede Funktion f aus $[H = 0, 0, E]$ ist konstant.
Beweis. Im Falle $H = 0$ (außerdem $S = 0$ und $l = 0$) ist H_a reell. Daher gilt

$$|f(z + a)| = |f(z)|.$$

Hieraus folgt aber, dass f beschränkt und somit konstant ist.   □

Aus der bisherigen Theorie können wir eine wesentliche Folgerung ziehen:
Wenn eine nicht konstante abelsche Funktion bezüglich L existiert, so existiert auch eine Riemann'sche Form $H \neq 0$ bezüglich L.

Wir werden sehen, dass im Fall $n > 1$ Gitter $L \subset \mathbb{C}^n$ existieren, welche keine von 0 verschiedene RIEMANN'sche Form zulassen (Aufgabe 1 zu VI.7). Jede abelsche Funktion zu einem solchen Gitter ist konstant!

Degenerierte abelsche Funktionen

Wir wollen zeigen, dass man sich in der Theorie der abelschen Funktionen auf den Fall nicht degenerierter RIEMANN'scher Formen

$$H > 0 \qquad \text{(nicht nur } H \geq 0\text{)}$$

beschränken kann.

Sei $l : \mathcal{Z} \to \mathcal{Z}'$ eine surjektive lineare Abbildung endlichdimensionaler $\mathbb{C}$-Vektorräume. Ist $U' \subset \mathcal{Z}'$ eine offene Teilmenge und f' eine analytische Funktion auf U', so ist $f := f' \circ l$ analytisch auf dem Urbild $U := l^{-1}(U')$. Ist f' meromorph auf ganz $\mathcal{Z}'$, so ist f meromorph auf ganz $\mathcal{Z}$. Genau dann kommt eine meromorphe Funktion f von einer meromorphen Funktion f', wenn alle Elemente des Kerns von l Perioden sind:

$$f(z + a) = f(z) \text{ für alle } a \in \text{Kern } l.$$

Sei nun $L \subset \mathcal{Z}$ ein Gitter. Es kann dann sein, dass

$$L' := l(L)$$

ein Gitter in $\mathcal{Z}'$ ist, es kann aber auch sein, dass L' nicht mehr diskret ist. Als Beispiel betrachten wir die Projektion

$$\mathbb{C} \times \mathbb{C} \longrightarrow \mathbb{C}, \quad (z, w) \longmapsto z + w.$$

Mittels des Gitters $L_1 = \mathbb{Z} + i\mathbb{Z}$ bilden wir $L = L_1 \times L_1$. Das Bild in $\mathcal{Z}'$ ist L_1, also ein Gitter. Nimmt man jedoch $L = L_1 \times \sqrt{2}L_1$, so ist L' nicht diskret.

Wir machen nun die Annahme, dass L' tatsächlich ein Gitter ist. Ist dann f' eine abelsche Funktion auf $\mathcal{Z}'$ bezüglich L', so ist f eine abelsche Funktion auf $\mathcal{Z}$ bezüglich L.

Wir bezeichnen die Menge aller abelschen Funktionen auf $\mathcal{Z}$ bezüglich L mit $K(L)$. Dies ist offenbar ein Körper, der die konstanten Funktionen enthält. Die Zuordnung $g \mapsto f = l \circ g$ induziert (unter der Annahme der Diskretheit von L') einen injektiven Körperhomomorphismus

$$K(L') \longrightarrow K(L).$$

Injektivität dieser Abbildung sowie die Verträglichkeit mit Addition und Multiplikation sind trivial.

6.3 Satz. *Zu jedem Gitter $L \subset \mathcal{Z}$ existiert eine surjektive $\mathbb{C}$-lineare Abbildung*

$$l : \mathcal{Z} \to \mathcal{Z}'$$

auf einen Vektorraum möglicherweise echt kleinerer Dimension mit folgenden Eigenschaften:

1) *$L' := l(L)$ ist ein Gitter in $\mathcal{Z}'$.*
2) *Die Zuordnung $g \mapsto g \circ l$ definiert einen Isomorphismus*

$$K(L') \to K(L).$$

3) *Es existiert eine nichtdegenerierte Riemann'sche Form bezüglich L'.*

Beweis. Der Vektorraum $\mathcal{Z}'$ wird als Faktorraum nach dem Entartungsort von H konstruiert. Wir definieren zunächst diesen Entartungsort.

6.4 Hilfssatz. *Sei H eine semipositive hermitesche Form auf $\mathcal{Z}$. Für einen Vektor $z_0 \in \mathcal{Z}$ sind folgende drei Eigenschaften äquivalent:*
1) *$H(z_0, z_0) = 0$.*
2) *$H(z_0, z) = 0$ für alle $z \in \mathcal{Z}$.*
3) *$A(z_0, z) = 0$ für alle $z \in \mathcal{Z}$.*

Die Menge $\mathcal{Z}_0$ aller Vektoren $\mathcal{Z}_0 \in \mathcal{Z}$ mit den Eigenschaften 1)–3) ist offensichtlich ein $\mathbb{C}$-Untervektorraum von $\mathcal{Z}$ (wegen 2)). Man nennt $\mathcal{Z}_0$ den *Entartungsort* von H.

Beweis von Hilfssatz 6.4.

1) $\Rightarrow$ 2): Für beliebiges $t \in \mathbb{C}$ gilt

$$0 \le H(z + tz_0, z + tz_0) = H(z, z) + 2\,\mathrm{Re}\,(tH(z_0, z)).$$

Hieraus folgt $H(z_0, z) = 0$.

2) $\Rightarrow$ 3): Dies ist trivial.

3) $\Rightarrow$ 1): Man benutze die Formeln

$$H(z, w) = A(\mathrm{i}z, w) + \mathrm{i}A(z, w), \quad A(\mathrm{i}z, w) = A(\mathrm{i}w, z). \qquad \square$$

6.5 Hilfssatz. *Sei $f \in [H, 0, E]$ eine Thetafunktion. Die Elemente des Entartungsorts von H sind Perioden von f, d.h. f kommt von einer meromorphen Funktion auf $\mathcal{Z}/\mathcal{Z}_0$.*

Beweis. Man schließt ähnlich wie beim Beweis von 6.1. Aus der Ungleichung $|f(z)| \le M e^{\pi/2 H(z,z)}$ schließt man, dass die Funktion

$$\mathcal{Z}_0 \longrightarrow \mathbb{C}, \quad a \longmapsto f(z + a)$$

für jedes feste $z \in \mathcal{Z}$ beschränkt ist. Sie ist daher konstant. $\qquad \square$

Bevor wir den Beweis von Satz 6.3 fortsetzen, leiten wir ein Kriterium für die Diskretheit einer additiven Untergruppe von $\mathbb{R}^n$ ab.

6.6 Hilfssatz. *Sei $L \subset \mathbb{R}^n$ eine additive Untergruppe mit folgenden Eigenschaften:*

1) *Sie ist endlich erzeugt.*
2) *Sie erzeugt $\mathbb{R}^n$ als Vektorraum (über $\mathbb{R}$).*
3) *Der von L erzeugte $\mathbb{Q}$-Vektorraum hat höchtens die Dimension n.*

Dann ist L ein Gitter.

Beweis. Zum Beweis benutzen wir den Hauptsatz über abelsche Gruppen, welcher insbesondere besagt, dass jede torsionsfreie endlich erzeugte abelsche Gruppe isomorph zu $\mathbb{Z}^m$ (m geeignet) ist. Es existieren wegen 1) somit Vektoren $\omega_1, \ldots, \omega_m$, so dass sich jedes Element aus L eindeutig als ganzzahlige Linearkombination dieser Vektoren schreiben lässt. Diese Vektoren sind über $\mathbb{Q}$ linear unabhängig, da eine lineare Relation mit rationalen nach Multiplikation mit einem gemeinsamen Nenner eine lineare Relation mit ganz rationalen Koeffizienten nach sich zieht. Aus 3) folgt $m \le n$. Wegen 2) erzeugen die Vektoren $\omega_1, \ldots, \omega_m$ den $\mathbb{R}$-Vektorraum $\mathbb{R}^n$. Diese Vektoren müssen somit eine Basis bilden (und es gilt $m = n$). $\qquad \square$

6.7 Hilfssatz. *Sei H eine Riemann'sche Form bezüglich des Gitters $L \subset \mathcal{Z}$ und sei $\mathcal{Z}_0$ der Entartungsort von H. Es gilt*

1) $L_0 := L \cap \mathcal{Z}_0$ *ist ein Gitter in* $\mathcal{Z}_0$.

2) *Bezeichnet*

$$p : \mathcal{Z} \to \mathcal{Z}' := \mathcal{Z}/\mathcal{Z}_0$$

die kanonische Projektion, so ist $L' := p(L)$ ein Gitter in $\mathcal{Z}'$.

Beweis. 1) Da L_0 diskret ist, genügt es zu zeigen, dass $\mathcal{Z}_0$ als reeller Vektorraum von L_0 erzeugt wird. Sei $\omega_1, \ldots, \omega_{2n}$ eine Gitterbasis von L. Ein Vektor

$$\omega := \sum x_\nu \omega_\nu, \quad x_\nu \in \mathbb{R} \; (1 \le \nu \le 2n)$$

liegt genau dann in dem Kern $\mathcal{Z}_0$, wenn der reelle Vektor $(x_1, \ldots, x_{2n})$ das lineare Gleichungssystems

$$\sum a_{ik} x_k = 0 \quad \text{mit} \quad a_{ik} = A(\omega_i, \omega_k)$$

löst. Die Elemente von L_0 erhält man genau aus den ganzzahligen Lösungen dieses Systems. Wir müssen zeigen, dass sich jede reelle Lösung als reelle Linearkombination von ganzzahligen Lösungen schreiben lässt. Natürlich genügt es zu zeigen, dass sich jede reelle Lösung als Linearkombination rationaler Lösungen darstellen lässt. Dass dies so ist, folgt daraus, dass die Matrix (a_{ik}) rational (sogar ganzzahlig) ist. Wie aus der linearen Algebra bekannt, ergibt sich die Dimension des Lösungsraums aus dem Rang der Matrix. Dieser hängt aber nicht davon ab, in welchem Körper man die Matrix betrachtet (ob in $\mathbb{Q}$ oder $\mathbb{R}$).

2) Aus dem ersten Teil folgt, dass die Dimension des von L' erzeugten $\mathbb{Q}$-Vektorraums die reelle Dimension von $\mathcal{Z}'$ nicht übersteigt. Wir könnnen nun Hilfssatz 6.6 anwenden und folgern, dass L' ein Gitter ist.   □

Nach diesen Vorbereitungen ist der Beweis von Satz 6.3 einfach: Die Summe zweier RIEMANN'scher Formen ist selbst eine RIEMANN'sche Form. Ihr Entartungsort ist der Durchschnitt der Entartungsorte. Es existiert daher eine Riemann'sche Form H mit kleinstem Entartungsort $\mathcal{Z}_0$. Dieser ist also im Entartungsort jeder anderen Riemann'schen Form enthalten. Damit sind die Eigenschaften 1) und 2) in Satz 6.3 bewiesen. Die hermitesche Form H faktorisiert über eine hermitesche Form auf $\mathcal{Z}/\mathcal{Z}_0$. Dies ist offenbar eine nicht ausgeartete RIEMANN'sche Form bezüglich des Gitters L'. Damit ist Satz 6.3 vollständig bewiesen.   □

Satz 6.3 lässt sich in geometrischer Form sehr griffig wie folgt formulieren. Man betrachte die Tori $X := \mathcal{Z}/L$ und $X' := \mathcal{Z}'/L'$. Man hat einen surjektiven Homomorphismus $X \to X'$ und kann X' als *Faktortorus* von X ansehen. Satz 6.3 sagt also aus, dass es zu jedem komplexen Torus X einen Faktortorus X' gibt, so dass die Körper der abelschen Funktionen $K(X)$ und $K(X')$ „gleich" sind und so, dass der Torus X' eine nicht ausgeartete RIEMANN'sche Form besitzt.

Jedenfalls ist es für die Theorie der abelschen Funktionen ausreichend, Gitter zu betrachten, welche eine nicht ausgeartete Riemann'sche Form zulassen.

Beispiele für Riemann'sche Formen

Sei P eine komplexe $n \times 2n$-Matrix. Wenn die Spalten von P über $\mathbb{R}$ linear unabhängig sind, so erzeugen diese ein Gitter $L_P \subset \mathbb{C}^n$

$$L_P := \sum_{\nu=1}^{2n} \mathbb{Z}p_\nu, \quad P := (p_1, \ldots, p_{2n}).$$

Ist H eine hermitesche $n \times n$-Matrix, so kann man auf $\mathbb{C}^n$ die hermitesche Form

$$H(z, w) := z^t H \bar{w}$$

betrachten. Wir suchen P und H so zu ermitteln, dass H eine nicht ausgeartete RIEMANN'sche Form ist.

6.8 Bemerkung. *Sei T eine ganze $n \times n$-Matrix mit von Null verschiedener Determinante und Z eine symmetrische komplexe $n \times n$-Matrix mit positiv definitem Imaginärteil. Die Spalten der Matrix $P = (T, Z)$ erzeugen ein Gitter L in $\mathbb{C}^n$. Die (sogar reelle) hermitesche Matrix $H = (\mathrm{Im}\, Z)^{-1}$ definiert eine nicht ausgeartete Riemann'sche Form auf L.*

Wir zeigen zunächst die $\mathbb{R}$-Unabhängigkeit der Spalten von P: Die Spalten von T sind trivialerweise $\mathbb{R}$-unabhängig. Es genügt daher zu zeigen, dass die Spalten von $\mathrm{Im}\, Z$ $\mathbb{R}$-unabhängig sind. Wären sie es nicht, so hätte das lineare Gleichungssystem

$$(\mathrm{Im}\, Z)g = 0,$$

eine nichttriviale reelle Lösung. Es gilt aber

$$(\mathrm{Im}\, Z)g = 0 \implies g^t(\mathrm{Im}\, Z)g = 0 \implies g = 0.$$

Als nächstes zeigen wir, dass $\mathrm{Im}\, H$ ganz auf L ist. Dies bedeutet, dass $\mathrm{Im}\, \bar{P}^t H P$ eine ganze Matrix ist. Es gilt

$$\bar{P}^t H P = \begin{pmatrix} T^t(\mathrm{Im}\, Z)^{-1}T & T^t(\mathrm{Im}\, Z)^{-1}Z \\ \bar{Z}^t(\mathrm{Im}\, Z)^{-1}T & \bar{Z}^t(\mathrm{Im}\, Z)^{-1}Z \end{pmatrix}.$$

Wir müssen den Imaginärteil bilden. Man zeigt leicht, dass die Matrizen

$$T^t(\mathrm{Im}\, Z)^{-1}T \text{ und } \bar{Z}^t(\mathrm{Im}\, Z)^{-1}Z$$

reell sind und erhält

$$\mathrm{Im}\, \bar{P}^t H P = \begin{pmatrix} 0 & T^t \\ -T & 0 \end{pmatrix}.$$

Dies ist nach Voraussetzung eine ganze Matrix. $\square$

Im nächsten Abschnitt werden wir zeigen, dass man so bis auf Isomorphie alle RIEMANN'schen Formen erhält, sogar mit sehr speziellem T (s. 7.4).

Übungsaufgaben zu VI.6

1. Jede endlich erzeugte Untergruppe eines endlich dimensionalen $\mathbb{Q}$-Vektorraums ist diskret.

2. Man gebe eine endlich erzeugte Untergruppe von $\mathbb{R}$ an, welche nicht diskret ist.

3. Zwei Gitter $L, L' \subset V$ heißen *kommensurabel*, wenn ihr Durchschnitt sowohl in L als auch L' endlichen Index hat. Man zeige, dass zwei Gitter genau dann kommensurabel sind, wenn sie denselben $\mathbb{Q}$-Vektorraum erzeugen.

4. Sind L, L' kommensurable Gitter, so sind auch $L \cap L'$ und $L + L'$ Gitter.

7. Kanonische Gitterbasen

Unter einer *Elementarteilermatrix* versteht man eine Diagonalmatrix der Form

$$T := \begin{pmatrix} t_1 & & 0 \\ & \ddots & \\ 0 & & t_n \end{pmatrix}, \quad t_\nu \in \mathbb{N}, \quad t_\nu | t_{\nu+1} \qquad (1 \leq \nu < n).$$

Die Bedeutung der Elementarteilermatrizen ergibt sich aus dem Elementarteilersatz:

Zu jeder ganzen $p \times q$-Matrix existieren Matrizen $U \in Gl(p, \mathbb{Z})$, $V \in Gl(q, \mathbb{Z})$, so dass

$$UAV = \begin{pmatrix} T & 0 \\ 0 & 0 \end{pmatrix}$$

mit einer eindeutig bestimmten Elementarteilermatrix T gilt.

Dieser Satz ist mehr oder weniger äquivalent mit dem

7.1 Hauptsatz über abelsche Gruppen.
Zu jeder endlich erzeugten abelschen Gruppe L existieren eine eindeutig bestimmte ganze Zahl $m \geq 0$ und eine eindeutig bestimmte Elementarteilermatrix T, $t_1 > 1$, mit der Eigenschaft

$$L \cong \mathbb{Z}^m \oplus \mathbb{Z}/t_1 \oplus \ldots \oplus \mathbb{Z}/t_n.$$

In diesem Zusammenhang ist der folgende Klassifikationssatz für alternierende Bilinearformen zu sehen:

7.2 Satz. *Sei*

$$A : L \times L \longrightarrow \mathbb{Z}, \quad L \cong \mathbb{Z}^m,$$

eine nicht ausgeartete alternierende Bilinearform über $\mathbb{Z}$, *d.h.*

a) $A(a + b, c) = A(a, c) + A(b, c),$
b) $A(a, b) = -A(b, a),$
c) $A(a, x) = 0$ *für alle* $x \in L \implies a = 0.$

Dann ist $m = 2n$ *gerade. Es existiert dann eine* $\mathbb{Z}$-*Basis* $\omega_1, \ldots, \omega_m$ *von* $\mathbb{Z}^m$ *mit der Eigenschaft*

$$(A(\omega_i, \omega_j))_{1 \le i, j \le 2n} = \begin{pmatrix} 0 & T \\ -T & 0 \end{pmatrix}.$$

Dabei ist T *eine eindeutig bestimmte Elementarteilermatrix.*

Man kann den Satz auch folgendermaßen formulieren:

Zu jeder ganzen schiefsymmetrischen Matrix A *mit von 0 verschiedener Determinante existiert eine unimodulare Matrix* $U \in \mathrm{GL}(n, \mathbb{Z})$ *und eine eindeutig bestimmte Elementarteilermatrix* T *mit der Eigenschaft*

$$U^t A U = \begin{pmatrix} 0 & T \\ -T & 0 \end{pmatrix}.$$

Beweis von Satz 7.2. Wir wollen durch Induktion nach m schließen und verfolgen dabei folgende Strategie. Wir konstruieren (im Falle $m > 1$) eine Aufspaltung von L der Form:

$$L = \mathbb{Z}\omega_1 \oplus \mathbb{Z}\omega_2 \oplus L', \quad L' \cong \mathbb{Z}^{m-2}.$$

Dabei gelte

a) $(A(\omega_i, \omega_j)) = \begin{pmatrix} 0 & t_1 \\ -t_1 & 0 \end{pmatrix}, \quad t_1 \ne 0.$
b) Die Einschränkung von A auf L' ist nicht ausgeartet und es gilt $A(\omega_i, L') = 0.$
c) $t_1 | A(x, y)$ für alle $x, y \in L'.$

(Satz 7.2 ist nach dieser Aufspaltung bewiesen, da man auf L' die Induktionsvoraussetzung anwenden kann.)

Wir wählen ω_1 und ω_2 so, dass der Betrag

$$t_1 := |A(\omega_1, \omega_2)|$$

von Null verschieden und unter dieser Einschränkung minimal ist und setzen

$$L' := \{\, x \in L; \quad A(\omega_1, x) = A(\omega_2, x) = 0 \,\}.$$

Wir zeigen jetzt a)–c).

a) ist trivial (da A alternierend ist, folgt $A(\omega_i, \omega_i) = 0$).

b) Das Bild des Homomorphismus

$$L \longrightarrow \mathbb{Z}, \quad x \longmapsto A(\omega_1, x),$$

ist eine Untergruppe von $\mathbb{Z}$. Jede solche Untergruppe ist zyklisch. Da t_1 ein dem Betrag nach minimales von 0 verschiedenes Element des Bildes ist, besteht das Bild genau aus den ganzzahligen Vielfachen von t_1. Daher ist für ein beliebiges Element $x \in L$ das Element

$$x' := x - \frac{A(\omega_2, x)}{t_1}\omega_1 - \frac{A(\omega_1, x)}{t_1}\omega_2$$

in L' enthalten. Außerdem ist die Einschränkung von A auf L' nicht ausgeartet, sonst wäre ja A selbst ausgeartet!

c) Seien x, y beliebig in L' und $m \in \mathbb{Z}$. Es gilt

$$A(m\omega_1 + x, \omega_2 + y) = mt_1 + A(x, y).$$

Wenn $A(x, y)$ kein ganzzahliges Vielfaches von t_1 wäre, könnte man m so wählen, dass

$$|mt_1 + A(x, y)| < |t_1|$$

würde, im Widerspruch zur Minimalität von t_1.

Die Eindeutigkeit der Elementarteilermatrix T ergibt sich daraus, dass

$$t_1, t_1, t_2, t_2, \ldots, t_n, t_n$$

die Elementarteiler der Matrix A sind. $\qquad\qquad\qquad\qquad\qquad\qquad\qquad\square$

7.3 Folgerung. *Die Determinante einer nicht ausgearteten ganzen schiefsymmetrischen Matrix A ist stets das Quadrat einer nicht negativen ganzen Zahl.*

Man nennt

$$t_1 \cdot \ldots \cdot t_n =_+ \sqrt{\det A}$$

die *Pfaff'sche Determinante* der alternierenden Form A.

Wir betrachten das Tripel (Z, L, H), wobei L ein Gitter in einem endlichdimensionalen komplexen Vektorraum Z und H eine nicht ausgeartete RIEMANN'sche Form sei. Zwei Tripel heißen *isomorph*,

$$(\mathcal{Z}, L, H) \cong (\mathcal{Z}', L', H'),$$

falls es einen Vektorraumisomorphismus

$$\sigma : \mathcal{Z} \longrightarrow \mathcal{Z}'$$

mit der Eigenschaft

$$L' = \sigma(L); \quad H'\left(\sigma(z), \sigma(w)\right) = H(z, w)$$

gibt. Wir wollen aus jeder Isomorphieklasse einen einfachen Repräsentanten herausgreifen. Dazu beschreiben wir zunächst die Repräsentanten (vgl. 6.8). Wir gehen aus von

a) T einer Elementarteilermatrix,

b) Z einer symmetrischen komplexen Matrix mit positiv definitem Imaginärteil.

Die Spalten der Matrix (T, Z) sind $\mathbb{R}$-linear unabhängig und erzeugen daher ein Gitter $L = L(T, Z)$. Auf dem Gitter L haben wir eine RIEMANN'sche Form

$$H = H(T, Z),$$

nämlich

$$H(z, w) := z^t (\operatorname{Im} Z)^{-1} \bar{w},$$

wie wir bereits in §4 gesehen haben. Der Vollständigkeit halber weisen wir noch darauf hin, dass eine symmetrische reelle invertierbare Matrix Y genau dann positiv ist, wenn dies auf Y^{-1} zutrifft. Dies folgt aus der Formel

$$g^t Y g = (Y g)^t Y^{-1} (Y g).$$

7.4 Satz. *Zu jeder nicht degenerierten Riemann'schen Form H auf einem Gitter $L \subset \mathcal{Z}$ existieren*

a) *eine Elementarteilermatrix T,*

b) *eine symmetrische komplexe Matrix Z mit positiv definitem Imaginärteil,*

so dass

$$(\mathcal{Z}, L, H) \cong (\mathbb{C}^n, L(T, Z), H(T, Z)).$$

Die Elementarteilermatrix T ist eindeutig bestimmt.

Beweis. Wir wählen eine Gitterbasis $\omega_1, \ldots, \omega_{2n}$, bezüglich derer $A := \operatorname{Im} H$ die Form

$$(A(\omega_i, \omega_j)) = \begin{pmatrix} 0 & T \\ -T & 0 \end{pmatrix}$$

mit einer Elementarteilermatrix T hat. Die Gitterbasis muss eine $\mathbb{C}$-Basis von $\mathcal{Z}$ enthalten. Wir behaupten sogar:

Die Vektoren $\omega_1, \ldots, \omega_n$ bilden eine $\mathbb{C}$-Basis von $\mathcal{Z}$.

Da n die Dimension von $\mathcal{Z}$ ist, müssen wir

$$Z = \sum \mathbb{C}\omega_\nu \quad \left(= \sum \mathbb{R}\omega_\nu + \mathrm{i}\sum \mathbb{R}\omega_\nu\right).$$

zeigen. Da die Vektoren $\omega_1, \ldots, \omega_n$ $\mathbb{R}$-linear unabhängig sind, genügt es hierzu

$$\left(\sum_{\nu=1}^{n} \mathbb{R}\omega_\nu\right) \cap \mathrm{i}\left(\sum_{\nu=1}^{n} \mathbb{R}\omega_\nu\right) = 0$$

zu zeigen. Ist $z = iw$ ein Element aus dem Durchschnitt, so gilt

$$H(z,z) = A(\mathrm{i}z, z) = A(-w, z) = 0 \quad (\text{wegen } A(\omega_i, \omega_j) = 0).$$

Aus der Definitheit von H folgt $z = 0$.

Mit $\omega_1, \ldots, \omega_n$ bilden auch die Vektoren

$$t_1^{-1}\omega_1, \ldots, t_n^{-1}\omega_n$$

eine $\mathbb{C}$-Basis von $\mathcal{Z}$. Wir wollen nun das Koordinatensystem in $\mathcal{Z}$ (d.h. einen Isomorphismus von $\mathcal{Z}$ auf $\mathbb{C}^n$) so wählen, dass diese die übliche Standardbasis der Einheitsvektoren bilden. Wir nehmen also (o.B.d.A.) an:

$$\mathcal{Z} = \mathbb{C}^n \quad \text{und} \quad (\omega_1, \ldots, \omega_n) = T = \begin{pmatrix} t_1 & & 0 \\ & \ddots & \\ 0 & & t_n \end{pmatrix}$$

Die restlichen Gittervektoren fassen wir in der $n \times n$-Matrix

$$Z := (\omega_{n+1}, \ldots, \omega_{2n})$$

zusammen. Wir müssen zum Beweis von Satz 7.4 zeigen:

a) Z ist symmetrisch und $\operatorname{Im} Z$ ist positiv definit.
b) $H(z, w) = z^t(\operatorname{Im} Z)^{-1}\bar{w}$.

Nach Definition von Z und nach Wahl der Basis von $\mathcal{Z}$ ist

$$\omega_{n+\mu} = \sum_{\nu=1}^{n} z_{\nu\mu} t_\nu^{-1} \omega_\nu \qquad (1 \leq \mu \leq n).$$

b) ist äquivalent mit

b') $$\left(H(t_\mu^{-1}\omega_\mu, t_\nu^{-1}\omega_\nu)\right) = (\operatorname{Im} Z)^{-1}.$$

Über A haben wir folgende Information

$$A(\omega_\mu, \omega_\nu) = A(\omega_{n+\mu}, \omega_{n+\nu}) = 0, \quad A(\omega_{n+\nu}, \omega_\mu) = \delta_{\mu\nu} t_\nu \quad (1 \leq \mu, \nu \leq n).$$

Wir erinnern außerdem an den Zusammenhang zwischen A und H:

1) $A(z, w) = \operatorname{Im} H(z, w)$
2) $A(\mathrm{i}z, w) = A(\mathrm{i}w, z)$
3) $H(z, w) = A(\mathrm{i}z, w) + \mathrm{i}A(z, w)$

(beide Seiten haben denselben Imaginärteil und sind $\mathbb{C}$-linear in z, die rechte Seite wegen b)).

Beweis von b').

Aus der Gleichung

$$\omega_{n+\mu} = \sum_\nu \operatorname{Re}(z_{\nu\mu}) t_\nu^{-1} \omega_\nu + \mathrm{i} \sum_\nu \operatorname{Im}(z_{\nu\mu}) t_\nu^{-1} \omega_\nu$$

folgt nun

$$\delta_{\mu\chi} t_\chi = A(\omega_{n+\mu}, \omega_\chi) = \sum_\nu \operatorname{Im}(z_{\nu\mu}) t_\nu^{-1} A(\mathrm{i}\omega_\nu, \omega_\chi).$$

Die Matrix

$$\left(A(\mathrm{i}t_\mu^{-1}\omega_\mu, t_\chi^{-1}\omega_\chi) \right)_{1 \le \mu,\chi \le n}$$

ist also invers zu der Matrix $(\operatorname{Im} Z)^t$. Wegen $A(\omega_\mu, \omega_\nu) = 0 \quad (1 \le \mu, \nu \le n)$ ist diese Matrix gleich

$$\left(H(t_\mu^{-1}\omega_\mu, t_\nu^{-1}\omega_\nu) \right)_{1 \le \mu,\nu \le n}.$$

Dies ist aber eine hermitesche Matrix. Jede reelle hermitesche Matrix ist symmetrisch. Mit H ist auch $(\operatorname{Im} Z)^{-1}$ und daher auch $\operatorname{Im} Z$ positiv definit.

Es bleibt noch zu zeigen, dass auch $\operatorname{Re} Z$ symmetrisch ist. Das folgt aus

$$A(\omega_{n+\mu}, \omega_{n+\nu}) = 0.$$

Hiermit ist äquivalent (wegen $H(z, w) = z^t (\operatorname{Im} Z)^{-1} \bar{w}$)

$$\operatorname{Im} \left(Z^t (\operatorname{Im} Z)^{-1} \bar{Z} \right) = 0.$$

Die linke Seite ist aber gleich $\operatorname{Re} Z - \operatorname{Re} Z^t$.   □

Die folgenden Überlegungen sollen plausibel machen, dass die *Mannigfaltigkeit der Gitter, welche eine nicht degenerierte Riemsnn'sche Form zulassen,* in der „Mannigfaltigkeit aller Gitter" dünn liegt.

Sei $L_A \subset \mathbb{C}^n$ das Gitter, welches von den Spalten der Matrix

$$A := (\omega_1, \ldots, \omega_{2n})$$

erzeugt wird. A ist nicht eindeutig bestimmt. Aber man zeigt leicht:

$$L_A = L_B \iff B = GAH; \qquad G \in \operatorname{GL}(n, \mathbb{C}), \quad H \in \operatorname{GL}(2n, \mathbb{Z}).$$

(Die Matrix G bewirkt eine Änderung des Koordinatensystems im $\mathbb{C}^n$, die Matrix H eine Änderung der Gitterbasis.)

Die Zahl der freien (kontinuierlichen) Parameter (klassisch „Moduln" genannt), ist also

$$n \cdot (2n) \qquad - \qquad n^2 \qquad = \quad n^2.$$
$$\uparrow \qquad\qquad\qquad\qquad \uparrow$$
$$\text{Parameter von } A \qquad \text{Parameter von } G$$

Da Gitter mit nicht degenerierter RIEMANN'scher Form (von den diskreten Elementarteilern abgesehen) schon durch eine *symmetrische* Matrix Z bestimmt sind, ist die Zahl der Moduln nur

$$\frac{n(n+1)}{2} \qquad\qquad (< n^2 \text{ falls } n > 1).$$

Diese unpräzise Dimensionsbetrachtung lässt sich wenigstens dahingehend ausbauen, dass man Gitter konstruieren kann, welche keine von 0 verschiedene RIEMANN'sche Form zulassen und damit außer den Konstanten keine abelschen Funktionen besitzen, s. Aufgabe 2.

Übungsaufgaben zu VI.7

1. Man bestimme zu der Matrix $M = \begin{pmatrix} 2 & 3 \\ 5 & 7 \end{pmatrix}$ unimodulare Matizen U, V, so dass $U M V$ eine Elementarteilermatrix ist.

2. Seien a, b, c, d vier reelle Zahlen, welche über $\mathbb{Q}$ algebraisch unabhängig sind, d.h. es gibt kein von 0 verschiedenes Polynom P in vier Variablen mit rationalen Koeffizienten mit der Eigenschaft $P(a, b, c, d) = 0$.

   Behauptung: Das durch die Matrix

   $$\begin{pmatrix} 1 & 0 & ia & ib \\ 0 & 1 & ic & id \end{pmatrix}$$

   definierte Gitter besitzt keine von 0 verschiedene Riemann'sche Form.

   Damit haben wir ein Gitter $L \subset \mathbb{C}^2$ konstruiert, das außer den Konstanten keine weiteren abelschen Funktionen zulässt.

3. Man bestimme zu der Matrix $A = \begin{pmatrix} 4 & 6 \\ -6 & 10 \end{pmatrix}$ eine unimodulare Matrix U, so dass die Diagonalelemente von $U'AU$ Null sind.

8. Thetareihen (Konstruktion der Räume $[Q,l,E]$)

Im folgenden seien $L \subset \mathbb{C}^n$ ein Gitter und

$$H : \mathbb{C}^n \times \mathbb{C}^n \longrightarrow \mathbb{C}$$

eine nichtdegenerierte RIEMANN'sche Form. Wir wollen die Dimension des Vektorraums

$$[Q, l, E] \qquad (\cong [H, 0, E])$$

bestimmen.

Dazu können wir wegen 7.4 annehmen, dass das Gitter L von der Form $L = L(T, Z)$ ist. Dabei ist T eine Elementarteilermatrix und Z eine symmetrische Matrix mit positiv definitem Imaginärteil, so dass

1) die Spalten von T und Z eine $\mathbb{Z}$-Basis von L bilden,
2) $H(z, w) = z^t (\operatorname{Im} Z)^{-1} \overline{w}$.

Wie wir wissen, sind die Automorphiesummanden zu den Tripeln

$$(H + S, l, E) \quad \text{und} \quad (H, 0, E)$$

äquivalent, die Dimensionen folgedessen gleich. Die Formeln werden am einfachsten, wenn man

$$l = 0$$

sowie

$$S(z, w) = -z^t (\operatorname{Im} Z)^{-1} w$$

wählt. Das letztere ist eine symmetrische $\mathbb{C}$-Bilinearform! Dann wird

$$\boxed{Q(z, w) = -2\mathrm{i} z^t (\operatorname{Im} Z)^{-1} (\operatorname{Im} w).}$$

Wir bestimmen noch die A-Charaktere

$$E : L \longrightarrow \mathbb{R}.$$

Ein beliebiges Element $\omega \in L$ kann in der Form

$$\omega = T\alpha + Z\beta, \quad \alpha, \beta \in \mathbb{Z}^n \qquad \text{(Spaltenvektoren)}$$

geschrieben werden. Eine einfache Rechnung zeigt

$$A(\omega, \tilde{\omega}) = \operatorname{Im}[\omega^t (\operatorname{Im} Z)^{-1} \tilde{\overline{\omega}}] = \beta^t T \tilde{\alpha} - \tilde{\beta}^t T \alpha \qquad (\tilde{\omega} = T\tilde{\alpha} + Z\tilde{\beta}).$$

Hieraus ergibt sich leicht, dass

$$E(\omega) = \frac{1}{2}\alpha^t T \beta$$

ein A-Charakter ist:

$$E(\omega + \tilde{\omega}) - E(\omega) - E(\tilde{\omega}) =$$
$$\frac{1}{2}\alpha^t T \tilde{\beta} + \frac{1}{2}\tilde{\alpha}^t T \beta = \frac{1}{2}A(\omega, \tilde{\omega}) + \tilde{\beta}^t T \alpha \equiv \frac{1}{2}A(\omega, \tilde{\omega}) \bmod 1.$$

Da sich ein beliebiger A-Charakter von einem gegebenen durch einen gewöhnlichen Charakter (d.h. einen 0-Charakter) unterscheidet, erhält man den allgemeinsten A-Charakter in der Form

$$\boxed{E(\omega) = E^{a,b}(\omega) = \frac{1}{2}\alpha^t T \beta + a^t \alpha - b^t \beta,}$$

wobei a und b zwei beliebige reelle Spaltenvektoren sind. Da uns E nur mod 1 interessiert, sind auch diese nur modulo 1 zu betrachten:

$$\text{„}a, b \in (\mathbb{R}/\mathbb{Z})^n\text{“}.$$

Nach diesen Vorbereitungen lautet der Automorphiesummand

$$\frac{1}{2\mathrm{i}}Q(z, \omega) + \frac{1}{4\mathrm{i}}Q(\omega, \omega) + E(\omega) = -z^t\beta - \frac{1}{2}\beta^t Z \beta + a^t \alpha - b^t \beta \quad (\omega = T\alpha + Z\beta)$$

Eine Thetafunktion $\theta \in [Q, 0, E]$ besitzt also das Transformationsverhalten

$$\boxed{\begin{array}{ll} 1) & \theta(z + T\alpha) = e^{2\pi\mathrm{i}a^t\alpha}\theta(z), \\ 2) & \theta(z + Z\beta) = e^{-2\pi\mathrm{i}[z^t\beta + \frac{1}{2}\beta^t Z\beta + b^t\beta]}\theta(z). \end{array}}$$

Es ist unsere Aufgabe, diese Funktionalgleichung zu lösen und insbesondere die Dimension von $[Q, 0, E]$ zu berechnen.

Der Einfachheit halber behandeln wir zunächst den Fall

$$n = 1 \text{ und } a = b = 0.$$

Wir schreiben $Z = (\tau)$ und $T = (t)$. Beides sind 1×1-Matrizen. Die charakteristischen Funktionalgleichungen lauten in diesem Spezialfall

1) $\theta(z + t) = \theta(z)$
2) $\theta(z + \tau) = e^{-\pi\mathrm{i}(2z+\tau)}\theta(z).$

Dabei ist $\theta : \mathbb{C} \to \mathbb{C}$ eine analytische Funktion, t eine natürliche Zahl und τ ein Punkt in der oberen Halbebene. Wegen 1) ist es naheliegend, die Funktion θ in eine FOURIERreihe zu entwickeln:

$$\theta(z) = \sum_{m=-\infty}^{\infty} a_m e^{\frac{2\pi i}{t} m z}.$$

Die Funktionalgleichung 2) lässt sich in eine Bedingung an die FOURIERkoeffizienten a_g ummünzen und zwar gilt

a) $$\theta(z + \tau) = \sum a_m e^{\frac{2\pi i}{t} m \tau} e^{\frac{2\pi i}{t} m z}$$

b) $$e^{-\pi i(2z+\tau)} \theta(z) = \sum a_m e^{-\pi i \tau} e^{\frac{2\pi i}{t}(m-t)z}$$

$$= \sum a_{m+t} e^{-\pi i \tau} e^{\frac{2\pi i}{t} m z}.$$

Aus der Eindeutigkeit der FOURIERentwicklung folgt:

$$a_{m+t} e^{-\pi i \tau} = a_m e^{\frac{2\pi i}{t} m \tau}.$$

Diese Gleichung lässt sich sofort lösen:

Die Koeffizienten $a_{m+t\beta}$, $\beta \in \mathbb{Z}$, sind durch a_m eindeutig bestimmt.

Man kann also $a_0, \ldots, a_{t-1}$ willkürlich vorgeben und die restlichen Koeffizienten eindeutig daraus berechnen. Etwas abstrakter formuliert bedeutet dies:

Die lineare Abbildung

$$[Q, 0, E] \to \mathbb{C}^t, \quad \theta \mapsto (a_0, \ldots, a_{t-1}),$$

hat den Kern 0 und ist daher injektiv. Insbesondere ist

$$\dim[Q, 0, E] \leq t.$$

Wir möchten zeigen, dass die Dimension sogar gleich t ist. Dazu hat man zu zeigen: Gibt man die Koeffizienten $a_0, \ldots, a_{t-1}$ willkürlich vor und berechnet die anderen a_m aus der angegebenen Rekursionsformel, so konvergiert die daraus gebildetete FOURIERreihe in ganz $\mathbb{C}$.

Es genügt natürlich, dass man zu beliebigem

$$r \in \{0, \ldots, t-1\}$$

den Fall

$$a_m = \begin{cases} 1 & \text{für } m = r, \\ 0 & \text{für } m \neq r, \ m \in \{0, \ldots, t-1\}, \end{cases}$$

behandelt. Dann ist aber

$$\theta(z) = \sum_{\beta=-\infty}^{\infty} a_{r+t\beta} e^{2\pi i(r/t+\beta)z} \text{ mit } a_{r+e\beta} = e^{\pi i \beta^2 \tau} e^{\frac{2\pi i}{t} r\beta\tau},$$

also

$$\theta(z) = e^{-\pi i \tau(r/e)^2} \sum_{\beta=-\infty}^{\infty} e^{\pi i \left(\frac{\beta+r}{t}^2 \tau + 2\frac{\beta+r}{t}z\right)}.$$

Die hier auftretende Reihe ist eine *Thetareihe*, eng verwandt mit der JA-
COBI'schen Thetareihe, wie sie in [FB], Kapitel V, §6 im Zusammenhang mit
den elliptischen Funktionen eingeführt wurde. Hieraus ergibt sich auch ihre
Konvergenz. Damit ist die Surjektivität der Abbildung

$$[Q, 0, E] \longrightarrow \mathbb{C}^t$$

im Fall $n = 1$ bewiesen. Mehr noch: Wir haben nämlich eine Basis von $[Q, 0, E]$
konstruiert und zwar —in leicht modifizierter Schreibweise— die Funktionen

$$\sum_{\beta=-\infty}^{\infty} e^{\pi i [\tau(\beta+r)^2 + 2(\beta+r)z]} \qquad r \in \left\{ \frac{0}{e}, \frac{1}{e}, \dots, \frac{e-1}{e} \right\}.$$

In analoger Weise konstruiert man eine Basis von $[Q, 0, E]$ für beliebiges n.
Wir nehmen das Resultat vorweg und definieren die auftretenden Thetareihen.
Dabei verwenden wir wieder die Bezeichnung $Z[h] := h^t Z h$.

8.1 Definition. *Sei Z eine symmetrische n-reihige komplexe Matrix mit
positiv definitem Imaginärteil und seien a, b zwei (Spalten-) Vektoren aus $\mathbb{R}^n$.
Wir definieren*

$$\vartheta \begin{bmatrix} a \\ b \end{bmatrix} (Z, z) := \sum_{g \in \mathbb{Z}^n} e^{\pi i \{ Z[g+a] + 2(g+a)^t (z+b) \}}.$$

Man kann diese Reihen auf den Spezialfall $a = b = 0$ zurückführen. Dies ist
die

Riemann'sche Thetafunktion

$$\vartheta(Z, z) := \sum_{g \in \mathbb{Z}^n} e^{\pi i \{ Z[g] + 2g^t z \}}$$

Sie verallgemeinert die JACOBI'sche Thetafunktion. Es gilt der fundamentale
(und einfache)

8.2 Satz. *Die in 8.1 definierte Thetareihe konvergiert als Funktion von z (bei festen Z, a, b) absolut und lokal gleichmäßig in ganz $\mathbb{C}^n$ und stellt somit eine analytische Funktion in $\mathbb{C}^n$ dar.*

Beweis. Wir können $b = 0$ annehmen. Es gilt

$$\left| e^{\pi i \{Z[g+a]+2(g+a)^t z\}} \right| = e^{-\pi\{(\operatorname{Im} Z)[g+a]+2(g+a)^t y\}}, \quad y = \operatorname{Im} z.$$

Wir benutzen nun einen einfachen Hilfssatz über positiv definite quadratische Formen:

Zu jeder positiv definiten symmetrischen reellen Matrix Y existiert eine positive Zahl δ mit der Eigenschaft

$$Y[g] \geq \delta g^t g = \delta \sum g_j^2 \quad \text{für} \quad g \in \mathbb{R}^n.$$

Aus Homogenitätsgründen muss man dies nur unter der Nebenbedingung $g^t g = 1$ beweisen. Hierdurch wird eine kompakte Menge definiert, auf der die stetige Funktion $g \mapsto Y[g]$ ein Minimum annehmen muss.

Das allgemeine Glied der Thetareihe wird nun abgeschätzt durch

$$e^{-\pi\{\delta(g+a)^t(g+a)+2(g+a)^t y\}} = \prod_{\nu=1}^{n} e^{-\pi\{\delta(g_\nu+a_\nu)^2+2(g_\nu+a_\nu)y_\nu\}}.$$

Nach dem CAUCHY'schen Multiplikationssatz genügt es zu zeigen, dass jede der Reihen

$$\sum_{g_\nu=-\infty}^{\infty} e^{-\pi\{\delta(g_\nu+a_\nu)^2+2(g_\nu+a_\nu)y_\nu\}}$$

konvergiert. Mit anderen Worten: Die Behauptung wurde auf den Fall $n = 1$ reduziert! Wir lassen nun den Index ν weg. Offensichtlich gilt

$$\delta(g+a)^2 + 2(g+a)y \geq \frac{1}{2}\delta g^2$$

für alle $g \in \mathbb{Z}$ bis auf höchstens endlich viele Ausnahmen, wenn y in einem Kompaktum variiert, da ein quadratisches Polynom mit positivem höchsten Koeffizienten nur an endlich vielen ganzen Stellen negative Werte annehmen kann. Es bleibt zu zeigen, dass die Reihe

$$\sum_{g=-\infty}^{\infty} e^{-\delta g^2} = 1 + 2\sum_{g=1}^{\infty} e^{-\delta g^2}$$

konvergiert. Die auf der rechten Seite stehende Reihe ist eine Teilreihe der geometrischen Reihe in

$$e^{-\delta} \qquad (< 1, \text{ da } \delta > 0).$$

Damit ist Satz 8.2 bewiesen.   □

8.3 Hilfssatz. *Die Thetareihe* $\vartheta \begin{bmatrix} a \\ b \end{bmatrix} (Z, z)$ *hängt bis auf einen konstanten Faktor von* a, b *nur* mod $\mathbb{Z}^n$ *ab; genauer gilt*

$$\vartheta \begin{bmatrix} a \\ b \end{bmatrix} = e^{2\pi \mathrm{i} a^t (\tilde{b} - b)} \vartheta \begin{bmatrix} \tilde{a} \\ \tilde{b} \end{bmatrix}, \qquad \textit{falls } a - \tilde{a}, \ b - \tilde{b} \ \in \mathbb{Z}^n.$$

Man nennt das Paar (a, b) auch die *Charakteristik* der Thetareihe. Der Beweis dieses Hilfssatzes ist ebenso wie der des folgenden trivial.

8.4 Hilfssatz. *Seien* $\alpha, \beta \in \mathbb{Z}^n$. *Es gelten die Transformationsformeln*

$$\vartheta \begin{bmatrix} a \\ b \end{bmatrix} (Z, z + \alpha) = e^{2\pi \mathrm{i} a^t \alpha} \vartheta \begin{bmatrix} a \\ b \end{bmatrix} (Z, z)$$

$$\vartheta \begin{bmatrix} a \\ b \end{bmatrix} (Z, z + Z\beta) = e^{-2\pi \mathrm{i} \{ z^t \beta + (1/2) Z[\beta] + \beta^t b \}} \vartheta \begin{bmatrix} a \\ b \end{bmatrix} (Z, z).$$

Die Transformationsformeln besagen, dass die Thetareihen Thetafunktionen bezüglich des Gitters

$$L(Z, E), \quad E \text{ Einheitsmatrix},$$

darstellen. Uns interessiert nur das Untergitter $L(Z, T)$. Aus Hilfssatz 8.4 folgt unmittelbar

8.5 Hilfssatz. *Sei* r *ein Spaltenvektor, so dass* Tr *ganz ist* $(r \in T^{-1}\mathbb{Z}^n)$. *Dann ist die Funktion*

$$z \mapsto \vartheta \begin{bmatrix} r + T^{-1}a \\ b \end{bmatrix} (Z, z)$$

in $[Q, 0, E]$ *enthalten.*

Zur Erinnerung: Der zu dem Tripel $(Q, 0, E)$ gehörige Automorphiesummand lautet:

$$H_\omega(z) = -z^t \beta - \frac{1}{2} \beta^t Z \beta + a^t \alpha - b^t \beta \qquad (\omega = T\alpha + Z\beta).$$

Wenn man in Hilfssatz 8.5 den Vektor r modulo $\mathbb{Z}^n$ abändert, so ändert sich die Thetareihe nur um einen konstanten Faktor. Wir lassen daher r ein Vertretersystem von $(T^{-1}\mathbb{Z}^n)/\mathbb{Z}^n$ durchlaufen, etwa

$$r_\nu \in \left\{ \frac{0}{t_\nu}, \frac{1}{t_\nu}, \dots, \frac{t_\nu - 1}{t_\nu} \right\}.$$

Ein solches Vertretersystem besteht aus $t_1 \cdot \ldots \cdot t_n$ Elementen.

8.6 Theorem. *Wenn r ein Vertretersystem von $(T^{-1}\mathbb{Z}^n)/\mathbb{Z}^n$ durchläuft, so bilden die Funktionen*

$$z \mapsto \vartheta \begin{bmatrix} r + T^{-1}a \\ b \end{bmatrix} (Z, z)$$

eine Basis von $[Q, 0, E]$.

Folgerung. *Der Raum $[Q, l, E]$ ist immer endlichdimensional und seine Dimension ist gleich der Pfaffschen Determinante von A.*

Der *Beweis* von Theorem 8.6 verläuft analog zum Fall $n = 1$:
Sei

$$\vartheta \in [Q, 0, E],$$

insbesondere

$$\vartheta(z + T\alpha) = e^{2\pi i a^t a} \vartheta(z).$$

Es ist zweckmäßig, anstelle von $\vartheta(z)$ die Funktion

$$\vartheta_0(z) := \vartheta(z) \cdot e^{-2\pi i a^t T^{-1} z}$$

zu betrachten, denn diese Funktion ist periodisch unter $\mathbb{Z}^n$:

$$\vartheta_0(z + T\alpha) = \vartheta_0(z), \quad \alpha \in \mathbb{Z}^n.$$

Wie im Falle $n = 1$ $(a = 0)$ kann man eine solche Funktion in eine komplexe FOURIERreihe entwickeln:

$$\vartheta_0(z) = \sum_{g \in \mathbb{Z}^n} a_g e^{2\pi i g^t z}.$$

Die Möglichkeit einer solchen Entwicklung beweisen wir im Anhang zu diesem Abschnitt. Man nutzt nun das Transformationsverhalten unter $z \mapsto z + Z\beta$ aus. Wie im Falle $n = 1$ erhält man aus der Formel

$$\vartheta(z + Z\beta) = e^{-2\pi i[z^t \beta + \frac{1}{2}\beta^t Z\beta + b^t\beta]}\vartheta(z)$$

eine Rekursionsformel für die FOURIERkoeffizienten a_g. Diese gestattet es dann, $a_{g+T\beta}$ aus a_g zu berechnen. Wir verzichten darauf, diese Formel abzuleiten. Jedenfalls folgt aus ihr, dass ϑ durch endlich viele Koeffizienten a_g vollständig bestimmt ist. Man muss nur g ein Vertretersystem von $\mathbb{Z}^n/(T\mathbb{Z}^n)$ durchlaufen lassen. Da ein solches aus $t_1 \cdots t_n$ Elementen besteht, haben wir die Endlichdimensionalität von $[Q, 0, E]$ mit der Abschätzung

$$\dim[Q, 0, E] \le t_1 \cdots t_n$$

bewiesen.

Zum Beweis von Theorem 8.6 muss man nur noch zeigen, dass die in 8.5 definierten Thetareihen linear unabhängig sind oder, was dasselbe bedeutet, dass die FOURIERreihen

$$e^{-2\pi i a^t T^{-1} z} \vartheta \begin{bmatrix} r + T^{-1}a \\ b \end{bmatrix} (Z, z)$$

linear unabhängig sind, wenn r ein Vertretersystem von $(T^{-1}\mathbb{Z}^n)/\mathbb{Z}^n$ durchläuft. Offenbar ist auf diese FOURIERreihen folgendes einfache Kriterium anwendbar.

8.7 Bemerkung. *Seien*

$$f^{(\nu)}(z) = \sum_{g \in \mathbb{Z}^n} a_g^{(\nu)} e^{2\pi i g^t z}, \quad \nu = 1, \ldots, N,$$

in $\mathbb{C}^n$ konvergente Fourierreihen mit folgenden Eigenschaften:

1) $f^{(\nu)} \neq 0$ *für* $\nu = 1, \ldots, N$.

2) *Ist* $g \in \mathbb{Z}^n$, *so ist* $a_g^{(\nu)}$ *höchstens für ein ν von 0 verschieden.*

Dann sind die Funktionen $f^{(1)}, \ldots, f^{(N)}$ linear unabhängig.

Beweis. Sei

$$\sum_{\nu=1}^{N} C_\nu f^{(\nu)}(g) = 0, \quad \text{also} \quad \sum_{\nu=1}^{N} C_\nu a_g^{(\nu)} = 0.$$

Für ein festes ν_0 wählen wir einen Koeffizienten

$$g \in \mathbb{Z}^n, \quad a_g^{(\nu_0)} \neq 0.$$

Dann gilt $a_g^{(\nu)} \neq 0$ für $\nu \neq \nu_0$ und daher $C_{\nu_0} = 0$. $\square$

Damit haben wir (von einigen kleinen Rechnungen abgesehen) den fundamentalen *Existenz- und Endlichkeitssatz 8.6* vollständig bewiesen.

Übungsaufgaben zu VI.8

1. Für $i = 1, 2$ seien $L_i \in \mathbb{C}^{n_i}$ Gitter und Q_i, l_i, E_i dazugehörige Tripel mit nicht ausgearteter hermitescher Form auf $\mathbb{C}^{n_i}$. Man definiere ein „kartesisches Produkt" Q, l, E auf $\mathbb{C}^n$ mit $n = n_1 + n_2$ und zeige so, dass auch $L = L_1 \times L_2$ eine nicht ausgeartete hermitesche Form besitzt. Man zeige, dass jede Thetafunktion $\theta \in [Q, l, E]$ sich als endliche Summe von Thetafunktionen der Form $\theta_1 \theta_2$ mit $\theta_i \in [Q_i, l_i, E_i]$ mit schreiben lässt.*)

2. Man konstruiere (im Falle $n = 1$) das Tripel Q, l, E so, dass der Lösungsraum $[Q, l, E]$ von der JACOBI'schen Thetafunktion aufgespannt wird.

3. Man kann die Thetafunktion $\vartheta \begin{bmatrix} a \\ b \end{bmatrix} (Z, z)$ als Funktion aller Variablen Z, z, a, b auffassen. Man zeige, dass die Thetareihe auf $A = \mathbb{H}_n \times \mathbb{C}^n \times \mathbb{C}^n \times \mathbb{C}^n$ normal konvergiert, wobei $\mathbb{H}_n$ den Raum aller symmetrischen Matrizen mit positiv definitem Imaginärteil bezeichnet.

---

*) Die „richtige Formel" lautet $[Q, l, E] \cong [Q_1, l_1, E_1] \otimes [Q_2, l_2, E_2]$.

Anhang zu 8. Komplexe Fourierreihen

Gegeben seien

1) *ein Gebiet $V \subset \mathbb{R}^n$,*
2) *ein Gitter $L \subset \mathbb{R}^n$ (nicht in $\mathbb{C}^n$),*
3) *eine periodische analytische Funktion*

$$f : D \longrightarrow \mathbb{C}, \quad f(z+a) = f(z) \text{ für alle } a \in L,$$

wobei D das Gebiet

$$D = \{\, z \in \mathbb{C}^n; \quad z = x + iy, \ y \in V \,\}$$

bezeichne.

Behauptung. *Die Funktion f besitzt eine absolut und lokal gleichmäßig konvergente Fourierentwicklung der Art*

$$f(z) = \sum_{g \in L^\circ} a_g e^{2\pi i g' z}.$$

Die Koeffizienten a_g sind eindeutig bestimmt und zwar gilt für jedes fest gewählte $y \in V$:

$$a_g = \frac{1}{\operatorname{vol}(P)} \int_P f(x + iy) e^{-2\pi i g'(x+iy)} \, dx,$$

wobei P eine Fundamentalmasche des Gitters L bezeichne und $\operatorname{vol}(P)$ ihr euklidsches Volumen.

Im Falle $n = 1$ folgt dies aus der LAURENTentwicklung. Da wir in mehreren Variablen keine LAURENTentwicklung zur Verfügung haben, führen wir die komplexe FOURIERentwicklung auf den (an sich tiefer liegenden) reellen Fall zurück.

Aus Hilfssatz 1.4 folgt für feste y die Existenz einer Entwicklung

$$f(x + iy) = \sum_{g \in L^\circ} b_g(y) e^{2\pi i g' x}.$$

Man kann diese natürlich in der Form

$$f(x + iy) = \sum_{g \in L^\circ} a_g(y) e^{2\pi i g' z}$$

schreiben $(a_g(y) = e^{2\pi g' y} b_g(y))$. Es kommt darauf an, zu zeigen, dass der Koeffizient

$$a_g(y) = \int_P f(x + iy) e^{-2\pi i g'(x+iy)} \, dx$$

in Wahrheit nicht von y abhängt. Dies braucht aber nur im Falle $n = 1$ bewiesen zu werden (man kann o.B.d.A. $L = \mathbb{Z}^n$ annehmen) und im Falle $n = 1$ können wir die komplexe FOURIERentwicklung als bekannt voraussetzen.

Ein anderer Weg führt über die CAUCHY-RIEMANN'schen Differentialgleichungen. Es gilt

$$\bar{\partial} f = 0.$$

Man überlegt sich, dass man $\partial/\partial\bar{z}$ auf die FOURIERreihe gliedweise anwenden darf und erhält

$$\bar{\partial}\left(a_g(y)e^{2\pi ig'z}\right) = 0.$$

Hieraus folgt

$$\frac{\partial}{\partial y_\nu} a_g(y) = 0.$$

9. Graduierte Ringe von Thetareihen

Wie gewohnt, bezeichnet $L \subset \mathbb{C}^n$ ein festes Gitter. Seien H_1, H_2 zwei RIEMANN'sche Formen (bezüglich L). Dann ist offensichtlich auch $H_1 + H_2$ eine RIEMANN'sche Form. Diese ist nicht degeneriert, wenn H_1 oder H_2 nicht degeneriert ist.

9.1 Hilfssatz. *Seien $\tilde{H}, H$ zwei Riemann'sche Formen, H sei nicht degeneriert. Dann existiert eine natürliche Zahl r, so dass*

$$rH = \tilde{H} + H_0$$

mit einer nicht degenerierten Riemann'schen Form H_0 gilt.

Beweis. Der Imaginärteil von H_0 ist auf ganz $L \times L$ ganz, wie immer man $r \ (\in \mathbb{Z})$ auch wählt. Es ist daher nur zu zeigen, dass $rH - \tilde{H}$ bei genügend großem r positiv definit ist, d.h.

$$rH(z, z) - \tilde{H}(z, z) > 0 \text{ für } z \in \mathbb{C}^n - \{0\}.$$

Aus Homogenitätsgründen kann man sich auf z aus der durch $\|z\| = 1$ definierten kompakten Menge beschränken. Da die Behauptung in einer kleinen Umgebung eines vorgelegten Punktes erfüllt ist, folgt sie mittels eines Kompaktheitsarguments. $\qquad\Box$

Die Summe zweier Automorphiesummanden ist offenbar wieder ein Automorphiesummand. Das Produkt zweier Thetafunktionen zu zwei Automorphiesummanden ist ebenfalls eine Thetafunktion und zwar bezüglich der Summe der beiden Automorphiesummanden. Daraus folgt:

Sei ein Automorphiesummand durch ein Tripel (Q, l, E) gegeben. Dann definiert auch das Tripel (rQ, rl, rE) $(r \in \mathbb{Z})$ einen Automorphiesummanden und es gilt

$$f \in [rQ, rl, rE], \quad g \in [sQ, sl, sE] \Longrightarrow f \cdot g \in [(r + s)Q, (r + s)l, (r + s)E].$$

Hierdurch wird nahegelegt, die Menge aller (endlichen) Summen

$$\sum_{r \in \mathbb{Z}} f_r, \quad f_r \in [rQ, rl, rE], \quad f_r = 0 \text{ für fast alle } r,$$

zu betrachten. Wir bezeichnen diese mit

$$A(Q, l, E) = \sum_{r \in \mathbb{Z}} A_r(Q, l, E) \text{ mit } A_r(Q, l, E) := [rQ, rl, rE].$$

Dies ist nach dem Gesagten ein Ring. Für uns ist nur der Fall interessant, dass Q zu einer nicht degenerierten RIEMANN'schen Form H gehört. Dann gilt

$$A_r(Q, l, E) = 0 \text{ für } r < 0 \text{ und } A_0(Q, l, E) = \mathbb{C}.$$

9.2 Hilfssatz. *Es gilt*

$$\sum_{r=0}^{\infty} \vartheta_r = 0 \qquad (\vartheta_r \in [rQ, rl, rE], \text{ fast alle } = 0)$$

genau dann, wenn

$$\vartheta_r = 0 \text{ für alle } r.$$

Beweis. Sei $z \in \mathbb{C}^n$ fest. Es gilt

$$0 = \sum_{r=0} \vartheta_r(z + a) = \sum (e^{2\pi i H_a(z)})^r \vartheta_r(z).$$

Das Polynom

$$x \mapsto \sum_{r=0}^{\infty} \vartheta_r(z) x^r$$

hat also unendlich viele Nullstellen. Daher sind seine Koeffizienten 0.   □

Wegen Hilfssatz 9.2 ist die Summenzerlegung von $A(Q, l, E)$ direkt, man schreibt daher auch

$$A(Q, l, E) = \bigoplus_{r=0}^{\infty} A_r(Q, l, E).$$

Anstelle 9.2 zu beweisen, hätte man auch gleich diese Zerlegung zur Definition von $A(Q, l, E)$ nehmen können. Es sollte klar sein, wie man die Ringstruktur auf dieser abstrakten direkten Summe definiert. Man vergleiche diese Vorgehensweise mit der Schlussbemerkung aus [FB], Kapitel VI, §3.

9.3 Hilfssatz. *Sei P die Pfaffsche Determinante der zu Q gehörigen alternierenden Form. Dann gilt*

$$\dim A_r(Q, l, E) = P \cdot r^n \quad \text{für} \quad r \geq 0.$$

Beweis. Seien $e_1, \ldots, e_n$ die Elementarteiler der alternierenden Form A. Dann sind offenbar $re_1, \ldots, re_n$ die Elementarteiler von rA (immer in Bezug auf das feste Gitter L gerechnet). Der Rest folgt aus 8.6.   □

Wir ordnen dem graduierten Ring $A = A(Q, l, E)$ einen Unterkörper des Körpers der abelschen Funktionen zu, nämlich

$$K(A) := \left\{ \frac{f}{g}; \quad f, g \in A_r, \ r \in \mathbb{Z}, \ g \neq 0 \right\}.$$

Es ist klar, dass $K(A)$ ein Körper ist, beispielsweise gilt

$$\frac{f}{g} + \frac{\tilde{f}}{\tilde{g}} = \frac{f\tilde{g} + \tilde{f}g}{g\tilde{g}}$$

und

$$f\tilde{g} + \tilde{f}g, \ g\tilde{g} \in A_{r+\tilde{r}} \text{ für } f, g \in A_r; \ \tilde{f}, \tilde{g} \in A_{\tilde{r}}.$$

9.4 Satz. *Sei ein Tripel (Q, l, E) (also ein Automorphiesummand) zu einer nicht degenerierten Riemann'schen Form H gegeben. Dann ist $K(A(Q, l, E))$ der Körper **aller** abelschen Funktionen bezüglich L.*

Beweis. Wie wir wissen, kann jede abelsche Funktion in der Form

$$\frac{f}{g}, \quad f, g \in [\tilde{Q}, \tilde{l}, \tilde{E}],$$

geschrieben werden mit einem geeigneten Tripel $(\tilde{Q}, \tilde{l}, \tilde{E})$.

Wir wählen die natürliche Zahl r wie in Hilfssatz 9.1. Außerdem wählen wir irgendeine Thetafunktion

$$h \in [rQ - \tilde{Q}, rl - \tilde{l}, rE - \tilde{E}], \quad h \neq 0.$$

Die Existenz von h ist gesichert, da die zu $rQ - \tilde{Q}$ gehörige RIEMANN'sche Form nicht degeneriert ist. Es gilt

$$\frac{f}{g} = \frac{fh}{gh} \quad \text{und} \quad fh, gh \in [rQ, rl, rE].$$ □

Übungsaufgaben zu VI.9

1. Der Polynomring $A = \mathbb{C}[X_1, \ldots, X_m]$ trägt die Graduierung

$$A_r := \{P \in A; \quad P \text{ homogen vom Grad } r\}.$$

   Kann es einen Isomorphismus von einem $A(Q, l, A)$ auf A (m geeignet) geben, welcher die Graduierung respektiert?

2. Kann es einen Isomorphismus von einem $A(Q, l, A)$ auf den graduierten Ring der elliptischen Modulformen (s. [FB], Kapitel V, §3) geben, welcher die Graduierung respektiert?

10. Ein Nichtdegeneriertheitssatz

Im Prinzip wäre es möglich, dass jede abelsche Funktion zu einem Gitter L schon periodisch bezüglich eines größeren Gitters $\tilde{L}$ ist, selbst wenn L eine nichtdegenerierte RIEMANN'sche Form zulässt. Dass eine solche Pathologie jedenfalls nicht bei den Thetafunktionen auftritt, soll als nächstes gezeigt werden. Dazu zunächst eine Bezeichnung:

Sei A eine alternierende nicht ausgeartete Bilinearform auf $\mathbb{C}^n \times \mathbb{C}^n$, welche auf $L \times L$ ganze Werte annimmt. Man kann das duale Gitter bezüglich A definieren (vgl. 1.3):

$$L_* := \{\, z \in \mathbb{C}^n; \quad A(z, a) \in \mathbb{Z} \text{ für alle } a \in L \,\}.$$

Es ist leicht zu zeigen, dass L_* ein Gitter ist und dass $L \subset L_*$ gilt.

10.1 Hilfssatz. *Sei*

$$\theta \in [Q, l, E], \quad \theta \neq 0,$$

eine nicht identisch verschwindende Thetafunktion zu einer nicht degenerierten Riemann'schen Form. Sei $a \in \mathbb{C}^n$ ein Vektor, so dass die Funktion

$$\frac{\theta(z + a)}{\theta(z)}$$

in ganz $\mathbb{C}^n$ analytisch ist. Dann ist a in in dem Gitter L_* enthalten.

Beweis. Eine einfache explizite Rechnung zeigt, dass die Funktion

$$\theta_0(z) := e^{-\pi H(z, a)} \frac{\theta(z + a)}{\theta(z)}$$

der Transformationsformel

$$\theta_0(z + b) = e^{2\pi \mathrm{i} A(a,b)}\theta_0(z) \text{ für } b \in L$$

genügt. Hieraus folgt, dass $|\theta_0(z)|$ ein Maximum in $\mathbb{C}^n$ besitzt und daher konstant ist. Aus letzterem folgt

$$A(a, b) \in \mathbb{Z}. \qquad \square$$

Der Beweis zeigt mehr:

Sei $\tilde{L}$ die Menge aller in 10.1 auftretenden Vektoren a, also

$$L \subset \tilde{L} \subset L_*$$

Offenbar ist $\tilde{L}$ ein Gitter. Die in 10.1 vorkommende Funktion θ ist sogar eine Thetafunktion bezüglich $\tilde{L}$, genauer

$$\theta \in [Q, l, \tilde{E}],$$

wobei $\tilde{E}$ eine Fortsetzung des A-Charakters E auf $\tilde{L}$ ist. Eine einfache Beobachtung ist:

Es gibt nur endlich viele Fortsetzungen eines A-Charakters auf L zu einem A-Charakter auf $\tilde{L}$.

Denn: Die Fortsetzung ist durch die Werte eines Vertretersystems von $\tilde{L}$ modulo L bestimmt und die Faktorgruppe ist endlich.

Als nächstes überlegen wir uns, dass die Vektorräume $[\tilde{Q}, \tilde{l}, \tilde{E}]$ *echt* in $[Q, l, E]$ enthalten sind, wenn L echt in $\tilde{L}$ enthalten ist. Wegen der Dimensionsformel 8.6 ist dies äquivalent mit:

Die Pfaff'sche Determinante $\tilde{P}$ von A in Bezug auf $\tilde{L}$ ist echt kleiner als die Pfaff'sche Determinante P von A in Bezug auf L.

Zum Beweis betrachten wir Normalbasen

$$\omega_\nu \text{ bzw. } \tilde{\omega}_\nu \qquad (1 \leq \nu \leq 2n)$$

von A bezüglich l bzw. $\tilde{L}$. Da L in $\tilde{L}$ enthalten ist, gilt

$$\omega_\mu = \sum_\nu u_{\mu\nu}\tilde{\omega}_\nu$$

mit einer ganzen Matrix

$$U = (u_{\mu\nu})_{1 \leq \mu, \nu \leq 2n}.$$

Eine einfache Rechnung zeigt

$$\begin{pmatrix} 0 & T \\ -T & 0 \end{pmatrix} = U \begin{pmatrix} 0 & \tilde{T} \\ -\tilde{T} & 0 \end{pmatrix} U^t,$$

also

$$P = |\det U| \cdot \tilde{P}.$$

Die Determinante von U ist eine ganze Zahl; sie kann aber nicht ± 1 sein, da sonst (nach der CRAMER'schen Regel) U^{-1} auch eine ganze Matrix und somit $L = \tilde{L}$ wäre, was wir aber ausgeschlossen haben. $\qquad \square$

Wir erhalten nun:

10.2 Hilfssatz.   *Sei ein Automorphiesummand durch ein Tripel* (Q, l, E)
mit einer nichtdegenerierten Riemann'schen Form H *gegeben.   Wenn man*
$\theta \in [Q, l, E]$ *so wählt, dass es nicht in der Vereinigung gewisser endlich vieler*
Untervektorräume kleinerer Dimension enthalten ist, dann ist die Funktion
$\theta(z + a)/\theta(z)$ *für* **kein** $a \in \mathbb{C}^n$, $a \notin L$, *analytisch in* $\mathbb{C}^n$.

Anmerkung: Da ein $\mathbb{R}$-Vektorraum positiver Dimension niemals Vereinigung
von endlich vielen Untervektorräumen echt kleinerer Dimension sein kann, existiert stets ein θ mit den in 10.2 angegebenen Eigenschaften.

10.3 Punktetrennungssatz.   *Auf dem Gitter* $L \subset \mathbb{C}^n$ *sei ein Automor-*
phiesummand durch ein Tripel (Q, l, E) *mit nicht degenerierter Riemann'scher*
Form H *gegeben.*
1) *Es gelte* $m \geq 2$. *Dann existiert zu jedem Punkt* $a \in \mathbb{C}^n$ *ein*

$$\theta \in [mQ, ml, mE] \ \text{mit} \ \theta(a) \neq 0.$$

2) *Es gelte* $m \geq 3$. *Dann existiert zu jedem Paar modulo* L *inäquivalenter*
Punkte $a, b \in \mathbb{C}^n$ *ein*

$$\theta \in [mQ, ml, mE] \ \text{mit} \ \theta(a) = 0, \ \theta(b) \neq 0 \qquad \textbf{(Punktetrennung)}.$$

Der Beweis diese grundlegenden Satzes beruht auf einer sehr einfachen aber
wichtigen Beobachtung:
Sei θ *ein Element von* $[Q, l, E]$ *und seien*

$$a_1, \ldots, a_m \in \mathbb{C}^n \ \text{mit} \ a_1 + \cdots + a_m = 0.$$

Dann gilt

$$\prod_{i=1}^{m} \theta(z + a_i) \in [mQ, ml, mE].$$

Zum Beweis hat man lediglich zu beachten, dass aus der Voraussetzung „$a_1 +$
$\cdots + a_m = 0$" für einen Automorphiesummanden

$$(a, z) \mapsto Q_a(z) + C_a$$

folgt, dass

$$m(Q_a(z) + C_a) = \sum_{i=1}^{m}(Q_a(z + a_i) + C_a).$$

Beweis von Satz 10.3.
1)   Wir wählen eine Thetafunktion

$$\theta_0 \in [Q, l, E], \quad \theta_0 \neq 0,$$

und bilden

$$\theta(z) := \theta_0(z+a)\theta_0\left(z - \frac{a}{m-1}\right)^{m-1}.$$

Nach der Vorbemerkung ist diese Funktion in $[mQ, ml, mE]$ enthalten. Wir zeigen nun, dass bei festem z ein a existiert, so dass $\theta(z) \neq 0$. Dazu betrachten wir θ bei festem z als (analytische) Funktion von a. Wäre sie identisch 0, so würde

$$\theta_0(z+a) \equiv 0 \text{ oder } \theta_0\left(z - \frac{a}{m-1}\right)^{m-1} \equiv 0 \qquad \text{(für alle } a\text{)}$$

folgen. In beiden Fällen ergäbe sich $\theta_0 = 0$ im Widerspruch zu unserer Annahme.

2)   Wir wählen mittels Hilfssatz 10.2 eine Thetafunktion

$$\theta_0 \in [Q, l, E], \qquad \frac{\theta_0(z+b-a)}{\theta_0(z)} \quad \text{ist nicht analytisch in } \quad \mathbb{C}^n.$$

Zunächst einmal machen wir eine einschränkende Annahme, von der wir uns im Anschluss befreien werden.

Annahme. *Die Funktion θ_0 ist reduziert, d.h. die Potenzreihenentwicklung von θ_0 in einem beliebigen Punkt aus $\mathbb{C}^n$ ist quadratfreies Element des Potenzreihenringes (oder eine Einheit).*

Behauptung. Unter obiger Annahme existiert ein c mit

$$\theta_0(c) = 0, \quad \theta_0(c+b-a) \neq 0.$$

Beweis. Wir wählen c so, dass $\theta_0(z+b-a)/\theta_0(z)$ in keiner Umgebung von c analytisch ist. Die Behauptung folgt dann aus dem Satz über die eindeutige Primfaktorzerlegung in $\mathbb{C}\{z_1 - c_1, \ldots, z_n - c_n\}$ und aus folgender

Bemerkung. *Seien P, Q zwei Primelemente in $\mathbb{C}\{z_1, \ldots, z_n\}$. Es gelte*

$$P(z) = 0 \quad \Longrightarrow \quad Q(z) = 0$$

in einer vollen Umgebung von $z = 0$. Dann gilt

$$P = UQ$$

mit einer Einheit U $(U(0) \neq 0)$.

Diese Bemerkung ergibt sich unmittelbar aus V.4.10.

Jetzt wählen wir einen weiteren Vektor $c_1 \in \mathbb{C}^n$ und definieren c_2 durch die Gleichung (man beachte: $m > 2$)

$$c - a + c_1 + (m-2)c_2 = 0.$$

Dann ist die Funktion

$$\theta(z) := \theta_0(z + c - a)\theta_0(z + c_1)\theta_0(z + c_2)^{m-2}$$

in $[mQ, ml, mE]$ enthalten. Es gilt

$$\theta(a) = 0 \qquad\qquad (\text{wegen } \theta_0(c) = 0).$$

Wir behaupten, dass bei geeigneter Wahl von c_1 gilt:

$$\theta(b) \neq 0.$$

Die einzig mögliche Alternative wäre

$$\theta_0(b + c_1)\theta_0(b + c_2)^{m-2} = 0$$

(als Funktion von c_1) und hieraus würde $\theta_0 = 0$ folgen.

Wir befreien uns nun von der Annahme der Reduziertheit und zwar behaupten wir:

10.4 Hilssatz. *Jede Thetafunktion*

$$\theta_0 \in [Q, l, E], \quad \theta_0 \neq 0 \qquad\qquad (H \text{ nicht degeneriert})$$

besitzt eine Zerlegung

$$\theta_0 = \theta_0^{\mathrm{red}} \cdot \tilde{\theta}_0$$

als Produkt zweier Thetafunktionen

$$\theta_0^{\mathrm{red}} \in [Q^{\mathrm{red}}, l^{\mathrm{red}}, E^{\mathrm{red}}], \quad \tilde{\theta}_0 \in [\tilde{Q}, \tilde{l}, \tilde{E}]$$

Dabei sind $[Q^{\mathrm{red}}, l^{\mathrm{red}}, E^{\mathrm{red}}]$ und $[\tilde{Q}, \tilde{l}, \tilde{E}]$ geeignete Automorphiesummanden. Es gilt:

1) θ_0^{red} *ist reduziert.*
2) H^{red} *ist nicht degeneriert.*
3) $\tilde{\theta}_0(z) = 0 \implies \theta_0^{\mathrm{red}}(z) = 0.$

Nehmen wir einmal an, diese Zerlegung sei bewiesen. Nach dem bereits oben Gezeigten findet man dann Vektoren $a_1, \ldots, a_m$ mit $a_1 + \cdots + a_m = 0$, so dass

$$\theta^{\mathrm{red}}(z) := \prod_{\nu=1}^{m} \theta_0^{\mathrm{red}}(z + a_\nu)$$

die gewünschte Eigenschaft hat:

$$\theta^{\mathrm{red}}(a) = 0, \quad \theta^{\mathrm{red}}(b) \neq 0.$$

Dieselbe Eigenschaft hat dann auch

$$\theta(z) := \prod_{\nu=1}^{m} \theta_0(z + a_\nu),$$

denn wegen 3) gilt

$$\theta^{\mathrm{red}}(z) = 0 \iff \theta(z) = 0.$$

Beweis der Existenz der Zerlegung $\theta_0 = \theta_0^{\mathrm{red}} \cdot \tilde{\theta}_0$ *(10.4).*

Die Menge der Punkte, in denen die Potenzreihenentwicklung einer analytischen Funktion quadratfreies Element des Potenzreihenringes ist, ist offen, V.5.2. Hieraus und aus der Tatsache, dass jedes Divisorendatum auf $\mathbb{C}^n$ äquivalent zum Divisor einer einzigen analytischen Funktion auf $\mathbb{C}^n$ ist, folgt (s. Aufgabe 4 in Kapitel V, §5):

Jede analytische Funktion $f : \mathbb{C}^n \to \mathbb{C}$ $(f \neq 0)$ *besitzt eine Zerlegung der Art*

$$f = f^{\mathrm{red}} \cdot \tilde{f},$$

wobei f^{red} *und* $\tilde{f}$ *beide analytisch in* $\mathbb{C}^n$ *sind und wobei die Potenzreihenentwicklung von* f^{red} *in jedem Punkt quadratfreier Anteil der Potenzreihenentwicklung von* f *ist. Es gilt*

$$\tilde{f}(z) = 0 \implies f^{\mathrm{red}}(z) = 0$$

Hieraus ergibt sich mit Hilfe von V.4.10 und eines Kompaktheitsarguments:

Ist $U \subset \mathbb{C}^n$ *eine beschränkte offene Menge, so existiert eine natürliche Zahl* N, *so dass*

$$\frac{(f^{\mathrm{red}})^N}{\tilde{f}}$$

in ganz U *analytisch ist.*

Wir wenden dies auf unsere Thetafunktion θ_0 an:

$$\theta_0 = \theta_0^{\mathrm{red}} \cdot \tilde{\theta}_0.$$

Wählt man U so, dass ein Fundamentalparallelotop in U enthalten ist, so gilt:

$$\frac{(\theta_0^{\mathrm{red}})^N}{\tilde{\theta}_0} \quad \text{ist analytisch in ganz } \mathbb{C}^n.$$

Nach Multiplikation mit einer geeigneten Funktion aus $\mathcal{O}(\mathbb{C}^n)^*$ wird θ_0^{red} (und dann auch $\tilde{\theta}_0$) eine Thetafunktion

$$\theta_0^{\mathrm{red}} \in [Q^{\mathrm{red}}, l^{\mathrm{red}}, E^{\mathrm{red}}], \quad \tilde{\theta}_0 \in [\tilde{Q}, \tilde{l}, \tilde{E}].$$

Für die entsprechenden RIEMANN'schen Formen gilt

$$H = H^{\text{red}} + \tilde{H}.$$

Außerdem muss

$$N H^{\text{red}} - \tilde{H}$$

eine RIEMANN'sche Form sein. Wir schließen aus dieser Tatsache, dass H^{red} nicht degeneriert ist: Sei nämlich $H^{\text{red}}(z_0, z_0) = 0$. Da $N H^{\text{red}} - \tilde{H}$ semipositiv ist, folgt $\tilde{H}(z_0, z_0) = 0$ und daher $H(z_0, z_0) = 0$. Hieraus ergibt sich aber $z_0 = 0$, da H als nichtdegeneriert vorausgesetzt war. Damit ist Satz 10.3 vollständig bewiesen.   □

Übungsaufgaben zu VI.10

1. Man zeige, dass der Index von L in L_* gleich dem Quadrat der Pfaffschen Determinante ist.

2. Man zeige, dass die WEIERSTRASS'sche σ-Funktion und die JACOBI'sche Thetafunktion $\vartheta(\tau, z)$ ([FB], Kapitel V, §6) reduziert sind.

11. Der Körper der abelschen Funktionen.

Wir haben nun die Mittel zur Verfügung, um zu beweisen, dass der Körper der abelschen Funktionen zu einem Gitter $L \subset \mathbb{C}^n$ mit nichtdegenerierter RIEMANN'scher Form ein *algebraischer Funktionenkörper vom Transzendenzgrad n* ist. Im algebraischen Anhang am Ende dieses Bandes sind einige einfache Tatsachen über algebraische Funktionenkörper zusammengestellt. Wir stellen nocheimal kurz zusammen, was von der bisherigen Theorie benötigt wird.

Sei H eine nichtdegenerierte RIEMANN'sche Form (im folgenden wird H fest gewählt) und (Q, l, E) ein zugehöriges Tripel. Sei

$$A_r(Q, l, E) = [rQ, rl, rE]$$

und

$$A(Q, l, E) = \bigoplus_{r=0}^{\infty} A_r(Q, l, E).$$

Dann gilt

1) $\dim A_r(Q, l, E) = Pr^n$ $(P > 0)$.

2) Jede abelsche Funktion ist Quotient zweier Elemente aus $A_r(Q, l, E)$, r geeignet.

3) Seien $a, b \in \mathbb{C}^n$ zwei modulo L inäquivalente Punkte und sei $r \geq 3$. Dann existiert

$$\theta \in A_r(Q, l, E) \text{ mit } \theta(a) = 0, \quad \theta(b) \neq 0.$$

11.1 Definition. *Die analytischen Funktionen*

$$f_1, \ldots, f_m : U \to \mathbb{C}, \quad U \subset \mathbb{C}^n \text{ offen,}$$

heißen **analytisch unabhängig**, *falls ein Punkt* $a \in U$ *existiert, in welchem die Jacobimatrix*

$$\mathcal{J}(f, a) = \left(\frac{\partial f_i}{\partial z_k}(a) \right)_{\substack{i=1,\ldots,m \\ k=1,\ldots,n}}$$

den Rang m hat.

Insbesondere gilt $m \leq n$. Bekanntlich lässt sich jede $m \times n$-Matrix vom Rang m, $m \leq n$ zu einer $n \times n$-Matrix mit von 0 verschiedener Determinante ergänzen. Daraus folgt:

11.2 Bemerkung. *Die Jacobimatrix $\mathcal{J}(f, a)$ der m analytischen Funktionen $f_1, \ldots, f_m$ habe den Rang m. Dann lassen sich diese zu einem n-Tupel $f := (f_1, \ldots, f_n)$ analytischer Funktionen ergänzen, so dass die Funktionaldeterminante von f in a von 0 verschieden ist.*

(Man kann die Funktionen $f_{m+1}, \ldots, f_n$ sogar linear wählen.)

11.3 Bemerkung. *Analytisch unabhängige Funktionen sind algebraisch unabhängig, d.h. es gibt kein von 0 verschiedenes Polynom P mit*

$$P(f_1, \ldots, f_m) \equiv 0.$$

Man kann wegen VII.5.1 o.B.d.A. $m = n$ annehmen. Die Behauptung ergibt sich dann sofort aus dem Satz über implizite Funktionen. $\square$

11.4 Hilfssatz. *Sei*

$$f : U \to \mathbb{C}^m, \quad U \subset \mathbb{C}^n \text{ offen und nicht leer,}$$

eine **injektive** *analytische Abbildung. Dann kommen unter den m Komponenten von f n analytisch unabhängige vor.*

Beweis. Sei d die Maximalzahl analytisch unabhängiger Funktionen unter den $f_1, \ldots, f_m$. Wir können annehmen, dass $f_1, \ldots, f_d$ analytisch unabhängig sind. Wir ergänzen $f_1, \ldots, f_d$ zu einem n-Tupel

$$\varphi = (f_1, \ldots, f_d, g_{d+1}, \ldots, g_n)$$

analytisch unabhängiger Funktionen (VII.5.1). Nach eventueller Verkleinerung von U kann man annehmen, dass

$$\varphi : U \to V, \quad V \subset \mathbb{C}^n,$$

eine biholomorphe Abbildung vermittelt. Wir ersetzen nun f durch

$$F := f \circ \varphi^{-1} : V \longrightarrow \mathbb{C}^m.$$

Die Aussage von Hilfssatz 11.4 ändert sich nicht, wenn man f durch F ersetzt. (Man benötigt hierzu die Kettenregel sowie die Tatsache, dass sich der Rang einer Matrix nicht ändert, wenn sie mit einer invertierbaren Matrix multipliziert wird.)

Aus der Gleichung $F = f \circ \varphi^{-1}$ folgt $F \circ \varphi = f$, aber

$$F_\nu(f_1, \ldots, f_d, g_{d+1}, \ldots, g_n) = f_\nu \qquad (1 \leq \nu \leq m)$$

und daher

$$F_\nu(w_1, \ldots, w_n) = w_\nu \text{ für } 1 \leq \nu \leq d.$$

(Wir bezeichnen die Koordinaten von V mit $w_1, \ldots, w_n$.)

Die Funktionalmatrix von F hat die Gestalt

$$\begin{pmatrix} 1 & & 0 & | & 0 & \cdots & 0 \\ & \ddots & & | & \vdots & & \vdots \\ 0 & & 1 & | & 0 & \cdots & 0 \\ - & - & - & - & - & - & - \\ \frac{\partial F_{d+1}}{\partial w_1} & \cdots & \frac{\partial F_{d+1}}{\partial w_d} & | & \frac{\partial F_{d+1}}{\partial w_{d+1}} & \cdots & \frac{\partial F_{d+1}}{\partial w_n} \\ \vdots & & \vdots & | & \vdots & & \vdots \\ \frac{\partial F_m}{\partial w_1} & \cdots & \frac{\partial F_m}{\partial w_d} & | & \frac{\partial F_m}{\partial w_{d+1}} & \cdots & \frac{\partial F_m}{\partial w_n} \end{pmatrix}$$

Der Rang dieser Matrix darf nicht größer als d sein nach Vorraussetzung, d.h. je $d + 1$ Zeilen sind linear abhängig. Es folgt

$$\frac{\partial F_{d+1}}{\partial w_\nu} = 0 \text{ für } \nu > d.$$

Wenn V zusammenhängend ist, was wir natürlich annehmen dürfen, so ergibt sich, dass F_{d+1} (und analog $F_{d+2}, \ldots, F_m$) von den Variablen $w_{d+1}, \ldots, w_n$ gar nicht abhängen. Da F nach Voraussetzung injektiv ist, kann es solche Variable nicht geben. $\qquad \square$

Wir erhalten nun aus dem Punktetrennungssatz 10.3:

11.5 Hilfssatz. *Sei $\theta_0, \ldots, \theta_N$ eine Basis des Vektorraums $A_r(Q, l, E)$ mit $r \geq 3$. Wir setzen*

$$D = \{\, [z] \in \mathbb{C}^n/L; \quad \theta_0(z) \neq 0 \,\}$$

Die Abbildung

$$D \longrightarrow \mathbb{C}^N, \quad [z] \longmapsto \left(\frac{\theta_1(z)}{\theta_0(z)}, \ldots, \frac{\theta_N(z)}{\theta_0(z)} \right),$$

ist injektiv. Unter den abelschen Funktionen

$$\frac{\theta_1}{\theta_0}, \ldots, \frac{\theta_N}{\theta_0}$$

kommen n analytisch (insbesondere also algebraisch) unabhängige vor.

(Die Bedingung „$\theta_0 \neq 0$" sowie die Werte $\theta_\nu(z)/\theta_0(z)$ hängen natürlich nicht von der Wahl der Repräsentanten z modulo L ab.)

Beweis. Die Injektivität folgt unmittelbar aus der Punktetrennungseigenschaft der Thetafunktionen. Aus 11.4 folgt die analytische Unabhängigkeit. $\qquad\square$

Algebraische Abhängigkeit.

11.6 Hilfssatz. *Es existiert eine nur von $r \in \mathbb{N}$ und von der Pfaffschen Determinante P abhängige natürliche Zahl M, so dass gilt:*
Sind

$$\theta_1, \ldots, \theta_n \in A_r(Q, l, E)$$

und ist

$$\theta \in A_{rs}(Q, l, E) \qquad (s \in \mathbb{N} \text{ beliebig}),$$

so sind die Monome

$$\theta^\nu \theta_0^{\nu_0} \cdots \theta_n^{\nu_n}, \quad \nu s + \nu_0 + \nu_1 + \nu_2 + \cdots n = Ms$$

linear abhängig.

Beweis. Die Monome sind in dem Vektorraum $A_{rsM}(Q, l, E)$ enthalten und dieser hat die Dimension

$$P(rsM)^n.$$

Wir müssen daher nur dafür Sorge tragen, dass die Anzahl der Monome, also die Anzahl der Lösungen von

$$\nu s + \nu_0 + \nu_1 + \nu_2 + \cdots n = Ms$$

größer ist als $P(rsM)^n$. Bekanntlich ist die Anzahl der Lösungen von

$$\nu_0 + \nu_1 + \nu_2 + \cdots n = s(M - \nu) \qquad (0 \leq \nu \leq M)$$

bei festem ν gleich dem Binomialkoeffizienten

$$\binom{s(M-\nu)+n}{n} \geq \frac{[s(M-\nu)]}{n!},$$

die gesuchte Anzahl also

$$\sum_{\nu=0}^{M}\binom{s(M-\nu)+n}{n} \geq s^n \frac{\sum_{\nu=1}^{M}\nu^n}{n!}.$$

Wie man weiß ist die Summe

$$Q(M) := \sum_{\nu=0}^{M}\nu^n$$

ein Polynom vom Grade $n+1$ in M. Wir benötigen die Ungleichung

$$s^n Q(M) > P \cdot r^n s^n M^n \cdot n!.$$

Diese ist bei hinreichend großem $M = M(r, P)$ erfüllt, da links ein Polynom höheren Grades als rechts steht.   □

Wir wählen im folgenden Elemente $\theta_0, \ldots, \theta_n$ (nach 11.5) aus $A_r(Q, l, E)$ (für irgendein r), so dass die abelschen Funktionen

$$f_1 = \frac{\theta_1}{\theta_0}, \ldots, f_n = \frac{\theta_n}{\theta_0}$$

algebraisch unabhängig sind. Sie erzeugen eine Unterkörper $\mathbb{C}(f_1, \ldots, f_n)$ des Körpers aller abelschen Funktionen. Sei f nun eine weitere abelsche Funktion, zunächst von der speziellen Form

$$f = \frac{\theta}{\theta_0^s}, \qquad \theta \in A_{rs}(Q, l, E).$$

Aus Hilfssatz 11.6 folgt unmittelbar, dass f einer algebraischen Gleichung vom Grade $\leq M$ über dem Körper $\mathbb{C}(f_1, \ldots, f_n)$ genügt. Sei nun f eine beliebige abelsche Funktion. Diese kann man in der Form

$$f = \frac{\tilde{\theta}}{\theta}, \qquad \theta, \tilde{\theta} \in A_t(Q, l, E), \quad t \text{ geeignet},$$

schreiben. Man kann o.B.d.A. annehmen, dass t durch r teilbar ist, $t = rs$, denn es gilt

$$f = \frac{\tilde{\theta}^r}{\theta \tilde{\theta}^{r-1}}.$$

Nun gilt

$$f = \frac{\tilde{\theta}/\theta_0^s}{\theta/\theta_0^s},$$

d.h. f ist Quotient von zwei abelschen Funktion von der speziellen Form, von denen jede einer algebraischen Gleichung vom Grad $\leq M$ genügt.   Dann genügt aber f einer algebraischen Gleichung vom Grade $\leq M^2$. Dies folgt aus VIII.4.5.

Wir haben also gezeigt, dass n algebraisch unabhängige abelsche Funktionen $f_1, \ldots, f_n$ existieren und dass jede weitere einer algebraischen Gleichung von beschränktem Grad über $\mathbb{C}(f_1, \ldots, f_n)$ genügt.

Dies besagt, dass der Körper der abelschen Funktion ein algebraischer Funktionenkörper vom Transzendenzgrad n ist (s. VIII.4.7).

11.7 Theorem.   *Sei $L \subset \mathbb{C}^n$ ein Gitter, das eine nicht degenerierte Riemann'sche Form zulässt. Der Körper der abelschen Funktion ist dann ein **algebraischer Funktionenkörper vom Transzendenzgrad n**.*

Ein algebraischer Funktionenkörper kann stets endlich erzeugt werden (sogar von $n + 1$ Elementen). Hieraus und aus 9.4 folgt:

11.8 Thetasatz.   *Für geeignetes r gilt: Sei $\theta_0, \ldots, \theta_N$ eine Basis von $A_r(Q, l, E)$. Der Körper der abelschen Funktionen wird von den Quotienten*

$$\frac{\theta_1}{\theta_0}, \ldots, \frac{\theta_N}{\theta_0}$$

erzeugt.

Tatsächlich gilt mehr: Man kann jedes r mit $r \geq 3$ nehmen. Einen Beweis findet man beispielsweise in [Co].

Übungsaufgaben zu VI.11

1. Seien $L_i \subset \mathbb{C}^{n_i}$ zwei Gitter mit nicht ausgearteter RIEMANN'scher Form. Man zeige, dass der Körper der abelschen Funktionen zu $L_1 \times L_2$ erzeugt wird von speziellen Funktionen der Form $f_1(z_1)f_2(z_2)$, wobei f_i abelsche Funktionen bezüglich L_i sind.

   Tip. Man benutze Aufgabe 1 aus VI.8.

12. Polarisierte abelsche Mannigfaltigkeiten

Ähnlich wie die Theorie der elliptischen Funktionen zur Theorie der (elliptischen) Modulfunktionen führt, gelangt man von der Theorie der abelschen
Funktionen zur Theorie der Modulfunktionen mehrerer Veränderlicher. Der
Übergang kommt zustande, wenn man nicht ein individuelles Gitter, sondern
die Menge aller Gitter $L \subset \mathbb{C}^n$ betrachtet. Natürlich hat man hierbei gewisse
Gitter zu identifizieren. Wie das zu machen ist, wird deutlich, wenn man noch
einmal auf die Konstruktion der kanonischen Gitterbasis eingeht. Wir erinnern
daran, dass wir Tripel $(\mathcal{Z}, L, H)$ betrachtet haben, wobei $L \subset \mathcal{Z}$ ein Gitter und
H eine nicht ausgeartete RIEMANN'sche Form bezeichne. Wir haben gezeigt,
dass jedes solche Tripel isomorph ist zu einem Tripel $(\mathbb{C}^n, L(Z,T), H(Z,T))$.
Die Elementarteilermatrix T ist hierbei eindeutig bestimmt, nicht jedoch die
Matrix Z .

Wechsel der kanonischen Basis

Die Dimension n und die $n \times n$ -Elementarteilermatrix T werden im folgenden
fixiert.

Wir erinnern daran, dass das Gitter $L = L(Z,T)$ von den Spalten der beiden
Matrizen T, Z als abelsche Gruppe erzeugt wird. Die zugehörige RIEMANN'sche
Form ist $H(z,w) = z^t \operatorname{Im}(Z)^{-1} \bar{w}$.

Wir betrachten nun eine zweite Matrix $\tilde{Z}$ und einen Isomorphismus

$$R : (\mathbb{C}^n, L(Z,T)), H(Z,T) \longrightarrow (\mathbb{C}^n, L(\tilde{Z},T), H(\tilde{Z},T)).$$

R ist also ein Automorphismus des $\mathbb{C}^n$, den wir mit einer invertierbaren Matrix
identifizieren können und wollen. Die Bedingungen an R sind:

a) $RL(Z,T) = L(\tilde{Z},T)$,

b) $z^t \operatorname{Im}(Z)^{-1} w = (Rz)^t \operatorname{Im}(\tilde{Z})^{-1} (Rw)$.

Die Bedingungung a) kann man folgendermaßen formulieren:

Es gibt eine Matrix $M \in \mathrm{GL}(2n, \mathbb{Z})$ mit der Eigenschaft

$$(\tilde{Z}, T) = R(T, Z)M^t.$$

Aus der Bedingung b) folgt nach der aus der linearen Algebra bekannten Transformationsformel für alternierende Bilinearformen

$$M^t \begin{pmatrix} 0 & T \\ -T & 0 \end{pmatrix} M = \begin{pmatrix} 0 & T \\ -T & 0 \end{pmatrix}.$$

Die Menge aller ganzen Matrizen mit dieser Eigenschaft bildet offenbar eine
Gruppe, welche wir mit $\Gamma_0(T)$ bezeichnen.

12.1 Definition. *Die **Paramodulgruppe** $\Gamma_0(T)$ der Stufe T besteht aus allen ganzzahligen Lösungen der Gleichung*

$$M^t \begin{pmatrix} 0 & T \\ -T & 0 \end{pmatrix} M = \begin{pmatrix} 0 & T \\ -T & 0 \end{pmatrix}.$$

Ist T ein Vielfaches der Einheitsmatrix, so ist $\Gamma_0(T)$ genau die ganzzahlige symplektische Gruppe $\mathrm{Sp}(n, \mathbb{Z})$, welcher wir schon beim Studium der Periodenrelationen kompakter RIEMANN'scher Flächen begegnet sind (s. IV.10.6). Dort haben wir gesehen, dass das Periodengitter einer solchen Fläche stets eine RIEMANN'sche Form zulässt, deren zugehörige Elementarmatrix die Einheitsmatrix ist.

Polarisierung

Eine RIEMANN'sche Form H heißt *minimal*, falls der erste Elementarteiler t_1 gleich 1 ist. Ist H eine beliebige RIEMANN'sche Form, so ist $t_1^{-1}H$ eine minimale RIEMANN'sche Form. Da für unsere Zwecke zwei RIEMANN'sche Formen als im wesentlichen gleich anzusehen sind, wenn sie sich nur um einen (positiven) Faktor unterscheiden, können wir uns im folgenden auf minimale RIEMANN'sche Formen beschränken.

12.2 Definition. *Eine polarisierte abelsche Mannigfaltigkeit ist eine Isomorphieklasse von Tripeln $(\mathcal{Z}, L, H)$, wobei L ein Gitter in dem endlichdimensionalen Vektorraum $\mathcal{Z}$ und H eine minimale Riemann'sche Form auf L sei.*

Die zugehörige Elementarteilermatrix T, $t_1 = 1$, nennt man den *Polarisationstyp* der polarisierten abelschen Mannigfaltigkeit.

Jedem Punkt $Z \in \mathbb{H}_n$ haben wir eine polarisierte abelsche Mannigfaltigkeit zugeordnet vom Polarisationstyp T ($t_1 = 1$) zugeordnet, nämlich die Isomorphieklasse von $(\mathbb{C}^n, L(Z, T), H(Z, T))$. Die Gesamtheit aller Isomorphieklassen polarisierter abelscher Mannigfaltigkeiten ist also eine Menge, welche wir mit $\mathcal{A}(T)$ bezeichnen. Zwei Punkte $Z, \tilde{Z}$ haben dann und nur dann dasselbe Bild in $\mathcal{A}(T)$, wenn es Matrizen $R \in \mathrm{GL}(n, \mathbb{C})$ und $M \in \Gamma_0(T)$ gibt, so dass

$$(\tilde{Z}, T) = R(T, Z)M^t.$$

Zerlegt man die Matrix in vier $n \times n$-Blöcke

$$M = \begin{pmatrix} A & B \\ C & D \end{pmatrix},$$

so lautet dies Gleichung

$$\tilde{Z} = R(ZA^t + TB^t),$$
$$T = R(ZC^t + TD^t)^{\textstyle .}$$

Die Matrix R ist also bestimmt,

$$R = T(ZC^t + TD^t)^{-1}.$$

Dies führt uns zu folgender

12.3 Definition.   *Zwei Punkte* $Z, \tilde{Z} \in \mathbb{H}_n$ *heißen äqivalent modulo* $\Gamma_0(T)$,
falls eine Matrix $M \in \Gamma_0(T)$ *mit folgenden beiden Bedingungen existiert:*
1) *Die Matrix* $ZC^t + TD^t$ *ist invertierbar.*
2) *Es gilt*

$$T^{-1}\tilde{Z} = (ZC^t + TD^t)^{-1}(ZA^t + TB^t).$$

Es ist klar, dass hierdurch ein Äquivalenzrelation definiert wird. Wir bezeichnen die Menge der Äquivalenzklassen mit

$$\mathbb{H}_n/\Gamma_0(T).$$

Erst im nächsten Kapitel werden wir zeigen, dass diese Quotientenbildung von einer Gruppenoperation herrührt. Es ist nämlich so, dass für $Z \in \mathbb{H}_n$ und $M \in \Gamma_0(T)$ die Bedingung 1) automatisch erfüllt ist und dass die durch die Gleichung 2) definierte Matrix $\tilde{Z}$ automatisch in $\mathbb{H}_n$ enthalten ist. Auf dieses Problem sind wir übrigens bereits im Zusammenhang mit den Periodenrelationen gestoßen (s. IV.10.9).

In diesem Abschnitt wollen wir uns damit begnügen, diese Relation in eine Standardform umzuschreiben. Nutzt man aus, dass $\tilde{Z}$ symmetrisch ist, so kann man 12.3, 2) auch in der Form

$$\tilde{Z} = (AZ + BT)(CZ + DT)^{-1}T$$

schreiben. Führt man die Matrix

$$\begin{pmatrix} \tilde{A} & \tilde{B} \\ \tilde{C} & \tilde{D} \end{pmatrix} = \begin{pmatrix} A & BT \\ T^{-1}C & T^{-1}DT \end{pmatrix} = \begin{pmatrix} E & 0 \\ 0 & T^{-1} \end{pmatrix}\begin{pmatrix} A & B \\ C & D \end{pmatrix}\begin{pmatrix} E & 0 \\ 0 & T \end{pmatrix}$$

ein, so kann sie auch in der geläufigen Form

$$\tilde{Z} = (\tilde{A}Z + \tilde{B})(\tilde{C}Z + \tilde{D})^{-1}$$

geschrieben werden. Die Matrix

$$N := \begin{pmatrix} \tilde{A} & \tilde{B} \\ \tilde{C} & \tilde{D} \end{pmatrix}$$

ist symplektisch, d.h. es gilt

$$N^t \begin{pmatrix} 0 & E \\ -E & 0 \end{pmatrix} N = \begin{pmatrix} 0 & E \\ -E & 0 \end{pmatrix}.$$

Zur Erinnerung: E bezeichnet die Einheitsmatrix und T die gegebene Elementarteilermatrix. Die Zuordnung

$$\begin{pmatrix} A & B \\ C & D \end{pmatrix} \longmapsto \begin{pmatrix} \tilde{A} & \tilde{B} \\ \tilde{C} & \tilde{D} \end{pmatrix}$$

ist offensichtlich ein injektiver Homomorphismus

$$\Gamma_0(T) \longrightarrow \mathrm{Sp}(n, \mathbb{Q}),$$

wobei $\mathrm{Sp}(n, \mathbb{Q})$ die rationale symplektische Gruppe bezeichne, also die Menge aller rationalen Lösungen N. Das Bild bei diesem Homomorphismus bezeichnen wir mit $\Gamma(T)$ und nennen diese Gruppe die *eingebettete Paramodulgruppe der Stufe* T. Der Vorteil dieser Einbettung liegt darin, dass nun alle Paramodulgruppen als Untergruppen einer festen Gruppe $\mathrm{Sp}(n, \mathbb{Q})$ erscheinen und dass die Formel 2) aus 12.3 die einheitliche Form

$$\tilde{Z} = (AZ + B)(CZ + D)^{-1}$$

annimmt. An diese Form werden wir im nächsten Kapitel anknüpfen.

Übungsaufgaben zu VI.12

1. Sei t eine natürliche Zahl. Es gilt

$$\Gamma_0(tT) = \Gamma_0(T), \quad \Gamma(tT) = M_T \Gamma(T) M_T^{-1}$$

   mit einer rationalen symplektischen Matrix M_T. Man gebe eine explizit an.

2. Im nächsten Kapitel werden wir die Hauptkongruenzgruppe

$$\mathrm{Sp}(n, \mathbb{Z})[q] := \mathrm{Kern}(\mathrm{Sp}(n, \mathbb{Z}) \longrightarrow \mathrm{Sp}(n, \mathbb{Z}/q\mathbb{Z}))$$

   eingehend studieren. Man zeige

$$\Gamma(T) \supset \mathrm{Sp}(n, \mathbb{Z})[\det T].$$

3. Zwei Untergruppen einer Gruppe heißen kommensurabel, wenn ihr Durchschnitt in jeder der beiden Gruppen endlichen Index hat. Man zeige, dass je zwei $\Gamma(T)$ in $\mathrm{Sp}(n, \mathbb{Q})$ kommensurabel sind.

13. Grenzen der klassischen Funktionentheorie

Komplexe Tori $\mathbb{C}^n/L$ sind Beispiele n-dimensionaler analytischer Mannigfaltigkeiten. Der Begriff der analytischen Mannigfaltigkeit ist die naheliegende Verallgemeinerung des Begriffs der RIEMANN'schen Fläche in der Funktionentheorie mehrerer Veränderlicher.

Analytische Mannigfaltigkeiten

Eine (komplex) n-dimensionale Karte auf einem topologischen Raum X ist eine topologische Abbildung $\varphi : U \to V$ eines offenen Teils $U \subset X$ auf einen offenen Teil $V \subset \mathbb{C}^n$. Zwei n-dimensionale Karten φ, ψ heißen analytisch verträglich, falls der Kartenwechsel $\psi\varphi^{-1}$ biholomorph im Sinne der Funktionentheorie mehrerer Veränderlicher ist. Ein n-dimensionaler analytischer Atlas $\mathcal{A}$ ist eine Menge n-dimensionaler analytischer Karten, deren Definitionsbereiche ganz X überdecken und so dass je zwei Karten aus $\mathcal{A}$ analytisch verträglich sind. Zwei analytische Atlanten heißen äquivalent, falls ihre Vereinigung ein analytischer Atlas ist. Eine (komplex-) analytische Mannigfaltigkeit $(X, [\mathcal{A}])$ der Dimension n ist ein Paar, bestehend aus einem HAUSDORFFraum X und einer vollen Äquivalenzklasse n-dimensionalen analytischen Atlanten. Jeder analytische Atlas $\mathcal{A}$ definiert somit eine Struktur als analytische Mannigfaltigkeit auf X. Wir schreiben auch einfach $(X, \mathcal{A})$ anstelle von $(X, [\mathcal{A}])$. Wenn klar ist, welche analytische Struktur gerade betrachtet wird, schreiben wir auch einfach X. RIEMANN'sche Flächen sind nichts anderes als eindimensionale analytische Mannigfaltigkeiten.

Einige grundlegende Begriffe des eindimensionalen Falls können fast wörtlich auf den Fall beliebiger Dimension übertragen werden. Wir fassen dies kurz zusammen:

1) Jeder offene Teil $U \subset \mathbb{C}^n$ hat eine natürliche Struktur als analytische Mannigfaltigkeit, indem man U mit dem tautologischen Atlas versieht. Dieser besteht aus einer einzigen Karte, der Identität $\mathrm{id} : U \to U$.

2) Man definiert analog zum Falle $n = 1$ den Begriff der analytischen (=holomorphen) Abbildung $f : X \to Y$ einer n-dimensionalen analytischen Mannigfaltigkeit $X = (X, \mathcal{A})$ in eine m-dimensinale analytische Mannigfaltigkeit $Y = (Y, \mathcal{B})$. Die Zusammensetzung analytischer Abbildungen $X \to Y$, $Y \to Z$ ist analytisch. Im Spezialfall $Y = \mathbb{C}$ (versehen mit der tautologischen Struktur) nennt man eine analytische Abbildung auch eine analytische Funktion.

3) Eine Abbildung $f : U \to V$ zwischen offenen Teilen $U \subset \mathbb{C}^n$, $V \subset \mathbb{C}^m$ ist genau dann eine analytische Abbildung analytischer Mannigfaltigkeiten, wenn sie im bereits geprägten Sinn analytisch ist, wenn sich also ihre Komponenten lokal in Potenzreihen entwickeln lassen.

4) Eine Abbildung $f : X \to Y$ analytischer Mannigfaltigkeiten heißt biholomorph, falls sie bijektiv ist und falls sowohl f als auch f^{-1} holomorph sind.

5) Zu jedem analytischen Atlas $\mathcal{A}$ existiert ein eindeutig bestimmter maximaler analytischer Atlas $\mathcal{A}_{\max}$, welcher $\mathcal{A}$ umfasst. Er ist die Vereinigung aller mit $\mathcal{A}$ äquivalenten Atlanten und somit der größte Atlas in der Äquivalenzklasse von $\mathcal{A}$.

Die Elemente von $\mathcal{A}_{\max}$ heißen analytische Karten.

6) Ist $U \subset X$ ein offener Teil einer analytischen Mannigfaltigkeit $(X, \mathcal{A})$, so kann man den eingeschränkten Atlas $\mathcal{A}|U$ definieren und so U mit einer Struktur als analytischer Mannigfaltigkeit versehen. Man nennt U (mit dieser Struktur versehen) eine offene analytische Untermannigfaltigkeit. Die Elemente des maximalen Atlas $\mathcal{A}_{\mathrm{max}}$ sind nichts anderes als biholomorphe Abbildungen offener Untermannigfaltigkeiten $U \subset X$ auf offene Teile $V \subset \mathbb{C}^n$.

7. Schließlich kann man noch das kartesische Produkt $X \times Y$ zweier analytischer Mannigfaltigkeiten $(X, \mathcal{A})$ und $(Y, \mathcal{B})$ mit einer Struktur als analytischer Mannigfaltigkeit versehen:

Sind $\varphi \in \mathcal{A}$, $\psi \in \mathcal{B}$ zwei Karten, so kann man die Karte

$$\varphi \times \psi : U_\varphi \times U_\psi \longrightarrow V_\varphi \times V_\psi,$$
$$(x, y) \longmapsto (\varphi(x), \psi(x)),$$

definieren. Die Menge

$$\mathcal{A} \times \mathcal{B} = \{\varphi \times \psi; \quad \varphi \in \mathcal{A}, \ \psi \in \mathcal{B}\}$$

ist ein analytischer Atlas auf $X \times Y$. Ist X eine n-dimensionale und Y eine m-dimensionale analytische Mannigfaltigkeit, so ist $X \times Y$ eine analytische Mannigfaltigkeit der Dimension $n + m$.

Man definiert allgemeiner das kartesische Produkt $X_1 \times \cdots \times X_n$ von n analytischen Mannigfaltigkeiten. Die Projektionen

$$p_\nu : X_1 \times \cdots \cdot X_n \longrightarrow X_\nu \quad (\nu = 1, \ldots, n)$$

sind analytisch. Allgemeiner ist eine Abbildung

$$f : X \longrightarrow X_1 \times \cdots \times X_n$$

einer weiteren analytischen Mannigfaltigkeit X in $X_1 \times \cdots \times X_n$ genau dann analytisch, wenn die Zusammensetzungen mit den n Projektionen analytisch sind.

Beispiel für eine analytische Mannigfaltigkeit ist der einem Gitter $L \subset \mathbb{C}^n$ zugeordnete komplexe Torus $X_L = \mathbb{C}^n/L$. Dieser trägt eine eindeutig bestimmte Struktur als n-dimensionale analytische Mannigfaltigkeit, so dass die natürliche Projekion

$$\mathbb{C}^n \longrightarrow \mathbb{C}^n/L$$

lokal biholomorph (insbesondere analytisch) ist.

Meromorphe Funktionen

Sei U ein offener und dichter Teil einer analytischen Mannigfaltigkeit X. Eine analytische Funktion $f : U \to \mathbb{C}$ heißt meromorph auf ganx X, falls es zu jedem Punkt $a \in X$ eine offene zusammenhängende Umgebung $U(a) \subset X$ und analytische Funktionen

$$g : U(a) \longrightarrow \mathbb{C}, \quad h : U(a) \longrightarrow \mathbb{C}$$

mit folgenden Eigenschaften gibt:

a) h verschwindet nicht identisch,

b) Für alle $x \in U(a) \cap U$ mit $h(x) \neq 0$ gilt

$$f(x) = \frac{g(x)}{h(x)}.$$

Man nennt zwei Paare (U, f), (V, g) äquivalent, falls $f|U \cap V = g|U \cap V$ gilt. Es genügt natürlich, die Gleichheit von f und g auf einer offenen dichten Teilmenge von $U \cap V$ zu fordern. Eine *meromorphe Funktion* ist eine volle Äquivalenzklasse $[U, f]$ von Paaren dieser Art. Ist (U, f) ein Repräsentant der Klasse, so heißt U *ein Holomorphiebereich* der meromorphen Funktion. Die Vereinigung aller Holomorphiebereiche ist selbst ein Holomorphiebereich, man nennt ihn *den Holomorphiebereich*. Man schreibt häufig f anstelle von $[U, f]$ und bezeichnet mit D_f *den* Holomorphiebereich.

Die Menge $\mathcal{M}(X)$ aller meromorphen Funktionen ist in naheliegender Weise ein Ring und sogar ein Körper, wenn X zusammenhängend ist. Jede auf ganz X analytische Funktion $f : X \to \mathbb{C}$ ist als meromorphe Funktion aufzufassen ($[X, f]$). In diesem Sinne gilt $\mathcal{O}(X) \subset \mathcal{M}(X)$.

Vorsicht. Sei $f : X \to \bar{\mathbb{C}}$ eine analytische Abbildung einer analytischen Mannigfaltigkeit X in die Zahlkugel. Wir nehmen an, dass die Menge der Unendlichkeitsstellen $f^{-1}(\infty)$ dünn in X ist. Dann definiert f in naheliegender Weise eine meromorphe Funktion auf X. Aber im Gegensatz zum Fall $n = 1$ ist nicht jede meromorphe Funktion von dieser Form. Typisches Beispiel ist die auf $\mathbb{C} \times \mathbb{C}$ meromorphe Funktion

$$f(z_1, z_2) = \frac{z_1}{z_2}, \quad D_f = \{z; \; z_2 \neq 0\}.$$

Es wäre zwar sinnvoll

$$f(z_1, z_2) = \infty \text{ für } z_2 = 0 \text{ und } z_1 \neq 0$$

zu definieren und erhält so eine analytische Abbildung

$$\mathbb{C} \times \mathbb{C} - \text{Nullpunkt} \longrightarrow \bar{\mathbb{C}}.$$

Aber in den Nullpunkt ist diese Abbildung nicht stetig fortsetzbar. Grund ist, dass sich im Nullpunkt eine Nullstellenmannigfaltigkeit ($z_1 = 0$) und eine Polstellenmannigfaltigkeit ($z_2 = 0$) schneiden. Man findet übrigens zu jedem Punkt $w \in \bar{\mathbb{C}}$ eine Folge $z_n \in \mathbb{C}^2 - \{0\}$ mit der Eigenschaft $f(z_n) \to w$. Wenn man dem Nullpunkt

überhaupt sinnvoll Funktionswerte zuordnen will, so müsste man jeden Punkt von
$\mathbb{C}$ als Funktionswert von f im Nullpunkt zulassen. Die Funktionen wäre dann im
Nullpunkt *mehrdeutig*. In diesem Sinne wird gelegentlich der Begriff „meromorphe
Funktion" als „vielgestaltige Funktion" interpretiert*).

Wir werden natürlich an der eisernen Regel festhalten, dass Abbildungen eindeutig zu sein haben und daher darauf verzichten, meromorphe Funktionen als auf
ganz X definierte Abbildungen zu verstehen. In der Funktionentheorie mehrerer
Veränderlichen geht man einen anderen Weg. Mit einem zur Konstruktion der einer
mehrdeutigen analytischen Funktion zugeordneten RIEMANN'schen Fläche vergleich-
baren Prozess konstruiert man eine Aufblasung $\tilde{X} \to X$, so dass sich die meromorphe
Funktion f eben doch als eindeutige analytische Abbildung $f : \tilde{X} \to \bar{\mathbb{C}}$ interpretieren
lässt.

Im folgenden wollen wir einige Eigenschaften kompakter analytischer Mannigfaltigkeiten behandeln. Sie ranken sich um folgenden Satz, welcher in
dieser Allgemeinheit außerhalb unserer Reichweite liegt. Wir werden uns damit
begnügen müssen, ihn in den uns interessierenden Spezialfällen abzuleiten.

13.1 Satz.   *Sei X eine zusamenhängende **kompakte** analytische Mannig-*
faltigkeit der Dimension $n > 0$. Der Körper $\mathcal{M}(X)$ der meromorphen Funktio-
nen ist ein algebraischer Funktionenkörper vom Transzendenzgrad $\leq n$.

Der erste vollständige Beweis dieses Satz wurde wohl von R. REMMERT
im Jahre 1956 (Meromorphe Funktionen in kompakten komplexen Räumen,
Math. Ann. Bd. 132, 277-288) gegeben. REMMERT schreibt diesen Satz
W.L. CHOW zu, der ihn bereits 1952 ohne Beweis angekündigt habe. Wichtige
Spezialfälle stammen von W. THIMM (1954) und C.L. SIEGEL (1955). In der
Arbeit SIEGEL's (Meromorphe Funktionen auf kompakten analytischen Man-
nigfaltigkeiten, Nachr. Akad. Wiss. Göttingen, 1955, 71-77) findet man weitere
historische Notizen.

Wir haben Satz 13.1 für RIEMANN'sche Flächen und für komplexe Tori
bewiesen. Es ist unser Ziel, ihn auch für das n-fache kartesische Produkt X^n
einer (kompakten) RIEMANN'schen Fläche und als Folge hiervon auch für die
n-te symmetrische Potenz $X^{(n)}$ abzuleiten. Dies wird eine wichtige Konsequenz
für das JACOBI'sche Umkehrtheorem haben.

Hebbarkeitssätze

Wir benötigen eine Übertragung des RIEMANN'schen Hebbarkeitssatzes auf den
Fall $n > 1$.

13.2 Hilfssatz.   *Seien $U \subset \mathbb{C}^n$ eine offene Teilmenge und $g : U \to \mathbb{C}$*
*eine analytische Funktion mit dünner Nullstellenmenge $S = \{z \in U; g(z) = 0\}$. Jede **beschränkte** analytische Funktion $f : U - S \to \mathbb{C}$ ist auf ganz U*
analytisch fortsetzbar.

---

*) Historisch ist dies jedoch nicht richtig. Der Begriff „meromorphe Funktion" ist in
der Funktionentheorie einer Variablen entstanden.

Beweis. Die Funktion fg ist auf ganz U stetig (durch Null) fortsetzbar. Die Funktion fg^2 ist sogar nach jeder Variablen komplex differenzierbar und damit analytisch. Daher ist f zumindest meromorph auf ganz U. Wir nehmen an, es gäbe einen Punkt $a \in S$, so dass f in keine volle offene Umgebung $U(a) \subset U$ analytisch fortsetzbar ist. Man kann annehmen, dass sich f in $U(a)$ als Quotient holomorpher Funktionen darstellen lässt, deren Potenzreihenentwicklung in jedem Punkt von $U(a)$ teilerfremd ist (dies basiert auf dem Vorbereitungssatz, vgl. V.5.1). Die Nullstellenmenge des Nenners ist nicht in der Nullstellenmenge des Zählers enthalten (was ebenfalls aus dem Vorbereitungs- und Divisionssatz folgt). Die Funktion f kann dann aber nicht beschränkt sein.   □

Es ist nützlich, den Hebbarkeitssatz in folgender modifizierten Form auszusprechen.

13.3 Definition. *Eine abgeschlossene Teilmenge $S \subset \mathbb{C}$ einer analytischen Mannigfaltigkeit X heißt* **analytisch dünn**, *falls es zu jedem Punkt $a \in X$ eine offene zusammenhängende Umgebung $U(a) \subset X$ und eine analytische Funktion $h_a : U(a) \to \mathbb{C}$, $h_a \neq 0$, mit*

$$S \cap U(a) \subset \{x \in U(a); \quad h_a(x) = 0\}$$

gibt.

Ist X eine RIEMANN'sche Flächen, so sind die in X diskreten Teilmengen analytisch dünn. Der Hebbarkeitssatz kann offenbar folgendermaßen formuliert werden.

13.4 Satz. *Sei $S \subset X$ eine abgeschlossene analytisch dünne Teilmenge einer analytischen Mannigfaltkeit X und $f : X - S \to \mathbb{C}$ eine analytische Funktion. Zu jedem Punkt $a \in S$ existiere eine Umgebung $U(a)$, so dass f in $U(a) \cap (X - S)$ beschränkt ist. Dann ist f auf ganz X analytisch fortsetzbar.*

Folgerung. *Wenn X zusammenhängend ist, so ist auch $X - S$ zusammenhängend.*

Denn jede lokal konstante Funktion auf $X - S$, welche nur die Werte 0 und 1 annimmt, ist nach dem Hebbarkeitssatz auf X analytisch fortsetzbar und somit konstant.   □

Unter zusätzlichen Voraussetzungen an f kann man die Bedingung „analytisch dünn" abschwächen:

13.5 Definition. *Eine abgeschlossene Teilmenge S einer analytischen Mannigfaltigkeit X heißt* **nirgends zerlegend**, *falls sie keine inneren Punkte besitzt und falls für jeden offenen und zusammenhängenden Teil $U \subset X$ die Menge*

$$U - S = \big\{\, x \in U;\; x \notin S \,\big\}$$

zusammenhängend ist.

Wegen der Folgerung zu 13.4 sind analytisch dünne Mengen nirgends zerlegend. Die Vereinigung zweier nirgends zerlegenden Mengen ist nirgends zerlegend. Ist $X_0 \subset X$ eine offene Untermannigfaltigkeit, so ist mit S auch $S \cap X_0$ nirgends zerlegend (in X_0).

13.6 Satz. *Sei X eine zusammenhängende analytische Mannigfaltigkeit und $S \subset X$ eine (abgeschlossene) nirgends zerlegende Teilmenge. Sei f eine meromorphe Funktion auf $X - S$, welche über dem Körper der meromorphen Funktionen $\mathcal{M}(X)$ auf X algebraisch ist. Dann ist f meromorph auf ganz X.*

Beweis. Die meromorphe Funktion f ist außerhalb einer analytisch dünnen Menge holomorph. Diese Menge können wir zu S schlagen und daher annehmen, dass f auf $X - S$ holomorph ist. Die Voraussetzung besagt, dass es meromorphe Funktionen $\varphi_0, \ldots, \varphi_n$ auf ganz X gibt, so dass

$$\varphi_n f^n + \cdots + \varphi_0 = 0, \qquad \varphi_n \neq 0,$$

gilt. Wir können annehmen, dass das Polynom $P = \varphi_n t^n + \cdots + \varphi_0$ aus $\mathcal{M}(X)[t]$ irreduzibel ist. Zum Beweis dürfen wir X durch eine offene zusammenhängende Umgebung eines vorgelegten Punktes ersetzen. Daher können wir annehmen, dass die Funktionen φ_ν Quotienten von auf ganz X holomorphen Funktion sind. Da wir sie mit einem gemeinsamen Nenner multiplizieren können, dürfen wir sogar annehmen, dass sie alle holomorph sind. Multipliziert man die algebraische Gleichung mit φ_n^{n-1}, so erhält man für $\varphi_n f$ eine algebraische Gleichung mit höchstem Koeffizienten eins. Daher können wir sogar $\varphi_n = 1$ annehmen. Jetzt werden wir zeigen, dass f sogar holomorph auf X fortsetzbar ist. Wir können annehmen, dass die φ_ν auf X beschränkt sind, da dies in einer offenen Umgebung eines vorgelegten Punktes der Fall ist. Nun folgt, dass f auf ganz $X - S$ beschränkt ist. Im Falle, dass S analytisch dünn ist, folgt der Beweis nun aus dem RIEMANN'schen Hebbarkeitssatz. Der allgemeine Fall erfordert folgende zusätzliche Überlegung:

Wenn es gelingt zu zeigen, dass es eine abgeschlossene analytisch dünne Teilmenge $A \subset X$ gibt, so dass f auf $X - A$ holomorph fortsetzbar ist, sind wir fertig, da dann der RIEMANN'sche Hebbarkeitssatz die weitere Fortsetzbarkeit auf X garantiert. Wir nutzen dies für die Menge A aller $x \in X$ aus, so dass die Diskrimante des Polynoms $P_x = \varphi_n(x) t^n + \cdots + \varphi_0(x)$ verschwindet. Da unser Polynom P über dem Körper $\mathcal{M}(X)$ irreduzibel ist, ist seine Diskriminante ein von Null verschiedenes Element dieses Körpers. Aus der expliziten Formel für die Diskriminante folgt, dass die Diskriminante des spezialisierten Polynoms von x holomorph abhängt. Hieraus folgt, dass A analytisch dünn ist. Wir können also annehmen, dass die Diskriminante von P_x für alle x von Null verschieden ist. Sei nun a ein fester Punkt. Die Gleichung $P_a(w) = 0$ hat n Lösungen $b_1, \ldots, b_n$. Die Ableitung von P_a nach w verschwindet in diesen Punkten nicht, da die Diskriminante nicht verschwindet. Nach dem Satz für implizite Funktionen V.3.4 existieren in einer kleinen offenen Umgebung $U(a)$

holomorphe Funktionen w_ν mit der Eigenschaft $w_\nu(a) = b_\nu$ und $P_x(w_\nu(x)) = 0$. Wenn wir $U(a)$ genügend klein wählen, sind die $w_\nu(x)$ paarweise verschieden. Da wir X durch $U(a)$ ersetzen dürfen, können wir annehmen:

Es existieren holomorphe Funktionen w_ν auf ganz X, so dass $P_x(w_\nu(x)) = 0$, und jede Nullstelle von P_x kommt unter den $w_\nu(x)$ vor.

Da $f(x)$ für $x \in X - S$ eine Nullstelle von P_x ist, erhalten wir

$$(w_1(x) - f(x)) \cdots (w_n(x) - f(x)) = 0 \quad \text{für} \quad x \in X - S.$$

Da $X - S$ zusammenhängend ist, folgt $w_\nu(x) = f(x)$ für ein ν. Damit ist gezeigt, dass $f(x)$ auf ganz X holomorph fortsetzbar ist.   □

Galois'sche Überlagerungen

Eine wichtige Folgerung des Hebbarkeitssatzes besagt:

13.7 Hilfssatz. *Sei $f : X \to Y$ eine surjektive eigentliche analytische Abbildung zusammenhängender analytischer Mannigfaltigkeiten. Es existiere eine abgeschlossene analytisch dünne Teilmenge $S \subset Y$, so dass auch $T = f^{-1}(S) \subset X$ analytisch dünn ist. Die Einschränkung von f*

$$X - T \longrightarrow Y - S, \quad T = f^{-1}(S),$$

sei lokal biholomorph. Sei $g : Y - S \to \mathbb{C}$ eine analytische Funktion, so dass die zurückgezogene Funktion $g \circ f : X - T \to \mathbb{C}$ auf X analytisch fortsetzbar ist. Dann ist g analytisch auf Y fortsetzbar.

Beweis. Aus der Voraussetzung der lokalen Biholomorphie folgt, dass g auf $Y - S$ analytisch ist. Für $s \in S$ wähle man eine offene Umgebung $V(s)$ mit kompaktem Abschluss. Das Urbild von $\overline{V(s)}$ ist kompakt, da f eigentlich ist. Die analytische Fortsetzung von $g \circ f$ ist beschränkt auf diesem Kompaktum. Daher ist g beschränkt in $U(s) - S$. Die Behauptung folgt nun aus dem RIEMANN'schen Hebbarkeitssatz.   □

Wir benötigen eine Variante von Hilfssatz 13.7, welche auch meromorphe Funktionen mit erfasst:

Ist $V \subset Y - S$ eine offene und dichte Teilmenge, so ist $f^{-1}(V)$ offen und und dicht in $X - T$. Dies folgt leicht aus der Tatsache, dass $X - T \to Y - S$ offen und eigentlich ist. Als Folge hiervon ist das Urbild einer offenen und dichten Teilmenge $V \subset Y$ offen und dicht in X. Ist g eine meromorphe Funktion auf Y, so kann man die zurückgezogene meromorphe Funktion $g \circ f$ auf X definieren. Man erhält auf diese Weise eine Einbettung (=injektiver Homomorphismus) der Körper meromorpher Funktionen

$$\mathcal{M}(Y) \longrightarrow \mathcal{M}(X).$$

Wir interessieren uns für das Bild. Eine besonders einfache Antwort kann gegeben werden, wenn f in folgendem Sinne GALOIS'sch ist.

13.8 Definition. *Eine surjektive eigentliche analytische Abbildung*

$$f : X \longrightarrow Y$$

analytischer Mannigfaltigkeiten gleicher Dimension heißt **verzweigte Galois'sche Überlagerung,** *wenn eine endliche Gruppe G biholomorpher Selbstabbildungen von X existiert, so dass zwei Punkte x, y genau dann dasselbe Bild unter f haben, falls ein $\gamma \in G$ mit der Eigenschaft $y = \gamma(x)$ existiert. Die Abbildung f faktorisiert dann über eine bijektive Abbildung*

$$X/G \longrightarrow Y.$$

Wir machen außerdem folgende beiden Annahmen (welche in Wirklichkeit automatisch erfüllt sind aber in unseren Anwendungen evident sind).

1) *Diese Abbildung ist topologisch, wenn man X/G mit der Quotiententopologie versieht, anders ausgedrückt: Die Abbildung f ist offen.*

2) *Es existiert eine abgeschlossene analytisch dünne Teilmenge $S \subset Y$, so dass die Einschränkung*

$$X - T \longrightarrow X - S, \quad T = f^{-1}(S),$$

lokal biholomorph ist.

Die Abbildung $X - T \to X - S$ ist eigentlich und lokal topologisch und somit eine Überlagerung im Sinne der topologischen Überlagerungstheorie (I.4.1, I.4.2). Sie ist GALOIS'sch mit Deckbewegungsguppe G (s. III.5.15). Wir nennen G auch einfach die Deckbewegungsgruppe von $X \to Y$.

Wie wir bereits erwähnt haben, haben wir eine natürliche Einbettung $\mathcal{M}(Y) \hookrightarrow \mathcal{M}(X)$. Der Einfachheit halber wollen wir Elemente aus $\mathcal{M}(Y)$ mit ihrem Bild in $\mathcal{M}(X)$ identifizieren.

13.9 Satz. *Sei $f : X \to Y$ eine verzweigte Galois'sche Überlagerung mit zugehöriger Deckbewegungsgruppe G. Das Bild von $\mathcal{M}(Y)$ in $\mathcal{M}(X)$ besteht genau aus den G-invarianten Funktionen aus $\mathcal{M}(X)$,*

$$\mathcal{M}(Y) = \mathcal{M}(X)^G \quad (\text{Fixkörper}).$$

Beweis. Aus 13.7 folgt leicht, dass der analoge Satz für analytische anstelle meromorpher Funktionen richtig ist. Sei $g \in \mathcal{M}(X)^G$ eine G-invariante meromorphe Funktion und $U \subset X$ ein offener und dichter Holomorphiebereich von g. Die Menge $V = f(U)$ ist offen und dicht in Y. Es existiert eine holomorphe Funktion $h : V \to \mathbb{C}$ mit $h(x) = g(f(x))$ für $x \in U$. Wir müssen zeigen, dass h in ganz Y meromorph ist. Sei $b \in Y$ ein beliebiger Punkt und $a \in X$ ein Urbild von b. Wir wollen die Meromorphie von h in einer Umgebung von b zeigen.

In einer kleinen offenen Umgebung $U(a)$ von a lässt sich g als Quotient von in ganz X analytischen Funktionen schreiben, $g = g_1/g_2$. Wir können annehmen, dass $U(a)$ G-invariant ist. Es gilt dann auch

$$g = \frac{g_1 g_3}{g_2 g_3} \text{ mit } g_3(x) = \prod_{\substack{\gamma \in G \\ \gamma \neq \mathrm{id}}} g_2(\gamma x).$$

Der Nenner in dieser Darstellung ist G-invariant. Da f selbst G-invariant ist, muss auch der Zähler G-invariant sein. Zähler und Nenner definieren nunmehr analytische Funktionen auf dem Bild $V(a) = f(U(a))$.   □

Wir werden im folgenden ein paar einfache Anleihen aus der Algebra machen, es handelt sich dabei aber nicht um mehr als Rudimente der GALOISTheorie. Der Einfachheit halber setzen wir voraus, dass alle betrachteten Körper Charakteristik Null haben.

1) Ist G eine endliche Gruppe von Automorphismen eines Körpers L, so ist L über dem Fixkörper

$$K = L^G = \{x \in L; \quad g(x) = x \text{ für alle } g \in G\}$$

endlich algebraisch. Es gilt

$$\#G = [L : K] \quad (= \dim_K L).$$

2) Man nennt eine Körpererweitwerung $K \subset L$ GALOIS'sch, wenn es eine endliche G von Automorphismen von L gibt, so dass $K = L^G$ der Fixkörper ist. Es gilt:

Sei $K \subset L$ eine endlich algebraische Körpererweiterung. Es existiert eine Erweiterung $L \subset \tilde{L}$, so dass $\tilde{L}|L$ und $\tilde{L}|K$ GALOIS'sch sind.

Hieraus und aus dem engen Zusammenhang zwischen kompakten RIEMANN'schen Flächen und Funktionenkörpern ergibt sich:

13.10 Bemerkung.   *Seien X eine zusammenhängende kompakte Riemann'sche Fläche und $f : X \to \bar{\mathbb{C}}$ eine nicht konstante meromorphe Funktion. Es existiert eine zusammenhängende kompakte Riemann'sche Fläche $\tilde{X}$ zusammen mit einer analytischen Abbildung $g : \tilde{X} \to X$, so dass*

$$g : \tilde{X} \to X, \quad g \circ f : \tilde{X} \to \bar{\mathbb{C}}$$

verzweigte Galois'sche Überlagerungen sind.

Zusatz. *Die Abbildungen f und g induzieren analytische Abbildungen*

$$\tilde{X}^n \longrightarrow X^n \to \mathbb{C}^n.$$

Dabei sind

$$g^n : \tilde{X}^n \longrightarrow X^n, \quad g^n \circ f^n : \tilde{X}^n \longrightarrow \bar{\mathbb{C}}^n$$

verzweigte Galois'sche Überlagerungen.

Wir sind nun in der Lage, Satz 13.1 für kartesische Potenzen von RIEMANN'schen Flächen zu beweisen:

13.11 Satz. *Der Körper der meromorphen Funktionen $\mathcal{M}(X^n)$ auf der n-fachen kartesischen Potenz einer zusammenhängenden kompakten Riemann'-schen Fläche ist ein algebraischer Funktionenkörper vom Transzendenzgrad n.*

Beweis. Seien $\mathbb{C} \subset K \subset L$ Körpererweiterungen, $L|K$ endlich algebraisch. Wenn K eine algebraischer Funktionenkörper vom Transzendenzgrad n ist, so trifft dies trivialerweise auch für L zu. Aber auch die Umkehrung ist richtig: Sei $f_1, \ldots, f_m$ $(m \leq n)$ ein maximales System algebraisch unabhängiger Elemente von K. Dann ist K und somit auch L algebraisch über $\mathbb{C}(f_1, \ldots, f_n)$. Da L ein algebraischer Funktionenkörper vom Transzendenzgrad n ist, folgt $m = n$ und die Erweiterung $\mathbb{C}(f_1, \ldots, f_n) \subset L$, erst recht also $\mathbb{C}(f_1, \ldots, f_n) \subset K$ ist endlich algebraisch.

Satz 13.11 gilt wegen 13.10 also für eine vorgegebene kompakte RIE-MANN'sche X genau dann, wenn er für die Zahlkugel gilt. Er gilt also genau dann, wenn er für irgendeine kompakte RIEMANN'sche Fläche gilt. Wir wissen aber, dass der Satz für Potenzen von Tori $\mathbb{C}/L$ gilt, denn die n-te Potenz dieses Torus ist selbst ein komplexer Torus zum Gitter L^n. □

Die symmetrische Potenz

Sei X eine Menge und $X^n = X \times \cdots \times X$ die n-fache kartesische Potenz. Die symmetrische Gruppe S_n operiert auf X^n durch Permutation der Komponenten. Der Quotient ist die n-te symmetrische Potenz,

$$X^{(n)} := X^n / S_n.$$

Ist X ein topologischer Raum, so versehen wir X^n mit der Produkttopologie und $X^{(n)}$ mit der Quotiententopologie. Sei speziell $X = \mathbb{C}$ die komplexe Ebene. Die n elementarsymmetrischen Funktionen $E_1, \ldots, E_n$ definieren eine Abbildung

$$E : \mathbb{C}^n \longrightarrow \mathbb{C}^n, \quad E(z) = (E_1(z), \ldots, E_n(z)).$$

Dies Abbildung faktorisiert über die n-te symmetrische Potenz. Wir bezeichnen diese Faktorisierung der Einfachheit halber wieder mit E,

$$E : \mathbb{C}^{(n)} \longrightarrow \mathbb{C}^n.$$

Als (ein) Hauptsatz über elementarsymmetrische Funktionen kann angesehen werden, dass diese Abbildung topologisch ist (IV.12.4). Damit kann man $\mathbb{C}^{(n)}$ so mit einer Struktur als analytische Mannigfaltigkeit versehen, dass diese Abbildung sogar biholomorph ist. Wir wollen diese Konstruktion allgemeiner für die n-te symmetrische Potenz einer RIEMANN'schen Fläche durchführen. Dazu müssen wir die Abbildung $X^n \longrightarrow X^{(n)}$ untersuchen. Wir studieren sie in einer kleinen offenen Umgebung U eines Punktes $a \in X^n$. Wir müssen den Stabilisator

$$G := \big\{ g \in S_n; \quad g(a) = 0 \big\}$$

betrachten. Wenn die Komponenten von a paarweise verschieden sind, so ist G trivial. Es ist klar, dass dann die Abbildung $X^n \to X^{(n)}$ eine kleine offene Umgebung von a topologisch auf eine offene Umgebung des Bildes von a in $X^{(n)}$ abbildet. Diese Abbildung kann benutzt werden, um eine Karte zu konstruieren.

Wir behandeln nun den anderen Extremfall, dass alle Komponenten von a gleich sind. In diesem Fall ist $G = S_n$. Man kann dann eine kleine offene Umgebung $U \subset X^n$ von a konstruieren, welche unter G invariant ist und so, dass die Abbildung $U/G \to X^{(n)}$ eine topologische Abbildung auf eine offene Teilmenge von $X^{(n)}$ vermittelt. Da U/G als offener Teil von $\mathbb{C}^{(n)}$ eine Mannigfaltigkeit ist, kann man diese Abbildung zur Konstruktion einer Karte benutzen.

Allgemein ist die Gruppe G isomorph zu einem kartesischen Produkt von Gruppen S_d. Um den Gedanken klar und einfach hervortreten zu lassen, betrachten wir einen typischen konkreten Fall. Sei $n = 3$ und $a_1 = a_2$, $a_3 \neq a_1$. Dann ist G isomorph zu S_2, wobei S_2 durch Permutation der ersten beiden Komponenten operiert. Es ist leicht, eine offene Umgebung U von a so zu konstruieren, dass sie invariant ist unter G und dass die natürliche Abbildung

$$U/G \longrightarrow X^{(n)}$$

eine toplogische Abbildung von a auf eine offene Umgebung des Bildes von a induziert. Man kann U offenbar sogar in der Form $U = U_1 \times U_2 \times U_3$ mit $U_1 = U_2$ wählen. dabei ist $U_i \subset \mathbb{C}$ eine offene Umgebung von a_i. Offenbar hat man dann eine natürliche Identifikation

$$U/G = (U_1 \times U_2)/S_2 \times U_3 \qquad (U_1 = U_2).$$

Wir haben bereits gesehen, dass U_1^2/S_2 eine Struktur als analytische Mannigfaltigkeit besitzt. Somit ist auch U/G eine analytische Mannigfaltigkeit. Dieser Gedanke lässt sich leicht ausbauen zu einem Beweis von:

13.12 Bemerkung.   *Sei X eine Riemann'sche Fläche. Es existiert eine Struktur als n-dimensionale analytische Mannigfaltigkeit auf der n-ten symmetrischen Potenz $X^{(n)}$, so dass die natürliche Projektion $X^n \to X^{(n)}$ eine verzweigte Galois'sche Überlagerung mit zur symmetrischen Gruppe S_n isomorpher Deckbewegungsgruppe ist. Der Körper der meromorphen Funktionen auf $X^{(n)}$ ist ein algebraischer Funktionenkörper vom Transzendenzgrad n.*

Wir kommen auf das JACOBI'sche Umkehrtheorem zurück. Wir erinnern daran, dass wir einer kompakten RIEMANN'schen Fläche einen komplexen Torus

$$\mathrm{Jac}(X) = \mathbb{C}^n/L$$

zusammen mit einer Abbildung

$$X^{(n)} \longrightarrow \mathbb{C}^n/L$$

zugeordnet haben. Diese Abbildung ist „fast bijektiv".

1) Die Fasern dieser Abbildung sind zusammenhängend.

2) Sei $U \subset X^{(n)}$ die Menge aller Punkte, so dass die Abbildung in einer kleinen offenen Umgebung biholomorph ist. Die Menge U is offen und dicht, die Bildmenge $V \subset \mathrm{Jac}(X)$ ebenso und die induzierte Abbildung $U \to V$ ist biholomorph.

   (Das Umkehrtheorem haben wir in IV.12.2 eigentlich nur so formuliert, dass man eine offene und dichte Teilmenge U finden kann, so dass $U \to V$ lokal topologisch ist. Für die beim Beweis konstruierte Menge ist aber $U \to V$ offenbar sogar biholomorph. Insbesondere ist die in 2) angegebene Menge offen und dicht. Aus 1) folgt, dass sogar für diese Menge $U \to V$ biholomorph ist.)

3) Wir setzen $T = X^{(n)} - U$ und $S = \mathrm{Jac}(X) - V$. Dann ist T das volle Urbild von S.

   (Zu 3) bemerken wir: Sind a, b zwei verschiedene Punkte, welche auf einen Punkt in S abgebildet werden, so kann die Abbildung wegen 1) in keinem der beiden Punkte lokal biholomorph sein. Sie liegen somit beide in T.)

Die Menge T kann lokal mittels analytischer Karten durch das Verschwinden einer Funktionaldeterminante beschrieben werden. Daher ist T analytisch dünn. Sie ist insbesondere nirgends zerlegend. Wir zeigen, dass auch ihr Bild S nirgends zerlegend ist. Sei hierzu $W \subset \mathrm{Jac}(X)$ eine offene zusammenhängende Teilmenge. Ihr Urbild sei $\tilde{W}$. Die Abbildung $\tilde{W} \to W$ ist eigentlich und hat zusammenhängende Fasern. Hieraus folgt leicht, dass auch $\tilde{W}$ zusammenhängend ist. Da T nirgends zerlegend ist, bleibt $\tilde{W} - T$ zusammenhängend. Ihr Bild $W - S$ ist damit auch zusammenhängend.

Nun betrachten wir die Inklusion $\mathcal{M}(\mathrm{Jac}(X)) \hookrightarrow \mathcal{M}(X^{(n)})$. Beide Körper sind algebraische Funktionenkörper vom Transzendenzgrad n. Die Körpererweiterung ist somit algebraisch. Sei $g \in \mathcal{M}(X^{(n)})$. Wi können g als meromorphe Funktion auf $\mathrm{Jac}(X) - S$ auffassen. Nach 13.6 ist g meromorph auf $\mathrm{Jac}(X)$. Die beiden Funktionenkörper stimmen also überein: Damit erhalten wir folgende feinere Version des JACOBI'schen Umkehrtheorems (vgl. IV.12.2):

13.13 Theorem.   *Sei $U \subset X^{(n)}$ die Menge aller Punkte, in denen die Jacobi'sche Abbildung*

$$X^{(n)} \longrightarrow \mathbb{C}^n / L = \mathbb{C}^n / L$$

lokal biholomorph ist. Diese Menge ist offen und dicht. Die Jacobische Abbildung bildet U biholomorph auf eine offene und dichte Teilmenge von $\mathrm{Jac}(X)$ ab. Sie induziert eine umkehrbar eindeutige Beziehung zwischen den abelschen Funktionen bezüglich des Gitters L und den meromorphen Funktionen auf $X^{(n)}$.

In diesem Sinne könnte man die JACOBI'sche Abbildung *bimeromorph* nennen.

Als Anwendung der Theorie der elliptischen Funktionen haben wir gesehen, dass die Umkehrfunktion eines elliptischen Integrals erster Gattung eine elliptische Funktion ist. Die Lösung des JACOBI'schen Umkehrproblems bedeutet eine phantastische Verallgemeinerung für algebraische Integrale. Wir wollen einen Spezialfall dieses Umkehrtheorems formulieren, um zu demonstrieren, wie „erdnah" diese Fragestellungen sind:

Wir betrachten als Beispiel das hyperelliptische Integral vom Geschlecht zwei, welches zur algebraischen Funktion $\sqrt{1 + x^6}$ gehört (s. IV.7.7). Wir bilden gemäß JACOBI

$$
\begin{aligned}
y_1 = y_1(x_1, x_2) &= \int\limits_{-\infty}^{x_1} \frac{dt}{\sqrt{1+t^6}} + \int\limits_{-\infty}^{x_2} \frac{dt}{\sqrt{1+t^6}} \\
y_2 = y_2(x_1, x_2) &= \int\limits_{-\infty}^{x_1} \frac{t\,dt}{\sqrt{1+t^6}} + \int\limits_{-\infty}^{x_2} \frac{t\,dt}{\sqrt{1+t^6}}
\end{aligned}
$$

und bilden danach —da diese beiden Integrale bei Vertauschen von x_1, x_2 invariant bleiben— die symmetrischen Bildungen (elementarsymmetrische Funktionen)

$$x_1 + x_2 \text{ und } x_1 \cdot x_2.$$

Das JACOBI'SCHE Umkehrtheorem behandelt die Frage der Umkehrung von

$$(x_1 + x_2, x_1 x_2) \longmapsto (y_1, y_2).$$

Natürlich kann man nicht erwarten, dass diese Abbildung global als eindeutige Funktion umkehrbar ist, man muss zunächst lokale Umkehrungen betrachten und deren analytische Fortsetzung. Die Theorie der RIEMANN'schen Flächen war ja u.a. von solchen Fragen motiviert.

Folgende Antwort auf das Umkehrproblem kann aus dem fundamentalen Satz 13.13 abgeleitet werden:

13.14 Theorem. *Es existieren ein Gitter $L \subset \mathbb{C}^2$ und ein Paar abelscher Funktionen f, g bezüglich L mit folgenden beiden Eigenschaften:*

1) *Es existiert ein offener und dichter Teil $U \subset \mathbb{R}^2$, welcher in einem gemeinsamen Holomorphiebereich von f und g enthalten ist:*

2)

$$
\begin{aligned}
f(y_1, y_2) &= x_1 + x_2, \\
g(y_1, y_2) &= x_1 x_2.
\end{aligned}
$$

Die Entdeckung ABEL's, dass die Umkehrung des elliptischen Integrals erster Gattung zu doppeltperiodischen meromorphen Funktionen führt, hat somit eine phantastische Verallgemeinerung auf hyperelliptische Integrale gefunden. Der Triumph der Theorie der kompakten RIEMANN'schen Flächen war es, die wahre Natur dieses Resultats aufzeigen zu können und damit einen Beweis zu ermöglichen.

Kurze historische Notiz zum Jacobi'schen Umkehrproblem

Schon ABEL hatte 1825 darauf hingewiesen, dass die Umkehrfunktion eines hyperelliptischen Integrals vom Geschlecht zwei 4 unabhängige Perioden haben muss. Wie JACOBI hervorhob, kommen mehr als zwei Perioden für *eindeutige* meromorphe Funktionen nicht in Betracht. Fasst man jedoch die beiden hyperelliptischen Integrale wie oben geschehen zu einem Paar von Integralen als Funktion von zwei unabhängigen Variablen zusammen, so trifft dieser Einwand nicht mehr zu. Die Formulierung des Umkehrproblems, wie wir es kurz vor 13.13 formuliert haben, entspricht in etwa der, welche JACOBI 1834 gegeben hat. Dies war lange vor der Theorie der RIEMANN'schen Flächen. Das Umkehrproblem entfaltete eine ungeheure Wirkung. Bedeutende Mathematiker dieser Zeit bemühten sich um die Lösung dieses Problems, darunter RIEMANN und WEIERSTRASS. Der letztere bezeichnete es als eine glückliche Fügung, dass er zu Beginn seiner wissenschaftlichen Laufbahn ein so bedeutendes Problem vorfand, wie es das JACOBI'sche Umkehrproblem war, an dessen Bearbeitung er sich machen konnte. Die Entwicklung der Theorie der RIEMANN'schen Flächen bildete die Basis für die Lösung dieses Problems. An der Bearbeitung dieses Problems und seinen Teillösungen waren viele namhafte Mathematiker beteiligt, die hier nicht alle gewürdigt werden können.

Das Umkehrproblem in der zweiten Hälfte des 19. Jahrhunderts hatte noch eine andere Färbung. Wir haben es, wie heutzutage üblich, einfach als Aussage formuliert, dass die Umkehrung von algebraischen Integralen auf abelsche Funktionen führt. Damals stand die Frage der expliziten Umkehrung durch Thetafunktionen im Mittelpunkt. Die klassischen Lösungen des Umkehrproblems beinhalten also mehr als nur die allgemeinen Existenzaussagen, wie wir sie formuliert haben. Die entsprechenden Thetafunktionen mehrerer Veränderlicher wurden in Analogie zur JACOBI'schen Thetafunktion schon vor der Theorie der RIEMANN'schen Flächen eingeführt. Sie führten zu einer expliziten Form des Umkehrtheorems im hyperelliptischen Fall $w^2 = P(z)$, wobei P Grad 5 oder 6 hat ($p = 2$). Die Lösung erfolgte unabhängig durch A. GÖPEL 1847 und J.G. ROSENHAIN 1851 (eingereicht bereits 1846 anlässlich eines Preisausschreibens der Pariser Akademie, briefliche Mitteilung an JACOBI bereits ab 1844).

Der Durchbruch für den allgemeinsten Fall erfolgte durch die Theorie der RIEMANN'schen Flächen. In der fundamentalen Arbeit über abelsche Funktionen aus dem Jahre 1857 konstruierte RIEMANN die Thetafunktion mehrerer

Veränderlicher direkt aus der RIEMANN'schen Fläche einer algebraischen Funktion durch kanonische Zerschneidung der Fläche und den hieraus gewonnenen Periodenrelationen. Diese Thetafunktion wird nun allgemein RIEMANN'sche Thetafunktion genannt. Über das hierauf aufbauende Studium der Thetafunktion gelangt RIEMANN u.a. zu einer Lösung des Umkehrtheorems mit gewissen Einschränkungen. Da die Arbeit RIEMANN's teils nur aus kurzen Andeutungen bestand, war es erforderlich, die Theorie auch in Spezialfällen verständlich zu machen. Der Fall $p = 2$ wurde 1863 von F.E. PRYM behandelt, der allgemeine hyperelliptische Fall 1863.

Die ursprünglichen Beweise des Umkehrtheorems beinhalten mehr als eine Existenzaussage. Die Umkehrfunktionen werden explizit durch Thetafunktionen ausgedrückt.

Die funktionentheoretische Durchbildung der Theorie, die dann auch zu Beweisen des Umkehrtheorems ohne Thetafunktionen führte, erfolgte durch CLEBSCH-GORDAN 1866 in ihrem Werk über abelsche Funktionen [CG] und durch WEIERSTRASS in seinen Vorlesungen über die Theorie der ABEL'schen Transzendenten.

Übungsaufgaben zu VI.13

1. Mit Hilfe von Aufgabe 2 aus §11 und unter Verwendung der Theorie der elliptischen Funktionen [FB], Kapitel V, zeige man:

   Der Körper der meromorphen Funktionen auf der n-ten Potenz $(\mathbb{C}/L)^n$ *eines eindimensionalen Torus ist eine endlich algebraische Erweiterung des rationalen Funktionenkörpers*

   $$\mathbb{C}(\wp(z_1), \dots, \wp(z_n)) \qquad \text{(WEIERSTRASS'sche } \wp\text{-Funktion).}$$

   Die Erweiterung hat den Grad 2^n. *Eine Basis bilden die Funktionen*

   $$\wp'(z_{\nu_1}) \cdots \wp'(z_{\nu_k}), \quad 1 \le \nu_1 \le \dots \le \nu_k \le n.$$

2. Wir betrachten die durch die $\wp$-Funktion vermittelte Abbildung

   $$\wp : \mathbb{C}/L \longrightarrow \bar{\mathbb{C}}.$$

   Dies ist ein (in vier Punkten) verzweigte GALOIS'sche Überlagerung. Die Deckbewegungsgruppe besteht aus der Identität und der Abbildung $z \mapsto -z$. Entsprechend ist

   $$\wp^n : (\mathbb{C}/L)^n \longrightarrow \bar{\mathbb{C}}^n$$

   eine GALOIS'sche Überlagerung mit zu $(\mathbb{Z}/2\mathbb{Z})^n$ isomorpher Deckbewegungsgruppe. Der Körper der unter dieser Gruppe invarianten Funktionen ist genau

   $$\mathbb{C}(\wp(z_1), \dots, \wp(z_n)).$$

   Hieraus folgt folgender Satz von HURWITZ:

Jede meromorphe Funktion auf dem Produkt $\bar{\mathbb{C}}^n$ von n Zahlkugeln ist eine rationale Funktion.

Man kann es für abwegig finden, diesen Satz auf die Theorie der abelschen Funktionen zurückzuspielen. Es gibt in der Tat direkte elementare Beweise dieses Satzes, aber auch diese sind umständlich genug. Wir verweisen auf den Klassiker von Osgood [Os], wo dieser Satz in §23 im dritten Kapitel recht mühselig bewiesen wird.

3. Aus der vorhergehenden Aufgabe und 13.9 in Verbindung mit 13.10 folgere man:

Sei X eine zusammenhängende kompakte Riemann'sche Fläche, deren Funktionenkörper als algebraische Erweiterung vom Grad d eines rationalen Funktionenkörpers realisiert sei:

$$\mathcal{M}(X) = \mathbb{C}(f)[g] = \bigoplus_{\nu=1}^{d} \mathbb{C}(f)g^{\nu}.$$

Der Körper der meromorphen Funktionen auf der kartesischen Potenz X^n ist eine endlich algebraische Erweiterung des rationalen Funktionenkörpers

$$\mathbb{C}(f(x_1), \ldots, f(x_n))$$

vom Grad d^n. Eine mögliche Basis bilden die Monome

$$g(x_1)^{\nu_1} \cdots g(x_n)^{\nu_n}, \quad 0 \le \nu_1, \ldots, \nu_n \le d.$$

VII. Modulformen mehrerer Veränderlicher

So wie die Theorie der elliptischen Integrale über die Theorie der elliptischen Funktionen zur Theorie der elliptischen Modulfunktionen geführt hat, so führt auch die Theorie der Integrale beliebiger algebraischer Funktionen über die Theorie der kompakten RIEMANN'schen Flächen zur Theorie der Modulfunktionen mehrerer Veränderlicher. Wir haben versucht, eine möglichst einfache in sich geschlossene Einführung in diese Theorie zu geben. Da wir vollständige Beweise anstreben, haben wir uns in wesentlichen Teilen auf den Fall $n = 2$ beschränkt. Hauptziel ist ein elementarer Beweis des Struktursatzes von IGUSA, dass der Ring der Modulformen zu der nach ihm benannten Gruppe $\Gamma_2[4, 8]$ von den 10 klassischen Thetanullwerten erzeugt wird. Der analoge Satz im Falle $n = 1$ wurde in [FB], VI, §6 mit einer ähnlichen Methode bewiesen.

Die Wurzeln der Theorie der Modulfunktionen mehrerer Veränderlicher liegen im 19. Jahrhundert.Diese Funktionen traten als Thetafunktionen im Zusammenhang mit den kompakten RIEMANN'schen Flächen und der Theorie der abelschen Funktionen auf. Aber sie erschienen in dieser Zeit nur als Beispiele ohne systematische Theorie. In einer grundlegenden Arbeit gab C.L. SIEGEL im Jahre 1939 eine neue eingehende funktionentheoretische Begründung dieser Theorie mit weitreichenden Resultaten, s. Gesammelte Abhandlungen, Band 2, Nr. 32, *Einführung in der Theorie der Modulfunktionen n-ten Grades*. Man nennt die Modulgruppe n-ten Grades auch SIEGEL'sche Modulgruppe und die die zugehörigen Modulfunktionen SIEGEL'sche Modulfunktionen. Wir wollen noch erwähnen, dass diese Theorie in vielerlei Weise verallgemeinert wurde. Beispielsweise kann die symplektische Gruppe durch andere Liegruppen und Analyzität kann durch andere Bedingungen ersetzt werden.

1. Die Siegel'sche Modulgruppe

Schon im Zusammenhang mit den Periodenrelationen kompakter RIEMANN'scher Flächen (IV.10.10) und später im Zusammenhang mit kanonischen Gitterbasen (VI.6.8) sind wir auf die *verallgemeinerte obere Halbebene* $\mathbb{H}_n$ gestoßen. Sie besteht aus allen komplexen symmetrischen $n \times n$-Matrizen $Z = X + \mathrm{i}Y$, deren Imaginärteil Y positiv (definit) ist. Ebenfalls begegnet sind wir der symplektischen Gruppe $\mathrm{Sp}(n, \mathbb{R})$ (s. IV.10.5 und VI, §12). Sie besteht aus allen reellen $2n \times 2n$-Matrizen M, welche die standard-alternierende Form I invariant lassen,

$$M^t I M = I, \quad I = \begin{pmatrix} 0 & E \\ -E & 0 \end{pmatrix}.$$

Man zerlegt häufig eine symplektische Matrix M in vier $n \times n$-Blöcke,

$$M = \begin{pmatrix} A & B \\ C & D \end{pmatrix}.$$

Eine einfache Rechnung zeigt:

1.1 Bemerkung. 1) *Eine Matrix* $M = \begin{pmatrix} A & B \\ C & D \end{pmatrix}$ *ist genau dann symplektisch, wenn die Relationen*

$$A^t D - C^t B = E, \quad A^t C = C^t A, \quad B^t D = D^t B$$

erfüllt sind. Insbesondere gilt

$$\mathrm{Sp}(1, \mathbb{R}) = \mathrm{SL}(2, \mathbb{R}).$$

2) *Es gilt* $I^t = -I = I^{-1}$. *Daher ist mit* M *auch* M^t *symplektisch, d.h.*

$$AD^t - BC^t = E, \quad AB^t = BA^t, \quad CD^t = DC^t.$$

3) *Die Inverse einer symplektischen Matrix ist*

$$M^{-1} = I^{-1} M I = \begin{pmatrix} D^t & -B^t \\ -C^t & A^t \end{pmatrix}.$$

4) *Spezielle Beispiele symplektischer Matrizen sind*

a) $\begin{pmatrix} E & S \\ 0 & E \end{pmatrix}, \quad S = S^t,$

b) $\begin{pmatrix} U^t & 0 \\ 0 & U^{-1} \end{pmatrix}, \quad U \in \mathrm{GL}(n, \mathbb{R}),$

c) $I = \begin{pmatrix} 0 & E \\ -E & 0 \end{pmatrix}.$

1.2 Satz. *Seien* $M \in \mathrm{Sp}(n, \mathbb{R})$ *eine reelle symplektische Matrix und* $Z \in \mathbb{H}_n$ *ein Punkt aus der verallgemeinerten oberen Halbebene. Dann gilt*
1) $\det(CZ + D) \neq 0,$
2) $MZ := (AZ + B)(CZ + D)^{-1} \in \mathbb{H}_n.$
Die Gruppe $\mathrm{Sp}(n, \mathbb{R})$ *operiert vermöge* $(Z, M) \mapsto MZ$ *auf* $\mathbb{H}_n$, *d.h. es gilt*

$$E^{(2n)} Z = Z, \quad (MN)Z = M(NZ).$$

Zwei symplektische Matrizen M, N *definieren genau dann dieselbe symplektische Substitution, falls sie sich nur um das Vorzeichen unterscheiden.*

Die Wirkung der speziellen Substitutionen a)-c) aus 1.1 ist

a) $Z \longmapsto Z + S,$
b) $Z \longmapsto Z[U] := U^t Z U,$
c) $Z \longmapsto -Z^{-1}.$

Beweis. Zu 1): Wir schließen indirekt und nehmen an, dass das homogene lineare Gleichungssystem $(CZ + D)^t\mathfrak{z} = 0$ eine von Null verschiedene Lösung $\mathfrak{z} \in \mathbb{C}^n$ hat. Es folgt dann durch Multiplikation mit dem Zeilenvektor $\bar{\mathfrak{z}}^t C$ von links

$$\bar{\mathfrak{z}}^t C (CZ + D)^t \mathfrak{z} = \overline{C^t \mathfrak{z}}^t Z C \mathfrak{z} + \bar{\mathfrak{z}}^t C D^t \mathfrak{z} = 0.$$

Ist S eine *reelle symmetrische Matrix*, so ist

$$\bar{\mathfrak{z}}^t S \mathfrak{z} = S[\mathfrak{x}] + S[\mathfrak{y}] \quad (\mathfrak{z} = \mathfrak{x} + i\mathfrak{y})$$

reell. Der Imaginärteil des obigen Ausdrucks ist daher

$$Y[C^t \mathfrak{x}] + Y[C^t \mathfrak{y}].$$

Da Y positiv definit ist, folgt jetzt $C^t \mathfrak{x} = C^t \mathfrak{y} = 0$. Nun folgt auch $D^t \mathfrak{x} = D^t \mathfrak{y} = 0$. Wir haben nun einen Widerspruch zu der Tatsache, dass (C, D) maximalen Rang n hat.

Zu 2). Wir können nun $(AZ + B)(CZ + D)^{-1}$ bilden und zeigen als nächstes, dass diese Matrix symmetrisch ist,

$$(CZ + D)^{t^{-1}} (AZ + B)^t = (AZ + B)(CZ + D)^{-1}$$

oder

$$(ZA^t + B^t)(CZ + D) = (ZC^t + D^t)(AZ + B).$$

Dies folgt leicht durch Ausmultiplizieren unter Verwendung der symplektischen Relationen.

Es bleibt nun noch zu zeigen, dass der Imaginärteil von MZ positiv ist. Ist $S = S^{(n)}$ eine symmetrische reelle Matrix und $A = A^{(n,m)}$ eine komplexe $n \times m$-Matrix, so dass $\bar{A}^t S A$ ebenfalls reell ist, so gilt

$$\bar{A}^t S A = S[\operatorname{Re} A] + S[\operatorname{Im} A].$$

Die Behauptung, dass $\operatorname{Im} MZ$ positiv definit ist, folgt hieraus und folgender expliziten Formel.

1.3 Hilfssatz. *Es gilt*

$$\operatorname{Im} MZ = (CZ + D)^{t^{-1}} (\operatorname{Im} Z) \overline{(CZ + D)}^{-1}.$$

Beweis. Man multipliziere den Ausdruck

$$\operatorname{Im} MZ = \frac{1}{2i} \left[(AZ + B)(CZ + D)^{-1} - \overline{(AZ + B)(CZ + D)}^{-1} \right]$$

$$= \frac{1}{2i} \left[(CZ + D)^{t^{-1}} (AZ + B)^t - \overline{(AZ + B)(CZ + D)}^{-1} \right]$$

von links mit $(CZ + D)^t$ und von rechts mit $\overline{(CZ + D)}$ und beseitige so die Nenner. Multipliziert man aus, so erhält man unter Verwendung der symplektischen Relationen die Behauptung. □

Fortsetzung des Beweises von Satz 1.2. Es bleibt zu zeigen, dass nur $\pm E^{(2n)}$ als Identität wirkt. Aus $MZ = Z$ für alle Z folgt

$$AZ + B = Z(CZ + D).$$

Spezialisiert man $Z = zE$, so folgt

$$C = 0, \quad B = 0 \quad \text{und} \quad A = D.$$

Jetzt folgt $AZ = ZA$ und hieraus leicht $A = aE$. Aus der symplektischen Relation folgt $a^2 = 1$. □

Die Modulgruppe n-ten Grades besteht aus allen *ganzzahligen* symplektischen Matrizen. Wir bezeichnen sie mit

$$\Gamma_n = \mathrm{Sp}(n, \mathbb{Z}).$$

Auch ihr sind wir bereits begegnet im Zusammenhang mit den Periodenrelationen kompakter RIEMANN'scher Flächen, IV.10.6, und später im Zusammenhang mit den polarisierten abelschen Mannigfaltigkeiten, VI.12.1, als Spezialfall der sogenannten Paramodulgruppe $\Gamma(T)$. Man könnte die Theorie der Modulformen allgemeiner für die Paramodulgruppen entwickeln. Der Einfachheit halber wollen wir uns hier ganz auf den wichtigsten Fall $T = E$ beschränken.

Man kann allgemeiner für jeden *kommutativen Ring R mit Einselement* die symplektische Gruppe $\mathrm{Sp}(n, R)$ mit Koeffizienten aus R definieren. Sie besteht aus allen Matrizen $M \in R^{(2n,2n)}$ mit der Eigenschaft $M^t I M = I$. Es gilt $\det M^2 = 1$. Nach der CRAMER'schen Regel ist M in $R^{(2n,2n)}$ invertierbar. $\mathrm{Sp}(n, R)$ ist also eine Gruppe.

Für natürliche Zahlen q kann man den Restklassenring $\mathbb{Z}/q\mathbb{Z}$ betrachten. Man hat einen natürlichen Gruppenhomomorphismus

$$\mathrm{Sp}(n, \mathbb{Z}) \longrightarrow \mathrm{Sp}(n, \mathbb{Z}/q\mathbb{Z}).$$

Den Kern dieses Homomorphismus bezeichnen wir mit $\Gamma_n[q]$ und nennen ihn die *Hauptkongruenzgruppe der Stufe q*. Dies ist eine Untergruppe (sogar ein Normalteiler) von endlichem Index in Γ_n.

In Analogie hierzu betrachten wir die Gruppen

$$\mathrm{GL}(n, \mathbb{Z})[q] = \mathrm{Kern}\big(\mathrm{GL}(n, \mathbb{Z}) \longrightarrow \mathrm{GL}(n, \mathbb{Z}/q\mathbb{Z})\big),$$
$$\mathrm{SL}(n, \mathbb{Z})[q] = \mathrm{Kern}\big(\mathrm{SL}(n, \mathbb{Z}) \longrightarrow \mathrm{SL}(n, \mathbb{Z}/q\mathbb{Z})\big).$$

Es gilt also

$$\Gamma_n[q] = \Gamma_n \cap \mathrm{GL}(2n, \mathbb{Z})[q].$$

Übungsaufgaben zu VII.1

1. Man zeige, dass mit M auch M^t symplektisch ist.

2. Man zeige, dass sich jede symplektische Matrix M mit der Eigenschaft $C = 0$ eindeutig in der Form
$$\begin{pmatrix} U^t & 0 \\ 0 & U^{-1} \end{pmatrix} \begin{pmatrix} E & S \\ 0 & E \end{pmatrix}$$
mit einer symmetrischen Matrix S schreiben lässt.

3. Man beschreibe alle symplektischen Matrizen M mit $B = 0$.

4. Man beweise, dass die beiden durch $C = 0$ bzw. $B = 0$ definierten Untergruppen der symplektischen Gruppe konjugiert sind.

5. Man beweise, dass die durch $C = 0$ definierte Untergruppe von $\mathrm{Sp}(n, \mathbb{R})$ auf $\mathbb{H}_n$ transitiv operiert.

2. Der Begriff der Modulform n-ten Grades

Wir bezeichnen mit
$$\mathcal{Z}_n = \{ Z = Z^{(n)} = Z^t \}$$
den Vektorraum der symmetrischen komplexen $n \times n$-Matrizen. Dies ist ein Vektorraum der Dimension $n(n+1)/2$. Nach Wahl eines Isomorphismus
$$\mathcal{Z}_n \longrightarrow \mathbb{C}^N, \quad N = \frac{n(n+1)}{2},$$
kann man Begriffe wie offene Teilmenge, analytische Funktion auf einer solchen u.s.w. definieren. All diese Begriffe hängen von der Wahl des Isomorphismus nicht ab. Wenn man will, kann man die Paare (i, j), $1 \leq i \leq j \leq n$, lexiko-graphisch anordnen und erhält auf diesem Wege einen konkreten Isomorphismus.

2.1 Bemerkung. *Die verallgemeinerte obere Halbebene $\mathbb{H}_n$ ist ein offenes und konvexes Gebiet in $\mathcal{Z}_n$.*

Beweis. Eine reelle symmetrische Matrix ist genau dann positiv definit, wenn die n Minoren (Hauptunterdeterminanten) positiv sind. Die Konvexität ist klar, es gilt sogar

a) $Z \in \mathbb{H}_n$, $t > 0 \Longrightarrow tZ \in \mathbb{H}_n$,

b) $Z, W \in \mathbb{H}_n \Longrightarrow Z + W \in \mathbb{H}_n$. $\square$

Eine einfache Verallgemeinerung der „Kettenregel" für $cz + d$ besagt:

2.2 Bemerkung. *Sei* $I(M, Z) = CZ + D$. *Es gilt*

$$I(MN, Z) = I(M, NZ)I(N, Z).$$

Folgerung. *Sei* $j(M, Z) = \det(CZ + D)$. *Es gilt*

$$j(MN, Z) = j(M, NZ)j(N, Z).$$

Wir wollen auch *Modulformen halbganzen Gewichts* betrachten und benötigen hierzu eine holomorphe Quadratwurzel aus $j(M, Z)$. Die Existenz einer solchen folgt aus

2.3 Hilfssatz. *Zu jeder holomorphen Funktion ohne Nullstelle*

$$f : \mathbb{H}_n \longrightarrow \mathbb{C}^{\boldsymbol{\cdot}}$$

existiert eine holomorphe Funktion

$$h : \mathbb{H}_n \longrightarrow \mathbb{C}^{\boldsymbol{\cdot}}$$

mit der Eigenschaft

$$h(Z)^2 = f(Z).$$

Mit h ist auch $-h$ eine holomorphe Quadratwurzel. Außer diesen beiden gibt es keine weitere stetige Quadratwurzel von f.

Beweis. Eindeutigkeit. Sind h, $\tilde{h}$ zwei stetige Quadratwurzeln von f, so ist $h/\tilde{h}$ eine stetige Funktion, welche nur die Werte ± 1 annimmt. Da $\mathbb{H}_n$ zusammenhängt, ist $h/\tilde{h}$ konstant ± 1.

Existenz von h. Wir können $f(iE) = 1$ annehmen. Da $\mathbb{H}_n$ konvex ist, liegt die Verbindungsstrecke zwischen iE und einem vorgegebenen Punkt $Z \in \mathbb{H}_n$ ganz in $\mathbb{H}_n$, insbesondere ist

$$\alpha(t) = \alpha(Z; t) = f(iE + t(Z - iE)) \text{ für } 0 \leq t \leq 1$$

definiert und von Null verschieden und wir können

$$H(Z) := \int_0^1 \frac{\alpha'(t)}{\alpha(t)} \, dt$$

definieren. Offensichtlich ist $H(Z)$ analytisch in $\mathbb{H}_n$ und es gilt

$$e^{H(Z)} = f(Z).$$

Die Funktion $h(Z) = e^{H(Z)/2}$ hat die gewünschte Eigenschaft. $\square$

Für jede Matrix $M \in \mathrm{Sp}(n, \mathbb{R})$ existiert eine holomorphe Quadratwurzel aus $\det(CZ + D)$. Wir wählen ein für allemal eine aus und bezeichnen diese Funktion mit

$$\sqrt{\det(CZ + D)} = \det(CZ + D)^{1/2}.$$

Diese Bezeichnung ist allerdings mit einer gewissen Vorsicht zu genießen. Es ist sehr wohl möglich, dass $\det(CZ_1 + D) = \det(CZ_2 + D)$ für zwei Punkte $Z_1, Z_2 \in \mathbb{H}_n$ gilt aber $\sqrt{\det(CZ_1 + D)} = -\sqrt{\det(CZ_2 + D)}$.

Wegen der Zweideutigkeit der Quadratwurzel überträgt sich die Kettenregel auf $\sqrt{j(M, Z)}$ nur bis aufs Vorzeichen (vgl. [FB], VI.5.4):

2.4 Bemerkung. *Es existiert eine Abbildung*

$$w : \mathrm{Sp}(n, \mathbb{R}) \times \mathrm{Sp}(n, \mathbb{R}) \longrightarrow \{\pm 1\}$$

mit folgender Eigenschaft:

$$\sqrt{j(MN, Z)} = w(M, N)\sqrt{j(M, NZ)}\sqrt{j(N, Z)}.$$

Wie im Falle $n = 1$ definiert man nun den Begriff des *Multiplikatorsystems* auf einer Kongruenzgruppe. Unter einer *Kongruenzgruppe* verstehen wir hier eine Untergruppe $\Gamma \in \mathrm{Sp}(n, \mathbb{Z})$, welche eine geeignete Hauptkongruenzgruppe $\Gamma_n[q]$ umfasst (vgl. [FB],VI.5.1). In Verallgemeinerung von [FB], VI.5.5 definiert man:

2.5 Definition. *Sei $\Gamma \in \mathrm{Sp}(n, \mathbb{Z})$ eine Kongruenzgruppe. Eine Abbildung*

$$v : \Gamma \longrightarrow \mathbb{C}$$

heißt Multiplikatorsystem vom Gewicht $r/2$, $r \in \mathbb{Z}$, falls folgende Bedingungen erfüllt sind:

a) *Es existiert eine natürliche Zahl l mit*

$$v(M)^l = 1 \text{ für alle } M \in \Gamma.$$

b) *Definiert man*

$$j_r(M, Z) = v(M)\det(CZ + D)^{r/2} \quad (M \in \Gamma),$$

so gilt
  b1) $j_r(MN, Z) = j_r(M, NZ)j_r(N, Z),$
  b2) $j_r(-E, Z) = 1,\ falls\ -E \in \Gamma.$

Wie im Falle $n = 1$, [FB], VI.5.7 definiert man das *konjugierte Multiplikatorsystem*.

2.6 Hilfssatz.   *Sei v ein Multiplikatorsystem auf der Kongruenzgruppe $\Gamma \subset$ Sp$(n, \mathbb{Z})$ und sei $L \subset$ Sp$(n, \mathbb{Z})$. Dann wird durch*

$$v^L(LML^{-1}) = w(L^{-1}, LML^{-1})^r w(M, L^{-1})^r v(M)$$

ein Multiplikatorsystem auf der konjugierten Gruppe $L\Gamma L^{-1}$ definiert.

Man nennt v^L das konjugierte Multiplikatorsystem.

Wir führen nun den Begriff der Modulform in Analogie zum Fall $n = 1$ ein (vgl. [FB], VI.5.8).

2.7 Definition.   *Gegeben seien eine Kongruenzgruppe $\Gamma \subset$ Sp$(n, \mathbb{Z})$, eine ganze Zahl $r \in \mathbb{Z}$ und ein Multiplikatorsystem vom Gewicht $r/2$ auf Γ. Eine Modulform vom Gewicht $r/2$ zum Multiplikatorsystem v ist eine holomorphe Funktion $f : \mathbb{H}_n \to \mathbb{C}$ mit folgender Eigenschaft:*

1) $f(MZ) = v(M) \det(CZ + D)^{r/2} f(Z)$ *für alle $M \in \Gamma$.*

2)   *Für jedes $M \in$ Sp$(n, \mathbb{Z})$ ist die Funktion*

$$(f|M)(Z) := \det(CZ + D)^{-r/2} f(MZ)$$

beschränkt in Bereichen der Art

$$Y \geq Y_0 > 0 \quad (Y_0 \text{ fest aber beliebig}).$$

Die Menge aller Modulformen zu gegebenen Γ, v, r bildet offenbar einen Vektorraum. Wir bezeichnen ihn mit

$$[\Gamma, r/2, v].$$

Ist r gerade und $v \equiv 1$ das triviale Multiplikatorsystem, so schreiben wir auch

$$[\Gamma, r/2].$$

Übungsaufgaben zu VII.2

1. Mit der PETERSSON'schen Bezeichnung

$$(f|M)(Z) = (f|_r M)(Z) = \sqrt{\det(CZ + D)}^{-r} f(Z)$$

   gilt

$$f|MN = w^r(M, N)(f|M)|N.$$

2. Ein System von l-ten Einheitswurzeln $\{v(M)\}_{M \in \Gamma}$ ist genau dann ein Multiplikatorsystem, wenn es eine von Null verschiedene (nicht notwendig stetige) Funktion $f : \mathbb{H} \to \mathbb{C}$ gibt, welche der Transformationsformel $f|M = v(M)f$ genügt.

3. Seien $L \in \Gamma_n$ und $\Gamma \subset \Gamma_n$ eine Kongruenzgruppe. Dann ist auch $\tilde{\Gamma} := L\Gamma L^{-1}$ eine Kongruenzgruppe und die Zuordnung

$$f \longmapsto f|_r L^{-1}$$

definiert einen Isomorphismus

$$[\Gamma, r/2, v] \overset{\sim}{\longrightarrow} [\tilde{\Gamma}, r/2, \tilde{v}].$$

Dabei bezeichne $\tilde{v}$ das zu v konjugierte Multiplikatorsystem.

3. Das Koecherprinzip

Wir wollen in diesem Abschnitt zeigen, dass die Beschränktheitsbedingung in der Definition von Modulformen (2.7) im Falle $n > 1$ überflüssig ist. Dies wurde 1954 von M. KOECHER [Koc] bewiesen. Das analoge Prinzip für Hilbertsche Modulformen war schon 1928 durch F. GÖTZKY [Go] bekannt.

Dazu betrachten wir periodische analytische Funktionen

$$f : \mathbb{H}_n \longrightarrow \mathbb{C}, \quad f(Z + S) = f(Z), \quad S = S^t \text{ ganz.}$$

Wir wissen, dass sich jedes solche f in eine (komplexe) FOURIERreihe entwickeln lässt (Anhang zu VI, §8),

$$f(Z) = \sum a\big((n_{ij})\big) \exp\Big(2\pi i \sum_{1 \le i \le j \le n} n_{ij} z_{ij}\Big).$$

Dabei steht im Exponenten eine beliebige ganzzahlige Linearkombination der N Variablen. Definiert man die symmetrische Matrix T durch

$$t_{ij} = t_{ji} = n_{ij} \text{ für } i > j \quad \text{und} \quad t_{ii} = 2n_{ii} \text{ für } i = j,$$

so kann man diese Summe in der Form

$$\frac{1}{2}\sigma(TZ) \quad (\sigma = \text{Spur})$$

schreiben. Die FOURIERentwicklung bekommt damit die Form

$$\sum_T a(T) e^{\pi i \sigma(TZ)}.$$

Dabei wird über alle symmetrischen ganzen Matrizen mit geraden Diagonalelementen summiert. Solche Matrizen heißen auch kurz *gerade*. Sie sind auch dadurch gekennzeichnet, dass $T[g] = g^t T g$ gerade für alle ganzen Spaltenvektoren g ist.

Wir erinnern an die Bezeichnung

$$\mathrm{SL}(n, \mathbb{Z})[q] = \mathrm{Kern}(\mathrm{SL}(n, \mathbb{Z}) \longrightarrow \mathrm{SL}(n, \mathbb{Z}/q\mathbb{Z})).$$

3.1 Satz. *Sei* $f : \mathbb{H} \to \mathbb{C}$ *eine holomorphe periodische Funktion mit Fourierentwicklung*

$$f(Z) = \sum_{T=T^t \text{ gerade}} a(T) e^{\pi i \sigma(TZ)}.$$

Es existiere eine natürliche Zahl q *mit der Eigenschaft*

$$a(T[U]) = a(T) \text{ für alle } U \in \mathrm{SL}(n, \mathbb{Z})[q].$$

Unter der Voraussetzung $n > 1$ *gilt dann*

$$a(T) \neq 0 \Longrightarrow T \geq 0.$$

„$T \geq 0$" bedeute hierbei semipositiv, d.h. $T[g] \geq 0$ für alle $g \in \mathbb{R}^n$. Aus Stetigkeitsgründen braucht man dies nur für $g \in \mathbb{Q}^n$ und aus Homogenitätsgründen nur für $g \in \mathbb{Z}^n$ zu fordern. Dabei kann man noch annehmen, dass die Komponenten von g teilerfremd sind.

Zum Beweis von 3.1 benötigt man ein bekanntes „Lemma von GAUSS".

3.2 Hilfssatz. *Zu jedem Spaltenvektor* $g \in \mathbb{Z}^n$ *existiert eine unimodulare Matrix* $U \in \mathrm{GL}(n, \mathbb{Z})$ *mit der Eigenschaft*

$$Ug = \begin{pmatrix} a_1 \\ 0 \\ \vdots \\ 0 \end{pmatrix}.$$

Folgerung. *Jeder Vektor* $g \in \mathbb{Z}^n$ *mit teilerfremden Komponenten ist die erste Spalte einer Matrix* $U \in \mathrm{GL}(n, \mathbb{Z})$,

$$U = (g, *).$$

Im Falle $n > 1$ *kann man* $U \in \mathrm{SL}(n, \mathbb{Z})$ *erreichen.*

Beweis. Man kann annehmen, dass g von Null verschieden ist und findet zunächst eine Matrix $U \in \mathrm{GL}(n, \mathbb{Z})$, so dass

$$Ug = \begin{pmatrix} a_1 \\ \vdots \\ a_n \end{pmatrix}, \quad a_1 \neq 0.$$

Unter all diesen U wählt man eine aus, für die $|a_1|$ minimal ist. Man findet eine Dreiecksmatrix $V \in \mathrm{GL}(n, \mathbb{Z})$, so dass

$$
VUg = \begin{pmatrix} a_1 \\ a_2 + x_2 a_1 \\ \vdots \\ a_n + x_n a_1 \end{pmatrix}
$$

mit vorgegebenen ganzen $x_2, \ldots, x_n$ gilt. Nach dem euklidschen Algorithmus kann man diese so wählen, dass

$$
|a_\nu + x_\nu a_1| < |a_1| \qquad (2 \le \nu \le n)
$$

gilt. Wegen der Minimalitätsbedingung gilt $a_\nu + x_\nu a_1 = 0$.   □

Beweis von Satz 3.1. Wir schließen indirekt, nehmen also an, dass ein von Null verschiedener FOURIERkoeffizient $a(T)$ zu *nicht* semipositivem T existiert. Wir wählen einen Vektor $g \in \mathbb{Z}^n$, $T[g] < 0$, mit teilerfremden Komponenten und ergänzen ihn zu einer unimodularen Matrix $U = (g, *) \in \mathrm{SL}(n, \mathbb{Z})$. Das erste Diagonalelement von $\tilde{T} = T[U]$ ist dann negativ. Wir betrachten nun

$$
U(x) := U \begin{pmatrix} 1 & x & 0 & \ldots & 0 \\ 0 & 1 & 0 & \ldots & 0 \\ 0 & 0 & 1 & \ldots & 0 \\ \vdots & & \vdots & \ddots & \vdots \\ 0 & 0 & 0 & \ldots & 1 \end{pmatrix}.
$$

Nach Voraussetzung ist

$$
a(T[U(x)]) = a(T), \text{ falls } x \equiv 0 \bmod q.
$$

Da jede Teilreihe von $f(Z)$ konvergiert, muss auch die Reihe

$$
\sum_{T_1} e^{\pi i \sigma(T_1 Z)}
$$

konvergieren, wobei über alle T_1 summiert wird, welche sich in der Form $T_1 = T[U(x)]$ schreiben lassen. Insbesondere muss

$$
e^{-\pi \sigma(T[U(x)])}, \quad x \equiv 0 \bmod q,
$$

beschränkt sein. Nun gilt aber

$$
\sigma(T[U(x)]) = x^2 t_{11} + O(x) \to -\infty \text{ für } |x| \to \infty.
$$ □

Fourierentwicklung einer Modulform

Wendet man das Transformationsverhalten einer Modulform auf Translations-matrizen an, so folgt

$$f(Z + S) = v \begin{pmatrix} E & S \\ 0 & E \end{pmatrix} \sqrt{0Z + E}^r f(Z)$$

für alle $S \equiv 0 \bmod q$ (geeignet). Wir vereinbaren, für die Wurzel $+1$ zu nehmen. Dann ist v ein Homomorphismus der additiven Gruppe aller symmetrischen ganzen Matrizen $S \equiv 0 \bmod q$ in eine endliche Gruppe von Einheitswurzeln. Der Kern ist also eine Untergruppe von endlichen Index. Es gibt eine natürliche Zahl l, welche durch q teilbar ist und so dass alle $S \equiv 0 \bmod l$ im Kern enthalten sind. Es folgt

$$f(Z + S) = f(Z) \text{ für alle ganzen symmetrischen } S \equiv 0 \bmod l.$$

Die Funktion $f(lZ)$ kann dann, wie beschrieben, in eine FOURIERreihe entwik-kelt werden. Zusammen mit dem Koecherprinzip erhalten wir:

3.3 Satz. *Sei f eine Modulform. Es gibt eine natürliche Zahl l, so dass f eine Entwicklung der Art*

$$f(Z) = \sum \exp(\pi \mathrm{i} \sigma(TZ))$$

besitzt. Dabei durchläuft T alle symmetrischen Matrizen, so dass lT gerade ist und außerdem $T \geq 0$ gilt.

Übungsaufgaben zu VII.3

1. Man gebe eine Matrix aus $\mathrm{SL}(3, \mathbb{Z})$ mit erster Zeile $(2, 3, 5)$ an.

2. Man kann die Bedingung $a(T[U]) = a(T)$ in 3.1 abschwächen zu
    $$|a(T[U])| \leq \|U\| \, |a(T)|.$$
    Dabei sei $\|U\|$ irgendeine Norm auf dem Vektorraum der Matrizen.

3. Sei $f : \mathbb{H}_n \to \mathcal{Z}_n$, $n > 1$, eine matrixwertige holomorphe Funktion mit den Eigen-schaften
    $$f(Z + S) = f(Z), \ S \text{ ganz}, \qquad f(Z[U]) = f(Z)[U], \ U \in \mathrm{SL}(n, \mathbb{Z}).$$
    Dann ist f beschränkt in Bereichen der Art $Y - \delta E \geq 0$ für $\delta > 0$.

4. Die FOURIERentwicklung einer Modulform ist unabhängig von der Wahl von l in 3.3.

4. Spezialisierung von Modulformen

Sei $S = S^t = S^{(n)} > 0$ eine positive reelle Matrix. Ist $z \in \mathbb{H}$ ein Punkt
der gewöhnlichen oberen Halbebene, so ist Sz in der Halbebene n-ten Grades
$\mathbb{H}_n$ enthalten. Sei $M \in \mathrm{SL}(2, \mathbb{R})$. Wir suchen eine symplektische Matrix
$M^S \in \mathrm{Sp}(n, \mathbb{R})$, welche mit der Zuordnung $z \mapsto Sz$ verträglich ist. Es soll also
$M^S(Sz) = SM(z)$, d.h.

$$(ASz + B)(CSz + D)^{-1} = S(az + b)(cz + d)^{-1}$$

$$\left(M = \begin{pmatrix} a & b \\ c & d \end{pmatrix}, \quad M^S = \begin{pmatrix} A & B \\ C & D \end{pmatrix} \right)$$

gelten. Diese Gleichung ist erfüllt, wenn man

$$M^S = \begin{pmatrix} aE & bS \\ cS^{-1} & dE \end{pmatrix}$$

definiert. Man rechnet leicht nach, dass M^S tatsächlich symplektisch ist.

4.1 Hilfssatz.   *Sei $S = S^{(n)} = S^t > 0$ eine positive reelle Matrix. Die
Abbildung*

$$\mathrm{SL}(2, \mathbb{R}) \longrightarrow \mathrm{Sp}(n, \mathbb{R}),$$

$$M = \begin{pmatrix} a & b \\ c & d \end{pmatrix} \longmapsto M^S = \begin{pmatrix} aE & bS \\ cS^{-1} & dE \end{pmatrix},$$

ist ein injektiver Gruppenhomomorphismus. Er ist mit der Einbettung

$$\mathbb{H} \longrightarrow \mathbb{H}_n, \quad z \longmapsto Sz,$$

in folgendem Sinne verträglich:

$$S \cdot (Mz) = M^S(Sz).$$

Zusatz.   *Ist S rational und $\Gamma \subset \mathrm{Sp}(n, \mathbb{Z})$ eine Kongruenzgruppe, so ist ihr
Urbild*

$$\Gamma_0 := \{ M \in \mathrm{SL}(2, \mathbb{Z}), \quad M^S \in \Gamma \}$$

eine Kongruenzgruppe in $\mathrm{SL}(2, \mathbb{Z})$.

Beweis. Bis auf den Zusatz beweist man alles durch direkte Rechnung. Um
den Zusatz zu beweisen, wählen wir q so, dass $\Gamma \supset \Gamma_n[q]$. Danach bestimmen
wir die natürliche Zahl Q so, dass Q ein Vielfaches von q ist und dass QS und
QS^{-1} ganz sind. Dann gilt offenbar $\Gamma_0 \supset \Gamma_1[Q]$.   □

Man verifiziert die Formel

$$\det(S^{-1}cSz + dE) = (cz + d)^n.$$

Ist v ein Multiplikatorsystem vom Gewicht $r/2$, so ist

$$v_0(M) := v(M^S)$$

ein Multiplikatorsystem von Γ_0. Damit ergibt sich:

4.2 Hilfssatz. *Ist* $f \in [\Gamma, r/2, v]$, $\Gamma \subset \mathrm{Sp}(n, \mathbb{Z})$, *eine Siegel'sche Modulform vom Gewicht* $r/2$, *so definiert*

$$f_0(z) := f(Sz)$$

eine elliptische Modulform vom Gewicht $nr/2$,

$$f_0 \in \left[\Gamma_0, \frac{rn}{2}, v_0\right].$$

Dieser Hilfssatz gestattet es, gewisse grundlegende Tatsachen aus der Theorie der Modulformen einer Veränderlichen zu übertragen.

4.3 Satz. *Jede Siegel'sche Modulform negativen Gewichts verschwindet. Jede Modulform vom Gewicht Null ist konstant. (Nur wenn das Multiplikatorsystem trivial ist, kann diese Konstante von 0 verschieden sein.)*

Beweis. Der Fall $n = 1$ ist bekannt ([FB], VI.5.11). Sei nun f eine Modulform negativen Gewichts beliebigen Grades. Mittels Spezialisierung 4.2 zeigt man $f(Sz) = 0$ für beliebige rationale und aus Stetigkeitsgründen dann auch reelle $S > 0$. Insbesondere gilt $f(\mathrm{i}Y) = 0$. Hieraus folgt aber leicht mit Schlüssen der Funktionentheorie einer Variabler $f = 0$. Das Gewicht von f sei nun Null. Dann gilt $f(Sz) = C_S$ mit einer möglicherweise von S abhängigen Konstanten C_S. Offenbar ist $C_S = \lim_{y \to \infty} f(Sz)$ der nullte FOURIERkoeffizient von f und somit von S unabhängig, $C = C_S$. Die Funktion $f(Z) - C$ verschwindet auf Matrizen der Form $Z = \mathrm{i}Y$ und ist somit identisch Null. $\square$

Übungsaufgaben zu VII.4

1. Im Falle $n > 1$ ist jede Modulform ohne Nullstelle in $\mathbb{H}_n$ konstant. Stimmt dies auch im Falle $n = 1$?

2. Es sei bereits bewiesen, dass jede Modulform vom Gewicht 0 konstant ist aber noch nicht, dass Modulformen negativen Gewichts verschwinden. Man zeige, dass es nicht verschwindende Modulformen nicht sowohl negativen als auch positiven Gewichts geben kann.

3. Es darf benutzt werden, dass

$$\vartheta(Z) = \sum_{g \in \mathbb{Z}^n} \exp(\pi \mathrm{i} Z[g])$$

eine Modulform ist (7.8). Was ist ihr Gewicht?

4. Es darf benutzt werden, dass

$$\vartheta(Z) = \sum_{g \in \mathbb{Z}^n} \exp(\pi \mathrm{i} Z[g])$$

eine Modulform ist. Man zeige, dass auch

$$\sum_{g \in \mathbb{Z}^n} (-1)^{g_1} \exp(\pi \mathrm{i} Z[g])$$

eine Modulform ist.

5. Erzeugendensysteme für einige Modulgruppen

Wir erinnern daran, dass die Gruppe $\mathrm{SL}(2, \mathbb{Z})$ von den beiden Matrizen

$$\begin{pmatrix} 1 & 1 \\ 0 & 1 \end{pmatrix} \quad \text{und} \quad \begin{pmatrix} 0 & -1 \\ 1 & 0 \end{pmatrix}$$

erzeugt wird ([FB], VI.1.9). Eine Variante besagt, dass sie von den beiden Matrizen

$$\begin{pmatrix} 1 & 1 \\ 0 & 1 \end{pmatrix} \quad \text{und} \quad \begin{pmatrix} 1 & 0 \\ 1 & 1 \end{pmatrix}$$

also von strikten Dreiecksmatrizen erzeugt wird. Zum Beweis beachte man die Formel

$$\begin{pmatrix} 1 & 0 \\ 1 & 1 \end{pmatrix} \begin{pmatrix} 1 & 1 \\ 0 & 1 \end{pmatrix}^{-1} \begin{pmatrix} 1 & 0 \\ 1 & 1 \end{pmatrix} = \begin{pmatrix} 0 & -1 \\ 1 & 0 \end{pmatrix}.$$

Den Beweis hatten wir mit Hilfe des Fundamentalbereichs der Modulgruppe geführt. Wegen der Bedeutung des Resultats nehmen wir einen weiteren Beweis auf. Er beruht auf:

5.1 Bemerkung. *Zu jedem Paar (a, b) ganzer Zahlen existiert eine Matrix U aus der Gruppe*

$$G = \left\langle \begin{pmatrix} 1 & 1 \\ 0 & 1 \end{pmatrix}, \begin{pmatrix} 1 & 0 \\ 1 & 1 \end{pmatrix} \right\rangle \subset \mathrm{SL}(2, \mathbb{Z}),$$

welche von den beiden angegebenen Matrizen erzeugt wird und so, dass

$$U \begin{pmatrix} a \\ b \end{pmatrix} = \begin{pmatrix} \alpha \\ 0 \end{pmatrix}.$$

Der Beweis erfolgt durch Induktion nach $|a||b|$.

Induktionsbeginn. $|a||b| = 0$. Es gilt also $a = 0$ oder $b = 0$. Da die Matrix $\begin{pmatrix} 0 & -1 \\ 1 & 0 \end{pmatrix}$ in G enthalten ist, können wir $b = 0$ erreichen.

Induktionsschritt. Sei nun $|a||b| > 0$. Multiplikation mit Potenzen der beiden erzeugenden Matrizen bewirkt

$$\begin{pmatrix} a \\ b \end{pmatrix} \longmapsto \begin{pmatrix} a \\ b + xa \end{pmatrix} \quad \text{bzw.} \quad \begin{pmatrix} a + yb \\ b \end{pmatrix}.$$

Mittels des *euklidschen Algorithmus* kann man $|a||b|$ verkleinern. □

Wir wollen neben dem Ring $\mathbb{Z}$ auch allgemeiner Faktorringe

$$R = \mathbb{Z}/q\mathbb{Z}, \qquad q \geq 0,$$

betrachten. Im Falle $q = 0$ erhält man $\mathbb{Z}$ und im Falle $q > 0$ einen endlichen Ring. Ist q eine Primzahl, so ist R ein endlicher Körper. Es ist klar (und folgt aus 5.1), dass 5.1 auch für R anstelle von $\mathbb{Z}$ gilt.

5.2 Hilfssatz. *Sei R ein Faktorring von $\mathbb{Z}$ (also $R = \mathbb{Z}$ oder $R = \mathbb{Z}/q\mathbb{Z}$, $q > 0$). Die Gruppe $\mathrm{SL}(2, R)$ wird von den beiden Matrizen*

$$\begin{pmatrix} 1 & 1 \\ 0 & 1 \end{pmatrix} \qquad \begin{pmatrix} 1 & 0 \\ 1 & 1 \end{pmatrix}$$

erzeugt.

Beweis. Nach 5.1 existiert zu vorgegebenem $U \in \mathrm{SL}(2, R)$ eine Matrix $V \in G$ mit der Eigenschaft

$$UV = \begin{pmatrix} a & b \\ 0 & d \end{pmatrix} = \begin{pmatrix} a & 0 \\ 0 & a^{-1} \end{pmatrix} \begin{pmatrix} 1 & a^{-1}b \\ 0 & 1 \end{pmatrix}.$$

Der Beweis folgt nun aus folgender

5.3 Formel. *Es gilt*

$$\begin{pmatrix} a & 0 \\ 0 & a^{-1} \end{pmatrix} = \begin{pmatrix} 1 & a \\ 0 & 1 \end{pmatrix} \begin{pmatrix} 0 & 1 \\ -1 & 0 \end{pmatrix} \begin{pmatrix} 1 & a^{-1} \\ 0 & 1 \end{pmatrix} \begin{pmatrix} 0 & 1 \\ -1 & 0 \end{pmatrix} \begin{pmatrix} 1 & a \\ 0 & 1 \end{pmatrix} \begin{pmatrix} 0 & 1 \\ -1 & 0 \end{pmatrix}.$$

Damit ist 5.2 bewiesen. □

Wir ordnen jedem Paar (μ, ν), $1 \leq \mu < \nu \leq n$, eine Einbettung (=injektiver Homomorphismus)

$$\alpha_{\mu\nu} : \mathrm{SL}(2, R) \longrightarrow \mathrm{SL}(n, R)$$

zu;

$$\begin{pmatrix} a & b \\ c & d \end{pmatrix} \longmapsto \begin{pmatrix} 1 & & & & & & & \\ & \ddots & & & & & & \\ & & 1 & & & & & \\ & & & a & \cdots & b & & \\ & & & \vdots & \ddots & \vdots & & \\ & & & c & \cdots & d & & \\ & & & & & 1 & & \\ & & & & & & \ddots & \\ & & & & & & & 1 \end{pmatrix} \quad \begin{matrix} \\ \\ \\ \leftarrow \mu\text{-te Zeile} \\ \\ \leftarrow \nu\text{-te Zeile} \\ \\ \\ \end{matrix}$$

Man nennt das Bild eine eingebettete $\mathrm{SL}(2, R)$. Wir bezeichnen mit

$$G_n = \langle \alpha_{\mu\nu}(\mathrm{SL}(2, R)), \quad 1 \le \mu < \nu \le n \rangle$$

die von allen eingebetteten $\mathrm{SL}(2, R)$ erzeugte Untergruppe von $\mathrm{SL}(n, R)$.

Wir benötigen folgende scheinbare Verallgemeinerung des Lemmas von GAUSS.

5.4 Hilfssatz.   *Zu jedem Spaltenvektor* $g \in R^n$ *existiert ein* $U \in G_n$ *mit*

$$Ug = \begin{pmatrix} a_1 \\ 0 \\ \vdots \\ 0 \end{pmatrix}.$$

Beweis. Mit Hilfe der der Matrix $\begin{pmatrix} 0 & -1 \\ 1 & 0 \end{pmatrix}$ konstruiert man sich Matrizen $U \in G_n$, so dass beim Übergang $g \mapsto Ug$ zwei vorgegebene Komponenten von g bis aufs Vorzeichen vertauscht werden. Man kann daher $g_1 \ne 0$ annehmen. Jetzt multipliziert man g der Reihe nach mit Matrizen aus dem Bild von $\alpha_{1n} \ldots, \alpha_{12}$ und erreicht successive $g_n = \cdots = g_2 = 0$. $\square$

Als Anwendung beweisen wir für Faktorringe R von $\mathbb{Z}$:

5.5 Satz.   *Die Gruppe* $\mathrm{SL}(n, R)$ *(n $\ge$ 2) wird von den eingebetteten* $\mathrm{SL}(2, R)$ *erzeugt.*

Vor dem Beweis formulieren wir zwei offensichtliche Folgerungen:

5.6 Folgerung.   *Die Gruppe* $\mathrm{SL}(n, R)$ *wird von den (oberen und unteren) strikten Dreiecksmatrizen erzeugt.*

5.7 Folgerung. *Die natürliche Abbildung*

$$\mathrm{SL}(n, \mathbb{Z}) \longrightarrow \mathrm{SL}(n, \mathbb{Z}/q\mathbb{Z})$$

ist surjektiv.

Beweis von 5.5. Wir schließen durch Induktion nach n, der Satz sei also für $n-1$ anstelle von n bewiesen. Nach 5.4 existiert eine Matrix $V \in G_n$ mit

$$VU = \begin{pmatrix} a_1 & * \cdots * \\ 0 & \\ \vdots & A \\ 0 & \end{pmatrix}.$$

Man kann $a_1 = 1$ erreichen. Dann gilt $A \in \mathrm{SL}(n-1)$ und daher $A \in G_{n-1}$. Es folgt

$$\begin{pmatrix} 1 & 0 \\ 0 & A \end{pmatrix} \in G_n$$

und

$$\begin{pmatrix} 1 & 0 \\ 0 & A \end{pmatrix}^{-1} VU = \begin{pmatrix} 1 & * \cdots * \\ 0 & \\ \vdots & E \\ 0 & \end{pmatrix}.$$

Eine solche Matrix kann leicht als Produkt von $(n-1)$ eingebetteten $\mathrm{SL}(2, R)$-Matrizen geschrieben werden. $\quad\square$

Eine dritte Folgerung betrifft die Gruppe $\mathrm{GL}(n, R)$. Sie wird von $\mathrm{SL}(n, R)$ und Diagonalmatrizen erzeugt. Mit Hilfe der Formel

$$\begin{pmatrix} 1 & 1 \\ 0 & 1 \end{pmatrix} = \begin{pmatrix} 1 & 1 \\ 1 & 0 \end{pmatrix} \begin{pmatrix} 0 & 1 \\ 1 & 0 \end{pmatrix}$$

folgert man:

5.8 Hilfssatz. *Die Gruppe $\mathrm{GL}(n, R)$ wird von der Teilmenge der symmetrischen Matrizen erzeugt.*

Für die symplektische Gruppe gelten ähnliche Resultate. Wir formulieren gleich das Hauptresultat:

5.9 Satz. *Sei R ein Faktorring von $\mathbb{Z}$. Die Gruppe $\mathrm{Sp}(n, R)$ wird von den speziellen Matrizen*

$$\begin{pmatrix} A & B \\ C & D \end{pmatrix}, \quad B = 0 \quad oder \quad C = 0,$$

erzeugt.

1. Folgerung. *Die Gruppe* $\mathrm{Sp}(n, R)$ *wird von den Matrizen*

$$\begin{pmatrix} 0 & E \\ -E & 0 \end{pmatrix}, \quad \begin{pmatrix} E & S \\ 0 & E \end{pmatrix}$$

erzeugt.

2. Folgerung. *Die Gruppe* $\mathrm{Sp}(n, R)$ *wird von den Matrizen*

$$\begin{pmatrix} E & S \\ 0 & E \end{pmatrix}, \quad \begin{pmatrix} E & 0 \\ S & E \end{pmatrix}$$

erzeugt.

3. Folgerung. *Der natürliche Homomorphismus*

$$\mathrm{Sp}(n, \mathbb{Z}) \longrightarrow \mathrm{Sp}(n, \mathbb{Z}/q\mathbb{Z})$$

ist surjektiv.

Zum Beweis der Folgerung hat man die Formeln

$$\begin{pmatrix} A & B \\ 0 & D \end{pmatrix} = \begin{pmatrix} U^t & 0 \\ 0 & U^{-1} \end{pmatrix} \begin{pmatrix} E & S \\ 0 & E \end{pmatrix} \quad \text{mit } U = A^t, \quad S = S^t = A^{-1}B,$$

zu benutzen. Die Formel 5.3 gilt offenbar auch für die Matrizen E anstelle 1 und U anstelle a. Man erhält, dass sich

$$\begin{pmatrix} U^t & 0 \\ 0 & U^{-1} \end{pmatrix} \quad \text{durch} \quad \begin{pmatrix} E & S \\ 0 & E \end{pmatrix} \quad \text{und} \quad \begin{pmatrix} 0 & E \\ -E & 0 \end{pmatrix}$$

ausdrücken lässt, sofern U symmetrisch ist. Dank Hilfssatz 5.8 gilt dies dann auch für beliebige $U \in \mathrm{GL}(n, \mathbb{Z})$.

Beweis von Satz 5.9. Wir wollen durch Induktion nach n schließen, nehmen also an, dass der Satz für $n-1$ anstelle von n bewiesen ist. Der Beweis beruht auf einer Variante des „Lemmas von GAUSS".

5.10 Hilfssatz. *Zu jedem Vektor* $g \in \mathbb{Z}^{2n}$ *existiert eine Matrix* $M \in \mathrm{Sp}(n, \mathbb{Z})$ *mit*

$$Mg = \begin{pmatrix} a_1 \\ 0 \\ \vdots \\ 0 \end{pmatrix}.$$

Man kann sogar erreichen, dass M *in der von den speziellen Matrizen „$B = 0$ oder $C = 0$" erzeugten Untergruppe* H_n *enthalten ist.*

Der Beweis erfolgt analog zu dem des GAUSS'schen Lemmas. Wir fassen uns daher kurz. Die Formeln

$$\begin{pmatrix} U^t & 0 \\ 0 & U^{-1} \end{pmatrix} \begin{pmatrix} a \\ b \end{pmatrix} = \begin{pmatrix} U^t a \\ U^{-1} b \end{pmatrix}, \quad \begin{pmatrix} 0 & E \\ -E & 0 \end{pmatrix} \begin{pmatrix} a \\ b \end{pmatrix} = \begin{pmatrix} b \\ -a \end{pmatrix}$$

zeigen zunächst, dass man M so finden kann, dass die erste Komponente von Mg von 0 verschieden ist. Wir wählen M so aus, dass die erste Komponente von Mg von 0 verschieden und dem Betrage nach minimal ist. Ersetzt man M durch

$$\begin{pmatrix} E & 0 \\ S & E \end{pmatrix} \begin{pmatrix} U^t & 0 \\ 0 & U^{-1} \end{pmatrix} M,$$

so folgt die Behauptung mittels des euklidschen Algorithmus wie im Falle der linearen Gruppe.   □

Wir kommen nun zum eigentlichen Beweis von Satz 5.9. Sei $M \in \mathrm{Sp}(n, \mathbb{Z})$ fest vorgegeben. Nach obigem Hilfssatz existiert eine Matrix N aus den von den speziellen Matrizen erzeugten Untergruppe H_n, so dass

$$NM = \begin{pmatrix} 1 & * & * & * \\ 0 & A_1 & * & B_1 \\ 0 & * & * & * \\ 0 & C_1 & * & D_1 \end{pmatrix}$$

gilt. Man rechnet leicht nach, dass die Matrix $\begin{pmatrix} A_1 & B_1 \\ C_1 & D_1 \end{pmatrix}$ symplektisch ist. Nach Induktionsannahme ist sie in H_{n-1} enthalten. Hieraus folgt, dass

$$\tilde{M}_1 = \begin{pmatrix} 1 & 0 & 0 & 0 \\ 0 & A_1 & 0 & B_1 \\ 0 & 0 & 1 & 0 \\ 0 & C_1 & 0 & D_1 \end{pmatrix}$$

in H_n enthalten ist. Eine einfache Rechnung zeigt

$$\tilde{M}_1^{-1} NM = \begin{pmatrix} \tilde{A} & \tilde{B} \\ \tilde{C} & \tilde{D} \end{pmatrix}, \quad \tilde{A} = \begin{pmatrix} 1 & * \\ 0 & E \end{pmatrix}, \quad \tilde{C} = \begin{pmatrix} 0 & * \\ 0 & 0 \end{pmatrix}.$$

Aus der symplektischen Relation $\tilde{A}^t \tilde{C} = \tilde{C}^t \tilde{A}$, folgt sogar $\tilde{C} = 0$ und damit $\tilde{M}_1^{-1} NM \in H_n$. Dies impliziert $M \in H_n$.   □

Kongruenzgruppen zweiter Stufe

Es ist schwierig, für beliebige Kongruenzgruppen Erzeugendensysteme zu finden. Eine Ausnahme bildet die Hauptkongruenzgruppe der Stufe zwei. Im ersten Band haben wir bereits bewiesen, dass die elliptische Hauptkongruenz-gruppe der Stufe zwei $SL(2, \mathbb{Z})[2] = \Gamma_1[2]$ von den Matrizen

$$\begin{pmatrix} 1 & 2 \\ 0 & 1 \end{pmatrix}, \quad \begin{pmatrix} 1 & 0 \\ 2 & 1 \end{pmatrix}, \quad \begin{pmatrix} -1 & 0 \\ 0 & -1 \end{pmatrix}$$

erzeugt wird, [FB], VI.A5.6. Der Beweis benutzte Eigenschaften des Funda-mentalbereichs. In den Übungsaufgaben zu diesem Abschnitt wird ein alge-braischer Beweis erläutert.

Die Technik der eingebetteten $SL(2)$ erlaubt es, dieses Resultat auf den Fall beliebiger $SL(n)$ zu verallgemeinern. Die Einschränkungen der Einbettungen $\alpha_{\mu\nu}$ induzieren Einbettungen

$$\alpha_{\mu\nu} : SL(2, \mathbb{Z})[2] \longrightarrow SL(n, \mathbb{Z})[2].$$

Wir bezeichnen mit

$$G_n[2] := \langle \alpha_{\mu\nu}(SL(2, \mathbb{Z})[2]), \quad 1 \le \mu < \nu \le n \rangle$$

die von den Bildern erzeugte Untergruppe.

5.11 Hilfssatz. *Sei $g \in \mathbb{Z}^n$ ein Spaltenvektor, dessen erste Komponente g ungerade sei, alle anderen Komponenten seien gerade. Dann existiert*

$$U \in G_n[2] \quad mit \quad Ug = \begin{pmatrix} a_1 \\ 0 \\ \vdots \\ 0 \end{pmatrix}.$$

Beweis. Es genügt, den Hilfssatz im Falle $n = 2$ zu beweisen, da man dann mit eingebetteten $SL(2)$-Matrizen nacheinander $g_n, \ldots, g_2$ annuliert. Im Falle $n = 2$ nutzen wir aus, dass wir bereits $G_2[2] = SL(2, \mathbb{Z})[2]$ wissen. Wir können von vornherein annehmen, dass g_1 und g_2 teilerfremd sind und g dann zu einer Matrix aus $SL(2, \mathbb{Z})$

$$U = \begin{pmatrix} g_1 & g_3 \\ g_2 & g_4 \end{pmatrix} \in SL(2, \mathbb{Z})$$

ergänzen. Wegen der Determinantenbedingung ist g_4 ungerade. Wenn g_3 auch ungerade sein sollte, so ersetzen wir

$$U \longmapsto U \begin{pmatrix} 1 & 1 \\ 0 & 1 \end{pmatrix}.$$

Danach können wir $U \in SL(2, \mathbb{Z})[2]$ annehmen und U^{-1} hat die gewünschte Eigenschaft. $\square$

Derselbe Beweis wie im Falle der vollen Modulgruppe zeigt nun:

5.12 Satz.   *Die Gruppe* $\mathrm{SL}(n, \mathbb{Z})[2]$ *wird von den eingebetteten* $\mathrm{SL}(2, \mathbb{Z})[2]$ *erzeugt.*

Folgerung.   *Die Gruppe* $\mathrm{SL}(n, \mathbb{Z})[2]$ *wird von (den oberen und unteren) Dreiecksmatrizen erzeugt.*

Ein analoges Resultat für die symplektische Gruppe besagt:

5.13 Satz.   *Die Kongruenzgruppe der Stufe zwei* $\Gamma_n[2]$ *wird von den speziellen Matrizen*

$$M = \begin{pmatrix} A & B \\ C & D \end{pmatrix}, \quad B = 0 \text{ oder } C = 0,$$

erzeugt.

Der Beweis verläuft analog zum Fall der vollen Modulgruppe, wenn man folgende Variante des Lemmas von GAUSS zur Verfügung hat.

5.14 Hilfssatz.   *Sei* $H_n[2]$ *die von den speziellen Matrizen*

$$M = \begin{pmatrix} A & B \\ C & D \end{pmatrix}, \quad B = 0 \text{ oder } C = 0,$$

erzeugte Untergruppe von $\Gamma_n[2]$. *Zu jedem Spaltenvektor* $g \in \mathbb{Z}^{2n}$, *dessen erste Komponente ungerade ist, alle anderen Komponenten jedoch gerade sind, existiert eine Matrix* $M \in H_n[2]$ *mit*

$$Mg = \begin{pmatrix} a_1 \\ 0 \\ \vdots \\ 0 \end{pmatrix}.$$

Beweis. Wir zerlegen g,

$$g = \begin{pmatrix} a \\ b \end{pmatrix}, \quad a \in \mathbb{Z}^n, \ b \in \mathbb{Z}^n.$$

Zunächst finden wir (wegen 5.11) eine Matrix $U \in \mathrm{SL}(n, \mathbb{Z})[2]$ mit der Eigenschaft

$$Ua = \begin{pmatrix} a_1 \\ 0 \\ \vdots \\ 0 \end{pmatrix}.$$

Wegen

$$\begin{pmatrix} U^t & 0 \\ 0 & U^{-1} \end{pmatrix} \in H_n[2]$$

können wir

$$a = \begin{pmatrix} a_1 \\ 0 \\ \vdots \\ 0 \end{pmatrix} \quad (a_1 \text{ ungerade})$$

annehmen. Als nächstes nutzen wir aus, dass die eingebettete SL(2)-Matrix

$$\alpha_{1,n+1}\begin{pmatrix} a & b \\ c & d \end{pmatrix} = \begin{pmatrix} a & 0 & b & 0 \\ 0 & E^{(n-1)} & 0 & 0 \\ c & 0 & d & 0 \\ 0 & 0 & 0 & E^{(n-1)} \end{pmatrix}$$

symplektisch ist und erreichen

neben $a_2 = \ldots = a_n = 0$ auch noch $b_1 = 0$.

Wir betrachten nun zu festem $\nu \in \{2, \ldots, n\}$ eine spezielle symmetrische Matrix S. Sie soll die Werte

$$s_{11} = 0, \quad s_{1\nu} = s_{\nu 1} = 1$$

annehmen. Alle anderen Einträge sollen 0 sein. Die Übergänge

$$\begin{pmatrix} a \\ b \end{pmatrix} \longmapsto \begin{pmatrix} E & 2S \\ 0 & E \end{pmatrix}\begin{pmatrix} a \\ b \end{pmatrix} \quad \text{bzw.} \quad \begin{pmatrix} E & 0 \\ 2S & E \end{pmatrix}\begin{pmatrix} a \\ b \end{pmatrix}$$

bewirken

$$\begin{aligned} a_1 &\mapsto a_1 + 2b_\nu \\ b_\nu &\mapsto b_\nu \end{aligned} \quad \text{bzw.} \quad \begin{aligned} a_1 &\mapsto a_1 \\ b_\nu &\mapsto b_\nu + 2a_1. \end{aligned}$$

Alle anderen Komponenten bleiben ungeändert. Derselbe Übergang wird durch

$$\begin{pmatrix} a_1 \\ b_\nu \end{pmatrix} \longmapsto \begin{pmatrix} 1 & 2 \\ 0 & 1 \end{pmatrix}\begin{pmatrix} a_1 \\ b_\nu \end{pmatrix} \quad \text{bzw.} \quad \begin{pmatrix} 1 & 0 \\ 2 & 1 \end{pmatrix}\begin{pmatrix} a_1 \\ b_\nu \end{pmatrix}$$

bewirkt. Mit Hilfe von 5.11 (im Falle $n = 2$ angewendet) erreicht man nun $b = 0$. $\square$

Übungsaufgaben zu VII.5

1. Man gebe eine Modulmatrix $M \in \Gamma_2$ mit erster Spalte $(2, 3, 5, 7)$ an.

2. Man gebe eine Matrix aus $\Gamma_2[2]$ mit erster Zeile $(3, 10, 14, 22)$ an.

3. Man schreibe $\begin{pmatrix} 3 & 7 \\ 2 & 5 \end{pmatrix}$ als Produkt von symmetrischen ganzen Matrizen.

4. Man zeige, dass der Homomorphismus
$$\mathrm{GL}(n, \mathbb{Z}) \longrightarrow \mathrm{GL}(n, \mathbb{Z}/q\mathbb{Z}), \quad q = 5 \text{ oder } q > 6,$$
nicht surjektiv ist.

6. Berechnung einiger Indizes

Wir beginnen mit der Berechnung der Ordnung von $\mathrm{GL}(n, k)$, wobei k ein Körper von p Elementen sei. Die erste Spalte eines Elements A kann ein beliebiger von 0 verschiedener Vektor sein. Es gibt $p^n - 1$ solcher Spalten. Die zweite Spalte darf kein Vielfaches der ersten sein, für sie gibt es bei gegebener erster Spalte also $p^n - p$ Möglichkeiten. Die dritte Spalte muss dem von den ersten beiden Spalten aufgespannten Unterraum ausweichen. Es gibt für sie bei gegebenen ersten beiden Spalten also $p^n - p^2$ Möglichkeiten, u.s.w. Wir erhalten:

6.1 Bemerkung. *Sei p eine Primzahl. Es gilt*

$$\# \mathrm{GL}(n, \mathbb{Z}/p\mathbb{Z}) = \prod_{\nu=0}^{n-1} (p^n - p^\nu).$$

Der Homomorphismus

$$\mathrm{GL}(n, \mathbb{Z}/p\mathbb{Z}) \longmapsto (\mathbb{Z}/p\mathbb{Z})^*$$

ist surjektiv, sein Kern ist $\mathrm{SL}(n, \mathbb{Z}/p\mathbb{Z})$. Wir erhalten

6.2 Bemerkung. *Für Primzahlen p gilt*

$$[\mathrm{SL}(n, \mathbb{Z}) : \mathrm{SL}(n, \mathbb{Z})[p]] = \# \mathrm{SL}(n, \mathbb{Z}/p\mathbb{Z}) = \frac{1}{p-1} \prod_{\nu=0}^{n-1} (p^n - p^\nu).$$

Ähnliche Betrachtungen lassen sich für die symplektische Gruppe durchführen. Wir wissen, dass die symplektische Gruppe $\mathrm{Sp}(n, \mathbb{Z}/p\mathbb{Z})$ auf $(\mathbb{Z}/p\mathbb{Z})^{2n} - \{0\}$ transitiv operiert. Sei

$$P_n \subset \mathrm{Sp}(n, \mathbb{Z}/p\mathbb{Z})$$

diejenige Untergruppe, welche den ersten Einheitsvektor festlässt. Es gilt

$$\# \mathrm{Sp}(n, \mathbb{Z}/p\mathbb{Z}) = (p^{2n} - 1) \# P_n.$$

Wir wissen, dass durch

$$P_n \longrightarrow \mathrm{Sp}(n-1, \mathbb{Z}/p\mathbb{Z}),$$

$$\begin{pmatrix} 1 & & & \\ & A_1 & & B_1 \\ & & 1 & \\ & C_1 & & D_1 \end{pmatrix} \longmapsto \begin{pmatrix} A_1 & B_1 \\ C_1 & D_1 \end{pmatrix}$$

ein surjektiver Homomorphismus definiert wird wird. Sein Kern sei K_n. Es folgt

$$\#P_n = \#\operatorname{Sp}(n-1, \mathbb{Z}/p\mathbb{Z}) \cdot \#K_n.$$

Die Elemente von K_n sind von der Form

$$\begin{pmatrix} A & B \\ 0 & D \end{pmatrix}, \quad A = \begin{pmatrix} 1 & * \\ 0 & 0 \end{pmatrix}, \ B = \begin{pmatrix} * & * \\ * & 0 \end{pmatrix},$$

wobei die symplektischen Relationen $D = A^{t^{-1}}$ und $AB^t = BA^t$ zu gelten haben. Es folgt

$$\#K_n = p^{2n-1}.$$

Damit haben wir die induktive Formel

$$\#\operatorname{Sp}(n, \mathbb{Z}/p\mathbb{Z}) = p^{2n-1}\big(p^{2n} - 1\big)\,\#\operatorname{Sp}(n-1, \mathbb{Z}/p\mathbb{Z})$$

bewiesen. Durch Induktion nach n folgt:

6.3 Hilfssatz. *Sei p eine Primzahl. Es gilt*

$$[\Gamma_n : \Gamma_n[p]] = \#\operatorname{Sp}(n, \mathbb{Z}/p\mathbb{Z}) = p^{n(2n+1)} \prod_{\nu=1}^{n} \left(1 - \frac{1}{p^{2\nu}}\right).$$

Als nächstes behandeln wir den Fall einer Primzahlpotenz, $q = p^m$. Wir beginnen wieder mit dem Fall der allgemeinen linearen Gruppe. Die Idee ist es, den Kern des natürlichen Homomorphismus

$$\operatorname{GL}(n, \mathbb{Z}/p^m\mathbb{Z}) \longrightarrow \operatorname{GL}(n, \mathbb{Z}/p^{m-1}\mathbb{Z}), \quad m > 1,$$

zu untersuchen. Er besteht aus allen Matrizen der Form

$$E + p^{m-1}A, \quad A \in (\mathbb{Z}/p^m\mathbb{Z})^{(n,n)}.$$

Wegen $m > 1$ gilt modulo p^m

$$(E + p^{m-1}A)(E + p^{m-1}B) = E + p^{m-1}(A + B).$$

Der Kern ist also abelsch. Man sieht außerdem, dass $E + p^m A$ für jedes $A \in \mathbb{Z}/p^m\mathbb{Z}$ invertierbar ist. Man erhält das Inverse, indem man A durch $-A$ ersetzt. Die Bedingung

$$p^{m-1}a = p^{m-1}b \text{ für } a, b \in \mathbb{Z}/p^m\mathbb{Z}$$

bedeutet im Übrigen nichts anderes, als dass die Bilder von a und b in $\mathbb{Z}/p\mathbb{Z}$ übereinstimmen. Die Gruppen

$$p^{m-1}(\mathbb{Z}/p^m\mathbb{Z}) \text{ und } \mathbb{Z}/p\mathbb{Z}$$

sind also isomorph. Wir erhalten:

6.4 Hilfssatz. *Sei $m > 1$. Der Kern des natürlichen Homomorphismus*

$$\mathrm{GL}(n, \mathbb{Z}/p^m\mathbb{Z}) \longrightarrow \mathrm{GL}(n, \mathbb{Z}/p^{m-1}\mathbb{Z})$$

ist isomorph zur additiven Gruppe

$$(\mathbb{Z}/p\mathbb{Z})^{(n,n)}.$$

1. Zusatz. *Der Kern des natürlichen Homomorphismus*

$$\mathrm{SL}(n, \mathbb{Z}/p^m\mathbb{Z}) \longrightarrow \mathrm{SL}(n, \mathbb{Z}/p^{m-1}\mathbb{Z})$$

ist isomorph zur additiven Gruppe aller

$$A \in (\mathbb{Z}/p\mathbb{Z})^{(n,n)} \;\; mit \;\; \mathrm{Spur}(A) = 0.$$

2. Zusatz. *Der Kern des natürlichen Homomorphismus*

$$\mathrm{Sp}(n, \mathbb{Z}/p^m\mathbb{Z}) \longrightarrow \mathrm{Sp}(n, \mathbb{Z}/p^{m-1}\mathbb{Z})$$

ist isomorph zur additiven Gruppe aller symmetrischen Matrizen

$$N = N^t \in (\mathbb{Z}/p\mathbb{Z})^{(2n,2n)}.$$

Nur die Zusätze müssen noch bewiesen werden. Wir begnügen uns mit dem zweiten Zusatz. Wir müssen in $(\mathbb{Z}/p^{m-1}\mathbb{Z})^{(2n,2n)}$ die Gleichung

$$(E + p^{m-1}M)^t I (E + p^{m-1}M) = I$$

betrachten. Sie bedeutet

$$p^{m-1}M^t I = -p^{m-1} I M.$$

Wegen $I^t = -I$ ist sie äquivalent mit der Symmetrie von $N = IM$.   □

Wenn $q = q_1 q_2$ das Produkt zweier teilerfremder natürlicher Zahlen ist, so ist nach dem „chinesischen Restsatz" eine Zahl $a \in \mathbb{Z}$ modulo q durch ihre beiden Reste modulo q_1 und q_2 vollständig bestimmt. Genauer gilt: Der natürliche Homomorphismus

$$\mathbb{Z}/q\mathbb{Z} \longrightarrow \mathbb{Z}/q_1\mathbb{Z} \times \mathbb{Z}/q_2\mathbb{Z}$$

ist ein Isomorphismus. Hieraus resultiert ein Isomorphismus

$$\mathrm{GL}(n, \mathbb{Z}/q\mathbb{Z}) \xrightarrow{\sim} \mathrm{GL}(n, \mathbb{Z}/q_1\mathbb{Z}) \times \mathrm{GL}(n, \mathbb{Z}/q_2\mathbb{Z})$$

und analog für die spezielle lineare und die symplektische Gruppe. Damit erhalten wir nun allgemeine Indexformeln.

6.5 Satz. *Es gilt*

a) $\left[\mathrm{SL}(n,\mathbb{Z}) : \mathrm{SL}(n,\mathbb{Z})[q]\right] = \#\,\mathrm{SL}(n,\mathbb{Z}/q\mathbb{Z}) = q^{n^2-1}\prod_{p|q}\prod_{\nu=2}^{n}\left(1-\frac{1}{p^{\nu}}\right),$

b) $\qquad\qquad \left[\Gamma_n : \Gamma_n[q]\right] = \#\,\mathrm{Sp}(n,\mathbb{Z}/q\mathbb{Z}) = q^{n(2n+1)}\prod_{p|q}\prod_{\nu=1}^{n}\left(1-\frac{1}{p^{2\nu}}\right).$

Übungsaufgaben zu VII.6

1. Durch
    $$\Gamma_{n,0}[q] = \{M \in \Gamma_n;\quad C \equiv 0 \bmod q\}$$
    wird eine Kongruenzgruppe definiert. Man berechne ihren Index in Γ_n.

2. Durch
    $$\Gamma_{n,1}[q] = \{M \in \Gamma_n;\quad C \equiv 0,\ A \equiv D \equiv E \bmod q\}$$
    wird eine Kongruenzgruppe definiert. Man berechne ihren Index in Γ_n.

3. Man zeige, dass der Index von $\Gamma_2[2]$ in der vollen Modulgruppe den Index 720 hat. Gibt eine volle Permutationsgruppe S_n, welche genau diese Ordnung hat?

4. Wer einen Computer und beispielsweise das Programm GAP zur Verfügung hat, rechne nach, dass die Gruppen S_6 und $\mathrm{Sp}(2,\mathbb{Z}/2\mathbb{Z})$ isomorph sind.

7. Thetareihen

Thetafunktionen, wie sie in der Theorie der abelschen Funktionen auftraten (Definition VI.8.1),

$$\vartheta\begin{bmatrix} a \\ b \end{bmatrix}(Z,z) := \sum_{g\in\mathbb{Z}^n} e^{\pi\mathrm{i}\{Z[g+a]+2(g+a)^t(z+b)\}},$$

sind Funktionen von zwei Variablen Z, z. In Kapitel VI studierten wir sie als Funktion von z bei festem Z. Jetzt interessieren wir uns für Z als Variable. Es stellt sich heraus, dass diese Reihe von besonderer Bedeutung sind, wenn z rational ist, da sie in diesem Fall Modulformen darstellen. Der interessanteste

Fall ist $z = 0$, und $\vartheta \begin{bmatrix} a \\ b \end{bmatrix} (Z, 0)$ ist ein sogenannter Thetanullwert. Wir werden diese Nullwerte unabhängig von Kapitel VI studieren.

Die einfachste aller Thetareihen im Falle $n = 1$ war

$$\vartheta(z) = \sum_{n=-\infty}^{\infty} e^{\pi i n^2 z}.$$

Ihre offensichtliche Verallgemeinerung auf den Fall $n > 1$ ist

$$\vartheta(Z) = \vartheta^{(n)}(Z) = \sum_{g \in \mathbb{Z}^n} e^{\pi i Z[g]}.$$

Im folgenden verwenden wir die abkürzende Bezeichnung

$$\boxed{e(a) = e^{\pi i a}}$$

Im Falle $n = 1$ war es erforderlich, [FB], Kapitel VI, §6, neben $\vartheta(Z)$ auch noch die beiden konjugierten Formen

$$\widetilde{\vartheta}(z) = \sum (-1)^n e(n^2 z), \quad \widetilde{\widetilde{\vartheta}}(z) = \sum e((n + 1/2)^2 z)$$

zu betrachten. Mit der Bezeichnung

$$\vartheta \begin{bmatrix} a \\ b \end{bmatrix} (z) = \sum e\big((n + a/2)^2 z + b(n + a/2)\big)$$

gilt

$$\vartheta = \vartheta \begin{bmatrix} 0 \\ 0 \end{bmatrix}, \quad \widetilde{\vartheta} = \vartheta \begin{bmatrix} 0 \\ 1 \end{bmatrix}, \quad \widetilde{\widetilde{\vartheta}} = \vartheta \begin{bmatrix} 1 \\ 0 \end{bmatrix}.$$

Damit wird nahegelegt, wie man die *Satelliten* von ϑ zu verallgemeinern hat.

$$\vartheta \begin{bmatrix} a \\ b \end{bmatrix} (Z) = \sum_{g \in \mathbb{Z}^n} e\big(Z[g + a/2] + b^t(g + a/2)\big).$$

Hierbei können a, b beliebige Vektoren aus $\mathbb{C}^n$ sein. Für uns sind jedoch nur ganze a, b von Interesse. Dies ist der Grund für die Abweichung von der Bezeichnung in Definition VI.8.1,

$$\vartheta \begin{bmatrix} a \\ b \end{bmatrix} (Z) = \vartheta \begin{bmatrix} a/2 \\ b/2 \end{bmatrix} (Z, 0).$$

7.1 Hilfssatz. *Die Reihe*

$$\vartheta \begin{bmatrix} a \\ b \end{bmatrix} (Z) = \sum_{g \in \mathbb{Z}^n} e\big(Z[g + a/2] + b^t(g + a/2)\big)$$

konvergiert für $a, b \in \mathbb{Z}^n$ in $\mathbb{H}_n$ normal und stellt dort eine analytische Funktion dar. Sie konvergiert sogar in Bereichen der Art $Y \geq \delta E$, $\delta > 0$, gleichmäßig und stellt dort eine beschränkte Funktion dar. Im Falle

$$a^t b \equiv 1 \bmod 2$$

verschwindet sie identisch. In allen anderen Fällen verschwindet sie nicht identisch.

Beweis. Die Konvergenzaussage ist einfach und wurde im Prinzip schon im ersten Band bewiesen. In dem Bereich $Y \geq \delta E$ beweist man leicht eine Abschätzung

$$\left|Z[g + a/2] + b^t(g + a/2)\right| \leq e^{-\varepsilon(g_1^2 + \cdots g_n^2)}$$

mit einer geeigneten positiven Zahl $\varepsilon = \varepsilon(\delta, a, b)$, woraus sich die Konvergenzaussagen ergeben.

Um das identische Verschwinden zu untersuchen, schreiben wir die Thetareihe als FOURIERreihe. Dies ist möglich wegen

$$Z[g] = g^t Z g = \sigma(g g^t Z) \qquad (\sigma = \text{Spur}).$$

Es folgt

$$\vartheta \begin{bmatrix} a \\ b \end{bmatrix} = \sum_{T = T^t} a(T) e(\sigma(TZ)/4)$$

mit

$$a(T) = \sum_{\substack{g \text{ ganz} \\ (2g + a)(2g + a)^t = T}} e(b^t(g + a/2)).$$

Ersetzt man g durch $-g - a$, so ändert sich die Summe um den Faktor $(-1)^{a^t b}$. Für ungerade $a^t b$ ist also $a(T) = 0$. Wir berechnen $a(T)$ für eine spezielle Matrix T. Sie soll nur 0 und 1 enthalten und wird definiert durch $T \equiv a a^t$ mod 2. Die Gleichung $(2g + a)(2g + a)^t = T$ hat offenbar genau zwei Lösungen und diese haben die Eigenschaft $g \equiv 0$ und $g \equiv -a$ mod 2. Es folgt $a(T) = \pm 2$, wenn $a^t b$ gerade ist. Damit ist 7.1 bewiesen.   □

Die Thetareihe hängt im wesentlichen von a, b nur modulo 2 ab. Aus

$$\tilde{a} \equiv a \bmod 2, \quad \tilde{b} \equiv b \bmod 2$$

folgt

$$\vartheta \begin{bmatrix} \tilde{a} \\ \tilde{b} \end{bmatrix} = (-1)^{a^t(\tilde{b} - b)/2} \vartheta \begin{bmatrix} a \\ b \end{bmatrix},$$

wie man leicht nachrechnet. Das Paar

$$\mathfrak{m} := \begin{pmatrix} a \\ b \end{pmatrix} \in \mathbb{Z}^{2n}$$

nennt man in diesem Zusammenhang eine *Thetacharakteristik*. Diese werden häufig so normiert, dass die Komponenten von $\mathfrak{m}$ in $\{0, 1\}$ liegen. Man nennt die Thetacharakteristik *gerade*, falls

$$a^t b \equiv 0 \bmod 2,$$

andernfalls ungerade. Im Falle $n = 1$, gibt es genau drei gerade Charakteristiken modulo zwei,

$$\mathfrak{m} = \begin{pmatrix} 0 \\ 0 \end{pmatrix}, \quad \begin{pmatrix} 0 \\ 1 \end{pmatrix}, \quad \begin{pmatrix} 1 \\ 0 \end{pmatrix}.$$

Durch Induktion nach n zeigt man leicht:

7.2 Hilfssatz. *Es gibt modulo 2 genau*

$$2^{n-1}(2^n + 1)$$

gerade Thetacharakteristiken, also 3 im Falle $n = 1$, 10 im Falle $n = 2$ und 36 im Falle $n = 3$.

Wir wollen das Transformationsverhalten dieser Thetareihen unter Modulsubstitutionen untersuchen. Dieser Thetatransformationsformalismus geht auf das 19. Jahrhundert zurück.

7.3 Satz. *Sei $M \in \Gamma_n = \mathrm{Sp}(n, \mathbb{Z})$ eine Modulsubstitution n-ten Grades. Zu jeder geraden Charakteristik*

$$\mathfrak{m} \in \{0, 1\}^{2n}$$

existiert eine eindeutig bestimmte gerade Charakteristik

$$M\{\mathfrak{m}\} \in \{0, 1\}^{2n}$$

sowie eine 8-te Einheitswurzel $v(M, \mathfrak{m})$, so dass die Transformationsformel

$$\vartheta[M\{\mathfrak{m}\}](MZ) = v(M, \mathfrak{m}) \det(CZ + D)^{1/2} \vartheta[\mathfrak{m}](Z)$$

gültig ist.

Selbstverständlich hängt $v(M, \mathfrak{m})$ von der getroffenen Wahl der Quadratwurzel aus $\det(CZ + D)$ ab.

Es genügt, Satz 7.3 für die Erzeugenden der Modulgruppe zu beweisen. Satz 7.3 ist daher eine Folge von

7.4 Hilfssatz. *Es gilt*

1) $$\vartheta \begin{bmatrix} a \\ b \end{bmatrix} (Z + S) = e^{-\pi i (S_0^t a / 2 + S[a]/4)} \, \vartheta \begin{bmatrix} a \\ b + Sa + S_0 \end{bmatrix} (Z),$$

wobei S_0 den aus der Diagonale von S gebildeten Spaltenvektor bezeichne.

2) $$\vartheta \begin{bmatrix} a \\ b \end{bmatrix} (Z[U]) = \vartheta \begin{bmatrix} Ua \\ U^{t-1}b \end{bmatrix} (Z)$$

3) $$\vartheta \begin{bmatrix} a \\ b \end{bmatrix} (-Z^{-1}) = e^{\pi i a^t b / 2} \sqrt{\det(Z/i)} \, \vartheta \begin{bmatrix} b \\ -a \end{bmatrix} (Z).$$

Dabei ist die (holomorphe) Quadratwurzel aus $\det(Z/i)$ so zu wählen, dass sie den Wert $+1$ für $Z = iE$ hat.

Beweis. Der Beweis der beiden ersten Formeln ist sehr einfach:

Zu 1): Man beachte

$$S\left[g + \frac{1}{2}a\right] = S[g] + (Sa)^t g + \frac{1}{4} S[a]$$

sowie die Kongruenz

$$S[g] = \sum_{i=1}^{n} s_{ii} g_i + 2 \sum_{i<j} s_{ij} g_i g_j \equiv S_0^t g \bmod 2.$$

Zu 2): Man führe in der Reihe $\vartheta[\mathfrak{m}](Z[U])$ die Verschiebung $g \mapsto U^{-1} g$ in der Summation durch.

Zu 3): Es genügt, die Formel für rein imaginäre Z, erst recht für Matrizen der Form $Z = Sz$, S reell, $z \in \mathbb{H}$, zu beweisen. Sie folgt dann aus der Thetatransformationsformel für Thetareihen zu quadratischen Formen auf der gewöhnlichen oberen Halbebene, [FB], VI.4.7.   □

Man kann eine explizite Formel für die Operation $\mathfrak{m} \mapsto M\{\mathfrak{m}\}$ der Modulgruppe auf den geraden Charakteristiken angeben.

7.5 Hilfssatz. *Wenn wir für* $\mathfrak{m} \in \{0,1\}^{2n}$ *und* $M \in \mathrm{Sp}(n, \mathbb{Z})$ *den Ausdruck* $M\{m\} \in \{0,1\}^{2n}$ *durch*

$$M \begin{Bmatrix} a \\ b \end{Bmatrix} \equiv M^{t-1} \begin{pmatrix} a \\ b \end{pmatrix} + \begin{pmatrix} (CD^t)_0 \\ (AB^t)_0 \end{pmatrix} \bmod 2$$

definieren, so gilt Satz 7.3.

Für die Erzeugenden der Modulgruppe folgt dies aus Hilfssatz 7.4. Aus diesem Grund genügt es, folgendes zu zeigen:

7.6 Hilfssatz. *Definiert man für* $\mathfrak{m} \in (\mathbb{Z}/2\mathbb{Z})^{2n}$ *und* $M \in \mathrm{Sp}(n, \mathbb{Z}/2\mathbb{Z})$

$$M\{\mathfrak{m}\} = M \begin{Bmatrix} a \\ b \end{Bmatrix} \equiv M^{t-1} \begin{pmatrix} a \\ b \end{pmatrix} + \begin{pmatrix} (CD^t)_0 \\ (AB^t)_0 \end{pmatrix} \in (\mathbb{Z}/2\mathbb{Z})^{2n},$$

so gilt

$$(MN)\{\mathfrak{m}\} = M\{N\{\mathfrak{m}\}\}.$$

Beweis. Zum Beweis genügt es anzunehmen, dass M eine beliebige Modulmatrix und N ein Element des Erzeugendensystems ist. Beispielsweise lautet die Aussage im Falle $N = \begin{pmatrix} E & S \\ 0 & E \end{pmatrix}$ nach einigen Umformungen

$$CS_0 \equiv (C^t C S)_0, \quad AS_0 \equiv (A^t A S)_0.$$

Dies folgt man leicht aus der Regel $x^2 = x \pmod 2$.   □

7.7 Hilfssatz. *Die Menge*

$$\Gamma_{n,\vartheta} := \{M \in \Gamma_n, \quad CD^t \text{ und } AB^t \text{ haben gerade Diagonalen}\}$$

ist eine Kongruenzgruppe.

Man nennt $\Gamma_{n,\vartheta}$ die *Thetagruppe n-ten Grades.* Sie verallgemeinert die im ersten Band eingeführte Thetagruppe ([FB], Kapitel VI, Anhang zu §5).

Beweis von 7.7. Die Menge $\Gamma_{n,\vartheta}$ ist durch die Bedingung $M\{0\} = 0$ charakterisiert. Die Behauptung folgt aus 7.6. Es gilt außerdem $\Gamma_{n,\vartheta} \supset \Gamma_n[2]$.   □

Aus Satz 7.3 folgt nun:

7.8 Satz. *Die Thetareihe*

$$\vartheta(Z) = \vartheta[0](Z) = \sum e(Z[g])$$

ist eine Modulform vom Gewicht 1/2 zu einem gewissen Multiplikatorsystem v_ϑ bezüglich der Thetagruppe $\Gamma_{n,\vartheta}$.

Man nennt das Multiplikatorsystem

$$v_\vartheta : \Gamma_{n,\vartheta} \longrightarrow \mathbb{C}^{\bullet}$$

das *Thetamultiplikatorsystem.* Es ist das wichtigste Multiplikatorsystem von nicht ganzem Gewicht.

7.9 Hilfssatz. *Jede gerade Thetacharakteristik $\mathfrak{m} \in \{0,1\}^{2n}$ lässt sich in der Form $\mathfrak{m} = M\{0\}$ schreiben. Der Stabilisator von $\mathfrak{m}$ in der vollen Modulgruppe*

$$\Gamma(\mathfrak{m}) := \{M \in \Gamma_n, \quad M\{\mathfrak{m}\} \equiv \mathfrak{m}\}$$

ist eine zur Thetagruppe konjugierte Gruppe,

$$\Gamma(\mathfrak{m}) = M\Gamma_{n,\vartheta}M^{-1} \quad (M\{0\} = \mathfrak{m}).$$

Es gilt

$$\vartheta[\mathfrak{m}] \in [\Gamma(\mathfrak{m}), 1/2, v^{\mathfrak{m}}].$$

Dabei ist $v^{\mathfrak{m}}$ das zu v_ϑ konjugierte Multiplikatorsystem.

Beweis. Nur die Transitivitätsaussage ist noch zu beweisen. Sie besagt, dass es zu je zwei

$$a, b \in \mathbb{Z}^n$$

mit $a^t b \equiv 0 \bmod 2$ eine Modulmatrix $M \in \Gamma_n$ mit der Eigenschaft

$$a \equiv (CD^t)_0, \quad b \equiv (AB^t)_0$$

gibt. Man schließt durch Induktion nach n und zerlegt

$$a = \begin{pmatrix} a_1 \\ a_2 \end{pmatrix}, \ a_1 \in \mathbb{Z}, \ a_2 \in \mathbb{Z}^{n-1}, \quad \text{entsprechend } b = \begin{pmatrix} b_1 \\ b_2 \end{pmatrix}.$$

Im Falle $a_1 b_1 \equiv 0$ ist die Charakteristik $\binom{a_2}{b_2}$ gerade und man kann mit Hilfe der Induktionsvoraussetzung leicht auf den Fall $a_2 = b_2 = 0$ reduzieren. In diesem Fall kommt man mit einer eingebetteten SL(2) zum Ziel.

Im Falle $a_1 b_1 \equiv 1$ muss es einen weiteren Index ν geben, so dass auch $a_\nu b_\nu$ ungerade ist. Man findet leicht eine Translationsmatrix, so dass

$$\begin{pmatrix} E & S \\ 0 & E \end{pmatrix} \begin{Bmatrix} a \\ b \end{Bmatrix}$$

der Voraussetzung des ersten Falles genügt.   □

Eine besondere Bedeutung hat das Produkt aller Thetareihen. Aus 7.3 und 7.2 folgt:

7.10 Satz. *Das Produkt*

$$\Delta^{(n)} = \prod \vartheta \begin{bmatrix} a \\ b \end{bmatrix}$$

aller Thetareihen ist eine Modulform vom Gewicht $2^{n-2}(2^n + 1)$ zur vollen Modulgruppe bezüglich eines gewissen Multiplikatorsystems $v^{(n)}$,

$$\Delta^{(n)} \in [\Gamma_n, 2^{n-2}(2^n + 1), v^{(n)}].$$

Im Falle $n \geq 2$ ist das Gewicht ganz, mithin ist in diesem Falle $v^{(n)}$ ein Charakter auf Γ_n.

Man kann zeigen, dass dieser Charakter im Falle $n \geq 3$ trivial ist.

Übungsaufgaben zu VII.7

1. Man rechne mit Hilfe von Erzeugenden nach, dass der Charakter von $\Delta^{(3)}$ trivial ist.

2. In welchem Zusammenhang stehen $\Delta^{(1)}$ und die Diskriminante Δ aus der Theorie der elliptischen Modulformen?

3. Man zeige, dass $\vartheta(Z)$ für rein imaginäre Z positiv ist und gebe mit Hilfe von 7.9 einen neuen Beweis für die Tatsache, dass die Thetareihen zu den geraden Charakteristiken nicht identisch verschwinden.

8. Gruppentheoretische Betrachtungen

Wir betrachten die Menge aller Linksnebenklassen

$$\Gamma_n/\Gamma_{n,\vartheta} = \{M\Gamma_{n,\vartheta}, \quad M \in \Gamma_n\}.$$

Die Abbildung

$$\Gamma_n/\Gamma_{n,\vartheta} \longrightarrow \left\{\mathfrak{m} = \begin{pmatrix} a \\ b \end{pmatrix} \in \{0,1\}^{2n}, \quad a^t b \text{ gerade}\right\},$$

$$M\Gamma_{n,\vartheta} \longrightarrow M\{0\},$$

ist nach Definition von $\Gamma_{n,\vartheta}$ wohldefiniert und injektiv. Sie ist surjektiv nach 7.9. Es folgt

8.1 Bemerkung. *Die Thetagruppe hat in der vollen Modulgruppe den Index* $2^{n-1}(2^n + 1)$.

Die Thetagruppe ist kein Normalteiler in Γ_n. Ganz im Gegenteil gilt:

8.2 Bemerkung. *Die* $2^{n-1}(2^n + 1)$ *konjugierten Gruppen*

$$\Gamma_n(\mathfrak{m}), \quad \mathfrak{m} \in \{0,1\} \text{ gerade,}$$

der Thetagruppe sind paarweise verschieden.

Beweis. Es genügt zu zeigen, dass $\Gamma_n(0)$ und $\Gamma_n(\mathfrak{m})$ voneinander verschieden sind. Dazu genügt es zu zeigen:
Ist $\mathfrak{m} \in \mathbb{Z}^{2n}$ und gilt

$$M\{\mathfrak{m}\} \equiv \mathfrak{m} \bmod 2 \text{ für alle } M \in \Gamma_{n,\vartheta},$$

so gilt $\mathfrak{m} \equiv 0 \bmod 2$. Dies ist im Falle $n = 1$ offensichtlich, im Falle $n > 1$ betrachte man eingebettete SL(2).   □

Einige Ausnahmeisomorphismen

Wir wollen die Gruppe $\mathrm{Sp}(n, \mathbb{Z}/2\mathbb{Z})$ für kleine n untersuchen und nutzen dazu die Operation von $\mathrm{Sp}(n, \mathbb{Z}/2\mathbb{Z})$ auf $(\mathbb{Z}/2\mathbb{Z})^{2n}$ aus. Ein Element $\mathfrak{m} = \begin{pmatrix} a \\ b \end{pmatrix}$ aus $(\mathbb{Z}/2\mathbb{Z})^{2n}$ heiße gerade, falls $a^t b = 0$ (in $\mathbb{Z}/2\mathbb{Z}$) gilt.

Sei M ein Element, welches alle $\mathfrak{m} \in (\mathbb{Z}/2\mathbb{Z})^{2n}$ festlässt. Dann lässt M insbesondere die 0 fest,

$$M\{0\} = M^{t^{-1}} \cdot \mathfrak{m}.$$

und es folgt, dass M das Einheitselement ist. Es gilt aber sogar:

8.3 Hilfssatz.

1) *Sei M ein Element, welches alle **geraden** $\mathfrak{m} \in (\mathbb{Z}/2\mathbb{Z})^{2n}$ festlässt, $M\{\mathfrak{m}\} = \mathfrak{m}$. Dann ist M das Einheitselement.*

2) *Sei $n > 1$. Ist M ein Element, welches alle **ungeraden** $\mathfrak{m} \in (\mathbb{Z}/2\mathbb{Z})^{2n}$ festlässt, so ist M das Einheitselement.*

Beweis. Zu 1): Wenn M alle geraden Charakteristiken festlässt, so lässt M insbesondere die Null fest. Wegen $M\{0\} = M^{t^{-1}} \cdot \mathfrak{m}$ bleibt dann auch die Summe zweier gerader Charakteristiken fest. Man überlegt sich aber leicht, dass jedes ungerade Element von $(\mathbb{Z}/2\mathbb{Z})^{2n}$ Summe von zwei geraden Elementen ist. Im Fall $n = 1$ besagt dies die Formel

$$\begin{pmatrix} 1 \\ 1 \end{pmatrix} = \begin{pmatrix} 1 \\ 0 \end{pmatrix} + \begin{pmatrix} 0 \\ 1 \end{pmatrix},$$

den allgemeinen Fall führt man hierauf zurück.

Zu 2): Sei also $n > 1$. Dann existieren zwei ungerade $\mathfrak{m}, \mathfrak{n}$, so dass auch $\mathfrak{m} + \mathfrak{n}$ ungerade ist. Aus der allgemeinen Rechenregel

$$M\{\mathfrak{m} + \mathfrak{n}\} = \mathfrak{m} + \mathfrak{n} + M\{0\}$$

und aus der Voraussetzung

$$M\{\mathfrak{m}\} = \mathfrak{m}, \quad M\{\mathfrak{n}\} = \mathfrak{n}, \quad M\{\mathfrak{m} + \mathfrak{n}\} = \mathfrak{m} + \mathfrak{n},$$

folgt $M\{0\} = 0$ und hieraus wieder, dass die Summe zweier ungerader Elemente festbleibt. Man überlegt sich aber leicht, dass im Fall $n > 1$ jedes Element von $(\mathbb{Z}/2\mathbb{Z})^{2n}$ Summe zweier ungerader Charakteristiken ist. $\square$

Eine unmittelbare Konsequenz des ersten Teils von 8.3 ist

8.4 Satz. *Der Durchschnitt der Konjugierten der Thetagruppe ist die Hauptkongruenzgruppe der Stufe zwei.*

Man kann 8.3 auch in etwas anderem Licht sehen. Dazu denken wir uns die Menge der geraden Elemente bzw. der ungeraden Elemente von $(\mathbb{Z}/2\mathbb{Z})^{2n}$ irgendwie angeordnet. Ihre Anzahl sei $g = g(n)$ bzw. $u = u(n)$. Die Operation $\mathfrak{m} \mapsto M\{\mathfrak{m}\}$ permutiert dies Elemente und kann als Permutation der Ziffern $1, \ldots, g$, bzw. $1, \ldots, u$ gedeutet werden. Wir erhalten so Homomorphismen

$$\mathrm{Sp}(n, (\mathbb{Z}/2\mathbb{Z})) \longrightarrow S_g \quad \text{bzw. } S_u.$$

Man kann 8.3 nun so interpretieren, dass der erste dieser beiden Homomorphismen stets, der zweite im Falle $n > 1$ injektiv ist. Uns interessieren die Fälle, wo ein solcher Homomorphismus sogar ein Isomorphismus ist. Es stellt sich heraus, dass dies in genau zwei Fällen eintritt.

Ein injektiver Homomorphismus endlicher Gruppen ist genau dann ein Isomorphismus, wenn die Ordnungen übereinstimmen.

1) Es ist $\# \operatorname{SL}(2, (\mathbb{Z}/2\mathbb{Z})) = 6$. Andererseits ist $g(1) = 3$ und $\# S_3 = 6$.

2) Es ist nach unseren Indexformeln $\# \operatorname{Sp}(2, \mathbb{Z}/2\mathbb{Z}) = 720$. Andererseits ist $u(2) = 6$ und $\# S_6 = 720$.

Wir erhalten:

8.5 Satz.
1) *Die Gruppe $\# \operatorname{SL}(2, \mathbb{Z}/2\mathbb{Z})$ ist isomorph zu S_3.*
2) *Die Gruppe $\# \operatorname{Sp}(2, \mathbb{Z}/2\mathbb{Z})$ ist isomorph zu S_6.*

Der Isomorphismus wird jeweils realisiert durch die Operation auf den geraden bzw. ungeraden Elementen von $(\mathbb{Z}/2\mathbb{Z})^2$, bzw. $(\mathbb{Z}/2\mathbb{Z})^4$.

Übungsaufgaben zu VII.8

1. Im Falle $n \leq 2$ besitzt die Modulgruppe Γ_n eine Untergruppe vom Index zwei.

2. Im Falle $n \geq 3$ ist das Bild von Γ_n in S_g bzw. S_u schon in der alternierenden Gruppe enthalten.

3. Man suche ein Element von Γ_2, dessen Bild in S_6 eine Transposition ist.

9. Igusa's Kongruenzgruppen

Eine Verallgemeinerung der Thetagruppe stellt IGUSA's Kongruenzgruppe $\Gamma_n[q, 2q]$ $(q \in \mathbb{N})$ dar (vgl. [FB], Kapitel VI, §6).

9.1 Bemerkung. *Durch*

$$\Gamma_n[q, 2q] := \left\{ M \in \Gamma_n[q], \quad \frac{1}{q}(CD^t)_0 \equiv \frac{1}{q}(AB^t)_0 \equiv 0 \bmod 2 \right\}$$

wird eine Kongruenzgruppe erklärt.

Wegen

$$\Gamma_n[q] \supset \Gamma_n[q, 2q] \supset \Gamma_n[2q]$$

genügt es zu zeigen, dass $\Gamma_n[q, 2q]$ überhaupt eine Gruppe ist. Wenn q ungerade ist, so gilt offenbar

$$\Gamma_n[q, 2q] = \Gamma_n[q] \cap \Gamma_{n,\vartheta},$$

wir können also annehmen, dass q gerade ist. In diesem Falle gilt

$$q^2 \equiv 0 \bmod 2q,$$

was im folgenden häufig benutzt wird. Schreibt man eine Matrix $M \in \Gamma_n[q]$ in der Form

$$M = \begin{pmatrix} A & B \\ C & D \end{pmatrix} = \begin{pmatrix} E + q\tilde{A} & q\tilde{B} \\ q\tilde{C} & E + q\tilde{D} \end{pmatrix},$$

so gilt

$$\frac{1}{q} AB^t \equiv \tilde{B}^t \bmod 2q.$$

Die $\Gamma_n[q, 2q]$ definierende Bedingung als Teilmenge von $\Gamma_n[q]$ lautet also einfach

$$\tilde{B}_0 \equiv \tilde{D}_0 \bmod 2.$$

Damit ist 9.1 eine Folge von

9.2 Bemerkung. *Sei q gerade. Die Zuordnung*

$$\eta : \Gamma_n[q] \longrightarrow (\mathbb{Z}/2\mathbb{Z})^{2n},$$
$$\begin{pmatrix} A & B \\ C & D \end{pmatrix} \longmapsto \frac{1}{q} \begin{pmatrix} B_0 \\ C_0 \end{pmatrix},$$

ist ein surjektiver Homomorphismus. Der Kern ist $\Gamma_n[q, 2q]$.

Folgerung. *Es gilt die Indexformel*

$$[\Gamma_n[q] : \Gamma_n[q, 2q]] = 2^{2n}.$$

Der Beweis der Homomorphieeigenschaft $\eta(MN) = \eta(M) + \eta(N)$ folgt unmittelbar aus der Bedingung $q^2 \equiv 0 \bmod 2q$. Zum Beweis der Surjektivität betrachte man spezielle Matrizen $A = D = E$, $B = 0$ oder $C = 0$.   □

Die Thetagruppe $\Gamma_{n,\vartheta} = \Gamma_n[1, 2]$ ist kein Normalteiler in Γ_n. Bemerkenswerterweise gilt jedoch:

9.3 Bemerkung. *Sei q gerade. Die Gruppe $\Gamma_n[q,2q]$ ist ein Normalteiler in der vollen Modulgruppe.*

Zum Beweis genügt es, $M\Gamma_n[q,2q]M^{-1} \subset \Gamma_n[q,2q]$ für die Erzeugenden der Modulgruppe nachzuweisen. Die Rechnung ist einfach und wird übergangen. □

Wegen 9.3 ist die Gruppe $\Gamma_n[2q,4q]$ erst recht ein Normalteiler in $\Gamma_n[q]$.

9.4 Hilfssatz. *Die Gruppe*

$$\Gamma_n[2]/\Gamma_n[4,8]$$

ist abelsch.

Beweis. Man muss zeigen, dass der Kommutator zweier Elemente aus $\Gamma_n[2]$ in $\Gamma_n[4,8]$ enthalten ist. Es genügt, dies für die Erzeugenden zu verifizieren. □

Wir wollen die in 9.4 auftretende Gruppe genauer bestimmen, wobei wir allerdings noch die negative Einheitsmatrix ausdividieren wollen, da wir nur an den Abbildungsgruppen interessiert sind. Wir betrachten also die Erweiterung vom Index zwei,

$$\widetilde{\Gamma}_n[4,8] = \Gamma_n[4,8] \cup (-\Gamma_n[4,8]),$$

welche ebenfalls ein Normalteiler in $\Gamma_n[2]$ ist und untersuchen

$$\mathcal{G}_n := \Gamma_n[2]/\widetilde{\Gamma}_n[4,8].$$

Im Falle $n = 1$ haben wir im ersten Band

$$\mathcal{G}_1 = \mathbb{Z}/4\mathbb{Z} \times \mathbb{Z}/4\mathbb{Z}$$

gezeigt, [FB], VI.6.2. Dieses Resultat gilt es zu verallgemeinern. Dabei nutzen wir aus, dass wir die Erzeugenden der Kongruenzgruppe der Stufe zwei kennen:

$$\begin{pmatrix} E & S \\ 0 & E \end{pmatrix}, \quad \begin{pmatrix} E & 0 \\ S & E \end{pmatrix}, \quad \begin{pmatrix} U^t & 0 \\ 0 & U^{-1} \end{pmatrix}.$$

Um Schreibarbeit zu sparen, behandeln wir hier nur den Fall $n = 2$, der allgemeine Fall wird nicht benötigt.

An Matrizen S benötigen wir im Falle $n = 2$ nur

$$S = \begin{pmatrix} 2 & 0 \\ 0 & 0 \end{pmatrix}, \quad \begin{pmatrix} 0 & 0 \\ 0 & 2 \end{pmatrix}, \quad \begin{pmatrix} 0 & 2 \\ 2 & 0 \end{pmatrix}$$

und, da wir Erzeugende von $\mathrm{SL}(2,\mathbb{Z})[2]$ und damit $\mathrm{GL}(2,\mathbb{Z})[2]$ kennen, an unimodularen Matrizen U nur

$$U = \begin{pmatrix} 1 & 2 \\ 0 & 1 \end{pmatrix}, \quad \begin{pmatrix} 1 & 0 \\ 2 & 1 \end{pmatrix}, \quad \begin{pmatrix} -1 & 0 \\ 0 & -1 \end{pmatrix} \text{ und } \begin{pmatrix} 1 & 0 \\ 0 & -1 \end{pmatrix}.$$

Wir erhalten so $2 \cdot 3 + 4 = 10$ Erzeugende von $\Gamma_2[2]$. Ist man nur an der Faktorgruppe nach $\{\pm E^{(2n)}\}$ interessiert, so wird die negative Einheitsmatrix überflüssig. Insbesondere kann

$$\mathcal{G}_2 = \Gamma_2[2]/\widetilde{\Gamma}_2[4, 8]$$

durch 9 Elemente erzeugt werden. Da $\mathcal{G}_2$ abelsch ist, bedeutet dies, dass wir einen *surjektiven Homomorphismus*

$$\mathbb{Z}^9 \longrightarrow \mathcal{G}_2,$$

erhalten haben. Im folgenden verwenden wir folgende Bezeichnungen für die Erzeugenden:

$$T_1, T_2, \widetilde{T}_1, \widetilde{T}_2, T_3, \widetilde{T}_3, P_1, P_2, P_3$$

mit

$$T_\nu = \begin{pmatrix} E & S_\nu \\ 0 & E \end{pmatrix}, \quad \widetilde{T}_\nu = \begin{pmatrix} E & 0 \\ S_\nu & E \end{pmatrix},$$

$$S_1 = \begin{pmatrix} 2 & 0 \\ 0 & 0 \end{pmatrix}, \quad S_2 = \begin{pmatrix} 0 & 0 \\ 0 & 2 \end{pmatrix}, \quad S_3 = \begin{pmatrix} 0 & 2 \\ 2 & 0 \end{pmatrix}$$

und

$$P_\nu = \begin{pmatrix} U_\nu^t & 0 \\ 0 & U_\nu^{-1} \end{pmatrix},$$

$$U_1 = \begin{pmatrix} 1 & 2 \\ 0 & 1 \end{pmatrix}, \quad U_2 = \begin{pmatrix} 1 & 0 \\ 2 & 1 \end{pmatrix}, \quad U_3 = \begin{pmatrix} 1 & 0 \\ 0 & -1. \end{pmatrix}$$

Der Homomorphismus ist durch

$$(a_1, b_1, a_2, b_2, a_3, b_3, c_1, c_2, c_3) \longmapsto T_1^{a_1} \widetilde{T}_1^{b_1} T_2^{a_2} \widetilde{T}_2^{b_2} T_3^{a_3} \widetilde{T}_3^{b_3} P_1^{c_1} P_2^{c_2} P_3^{c_3}$$

gegeben. Die Bilder der ersten 4 Matrizen haben die Ordnung 4, die restlichen 5 haben die Ordnung 2. Wir erhalten also sogar einen surjektiven Homomorphismus

$$(\mathbb{Z}/4\mathbb{Z})^4 \times (\mathbb{Z}/2\mathbb{Z})^5 \longrightarrow \Gamma_2[2]/\widetilde{\Gamma}_2[4, 8].$$

Dieser ist sogar ein Isomorphismus:

9.5 Hilfssatz. *Die Zuordnung*

$$(a_1, b_1, a_2, b_2, a_3, b_3, c_1, c_2, c_3) \longmapsto T_1^{a_1} \widetilde{T}_1^{b_1} T_2^{a_2} \widetilde{T}_2^{b_2} T_3^{a_3} \widetilde{T}_3^{b_3} P_1^{c_1} P_2^{c_2} P_3^{c_3}$$

$(\mathrm{mod} \ \widetilde{\Gamma}_2[4, 8])$ *induziert einen Isomorphismus*

$$(\mathbb{Z}/4\mathbb{Z})^4 \times (\mathbb{Z}/2\mathbb{Z})^5 \longrightarrow \Gamma_2[2]/\widetilde{\Gamma}_2[4, 8].$$

Zum Beweis genügt es zu zeigen, dass die Ordnungen der beiden Gruppen übereinstimmen. Dies folgt aus den Indexformeln (insbesondere 9.2). $\qquad\square$

Zerlegung in Eigenräume

Seien $\Gamma' \subset \Gamma$ Kongruenzgruppen und Γ' sogar ein Normalteiler mit *abelscher* Faktorgruppe $G := \Gamma/\Gamma'$. Gegeben sei ein Multiplikatorsystem v vom Gewicht $r/2$ auf der größeren Gruppe Γ. Durch die Zuordnung

$$f \longmapsto v(M)^{-r}\sqrt{\det(CZ+D)}^{-r}f(MZ)$$

wird jedem Element $M \in \Gamma$ eine lineare Abbildung von $[\Gamma', r/2, v]$ in sich zugeordnet. Diese lineare Abbildung hängt nur vom Bild von M in G ab und definiert eine Operation von G auf diesem Raum. Da G eine endliche abelsche Gruppe ist, können wir diesen Raum in Eigenräume zerlegen (s. auch [FB], VI.6.4). Wir identifizieren im folgenden Charaktere von G mit Charakteren auf Γ, welche auf Γ' trivial sind. Wir erhalten

$$[\Gamma', r/2, v] = \sum_\chi [\Gamma, r/2, v\chi] \qquad \text{(direkte Summe)},$$

wobei χ all diese Charaktere durchläuft. Wir werden diese Zerlegung speziell im Falle $\Gamma = \Gamma_2[2]$ und $\Gamma' = \Gamma_2[4,8]$ ausnutzen. Wie in [FB], Kapitel VI, §6 gilt:

9.6 Hilfssatz. *Es gilt*

$$[\Gamma_2[4,8], r/2, v_\vartheta^r] = \sum_\chi [\Gamma[2], r/2, v_\vartheta^r \chi],$$

wobei χ alle Charaktere von $\mathcal{G}_2 = \Gamma_2[2]/\widetilde{\Gamma}_2[4,8]$ durchläuft. Die Charaktere χ sind durch ihre Werte auf

$$T_1, T_2, \widetilde{T}_1, \widetilde{T}_2, T_3, \widetilde{T}_3, P_1, P_2, P_3$$

eindeutig bestimmt. Sie können auf den ersten vier Matrizen beliebige vierte Einheitswurzeln und auf den restlichen die Werte ± 1 annehmen. Es gibt insbesondere 2048 solcher Charaktere.

Die Gruppe $\Gamma_2[4,8]$ wird von den Kommutatoren aus $\Gamma_2[2]$, den vierten Potenzen der ersten vier und den Quadraten der restlichen fünf erzeugt. Die Multiplikatorsysteme zweier $\vartheta[\mathfrak{m}]$ unterscheiden sich nur um einen Charakter. Dieser ist trivial auf Kommutatoren. Man rechnet leicht nach, dass er auch auf den anderen 9 Erzeugern trivial ist. Hieraus folgt (vgl. [FB], VI.6.2):

9.7 Satz. *Die Multiplikatorsysteme der zehn Thetareihen stimmen auf $\Gamma_2[4,8]$ überein. Insbesondere liegen die zehn Thetareihen in Eigenräumen der Zerlegung 9.6.*

Übungsaufgaben zu VII.9

1. Man bestimme den Index von $\Gamma_n[q, 2q]$ in Γ_n für gerades q.

2. Im Falle $r = 1$ sind mindestens 10 der Eigenräume in 9.6 von Null verschieden. (Wir werden später sehen, dass es genau 10 sind.)

3. Um die Komplexität der Gesamtheit der Kongruenzgruppen zu illustrieren, wird folgende Aufgabe gestellt. Wie viele Gruppen gibt es zwischen $\bar{\Gamma}[4, 8]$ und $\Gamma[2]$?

10. Der Fundamentalbereich der Modulgruppe zweiten Grades

Der *Fundamentalbereich der Siegelschen Modulgruppe* wurde von SIEGEL in seiner Originalarbeit aus dem Jahre 1935 konstruiert. Wesentliches Hilfsmittel war die *Minkowski'sche Reduktionstheorie* für die Gruppe GL$(n, \mathbb{Z})$. Im Falle $n = 2$ ist dies im wesentlichen die elliptische Modulgruppe und die MINKOWSKI'sche Rduktionstheorie ist in diesem Falle äquivalent mit der Konstruktion des Fundamentalbereichs der elliptischen Modulgruppe. Daher wird im Falle $n = 2$ die Theorie besonders einfach, Wir beschränken uns auf diesen Fall.

Wir beginnen mit einem einfachen Spezialfall der *Minkowskischen Reduktionstheorie*. Sei

$$\mathcal{R}_2 = \left\{ Y = \begin{pmatrix} y_0 & y_1 \\ y_1 & y_2 \end{pmatrix}, \quad 0 \leq 2y_1 \leq y_0 \leq y_2, \ 0 < y_0 \right\}.$$

10.1 Bemerkung. *Jede Matrix aus $\mathcal{R}_2$ ist positiv definit. In $\mathcal{R}_2$ gelten die Ungleichungen*

$$\det Y \leq y_0 y_2 \leq \frac{4}{3} \det Y.$$

Der Beweis ist einfach und kann übergangen werden. Nicht ganz so einfach ist:

10.2 Hilfssatz. *Zu jeder positiv definiten 2×2-Matrix $Y \in \mathcal{P}_2$ existiert eine unimodulare Matrix*

$$U \in \mathrm{GL}(2, \mathbb{Z})$$

mit der Eigenschaft

$$Y[U] \in \mathcal{R}_2.$$

Beweis. Die Operation $Y \mapsto Y[U]$ ist mit der Substitution $Y \mapsto tY$, $t > 0$, verträglich. Aus diesem Grund genügt es, sich auf Matrizen Y der Determinante 1 zu beschränken. Sei

$$\mathcal{P}_2(1) := \{Y \in \mathcal{P}_2, \quad \det Y = 1\}.$$

Zum Beweis benutzen wir die Abbildung

$$\varphi : \mathbb{H} \longrightarrow \mathcal{P}_2(1),$$

$$z \longmapsto S := \begin{pmatrix} 1 & 0 \\ x & 1 \end{pmatrix} \begin{pmatrix} y^{-1} & 0 \\ 0 & y \end{pmatrix} \begin{pmatrix} 1 & x \\ 0 & 1 \end{pmatrix}.$$

Man verifiziert leicht die folgenden drei Tatsachen:
a) Die Abbildung φ ist bijektiv.
b) Es gilt $\varphi(Mz) = S[M]$ für $M \in \mathrm{SL}(2, \mathbb{Z})$.
c) Es gilt

$$\varphi(\mathcal{F}) = \{Y \in \mathcal{P}_2(1), \quad 0 \le |2y_1| \le y_0 \le y_2, \ 0 < y_0\}.$$

Dabei ist $\mathcal{F}$ der Fundamentalbereich der elliptischen Modulgruppe, [FB], V.8.7.

Man kann also jede Matrix aus $\mathcal{P}_2(1)$ mittels einer Matrix aus $\mathrm{SL}(2, \mathbb{Z})$ nach $\varphi(\mathcal{F})$ transformieren. Nutzt man noch aus, dass die Diagonalmatrix mit den Einträgen 1 und -1 in $\mathrm{GL}(2, \mathbb{Z})$ enthalten ist, so kann man noch überdies $y_1 \ge 0$ erreichen.   □

Unter der *Höhe* eines Punktes $Z \in \mathbb{H}_n$ verstehen wir die positive Zahl

$$h(Z) = \det Y.$$

10.3 Hilfssatz. *Gegeben seien ein Punkt $Z \in \mathbb{H}_2$ und eine positive Zahl $\varepsilon > 0$. Es gibt nur endlich viele Zahlen h_0 mit den Eigenschaften*
a) $h_0 \ge \varepsilon$,
b) $h_0 = h(MZ)$ *für ein $M \in \Gamma_2$.*

Beweis.[*] Sei $Z^* = MZ$, $M \in \Gamma_n$, $h_0 = h(Z^*) \ge \varepsilon$. Die Höhe bleibt bei unimodularen Transformationen $Z^* \mapsto Z^*[U]$ invariant. Daher können wir

$$Y^{*^{-1}} \in \mathcal{R}_2$$

annehmen. Bezeichnet man mit r_1, r_2 die beiden Diagonalelemente von $Y^{*^{-1}}$ so gilt nach 10.1

$$r_1 r_2 \frac{4}{3} \det(Y^*)^{-1} \le \frac{4}{3}\varepsilon^{-1}.$$

---

[*] Für beliebiges n findet man einen Beweis in [Fr].

Aus der Formel

$$Y^{*-1} = Y^{-1}[(CX + D)^t] + Y[C^t]$$

folgt

$$r_k = [Xc_k^t + d_k^t] + Y[c_k^t] \quad (k = 1, 2),$$

wobei c_k, d_k die k-ten Zeilen von C, D seien. Die Zeilen c_k, d_k können nicht beide verschwinden. Daher hat r_k eine von Y abhängige positive untere Schranke. Da ihr Produkt nach oben beschränkt ist, haben beide eine (nur von Y und ε abhängige) obere Schranke. Hieraus folgt, dass die Vektoren c_k, d_k einer endlichen Menge angehören müssen.   □

10.4 Satz. *Die durch die Ungleichungen*

$$0 \leq 2y_1 \leq y_0 \leq y_2, \qquad \frac{\sqrt{2}}{2} \leq y_0,$$

definierte Menge $\mathfrak{M} \subset \mathbb{H}_2$ ist eine Fundamentalmenge der Modulgruppe zweiten Grades. Zu jedem $Z \in \mathbb{H}_2$ existiert also $M \in \Gamma_2$, so dass MZ in dieser Menge liegt.

Beweis. Sei $Z \in \mathbb{H}_2$ ein beliebiger Punkt. Wegen Hilfssatz 10.3 existiert in der Bahn

$$\{MZ; \ M \in \Gamma_2\}$$

ein Punkt Z_0 mit maximaler Höhe. Für diesen gilt

$$|\det(CZ_0 + D)|^{-2} h(Z_0) = h(MZ) \leq h(Z_0).$$

Dies bedeutet

$$|\det(CZ_0 + D)| \geq 1.$$

Da sich die Höhe bei unimodularen Transformationen nicht ändert, können wir auch noch $Y_0 \in \mathcal{R}_2$ annehmen. Nutzt man die Bedingung

$$|\det(CZ_0 + D)| \geq 1$$

speziell für Matrizen

$$M = \begin{pmatrix} A & B \\ C & D \end{pmatrix}, \ A = \begin{pmatrix} a & 0 \\ 0 & 1 \end{pmatrix}, \ B = \begin{pmatrix} b & 0 \\ 0 & 0 \end{pmatrix}, C = \begin{pmatrix} c & 0 \\ 0 & 0 \end{pmatrix}, \ D = \begin{pmatrix} d & 0 \\ 0 & 1 \end{pmatrix}$$

aus, so folgt, dass das erste Diagonalelement z von Z_0 der Ungleichung

$$|cz + d| \geq 1 \text{ für alle } \begin{pmatrix} a & b \\ c & d \end{pmatrix} \in \mathrm{SL}(2, \mathbb{Z})$$

genügt. Hieraus folgt

$$y \geq \sqrt{3}/2.$$

Ein analoges Argument gilt für das zweite Diagonalelement.   □

Übungsaufgaben zu VII.10

1. Im Falle $n \leq 2$ gibt eine Zahl $\delta_n > 0$, so dass die durch $Y - \delta_n E \geq 0$ definierte Menge eine Fundamentalmenge der Modulgruppe ist. (Dies gilt für beliebige n. Der allgemeine Beweis erfordert jedoch die MINKOWSKI'sche Reduktionstheorie, siehe z.B. [Fr].)

2. Man zeige, dass zwei Punkte iyE für genügend großes y nicht äquivalent sein können und folgere, dass Γ_n keine kompakte Fundamentalmenge haben kann.

3. Sei dv das Euklidsche Volumelement auf $\mathbb{H}_n$ und
$$d\omega := \frac{dv}{\det Y^{n+1}}.$$
Man zeige, dass $d\omega$ invariant unter $\mathrm{Sp}(n, \mathbb{R})$ ist, d.h.
$$\int\limits_{\mathbb{H}_n} f(MZ)d\omega = \int\limits_{\mathbb{H}_n} f(Z)d\omega$$
für z.B. stetige Funktionen mit kompaktem Träger.

4. Die Menge
$$\{Z \in \mathbb{H}_2; \; |x_0|, |x_1|, |x_2| \leq 1/2, \; 0 \leq 2y_1 \leq y_0 \leq y_2, \; \frac{\sqrt{3}}{2} \leq y_0\}$$
ist eine Fundamentalmenge von Γ_2. Ihr Volumen bezüglich $d\omega$ ist endlich.
Tip. Benutze 10.1. Die Integration über die X-Koordinaten ist harmlos. Danach integriere man zuerst über y_1.

11. Die Nullstellen der Thetareihen zweiten Grades

Im ersten Band haben wir gesehen, dass die Thetareihen $\vartheta[\mathfrak{m}]$ im Falle $n = 1$ keine Nullstelle in der oberen Halbebene haben, [FB], VI.6.6. Dies ist für $n > 1$ falsch. Im Falle $n = 2$ können die Nullstellen durch einfache Gleichungen beschrieben werden. Dies geht auf IGUSA [Ig3] zurück. Ein kurzer und elementarer Beweis findet sich in [Fr3], s. auch [Fr1]. Wir stützen uns hier auf diesen Beweis.

11.1 Hilfssatz. *Seien*
$$a = \begin{pmatrix} a_1 \\ a_2 \end{pmatrix}, \; b = \begin{pmatrix} b_1 \\ b_2 \end{pmatrix}, \quad a_1, b_1 \in \mathbb{Z}^{n_1}, \; a_2, b_2 \in \mathbb{Z}^{n_2}.$$
Es gilt
$$\vartheta \begin{bmatrix} a \\ b \end{bmatrix} \begin{pmatrix} Z_1^{(n_1)} & 0 \\ 0 & Z_2^{(n_2)} \end{pmatrix} = \vartheta \begin{bmatrix} a_1 \\ b_1 \end{bmatrix} (Z_1) \vartheta \begin{bmatrix} a_2 \\ b_2 \end{bmatrix} (Z_2).$$

Beweis. Der Beweis folgt leicht aus der Formel

$$\begin{pmatrix} Z_1 & 0 \\ 0 & Z_2 \end{pmatrix} \begin{bmatrix} g_1 \\ g_2 \end{bmatrix} = Z_1[g_1] + Z_2[g_2]$$

in Verbindung mit dem CAUCHY'schen Multiplikationssatz für unendliche Reihen. □

Der Ausdruck in 11.1 verschwindet, wenn eine der beiden Charakteristiken auf der rechten Seite ungerade ist. Beispielsweise gilt

$$\vartheta \begin{bmatrix} 1 \\ 1 \\ 1 \\ 1 \end{bmatrix} \begin{pmatrix} z_0 & 0 \\ 0 & z_2 \end{pmatrix} = 0.$$

Wir wollen in diesem Abschnitt zeigen, dass wir in gewisser Hinsicht hiermit alle Nullstellen der Thetareihen zweiten Grades gefunden haben. Wir erinnern daran, dass es 10 Thetareihen zweiten Grades gibt:

$$\begin{pmatrix} a \\ b \end{pmatrix} \in \left\{ \begin{matrix} 0 & 0 & 0 & 0 & 1 & 0 & 1 & 0 & 1 & 1 \\ 0 & 0 & 0 & 0 & 0 & 1 & 0 & 1 & 1 & 1 \\ 0 & 1 & 0 & 1 & 0 & 0 & 0 & 1 & 0 & 1 \\ 0 & 0 & 1 & 1 & 0 & 0 & 1 & 0 & 0 & 1 \end{matrix} \right\}.$$

Wir bestimmen nun die Nullstellen der 10 Thetareihen auf der Fundamentalmenge $\mathfrak{M}$ ($0 \leq 2y_1 \leq y_0 \leq y_2$, $\sqrt{3}/2 \leq y_0$).

11.2 Hilfssatz. 1) *Die acht Thetareihen*

$$\vartheta \begin{bmatrix} a \\ b \end{bmatrix}, \quad a \neq \begin{bmatrix} 1 \\ 1 \end{bmatrix},$$

haben in der Fundamentalmenge $\mathfrak{M}$ keine Nullstelle.

2) *Die beiden Funktionen*

$$\frac{\vartheta \begin{bmatrix} 1 \\ 1 \\ 1 \\ 1 \end{bmatrix}}{e^{\pi i z_1} - 1} \quad und \quad \frac{\vartheta \begin{bmatrix} 1 \\ 1 \\ 0 \\ 0 \end{bmatrix}}{e^{\pi i z_1} + 1}$$

sind in $\mathbb{H}_2$ analytisch und haben in $\mathfrak{M}$ ebenfalls keine Nullstelle.

Der Beweis erfolgt durch elementare Abschätzungen:

1) Sei $a = 0$. Wir ziehen aus der Thetareihe den konstanten Term ($g = 0$) heraus und schätzen den Rest durch die Betragsreihe ab.

$$\left| \vartheta \begin{bmatrix} 0 \\ b \end{bmatrix} - 1 \right| \leq \sum_{g \neq 0} e^{-\pi Y[g]}.$$

Wir ziehen die Glieder zu $g_1^2 + g_2^2 = 1$ aus der Summe heraus und erhalten

$$\sum_{g \neq 0} e^{-\pi Y[g]} \leq 4 e^{-\frac{\pi}{2}\sqrt{3}} + \sum_{g_1^2 + g_2^2 > 1} e^{-\frac{\pi}{4}(g_1^2 + g_2^2)} < 1.$$

Eine numerische Rechnung zeigt, dass die auf der rechten Seite stehende Zahl kleiner als 1 ist. Hieraus folgt

$$\vartheta \begin{bmatrix} 0 \\ b \end{bmatrix}(Z) \neq 0 \quad \text{für } Z \in \mathfrak{M}.$$

2) Sei $a = \begin{pmatrix} 1 \\ 0 \end{pmatrix}$. Wir dividieren die Thetareihe erst durch $e^{\pi i z/4}$ und ziehen dann die konstanten Terme, welche zu $g = \begin{pmatrix} 0 \\ 0 \end{pmatrix}, \begin{pmatrix} -1 \\ 0 \end{pmatrix}$ gehören, heraus und schätzen den Rest durch die Betragsreihe ab,

$$\left| \vartheta \begin{bmatrix} 1 \\ 0 \\ 0 \\ * \end{bmatrix}(Z) e^{-\pi i z_0} - 2 \right| \leq \sum_{g \neq \binom{0}{0}, \binom{-1}{0}} e^{-\pi \{y_0 g_1(g_1+1) + y_1(2g_1+1)g_2 + y_2 g_2^2\}}.$$

Mittels der Identität

$$(2g_1 + 1)g_2 = (g_1 + g_2 + 1)(g_1 + g_2) - g_1(g_1 + 1) - g_2^2$$

beweist man

$$y_0 g_1(g_1 + 1) + y_1(2g_1 + 1)g_2 + y_2 g_2^2$$

$$\geq (y_0 - y_1)g_1(g_1 + 1) + (y_2 - y_1)g_2^2 \geq \frac{1}{4}\sqrt{3}[g_1(g_1 + 1) + g_2^2].$$

Eine numerische Rechnung ergibt wie im ersten Falle

$$\vartheta \begin{bmatrix} a \\ b \end{bmatrix} \neq 0 \text{ in } \mathfrak{M} \text{ für } a = \begin{pmatrix} 1 \\ 0 \end{pmatrix} \text{ und analog für } a = \begin{pmatrix} 0 \\ 1 \end{pmatrix}.$$

3) Es bleibt der Fall $a = \begin{pmatrix} 1 \\ 1 \end{pmatrix}$, $b = \varepsilon \begin{pmatrix} 1 \\ 1 \end{pmatrix}$ mit $\varepsilon = 0$ oder 1 zu untersuchen. Eine einfache Umformung der Thetareihe zeigt

$$e^{-\frac{1}{4}\pi i Z[a] + \pi i z_1} \vartheta \begin{bmatrix} a \\ b \end{bmatrix}(Z)$$

$$= 2 \sum_{g_1, g_2 \geq 0} (-1)^{\varepsilon(g_1 + g_2)} e^{\pi i g_1(g_1+1)(z_0 - z_1) + \pi i g_2(g_2+1)(z_2 - z_1)}$$

$$\cdot \left\{ e^{\pi i (g_1 + g_2 + 1)^2 z_1} + (-1)^{\varepsilon} e^{\pi i (g_2 - g_1)^2 z_1} \right\}.$$

Nachdem man den Ausdruck in der geschweiften Klammer durch den Ausdruck $2(1 + (-1)^{\varepsilon} e^{\pi i z_1})$ dividiert hat, bringe man das zu $g_1 = g_2 = 0$ gehörige Glied auf die linke Seite und schätze den Rest durch die Betragsreihe ab.

$$\left| \frac{\vartheta \begin{bmatrix} a \\ b \end{bmatrix}(Z)}{2e^{\pi i (Z[a]/4)}(1 + (-1)^{\varepsilon} e^{\pi i z_1})} - (-1)^r \right|$$

$$\leq -1 + \sum_{g_1, g_2 \geq 0} e^{-\pi g_1 (g_1+1)(y_0 - y_2) - \pi g_2 (g_2+1)(y_2 - y_1)}$$

$$\cdot \left\{ \sum_{n=0}^{(2g_1+1)(2g_2+1)-1} e^{-\pi n y_1} \right\}.$$

Dabei ist

$$e^{\pi i (g_1 + g_2 + 1)^2} + (-1)^{\varepsilon} e^{\pi i (g_1 - g_2)^2 z_1}$$

$$= e^{\pi i (g_1 - g_2)^2 z_1}(1 + (-1)^{\varepsilon} e^{\pi i z_1})(-1)^{\varepsilon} \cdot \sum_{n=0}^{(2g_1+1)(2g_2+1)-1} (-1)^{n(\varepsilon-1)} e^{\pi i n z_1}$$

verwendet worden. Ist Z in $\mathfrak{M}$, so folgt unmittelbar

$$\left| \frac{\vartheta \begin{bmatrix} a \\ b \end{bmatrix}(Z)}{2e^{\pi i (Z[a]/4)}(1 + (-1)^{\varepsilon} e^{\pi i z_1})} - (-1)^r \right| \leq -1 + \left(\sum e^{\frac{-\pi \sqrt{3}}{4} n(n+1)}(2n+1)^2 \right) < 1.$$

Es zeigt sich somit, dass

$$\frac{\vartheta \begin{bmatrix} a \\ b \end{bmatrix}}{1 + (-1)^{\varepsilon} e^{\pi i z_1}} \quad \text{im Falle } a = \begin{pmatrix} 1 \\ 1 \end{pmatrix}, \ b = \varepsilon \begin{pmatrix} 1 \\ 1 \end{pmatrix}$$

keine Nullstelle in $\mathfrak{M}$ hat.   □

Wir bestimmen alle symplektischen Substitutionen, welche die Diagonale in sich überführen. Dazu erinnern wir an die Einbettung

$$\mathrm{SL}(2, \mathbb{R}) \times \mathrm{SL}(2, \mathbb{R}) \longrightarrow \mathrm{Sp}(2, \mathbb{R}),$$

$$\begin{pmatrix} a & b \\ c & d \end{pmatrix}, \begin{pmatrix} \alpha & \beta \\ \gamma & \delta \end{pmatrix} \longmapsto \begin{pmatrix} a & & b & \\ 0 & \alpha & & \beta \\ c & & d & \\ & \gamma & & \delta \end{pmatrix}.$$

Das Bild operiert auf der Diagonalen komponentenweise. Eine andere Substitution, welche die Diagonale in sich überführt, ist die unimodulare Transformation

$$\begin{pmatrix} U^t & 0 \\ 0 & U^{-1} \end{pmatrix}, \quad U = \begin{pmatrix} 0 & 1 \\ 1 & 0 \end{pmatrix}.$$

Man bestätigt leicht:

11.3 Bemerkung. *Die Menge $\mathcal{N}$ aller Matrizen der Form*

$$
\begin{pmatrix} a & & b & \\ 0 & \alpha & & \beta \\ c & & d & \\ & \gamma & & \delta \end{pmatrix} \quad und \quad \begin{pmatrix} 0 & 1 & & \\ 1 & 0 & & \\ & & 0 & 1 \\ & & 1 & 0 \end{pmatrix} \begin{pmatrix} a & & b & \\ 0 & \alpha & & \beta \\ c & & d & \\ & \gamma & & \delta \end{pmatrix}
$$

ist eine Untergruppe von $\mathrm{Sp}(2,\mathbb{R})$*, welche die Diagonale in sich überführt.*

Wir bezeichnen mit

$$
\mathcal{N}(\mathbb{Z}) = \mathcal{N} \cap \mathrm{Sp}(2,\mathbb{Z})
$$

die Untergruppe aller ganzen Matrizen. Sie enthält eine mit $\mathrm{SL}(2,\mathbb{Z}) \times \mathrm{SL}(2,\mathbb{Z})$ isomorphe Untergruppe. Offensichtlich lässt $\mathcal{N}(\mathbb{Z})$ die Charakteristik

$$
\mathfrak{m} = \begin{pmatrix} 1 \\ 1 \\ 1 \\ 1 \end{pmatrix}
$$

fest. Es gilt also

$$
\mathcal{N}(\mathbb{Z}) \subset \Gamma(\mathfrak{m}).
$$

Die Gruppe $\Gamma[2]$ ist ebenfalls in $\Gamma(\mathfrak{m})$ enthalten. Wir zeigen nun, dass $\Gamma(\mathfrak{m})$ von den beiden Untergruppen erzeugt wird.

11.4 Hilfssatz. *Der von der Inklusion*

$$
\mathcal{N}(\mathbb{Z}) \longrightarrow \Gamma(\mathfrak{m})
$$

induzierte Homomorphismus

$$
\mathcal{N}(\mathbb{Z})/(\mathcal{N}(\mathbb{Z}) \cap \Gamma_2[2]) \longrightarrow \Gamma[\mathfrak{m}]/\Gamma_2[2]
$$

ist ein Isomorphismus.

Beweis. Es genügt zu zeigen, dass die beiden Gruppenordnungen übereinstimmen. Einerseits ist

$$
\#(\Gamma(\mathfrak{m})/\Gamma_2[2]) = [\Gamma(\mathfrak{m}) : \Gamma_2[2]] = \frac{[\Gamma_2 : \Gamma_2[2]]}{[\Gamma_2 : \Gamma(\mathfrak{m})]} = \frac{[\Gamma_2 : \Gamma_2[2]]}{[\Gamma_2 : \Gamma_{2,\vartheta}]} = \frac{720}{10}.
$$

Andererseits ist $\mathcal{N}(\mathbb{Z})/(\mathcal{N}(\mathbb{Z}) \cap \Gamma_2[2])$ eine Erweiterung vom Index zwei von $\mathrm{SL}(2,\mathbb{Z}/2\mathbb{Z}) \times \mathrm{SL}(2,\mathbb{Z}/2\mathbb{Z})$ und hat somit die Ordnung $2 \cdot 6^2$. Beide Ordnungen sind also 72. $\qquad\square$

11.5 Satz.   *Sei $f \in [\Gamma_2[2], r/2, v]$ eine Modulform bezüglich der Hauptkongruenzgruppe der Stufe zwei, welche auf der Diagonalen verschwindet. Dann ist f durch $\vartheta[\mathfrak{m}]$ teilbar und es gilt*

$$\frac{f}{\vartheta[\mathfrak{m}]} \in \left[\Gamma_2[2], \ \frac{r-1}{2}, \ \frac{v}{v^{\mathfrak{m}}} \right], \qquad \mathfrak{m} = \begin{pmatrix} 1 \\ 1 \\ 1 \\ 1 \end{pmatrix}.$$

Beweis. Da $\mathfrak{M}$ eine Fundamentalmenge der vollen Modulgruppe ist, genügt es folgendes zu zeigen:

Ist $M \in \mathrm{Sp}(2, \mathbb{Z})$ eine beliebige Modulsubstitution, so ist

$$f(MZ)/\vartheta[\mathfrak{m}](MZ)$$

in einer offenen Umgebung von $M(\mathfrak{M})$ analytisch.

Wir wissen, dass $\vartheta[\mathfrak{m}](MZ)$ bis auf einen nirgends verschwindenden Faktor mit $\vartheta[M\{\mathfrak{m}\}](Z)$ übereinstimmt. Nach dem ersten Teil von Hilfssatz 11.2 genügt es, die beiden Fälle

$$M\{\mathfrak{m}\} = \begin{pmatrix} 1 \\ 1 \\ 1 \\ 1 \end{pmatrix} \quad \text{oder} \quad \begin{pmatrix} 1 \\ 1 \\ 0 \\ 0 \end{pmatrix}$$

zu betrachten.

Erster Fall. $M\{\mathfrak{m}\} = \mathfrak{m}$. Dann ist $M \in \Gamma_2(\mathfrak{m})$. Wegen Hilfssatz 11.4 können wir $M \in \mathcal{N}(\mathbb{Z})$ annehmen. Die Modulform $f(MZ) \det(CZ + D)^{-r/2}$ ist wie f eine Modulform der Stufe zwei, welche ebenfalls auf der Diagonalen verschwindet. Es genügt also zu zeigen, dass f selbst durch $\vartheta[\mathfrak{m}]$ in einer offenen Umgebung von $\mathfrak{M}$ teilbar ist. Nach Hilfssatz 11.2 ist dies damit gleichbedeutend, dass $f(Z)/(e^{\pi i z_1} - 1)$ analytisch ist oder dass die Funktionen $f(Z)/(z_1 - 2k)$ für alle $k \in \mathbb{Z}$ analytisch sind. Dies folgt aus der Tatsache, dass f der Diagonalen und daher auf allen $z_1 = 2k$ verschwindet.

Zweiter Fall. $M\{\mathfrak{m}\} = \begin{pmatrix} 1 \\ 1 \\ 0 \\ 0 \end{pmatrix}$.

Analog zum ersten Fall zeigt man, dass es genügt, ein spezielles M zu betrachten. Wir wählen

$$M = \begin{pmatrix} E & S \\ 0 & E \end{pmatrix} \text{ mit } S = \begin{pmatrix} 0 & 1 \\ 1 & 0 \end{pmatrix}.$$

Es genügt also zu zeigen, dass

$$\frac{f(Z + S)}{(e^{\pi i z_1} + 1)}$$

in $\mathbb{H}_2$ holomorph ist. Dies folgt aus der Tatsache, dass $f(Z+S)$ für $z_1 = 2k+1$, $k \in \mathbb{Z}$, verschwindet. $\qquad \square$

Übungsaufgaben zu VII.11

1. Seien $\alpha, \beta, \gamma, \delta, \epsilon$ fünf teilerfremde ganze Zahlen mit der Eigenschaft

    $$\beta^2 - 4\alpha\gamma - 4\delta\varepsilon = 1.$$

    Wir bilden die Menge

    $$\mathfrak{N}(\alpha, \beta, \gamma, \delta, \epsilon) = \{Z \in \mathbb{H}_2; \quad \alpha z_0 + \beta z_1 + \gamma z_2 + \delta(z_1^2 - z_0 z_2) + \varepsilon = 0\}$$

    und deren Vereinigung

    $$\mathfrak{N} = \bigcup_{\beta^2 - 4\alpha\gamma - 4\delta\varepsilon = 1} \mathfrak{N}(\alpha, \beta, \gamma, \delta, \epsilon).$$

    Man zeige, dass es eine Modulsubstitution $M \in \Gamma_2$ die Mengen $\mathfrak{N}(\alpha, \beta, \gamma, \delta, \epsilon)$ permutiert. Insbesondere operiert die Modulgruppe auf $\mathfrak{N}$.

2. Die Diagonale ist in $\mathfrak{N}$ (s. vorhergehende Aufgabe) enthalten. Man folgere aus 11.2, dass alle Nullstellen der zehn Thetareihen in $\mathfrak{N}$ enthalten sind.

3. Nicht ganz einfach ist: Die Modulgruppe Γ_2 permutiert die Mengen $\mathfrak{N}(\alpha, \beta, \gamma, \delta, \epsilon)$ *transitiv*. Insbesondere ist $\mathfrak{N}$ die genaue Nullstellenmenge der Funktion $\Delta^{(2)}$ (Produkt der 10 Thetareihen).

12. Ein Ring von Modulformen

In diesem Abschnitt beweisen wir IGUSA's schönen Struktursatz über den Ring der Modulformen zur Gruppe $\Gamma_2[4, 8]$. IGUSA's Beweis findet man in seiner Arbeit [Ig3] aus dem Jahre 1964, welche wir zu Beginn des letzten Abschnitts erwähnt haben. Ein völlig verschiedener und elementarer Beweis wurde von A. LOBER in seiner Heidelberger Diplomarbeit gegeben. Siehe [Lo] für eine publizierte Version.

Wir studieren Modulformen zur Hauptkongruenzgruppe der Stufe zwei,

$$f \in [\Gamma_2[2], r/2, v].$$

Wir schreiben das Multiplikatorsystem in der Form

$$v = \chi v_\vartheta^r$$

mit einem *Charakter* χ auf $\Gamma_2[2]$. Wir nutzen nun aus, dass die Substitution

$$P_3 = \begin{pmatrix} 1 & & & \\ & -1 & & \\ & & 1 & \\ & & & -1 \end{pmatrix}$$

in $\Gamma_2[2]$ enthalten ist. Ihre Wirkung ist

$$P_3 \begin{pmatrix} z_0 & z_1 \\ z_1 & z_2 \end{pmatrix} = \begin{pmatrix} z_0 & -z_1 \\ -z_1 & z_2 \end{pmatrix}.$$

Da die Thetareihe $\vartheta[0]$ unter P_3 invariant ist, gilt

$$\det \begin{pmatrix} 1 & 0 \\ 0 & -1 \end{pmatrix}^{1/2} v_\vartheta(P_3) = +1.$$

Es folgt

$$f \begin{pmatrix} z_0 & z_1 \\ z_1 & z_2 \end{pmatrix} = \chi(P_3) f \begin{pmatrix} z_0 & -z_1 \\ -z_1 & z_2 \end{pmatrix}.$$

Wenn $\chi(P_3)$ von 1 verschieden ist, verschwindet f *zwangsweise* auf der Diagonalen.

12.1 Definition. *Die Diagonale $\mathcal{D}$ ist Zwangsnullstelle für den Raum* $[\Gamma_2[2], r/2, v]$*, falls*

$$\chi(P_3) \neq 1 \quad (\chi = v v_\vartheta^{-r}).$$

Mittels des KOECHERprinzips können wir aus 11.5 nun schließen:

12.2 Bemerkung. *Wenn die Diagonale Zwangsnullstelle von $[\Gamma_2[2], r/2, v]$ ist, so definiert*

$$\left[\Gamma_2[2], \frac{r-1}{2}, \frac{v}{v_\mathrm{m}} \right] \longrightarrow [\Gamma_2[2], r/2, v], \qquad\qquad \mathrm{m} = \begin{pmatrix} 1 \\ 1 \\ 1 \\ 1 \end{pmatrix}$$

$$f \longmapsto f \cdot \vartheta_\mathrm{m},$$

einen Isomorphismus

Beispiel. Wenn die Diagonale Zwangsnullstelle für den Raum $[\Gamma_2[2], 1/2, v]$ ist und wenn v von v_m verschieden ist, so muss dieser Raum der Nullraum sein, da jede Modulform vom Gewicht 0 zu nicht trivialem Multiplikatorsystem identisch verschwindet. Dieser Schluss zeigt, dass der Raum $[\Gamma_2[2], 1/2, v]$, $v = v_\vartheta \chi$ für mindestens 1023 der 2048 Charaktere aus dem genannten Grund verschwinden muss.

Wenn $f \in [\Gamma_2[2], r/2, v]$ nicht auf der Diagonalen verschwindet, so kann man eine der konjugierten Formen

$$(f|M)(Z) = \det(CZ + D)^{-r/2} f(MZ)$$

anstelle von f betrachten. Sie gehört zu einem konjugierten Multiplikatorsystem,

$$f|M \in [\Gamma_2[2], r/2, v^M].$$

Es kann sein, dass die Diagonale Zwangsnullstelle dieses Raumes ist. Wenn dies so ist, so kann man f durch

$$\vartheta[\mathfrak{m}], \quad \mathfrak{m} = M \left\{\begin{matrix} 1 \\ 1 \\ 1 \\ 1 \end{matrix}\right\}$$

teilen. Diese Überlegungen führen zu

12.3 Definition. *Der Raum $[\Gamma_2[2], r/2, v]$ besitzt eine Zwangsnullstelle, wenn es eine Matrix $M \in \mathrm{Sp}(2, \mathbb{Z})$ gibt, so dass die Diagonale Zwangsnullstelle von $[\Gamma_2[2], r/2, v^M]$ ist.*

Die bisherigen Überlegungen zeigen:

12.4 Satz. *Wenn der Raum*

$$[\Gamma_2[2], r/2, v]$$

eine Zwangsnullstelle besitzt, so existiert eine Charakteristik $\mathfrak{m}$, so dass die Abbildung

$$\left[\Gamma_2[2], \frac{r-1}{2}, \frac{v}{v_\mathfrak{m}}\right] \longrightarrow \left[\Gamma_2[2], \frac{r}{2}, v\right],$$

$$f \longmapsto \vartheta[\mathfrak{m}]f,$$

ein Isomorphismus ist.

Wie entscheidet man, ob der Raum $[\Gamma_2[2], r/2, v]$ eine Zwangsnullstelle besitzt? Wir betrachten jetzt nur noch Multiplikatorsysteme der Form $v = v_\vartheta^r \chi$, wobei χ einer der 2048 Charaktere ist. Wir wissen, dass das konjugierte Multiplikatorsystem v^M wieder von dieser Form ist,

$$v^M = v_\vartheta^r \tilde{\chi}.$$

Der Charakter $\tilde{\chi}$ hängt von M und r ab, von r allerdings nur modulo 4. Wir schreiben daher

$$\tilde{\chi} = \chi^{(M,r)}.$$

12.5 Bemerkung. *Seien $M \in \mathrm{Sp}(2, \mathbb{Z})$ und $r \in \mathbb{Z}$. Durch*

$$\chi^{(M,r)} = \frac{(v_\vartheta^r \chi)^M}{v_\vartheta^r}$$

wird eine Abbildung der Menge der 2048 Charaktere in sich definiert. Diese Abbildung hängt nur von der Nebenklasse $\Gamma_2[2]M$ und von r modulo 4 ab.

Wir leiten einige einfache Rechenregeln ab. Sie beruhen auf der Formel

$$(v_1 v_2)^M = v_1^M v_2^M,$$

welche für je zwei Multiplikatorsysteme v_1, v_2 gilt. Ist v ein Multiplikatorsystem von geradem Gewicht, also ein Charakter, so gilt

$$v^M(N) = v(MNM^{-1}).$$

12.6 Bemerkung. *Es gilt*

$$\chi^{(M,r)} = \frac{(v_\vartheta^r)^M}{v_\vartheta^r} \chi^M.$$

Dabei ist

$$\chi^M(N) = \chi(MNM^{-1}).$$

Es gilt übrigens $\chi^M = \chi^{(M,0)}$. Aus 12.6 liest man zweierlei ab:

12.7 Bemerkung. 1) *Ist r gerade und χ das Quadrat eines der 2048 Charaktere, so ist auch $\chi^{(M,r)}$ das Quadrat eines dieser Charaktere.*
2) *Ist $M \in \Gamma_{n,\vartheta}$ ein Element der Thetagruppe, so gilt*

$$\chi^{(M,r)} = \chi^{(M,0)} = \chi^M$$

für alle r.

Im folgenden werden die Quadrate der 2048 Charaktere —wir nennen sie im folgenden kurz *Charakterquadrate*— eine besondere Rolle spielen.

Wir erinnern daran, dass in dem Raum $[\Gamma_2[2], r/2, v]$ eine Zwangsnullstelle vorliegt, falls

$$\chi^{(M,r)}(P_3) \neq 1.$$

Wegen $P_3^2 = E$ können Charaktere auf P_3 nur die Werte ± 1 annehmen. Charakterquadrate sogar nur den Wert 1. Ist r gerade und ist χ ein Charakterquadrat, so ist nach 12.7 auch $\chi^{(M,r)}$ ein Charakterquadrat. Es liegt also *keine Zwangsnullstelle* vor. Erfreulicherweise liegt in allen anderen Fällen eine Zwangsnullstelle vor.

12.8 Satz. *Der Raum $[\Gamma_2[2], r/2, v_\vartheta^r \chi]$ besitzt eine Zwangsnullstelle, falls eine der beiden folgenden Bedingungen erfüllt ist:*

1) *r ist ungerade.*

2) *r ist gerade und χ ist kein Charakterquadrat.*

Beweis. Wir müssen mit der Formel

$$\chi^{(M,r)}(P_3) = \left(\frac{v_\vartheta^M(P_3)}{v_\vartheta(P_3)}\right)^r \chi(MP_3M^{-1})$$

arbeiten. Dazu brauchen wir Informationen über

$$\varepsilon(M) := v_\vartheta^M(P_3)/v_\vartheta(P_3).$$

Diese ziehen wir ausschließlich aus der Tatsache, dass v_ϑ^M das Multiplikatorsystem einer wohlbekannten Modulform, nämlich der Thetareihe $\vartheta[\mathfrak{m}]$ mit $\mathfrak{m} = M\{0\}$ ist. Genauer gilt

$$\frac{\vartheta[\mathfrak{m}](P_3Z)}{\vartheta(P_3Z)} = \varepsilon(M)\frac{\vartheta[\mathfrak{m}](Z)}{\vartheta(Z)}$$

Die Umsetzungsformeln für die Thetareihen unter P_3 (allgemeiner unter unimodularen Transformationen) kennen wir. Aus ihnen liest man ab, dass $\varepsilon(M)$ die Werte ±1 annimmt und dass auch beide Werte wirklich vorkommen.

Zum Beweis von 12.8 unterscheiden wir nun zwei Fälle:

Erster Fall. χ ist ein Charakterquadrat. Dann ist r nach Voraussetzung ungerade und

$$\chi^{(M,r)}(P_3) = \varepsilon(M)^r$$

nimmt nach dem Gesagten beide Werte $\pm$ insbesondere -1 an.

Zweiter Fall. χ ist kein Charakterquadrat. In diesem Falle werden wir sogar ein M aus der Thetagruppe konstruieren, so dass $\chi^{(M,r)}(P_3) = -1$ gilt. Wenn M in der Thetagruppe enthalten ist, gilt $v_\vartheta^M = v_\vartheta$ und daher

$$\chi^{(M,r)}(P_3) = \chi(MP_3M^{-1}).$$

Wir müssen ein Element M in der Thetagruppe finden, so dass dieser Ausdruck -1 wird. Charakterquadrate sind 1 auf Elementen der Ordnung zwei. Man kann sich umgekehrt überlegen, dass Charaktere mit dieser Eigenschaft auch Charakterquadrate sind. (Im vorliegenden Fall muss man dies nur für die Gruppen $\mathbb{Z}/4\mathbb{Z}$ und $\mathbb{Z}/2\mathbb{Z}$ verifizieren.) Da χ kein Charakterquadrat sein soll, muss in den Bezeichnungen von §9

$$\chi(N) \neq 1 \quad \text{für ein } N \in \{T_1^2, T_2^2, \widetilde{T}_1^2, \widetilde{T}_2^2, T_3, \widetilde{T}_3, P_1, P_2, P_3\}$$

gelten, da die angegebenen Elemente die Untergruppe der Elemente der Ordnung zwei erzeugen. Man hat also zu zeigen, dass jedes dieser Elemente modulo $\widetilde{\Gamma}[4,8]$ in der Form MP_3M^{-1} mit einem Element M der Thetagruppe geschrieben werden kann. Dies ist leicht zu verifizieren. $\qquad\qquad\Box$

Wir müssen nun den Fall weiter behandeln, wo r gerade und χ ein Charakterquadrat ist. Wir erinnern an die Einbettung

$$\Gamma_1[2] \times \Gamma_1[2] \longrightarrow \Gamma_2[2],$$

$$\begin{pmatrix} a & b \\ c & d \end{pmatrix}, \begin{pmatrix} \alpha & \beta \\ \gamma & \delta \end{pmatrix} \longmapsto \begin{pmatrix} a & & b & \\ 0 & \alpha & & \beta \\ c & & d & \\ & \gamma & & \delta \end{pmatrix}.$$

Diese induziert eine Einbettung

$$\mathcal{G}_1 \times \mathcal{G}_1 \longrightarrow \mathcal{G}_2 \quad (\mathcal{G}_n = \Gamma_n[2]/\widetilde{\Gamma}_n[4,8]).$$

Die „Einschränkung" eines Charakters χ auf $\mathcal{G}_2$ ist ein Charakter auf $\mathcal{G}_1 \times \mathcal{G}_1$ und dieser entspricht einem Paar von Charakteren (χ_1, χ_2) von $\mathcal{G}_1$. Wir schreiben

$$(\chi_1, \chi_2) = \chi | \mathcal{G}_1 \times \mathcal{G}_1.$$

Es ist

$$\chi \begin{pmatrix} a & & b & \\ 0 & \alpha & & \beta \\ c & & d & \\ & \delta & & \gamma \end{pmatrix} = \chi_1 \begin{pmatrix} a & b \\ c & d \end{pmatrix} \cdot \chi_2 \begin{pmatrix} \alpha & \beta \\ \gamma & \delta \end{pmatrix}.$$

Die Zuordnung $\chi \mapsto (\chi_1, \chi_2)$ ist schon aus Anzahlgründen nicht injektiv. Aber es gilt:

12.9 Hilfssatz. *Die Zuordnung*

$$\chi \mapsto (\chi_1, \chi_2) = \chi | \mathcal{G}_1 \times \mathcal{G}_1$$

definiert eine Bijektion zwischen der Menge der Charakterquadrate von $\mathcal{G}_2$ und der Menge der Paare von Charakterquadraten von $\mathcal{G}_1$.

Der Beweis ergibt sich aus der Kenntnis der expliziten Struktur. Folgender Hinweis möge genügen: Die Charaktergruppe von $\mathcal{G}_2$ ist isomorph zu $(\mathbb{Z}/4\mathbb{Z})^4 \times (\mathbb{Z}/2\mathbb{Z})^5$, die Gruppe der Charakterquadrate ist also isomorph zu $(\mathbb{Z}/2\mathbb{Z})^4$. Andererseits ist die Charaktergruppe von $\mathcal{G}_1$ isomorph zu $(\mathbb{Z}/4\mathbb{Z})^2$, die ihrer Quadrate also zu $(\mathbb{Z}/2\mathbb{Z})^2$.   □

12.10 Hilfssatz. *Sei χ ein Charakter von $\mathcal{G}_2$ und*

$$f \in [\Gamma_2[2], r/2, v_\vartheta^r \chi].$$

Dann ist $f\begin{pmatrix} z_0 & 0 \\ 0 & z_2 \end{pmatrix}$ eine endliche Summe von Funktionen

$$f_1(z_0) f_2(z_2) \quad \text{mit } f_\nu \in [\Gamma_1[2], r/2, v_\vartheta^r \chi_\nu] \quad (\nu = 1, 2).$$

Dabei sei $(\chi_1, \chi_2) = \chi | \mathcal{G}_1 \times \mathcal{G}_1$.

Beweis. Nutzt man das Transformationsverhalten von f unter Elementen des Bildes von $\Gamma_1[2] \times \Gamma_1[2] \hookrightarrow \Gamma_2[2]$ aus, so sieht man, dass $f\begin{pmatrix} z_0 & 0 \\ 0 & z_2 \end{pmatrix}$ bei festem z_0 als Funktion von z_2 in $[\Gamma_1[2], r/2, v_\vartheta^r \chi_2]$ enthalten ist und umgekehrt. Wir wählen eine Basis $g_1, \ldots, g_m$ von $[\Gamma_1[2], r/2, v_\vartheta^r \chi_2]$. Es gilt

$$f \begin{pmatrix} z_0 & 0 \\ 0 & z_2 \end{pmatrix} = \sum h_i(z_0) g_i(z_2)$$

mit gewissen Funktionen $h_i \in [\Gamma_1[2], r/2, v_\vartheta^r \chi_1]$.   □

Wir nutzen nun aus, dass der Struktursatz im Falle $n = 1$ bewiesen wurde. Die Funktionen $f_\nu \in [\Gamma_1[2], r/2, v_\vartheta^r \chi_\nu]$ sind Linearkombinationen von Monomen

$$\vartheta \begin{bmatrix} 0 \\ 0 \end{bmatrix}^{r_1} \vartheta \begin{bmatrix} 0 \\ 1 \end{bmatrix}^{r_2} \vartheta \begin{bmatrix} 1 \\ 0 \end{bmatrix}^{r_3} , \quad r_1 + r_2 + r_3 = r,$$

wobei die Charaktere der Bedingung

$$\chi_\nu \begin{pmatrix} 1 & 2 \\ 0 & 1 \end{pmatrix} = \mathrm{i}^{r_2}, \quad \chi_\nu \begin{pmatrix} 1 & 0 \\ 2 & 1 \end{pmatrix} = \mathrm{i}^{r_3}$$

genügen müssen. Aus dieser Formel folgt: Wenn χ ein Charakterquadrat ist, so müssen r_2 und r_3 gerade sein. Ist außerdem noch r gerade, so muss auch r_2 gerade sein. Wir nutzen nun die Formel

$$\vartheta \begin{bmatrix} a_1 \\ a_2 \\ b_1 \\ b_2 \end{bmatrix} \begin{pmatrix} z_0 & 0 \\ 0 & z_2 \end{pmatrix} = \vartheta \begin{bmatrix} a_1 \\ b_1 \end{bmatrix} (z_0)\, \vartheta \begin{bmatrix} a_2 \\ b_2 \end{bmatrix} (z_2)$$

aus. Es folgt:

12.11 Hilfssatz. *Sei χ ein Charakterquadrat von $\mathcal{G}_2$ und*

$$[\Gamma_2[2], r/2, v_\vartheta^r \chi], \quad r \text{ gerade}.$$

Dann existiert eine Linearkombination g in Monomen von Quadraten von Thetareihen $\vartheta[\mathfrak{m}]$ mit folgenden Eigenschaften:

1) $f \begin{pmatrix} z_0 & 0 \\ 0 & z_2 \end{pmatrix} = g \begin{pmatrix} z_0 & 0 \\ 0 & z_2 \end{pmatrix}.$

2) *Ist $\tilde{\chi}$ der zu einem dieser Monome auftretende Charakter, so ist*

$$\tilde{\chi} | \mathcal{G}_1 \times \mathcal{G}_1 = \chi | \mathcal{G}_1 \times \mathcal{G}_1.$$

Aus trivialen Gründen sind die den Thetaquadraten zugeordneten Charaktere Charakterquadrate. Aus Hilfssatz 12.9 folgt:

Zusatz. *Es gilt $\tilde{\chi} = \chi$.* Damit haben wir bewiesen.

12.12 Satz. *Sei χ ein Charakterquadrat von $\mathcal{G}_2$ und*

$$[\Gamma_2[2], r/2, v_\vartheta^r \chi], \quad r \text{ gerade}.$$

Es existiert eine Linearkombination von Monomen in Thetareihen (sogar in Thetaquadraten), welche alle in dem Raum $[\Gamma_2[2], r/2, v_\vartheta^r \chi]$ liegen und so dass

$$f \begin{pmatrix} z_0 & 0 \\ 0 & z_2 \end{pmatrix} = g \begin{pmatrix} z_0 & 0 \\ 0 & z_2 \end{pmatrix}$$

gilt.

Durch Induktion nach r folgt nun das Hauptresultat:

12.13 Theorem. *Der Raum*

$$[\Gamma_2[4,8], r/2, v_\vartheta^r]$$

wird von den Monomen vom Grad r in den zehn Thetareihen erzeugt.

Übungsaufgaben zu VII.12

1. Die zehn Thetareihen sind linear unabhängig.

2. Die 55 Funktionen $\vartheta[\mathfrak{m}]\vartheta[\mathfrak{n}]$ sind linear unabhängig.

3. Die Funktion $\vartheta(2Z)^2$ (beachte den Faktor 2) ist eine Modulform vom Gewicht 1 bezüglich $\Gamma_2[2]$. Man verifiziere dies mit Hilfe von Erzeugern.

4. Das Multiplikatorsystem von $\vartheta(2Z)^2$ ist auf $\Gamma_2[4,8]$ trivial.

5. Nach dem Struktursatz muss sich $\vartheta(2Z)^2$ eindeutig als Linearkombination der $\vartheta[\mathfrak{m}]\vartheta[\mathfrak{n}]$ ausdrücken lassen. Man stelle diese explizit auf.
   Tip. Man kommt mit den 10 Quadraten $\vartheta[\mathfrak{m}]^2$ aus.

Kapitel VIII. Anhang: Algebraische Hilfsmittel

1. Teilbarkeit

Wir stellen zunächst einige Grundbegriffe aus der Teilbarkeitslehre zusammen.

Im folgenden sei R ein *Integritätsbereich*, d.h. ein *assoziativer und kommutativer Ring mit Einselement* $1 \neq 0$, der *nullteilerfrei* ist, d.h.:

$$a \cdot b = 0 \quad \Longrightarrow \quad a = 0 \text{ oder } b = 0 \quad (a, b \in R).$$

Beispiele für Integritätsbereiche sind Körper. Jeder Integritätsbereich R ist Unterring eines Körpers K. Man kann erreichen, dass K genau aus den Quotienten a/b mit $a, b \in R$, $b \neq 0$ besteht. Dieser Körper ist bis auf natürliche Isomorphie eindeutig bestimmt und heißt der Quotientenkörper von R. Die Konstruktion des Quotientenkörpers ist standard, man definiert a/b als Äquivalenzklasse des Paars (a, b) bei einer naheliegenden Äquivalenzrelation.

Der *Polynomring* in n Unbestimmten $R[X_1, \ldots, X_n]$ besteht aus allen formalen endlichen Summen

$$\sum_{0 \leq \nu_1, \ldots, \nu_n} a_{\nu_1 \ldots \nu_n} X_1^{\nu_1} \cdots X_n^{\nu_n}, \quad a_{\nu_1 \ldots \nu_n} \in R,$$

mit denen man in naiver Weise rechnet (s. Kapitel 5, §3). Der Grundring R ist in naheliegender Weise in den Polynomring eingebettet. Man identifiziert das Element $a \in R$ mit dem Polynom, dessen nullter Koeffizient a_0 gleich a ist und dessen andere Koeffizienten alle verschwinden.

Wichtig ist der Fall $n = 1$. Unter dem Grad d eines von 0 verschiedenen Elementes $P \in R[X]$ versteht man den Index des höchsten von 0 verschiedenen Koeffizienten von P in der Darstellung

$$P = a_d X^d + \ldots + a_1 X + a_0, \quad a_i \in R \text{ für } 0 \leq i \leq d, \quad a_d \neq 0.$$

Man setzt ergänzend

$$\mathrm{Grad}(0) := -\infty.$$

Wenn R ein Integritätsbereich ist (was wir im folgenden stets voraussetzen wollen), so gilt

$$\mathrm{Grad}(PQ) = \mathrm{Grad}(P) + \mathrm{Grad}(Q).$$

Mit R ist daher auch $R[X]$ ein Integritätsbereich. Durch Induktion nach n beweist man nun, dass der Polynomring über einem Integritätsbereich in beliebig vielen Unbestimmten ein Integritätsbereich ist. Man hat einen kanonischen Isomorphismus

$$(R[X_1, \ldots, X_{n-1}]) [X_n] \cong R[X_1, \ldots, X_n].$$

Ein Element ε heißt *Einheit* in R, wenn die Gleichung

$$\varepsilon x = 1$$

in R lösbar ist, wenn also ε^{-1} in R enthalten ist. Die Menge R^* aller Einheiten bildet offensichtlich eine Gruppe bezüglich der Multiplikation.

Beispiele.

1. $\mathbb{Z}^* = \{ \pm 1 \}$.
2. Ist K ein Körper, so gilt $K^* = K - \{0\}$.
4. Sei $R[X_1, \ldots, X_n]$ der Polynomring in n Unbestimmten. Dann ist

$$R[X_1, \ldots, X_n]^* = R^*.$$

4. Sei $R = \mathbb{C}\{z_1, \ldots, z_n\}$ der Ring der konvergenten Potenzreihen in n Veränderlichen. Es gilt

$$R^* = \{ \, P \in \mathbb{C}\{z_1, \ldots, z_n\}; \quad P(0) \neq 0 \, \}.$$

($P(0)$ ist der konstante Term der Potenzreihe).

Ist nämlich P eine konvergente Potenzreihe mit von 0 verschiedenem konstantem Term, so definiert P in einer kleinen Umgebung von 0 eine analytische Funktion f ohne Nullstelle. Die Funktion $1/f$ ist dann ebenfalls analytisch und kann nach V.2.2 in eine Potenzreihe entwickelt werden.

Wir erinnern an den Begriff des *größten gemeinsamen Teilers* $\mathrm{ggT}(r, s)$ zweier Elemente r, s eines Integritätsbereiches R. Dabei nehmen wir an, dass r und s nicht beide gleich 0 sind. Dann heißt ein Element $d \in R$ *größter gemeinsamer Teiler* gemeinsamer Teiler von r und s,

$$d = \mathrm{ggT}(r, s),$$

falls d sowohl r als auch s teilt sowie jedes andere Element, welches r und s teilt, also

(a) $\qquad\qquad\qquad\qquad d|r$ und $d|s$

(b) $\qquad\qquad\qquad\qquad t|r$ und $t|s \quad \Longrightarrow \quad t|d.$

Es ist leicht zu sehen, dass der größte gemeinsamer Teiler, sofern er existiert, bis auf eine Einheit eindeutig bestimmt ist. Mit d ist natürlich auch εd ein größter gemeinsamer Teiler, wenn ε eine Einheit ist.

1.1 Definition.   *Ein Element $a \in R - R^*$ heißt*

a) **unzerlegbar**, *wenn gilt:*

$$a = bc \quad \Longrightarrow \quad b \ oder \ c \ ist \ Einheit.$$

b) **Primelement**, *falls*

$$a|bc \quad \Longrightarrow \quad a|b \ oder \ a|c.$$

($a|b$ bedeutet, dass die Gleichung $b = ax$ in R lösbar ist).

   Natürlich ist jedes Primelement unzerlegbar, die Umkehrung ist jedoch im allgemeinen falsch.

Beispiel. Sei $R = \mathbb{C}[X]$ der Polynomring über $\mathbb{C}$ in einer Unbestimmten und R_0 der Unterring ohne linearen Term. Das Element X^3 ist in R_0 unzerlegbar, aber kein Primelement: $X^3|X^2 \cdot X^4$.

2. ZPE-Ringe

2.1 Definition.   *Der Integritätsbereich R heißt **ZPE-Ring** (oder **faktoriell**), falls folgende beiden Eigenschaften erfüllt sind:*

1) *Jedes Element $a \in R - R^*$ ist Produkt von endlich vielen unzerlegbaren Elementen.*
2) *Jedes unzerlegbare Element ist Primelement.*

In ZPE-Ringen ist die Zerlegung in Primelemente eindeutig und zwar in folgendem Sinne: Seien

$$a = u_1 \cdot \ldots \cdot u_n = v_1 \cdot \ldots \cdot v_m$$

zwei Zerlegungen von $a \in R - R^*$ in Primelemente. Dann gilt:

a) $m = n$.
b) Es existiert eine Permutation σ der Zahlen $1, \ldots, n$, so dass gilt:

$$u_\nu = \varepsilon_\nu v_{\sigma(\nu)}, \quad \varepsilon_\nu \in R^* \quad \text{für} \ 1 \leq \nu \leq n.$$

   Man beweist dies leicht durch Induktion nach n.

Beispiele für ZPE-Ringe.

1) Jeder Körper ist ein ZPE-Ring.
2) $\mathbb{Z}$ ist ein ZPE-Ring.
3) Nach einem wichtigen *Satz von Gauß* ist der Polynomring $R[X_1, \ldots, X_n]$ über einem ZPE-Ring R selbst ein ZPE-Ring:

2.2 Satz von Gauß. *Der Polynomring $R[X]$ über einem ZPE-Ring ist selbst ein ZPE-Ring*

Wegen der großen Bedeutung dieses Satzes, wollen wir einen Beweis darstellen. Er beruht u.a. auf dem *euklidschen Algorithmus* für Polynome.

Sei $Q \in R[X]$ ein *normiertes* Polynom, d.h. der höchste Koeffizient von Q sei 1. Dann besitzt jedes Polynom $P \in R[X]$ eine eindeutig bestimmte Zerlegung

$$P = AQ + B, \quad \operatorname{Grad} B < \operatorname{Grad} Q \qquad \text{(Division mit Rest)}.$$

Der einfache Beweis erfolgt durch Induktion nach dem Grad von P und soll hier übergangen werden. Natürlich gilt die „Division mit Rest" auch dann, wenn der höchste Koeffizient von Q irgendeine Einheit (d.h. ein invertierbares Element von R) ist. In einem Körper ist jedes von 0 verschiedene Element eine Einheit, man kann also die Division mit Rest durch jedes von 0 verschiedene Element ausführen. Dies hat zur Folge, dass die Teilbarkeitslehre im *Polynomring einer Unbestimmten über einem Körper K* besonders einfach ist. Wir beweisen daher Satz 2.2 zunächst im Falle eines Körpers K anstelle von R.

2.3 Hilfssatz. *Im Polynomring einer Unbestimmten über einem Körper K existiert stets der **größte gemeinsame Teiler** zweier Elemente P, Q. Dieser lässt sich sogar aus P und Q kombinieren, d.h. er hat die Form*

$$D = RP + SQ \qquad (R, S \in K[X]).$$

Beweisskizze. Man betrachte die Menge

$$\mathfrak{a} = \{\, RP + SQ; \quad R, S \in K[X] \,\}$$

und wähle aus $\mathfrak{a}$ ein Element $D \neq 0$ aus, dessen Grad minimal ist. Mittels Division mit Rest durch D zeigt man

$$\mathfrak{a} = D \cdot K[X].$$

Jetzt folgt leicht, dass D der größte gemeinsame Teiler von P und Q ist.

$\square$

2.4 Folgerung. *Der Polynomring in einer Unbestimmten über einem Körper ist ein ZPE-Ring.*

Beweis. Wir beschränken uns auf den wesentlichen Teil: Jedes unzerlegbare Element ist prim. Sei also P unzerlegbar. Es gelte aber

$$P|RS, \quad P \nmid R, \quad P \nmid S.$$

Nun sind aber nach 2.3 wegen der Unzerlegbarkeit von P die Gleichungen

$$PX + RY = 1 \quad \text{und} \quad P\tilde{X} + S\tilde{Y} = 1$$

lösbar. Multipliziert man beide Gleichungen, so folgt $P|1$. Dies widerspricht $P \nmid R$. $\square$

Zwei Elemente eines Integritätsbereiches heißen *teilerfremd*, wenn sie außer Einheiten keine gemeinsamen Teiler haben.

2.5 Folgerung. *Sei $K \subset L$ ein Unterkörper des Körpers L und seien P, Q zwei von 0 verschiedene Polynome aus $K[X]$. Diese sind genau dann teilerfremd im Ring $K[X]$, wenn sie in dem größeren Ring $L[X]$ teilerfremd sind.*

Der Beweis ergibt sich unmittelbar aus 2.3 und der leicht zu beweisenden Tatsache

$$P \neq 0 \in K[X], \ Q \in K[X] \ \text{und} \ Q/P \in L[X] \implies Q/P \in K[X].$$

Wir betrachten nun anstelle eines Körpers K einen beliebigen ZPE-Ring R. In ZPE-Ringen existiert stets der größte gemeinsame Teiler zweier Elemente, wie sich unmittelbar aus der Primfaktorzerlegung ergibt. Allgemeiner definiert man in naheliegender Weise den größten gemeinsame Teiler von n Elementen, die nicht alle gleich 0 sind. Auch dieser ist bis auf eine Einheit eindeutig bestimmt.

2.6 Definition. *Unter dem **Inhalt** eines von 0 verschiedenen Polynoms $P \in R[X]$ über einem ZPE-Ring R versteht man den größten gemeinsamen Teiler aller Koeffizienten von P,*

$$\mathcal{I}(P) := \mathrm{ggT}(a_0, \ldots, a_n) \ \text{für} \ P = a_n X^n + \ldots + a_0.$$

Der Inhalt ist natürlich nur bis auf eine Einheit bestimmt.

2.7 Hilfssatz. *Sind P, Q zwei Polynome (in einer Unbestimmten) über einem ZPE-Ring R, so gilt*
$$\mathcal{I}(PQ) \sim \mathcal{I}(P) \cdot \mathcal{I}(Q).$$

Das Zeichen „ $\sim$ " bedeute „gleich bis auf eine Einheit". Zwei Elemente, welche sich nur um eine Einheit unterscheiden, heißen auch *assoziiert*.

Auch den Beweis dieses Hilfssatzes überlassen wir dem Leser als (nicht ganz einfache) Übungsaufgabe. Man muss natürlich nur zeigen, dass

$$\mathcal{I}(P) \sim 1, \quad \mathcal{I}(Q) \sim 1 \quad \implies \quad \mathcal{I}(PQ) \sim 1.$$

Hilfssatz 2.7 ist das Mittel, um die Teilbarkeitslehre von $R[X]$ und $K[X]$ zu vergleichen, wobei K der Quotientenkörper von R sei.

Ein Polynom $P \neq 0 \in R[X]$ heiße *primitiv*, falls sein Inhalt eine Einheit ist. Beispielsweise sind normierte Polynome primitiv.

2.8 Hilfssatz. *Sei R ein ZPE-Ring mit Quotientenkörper K und sei $P \in R[X]$ ein primitives Polynom. Sei $Q \in R[X]$ ein zweites Polynom über R. Dann gilt*
$$P | Q \ \text{in} \ R[X] \quad \Longleftrightarrow \quad P | Q \ \text{in} \ K[X].$$

Dieser Hilfssatz ist eine leichte Folgerung aus 2.7. Man beachte noch, dass jedes Polynom über K durch Multiplikation mit einem von 0 verschiedenen Element aus R in ein Polynom über R „verwandelt" werden kann. $\qquad\qquad\qquad$ □

Wir haben nun die Mittel in der Hand, um den Satz von GAUSS zu beweisen: Da aus Gradgründen jedes Polynom Produkt von endlich vielen unzerlegbaren Polynomen ist, reicht es aus, folgendes zu zeigen:

Jedes unzerlegbare Element $P \in R[X]$ ist ein Primelement.

Erster Fall. Grad $P = 0$, d.h. $P \in R$. Offenbar ist ein Element $r \in R$ genau dann unzerlegbar (Primelement), wenn es in $R[X]$ unzerlegbar (Primelement) ist. Die Behauptung folgt dann aus der Voraussetzung, dass R ein ZPE-Ring ist.

Zweiter Fall. Grad $P > 0$. Da P unzerlegbar ist, muss P primitiv sein. Es gelte

$$P \mid QS \text{ in } R[X] \qquad\qquad (Q, S \in R[X]).$$

Dann gilt erst recht $P \mid QS$ in $K[X]$, also

$$P \mid Q \quad \text{oder} \quad P \mid S \text{ in } K[X]$$

(wegen 2.4). Die Behauptung ergibt sich nun aus 2.8. $\qquad\qquad\qquad$ □

3. Die Diskriminante

Seien K ein Körper und

$$P = X^n + a_{n-1}X^{n-1} + \ldots + a_0$$

ein normiertes Polynom über K. Bekanntlich existiert ein *Zerfällungskörper* von P, d.h ein Körper L, welcher K als Unterkörper enthält und in dem P in Linearfaktoren zerfällt:

$$P = (X - \alpha_1) \cdot \ldots \cdot (X - \alpha_n).$$

(Die Elemente $\alpha_1, \ldots, \alpha_n$ sind die Nullstellen von P.)

Unter der *Diskriminante* von P versteht man den Ausdruck

$$\Delta := \Delta_P := \prod_{i<j}(\alpha_j - \alpha_i)^2.$$

3.1 Bemerkung. *Für jede natürliche Zahl n existiert ein eindeutig bestimmtes „universelles" Polynom*

$$\Delta^{(n)} \in \mathbb{Z}[X_1, \ldots, X_n]$$

in n Unbestimmten über $\mathbb{Z}$, so dass für jedes normierte Polynom

$$P = X^n + a_{n-1}X^{n-1} + \ldots + a_0$$

über einem beliebigen Körper K gilt:

$$\Delta_P = \Delta^{(n)}(a_0, \ldots, a_{n-1}).$$

Zur Erläuterung: Man kann die Elemente a eines Ringes A —allgemeiner einer abelschen Gruppe— mit Elementen aus $\mathbb{Z}$ multiplizieren:

$$na := \begin{cases} \overbrace{a + \ldots + a}^{n-\,\mathrm{mal}}, & \text{falls } n > 0, \\ -(-n)a, & \text{falls } n < 0, \\ 0, & \text{falls } n = 0. \end{cases}$$

Insbesondere kann man in ein Polynom über $\mathbb{Z}$ Elemente eines beliebigen Ringes A einsetzen (und erhält wieder ein Element von A.)

Den *Beweis* von 3.1 deuten wir kurz an: Bekanntlich (und trivialerweise) sind die Koeffizienten a_i von P bis auf das Vorzeichen die elementarsymmetrischen Polynome in den Wurzeln $\alpha_1, \ldots, \alpha_n$. Der Ausdruck

$$\prod_{i<j}(\alpha_j - \alpha_i)^2$$

ist aber ein symmetrisches Polynom in $\alpha_1, \ldots, \alpha_n$. Er ändert sich also bei beliebiger Permutation der Einträge nicht. Die Behauptung folgt nun aus dem bekannten *Satz über elementarsymmetrische Polynome*, nach dem sich jedes symmetrische Polynom (mit Koeffizienten aus $\mathbb{Z}$) eindeutig als Polynom (mit Koeffizienten aus $\mathbb{Z}$) in den elementarsymmetrischen Polynomen schreiben lässt. □

Mit Hilfe der Diskriminante kann man die quadratfreien normierten Polynome über einem Körper (allgemeiner über einem ZPE-Ring) charakterisieren. Ein Element $r \in R$ heißt *quadratfrei*, wenn

$$x^2 | r \quad \Longrightarrow \quad x \text{ ist Einheit.}$$

3.2 Satz. *Sei $P \in R[X]$ ein normiertes Polynom über einem ZPE-Ring R. Dann sind folgende beiden Aussagen äquivalent:*
1) *P ist quadratfrei in $R[X]$.*
2) *$\Delta_P \neq 0$.*

Beweis. Sei K der Quotientenkörper von R. Aus 3.1 folgt leicht:

P ist quadratfrei in $R[X]$ genau dann, wenn P in $K[X]$ quadratfrei ist.

Wir können also annehmen, dass

$$R = K \quad \text{(Körper)}.$$

Zum Beweis von 3.2 benötigen wir die *Ableitung* eines Polynoms

$$P = a_n X^n + \ldots + a_0 \in K[X].$$

Diese ist formal definiert durch

$$P' = n a_n X^{n-1} + \ldots + a_1$$

und genügt den bekannten Rechenregeln

$$(P + Q)' = P' + Q',$$
$$(P \cdot Q)' = P' \cdot Q + P \cdot Q'.$$

Wir zeigen jetzt:

Ein Polynom über einem Körper K (der Charakteristik 0) ist genau dann quadratfrei, wenn P und P' teilerfremd sind.

Beweis. 1) Sei $P = S^2 Q$. Dann ist offenbar S ein gemeinsamer Teiler von P und P'.

2) Sei jetzt S ein gemeinsamer Teiler von P und P'. Wir können annehmen, dass S ein Primelement ist. Es gelte

$$P = SQ.$$

Dann hat man

$$P' = S'Q + SQ'.$$

Aus $S|P'$ folgt $S|S'Q$ und deshalb (aus Gradgründen) $S|Q$. Daher ist P nicht quadratfrei.   □

Wir können nun zum Beweis von 3.2 den Körper K durch einen Zerfällungskörper L von P ersetzen. (Die Aussage „ggT$(P, P') = 1$" ändert sich nicht, wenn man K durch L ersetzt.) Wir können also annehmen, dass P zerfällt,

$$P = (X - \alpha_1) \ldots (X - \alpha_n).$$

Dann ist aber 3.2 trivial, denn P ist genau dann quadratfrei, wenn keine doppelte Nullstelle auftritt und genau dann ist die Diskriminante von 0 verschieden.   □

4. Algebraische Funktionenkörper

Sei K ein Unterkörper des Körpers Ω. Ist $\mathcal{M} \subset \Omega$ eine Teilmenge, so bezeichnen wir mit

a) $K\langle \mathcal{M} \rangle$ den kleinsten K-Untervektorraum von Ω, welcher $\mathcal{M}$ umfasst,
b) $K[\mathcal{M}]$ den kleinsten Unterring von Ω, welcher K und $\mathcal{M}$ umfasst,
c) $K(\mathcal{M})$ den kleinsten Unterkörper von Ω, welcher K und $\mathcal{M}$ umfasst.

Uns interessiert der Fall, wo

$$\mathcal{M} = \{x_1, \ldots, x_m\}$$

eine endliche Menge ist. Dann ist

a) $K\langle x_1, \ldots, x_m \rangle = \sum_{i=1}^{m} K x_i$,
b) $K[x_1, \ldots, x_m] = \{ P(x_1, \ldots, x_m); \quad P \in K[X_1, \ldots, X_m] \}$,
c) $K(x_1, \ldots, x_m) = \{ a/b; \quad a, b \in K[x_1, \ldots, x_m], \ b \neq 0 \}$.

(Dieser Körper ist in natürlicher Weise isomorph zum Quotientenkörper von $K[x_1, \ldots, x_m]$.)

Man nennt Ω *ringendlich erzeugt* über K, falls

$$\Omega = K[x_1, \ldots, x_m]$$

und *körperendlich erzeugt*, falls

$$\Omega = K(x_1, \ldots, x_m)$$

mit geeigneten Elementen $x_1, \ldots, x_m$ gilt.

Sprechweise. Man nennt Ω einen *algebraischen Funktionenkörper über K*, wenn Ω als Körper über K endlich erzeugt ist.

Der Transzendenzgrad

Seien $x_1, \ldots, x_m$ Elemente aus Ω. Man hat einen natürlichen Einsetzungshomo-morphismus des Polynomrings über K in Ω:

$$K[X_1, \ldots, X_m] \longrightarrow \quad \Omega, \quad P \longmapsto P(x_1, \ldots, x_m).$$

Das Bild ist $K[x_1, \ldots, x_m]$. Man nennt die Elemente $x_1, \ldots, x_m$ *algebraisch unabhängig*, falls der Einsetzungshomomorphismus injektiv ist. Dann ist der Ring $K[x_1, \ldots, x_m]$ isomorph zum Polynomring. Der Körper $K(x_1, \ldots, x_m)$ ist isomorph zum *Körper der rationalen Funktionen* (d.h. dem Quotientenkörper des Polynomringes).

Nebenbei: Alle hier betrachteten Homomorphismen lassen K elementweise fest.

4.1 Hilfssatz. *$n + 1$ Polynome in n Unbestimmten über einem Körper K sind stets algebraisch abhängig (d.h. nicht algebraisch unabhängig).*

Dieser Hilfssatz ist nicht tief. Er liegt jedoch auch nicht auf der Hand. Wir übergehen den Beweis.   □

Aus 4.1 kann man folgern:

4.2 Hilfssatz. *Wird der Körper Ω über K von m Elementen erzeugt, $\Omega = K(x_1, \ldots, x_m)$, so sind je $m + 1$ Elemente von Ω algebraisch abhängig über K.*

Infolgedessen existiert in einem algebraischen Funktionenkörper die Maximalzahl algebraisch unabhängiger Elemente. Diese Maximalzahl nennt man auch den *Transzendenzgrad des Funktionenkörpers*

$$n = \mathrm{tr}(\Omega/K).$$

Also: In einem algebraischen Funktionenkörper vom Transzendenzgrad n existieren n algebraisch unabhängige Elemente. Je $n+1$ Elemente sind algebraisch abhängig. Ein System von n algebraisch unabhängigen Elementen nennt man eine *Transzendenzbasis* von Ω/K.

Nicht auf der Hand liegend (aber auch nicht tiefliegend) ist:

4.3 Hilfssatz. *Sei*

$$\Omega = K(x_1, \ldots, x_m).$$

ein algebraischer Funktionenkörper. Wählt man aus $x_1, \ldots, x_m$ ein maximales System algebraisch unabhängiger Elemente aus, so bildet dieses eine Transzendenzbasis.

Algebraische Körpererweiterungen

Ein Element $x \in \Omega$ heißt *algebraisch* über K, falls eine Gleichung der Art

$$x^n + a_{n-1}x^{n-1} + \ldots + a_0 = 0, \quad a_\nu \in K, \quad 0 \le \nu < n,$$

existiert. Die Körpererweiterung Ω/K heißt algebraisch, falls jedes Element algebraisch über K ist. Sie heißt *endlich algebraisch*, falls Ω über K außerdem endlich erzeugt ist, also:

Eine endlich algebraische Erweiterung ist nichts anderes als ein algebraischer Funktionenkörper vom Transzendenzgrad 0.

4.4 Bemerkung. *Folgende beiden Aussagen sind für eine Körpererweiterung $\Omega \supset K$ äquivalent:*

a) *Ω ist endlich algebraisch über K.*
b) *Ω ist endlichdimensionaler K-Vektorraum.*

Beweis.
$a) \Rightarrow b)$: Sei $\Omega = K(x_1, \ldots, x_m)$. Die Elemente x_ν $(1 \le \nu \le m)$ genügen einer Polynomgleichung vom Grad $\le N$. Man zeigt, dass Ω als K-Vektorraum von den Elementen

$$x_1^{\nu_1} \ldots x_m^{\nu_m}, \quad 0 \le \nu_1, \ldots, \nu_m < N$$

erzeugt wird.

$b) \Rightarrow a)$. Sei $x \in \Omega$. Die Potenzen

$$1, x, x^2, \ldots, x^m$$

sind linear abhängig, wenn m genügend groß ist. $\Box$

Man nennt

$$[\Omega : K] := \dim_K \Omega$$

auch den *Grad* der endlich algebraischen Erweiterung. Ist Ω monogen, d.h.
$\Omega = K[x]$ für ein geeignetes $x \in \Omega$, so ist $[\Omega : K]$ der minimale Grad eines von
0 verschiedenen Polynoms, welches x annulliert.

Mit Hilfe der Kennzeichnung b) zeigt man:

4.5 Bemerkung. *Seien $K \subset L$ und $L \subset \Omega$ zwei endlich algebraische Körper-
erweiterungen, dann ist auch $K \subset \Omega$ endlich algebraisch. Es gilt*

$$[\Omega : L][L : K] = [\Omega : K].$$

Ein wichtiger Satz der elementaren Algebra ist der

4.6 Satz vom primitiven Element. *Sei $\Omega \supset K$ eine endlich algebraische
Körpererweiterung, K (und damit Ω) habe die Charakteristik 0, (d.h. $n \cdot 1 \neq 0$
für $n \in \mathbb{N}$). Dann ist die Erweiterung* **monogen***, d.h.*

$$\Omega = K[x], \quad x \in \Omega \text{ geeignet.}$$

Eine wichtige Folgerung aus dem Satz vom primitiven Element besagt:

4.7 Satz. *Sei $\Omega \supset K$ eine (nicht notwendig endliche) algebraische Körpererweiterung der Charakteristik 0. Es existiere eine Zahl $N \in \mathbb{N}$, so dass jedes
$x \in \Omega$ einer Polynomgleichung vom Grad $\leq N$ genüge. Dann ist Ω/K endlich
algebraisch.*

Ist Ω/K ein algebraischer Funktionenkörper und $x_1, \ldots, x_n$ eine Transzendenzbasis, so ist

$$\Omega \supset K(x_1, \ldots, x_n)$$

eine endlich algebraische Erweiterung. Aus dem Satz vom primitiven Element
folgt im Falle der Charakteristik 0:

4.8 Satz. *Ein algebraischer Funktionenkörper vom Transzendenzgrad n über
einem Körper K der Charakteristik 0 kann von $n + 1$ Elementen (über K)
erzeugt werden.*

Abschließende Bemerkung.

Ist $\Omega = K(x_0, \ldots, x_n)$ ein Funktionenkörper vom Transzendenzgrad n, so existiert ein irreduzibles Polynom P (=Primelement) im Polynomring von $n + 1$
Variablen mit der Eigenschaft

$$P(x_0, \ldots, x_n) = 0.$$

Dieses Polynom bestimmt im wesentlichen die Körpererweiterung, denn Ω ist isomorph zu dem Quotientenkörper des Faktorrings

$$K[X_0, \dots, X_n]/(P).$$

Aber: P hängt ab von der Wahl des Erzeugendensystems.

Bereits im Falle $n = 1$ und $K = \mathbb{C}$ ist es ein tiefliegendes Problem, zu entscheiden, wann zwei Polynome denselben Funktionenkörper definieren. Zu jedem Funktionenkörper vom Transzendenzgrad 1 existiert eine kompakte RIEMANN'sche Fläche X und ein Isomorphismus

$$K \xrightarrow{\sim} \mathcal{M}(X) = \text{Körper der meromorphen Funktionen auf} X,$$

welcher $\mathbb{C}$ elementweise festlässt. Zwei Funktionenkörper sind über $\mathbb{C}$ genau dann isomorph, wenn die zugehörigen RIEMANN'schen Flächen biholomorph äquivalent sind. Dies ist nach dem (tiefliegenden) Satz von TORELLI genau dann der Fall, wenn die zugehörigen *Periodengitter* (in einem zu präzisierenden Sinne) äquivalent sind. Dies ist der historische Ausgangspunkt für das Interesse an abelschen Funktionen und höheren Modulfunktionen.

Literatur

[AS] Andreotti, A., Stoll, W.: *Analytic and algebraic dependence of meromorphic functions.* Lecture notes in mathematics Nr. 234, Springer Berlin, Heidelberg [u.a.] 1971

[Ac] Accola, R.D.M.: *Riemann surfaces, theta functions, and Abelian automorphisms groups.* Lecture notes in mathematics no 483, Springer Berlin, Heidelberg [u.a.], 1975

[An] Andrianov, A.N.: *Quadratic forms and Hecke operators.* Grundlehren der mathematischen Wissenschaften in Einzeldarstellungen Bd. 286, Springer Berlin, Heidelberg [u.a.] 1987

[Be] Bellman, R.E.: *A brief introduction to theta functions.* Holt, Rinehart and Winston, New York 1961

[Be] Bers, L.: *Introduction to several complex variables.* Courant Inst. of Math. Sciences, New York Univ. 1964

[Bi] Bieberbach, L.: Über die Einordnung des Hauptsatzes der Uniformisierung in die Weierstraß'sche Funktionentheorie. Math. Ann. 78, 312–331 1917

[CG] Clebsch, A., Gordan, P. *Theorie der Abelschen Functionen.* Teubner, Leipzig 1866

[CL] Chenkin, G.M., Leiterer, J.: *Theory of functions on complex manifolds.* Monographs in mathematics Nr. 79 Birkhäuser, Basel, Stuttgart [u.a.]: 1984. - 226 S.

[Ca] Cartan, H.: *Elementary theory of analytic functions of one or several complex variables.* Hermann [u.a.], Paris [u.a.] 1963

[Co] Coble, A.B.: *Algebraic geometry and theta functions.* American Math. Soc., New York 1929

[Co] Conforto, F.: *Abel'sche Funktionen und algebraische Geometrie.* Grundlehren der mathematischen Wissenschaften in Einzeldarstellungen Nr. 84, Springer Berlin, Heidelberg [u.a.] 1956

[Du] Duma, A.: *Holomorphe Differentiale höherer Ordnung auf kompakten Riemann'schen Flächen.* Schriftenreihe des Mathematischen Instituts der Universität Münster, Ser.2, Nr. 14, Münster 1978

[Fi] Fischer, G.: *Complex analytic geometry.* Lecture notes in mathematics, Nr. 538, Springer Berlin, Heidelberg [u.a.] 1976.

[Fa] Fay, J.D.: *Theta functions on Riemann surfaces.* Lecture notes in mathematics no 352, Springer Berlin, Heidelberg [u.a.] 1973

[FL] Fischer, W., Lieb, I.: *Ausgewählte Kapitel aus der Funktionentheorie*. Vieweg-Studium 48, Aufbaukurs Mathematik, Braunschweig, Wiesbaden 1988

[Fo1] Forster, O.: *Lectures on Riemann surfaces*. Corr. 4. print, Graduate texts in mathematics no 81, Springer Berlin, Heidelberg [u.a.] 1999

[Fo2] Forster, O.: *Riemannsche Flächen*. Heidelberger Taschenbücher Nr. 184, Springer Berlin, Heidelberg [u.a.] 1977

[FB] Freitag, E., Busam, R.: *Funktionentheorie 1*. Springer-Lehrbuch, 4. Auflage, Springer New York, Heidelberg [u.a.] 2006

[Fr1] Freitag, E.: *Siegelsche Modulfunktionen*. Grundlehren der mathematischen Wissenschaften Bd. 254, Springer Berlin, Heidelberg [u.a.] 1983

[Fr2] Freitag, E.: *Singular modular forms and theta relations*. Lecture notes in mathematics Nr. 1487, Springer Berlin, Heidelberg [u.a.] 1991

[Fr3] Freitag, E.: *Zur Theorie der Modulformen zweiten Grades*, Nachr. Akad. Wiss. Göttingen 1965

[Fuk1] Fuks, B.A.: *Special chapters in the theory of analytic functions of several complex variables*. Translations of mathematical monographs no 14, Providence, RI: American Math. Soc. 1965

[Fuk2] Fuks, B.A.: *Theory of analytic functions of several complex variables*. Translations of mathematical monographs no 8, Providence, RI: American Math. Soc. 1963.

[GF] Grauert, H., Fritzsche, K.: *Several complex variables*. Graduate texts in mathematics no 38, Springer New York, Heidelberg [u.a.] 1976.

[Go] Götzky, F.: *Über eine zahlentheoretische Anwendung von Modulfunktionen zweier Veränderlicher*, Math. Ann. 100 pp. 411–37, 1928

[GR] Grauert, H.: *Theorie der Steinschen Räume*. Grundlehren der mathematischen Wissenschaften in Einzeldarstellungen Nr. 227, Springer Berlin, Heidelberg [u.a.] 1977.

[GR] Gunning, R.C., Rossi, H.: *Analytic functions of several complex variables*. Prentice-Hall, Englewood Cliffs, NJ. 1965.

[Gr1] Grauert, H.: *Einführung in die Funktionentheorie mehrerer Veränderlicher*. Springer Berlin, Heidelberg [u.a.]: 1974.

[Gu] Gunning, R.C.: *Riemann surfaces and generalized theta functions*. Ergebnisse der Mathematik und ihrer Grenzgebiete Bd. 91, Springer Berlin, Heidelberg [u.a.] 1976

[Gu] Gunning, R.C.: *Vorlesungen über Riemann'sche Flächen*. B.I.-Hochschultaschenbücher Nr. 837 Bibliograph. Inst., Mannheim [u.a.] 1972

[Hö] Hörmander, L.: *An Introduction to complex analysis in several variables.* North-Holland mathematical library no 7, Van Nostrand, Princeton, NJ [u.a.]: 1966

[Hol] Holmann, H.: *Riemann'sche Flächen.* Math. Inst. d. Univ. Freiburg

[Jo] Jost, J.: *Compact Riemann surfaces: an introduction to contemporary mathematics.* Springer Berlin, Heidelberg [u.a.] 1997

[Ig1] Igusa, J,I.: *On the graded ring of theta constants.* Amer. J. math. 86, 219–246, 1964

[Ig2] Igusa, J,I.: *On the graded ring of theta constants II.* Amer. J. math. 88, 221–236, 1966

[Ig3] Igusa, J,I.: *On Siegel's modular forms of genus II.* Amer. J. Math. 89, 817–855, 1964.

[Ig4] Igusa, J, I.: *Theta functions.* Grundlehren der mathematischen Wissenschaften in Einzeldarstellungen Bd. 194, Springer Berlin, Heidelberg [u.a.] 1972

[Ke] Kempf, G.R.: *Complex abelian varieties and theta functions.* Springer Berlin, Heidelberg [u.a.] 1991

[Ki] Kitaoka, Y.: *Lectures on Siegel modular forms and representation by quadratic forms.* Springer Berlin, Heidelberg [u.a.] 1986

[Kle] Klein, F.: *Riemann'sche Flächen.* Teubner-Archiv zur Mathematik Bd. 5, Teubner, Leipzig 1986, Vorlesungen, gehalten in Göttingen 1891/92

[Kli] Klingen, H.: *Introductory lectures on Siegel modular forms.* Cambridge studies in advanced mathematics no 20, Cambridge University Press, Cambridge [u.a.] 1990

[Ko] Kodaira, K.: *Introduction to complex analysis.* Cambridge Univ. Press, Cambridge [u.a.] 1984.

[Koe] Koebe, P.: *Über die Uniformisierung beliebiger analytischer Kurven,* Nachr. Akad. Wiss. Göttingen, 197–210, 1907

[Koec] Koecher, M.: *Zur Theorie der Modulformen n-ten Grades I.* Mathematische Zeitschrift 59, 455–466, 1954

[La] Lamotke, K.: *Riemann'sche Flächen.* Springer Berlin, Heidelberg [u.a.] 2005

[Le] Lelong, P.: *Entire functions of several complex variables.* Grundlehren der mathematischen Wissenschaften in Einzeldarstellungen Bd. 282, Springer Berlin, Heidelberg [u.a.] 1986

[Lo] Lober, A.: *Ein Satz von Igusa über einen Ring von Modulformen zweiten Grades und halbzahligen Gewichts,* Abh. Math. Sem. Univ. Hamburg 65, 155–163, 1995

[Ma2] Maaß, H.: *Lectures on Siegel's modular functions*. Tata Institute of Fundamental Research, Bombay 1955

[Ma3] Maaß, H.: *Siegel's modular forms and Dirichlet series*. Lecture notes in mathematics Bd. 216,Springer Berlin, Heidelberg [u.a.] 1971

[Mal] Malgrange, B.: *Lectures on the theory of functions of several complex variables*. Lectures on mathematics and physics: mathematics no 13, Tata Inst. of Fundamental Research, Bombay 1965.

[Mu] Mumford, D.: *Tata lectures on theta*. 3 Bände, Birkhäuser, Boston 1983, 1984, 1987.

[Na2] Narasimhan, R.: *Introduction to the theory of analytic spaces*. Lecture notes in mathematics no 25, Springer Berlin, Heidelberg [u.a.] 1966

[Na3] Narasimhan, R.: *Several complex variables*. Chicago lectures in mathematics, Univ. of Chicago Pr., Chicago [u.a.] 1971.

[Na] Nachbin, L.: *Holomorphic functions, domains of holomorphy and local properties*. North-Holland mathematics studies no 1, North-Holland, Amsterdam [u.a.] 1970.

[Ne] Nevanlinna, R.H.: *Uniformisierung*. 2. Aufl., Springer, Grundlehren der mathematischen Wissenschaften in Einzeldarstellungen Nr. 64, Springer Berlin, Heidelberg [u.a.] 1967

[Os] Osgood, W.F.: *Lehrbuch der Funktionentheorie*. Chelsea Publ. Co., Bronx, N. Y.:

[Pf] Pfluger, A.: *Theorie der Riemann'schen Flächen*. Grundlehren der mathematischen Wissenschaften in Einzeldarstellungen Nr. 89, Springer Berlin, Heidelberg [u.a.] 1957

[Po] Poincaré, H.: *Sur l'uniformisation des fonctions analytiques*, Acta Math. 31, 1–64, 1907

[Pol] Polishchuk, A.: *Abelian varieties, theta functions and the Fourier transform*. Cambridge tracts in mathematics no 153, Cambridge Univ. Press, Cambridge [u.a.] 2003

[RS] Remmert, R. Schumacher, G.: *Funktionentheorie I*. 5. Auflage, Springer-Lehrbuch, Springer Berlin, Heidelberg [u.a.] 1995

[RHF] Rauch, H.E., Hershel, M., Farkas: *Theta functions with applications to Riemann surfaces*. Williams & Wilkins, Baltimore, Md. 1974

[RK] Rothstein, W., Kopfermann, K.: *Funktionentheorie mehrerer komplexer Veränderlicher*. Bibliogr. Inst., Mannheim [u.a.] 1982

[RL] Rauch, H.E., Lebowitz, A.: *Elliptic functions, theta functions, and Riemann surfaces*. Williams & Wilkins, Baltimore, Md. 1973

[Ru1] Rudin, W.: *Function theory in polydiscs.* Mathematics lecture note series, Benjamin, New York [u.a.] 1969

[Sa] Sabat, B.V.: *Introduction to complex analysis.* American Mathematical Soc. Providence, RI, (aus d. Russ. übers.) 1969

[Si1] Siegel, C. L.: *Vorlesungen über ausgewählte Kapitel der Funktionentheorie, Bd. I, II, III.* Vorlesungsausarbeitungen, Mathematisches Institut der Universität Göttingen 1964/65, 1965, 1965/66. *Topics in Complex Function Theory, vol. I, II, III.* Intersc. Tracts in Pure and Applied Math., No 25. Wiley-Interscience, New York 1969, 1971, 1973 American Mathematical Soc., Providence, RI

[Si2] Siegel, C.L.: *Gesammelte Abhandlungen.* Hrsg. von K. Chandrasekharan, Springer Berlin, Heidelberg [u.a.] 1966

[Sp] Springer, G.: *Introduction to Riemann surfaces.* George Springer Reading, Mass.: Addison-Wesley 1957

[St] Strebel, K.: *Vorlesungen über Riemann'sche Flächen.* Studia mathematics: Skript Nr. 5, Vandenhoeck & Ruprecht, Göttingen 1980

[Ti] Thimm, W.: *Vorlesung über Funktionentheorie von mehreren Veränderlichen.* Ausarbeitungen mathematischer und physikalischer Vorlesungen Nr. 25, Aschendorff, Münster 1961

[Vl] Vladimirov, V.S.: *Methods of the theory of functions of many complex variables.* MIT Pr., Cambridge, Mass. [u.a.] 1966

[We] Weyl, H.: *Die Idee der Riemannschen Fläche.* Hrsg. von Reinhold Remmert , Teubner-Archiv zur Mathematik, Supplement 5, Teubner Stuttgart, Leipzig 1997.

Index